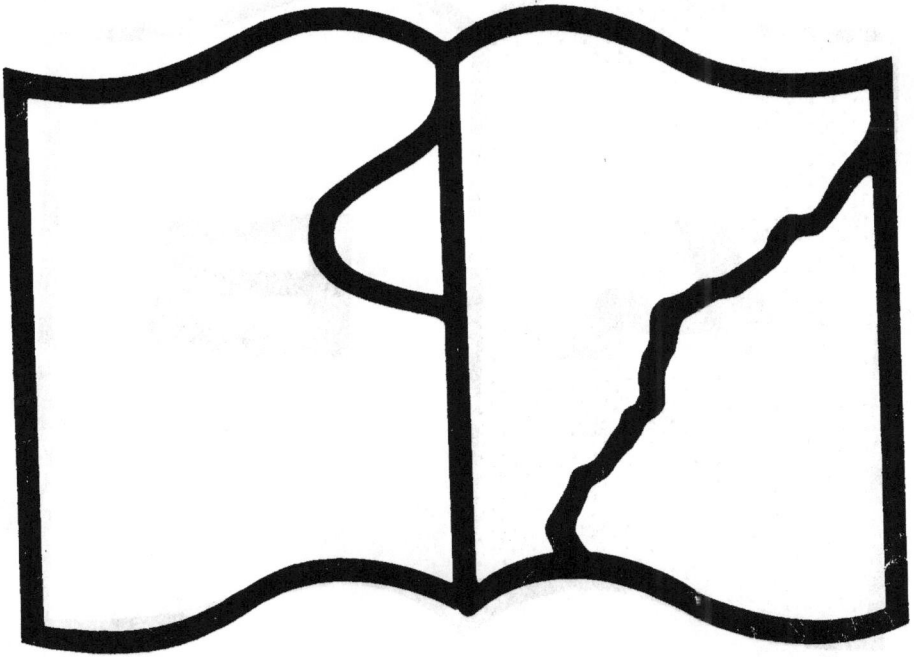

Texte détérioré — reliure défectueuse

NF Z 43-120-11

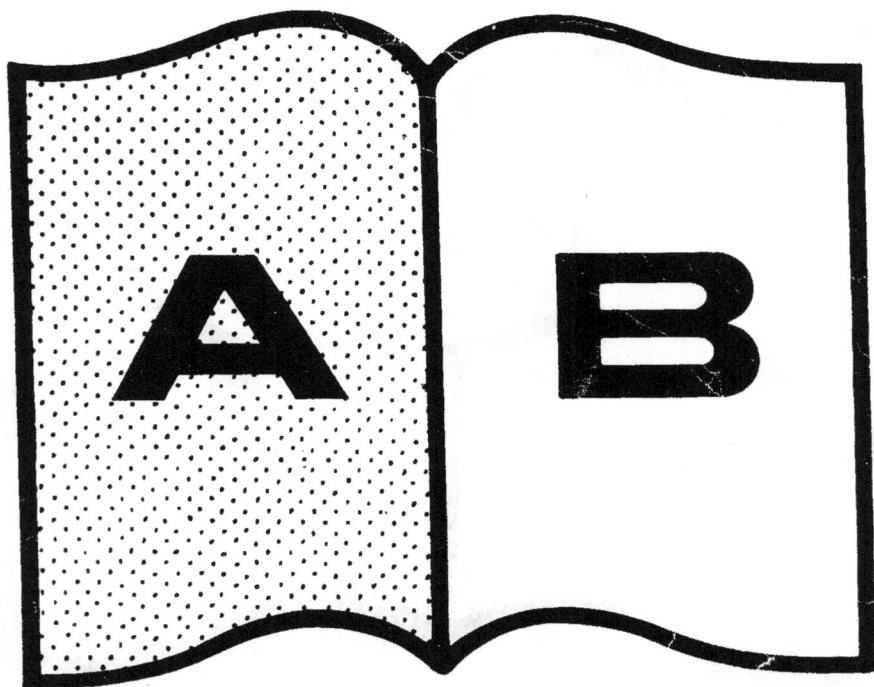

Contraste insuffisant

NF Z 43-120-14

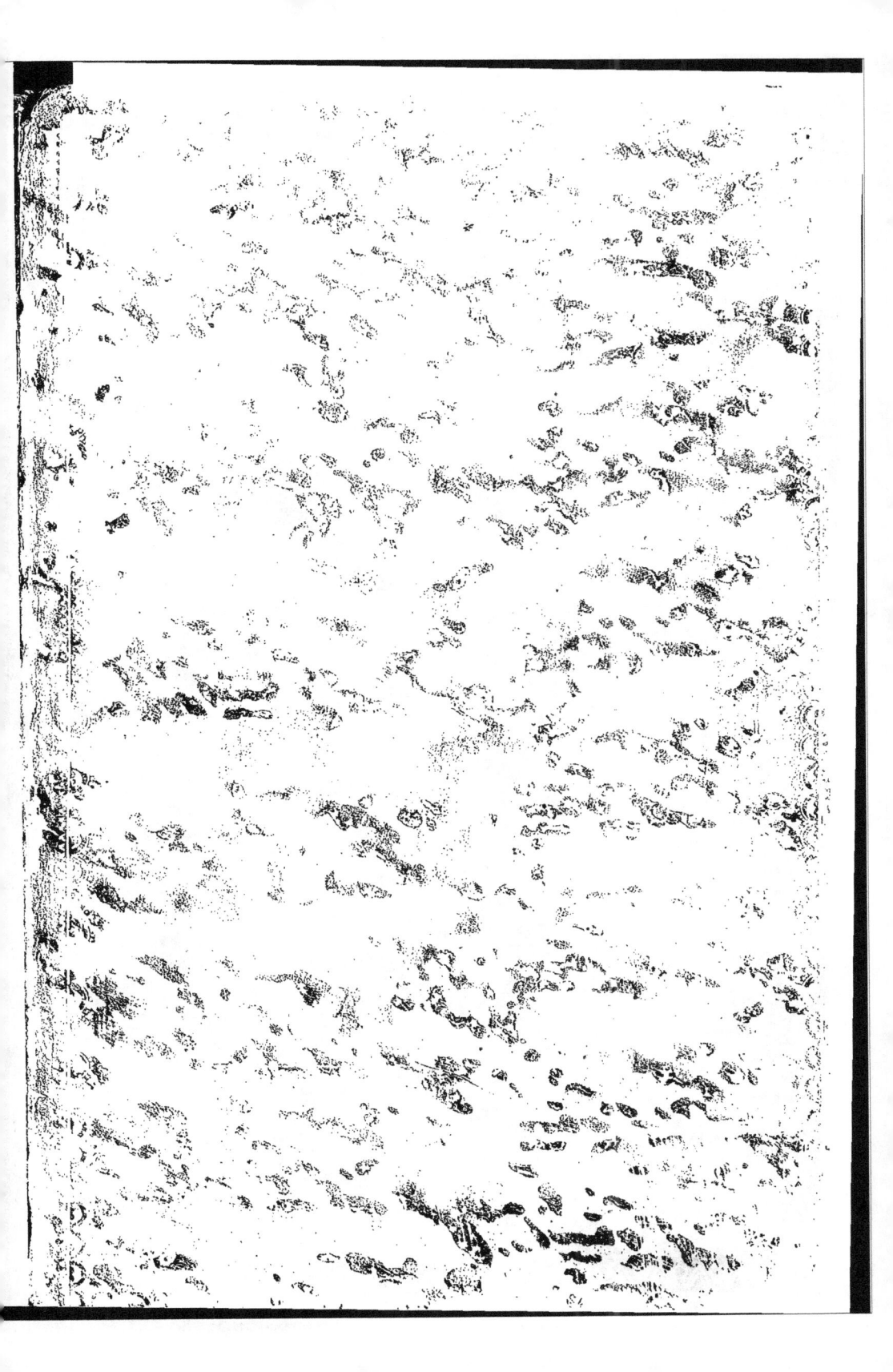

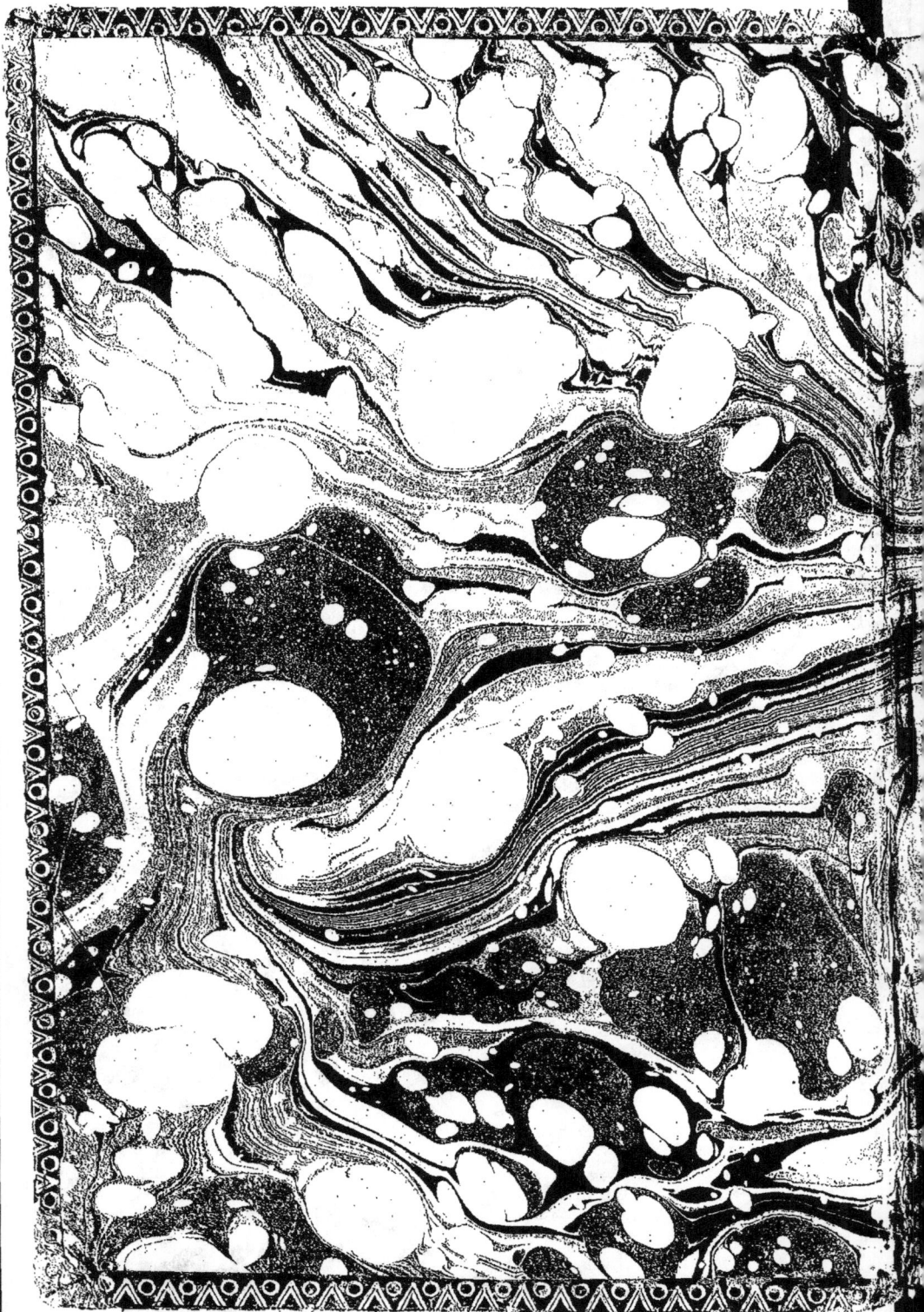

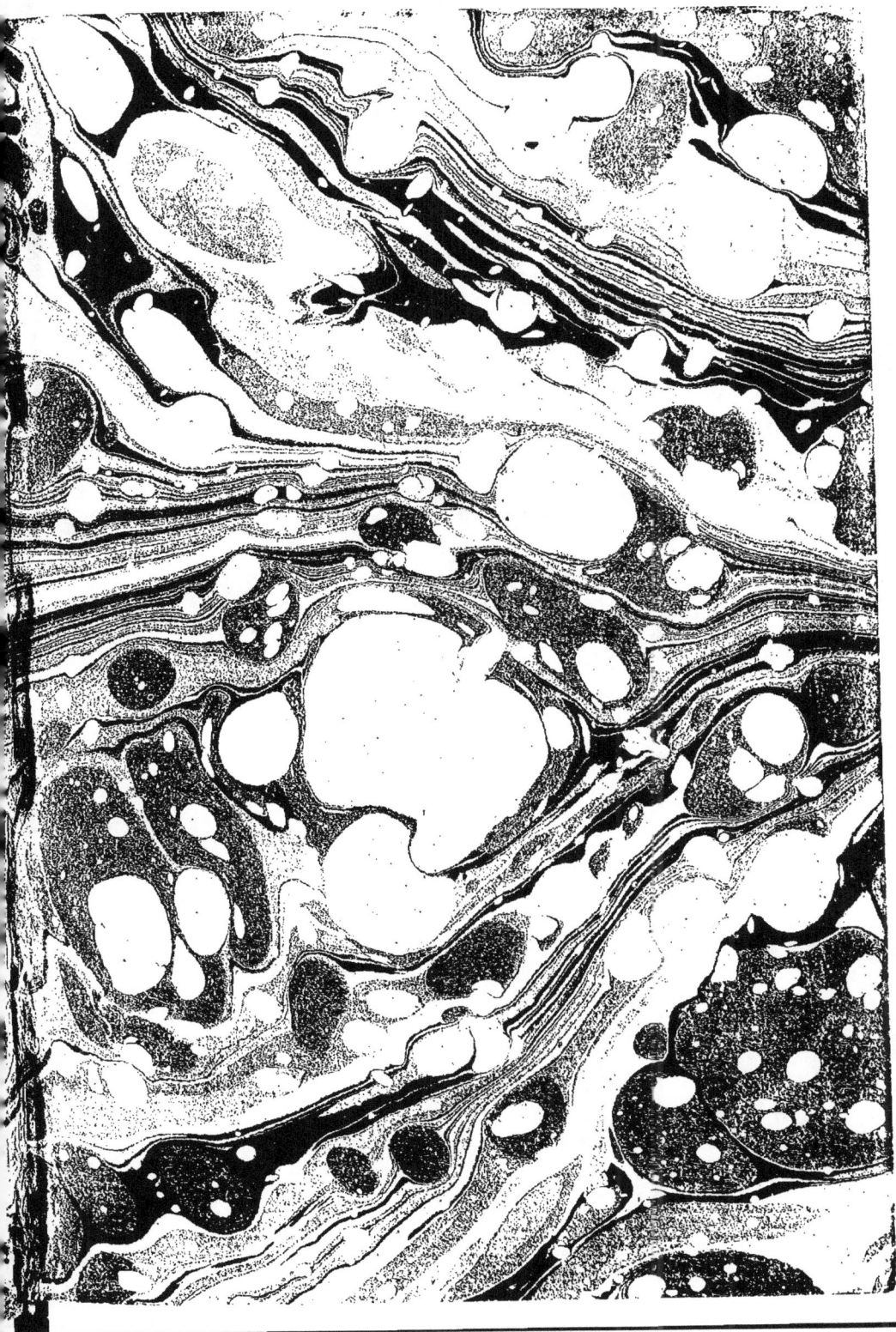

V. 2732.
6 + D. - 9.

26146

DICTIONNAIRE

DE

L'INDUSTRIE.

DICTIONNAIRE

DE

L'INDUSTRIE,

OU

COLLECTION RAISONNÉE

Des Procédés utiles dans les Sciences et dans les Arts ;

CONTENANT

Nombre de Secrets curieux et intéressans pour l'économie et les besoins de la vie ; l'indication de différentes Expériences a faire ; la description de plusieurs Jeux très-singuliers et très-amusans ; les Notices des Découvertes et Inventions nouvelles ; les détails nécessaires pour se mettre à l'abri des fraudes et falsifications dans plusieurs objets de commerce et de fabrique :

Ouvrage également propre aux Artistes, aux Négocians et aux Gens du Monde.

PAR D***.

TROISIEME ÉDITION,

Entièrement refondue et considérablement augmentée.

TOME TROISIÈME.

Multa quæ frustrà petimus, beatis
Ipsa se pendent animis nepotûm :
Multa quæ nobis patuêre, patrum
Nesciit œtas.

A PARIS,

Chez POIGNÉE, Imprimeur-Libraire, rue de Sorbonne, Nº. 389.

AN IX.

DICTIONNAIRE

DE L'INDUSTRIE.

FABRIQUE. Voyez *Etoffes*, *Coton*, *Soie*, *Fil*.

FAINE. C'est le fruit du hêtre. Les gens de la campagne en mangent, et on en extrait de l'huile. Il paraît cependant, par quelques observations tirées des *Actes de Copenhague*, qu'il ne faudrait pas faire excès de ce fruit, sur-tout lorsqu'il est verd. Pour en extraire l'huile, il faut garder ce fruit pendant 3 mois dans un lieu ni trop froid ni trop humide; après l'avoir dépouillé de son écorce, il reste encore une pellicule qu'il faut ôter, ce qui se fait dans l'eau tiède.

En gardant la faine dépouillée pendant quelques mois, avec la précaution de la remuer de temps en temps, on l'empêche de se corrompre, et elle rend plus d'huile.

Il faut la presser dans un endroit chaud; on la met dans un sac de grosse toile, et ensuite à la presse, en retournant le sac de temps en temps.

La première huile qu'on exprime est la meilleure. Cette manière vaut mieux que celle où on emploie l'eau bouillante, dans laquelle on fait cuire les faines pour extraire l'huile qui surnage, mais qui, par ce procédé, devient aisément rance; d'ailleurs on peut faire usage du marc du fruit dont on a extrait l'huile à sec.

Il faut que ce marc soit frais; on le réduit en tourteaux pour le conserver; il est une excellente nourriture pour la volaille, les cochons et les vaches. Elle est plus saine que si la faine avait encore son huile.

Ce même marc, étendu sur des nappes à l'air et bien séché, porté ensuite au moulin pour être réduit en farine, peut, après avoir été bien bluté, faire de fort bon pain, soit seul, soit en le mêlant avec d'autre farine; c'est peut-être là le premier pain dont les hommes ont fait usage. Ce marc a encore d'autres usages. Lorsqu'il sort du pressoir, humecté avec du lait, mis dans des formes et salé, il fait une espèce de bon fromage, comme dans quelques provinces on en fait avec du marc de noix. On peut encore en faire des gâteaux, en ajou-

A

tant du lait, des œufs. La même farine peut être aussi employée à faire de l'amidon.

M. de Francheville a annoncé dans les *Mémoires de l'Académie de Berlin*, qu'il avait un secret pour rendre le hêtre, qui est un arbre agreste, franc, c'est-à-dire lui faire produire des fruits d'une meilleure qualité. (Voy. *Greffe*, § Ier.). Ce secret serait intéressant, sur-tout s'il pouvait être appliqué aux autres arbres forestiers, comme on le dit. (*Collect. Acad., part. étrang.*, tom. XII, p. 184.

Voyez l'article *Huile*, § VIII.

FAISANS. On sait que ces oiseaux, ainsi que les perdreaux et les coqs de bruyères, vivent principalement de fourmis. Ce qui fait qu'ils sont si difficiles à élever, c'est ou qu'on leur donne trop peu de cette nourriture, ou qu'on les fait trop jeûner, ne sachant pas qu'aussitôt qu'il est jour, ils ont coutume d'en chercher, et que s'ils en sont privés, ils deviennent en peu de temps faibles et abattus. Le défaut de cette nourriture les refroidit même quelquefois tellement, qu'il n'est pas aisé de les rétablir. Quoique les fourmis soient une excellente nourriture pour ces oiseaux lorsqu'ils sont jeunes, néanmoins elles ne suffisent pas toujours pour les rétablir, quelque quantité qu'on leur en donne.

On peut aussi leur donner d'autres insectes, tels que des mille-pieds, des perce-oreilles, ou de l'une ou de l'autre de ces espèces; mais il est mieux de les mêler et de leur en donner deux ou trois fois le jour, au moins; une autre chose très-essentielle, est d'avoir soin de les tenir proprement, de leur donner du bled sain et frais, de changer leur eau deux fois le jour, de les tenir renfermés jusqu'à ce que la rosée soit dissipée, de les mettre avec un peu de sable dans un lieu exposé au soleil, mais ombragé, et de les retirer avant le coucher du soleil. (*Collect. Acad., part. étrang.*, t. II, p. 82).

On trouve dans ce même ouvrage, tom. XI, *part. étrang.*, p. 406, la manière d'élever le coq de bruyère à queue fourchue.

FALSIFICATION *des huiles*. De toutes les huiles grasses, l'huile d'olive est celle qui se gèle ou se fige le plus aisément et par un moindre froid. Celle de pavot qui lui ressemble et pour la couleur et un peu pour le goût, mais qui se gèle difficilement y étant mêlée, forme un tout avec elle, qu'il est presqu'impossible de distinguer de la première dans sa pureté; aussi n'arrive-t-il que trop souvent dans les pays où l'huile d'olive est rare et d'un haut prix, que des marchands trompent le public par ce mélange, qui peut même avoir des suites pernicieuses pour la santé. La meilleure manière de découvrir la fraude, est d'exposer l'huile à la gelée, ou d'y employer la congélation artificielle. L'huile d'olive se gèle, et l'huile de pavot conservant toute sa liquidité, parce qu'elle se condense plus difficilement, s'en sépare. Le *Journal de Verdun*, avril 1756, p. 261, dit qu'on reconnaît les huiles sophistiquées avec l'esprit-de-vin.

FALSIFICATION *des huiles essentielles.* Les huiles essentielles, qu'on ne retire qu'en petite quantité des substances rares et chères, ne peuvent manquer d'être elles-mêmes fort chères; et comme elles sont par cette raison plus sujettes à être falsifiées, voici quelques procédés pour ne pas se laisser tromper. La falsification peut se faire par le mélange, ou de quelque huile grasse sans odeur, ou de l'esprit-de-vin, ou de quelqu'autre huile essentielle commune et de peu de valeur.

Dans le premier cas, la fraude se découvre de deux manières; la première consiste à mettre sur du papier une goutte de l'huile essentielle qu'on veut essayer; elle doit s'évaporer à une chaleur douce, et ne laisser au papier ni graisse ni transparence, lorsque l'huile essentielle n'est pas mêlée d'huile grasse. La seconde épreuve se fait par le moyen de l'esprit-de-vin: une goutte d'huile essentielle non-mêlée d'huile grasse, mise dans l'esprit-de-vin, doit s'y dissoudre en entier; et au contraire, il en restera toujours une partie non-dissoute, si elle est mêlée d'huile grasse; parce que cette dernière est indissoluble dans ce menstrue. L'huile de Ben est celle dont on se sert le plus

ordinairement pour pallier la fraude, parce qu'elle est blanche, limpide, sans saveur et sans odeur.

Dans le second cas, il suffit d'ajouter de l'eau sur un peu d'huile essentielle mise à l'épreuve; cette eau devient laiteuse, parce que l'esprit-de-vin quitte l'huile essentielle pour s'unir à l'eau, et laisse l'huile très-divisée, suspendue et non dissoute; ce qui n'arrive point lorsque l'huile essentielle ne contient pas d'esprit-de-vin, elle se divise à la vérité en globules fort petits, lorsqu'on l'agite avec l'eau et la rend blanchâtre; mais ces globules se réunissent promptement et forment des masses d'huile qui viennent nager à la surface, ou se précipitent au fond suivant sa nature.

Dans le troisième cas, comme la falsification consiste à mêler de l'huile de térébenthine parmi les plantes ou fleurs dont on veut extraire l'huile essentielle, et à distiller ce mélange en même-temps pour en obtenir une plus grande quantité, le moyen de les reconnaître, est d'imbiber un papier ou un linge de l'huile qu'on veut éprouver; et en la faisant évaporer promptement au feu, on reconnaît la fraude par l'odeur marquée de térébenthine qui reste au linge.

Les essences de cédra, de bergamotte, de citron, de fleur d'orange; les huiles essentielles de rose, de lavande, etc., sont fort sujettes à être falsifiées. (Voyez *Huile d'aspic.*) L'huile de romarin, beaucoup plus grasse, plus onctueuse que celle de lavande, entre dans la falsification de cette dernière. Le poivre distillé de la Jamaïque fournit une huile qui ressemble beaucoup à celle du girofle, et qu'on lui substitue par cette raison. On substitue pareillement à l'huile de cannelle, l'huile de *cassa-lignea* qui lui ressemble, et ainsi de quantité d'autres; et comme il est quelquefois très-difficile de reconnaître les falsifications, parce que les huiles contrefaites ont leurs principales propriétés semblables, il est alors important d'avoir de véritable huile essentielle pour servir de terme de comparaison en examinant leurs couleurs et leurs odeurs.

M. Geoffroy a, dans un mémoire sur la rectification des huiles essentielles, indiqué les moyens de découvrir les mélanges frauduleux faits à l'huile essentielle. Il observe que les trois seules fraudes possibles se font ou avec des huiles grossières tirées par expression, ou avec des huiles moins précieuses, ou avec de l'esprit-de-vin; et ces différentes matières dont l'huile essentielle est sophistiquée, se reconnaissent sensiblement dans le résidu que laisse la rectification. (*Collect. Acad. part. franç.*, t. VI, p. 134.)

FAMINE. (Voyez *Pain, Nourriture économique.*)

FARCIN. (Voy. *Chevaux.*)

FANAUX. Le défaut de cornes pour en faire les fanaux des vaisseaux, a porté le cit. Rochon, de l'Institut national,

à imaginer le moyen suivant, qui donne une substance peutêtre supérieure à la corne, par la grandeur des pièces que l'on peut faire, et par son incombustibilité. On plonge des pièces plus ou moins grandes et bien tendues de ces gazes métalliques formées de fil de laiton, dont nous avons déjà parlé au mot *Etoffes métalliques*, dans une décoction de colle de poisson, qui en remplit toutes les mailles, et qui s'y coagule par le refroidissement; on les y replonge autant de fois qu'il le faut pour donner à la lame de colle l'épaisseur nécessaire; puis on la vernit pour empêcher l'action de l'humidité. La transparence des lames que l'on obtient par ce procédé, égale celle de la plus belle corne, et on n'en emploie presque plus d'autre dans nos arsenaux maritimes. On peut suppléer à la colle de poisson du commerce, par des décoctions de toutes les membranes des corps des poissons. (*Bulletin de la Société Philom.*, n°. 13, an 6, p. 102.)

FANTASMAGORIE. Ce mot est composé de deux autres mots grecs qui désignent l'action de produire des fantômes. On peut dire à cet égard que le cit. Robertson en a fait un spectacle aussi frappant par sa singularité que surprenant dans ses effets. Vous entrez dans une salle tendue de noir, où règne la plus profonde obscurité, dans laquelle une lampe sépulcrale jette une faible lumière, en attendant que le spectacle commence. Cette lumière s'éteint;

le spectacle s'annonce par le bruit d'une pluie mêlée de grêle ; on apperçoit successivement dans le fond du théâtre des parties lumineuses , qui vous offrent l'image de personnages connus , tels que Rousseau , Voltaire , Mirabeau , la fille Corday, etc. Il s'y passe aussi des scenes lugubres , telles que celle d'un squelette couché, qui se dresse sur ses pieds et se promène sur le théâtre , celle d'un tombeau qui s'ouvre et est foudroyé par le feu du ciel, celle de la None sanglante, qui, la lanterne à la main, arrive du bout d'une longue galerie jusques sur le bord du théâtre, etc., etc., etc. Ce spectacle, effrayant pour certaines personnes, est assez curieux aux yeux de l'homme instruit, qui, dans ces tableaux magiques, y reconnait les loix de la catoptrique. Le huitième chapitre du dix-septième livre de la *Magie Naturelle de Porta*, contient différentes expériences qui appartiennent à la fantasmagorie, et qui peuvent en avoir fourni l'idée (*Voyez à* l'article *Miroir*, § VII, les moyens de produire des effets du même genre.)

FARD. L'usage du rouge et du blanc dont les femmes se composent un teint emprunté qui n'embellit point la laideur, et qui enlaidit la beauté, est maintenant trop bien établi dans tous les ordres indistinctement, pour pouvoir espérer qu'on l'abandonne jamais ; aussi a-t-on cessé de crier contre un mal irrémédiable. Puisque les fem-

mes sont insensibles au plus vif de leurs intérêts, à celui de leur beauté même, que ces ingrédiens ont bientôt détruite, comment pourraient-elles déférer à l'intérêt de leur santé qu'elles sacrifient tous les jours au desir de plaire ? Au moins la médecine ne se lasse point de protester contre un abus dangereux qui, probablement, ne cédera pas plus à ses conseils, qu'aux remontrances de la morale, et aux simples avis du bon goût. C'est donc pour ne point laisser les fards faire impunément leur ravage, sans que l'expérience réclame contre un désordre qui, dans le fonds, intéresse la société, que l'on donne ici l'analyse des accidents produits par le fard. Il n'affecte pas seulement les yeux qu'il gonfle, rougit, rend douloureux, larmoyans ; il change encore entièrement tout le tissu de la peau sur laquelle il fait élever des boutons ; il cause des fluxions, des maux de tête, des douleurs de dents, en détruit l'émail et les fait tomber ; il échauffe la bouche et le gosier ; infecte et corrompt la salive ; enfin pénétrant par les pores, il agit peu-à-peu sur la substance du poumon, d'où proviennent des maladies de poitrine ; ou bouchant exactement ces pores, il arrête la transpiration insensible qui reflue nécessairement sur ces mêmes parties. La plupart des fards sont composés de minéraux plus ou moins malfaisans, mais toujours corrosifs, et de funestes effets sont inséparables de leur usage. Mais puisqu'il n'est pas possible de ramener sur ce point les femmes au sentiment de leur intérêt, voici des réflexions qui indiqueront les moyens de se préserver des suites fâcheuses de tous ces poisons topiques. Les femmes (dit un médecin), ne laisseront leur fard que le moins de temps qu'elles pourront, et elles se laveront ensuite avec de l'eau de riz, d'orge perlé, de lentille, de veau, de lys, de lait, d'amandes douces ou amères, etc.; pour ce qui est des onctueux ou huileux, elles feront faire des pommades avec le baume de la Mecque, l'huile d'amandes douces récentes, le baume blanc, le beurre de Mai, le cacao, le blanc de baleine, l'huile des quatre semences froides, celle de Ben, etc. : tous ces cosmétiques ne doivent pas être employés indifféremment. Il est des dames dont la peau ne peut souffrir les onctueux, d'autres au contraire s'en accommodent. Ceci dépend de leur complexion et de la disposition des fibres de leur peau, qui sont dans les unes plus lâches, plus faibles, et dont le tissu dans les autres est plus sec et plus serré.

Nous ajouterons ici le procédé d'un fard économique que l'on assure être très-innocent. Il faut prendre un morceau de talc, connu sous le nom impropre de *craie de Briançon*. Choisissez-le d'une couleur gris-de-perle; rappez légèrement cette pierre avec une peau de chien de mer. Après cela, passez-la à un tamis de soie très-fin, et mettez infuser cette poudre dans une pinte de bon vinaigre distillé pendant l'espace de 15 jours, ayant soin d'agiter la bouteille ou le pot plusieurs fois par jour, à l'exception du dernier jour qu'il ne faut pas troubler cette poudre : ôtez le vinaigre par inclinaison, et faites en sorte que le blanc reste dans le bouteille dans laquelle vous verserez de l'eau bien claire et filtrée ; jettez le tout dans une terrine propre, et agitez bien l'eau avec une spatule de bois ; laissez rasseoir la poudre au fond de la terrine. Otez-en l'eau doucement, et lavez cette poudre six ou sept fois, observant de vous servir toujours d'eau filtrée. Quand la poudre sera aussi blanche et aussi douce qu'on le souhaitera, on la fera sécher dans un endroit où elle ne soit point exposée à la poussière ; on la repassera au tamis de soie. Elle n'en sera que plus belle. On pourra la laisser en poudre ; ou bien on la mouillera pour la mettre en tablettes ou en petites pierres, comme chez les parfumeurs. Une pinte de vinaigre suffit pour dissoudre une livre de talc.

On emploie ce blanc de la même façon que le carmin, en humectant également de pommade son doigt ou un papier, ou encore mieux une patte de lièvre préparée, et on met dessus la valeur d'un grain ou demi-grain de ce blanc. Il ne se détache pas, quand même on suerait. Si la pommade avec laquelle on l'applique est bien faite, ce blanc ne fait aucun tort au visage, et encore moins à la santé, n'y entrant point de sublimé, de blanc de plomb, d'étain de glace, et autres compositions préjudiciables.

Les mêmes substances qui entrent dans la composition ci-dessus, peuvent également servir à faire le rouge. (V. *Rouge*, *Blanc*, *Cosmétique*.

FARDIER. Voy. *Voitures*, § III).

FARINE. Par des expériences réitérées, l'on a reconnu dans le froment deux matières distinctes, observées pour la première fois en 1742 par le célèbre Beccari, de l'Institut de Bologne (voyez *Collection Acad.*, *part. étrang.*, t. X, p. 1), et qu'il a désignées, l'une sous le nom de substance animale ou glutineuse ; l'autre sous le nom de substance amidonnée ou végétale. Nous ne nous occuperons ici que de la première, ayant parlé de l'autre au mot *Amidon* (*voyez* ce mot).

Jusqu'à présent on n'a pu retirer que du froment et de l'épautre, cette substance glutineuse ; les autres graminées ou n'en contiennent pas, ou elle y est insensible. La quantité que fournissent le froment et l'épautre, dépend de l'espèce et de la qualité du grain, du lieu et de l'année où il a été récolté, et enfin du procédé qu'on emploie pour la retirer, soit par l'action des meules, soit par celle du pilon.

On trouve dans le 1er. tome des *Mémoires de l'Institut National*, p. 549, un mémoire de M. Tissier sur la partie glutineuse du froment.

Voici la manière de traiter la farine pour en séparer la substance glutineuse de la partie amidonnée.

On prend une livre de farine fraîche ; on en forme une pâte ferme avec suffisante quantité d'eau. On malaxe ensuite, c'est-à-dire on pétrit long-temps dans la main cette pâte : puis on la tient entre les mains sous le robinet d'une fontaine, d'où sort un filet d'eau, qui, en passant sur la pâte, traverse par un tamis. A peine l'eau a-t-elle touché la pâte, que celle-ci présente à sa surface une substance jaunâtre, qui devient plus sensible à mesure que l'eau entraîne la partie farineuse ; et lorsque l'eau cesse d'être louchie, il reste dans les mains une matière glutineuse et élastique qui devient de plus en plus tenace. Cette substance, abandonnée à elle-même, s'affaisse et se dessèche à sa surface, en prenant un gris sale ; l'intérieur, dont l'humidité se trouve comme bridée, conserve sa ténacité, s'altère, et en moins de 3 jours exhale une odeur détestable. Exposée dans un endroit où il y a des corps en putréfaction, elle se charge aisément des vapeurs qui s'en exhalent. Pour la faire sécher, il faut avoir attention de la diviser par petits morceaux, mais elle ne se met pas pour cela en poudre avec beaucoup de facilité ; il faut l'action du pilon pour l'amener à l'état sec et pulvérulent. Pendant qu'on la pile, elle répand une odeur de colle-forte ; mais ensuite elle est presque inodore.

Lorsqu'elle est ainsi pulvérisée elle reprend, à l'aide de la trituration et de l'eau, sa première forme tenace, glutineuse et élastique. Si on la frotte dans l'eau, elle s'y dissout et dépose chaque fois des parcelles de son extrêmement fines Elle devient spongieuse dans l'eau bouillante, et perd sa glutinosité sans qu'on puisse la lui rendre. M. Beccari, par ses expériences, a reconnu qu'elle avait tous les caractères des substances animales par l'odeur de l'alkali volatil qu'elle répand après avoir été en digestion dans l'eau, et parce qu'il se précipite au fond du vaisseau une petite quantité de matière noirâtre semblable à de la chair pourrie. Il s'assura ensuite, par le moyen des acides, que l'eau dans laquelle cette substance devait être en digestion, était sensiblement alkaline.

La propriété qu'a la matière glutineuse de prendre la forme membraneuse par le moyen de l'eau ; l'état spongieux qu'elle acquiert dans ce fluide lorsqu'elle y a bouilli un moment ; son analogie prétendue avec la lymphe animale ; la facilité à s'altérer ; la similitude de ses produits, par l'analyse à la cornue, avec celle des animaux, ont fait regarder cette substance comme la partie vraiment nutritive du bled. Mais le son produisant presque les mêmes résultats, la farine dont on fait le pain bis, contenant beaucoup plus de cette matière glutineuse que la farine la plus pure, qui n'en contient presque point, il paraît qu'on pourrait plutôt en

conclure la négative. Si l'on prend des quatre sortes de farine séparées du même grain par les bluteaux, et que l'on connaît en boulangerie sous le nom de farine blanche, bis-blanc, gruau blanc, gros gruau ou gruau bis, et qu'on les expose chacune séparément à l'humité d'une cave, la plus bise commence à se gâter la première, et ainsi progressivement des autres, en raison du plus ou moins de son qu'elles contiennent : car la farine la mieux blutée contient toujours une petite portion de son réduite en poudre. Le son du bled, au microscope, paraît demi-transparent parsemé de points lucides ; le son du seigle, au contraire, est obscur et sans vésicules transparentes : enfin, le bled coupé en différens sens, et exposé sous le microscope, présente près de la partie corticale une substance matte un peu jaunâtre, qu'on ne remarque pas dans les autres graminés, ce qui fait soupçonnera M. Parmentier, auteur des *Récréations économiques et chimiques*, dont nous avons extrait cet article important, qu'il ne manque au son, pour être parfaitement semblable à la matière glutineuse, que la propriété de s'aglutiner et se réunir en masse tenace et élastique.

Le cit. Fourcroy, dans un mémoire inséré dans le recueil des Mémoires de la Société royale de Médecine, 1785, p. 505, et dans lequel il traite de la nature des fibres charnues et musculaires, et du siège de l'irritabilité, a exposé que la matière

matière glutineuse ou vegeto-animale, découverte dans la substance du froment, est la même que la partie fibreuse du sang; qu'elle forme le tissu propre des muscles, et que c'est en elle que réside la propriété irritable, lorsqu'elle a été déposée dans les cellules de l'organe contractile.

En 1796, la Société Philomatique, d'après des assertions avancées par M. Walli, dans l'esquisse de son ouvrage sur la vieillesse, avait nommé des commissaires pour vérifier chimiquement les faits, et voici le résultat de leurs expériences: Le gluten trituré dans l'acide acéteux, s'y dissout très-bien. Cette dissolution n'est cependant pas transparente; elle se conserve long-temps: en évaporant lentement la dissolution, ou y passant quelques gouttes d'alkali, le gluten reparait avec toutes ses propriétés; c'est donc un moyen de conserver cette substance sans altération pour les expériences chimiques.

La fibre animale traitée de la même manière, a offert les mêmes résultats. L'acide acéteux dissout donc sans altération le gluten et la fibre.

D'après les expériences des commissaires, la farine ne contient que 84 grains de phosphate calcaire par livre; ensorte qu'une personne qui mangerait une livre de farine par jour ne prendrait que 3 liv. 6 onc. 4 gr. 44 gr. par an de phosphate calcaire. Il est remarquable que la farine de froment ne donne point de carbonate de chaux par l'in-cinération, tandis que la paille de bled en fournit une quantité considérable sans mélange presque sensible de phosphate de chaux. (*Bulletin de la Société Philomatique*, brumaire an 5).

On trouve dans la troisième colonne du *Magasin Encyclopédique*, 1795, p. 319, des expériences faites par M. Mesaize, chimiste, pour essayer les bonnes et mauvaises farines, et découvrir les terres qu'elles peuvent contenir. Ces expériences, trop longues à décrire, méritent d'être consultées par ceux qui veulent s'assurer de la bonté des farines.

On a éprouvé que cette matière tenace et glutineuse était seule un excellent mastic pour recoller des vases de porcelaine cassés, et qu'on peut la substituer avec succès à celui que nous indiquons au mot *Mastic*.

Voyez les mots *Bled, Mouture, Pain.*

§ Ier. *Transport des farines.*

Le bled, qui forme la principale nourriture de l'homme, est malheureusement une des substances les plus difficiles à conserver, et qui demandent le plus de soin. Il est sujet à être dévoré par les charansons, à se moisir et se corrompre par l'humidité, les vapeurs. On a trouvé que le moyen le plus certain pour le mettre à l'abri de toute espèce de dommage et de le transporter au-delà des mers, était de le réduire en farine, sur-tout lorsqu'il a resté une année auparavant en grain dans le grenier, et qu'il a été soigné. On met cette farine dans de petits tonneaux, par lits de 5 ou 6 pouces d'épaisseur; on les serre et on les réduit en masse par le moyen d'un grand pilon de bois. On remplit ainsi le tonneau de divers lits de farine; on le ferme avec un couvercle qui presse fortement la farine, et on l'enduit extérieurement de goudron. Cependant il s'en faut de beaucoup qu'on prenne toujours toutes ces précautions pour les farines qu'on embarque et qui ne doivent rester que quelques mois à la mer; mais ces soins décrits ne peuvent être qu'utiles, parce que l'air ne peut plus pénétrer dans le tonneau. On peut les mettre à la cave sans redouter l'humidité; la farine se conservera ainsi parfaitement bien pendant l'espace de cent ans. Lorsqu'on en veut faire usage, avec un pic on coupe cette farine, qui est en masse; on l'écrase, on la passe au tamis, afin qu'elle se délaie bien dans l'eau, et on en fait d'excellent pain. Ce procédé a été long-temps regardé comme le meilleur; cependant, comme la farine du bled n'est pas par elle-même parfaitement sèche, et qu'elle retient toujours un peu d'humidité, il n'arrive que trop souvent que celle qu'on embarque, soit pour le service des vaisseaux, soit pour les colonies, ne s'altère considérablement pendant le voyage, quelquefois même au point de n'être plus propre à en faire du pain. M. Duhamel, dont le nom seul rappelle une multitude de dé-

couvertes que lui doivent les sciences et les arts, s'est occupé de cet objet, et l'on pense bien qu'il l'a fait avec succès. Ce savant a appliqué à la farine la méthode qu'il a donnée pour la conservation du bled, par le moyen de la dessication dans une étuve.

Trois parties de farine provenant du même bled, ont été embarquées sur un vaisseau qui les a transportées en Amérique, et rapportées ensuite en France: l'une n'avait reçu d'autre préparation que celle qu'on a coutume de lui donner pour le transport par mer; elle s'est trouvée entièrement gâtée. Une autre avait été faite avec du bled séché par la méthode de M. Duhamel; elle était infiniment moins altérée. La troisième, qui avait été séchée à l'étuve avant d'être mise dans les barriques, était dans l'état le plus parfait. Ces différences si essentielles prouvent que c'est l'humidité naturelle de la farine qui contribue principalement à sa dégradation dans les voyages par mer, puisque de trois parties de la même farine, embarquées dans le même vaisseau et dans le même lieu du vaisseau, celle qui n'avait reçu aucune dessication, s'est absolument gâtée; celle qui avait été tirée du bled desséché, s'est beaucoup mieux comportée; et celle enfin qui avait été séchée elle-même dans l'étuve de M. Duhamel, n'a reçu aucune espèce d'altération.

Dans les voyages de long cours, on est très-embarrassé

pour conserver les provisions. On a indiqué de les mettre dans du sel, de la cendre, de l'huile, du vinaigre, etc. Tous ces moyens sont peu utiles; nous croyons même les deux premiers nuisibles dans bien des occasions, sur-tout pour certaines provisions, telles que les œufs, les grains, les fruits. M. Francklin, réfléchissant que l'air seul est nuisible, a imaginé de se servir, pour la conservation des farines, de barriques doublées de plomb, et a très-bien réussi.

Le capitaine Cook, d'après les idées de M. Francklin, fit *étamer* plusieurs barrils, c'est-à-dire qu'il fit appliquer intérieurement des feuilles d'étain, telles que celles dont on se sert pour étamer les glaces et doubler les bouteilles ou jarres électriques. On sait que rien n'est plus facile que de faire tenir ces feuilles d'étain sur le bois; on pourrait même simplement les y coller avec de l'empois. Le capitaine Cook fit remplir de farine et de biscuits ses barrils ainsi doublés. Le succès de cette tentative a été si complet, que le capitaine King, qui a ramené en Angleterre les vaisseaux du malheureux capitaine Cook, a rapporté que ces barrils ayant été ouverts après avoir resté longtemps en mer, les biscuits et les farines s'étaient trouvés entièrement exempts d'insectes et de moisissure, et parfaitement bien conservés, excepté néanmoins dans un seul, où l'on trouva, après l'avoir examiné, que l'étain était fondu en plusieurs endroits.

C'est dans de grandes boîtes d'étain que le thé nous arrive de la Chine sans altération. Aussi M. Francklin pense-t-il qu'on pourrait de cette manière conserver beaucoup d'autres substances fraîches, soit à terre, soit en mer, pourvu que ce ne soit pas des substances salines. (*Journal de Paris*, 23 décembre 1780).

§ II. *Manière de conserver les farines dans les greniers.*

On prétend que les mites ne peuvent supporter l'odeur du bois d'érable, et qu'elles abandonnent la farine dans laquelle on a jeté des verges de bois d'érable dépouillées de leurs feuilles.

Le moyen que M. Parmentier propose pour conserver à peu de frais les grains et les farines, consiste à les renfermer exactement dans des sacs, à poser ces sacs sur des bases qui en défendent l'approche aux rats et aux souris, à écarter ces sacs les uns des autres, et à les garder ainsi isolés jusqu'à ce qu'on en fasse usage. C'est le moyen qu'on emploie avec succès, dit-il, dans les greniers de l'hôtel des Invalides, et dans ceux de l'hôpital général.

La farine gâtée s'emploie avec succès pour faire de l'amidon.

FARINE FOSSILE. Le citoyen Faujas de St.-Fond a découvert dans le département de l'Ardèche, une farine fossile semblable à celle que Fabroni avait essayée dans la Toscane, et dont j'ai fait mention à l'article *Bri-*

ques nageantes de ce Dictionnaire. Cette découverte est précieuse, dit le *Journal des Débats*, du 12 nivôse an 9, pour la construction des saintes-barbes des vaisseaux de guerre, pour les magasins de liqueurs spiritueuses, etc. Une expérience fut faite sur un vieux navire, dans lequel on avait construit une chambre voûtée remplie de poudre et recouverte de matières combustibles; il brûla à fleur-d'eau et coula sans mettre le feu aux poudres.

FAULX. Comme il est difficile, dans les faulx, que la trempe soit parfaitement égale, il est très-rare d'en trouver de bonnes. C'est cependant de leur bonté que dépend la facilité de l'ouvrier dans le travail, et l'art de faucher parfaitement et de ne point laisser d'herbe qui ne soit coupée. On pourrait, avec un peu d'habitude, apprendre à distinguer les bonnes faulx; en y passant la pierre à aiguiser, on sent si elle mord également par-tout, ou bien avec une petite lime on en essaie le degré de dureté. Lorsqu'on la choisit la plus égale possible, et du degré de trempe requis, on remarque les endroits où la faulx est la plus tendre; et lorsqu'on la bat dans ces endroits-là, on humecte le marteau, ainsi que la petite enclume; dans les endroits, au contraire, où elle est la plus dure, on la bat à froid : ce battement, occasionnant de la chaleur, détruit un peu la trempe, et rend la faulx plus égale dans ses parties. Un point des plus essentiels, est que l'ou-

vrier passe sa pierre à aiguiser sur sa faulx toujours dans le même sens, parce qu'elle y forme des espèces de petites dents qui se trouvent alors toutes inclinées du même côté : au lieu que si on la passe tantôt dans un sens, tantôt dans un autre, les dents sont inclinées en divers sens, et la faulx ne coupe point si bien. Il est d'autant plus avantageux de se servir de bonnes faulx dans les prairies où l'herbe est fine, qu'il en résulte quelquefois plus d'un écu de profit par arpent.

§ Ier. *Moyen de perfectionner les faulx et faucilles.*

Les paysans de Silésie se plaignaient depuis long-temps de ne pouvoir se procurer des faulx et des faucilles qui fussent tout-à-la-fois légères, tranchantes et durables. Cependant on employait les meilleures matières pour ces instrumens, et ces matières étaient travaillées avec soin; mais des expériences réitérées ont fait voir que la perfection de ces ustensiles dépend de la proportion entre le fer et l'acier dont on les forge, de leur parfait amalgamage, et du degré moyen de dureté de cette composition. Les papiers publics de Breslaw ont en conséquence répandu l'instruction suivante : il faut tâcher de lier le fer et l'acier de façon qu'il n'y ait entre eux aucune séparation; lorsqu'on les forge, il faut réduire la masse en lingot rond. En faisant souvent passer ce lingot par le feu, la masse s'épure, et ses parties

sont plus prêtes d'obéir et de s'u-
nir. Avec le microscope, tous
les instrumens tranchants sont
de vraies scies ; on sait que le
fer, et même l'acier ont des
veines, c'est-à-dire, des fils détachés qui règnent dans la longueur de la masse. C'est à jeter
ces veines du dos sur le tranchant des instrumens qu'il faut
travailler de façon qu'elles aillent former les dents imperceptibles de la faucille ou de la
faulx. Par ce moyen, ce qui aurait rendu l'outil cassant, lui
donne de la solidité en contenant les parties qu'il divisait.
Pour cela la matière étant préparée, comme on l'a dit, on
met la barre ronde au feu ; on
la laisse à-peu-près rougir ; on
l'assujétit ensuite à un étau ; on
la tourne à droite et à gauche ;
et tant qu'elle conserve de la
souplesse, on travaille à rejeter
les veines vers le tranchant. Les
faucilles et les faulx travaillées
suivant ce procédé, ont été
trouvées fort supérieures aux
autres.

FAUSSE-MONNAIE. Voy.
Monnaie.

FAUSSE - PERLE. *Voyez*,
au mot *Perle*, la manière de les
imiter.

FAUTEUIL ROULANT
*à l'usage des malades et des per-
sonnes âgées ou convalescentes.*
Il n'est que trop ordinaire,
lorsqu'on jouit d'une bonne santé, d'oublier les besoins des infirmités humaines : ils méritent
cependant l'attention des ames
sensibles et compatissantes. C'est
pour nous un motif d'insérer,
dans cet ouvrage, tout ce qui

peut tendre à soulager l'humanité souffrante.

Le *Journal des Savans,* 1713,
p. 510 de la 1ᵉ. édition., et p.
433 de la 2ᵉ., fait mention d'un
fauteuil mobile sur des roulettes, inventé par le sieur de Bezu,
et approuvé par l'Académie des
sciences. Celui qui était assis
dedans pouvait seul le faire
mouvoir et tourner.

Voyez encore, dans ce même
Journal, 1714, p. 509 et 443,
l'annonce d'une machine pour
faire mouvoir une chaise sur
laquelle on est assis.

M. l'abbé de Saint-Pierre
ayant entendu dire à M. Chi-
rac, premier médecin du roi,
qu'un des remèdes les plus ef-
ficaces contre les obstructions,
était de faire courir la poste en
chaise aux malades, conçut
l'idée d'un fauteuil à ressort,
dont le jeu secouait celui qui y
était assis, tout comme une
chaise de poste en action. Il
fit construire ce fauteuil par Du-
quet, bon machiniste de son
temps, et le nomma *trémous-
soir,* d'autres l'appellèrent *fauteuil de poste.* Il en est question dans le *Mercure de France,*
décembre 1734, et avril 1735.

En 1770, M. Ferry, serrurier,
a mis sous les yeux de l'Académie, un fauteuil de son invention, et qui avait trois objets, le premier, de faire marcher le fauteuil à la volonté de
celui qui y était assis ; le second,
de baisser le dossier sous tel
angle qu'on jugeait à propos,
et jusqu'à la situation presqu'horizontale ; et le troisième, de
prolonger le siège assez en avant.

3

pour soutenir les jambes du malade. Le *mouvement progressif* du fauteuil s'exécutait par deux manivelles que le malade pouvait mouvoir lui-même, et qui, à l'aide d'une bascule, communiquaient à un engrenage, lequel faisait mouvoir deux roues placées sous les pieds de derrière du fauteuil. L'*inclinaison du dossier* s'opérait par un arc de cercle denté, lequel était mené par une méchanique semblable. Enfin, le *prolongement du siège* se faisait par le moyen d'un double chassis de fer, qui, par le mouvement que lui imprimait une autre manivelle, sortait de dessous le fauteuil. Le méchanisme par lequel l'un de ces chassis s'élevait au niveau du siège pour supporter les jambes du malade, était la partie de la machine la plus ingénieuse. Lorsque le double chassis était sorti pour la plus grande partie de dessous le siège, le chassis supérieur se trouvait arrêté par un frein, tandis que l'autre continuait son mouvement. Cette circonstance obligeait des espèces de chevalets qui se trouvaient entre les deux chassis, de s'élever, de sorte qu'à l'extrémité du mouvement, le chassis supérieur se trouvait écarté de l'inférieur de toute la hauteur des chevalets, ce qui le mettait au niveau du siège. (*Collect. Acad.*, *part. franç.*, t. XIV, p. 407).

FAYANCE. C'est, comme l'on sait, un composé de deux parties très-distinctes, le biscuit et la couverte. Le biscuit est une terre argilleuse, peu cuite, et si poreuse, qu'on peut s'en servir pour filtrer de l'eau. La couverte est, au contraire, de l'émail, c'est-à-dire, une matière vitrifiée, opaque, dont les parties sont très-compactes, très-denses, et qui ne se laissent pas aisément pénétrer. Lorsqu'on a retiré la fayance du four, elle prend de la retraite par le refroidissement; mais le biscuit en prenant à un degré différent de la couverte, il arrive que l'émail se fendille imperceptiblement, et laisse de petits interstices par lesquels les fluides peuvent ensuite pénétrer dans l'intérieur de la fayance. D'ailleurs, les points d'appui sur lesquels les pièces ont porté pendant la fonte de la couverte, sont toujours dépourvus d'émail, parce qu'il reste attaché aux suppôts; ainsi, lorsqu'on plonge un vaisseau de fayance dans une liqueur quelconque, cette liqueur pénètre imperceptiblement par toutes ces ouvertures, jusques dans l'intérieur, ce dont on peut s'assurer aisément; car si l'on pèse ce vaisseau avant, et qu'on le repèse ensuite après l'avoir lavé dans l'eau pure, l'avoir essuyé, et même l'avoir laissé sécher pendant long-temps, il conservera toujours plus de poids qu'il n'en avait d'abord. Il faudrait, pour lui faire perdre entièrement cette humidité étrangère, le faire rougir au même degré qu'il a éprouvé pendant sa cuite.

Au reste, la fayance par sa blancheur, son vernis, par les fleurs et autres ornemens dont en la décore, a obtenu, pour un grand nombre d'usages, la préférence sur les ustensiles de bois, de terre, d'étain, d'argent ou de cuivre émaillé, et de fer, dont on se servait avant son invention; mais elle a l'inconvénient de se casser aisément, même sans choc, par l'impression du feu. On prétend diminuer cette espèce de fragilité, en la faisant, avant de s'en servir, bouillir dans l'eau. Il y en a qui y ajoutent des cendres, à cause du sel qu'elles contiennent, attendu que la fracture de la fayance au feu, vient de l'air ou de l'eau qu'elle contient, qui, faute d'issue, fait tout éclater par sa dilatation, lorsqu'on expose une pièce à une chaleur subite. Ainsi, plus un vaisseau de fayance est fendillé, moins il est sujet à casser, c'est ce que l'on peut observer sur les fayances communes qui résistent au feu. En employant le sel, lorsqu'on fait bouillir la fayance, on a pour objet d'attendrir la couverte et de faciliter les fentes. Cependant ce procédé n'est pas généralement approuvé; il y en a qui prétendent que la matière saline, qui s'est introduite dans la fayance après avoir perdu son humidité, vient fleurir à la surface, en passant à travers les fentes de la couverte, y laisse des mollécules de sel qui font alors la fonction de petits coins, et détachent la couverte que l'on voit quitter le biscuit par petites écailles.

C'est à l'expérience à décider laquelle de ces pratiques vaut le mieux.

§ Ier. *Manière dont les fayanciers hollandais font le massicot, qui est la base de la couverte blanche.*

On commence par prendre du sable fin; on le lave avec soin : sur cent livres de ce sable, on met quarante-quatre livres de soude et trente livres de potasse; on calcine ce mélange; c'est-là ce que les Hollandais nomment *massichot* ou *massicot.*

On prend ensuite cent livres de ce massicot, quatre-vingt livres de chaux d'étain, dix livres de sel commun; on fait calciner ce mélange à trois reprises différentes.

§ II. *Manière de vernisser et recuire, usitée en Hollande.*

On enduit les vaisseaux avec la couverte ci-dessus décrite, et après les avoir peints en bleu ou une autre couleur, on les met à recuire dans un fourneau fait exprès, qui est disposé de manière qu'il ne peut venir ni flamme ni fumée du feu qui fasse tort à l'ouvrage.

Lorsqu'on met des ouvrages au fourneau pour les recuire, les assiettes, plats ou tasses posent sur des morceaux d'argile cuite, de forme triangulaire, qui se fourent dans des ouvertures aussi triangulaires, de manière que les ouvrages que l'on pose dessus ne touchent point les uns aux autres.

4

§ III. *Email blanc de fayance.*

Il faut avoir deux livres de plomb, un peu plus d'une livre d'étain; calcinez ces deux métaux, et réduisez-les en cendres de la façon pratiquée par des potiers; prenez deux parties de ces cendres et une partie de dable blanc ou de cailloux calcinés, ou de morceaux de verre blanc et une demi-partie de sel; mêlez bien ces matières; mettez-les dans un fourneau à recuire; faites-les fondre ensuite; vous aurez un beau blanc.

§ IV. *Fondant pour mettre la couverte en fusion.*

On prendra de tartre calciné une partie; de cailloux et de sel, de chacun une partie; on se sert de ce mélange pour le porter sur les vaisseaux dans les cas où la couverte ne veut point entrer en fusion.

§ V. *Couverte blanche qui peut être portée sur des vaisseaux de cuivre.*

Vous prendrez de plomb quatre livres, d'étain une livre, de cailloux quatre livres, de sel une livre, de verre blanc une livre; faites fondre le mélange, et vous en servez.

§ VI. *Pour peindre en blanc sur un fond blanc.*

Vous prendrez un peu d'étain bien pur; enveloppez-le d'argille ou de terre; mettez-le dans un creuset; faites-le calciner dans le creuset que vous casserez ensuite; vous aurez une chaux ou cendre toute blanche: quand vous vous en servirez pour peindre sur du blanc, la couleur sortira, et sera beaucoup plus blanche que celle du fond.

§ VII. *Couverte jaune.*

Pour la faire, on prend d'étain et d'antimoine, de chacun deux livres; de plomb, trois livres; quelques-uns prennent égales quantités de ces trois matières; on calcine bien le tout; on le met ensuite en fusion pour le vitrifier: cette couverte est d'un beau jaune, et se met aisément en fusion.

§ VIII. *Couverte d'un jaune citron.*

Cette couverte se fait en prenant de *minium*, trois parties; de poudre de brique bien rouge trois parties et demie; d'antimoine, une partie; vous ferez calciner ce mélange jour et nuit, pendant deux ou trois jours, dans le cendrier du fourneau de verrerie; vous le mettrez ensuite en fusion; vous aurez une belle couverte d'un jaune citron: il faut observer que l'opération dépend beaucoup de la beauté de la couleur des briques pilées; celles qui sont d'un beau rouge et friables sont les meilleures; mais celles qui sont blanchâtres ne peuvent servir à cet usage; il faut faire la même attention pour les autres opérations.

§ IX. *Couverte verte sur un fond blanc.*

On la fera en prenant deux parties de cendre de cuivre, deux parties d'une des couvertes jaunes à volonté ; mettez ce mélange en fusion par deux fois ; mais quand vous vous en servirez pour peindre, il ne faudra pas en mettre trop épais, cela rendrait la couleur trop foncée. Au reste, en mêlant le bleu et le jaune, on peut produire beaucoup de nuances différentes de verd, à proportion du plus ou du moins de l'une ou de l'autre de ces couleurs qu'on mettra.

§ X. *Belle couverte bleue.*

Cette belle couleur s'obtient en prenant une livre de cendres de plomb, deux livres de cailloux pulvérisés, deux livres de sel, une livre de tartre calciné jusqu'à blancheur, une demi-livre de verre blanc, une demi-livre de safre ; faites fondre toutes ces substances ; faites-en l'extinction dans l'eau ; remettez le mélange ensuite à fondre, et réitérez plusieurs fois la même opération : il faudra procéder de la même façon pour toutes les compositions où il entre du tartre ; car sans cela elles seraient trop chargées de sel, et la couleur n'en serait point belle : si l'on veut que la couleur soit parfaite, il sera bon, outre cela, de faire calciner doucement le mélange jour et nuit, pendant deux jours, dans le fourneau de verrerie.

§ XI. *Bleu violet.*

Vous réussirez en prenant douze parties de tartre, autant de cailloux et de safre ; et en procédant comme ci-devant.

§ XII. *Belle couverte rouge.*]

On l'obtiendra avec trois livres d'antimoine, trois livres de litharge, une livre de rouille de fer ; broyez ces matières avec toute l'exactitude possible, et servez vous-en pour peindre.

§ XIII. *Couverte d'un brun pourpre.*

On prend quinze parties de litharge, dix-huit parties de cailloux pulvérisés, une partie de magnésie, quinze parties de verre blanc ; broyez avec soin ce mélange, et faites-le fondre.

§ XIV. *Couverte brune.*

De litharge et de cailloux de chacun quatorze parties, de magnésie deux parties ; faites fondre le tout.

§ XV. *Couverte de couleur de fer.*

Quinze parties de litharge, quatorze parties de sable ou de cailloux, cinq parties de cendres de cuivre ; faites calciner et fondre le tout.

§ XVI. *Couverte noire.*

Huit parties de litharge, trois parties de limaille de fer, trois parties de cendres de cuivre, deux parties de safre; ce mélange, quand il a été mis en fusion, devient d'un noir brun; mais si on veut le rendre plus noir, il faudra augmenter la dose de safre.

§ XVII. *Fayance française perfectionnée.*

Au mois d'avril 1796, M. Darcet a rendu compte au Lycée-des-Arts, des travaux de M. Olivier pour perfectionner la fayance. Il en résulte entr'autres choses, que cet artiste a imité cette fayance d'un jaune pâle, connue sous le nom de *terre anglaise*, fayance plus mince, plus légère et plus agréable que notre ancienne fayance de Nevers ou de Rouen; qu'il fabrique une autre espèce de fayance bronzée, légère, qui ne se gerce point au plus grand feu, et dont on peut faire des casseroles, des plats, des soupières, etc.; enfin qu'il est parvenu à imiter les fameuses terres de *Wedgwood*, ces terres de couleur fauve et noire non vernissées dont on fait ces tasses, ces theyières, ces pots à lait si délicats, si gracieux, en un mot ces terres qui, par la finesse du grain, peuvent servir à faire des bas-reliefs, des camées de la plus grande beauté. On trouvera dans la *Décade Philosophique*, tom. IX, p. 386, un extrait du rapport de M. Darcet; rapport infiniment intéressant, et par son objet, et par la manière dont il est présenté. La manufacture de M. Olivier est établie *rue de la Roquette*, *faubourg Saint-Antoine.*

L'Encyclopédie Méthodique, Arts et Métiers, t. II, p. 517, contient de savantes observations de M. Bosc d'Antic, sur l'art de la fayancerie.

Voyez les articles *Émail*, *Poterie*, et au mot *Mastic*, la manière de raccommoder la fayance.

FÉCONDATION ARTIFICIELLE. (V. *Plantes* § V; *Poissons* § VI; *Grenouilles*).

FEMMES INVISIBLES. Nous avons aujourd'hui, dans trois quartiers de Paris, trois femmes invisibles avec lesquelles, pour son argent, il est permis de converser, et c'est tout. L'une se dit de la Grèce, âgée de 300 ans; une autre s'annonce comme une jeune fille de Marseille, âgée de 18 ans. La troisième parle français et allemand. Toutes les trois se font passer pour pucelles.

Vous entrez dans une salle; vous n'y voyez autre chose qu'une caisse quarrée de 3 à 4 pieds de long, sur 1 à 2 de large, en grande partie garnie de verres qui en laissent voir tout l'intérieur, ou un simple globe de verre. Cette caisse et ce globe sont suspendus au plancher par des cordons de soie. A l'un et à l'autre sont attachés des cornets acoustiques qui transmettent les paroles de l'interlocuteur à la femme invisible, et de la femme invisible à l'interlocuteur. Une de ces femmes chante et même touche du forte-piano, qui a aussi le don de se rendre invisible. Sans être le berger Pâris, je serais fort embarrassé de savoir à laquelle de ces trois mystérieuses je donnerais la pomme. La discorde s'est mise entre elles. La petite guerre de plumes qu'elles se sont livrée n'entraînera pas la ruine de la capitale. Personne même ne paraît disposé à se ruiner pour elles.

Quant aux moyens d'invisibilité, l'on peut assurer qu'il n'en existe, jusqu'à présent, aucun dans le sens que le public attache à ce mot; il est fort douteux que la fable de l'anneau de Gygès se réalise jamais; mais laissons jouir chacun de son industrie : nous ne sommes plus dans ces temps d'ignorance où l'on pourrait abuser de cette mystification pour plonger le peuple dans la superstition, et les auteurs de cette découverte magique n'ont pas à craindre d'être brûlés comme sorciers.

FENÊTRE d'*Albert Durer.* Voici la description qu'en donne le P. Schott, dans sa *Magie Universelle.* On construit d'abord un cadre de bois de médiocre grandeur, dans lequel doit entrer un chassis de bois attaché à un des côtés du cadre par des charnières, en sorte qu'il puisse s'ouvrir et fermer à volonté. Ce chassis sera couvert d'une feuille de papier propre et également tendue. Aux deux angles supérieurs du cadre, on attache deux fils qui,

au moyen de petits crochets disposés assez près les uns des autres, sur les deux branches latérales du cadre, pourront se fixer à tel endroit qu'on jugera à-propos.

Pour dessiner avec cet instrument un objet en perspective, on s'y prend de cette manière :

1°. On place la fenêtre d'Albert Durer perpendiculairement sur une table, d'une manière solide, afin qu'elle ne puisse être dérangée par aucun mouvement;

2°. On place sur la même table ou sur une autre, l'objet à dessiner, derrière l'instrument, à une distance plus ou moins grande, suivant la grandeur qu'on veut donner à son dessin;

3°. Il faut éloigner la table du mur, jusqu'à ce qu'il y ait assez de distance pour que l'objet puisse être vu tout entier à travers le cadre;

4°. On attache dans le mur, à la hauteur de l'œil, une poulie ou simplement un clou avec un anneau;

5°. On fait passer par cette poulie ou cet anneau, un cordon au bout duquel est suspendu un poids, et l'on amène ce cordon en le faisant passer par le cadre, jusques sur l'objet à dessiner;

6°. On arrête ce cordon sur un des points de l'objet. Cela fait, on croise les deux fils, attachés au cadre, l'un sur l'autre, jusqu'à ce que le point d'intersection se fasse sur le cordon qui passe à travers le cadre;

7°. Ce point d'intersection donné, on ôte le cordon, on ferme le chassis, et l'on marque sur le pápier ce même point d'intersection; et en parcourant de cette manière tous les points de l'objet à dessiner, on sait la place et l'espace que chaque trait de perspective doit occuper sur le papier. Il ne manque plus que de lier ensemble tous ces traits, et de les enluminer. *Voyez* la figure de cet instrument dans le traité *Della Perspectiva* de Daniel Barbarus, 1569, p. 191. Cet ouvrage est à la Bibl. Nationale, lettre V, n°. 152.

Cette méthode, quoique pénible, n'en est pas moins ingénieuse, car la poulie détermine la place de l'œil; le cordon fait l'office des rayons visuels, et les points d'intersection indiquent le passage de chaque rayon visuel à travers l'objet dessiné, s'il était diaphane.

Le P. Magnan, minime, s'est ingénieusement servi d'une méthode presque semblable, pour tracer sur un long mur de son couvent l'image de St.-François de Paul, qui ne pouvait être apperçue qu'à une certaine place. Nous invitons à lire dans l'ouvrage du P. Schott, t. Ier., p. 138 et 142, le procédé qui est décrit fort au long, avec figures.

FER. C'est un métal imparfait, d'une couleur grise approchant du noir. C'est le plus dur et le moins ductile des métaux. Il ne se fond qu'avec la plus grande difficulté. M. Bergmann a fait sur le fer crud, le fer forgé, et l'acier, une dissertation qui a été communiquée par M. de Morveau à l'Académie de Dijon. Nous ignorons si cette dissertation a été imprimée. On en trouvera l'analyse dans le *Journal de la Blancherie*, 1782, p. 50, 59.

M. Wood a trouvé le secret de tirer du fer du charbon de terre. (Voyez *Journal de Verdun*, novembre 1730, p. 372.)

Le *Journal de la Blancherie*, ci-dessus cité, année 1782, p. 206, et année 1783, p. 71, fait mention, 1°. d'un procédé inventé par M. de la Place, pour rendre le fer de fonte propre à être travaillé à la lime, au ciseau et à la gouge; 2°. d'expériences faites sur le fer ainsi préparé, comparativement avec le fer préparé dans les forges de Buffon, et donne un extrait du procès-verbal des commissaires nommés par le gouvernement, à l'effet de rendre compte desdites expériences.

Nous ne passerons pas non plus sous silence, le mémoire de dom Pradines, bernardin, sur le fer, mémoire dont ce même journal, année 1786, p. 310, a donné un extrait.

Enfin ceux de nos lecteurs qui voudront prendre une idée du travail des forges, peuvent consulter, indépendamment des livres de métallurgie, le 4e. volume des planches de l'*Encyclopédie*, article *Forges* ou *Art du fer*.

§ Ier. *Choix du fer.*

Choisissez toujours le fer le plus doux; il se coupe et se

lime plus facilement, prend un plus beau poli, et souffre qu'on le plie à froid, ce que vous ne pourriez pas faire avec du fer aigre, sans risquer de casser la pièce. Vous reconnaîtrez le fer doux aux marques suivantes : il se laissera plier plusieurs fois en sens contraire avant de se casser, à moins que la pièce ne soit fort grosse ; et quand il sera cassé, il vous fera voir un grain menu plus égal, plus homogène que le fer aigre, qui paraît avec de grosses parties brillantes parsemées dans un grain plus fin.

Il faut aussi éviter les pailles et les gerçures, et mettre au rebut les morceaux où vous en appercevrez ; ceux où il y en a beaucoup ont un mauvais son ; et quand on a découvert la superficie avec la lime, on apperçoit des raies noires qui vont fort avant dans le métal.

Quand vous prendrez du fer chez un marchand, choisissez-le de figure et de grandeur proportionnées à l'usage que vous en voulez faire, afin qu'il y ait moins à travailler à la forge et à la lime, ce qui vous épargnera du charbon et de la main d'œuvre. Si vous achetez du fer en tôle, préférez les feuilles les plus unies, les plus droites, les plus égales en épaisseur dans toute leur étendue. Si c'est du fer enduit d'étain, qu'on appelle *fer blanc*, il y en a de plusieurs modèles : le plus grand est aussi le plus fort. Prenez celui qui sera le plus propre à l'usage que vous en voulez faire, soit par ses dimensions,

soit par ses autres qualités ; mais, quel qu'il soit, il faut prendre garde s'il est bien uni et également étamé. Celui qu'on tire d'Angleterre a un avantage sur celui de France ; il est apparemment plus doux, plus ductile ; car les ouvriers disent qu'il se forge mieux à froid pour en faire des pièces creuses, ce qu'ils appellent *embountir*.

§ II. *Dissolution et oxidation du fer.*

Pour le dissoudre, versez dans le fond d'un grand verre à boire de l'eau-forte, jusqu'à la hauteur d'un pouce tout au plus; jettez-y peu-à-peu et en petites pincées de la limaille de fer autant que la liqueur en pourra dissoudre : cette dissolution prendra une couleur rougeâtre ; il s'en élévera beaucoup de vapeurs rouges, et le verre deviendra fort chaud. Comme cette dissolution se fait avec effervescence, il faut la faire en petite quantité dans un grand verre ; sans cela elle pourrait se répandre par-dessus les bords, tomber sur les mains et sur les habits, y faire des taches et même des trous. (*Voyez* au mot *Agathe*, § IV, la manière d'obtenir l'oxide de fer.)

§ III. *Fer fondu.*

Parmi les questions insérées dans le journal intitulé *Nouvelles de la République des Lettres et des Arts*, par M. de la Blancherie, 1786, p. 201, on trouve celle-ci : « Y a-t-il un moyen d'adoucir le fer fondu, au point qu'il cesse d'être inattaquable à la lime; et dans le cas contraire, quelle est la matière de la nature du grais ou de l'émeril qui pourrait user ou polir ce fer fondu? Ne serait-ce pas la gangue de quelques métaux ou l'aimant naturel, qui est si commun aux îles Antilles? »

M. Boulard, architecte à Lyon, a fait à cette question la réponse suivante :

« Le fer fondu et la fonte de fer se laissent limer, lorsqu'elles ont été recuites par un feu de charbon de bois, soutenu pendant deux ou trois heures. On observe de ne pas faire rougir à blanc la fonte qu'on soumet au feu, parce qu'elle tomberait en morceaux.

« Les cylindres de fer fondu qu'on veut maintenir dans toute leur dureté, sé tournent et se polissent avec de l'émeril en pierre, que l'on présente au bout d'une tenaille. On est forcé pour cet effet de changer souvent de morceau d'émeril, parce que son arrête se détruit bientôt. » (Voyez l'art. *Mouler* (*art de*), § VII).

§ IV. *Moyen de convertir le fer en cuivre.*

Le hasard découvre quelquefois dans les corps de la nature des propriétés que l'industrie sait mettre à profit; telles sont les eaux de Neusol, en Hongrie. Dans le temps des cruels ravages que Botskai exerça en Hongrie, en 1605, ce barbare, après avoir pillé et brûlé la ville de Neusol, tourna sa rage contre les mines. La frayeur ayant saisi les mineurs, ils cachèrent tous leurs ustensiles dans des cavités souterraines, et chacun se sauva comme il put. Au bout d'un mois, lorsque les ennemis se furent retirés, ces ouvriers revinrent, et furent fort étonnés de trouver la plus grande partie de leurs ustensiles couverts d'une croûte de cuivre plus ou moins épaisse, selon que le lieu où ils les avaient cachés était plus ou moins humide.

On conclut de-là que les eaux qui découlaient dans quelques endroits de la mine, devaient avoir la vertu de former du cuivre; ce qui détermina à ramasser et réunir toutes ces eaux par des espèces de gouttières, afin de ne les point laisser perdre. On éprouva que ces eaux vitrioliques consumaient le fer, et rendaient une égale quantité de cuivre : dès-lors on profita d'un moyen si facile pour se fournir de cuivre. On construisit des souterrains dans lesquels on ramassa les eaux : ces souterrains sont présentement au nombre de vingt-quatre : on réunit les eaux par des tuyaux et gouttières dans des réservoirs carrés, dans lesquels on jette de la féraille. L'eau amassée dans les réservoirs paraît verdâtre; mais lorsqu'on en puise dans un verre bien net, elle paraît blanche et claire comme du crystal; son goût néanmoins est très-vitriolique.

Le cuivre que cette eau fournit est beaucoup plus pur, plus malléable, et plus aisé à fondre que tout autre cuivre : aussi les ouvriers en fabriquent des plats, des gobelets, des tabatières, et travaillent à l'envie à se surpasser pour la beauté et la propreté de leurs ouvrages.

Toute personne un peu instruite dans la chimie, sait bien qu'il est absolument impossible de changer la nature du fer en celle de cuivre; qu'il est vrai qu'on peut tromper la vue, et en imposer à des personnes peu instruites, en leur faisant voir une lame de fer que l'on trempe dans de l'eau, et qui aussitôt prend le coup-d'œil métallique du cuivre : l'eau dans laquelle on trempe cette lame est une eau vitriolique qui, en dissolvant le fer, laisse déposer à la place le cuivre qu'elle contient en dissolution, en quelque petite quantité qu'il y soit. (Voyez *Transmutation des métaux.*)

Les eaux de Neusol, en Hongrie, dont on a su tirer un si grand avantage pour se procurer de bon cuivre, sont dans le même cas. Cette eau agit sur le fer qu'on y jette, le dissout et précipite les particules de cuivre qu'elle contient dissoutes dans sa substance, lesquelles prennent alors peu-à-peu la figure du fer auquel elles s'étaient attachées. Le cuivre formé de la sorte n'est pas en masse dense et unie, mais c'est un amas d'une infinité de petites particules, ressemblant aux œufs de poisson; fort friables et aisées à casser. (*Collect. Académ.*, *part. franç.*, t. VI, p. 143, et *part. étrang.*, t. VI, p. 422.)

Les eaux de Neusol tirent leurs propriétés des pyrites de cuivre qu'elles ont dissoutes en passant à travers les mines dont les montagnes sont remplies; mais on a observé que la vertu de ces eaux a été affaiblie vers le commencement de ce siècle par des inondations qui ont pénétré d'en haut dans les mines. Cinq ou six chambres fournissaient autrefois plus de cuivre qu'on n'en retire aujourd'hui d'une vingtaine. (V. *Métaux.*)

§ V. *Manière d'amener le fer à sa perfection.*

Les mines de fer, après une première fusion, fournissent toujours un fer aigre et cassant, qui est ce qu'on nomme *fonte* ou *fer fondu.* Pour le perfectionner, il a besoin de recevoir plusieurs fusions, et d'être travaillé sous le gros marteau des forges. Le nombre et la nature de ces préparations dépendent de la plus ou moins bonne qualité : souvent ce n'est qu'après la septième ou huitième fusion, ou après des répétitions longues et dispendieuses du travail au marteau, que l'on parvient à lui donner la perfection que l'on desire. Ce défaut du fer vient ordinairement de deux causes, 1°. de ce qu'il reste du soufre dans le fer, malgré la torréfaction de la mine, la fusion à travers les charbons et le travail du gros marteau; 2°. de ce qu'il reste dans le métal des parties de la terre propre du fer, qui, faute d'avoir été suffisamment atteintes par lé phlogistique, n'ont pas été bien métallisées. Les substances osseuses sont propres à remédier à ce double inconvénient, et par le phlogistique qu'elles contiennent, et par leur matière terreuse calcaire qui absorbe et décompose le soufre. En général, on peut employer à cet usage tout ce qui est propre à faire l'acier, comme les matières osseuses dont nous venons de parler, et les charbons de matières molles animales qui retiennent tout leur phlogistique à la plus grande violence du feu.

M. Baillet, inspecteur des mines, a vu, dans les forges de Marche, près Namur, employer avec succès au feu d'affinerie, un procédé très-simple pour donner au fer une meilleure qualité. Ce procédé consiste à jeter une demie pelletée de castine en poudre fine sur la loupe au moment où elle est formée, et à la tenir ainsi exposée au vent des soufflets pendant quelques instans avant de la porter sous le marteau. La castine dont on se sert est une pierre calcaire bleue très-dure, qui donne une chaux blanche excellente, et dont la poudre est aussi très-blanche. Cette castine produit un prompt effet sur la loupe ; elle épure le fer et le débarrasse du sidérite ou phosphure de fer qui, comme on le sait, rend le fer cassant à froid. On a néanmoins reconnu dans les forges de Marche que, par ce procédé, l'on éprouvait un léger déchet. (*Bulletin de la Société Philomatique*, fructidor an 4).

On lit dans le *Journal des Mines*, tom 1er., n°. 5, p. 85, que M. Rinmann fils, a essayé de convertir en fer doux et malléable le fer cassant à froid, en absorbant, au moyen de la chaux, l'acide phosphorique que l'on sait être la cause de ce défaut : il a reconnu que, pour réussir complettement, il fallait commencer par incorporer la chaux par la fusion avec parties égales de scories, et mêler ensuite 140 livres de la substance vitreuse qui résulte de ce mélange avec 260 livres de fonte de fer. Cette proportion de fer forgé est à-peu-près celle que donne la meilleure espèce de fonte. Il essaya d'ajouter de la potasse au mélange. Le fer qu'il obtint n'était plus du tout cassant à froid.

Les différentes propriétés du fer viennent des matières étrangères qui y sont mêlées ; ainsi on a reconnu dans le fer cassant à froid une matière à laquelle on a donné le nom de *sydérite*, et de l'*arsenic* dans celui cassant à chaud.

Si la mine de fer était simplement la chaux de ce métal, séparée de toute combinaison, il ne faudrait que la mêler dans le fourneau avec du charbon pour la réduire à l'état métallique ; mais ce métal est presque toujours mêlé de matières terreuses et peu fusibles, ce qui oblige d'y mêler des fondans. Les mines les plus abondantes en fer sont quelquefois très-difficiles à traiter par cette raison. Nous invitons ceux qui desirent se procurer des lumières

res

res sur cet objet, à lire dans les *Mémoires de l'Académie*, de l'année 1786, deux bons mémoires sur ce sujet.

On trouve aussi dans le journal intitulé *Nouvelles de la République des Lettres et des Arts, par M. la Blancherie*, année 1786, p. 333, des réflexions sur la manière de rendre le fer moins cassant. Voyez au surplus, au commencement du présent article, ce que nous avons dit du procédé de M. de la Place.

Le Journal des Mines, t. I, n°. 6, page 27, contient quelques détails sur un procédé inventé en Angleterre, pour convertir toute espèce de fonte en excellent fer forgé, et les heureux résultats de l'expérience, qui ont prouvé la bonté du fer préparé par ce procédé.

On trouve aussi dans les *Mémoires de l'Académie des sciences*, année 1786, les observations théoriques et ingénieuses des cit. Monge, Vandermonde et Bertholet, sur le fer et l'acier.

§ VI. *Laminage du fer.*

En 1752, le sieur Chopitel, maître serrurier, a présenté à l'Académie des Sciences une machine par le moyen de laquelle on peut laminer le fer en plates bandes de toutes sortes de profils, au lieu de l'estamper comme on fait communément. On peut même l'y profiler de deux sens, ce qu'il est impossible de faire avec l'estampe, puisqu'il faut y enfoncer le fer à coups de marteau pour l'y

Tome III.

mouler, ce qui exige un côté plat, sur lequel on puisse frapper. Dans la machine proposée par le sieur Chopitel, le fer se moule en passant entre deux cylindres mus par un courant d'eau; et comme il s'y moule sans interruption, les profils y sont poussés d'une manière bien plus hardie qu'avec l'estampe. Les ouvrages y sont ensuite finis sur différentes meules qui donnent, à ceux qui en sont susceptibles, le plus beau poli. On peut y construire en fer des croisées entières avec leurs dormants, leurs fermetures, etc.; et comme tous ces ouvrages se font par le moyen de l'eau, ils se peuvent exécuter plus promptement et à meilleur marché que par les voies ordinaires. Cette manière de laminer le fer a paru utile et avantageuse. (*Collect. Acad.*, *part. franç.*, tom. XI, p. 476).

§ VII. *Moyen de préserver le fer de la rouille.*

Le fer, ce métal si utile pour un grand nombre d'usages, et pour la construction des bâtimens, est facilement décomposé par l'humidité et par l'eau, qui en détruisent la superficie en décomposant le métal, et le privant de son phlogistique, ou de la matière du feu nécessaire à son essence; ne laissant donc que la terre propre à ce métal, elles réduisent sa surface sous un état de rouille. S'il est vrai, comme on le dit, que l'eau du Taviano, en Corse, a la propriété de dérouiller le fer, ce

e

serait une eau à examiner chimiquement pour connaître à quel principe elle doit cette singulière propriété. On peut le garantir en le couvrant d'une couleur délayée dans de l'huile. Les Suédois ont trouvé un autre moyen ; il consiste à mêler de la suie dans du goudron fondu, et à appliquer ce goudron avec des brosses rudes sur les grilles ou fers exposés à l'air. Si on applique cet enduit au printemps, il se sèche, ne se fond plus à l'ardeur du soleil, et fait l'effet d'un beau vernis noir et luisant.

La rouille est la destruction de la superficie des métaux : le cuivre, et sur-tout le fer sont très-sujets à cet inconvénient ; aussi, pour en garantir le fer, on a imaginé divers moyens, qui ont été de dorer les ouvrages les plus précieux, de les bronzer, de les enduire d'un vernis, ou d'une couche d'huile, d'en étamer d'autres. Autrefois nos serruriers étaient dans l'usage d'étamer nos verroux, nos serrures, nos marteaux de porte.

En 1760, on avait établi, à la Charité-sur-Loire, une fabrique de fer battu et blanchi, qui non-seulement était exempt de rouille, mais résistait encore au plus grand feu. (*Voyez* les mots *Dorure* et *Étamage*).

Dans le *Journal Polltype*, t. II, p. 188, on a indiqué des moyens de préserver le fer de la rouille, tels que de faire chauffer le fer et de l'enduire d'huile rendue siccative par de la limaille de plomb, ou de faire rougir le fer, et de l'étein-

dre dans l'huile de lin, ou mieux encore dans un bain de suif. Il y est aussi question, pour l'acier, d'un vernis fait avec du mastic, du camphre, de la résine, élemi, et du sandaraque. On peut aussi chauffer l'acier fortement, sans l'approcher trop brusquement du feu, jusqu'à ce qu'on ne puisse le toucher sans se brûler, et le frotter légèrement de cire vierge. On le rapproche du feu pour lui faire boire la cire, et on l'essuie avec un morceau de serge ou de drap. Ce procédé garantit l'acier de la rouille, sans altérer son brillant. (*Ibid*, p. 221).

Le secret le meilleur connu jusqu'à présent pour garantir les ouvrages de fer et d'acier de la rouille, c'est de les frotter d'huile ou de graisse, et de réitérer de temps en temps.

M. Homberg a donné une recette pour garantir les instrumens de fer ou d'acier de la rouille, dont on peut conseiller l'usage aux chirurgiens pour la conservation de leurs instrumens. On prend huit livres de graisse de porc, quatre onces de camphre ; on les fait fondre ensemble ; on y mêle du crayon en poudre en assez grande quantité pour donner à ce mélange une couleur noirâtre. On fait chauffer les instrumens de fer ou d'acier qu'on veut préserver de la rouille, ensuite on les frotte et on les oint de cet onguent.(Voyez *Coll. Acad.*, *part. franç.*, t. I, p. 447). Les poeles et les plaques de cheminées qui sont enduites de cette matière, ont l'inconvénient de produire d'abord une odeur désagréable et même dangereuse ; mais cette odeur se dissipe avec le temps. On peut aussi employer l'huile essentielle de thérébentine pour appliquer la plombaginé ou crayon sur le fer.

On prétend que l'huile exprimée d'une anguille, que l'on a fait frire dans une poele, a la propriété de garantir le fer ou les armes à feu de la rouille, quand même on les mettrait dans un lieu humide.

Quoiqu'on emploie l'huile pour garantir de la rouille, cependant elle occasionne elle-même de la rouille au bout d'un certain temps : souvent même elle ne fait que la hâter et l'augmenter, et il y a quelques années, que dans la *Gazette de Francfort*, pour enlever à l'huile l'acide qui ronge le métal, on recommandait de verser à cinq ou six reprises, du plomb fondu dans le vase qui le contenait. On a observé que les huiles rances rouillent encore moins que les grasses, parce qu'elles ont perdu, en s'altérant, une partie de l'air libre qu'elles contiennent ; c'est pour cela que les armuriers, les horlogers les préfèrent aux autres : d'ailleurs elles se figent beaucoup moins par le froid.

Comme les acides, et même la seule humidité, ainsi que nous l'avons dit, attaquent le fer, le couvrent de rouille, et altèrent sa beauté, un nommé Chartier, qui, en 1760, demeurait sur les fossés du Pont aux Choux, s'est annoncé pour avoir une liqueur qui préservait parfaitement bien le fer le plus poli, tel que celui des espagnolettes, de la rouille, ainsi que les ouvrages de cuivre, du verd-de-gris : cette liqueur conserve à ces métaux leurs couleurs naturelles. Il applique aussi sur le fer une composition métallique, qui s'y unit, s'y incorpore si intimément, qu'il l'empêche de se rouiller, et lui donne en même-temps une couleur fort approchante de l'argent mat. Serait-ce le même vernis métallique annoncé depuis par M. Beaubourg dans le *Journal de la Blancherie*, 1785, p. 375 et 384 ?

Il s'est établi aux Thermes, près Paris, une manufacture où l'on prépare toute espèce de fer, tant grossier qu'ouvragé, pour le mettre à l'abri de la rouille, et singulièrement le fer destiné à la couverture des maisons, et à la construction des planchers. (*Voyez* ce qui en est dit dans le *Journal d'Histoire Naturelle*, 1787, tom. II, p. 420).

Nous allons indiquer, d'après Kunkel, une huile qui garantit le fer et l'acier de la rouille. Il faut prendre de la litharge ; triturez-la avec soin sur une pierre, après l'avoir humectée avec de l'huile d'olive ; mettez ce mélange dans une boîte de bois de tilleul qui soit si mince par le fond que l'on puisse voir le jour au travers, comme nous l'avons dit au mot *Doublet* ; exposez cette boîte à la chaleur du soleil ; il se filtrera au travers une huile pure, et très-propre à préserver le fer et l'acier de la rouille. (*Voyez* au mot *Vernis*, § XVIII, *l'article vernis pour l'acier et le fer*).

§ VIII. *Manière d'enlever la rouille du fer.*

Après avoir indiqué la manière de garantir le fer de la rouille, il nous reste à parler de la manière de dérouiller le fer.

· Réduisez en une poudre fine du verre ; prenez un linge ou un morceau de drap fort serré ; étendez-le fortement sur un cadre ; mettez-y une bonne couche d'eau de gomme ; saupoudrez-y votre verre pulvérisé au travers d'un tamis de crin fort serré ; laissez sécher le tout ; réitérez la même chose jusqu'à trois fois ; et quand vous en serez à la dernière fois , faites bien sécher ; vous pourrez, avec le linge ou drap ainsi préparé, enlever aisément la rouille.

On peut aussi consulter le mot *Papier à dérouiller.*

FER-BLANC. L'étain ayant la propriété de s'unir avec tous les métaux, on fait souvent usage de cette qualité pour préserver les ouvrages de fer de la rouille ; c'est un des moyens indiqués dans une dissertation de M. Filhol , qui a remporté le prix de l'Académie de Bordeaux. (*Voyez* ce qu'en dit le *Journal des Savans*, 1747, p. 195 et 509). Les épingliers , les serruriers, les éproniers, étament leurs pièces. L'usage des serruriers est de mouiller le fer, de le couvrir de résine en poudre , et de le tremper ensuite dans l'étain, qui ne manque pas de s'y attacher.

Les épingliers étament les épingles de fer en les mettant dans des cruches de terre où ils tiennent une certaine quantité d'étain fondu avec du sel ammoniac ; en secouant le tout à diverses reprises, les épingles se trouvent étamées.

Les éproniers emploient aussi le sel ammoniac. En général on peut toujours réussir à étamer le fer en employant le sel ammoniac et l'étain , et de cette façon on pourrait faire du fer-blanc comme cela est arrivé à quelques personnes , soit en frottant la feuille de suif, sur laquelle on sasse du sel ammoniac, pour la tremper ensuite dans l'étain fondu, soit en faisant fondre du sel ammoniac dans de l'eau, dans laquelle on plonge la feuille avant de la tremper dans l'étain. Mais la blancheur des feuilles ainsi étamées, est sujette à être altérée par des taches de diverses couleurs.

La manière usitée en Allemagne, de faire le fer-blanc, a été long-temps regardée comme un secret, qui a été dévoilé par M. de Réaumur, comme on le peut voir par le détail très au long qu'il donne sur cet objet, dans le recueil des mémoires de l'Académie, année 1725. (Voyez *Collect. Académ.*, *part. franç.*, t. V, p. 126 et 129). Nous nous contenterons de dire que la préparation des feuilles consiste à leur procurer une rouille qui détruit une espèce d'épiderme trop dure, qu'elles contractent sous le marteau et au feu. On enlève cette rouille en lavant les lames et en les frottant avec du sable ; après quoi on les trempe chaudes à un degré convenable , dans des creusets pleins d'étain en fusion, en observant que cet étain doit être couvert d'une couche de suif d'un pouce ou deux d'épaisseur , dans lequel on a mis un peu de noir de fumée.

L'effet du suif est , entre autres , d'empêcher l'étain en fusion de se réduire en chaux par le contact de l'air, ce qui lui arrive aisément. (*Voyez* au mot *Etain*, l'article *Vaisselle d'étain*). Quant au noir de fumée , il paraît qu'il remplace le sel ammoniac dans lequel il entre. Voyez aussi ci-dessus le choix qu'il faut faire du fer qu'on veut étamer. Ne pourrait-on pas donner facilement , aux lames de tôle dont on forme le fer-blanc, une plus grande épaisseur d'étain, et les rendre plus *grasses?* comme aussi faire des feuilles de fer-blanc étamées également dans toute leur surface, en faisant passer les lames de tôle horizontalement dans un bain d'étain fondu, au lieu de les y plonger perpendiculairement ?

FERMENTATIONS. Ce mot , dans l'acception générale , et par son étymologie , présente l'idée du mouvement donné aux solides et aux fluides par la chaleur, et l'on pourrait en conclure que toute fermentation est accompagnée de chaleur.

On trouve cependant, parmi les mémoires de l'Académie des sciences de Paris (Voyez *Collec. Acad. part. franç.*, t. I, p. 560 ; t. II , pag. 246 ; t. VI , p. 110.) un mémoire curieux de M. Geoffroy , sur des fermentations froides. Comme elles ont beaucoup de rapport à ce que nous avons dit à l'article *Refroidissement des liqueurs*, nous nous contenterons d'y renvoyer, en observant seulement que les différentes expériences de M. Geoffroy pourraient conduire à d'autres découvertes utiles.

MM. Amontons et Geoffroy ont observé que l'esprit-de-vin communique de la chaleur à l'eau par son mélange. (*Collect. Acad.*, *partie franç.*, tom. II, p. 248, et t. III, p. 218).

A la lecture de leurs observations, il faut joindre encore celle d'un mémoire inséré tome XIII *de ladite Collec. Académ.*, *part. étrang*, p. 140.

L'Académie de Berlin avait proposé un prix , en 1784 et 1785, pour le meilleur mémoire sur la *Théorie de la Fermentation*; mais n'ayant point reçu de mémoire satisfaisant, elle abandonna cette question en 1786.

FEU. Il n'est point du ressort de cet ouvrage de donner ici la théorie du feu; d'habiles physiciens ont traité cette matière. On trouvera dans l'*Encyclopédie* leurs différens systèmes rapprochés. Des réflexions importantes sur l'incendie de l'église de Royaumont, en 1760, sont consignées dans la *Coll. Acad.*, *part. fr.*, t. XII, pag. 86. Il y faut joindre la lecture de l'ouvrage du trop fameux Marat , intitulé : *Recherches Physiques sur le feu*, qui se vend à Paris chez Jombert, rue Dauphine, 1779, et un autre ouvrage intitulé : *Découvertes sur le feu, l'électricité et la lumière, constatées par une suite d'expériences nouvelles.* On pense qu'elles sont du même Marat, qui, à l'aide du microscope solaire, a examiné la matière du feu en expansion ; cet ouvrage a été imprimé chez Clousier en 1779. Nous invitons encore à lire l'ouvrage de M. de la Marck, intitulé : *Recherches sur les causes des principaux faits chimiques.*

§ Ier. *Régulateur du feu.*

Le cit. Bonnemain, physicien connu par l'art de faire éclore les poulets, et de les élever sans le secours des poules, a trouvé le moyen d'obtenir une chaleur toujours parfaitement égale, et à tel degré qu'il veut, par l'application d'un régulateur qu'il adapte aux fourneaux, poêles ou autres ustensiles propres à contenir le feu.

On se sert de ce régulateur au moyen d'une aiguille qui marque, sur un cadran, les différents degrés de chaleur que l'on veut avoir. En tournant l'aiguille à droite, le feu augmente ; en la tournant à gauche, il diminue. L'aiguille une fois fixée, la chaleur ne varie plus.

Les avantages de ce régulateur sont de trois espèces ; l'économie dans les matières servant d'aliment au feu ; la commodité, en ce que le régulateur dispense de tout soin de surveillance sur le feu ; la sûreté, en ce que l'on est parfaitement certain de l'égalité constante du feu, quelque soit le courant d'air auquel le fourneau puisse être exposé.

Ce régulateur est annoncé par M. Bonnemain, en 1784, dans les papiers publics, comme devant être d'une grande utilité pour la chimie, pour les serres chaudes, pour les bains, pour les poêles, pour la cuisson des alimens, et généralement pour la perfection de tous les arts, où le feu employé pour agent a besoin d'être tempéré, et entretenu toujours au même degré.

M. Faujas de Saint-Fonds, dans le second *volume de son Voyage en Angleterre et en Ecosse*, p. 269, donne la description d'un fourneau portatif par lequel on peut graduer le feu à volonté, et le pousser jusqu'à la fusion des clous de fer ; fourneau inventé par le docteur Black, savant chimiste.

§ II. *Feu à la cheminée.*

On sait que le feu prend aisément aux parois intérieurs des cheminées. La suie qui s'y allume jette d'autant plus de flamme, que le tuyau est plus élevé, parce que l'air inférieur fournit de l'aliment au feu. Si l'on pouvait donc supprimer cet air, on éteindrait l'incendie.

Quelques personnes tirent un coup de pistolet dans la cheminée ; ce qui ne peut produire qu'un effet nuisible par la commotion de l'air, si la cheminée n'était pas bonne.

D'autres mettent sous la cheminée une chaudière pleine d'eau ; mais les vapeurs qui s'en élèvent, loin d'éteindre le feu, semblent lui donner une nouvelle force.

L'eau qu'on jette dans la cheminée par le haut est inutile aussi, parce qu'elle coule par le milieu du tuyau et non le long des parois.

Il est plus utile de boucher avec du fumier l'orifice supérieur du tuyau de la cheminée, ou de boucher exactement le devant de la cheminée avec un drap mouillé ; c'est le moyen d'intercepter le passage de l'air, et sans air le feu ne peut subsister.

Zacharie Greyl, graveur à Ausbourg, a donné, avant 1720, l'idée d'une machine à poudre pour éteindre le feu.

On indique encore dans les éphémérides des curieux de la nature, comme un moyen sûr et prompt, de prendre un peu de poudre à canon, de l'humecter avec de la salive, pour la lier et en former une petite masse, de la jeter dans l'âtre de la cheminée : lorsqu'elle est brûlée, et qu'elle a jeté une vapeur considérable, on en jette une seconde fois, puis une troisième, et ainsi de suite, autant qu'il est nécessaire. Bientôt l'incendie est éteint et comme étouffé par cette vapeur. L'on voit tomber du tuyau de la cheminée des gateaux de suie,

tout ardens, sans qu'il reste dans le tuyau le moindre vestige de feu.

Cet effet est produit sans doute par la vapeur qui détruit l'élasticité de l'air. On peut donc obtenir le même succès, en jetant dans le foyer du soufre concassé ou du fil soufré. La vapeur de l'acide volatil, en se dégageant par la déflagration, diminue l'élasticité de l'air dont le concours est nécessaire pour l'inflammation. Le *Journal de Paris*, mars 1785, n°. 85, et les *Affiches de Province*, 1785, n°. 58, rapportent une expérience qui prouve que l'usage du soufre a parfaitement réussi. Nous invitons nos lecteurs à lire dans la *Collect. Académ.*, *partie étrang.*, t. XIII, p. 14 et 158, un mémoire sur la cause de l'extinction de la flamme dans un air renfermé. On y trouvera plusieurs expériences qui fourniraient peut-être de nouveaux procédés utiles.

Voyez au mot *Incendie*, les expédiens auxquels on peut avoir recours pour les arrêter ; *voyez* aussi *Embrâsemens spontanés*.

§ III. *Feu grégeois.*

Voici ce que dit à ce sujet Porta, dans sa *Magie Naturelle*, liv. XII, chap. 2. « C'est à l'invention des Grecs qu'est due cette composition. Pour attaquer avec succès des vaisseaux, on fait bouillir ensemble du charbon de bois de saule, du sel, de l'eau-de-vie brûlée, du soufre, de la poix

4

et de l'encens, avec une étouppe de laine d'Ethiopie et du camphre ; car cette substance étonnante par ses effets, a seule la vertu de mettre dans l'eau même le feu à toute espèce de matière. Ce fut l'architecte Callimaque, qui, fuyant d'Héliopolis, fit le premier part de cette recette aux Romains, et depuis bien des empereurs s'en sont servi avec avantage contre les ennemis. Lorsque les Orientaux, montés sur 1800 barques longues et légères, vinrent attaquer la ville de Constantinople, l'empereur Léon les brûla tous avec cette espèce de feu. Depuis et peu de temps après, il mit de même le feu à 400 vaisseaux ennemis et à 350. » *Voyez* ce que dit le *Journal des Savans*, 1676, p. 148 de la 1re. édit., et p. 83 de la 2e., du feu grégeois et de son origine.

L'*Encyclopédie* fait remonter vers l'an 660, l'origine de cette invention, attribuée suivant les uns à Callinique, ingénieur d'Héliopolis ; vers l'an 670, suivant d'autres, à Marcus Gracchus ; mais il paraît qu'on ne sait rien de bien constant, ni sur l'origine ni sur la composition du feu grégeois, que l'invention de la poudre à canon a fait oublier.

En 1249, au siège de Damiette, les Français éprouvèrent les funestes effets de ce feu.

Les moyens de destruction les plus rapides, les plus dévastateurs, sont ceux que l'ambition, l'esprit de conquête, la

baine, la discorde, la vengeance et toutes les passions inspirent à l'espèce humaine, dans les guerres que les nations se livrent entre elles.

De nos jours, n'avons-nous pas entendu parler d'un feu terrible, connu sous le nom de *cerilles*, qui fit tant de ravages au dernier siège de Belgrade, sous le maréchal de Laudun, dans la guerre de l'empereur contre les Turcs ?

Le *Journal des Savans*, 1666, p. 222 de la 1re. édit., et p. 130 de la 2e., indique une machine qui, appliquée contre un vaisseau, y met à l'instant le feu, sans faire mal à celui qui applique la machine.

On lit dans les papiers publics du 30 novembre 1797, qu'un sieur Chevalier avait inventé une fusée incendiaire inextinguible, qui se lance avec une arme à feu, et brûle la voilure et les agrès d'un vaisseau.

La *Gazette de France*, du... août 1793, n°...., fait mention d'un moyen de mettre le feu à des vaisseaux.

En 1759, un Sr. Dupré, chirurgien, fit annoncer dans les papiers publics une espèce de feu, tenant de la nature de l'ancien feu grégeois, avec le moyen d'éteindre ce feu, qui résiste à tout absorbant. L'épreuve en fut faite à Versailles, sur un des bassins, et Louis XV acheta son secret.

En 1794, un pasteur de l'église protestante française, à Charles-Town, nommé J. P. Coste, écrivit à la Convention Nationale pour lui faire hommage d'une nouvelle machine de guerre. C'est une carcasse d'un feu très-violent, que rien ne peut éteindre dès qu'il est allumé. Cette carcasse peut être lancée à plus de 800 pas par un calibre de 24, et plus loin par une force supérieure. Il n'est pas, suivant lui, de vaisseau de 120 pièces de canon qui puisse résister à une seule bordée d'une pièce de 74 qui lancerait ce feu. 4 pièces de gros calibre, qui lanceraient ce feu, suffiraient pour arrêter toute une escadre à l'entrée d'un port, et pour la brûler si elle s'obstinait ; et si 6 vaisseaux de ligne pouvaient attaquer toute la marine de l'Europe dans un jour, il n'en rentrerait pas un canot dans leurs ports respectifs. Cette carcasse est susceptible de beaucoup de perfection, et peut être rendue terrible aux troupes de terre, particulièrement à la cavalerie : lancée contre une muraille même, elle l'enflamme pour demi-heure. Sa flamme et son odeur porteraient, au milieu de la nuit, le désordre dans l'escadron le mieux organisé. Le même a fait offrande d'un boulet à froid, préparé avec la même matière, et qui est susceptible d'enflammer toutes les matières combustibles. (*Moniteur*, n°. 342.)

§ IV. *Feux d'artifice.*

Il serait difficile de donner sommairement des principes généraux sur la composition des feux d'artifice. Le mieux est de consulter les ouvrages qui ont donné des détails à cet égard, tels que le *Traité des feux d'artifice*, le *Manuel de l'Artificier*, et autres ouvrages de pyrotechnie; voyez aussi l'*Encyclop. Méthod.*, *Arts et Métiers*, t. 1er., p. 119.

On a remarqué que le cuivre rouge, lorsqu'on le fait fondre ou même rougir, donne une flamme verte, mais lorsqu'il a été nouvellement rougi, si on le remet au feu, il en donne de moins en moins ; cependant si on le laisse exposé quelque temps à l'air, il redonne la couleur verte au feu ; d'où M. Homberg conclut que c'est le verdet ou rouille de cuivre, ou pour mieux dire le cuivre dissout qui produit cette couleur. (*Collection Acad.*, *part. franç.*, t. 1er., p. 218.)

D'après cette expérience, on peut employer la limaille de cuivre dans l'artifice, ou peut-être le cuivre dissout dans un esprit, ou le verdet seul.

Le camphre est d'une nature si propre à retenir et à conserver un feu inextinguible, qu'on le voit brûler entièrement et sans peine sur la glace et parmi la neige, qu'il fait fondre. Si, étant réduit en poudre, on le jette sur la surface de quelqu'eau tranquille et qu'on l'allume, il produit un feu très-agréable à voir, parce que l'eau paraît toute en feu et en flamme.

M. de Buffon a donné, dans les *Mémoires de l'Académie* de 1740, une dissertation sur les fusées volantes et sur leur forme plus avantageuse. (*Coll. Acad.*, *part. franç.*, t. VIII, p. 438.)

Le zinc étant le plus fusible des métaux, est aussi celui qui détonne le plus vivement avec le nitre. La blancheur et l'éclat de la flamme que produit cette détonnation, sont cause que l'on fait entrer ce demi-métal dans plusieurs compositions d'artifices, dans lesquels il produit de très-beaux effets.

Le moyen de le pulvériser est de le faire chauffer le plus qu'il est possible sans le fondre; il est alors très - friable et se réduit facilement en poudre dans un mortier. *Dictionnaire de Chimie* au mot *Zinc.* (Voyez *Zinc.*)

Les Chinois, qui s'occupent beaucoup des feux d'artifice, ont imaginé de garnir leurs fusées de débris de fonte de fer réduite grossièrement en sable : on assure que l'effet en est agréable. On fait ce sable avec des morceaux de vieilles marmites cassées; on les fait rougir à la forge; on les jette dans l'eau dans cet état; la rouille, qui nuirait, en tombe par écailles; on les brise ensuite en parcelles avec le marteau, sur l'enclume. On passe ce sable par différens tamis, selon l'usage qu'on en veut faire. L'essentiel est de bien proportionner les charges avec la quantité et la grosseur du sable, pour qu'il s'enflamme suffisamment et à propos, et ne fonde pas trop vite.

Pour obvier aux accidens du feu, les Chinois ont un usage digne de remarque. En délayant la colle pour faire les cartouches, sur une livre de farine ils jettent une poignée de sel marin, et avant de mettre sur le feu la farine délayée avec le sel, on détrempe de l'argille en forme de boue un peu claire. Quand on retire la colle du feu, on y mêle autant d'argille que de colle, qui doit être claire, et on mêle le tout avec un bâton; par ce moyen le carton est plus solide; il prend difficilement feu, ou s'il s'allume, il s'éteint promptement. C'est en suivant ce procédé, que les Chinois ne craignent pas de tirer des fusées près des meules de paille. Le grand usage leur a appris quelques pratiques expéditives. Les artificiers de l'empereur ont d'ailleurs l'attention de n'employer que des matières bien préparées. Pour donner une idée des choses surprenantes et curieuses qu'ils exécutent en artifice, nous transcrivons ce que rapporte le lord Macartney, ambassadeur du roi d'Angleterre auprès de l'empereur de la Chine, dans son *Voyage dans l'intérieur de la Chine et en Tartarie*, en 1792, 1793 et 1794. « Une grande boîte fut enlevée à une hauteur considérable, et le fond s'étant détaché comme par accident, on vit descendre une multitude de lanternes de papier. En sortant de la boîte, elles étaient toutes pliées et applaties; mais elles se déplièrent peu-à-peu en s'écartant l'une de l'autre. Chacune prit une forme régulière, et tout-à-coup on y apperçut une lumière admirablement colorée. On ne savait si c'était une illusion qui faisait voir ces lanternes, ou si la matière qu'elles contenaient avait réellement la propriété de s'allumer sans qu'elles eussent aucune communication extérieure. La chûte et le développement des lanternes furent plusieurs fois répétés, et chaque fois il y eut de la différence dans leur forme, ainsi que dans la couleur de la lumière qu'elle renfermaient. Les Chinois semblent avoir l'art d'habiller le feu à leur fantaisie. De chaque côté de la grande boîte, il y en avait de petites qui y correspondaient et qui, s'ouvrant de la même manière, laissaient tomber un réseau de feu avec des divisions de formes différentes, brillant comme du cuivre bruni, et flamboyant comme un éclair à chaque impulsion du vent. Le tout fut terminé par un volcan artificiel dans le plus grand genre ».

Nous ne terminerons point cet article sans indiquer deux machines du Sr. Pasdeloup, d'Orléans, toutes deux approuvées par l'Académie, en 1739 et 1742. La première, annoncée dans la *Collection Académ.*, *partie française*, t. VIII, p. 433, est un instrument pour étrangler les serpenteaux d'artifice plus promptement qu'avec la corde. C'est une espèce de couteau auquel on donne un certain mouvement.

L'autre, annoncée dans ladite *Collection*, tom. IX, p. 443, est une machine fort simple pour charger à-la-fois un grand nombre de serpenteaux et autres petites pièces d'artifice :

elle ne consiste qu'en deux planchettes posées l'une au-dessus de l'autre. Celle de dessus peut se hausser et se baisser ; elle est percée de plusieurs trous, de manière à y laisser passer autant de serpenteaux, qui portent par leur autre extrémité sur la planche inférieure. On charge chacun des serpenteaux par le moyen d'un fournissement à ressort qui donne à chaque serpenteau la quantité de poudre qu'il faut pour le remplir.

§ V. *Feux d'artifice par imitation.*

La seule interposition mécanique de la lumière et de l'ombre suffit pour imiter au naturel, à peu de frais, sans danger et sans laisser l'odeur désagréable du soufre et de la poudre, les beaux feux d'artifice réels et souvent dangereux pour ceux qui les voient de trop près, feux dont toute la dépense se dissipe en fumée noire, épaisse et mal-saine. On peut réduire toutes les diverses couleurs que produisent les différentes pièces d'artifice à quatre principales, qui peuvent être parfaitement rendues par le moyen de papiers transparents teints dans ces différentes couleurs. La première est celle du feu de lance, qui s'emploie dans les illuminations et dans certaines autres pièces, telles que les colonnades et les pyramides tournantes ; ce feu, très-éclatant et légèrement bleuâtre, est bien imité par un transparent peint avec une eau de bleu de Prusse ex-trêmement légère, qu'on étend avec une petite éponge des deux côtés du papier. La deuxième couleur est celle des jets de feu brillans, qui est d'un blanc très-vif ; le papier seul, sans aucune teinture, est suffisant pour rendre cette couleur. La troisième, qui est celle des jets de feu d'une couleur jaunâtre ou dorée, s'imitera fort bien en colorant le papier avec une eau de safran plus ou moins forte ; et la quatrième est celle des jets de feu qui s'emploient or-dinairement dans les pièces d'ar-tifice qui forment des cascades ; on donne cette couleur au trans-parent en mettant un peu de carmin délayé dans l'eau de sa-fran ci-dessus. Il est encore un feu bleu dont on forme des chiffres et emblèmes, ou d'au-tres figures qui se mettent au centre des soleils ; il ne sera pas difficile d'imiter cette cou-leur avec le bleu de Prusse, que l'on pourra foncer plus ou moins. Si parmi les feux d'ar-tifice qu'on se propose de cons-truire, on y voulait placer quel-ques pièces en ornemens dont les couleurs fussent transparen-tes, et au travers desquelles on dût découvrir de l'artifice, il faudrait y employer du papier plus épais et des couleurs plus foncées, quoique transparentes, afin que les parties qui imitent l'artifice ne perdissent pas leur éclat, attendu que dans ces sortes de pièces ce sont les om-bres artistement opposées aux lumières qui doivent produire les effets agréables qu'on en peut attendre.

Après avoir parlé des cou-leurs, voyons la manière de préparer le papier pour lui faire rendre la forme et la figure des jets de feu, des globes, des py-ramides, des soleils, des co-lonnes, des cascades, etc. : on emploie à cet usage du papier très-fort noirci des deux côtés, afin qu'il soit plus opaque. On peut encore, au lieu de le noir-cir, lui donner une couleur bleue très-foncée, qui fera beaucoup valoir celle qu'on doit voir au travers des parties découpées. Veut-on imiter une *gerbe de feu ?* on fait avec un ca-nif, et à chaque jet, trois ou cinq ouvertures très-étroites, allant en pointe vers leurs ex-trémités, et ou piquera avec de petits emporte-pièces des trous un peu oblongs, sans af-fecter aucune égalité entre leurs distances, et observant seule-ment qu'ils aillent former des lignes droites qui doivent se rendre au pied de ces jets. Ce que l'on vient de dire pour la gerbe de feu, s'applique aux *soleils*, aux *croix de chevalier* et aux *cascades*, qui ne sont que des jets de feu disposés en rayons ou en chûte d'eau. A l'égard des *pyramides*, *globes*, *colon-nes*, etc. qui doivent paraître tourner sur leurs axes, on les découpe, avec un canif, en fi-lets fuyans qui, par leur con-tour, semblent former une guir-lande autour de la colonne ou du globe : l'espace compris en-tre chaque filet doit être trois ou quatre fois aussi large que ces filets mêmes. Sur toutes ces pièces ainsi découpées, on applique un papier transparent, teint dans la couleur du feu que l'on veut imiter. En construisant ces sortes de pièces, on peut découper les *chapiteaux des colonnes* selon l'ordre d'architecture qu'on a voulu observer, et les couvrir d'un papier coloré et transparent. On peut découper de la même manière différens *ornemens*, *chiffres* et *médaillons* qui ne peuvent manquer de faire un bel effet, étant agréablement colorés. Il faut cependant éviter d'employer une trop grande quantité de couleurs différentes, qui ne produiraient pas pour cela un plus bel effet. Si ces pièces sont exécutées en grand, on pourra en ombrer les parties d'architecture et ornemens ; mais alors il faut imiter ces ombres, en appliquant l'un sur l'autre des papiers colorés, qui feront un effet qu'on ne peut attendre des peintures faites seulement en transparens. Cinq ou six papiers collés l'un sur l'autre suffiront pour rendre les plus fortes ombres.

Il est nécessaire que ces petites pièces d'artifice soient renfermées dans des boîtes bien fermées de tous côtés, afin que les lumières qui y sont contenues ne donnent aucune clarté dans la chambre : on réserve à cet effet une porte de fer-blanc derrière la boîte sur laquelle sont soudées les bobêches qui portent les bougies, afin de les allumer plus facilement. Les différentes pièces découpées doivent être appliquées sur des chassis qui entrent à coulisses sur le devant de ces boîtes, afin de pouvoir les ôter pour en substituer d'autres en leur place.

Il ne s'agit plus maintenant que d'animer les pièces d'artifice, en leur donnant l'apparence du mouvement qui est naturel aux étincelles qui sortent des jets de feu, ce qui peut s'opérer de deux manières, ou en faisant mouvoir derrière le transparent, par le moyen d'une manivelle, un rouleau de papier opaque, percé à jour de quantité de trous irrégulièrement découpés les uns auprès des autres, avec des emporte-pièces de différentes grosseurs, et contenu entre deux cylindres sur lesquels il se roule alternativement. Le rouleau, en descendant, imitera le mouvement des cascades de feu, et en montant, les jets ou gerbes de feu. On peut faire plusieurs changemens en développant successivement le rouleau d'un cylindre sur l'autre, et en mettant à chaque fois au-devant de lui des pièces dont le mouvement qu'elles doivent avoir naturellement soit analogue à celui du rouleau. La seconde manière de donner l'apparence du mouvement aux pièces d'artifice, consiste à construire une roue du même diamètre que la pièce qu'on veut imiter. Cette roue se fait de fil de fer ; quant à ses rayons, afin de ne pas interrompre l'effet des lumières qui doivent être placées derrière elle, on y applique un cercle de papier de serpente sur lequel on aura décrit, avec de l'encre épaisse et bien noire , du centre à la circonférence , des rayons qui , au lieu d'être droits, formeront autant de lignes courbes, en observant de donner au moins autant de largeur aux filets opaques qu'aux filets transparens. On placera cette roue ainsi tracée derrière le soleil ou autre pièce d'artifice, découpée de manière que l'axe sur lequel elle doit tourner soit placé vis-à-vis le centre du soleil ; et pour la faire tourner , on emploiera tel agent qu'on jugera à propos. Ces pièces peuvent s'exécuter en petit ou en grand, pourvu qu'on observe les proportions nécessaires, tant dans la forme et la longueur des jets , que dans la spirale , dont les traits, dans l'exécution en grand, doivent être plus larges. Par exemple , si les soleils d'artifice découpés sont des petites pièces qui n'aient que six à douze pouces de diamètre, il suffit que les traits de la spirale aient une demi-ligne de large, et qu'il y ait entre deux de ces traits deux lignes d'intervalle pour la partie qui est transparente : si le soleil a deux pieds de diamètre, on fera ces traits d'une ligne et demie, et l'intervalle doit être de trois lignes; s'il y avait six pieds de diamètre , il ne faudrait que trois lignes de trait sur cinq d'intervalle. Il ne faut pas laisser voir aux spectateurs la pièce spirale qui forme tout le jeu ; et pour cet effet, on doit mettre un rideau au-devant de la boîte. On ménagera aussi deux coulisses pour placer une seconde pièce

avant de retirer la première ; si l'on était à portée de faire voir ces pièces d'artifice au travers d'une ouverture faite à une cloison , l'effet en serait encore plus agréable , en ce que les spectateurs n'appercevraient en aucune façon ce qui produit cette singulière imitation. Il est aisé de voir que, suivant la méthode ci-dessus , on peut construire des roues garnies de trois ou quatre cercles concentriques , dont les rayons curvilignes soient disposés en sens contraire les uns des autres , avec des couleurs de feu différentes ; en sorte que le centre de la pièce d'artifice paraîtra jeter ses étincelles vers la circonférence, le cercle au-dessus diriger les siennes vers le centre, et les autres prendre différentes inclinaisons pour imiter des jets de feux pyramidaux, etc. Tout ce que nous venons de dire suffit pour donner des idées d'exécution sur ce genre d'amusement. Les personnes adroites et intelligentes pourront composer d'après cela, suivant leur goût, des pièces d'artifice plus variées les unes que les autres : et la dépense une fois faite pour se monter, il n'en coûte plus que la lumière pour s'amuser et amuser bien du monde , sur-tout lorsque l'illusion est aussi complette qu'elle puisse être.

L'Encyclop. Méthod., *Amusement des Sciences*, p. 524, contient quelques détails sur ce genre de récréation, avec figures. Il ne manque plus que d'imiter le bruit de l'artifice ; ce qui peut se faire aisément en faisant rouler du sable dans un tambour mis en mouvement par une manivelle.

En 1779, M. le Bailly avait préparé une pièce de mécanique ayant la forme d'un théâtre, qui ne tenait pas plus de place que l'embrâsure d'une croisée. On y voyait de pareils feux d'artifice, produits par des transparens et des effets de lumière très-ingénieusement combinés. Entr'autres, on y voyait des colonnes tournantes, des gerbes, des salamandres poursuivant des papillons, etc. Il avait, en 1781, donné à ce spectacle le nom de *Feux arabesques.*

On peut voir aussi les mots *Eolipyle, Jeux d'optique,* § VII, n° 2, *Flammes colorées.*

M. Diller a fait, il y a quelques années, au Panthéon, l'expérience de feux d'artifice produits par l'effet des gaz inflammables : il employait trois différens airs ou gaz, l'air blanc, l'air bleu et l'air verd ; la couleur des flammes dépendait du mélange de ces trois gaz inflammables ; il imitait parfaitement les soleils, les étoiles, les triangles, les croix de Malthe et toutes sortes de figures d'animaux, auxquels il donnait le mouvement. (*Voyez* le rapport qui en a été fait à l'Académie des sciences, en 179...)

FEVES DE MARAIS. Dans leur état de nouveauté, elles sont vertes, ensuite blondes, claires ; au bout de deux ans, elles rougissent et noircissent même si elles ne sont pas en lieu sec. Les vertes nouvelles sont d'un

verd clair brillant. Elles se ternissent en vieillissant, et se distinguent très-facilement. Toutes les fèves conservées en lieu sec, privées du grand air, lèvent très-bien au bout de trois ans. (*Voyez* l'instruction de la Commission d'Agriculture et des arts, sur la culture des plantes légumineuses, insérée dans la *Feuille du Cultivateur*, t. V, p. 161 et 169 ; voyez *Légumes*, § III.)

FIÈVRE. Nous ne prétendons pas donner ici des principes pour faire connaître l'état des malades par l'examen du pouls, c'est le fruit de la réflexion et d'une longue expérience : notre intention est seulement de faire observer que l'état de santé n'est pas attaché au nombre des pulsations de l'artère, ni à leur degré de force. Cependant lorsqu'une personne a mal à la tête et le pouls accéléré, elle peut conjecturer qu'elle a la fievre.

Pour connaître cette accélération, il faut savoir que dans l'homme comme dans les animaux, le cœur bat plus ou moins vite, à raison de l'âge et de la masse. Dans les femelles, le pouls est plus lent que dans les mâles, parce qu'elles ont plus de sang et moins de ressort. Dans les enfans, il bat 120 fois par minute ; à 7 ans, 90 fois ; à 14 ans, 80 fois ; à 50 ans, 70 fois ; de 50 à 60, 60 fois, ainsi de suite pour les âges plus avancés.

Dans le cheval et le bœuf sain, non effrayé ni agité, le pouls bat 36 fois ; ce qui est à-peu-près la moitié des pulsations du cœur de l'homme ; dans le mouton, 65 fois. *Statique de Halles.*

On a aussi observé que le cœur est plus gros dans les animaux timides que dans les courageux ; et Louwenhoeck a remarqué que les globules de sang sont les mêmes dans un enfant que dans l'homme fait, d'où il résulte qu'il faut que les pulsations soient plus fréquentes pour faire circuler le sang dans des vaisseaux mouls, et qui ne sont pas encore calibrés. M. Marquet, médecin de Lorraine, a donné une méthode pour apprendre, par les notes de musique, à connaître le pouls de l'homme et les différens changemens qui lui arrivent depuis sa naissance jusqu'à sa mort. Le *Journal des Savans*, 1747, p. 574, en fait mention. (*Voyez Balance sphygmique.*)

Quoique nous nous soyons interdit l'indication des remèdes qui doivent être administrés par les gens de l'art, nous croyons cependant pouvoir dire que les calmans sont en général de bons remèdes dans les fièvres réglées qui ne sont point compliquées. M. de Fouchi a annoncé dans les *Mémoires de l'Académie*, année 1757, qu'il en avait fait l'épreuve sur un enfant de 3 ans, attaqué depuis 16 jours d'une fièvre double-tierce, rébelle à tous les remèdes ; il l'a guéri en lui faisant prendre une seule fois, avant le frisson, 15 gouttes de *laudonum* liquide.

Nous ajouterons, sans prétendre donner aucun précepte pour la guérison des fièvres, qu'il existe un ouvrage intitulé : *Méthode pour guérir toutes sortes de fièvres sans rien prendre par la bouche, découverte et donnée au roi par le sieur Helvétius, docteur en médecine, imprimée et publiée par ordre de Louis XIV, en 1647.* Cette méthode consiste à prendre le quinquina en lavement. Dans le *Journal de Paris*, du 13 mars 1777, on trouve une lettre confirmative du succès de la méthode.

M. Mallet, médecin, a donné un mémoire sur le quinquina de la Martinique, connu sous le nom de *quinquina-pitou.* (*Voyez le Journal de Paris*, du 6 mars 1781.)

Suivant Zunichelli, apothicaire à Venise, l'écorce du maronnier d'Inde pourrait être substituée au quinquina. Dans l'*Histoire de l'Académie des Sciences* de 1711, M. Reneaume propose une préparation de la noix de galle. (*Voyez Collect. Académique, part. franç.*, t. I, p. 544).

On ne saurait trop indiquer les substances secondaires propres à remplacer ce que nous tirons de l'étranger.

On vient d'insérer dans tous les papiers publics, au mois de fructidor an 8, l'annonce suivante : « On a découvert que la levure de bière était un grand spécifique contre les fièvres putrides, qu'il suffit d'en donner au malade une cuillerée dans un peu de bière ou d'eau, de deux heures en deux heures, et et que la crise ne dure pas plus de 48 heures.

Enfin depuis, les papiers publics ont encore annoncé que M. Reich, médecin prussien, avait publié un ouvrage divisé en 88 aphorismes sur les fièvres. La base de son remède se compose de nitre, de soufre, et sur-tout de sel commun.

FIGUIER. On lit dans les *Avis Economiques d'Italie*, que la manière la meilleure de planter des figuiers de bouture, est de couper, au mois de mars, des branches de figuier qui aient trois ou quatre ans, bien nourries, touffues à l'extrémité, garnies de nœuds de proche en proche, de leur laisser toutes les petites branches latérales, de couvrir le bout où l'on a coupé la branche avec de la poix, d'envelopper le rameau de fumier de vache ou de brebis, et de le planter dans un trou préparé, dans le fond duquel on aura mêlé du terreau avec la terre; les petits rameaux latéraux pousseront des fibres qui fourniront d'excellentes racines à la jeune bouture.

On prétend que la manière de soigner ces nouvelles boutures, de leur faire produire dès la même année de vigoureuses pousses, et même rapporter du fruit en grande abondance, consiste à les arroser au printemps avec du lait, lorsque la sève commence à s'élever; ce qu'on reconnaît aux jeunes feuilles qui commencent à se développer.

Pour les arroser ainsi de lait, on suspend un vase à la tige du

Tome III.

figuier; on pratique à ce vase un trou, que l'on bouche avec de la paille; en sorte que le lait que l'on versera dans le vase dégoutte goutte à goutte dans le petit bassin de terre que l'on a formé au pied du figuier, afin que ce lait, en tombant, pénètre jusqu'au bas des racines. Il faut faire en sorte que cet arrosement, qu'il n'est pas nécessaire de répéter, dure 24 heures.

Comme les figuiers redoutent les grandes sécheresses, on peut ajuster de même sur les tiges, des vases que l'on remplit d'eau, et qui les humectent ainsi doucement.

Un cultivateur était dans l'usage de coucher en terre des branches de figuier, pour les garantir des rigueurs du froid pendant l'hiver. Il demandait un moyen de les préserver de l'attaque des taupes. Soit taupes, mulots, souris ou insectes, qui, attirés par l'odeur et la saveur des branches, en rongeassent l'écorce, M. Hell, de la Société économique de Berne, lui donna le conseil d'employer les barbes d'épis d'orge et autres grains, d'en mettre une couche de façon que la terre, dans laquelle les branches de figuier sont posées, et dont on les couvre, ne puisse pas les toucher, de couvrir le tout de terre, et ensuite de paille autant qu'il en faut, pour les mettre à l'abri de la gelée. La grande quantité de pointes que les barbes présentent de tous côtés, suffit pour écarter les animaux rongeurs. Ces barbes se trouvent

D

après qu'on a criblé, battu et vanné les grains.

§ Ier. *Manière de faire mûrir les figues.*

Il est peu d'endroits où toutes les figues qui croissent sur l'arbre viennent en maturité, et ce défaut est commun sur-tout dans les pays où l'air est tempéré; car il ne s'agit point ici des pays chauds qui sont le climat naturel aux figues. Si vous voulez donc les faire mûrir toutes et avant leur saison ordinaire, choisissez sur le figuier les branches qui sont les plus chargées de fruits sains et les plus avancés; ensuite, avec la pointe d'un canif, piquez ces branches à un demi-pied au-dessous du fruit, et attachez directement au bas de l'endroit qui aura été piqué un cornet de parchemin, de la hauteur à-peu-près de quatre doigts. Vous mettrez dans ce cornet de la fiente de pigeon délayée avec de l'huile d'olive, et vous le couvrirez avec un linge. Ce cornet sera attaché avec de l'osier. Ayez attention, tous les quatre ou cinq jours, de mettre une goutte de cette huile sur chacune des figues des branches piquées; vous verrez avec plaisir que les figues seront mûres un mois avant la saison ordinaire, et qu'elles auront un goût exquis.

On pourrait encore avoir recours à la caprification qui se pratique dans les îles d'Achipel et autres contrées méridionales, comme nous l'avons indiqué dans notre *Manuel du Naturaliste*; il ne s'agirait que de trouver des insectes qui rendissent le même service. *Voyez* ce qui est dit de cette *caprification* dans la *Collect. Acad.*, *part. franç.*, t. II, p. 402. M. de la Brousse a fait imprimer, en 1774, un petit *Traité de la Culture du Figuier.*

FIGURES à *balancer*. (Voy. *Jeux d'équilibre*).

FIGURES *d'émail*. (Voyez *Jeux physiques*, 2e. expérience).

FIGURES de la Chine. Les progrès dans la sculpture ont été, à la Chine, plus loin que dans la peinture et le dessin, parce que sans doute les connaissances théoriques sont moins nécessaires. On trouve dans beaucoup de leurs figures à tête mobile, des détails de nature vraie et exécutés avec beaucoup de soin, mais cependant sans goût dans le travail : les artistes Chinois ne savent point voir la nature par ses beautés. Cela vient vraisemblablement de ce qu'ils n'étudient point le nud, et de ce qu'arrivés au point où sont restés leurs prédécesseurs, ils n'en cherchent pas davantage. Ces figures sont ou en porcelaine, ou en pâte de riz (voyez *Riz*); quelques-unes sont à tête mobile, et ont même le mouvement des mains. Mais ces figures, autrefois très-recherchées, et dont quelques-unes pouvaient mériter de l'être, ont été abandonnées et remplacées par nos porcelaines sans couverte, qu'on nomme *biscuits*. Ces pièces, n'ayant point été vernies, sont sujettes à se salir : le

moyen de leur rendre leur premier éclat, est de les brosser
avec de l'eau de savon. Cependant tous les biscuits ne peuvent
pas être lavés; il y en a dont la
pâte est spongieuse, et s'imbibe
d'eau : dans ce cas, si les pièces
en valent la peine, il faut, pour
les préserver de la poussière,
les tenir sous des chasses de
verre, et n'y point toucher.

FIL. Le fil se prépare ordinairement avec le chanvre, le
lin, le coton, la laine, la soie,
le crin. Il est cependant quelques substances secondaires
dont on peut en tirer. En général, on peut faire du fil avec
toute espèce de substance qui a
assez de finesse, de longeur et
de souplesse pour être filée. Tout
le monde sait la manière dont
on prépare le fil de chanvre, de
coton et autres ; nous nous contenterons d'indiquer ici les
procédés pour les blanchir ;
ensuite nous dirons un mot de
quelques substances secondaires.

§ Ier. *Méthode facile pour blanchir le fil écru avec la cendre
et la chaux, sans qu'elles
puissent en altérer la qualité.*

Les gens de la campagne sont
dans l'usage, avant de vendre
le fil qui provient de la récolte
de leur chanvre, et qu'ils font
filer pendant l'hiver, de le faire
passer par différentes lessives,
composées avec une certaine
quantité de cendres et de chaux
vive. Ces lessives en attendris-
sent le nerf, altèrent la qualité, et conséquemment celle

des toiles qui en sont fabri-
quées ; elles passent à leur tour
par d'autres lessivages et lava-
ges, et restent très-long-temps
exposées à l'air sur le pré, pour
atteindre à la perfection du dernier blanc qu'on veut leur donner. On ne peut donc trop conserver la qualité primitive du
fil, et mettre la toile en état de
soutenir ces différentes opérations qu'il faut multiplier, principalement quant aux fils et à
la toile provenans des chanvres
qui ont roui dans des eaux crou-
pies, parce que les parties terreuses dont ils sont imprégnés
s'en détachent toujours plus
difficilement.

Pour prévenir ces inconvéniens, abréger le nombre de ces
lessivages, la dépense et la perte
du temps si précieux aux gens
de la campagne, il serait mieux
de jeter de l'huile quelconque,
ou même de la graisse, dans la
chaudière ou chauderon dans
lesquels on fait chauffer l'eau
pour la verser dans la cuve qui
contient le fil.

Pour cent livres de fil, une
pinte et demie d'huile, mesure
de Paris, suffit ; on la verse dans
la chaudière étant sur le feu et
remplie d'eau, lorsqu'elle arrive
au point de chaleur convenable
pour la verser dans la cuve remplie de fil, et préparée avec la
quantité de cendres et de chaux
qui est d'usage, après l'avoir bien
remuée : si ce premier lessivage
ne suffit pas, on fera la même
opération au second, et à tous
les autres qui paraîtront nécessaires selon la qualité du fil,

2

sans craindre rien de l'effet de la chaux.

Ce procédé a beaucoup de rapport avec celui qu'on lit dans les *Mémoires de l'Académie de Stockolm*; on emploie, dit-on, pour donner au fil de coton un beau blanc, une espèce de savon particulier : ce savon se fait avec une lessive chargée des sels des cendres d'aune, de bouleau, de genévrier, auxquelles on ajoute de la chaux vive. On mêle cette lessive saline avec du suif et de la graisse, et on en fait une espèce de savon, en mêlant le tout dans une chaudière et en l'agitant avec un bâton : si le savon ne veut point prendre une consistance assez solide, on y ajoute quelques livres de sel marin. Lorsqu'on veut blanchir le fil de coton, on le fait bouillir dans de l'eau chargée de ce savon; on le laisse sécher à l'air libre sous un hangard, afin que le soleil ne donne pas dessus; lorsqu'il se sèche, on l'humecte avec un arrosoir, et il acquiert une grande blancheur; on le lave ensuite avec du savon ordinaire. (*V.* au mot *Savon*, § I, les détails du procédé pour composer le savon dont on vient de parler).

On lit dans les *Nouvelles de la République des Lettres et des Arts, par M. la Blancherie*, 1786, p. 75, qu'un ecclésiastique espagnol s'occupait d'un procédé pour blanchir les fils en six jours, sans rien diminuer de leur consistance : nous ignorons s'il a réussi. (Voyez *Blanchiment du coton*).

§ II. *Substances secondaires.*

En 1786, la Société d'Agriculture de Paris proposa, pour sujet d'un prix de 600 livres, d'*indiquer parmi les arbres, arbrisseaux ou plantes qui croissent sans culture dans la généralité de Paris, ceux dont on peut retirer du fil pour faire des toiles ou qui fournissent des parties propres à faire des cordes*. Nous ignorons si le prix a été remporté. Voici quelques substances secondaires que différens auteurs indiquent :

§ III. *Fils d'aloës.*

L'aloës pitte fournit un fil qui, n'étant point tordu, à la propriété de ne pas s'étendre, ce qui le rend utile dans certaines expériences de physique.

§ IV. *Fil de cuivre, fil de fer, fil de laiton.*

Voyez l'article *Étoffes métalliques*.

§ V. *Fil de genêt.*

On lit dans le *Journal Économique* de 1758, que les habitans d'une petite ville de la Toscane, qui se nomme *Bagno a Aquâ*, tirent de l'écorce du genêt (*genista scoparia*) un fil très-fort, avec lequel ils font de la toile, des vêtemens et des cordages. Vers le mois de juillet, ils se répandent dans les montagnes voisines, et y coupent les plus belles branches de cet arbuste. Ils enlèvent tous les petits rameaux qui sont sur les principales branches, rendent ces dernières aussi unies qu'il est possible, et les exposent à l'ardeur du soleil pour les faire sécher. Cette opération faite, ces montagnards forment de petits fagots avec ces baguettes de genêt, et ont la plus grande attention que celles-ci ne soient jamais mouillées par la pluie, attendu qu'elles deviendraient noires ; ce qui nuirait beaucoup au fil qu'on tirerait de leur écorce. Ils portent ensuite ces fagots ou fascines dans des ruisseaux formés par des eaux thermales, et les chargent de pierres, comme le chanvre que l'on fait rouir. Lorsque ces fagots ont passé un temps assez considérable dans ces eaux pour que l'écorce des baguettes qui les composent puisse s'enlever facilement, on procède à cette dernière opération : une personne prend deux de ces baguettes dans une main, et sans les retirer absolument de l'eau, elle appuie sur ces dernières une pierre tranchante ou le tesson d'un vase quelconque : l'écorce des baguettes s'enlève avec la plus grande facilité. On forme des espèces de faisceaux avec cette écorce, que l'on bat comme le chanvre lorsqu'elle est sèche. L'espèce de bourre qui s'en détache pendant cette opération, est ramassée avec soin, et sert à remplir, en guise de plumes, les oreillers de ces bonnes gens. Ces écorces, ayant été battues, sont peignées comme le chanvre et le lin ; cette nouvelle matière se dépouille alors complettement des parties ligneuses qui pouvaient y rester ; ce qui n'arrive jamais au chanvre. Elle forme ensuite une substance flexible et légère, mais qui n'égale point cependant au tact cette douceur que le lin acquiert.

Les écorces de genêt ayant été ainsi réduites en étoupes, on les file comme le chanvre, et ce fil prend, à la teinture, toutes les couleurs qu'on veut lui donner. Lorsqu'il reste blanc, on en fait des draps, des serviettes, etc., et des habillemens quand la toile qu'on en fabrique est teinte en verd, en bleu ou en rouge. Dans le mois de juin 1763, on a fait voir à l'Académie des Sciences de la toile faite avec ce genêt, qui a paru bonne, mais grossière. (*Collect. Acad. partie française*, tome XIII, p. 259).

On trouve dans les *Mémoires de l'Institut de Bologne*, t. IV, p. 349, et tom. VI, pag. 128, la manière dont les habitans du mont Casciana, aux environs de Pise, s'y prennent pour retirer des fils du genêt.

Au mois de décembre 1784, le père Gherardi a lu à l'assemblée des Georgiphiles, à Florence, un mémoire sur cet objet. On y a même présenté, comme essais, plusieurs ouvrages différens faits avec le fil de genêt, et qui pourraient être substitués à ceux qu'on forme avec le lin. (Voyez *Genêt d'Espagne*).

3

§ VI. *Fil de houblon.*

En 1760, la Société d'encouragement pour les arts, les fabriques et le commerce, avait proposé un prix sur la manière de faire de la toile avec des tiges de houblon. Faute d'instructions assez précises, les concurrens n'ayant pas multiplié et perfectionné suffisamment leurs expériences, la Société présenta de nouveau ce sujet en 1785, accompagné de cinq observations préliminaires :

1°. Qu'il est démontré, par nombre d'essais enregistrés dans le répertoire de la Société, que les tiges de houblon sont très-propres à faire de la toile.

2°. Que cette espèce de toile est particulièrement propre à faire des sacs, et à être employée à des usages analogues.

3°. Qu'il n'y a eu d'obstacle à la réussite des premières expériences, que parce que la matière employée, ayant été trop long-temps dans l'eau, le tissu en avait été détruit.

4°. Qu'un très-grand nombre de tiges ayant été trempées l'espace de six semaines à deux mois, ont donné des filamens assez fins et assez forts pour être manufacturés.

5°. Que le temps nécessaire pour la macération des tiges une fois passé, elles ne peuvent plus servir, comme on l'a constaté par l'état de celles qui ont séjourné dans l'eau environ un an.

Nous ignorons si le prix a été remporté. Nous renvoyons nos lecteurs à l'article *Houblon*, où ils trouveront la manière de le préparer pour la filature.

§ VII. *Fil d'ortie.*

Plus on observe les productions de la nature, plus on découvre de nouvelles ressources pour les arts. Un fabricant d'étoffes de Leipsick a fait des essais sur l'ortie, (*urtica urens maxima*, Tournef., ou *urtica dioïca*, Linn.) en 1766, et est parvenu à en retirer un fil assez beau. (Voyez le *Journal Economique*, 1751.) Il a fait ramasser une grande quantité de tiges de la grande espèce d'ortie qui croît par-tout ; il les a fait prendre lorsqu'elles étaient à moitié flétries, quoiqu'encore vertes ; il les a fait bien sécher sur un poële ; ensuite, en les meurtrissant, on a détaché du bois toutes les parties filamenteuses de l'écorce, et on a obtenu une espèce d'étoupe verte, qu'on a frottée et préparée comme le lin ; ensuite on l'a filée, et on a obtenu un fil d'un brun verdâtre, très-uni ; on a mis ce fil bouillir dans de l'eau ; il a jeté un suc verdâtre, et est devenu plus blanc, plus uni et plus ferme.

L'inventeur pensait que l'on pourrait travailler l'ortie comme le coton, et que l'on en ferait des ouvrages beaucoup plus fermes, plus doux, plus chauds, plus velus, plus blancs et plus unis ; ce qui aurait été un très-grand avantage, puisqu'on ne se serait plus trouvé dans la nécessité d'aller acheter le coton dans le pays étranger : mais quand même on ne pourrait point porter le fil d'ortie à toute la perfection de celui du coton, il paraît certain qu'on le lui pourrait substituer en plusieurs occasions, et que du moins on aurait un fil très-fort, et de bon usage.

Ces premiers succès sont bien propres à animer les curieux qui habitent la campagne, à faire des essais sur la meilleure manière de préparer l'ortie, en la faisant rouir comme le chanvre, et en cherchant les moyens les plus favorables pour en tirer de beau fil. (Voyez *Feuille du Cultivateur*, t. IV, p. 267.)

FILATURE. Suivant les annonces de la Société économique de Leipsick, les filatures qu'on a fait macérer dans une décoction de la racine de grande consoude (*symphitum officinale, Linn.*), acquièrent une grande souplesse. (V. *Rouet.*) On trouve dans l'*Encyclopédie Méthod., Dict. des Manufactures et Arts*, t. I, p. 441, des détails intéressans sur cette matière.

FILIÈRE. Suivant les Allemands, l'art de faire les fils d'or, d'argent, de fer, etc., a été inventé à Nuremberg vers 1400. La *Collect. Acad., partie franç.*, t. IX, p. 457, fait mention d'une manière de tirer à la filière le fil d'acier cannelé, destiné à faire des pignons aux montres et aux pendules, proposée en 1744 par M. Blakey. Il a paru, par les essais qui en ont été faits, que l'auteur était réellement en possession de cet art, dont les Anglais jouissaient seuls depuis plus de 40 ans, et dont ils faisaient un mystère.

FILOSELLE. Tout le monde sait que la filoselle est cette espèce de grosse soie très-commune, qui se fabrique avec la bourre de la bonne soie, et celle qui se tord des cocons de rebut.

§ Ier. *Procédé facile et peu coûteux pour tirer des frisons, cocons de graines, la filoselle.*

On fait ordinairement bouillir ces substances dans du savon, pour donner lieu à toutes les parties soyeuses de pouvoir se détacher, afin de les passer ensuite dans des cardes. Mais la consommation du savon est quelquefois plus forte que le résultat de l'opération ; voici un procédé peu coûteux.

Lorsque la soie est tirée, il faut prendre les déchets de toute espèce, les mettre dans un pot avec de la cendre, les laisser mitonner ainsi à un feu doux du matin au soir ; laisser le tout pendant deux jours dans cette mixtion, et le faire ensuite bouillir dans de l'eau pendant toute une journée. Le lendemain on lave ces résidus de soie à l'eau courante ; on les laisse ensuite exposés à l'air pendant quinze jours et quinze nuits : les sels ont tellement pénétré ces substances, qu'on peut les carder très-facilement et les filer. Cette filoselle est blanche, douce au toucher, et aussi belle que celle qui vient du Languedoc.

On remarque presque généralement en Languedoc (dit l'auteur des Lettres écrites de Suisse, d'Italie, de Sicile et de Malthe), que faute de savoir employer la coque des vers, on la jette après en avoir dévidé la soie. Cette matière est dure, sèche, tenace et cassante; mais en Italie, du côté du lac de Côme, on remédie à ces inconvéniens en la laissant macérer long-temps dans l'eau. On l'en retire; on la fait sécher; on la bat bien; on l'enduit légèrement d'huile, seulement avec quelques gouttes qu'on prend dans la main, et on la carde. Les cardes, très-fortes, sont peu larges pour leur longueur, qui est de 24 à 25 pouces. L'une est fixée de champ et en face, à la hauteur de la tête de l'ouvrier assis. Il la garnit suivant l'usage; il tient l'autre par les deux extrémités, et tire avec beaucoup de force : ce qui est absolument nécessaire pour diviser et étendre les parties resserrées de cette matière, qui se déchirerait entièrement sans la macération qu'elle a éprouvée. Insensiblement les parties trop durcies, trop tenaces se détachent; et en travaillant cette bourre à plusieurs reprises, on la met en état d'être filée, tissée ou tricotée. Tel est le procédé décrit dans les lettres ci-dessus citées.

FILS DE FER ou DE CUIVRE. (Voyez *Etoffes métalliques.*)

FILTRATION. (Voy. *Liqueurs.*)

FLACONS (*Manière de déboucher les*). Il arrive quelque-

fois que les flacons, dans lesquels on tient enfermées des liqueurs ou des odeurs, lorsque les bouchons sont de crystal, sont tellement fermés, que, si l'on veut employer la force, on cassera plutôt la tête du bouchon que d'ouvrir le flacon; le moyen de réussir est la patience. On prend une clef, et par un frottement et un petit choc réitéré, en tendant toujours vers le bouchon, on le voit se détacher, quoiqu'il eût résisté aux efforts les plus grands. Cet effet nous paraît produit par la masse des petits efforts réitérés successivement, qui par leur durée équivalent à une force supérieure employée toute entière subitement et brusquement.

Ce moyen est très-souvent insuffisant; il faut dans bien des cas, mettre le flacon jusqu'au col dans l'eau chaude; cependant cela demande quelque précaution, sur-tout lorsqu'il y a beaucoup d'air dans le flacon, parce qu'une grande dilatation peut le faire éclater. L'effet de l'eau chaude est de fondre ou rendre plus fluides les matières qui colent le bouchon dans le goulot.

Lorsque tous ces moyens ne réussissent pas, il faut en venir à faire forer le bouchon, qui, réduit à une moindre épaisseur, s'enlève aisément.

FLAMBEAUX DES FURIES. On est surpris dans certains opéras, tels que Castor et Pollux, de voir des furies lancer loin d'elles avec leurs flambeaux de longues traînées de feu , et menacer d'embrâser , pour ainsi dire , l'objet de leurs poursuites. Chaque flambeau de fer blanc contient une forte mèche trempée dans l'esprit-de-vin , et un petit tuyau à côté rempli de poix-résine , d'arcanson , ou plutôt de lycopodium (cette dernière substance ne donnant pas d'odeur). *Voyez* le mot *Lycopodium* du *Manuel du Naturaliste*). Comme ce tuyau est par l'extrémité percé d'une multitude de trous , en secouant le flambeau, la poudre s'enflamme , et offre aux yeux du spectateur ces lames de feu plus effrayantes que dangereuses. Cette inflammation subite ne dure qu'un moment et ne s'attache pas.

FLAMMES COLORÉES.

La pyrotechnie est de tous les arts celui qui a donné le plus d'attention à la couleur des flammes que produit (chaque substance enflammée , et c'est par un choix heureux de ces substances, c'est par leur mêlange , leur préparation et leur combinaison , qu'elle offre à nos yeux le spectacle brillant et varié des feux de toutes couleurs. Nous ne donnerons point ici les procédés qu'elle emploie à cet effet. (Voyez *Feux d'artifice.*) Nous ne parlerons pas non plus des illuminations en couleur , parce que leur effet est dû , non à la flamme, mais aux verres ou papiers colorés dont on se sert, comme on peut le voir au mot *Illumination.* Nous nous contenterons d'indiquer ici les substances dont les flammes sont diversement colorées ; et dont le spectacle agréable à la vue peut donner l'idée d'un genre d'amusement, aussi plaisant que facile. On sait que le feutre , mis au feu, donne les couleurs les plus belles; on y distingue le jaune doré et le bleu céleste le plus éclatant ; c'est ce qu'on éprouve en jettant des morceaux de vieux chapeaux dans le feu. Nous devons avertir cependant que ces couleurs dépendent des matières qui sont entrées dans la teinture , ce qui contribue à la variété , à l'abondance et à la densité des couleurs.

Le bois de chêne , verd , donne une flamme de couleur jaune.

L'esprit-de-vin avec du sel sedatif , donne une flamme de couleur bleue.

Si l'on mêle et confond , pour ainsi dire , ces deux flammes ensemble , on obtient une flamme de couleur verte.

Le P. Schott assure qu'on obtient , avec de l'eau-de-vie ou de l'esprit-de-vin , en y mettant le feu, des flammes de diverses couleurs , suivant les différentes substances qu'on y a mêlées auparavant. Par exemple , cette liqueur préparée avec de la rouille de fer , donne une flamme de couleur verte foncée ; avec du cinnabre la flamme est rouge ; avec du soufre elle est bleue; et ainsi des autres couleurs.

M. de Réaumur , en parlant des turquoises qui n'acquièrent leur couleur que par le feu, étant dans leur état brut de couleur blanche, marquetées d'une infinité de points bleus foncés, ce qui donne à la matière un coup-d'œil gris de fer, dit que la flamme est le dissolvant de la couleur, sur-tout du verd; car si on brûle du bois peint en verd, la flamme en a la couleur. Pour avoir cette flamme, on n'a qu'à peindre un morceau de papier de verd-de-gris, ou étendre sur ce papier du verd-de-gris réduit en poudre et le brûler. Pourquoi la flamme ne se chargerait-elle pas, comme les autres fluides, de la partie colorante? Si l'on jette au feu ce que l'on retranche des bords des chapeaux, on verra d'abord une flamme blanche, et ensuite de très-belles couleurs bleues, vertes et violettes, ce qui vient du mélange du verdet avec les autres drogues qui entrent dans la teinture des chapeaux. Et ce même feu, qui dissout la poudre du verd-de-gris, ne la dissout plus si elle est en trop grosse masse; ainsi une couche trop épaisse, ou un morceau de verd-de-gris gros comme un pois, enveloppé dans du papier, mis au feu, la flamme ne prendra pas de couleur. Comme la flamme d'une bougie qui fond un fil d'argent trait, n'agit pas contre une masse. (*Collect. Acad.*, *part. franç.*, tom. IV, p. 218.) Mais non-seulement la flamme se charge de la partie colorante des corps qu'elle consume, elle transporte encore la couleur sur les objets qu'elle éclaire. *Voyez* l'article *Jeux Physiques*, 6ᵉ. expérience.

FLÈCHES EMPOISONNÉES. M. de Paw a donné une dissertation assez longue sur l'usage des flèches empoisonnées. Elle est insérée dans la *Traduction de Pline*, par M. Poinsinet de Sivry, t. XII, p. 450. Il paraît que les sauvages Américains employaient pour empoisonner leurs flèches, le suc du *Mancenilier* ou celui de la *Liane des marais*, appelée dans la Guyanne *Curare*, ou celui de l'ahouaï-guaeu. Les Arabes employaient au même usage le suc d'un arbuste lactescent, appelé dans leur langue *chark*, et en langue Perse *gulbut samour*. On soupçonne que les armes indiennes empoisonnées, sont enduites du *venin des serpens*. Les insulaires de Java frottent leurs traits avec le sang et le venin du lezard *Gecko*, mort sous les coups de fouet. Les alènes des Macassars ou aiguilles à sarbacanes dont ils se servent, sont empoisonnées avec le suc d'un arbre qu'on croit être du genre des *ahouaï* d'Amérique. A Ceylan, on tire la matière veneneuse du *Nerium* ou *laurier rose*. M. de Paw croit que les Gaulois empoisonnaient leurs armes avec le suc du *caprifiguier*. Enfin il assure que dans quelques cantons des Pyrénées et des Alpes, on exprime le suc des racines de l'*aconit* (thora), pour oindre les armes de chasses, telles que les piques, les bayonnettes.

M. Charles Coquebert, dans un mémoire lu à la Société Philomatique, en 1798, observe que les anciens habitans de l'Europe se servaient de trois plantes pour empoisonner leurs fleches, savoir : l'*ellebore blanc* (veratrum album, L.), l'*ellebore noir* (helleborus viridis, L.), et l'*aconit tue loup* (aconitum Lysocitonum, L.) On lui donne dans le royaume de Grenade le nom d'*Yerva*, herbe par excellence. Il y joint aussi l'*aconit paniculé* (aconitum cammarum, L.) *Voyez* les recherches qu'il a faites à ce sujet et l'effet de ces différens poisons, dans le *Bulletin de la Société Philom.*, n°. 11, an 6, p. 81.

FLEURS. Les fleurs, ces brillantes productions de la nature, qui, par leurs couleurs et leurs odeurs, flattent agréablement nos sens, ne méritent pas moins les soins et l'attention de l'industrie que nos hommages. Voici quelques procédés qui pourront intéresser les amateurs, soit pour la culture, soit pour l'ornement de nos jardins et de nos appartemens. Pour n'offrir à l'imagination, sur l'article des fleurs, que des objets agréables, nous ne dirons rien ici des dangers de leur odeur, nous en avons suffisamment parlé au mot *Air*, § III.

§ Ier. *Procédé pour avoir des fleurs en toutes saisons.*

La vue des fleurs est un spectacle si agréable, qu'on saisit avec plaisir tous les secrets qui promettent de nous en faire jouir pendant l'hiver.

On propose un moyen pour avoir, dans un appartement, des fleurs de toute espèce au plus fort de l'hiver. Ces fleurs seront dans des caisses qui pourront se placer sur des chambranles de cheminées, des commodes, etc. et auxquelles on donnera telles formes que l'on jugera à propos, suivant la place qu'on voudra leur faire occuper. Ces parterres factices, que l'auteur appelle *Parterres physiques*, seront cultivés par deux moyens analogues. Le premier consiste dans une terre de composition ; le second dans le degré de chaleur qu'on donnera à l'eau qui remplira une partie de la caisse pour imiter l'action du soleil. La caisse aura donc deux parties ; l'une extérieure, qui contiendra la terre composée dans laquelle seront les oignons des fleurs ; l'autre intérieure, qui recevra l'eau chaude. La construction des caisses sera telle, qu'on évitera de rien salir dans l'appartement, soit en vuidant leur eau, soit en les arrosant. Chacune de ces caisses pourra recevoir un degré de chaleur différent, savoir, celui de l'eau bouillante, celui de l'eau bien chaude, ou celui de l'eau simplement tiède. D'où il résulte que, malgré la rigueur de la saison, il sera facile de rassembler, dans le même-temps les fleurs qui ne sont naturellement produites que dans leur temps propre. Ainsi, dit l'auteur, l'art pourra donner un spectacle que refuse la nature elle-même. Il assure même que son secret pourra procurer des fruits aussi bien que des fleurs ; mais ce secret est-il plus efficace que les moyens connus ?

Le *Journal des Savans*, 1741, p. 596, fait mention des observations de MM. Triewald et Miller, anglais, sur les fleurs d'hiver, ou sur les oignons qui fleurissent l'hiver dans l'eau. (Voyez *Oignons de fleurs*).

Au reste, sans entrer dans la discussion de ce procédé, la nature nous indique elle-même la manière d'avoir des fleurs pendant l'hiver. Nous avons remarqué qu'un jasmin d'Espagne, dont les premières fleurs avaient été gelées au printemps, en a repoussé de nouvelles vers la fin de l'automne, et donné des fleurs pendant l'hiver. Il ne s'agirait donc que de retarder la floraison, soit en coupant les premiers boutons, soit en transplantant les pieds.

Pour se procurer en hiver des fleurs naturelles écloses le jour que l'on veut, il faut choisir sur la tige, dans le temps que les dernières fleurs que l'on veut conserver paraissent, les boutons les mieux formés et prêts à s'ouvrir ; on les coupera avec des ciseaux, en observant, s'il est possible, de leur laisser une queue longue de trois pouces: on couvrira l'endroit coupé avec de la cire d'Espagne ; et après avoir laissé faner les boutons, on les enveloppera chacun à part dans un morceau de papier bien sec ; on les mettra dans une boîte ou un tiroir dans un endroit sec, où ils se conserveront sans se gâter.

Dans quelque temps de l'hiver que ce soit, qu'on veuille les faire éclore, on les prend, et après avoir coupé le bout où est la cire d'Espagne, on les met tremper dans de l'eau, où l'on fait bien de faire fondre un peu de nitre ou de sel. On prétend qu'on a alors le plaisir de voir les boutons de fleurs s'ouvrir, s'épanouir, briller de leurs plus vives couleurs, et répandre leurs agréables parfums.

Quoiqu'il en soit de ce procédé, dont nous ne garantissons ni le succès, ni la vérité, il est de fait que les fleuristes et les bouquetières à Paris, lorsque les fleurs ont été cueillies, sont dans l'usage de tordre l'extrémité de la queue, et de la brûler à la flamme d'une chandelle pour ensuite mettre ces queues dans l'eau, lorsqu'elles veulent faire éclore les fleurs.

Des différens moyens indiqués pour avoir des fleurs pendant l'hiver, en voici quelques-uns qu'il sera facile de tenter :

On sème la graine des fleurs vers la fin de septembre ; on en met les oignons en terre ; on place les pots dans une cuisine ou endroit chaud ; on les arrose avec de l'eau dans laquelle on fait dissoudre un peu de sel ammoniac ; on a le plaisir de voir ces plantes fleurir vers Noël.

Si l'on veut avoir des giroflées pendant l'hiver, on choisit des pieds de giroflées vivaces, dont les boutons commencent à paraître vers la fin de l'automne ; on met ces plantes dans une chambre chaude, et on les voit fleurir pendant l'hiver. Si ce sont des giroflées qui soient à leur seconde année, on les transplante dans des pots à la fin d'août; on retarde par-là leur végétation, et on se procure le plaisir de jouir de ces fleurs au milieu de l'hiver.

Si l'on veut avoir des roses à l'automne, il faut au printemps ne pas laisser faner les roses sur l'arbre, mais les couper à mesure, décharger l'arbre d'une partie de ses feuilles, et on aura à l'automne une grande quantité de boutons; si on ne veut pas attendre qu'ils s'épanouissent, on peut les couper, les froisser entre les doigts, et le lendemain ils seront bien ouverts, ce sont les moyens qu'emploient les jardiniers-fleuristes aux environs de Paris.

Pour conserver dans les caves les pieds de girofiées pendant l'hiver, il faut décharger d'une partie de leurs feuilles celles qui en ont, y enfermer ces fleurs lorsqu'elles ne sont point humides, ne point mettre les pots à terre, mais élevés sur des planches, afin qu'ils n'aient pas tant d'humidité, ouvrir la cave dans des temps doux et de dégels, pour renouveller l'air, ne les arroser que très-peu, et point autour de la tige, de peur de la faire pourrir.

Voyez au mot *Horloge Végétal*, le parti qu'on peut tirer de l'épanouissement des fleurs.

§ II. *Fécondation artificielle des fleurs.*

On sait que les fleurs sont mâles, femelles ou hermaphrodites. Quelquefois les fleurs mâles et les femelles sont sur le même pied, quelquefois sur des individus séparés. On est parvenu a féconder des fleurs femelles avec la poussière des fleurs mâles venue de très-loin.

On suppose que la personne qui se charge de faire cette expérience, connaît les parties sexuelles des plantes. Elle choisira une fleur mâle, dont les étamines ayent acquis leur perfection, pour les secouer sur le pistil de leur femelle; ou bien on ramasse la poussière des fleurs mâles avec un pinceau de cheveux, et on en frotte légèrement le stigmate de la fleur femelle. Mais une attention très-importante, c'est de bien examiner l'état du pistil qu'on veut féconder. Il faut savoir que la fécondation n'arrive jamais dans les plantes avant que les canaux du fruit, et le stigmate soient ouverts et humectés d'une liqueur balsamique. C'est là le moment à saisir, et d'où dépend le succès de l'opération.

S'il s'agit de fleurs hermaphrodites, il faudra couper les étamines à mesure que la fleur se développera, et choisir des plantes dont la fécondation ne s'opère pas dans l'intérieur avant le développement.

Il y a beaucoup d'expériences à faire à cet égard, et beaucoup de tâtonnemens à éprouver avant de réussir, ce qui suppose du temps et de la patience.

La poussière fécondante des fleurs ne se dissout, ni dans l'eau, ni dans l'huile d'olive, ni dans celle de thérébentine, ni dans l'esprit-de-vin, pas même à l'aide du feu. Les trois dernières liqueurs en tirent une teinture, mais sans altérer la figure des grains. Dans l'eau bouillante, ils ne se sont point fondus comme la cire, ainsi ce n'est pas la matière qui la donne. Il ne paraît pas non plus qu'elles entrent dans la composition du miel, à moins que le travail de ces matières dans l'estomach de l'animal n'y apporte beaucoup de changement.

§ III. *Moyens d'obtenir des variétés.*

On obtient ordinairement des variétés de fleurs, en semant ensemble, dans la même planche, des graines recueillies de diverses fleurs; il y a lieu de penser que cette variété de couleurs n'est occasionnée que par la poussière des fleurs diversement colorées qui se fécondent mutuellement.

Pour obtenir des couleurs constantes et à volonté, mais assujéties cependant aux lois de la nature du mélange des couleurs, il ne s'agirait que de faire les expériences suivantes: Il faudrait faire fleurir ensemble, dans un lieu écarté, des fleurs simples de même espèce, mais de couleur pure; savoir, les unes rouges, les autres jaunes; semer les graines qui proviendraient de ces fleurs. Les plantes qui en viendraient devraient produire des fleurs de couleur rouge, jaune et oran-

gée, puisque l'orangé est produit par le mélange du jaune et du rouge. Il s'en trouvera même parmi le mélange produit de ces deux premières couleurs, qui seront bigarrées d'orangé et de rouge.

Pour faire cette expérience avec plus de précision, il est bon de tâcher que les plantes fleurissent en même-temps et dans les mêmes jours. Pour y réussir, on retranche des fleurs de la plante qui en donnerait en plus grande quantité que l'autre. On peut faire ces expériences sur des oreilles d'ours, des renoncules, des œillets, ou autres fleurs. On doit observer que cette fécondation ne peut avoir lieu qu'en mêlant simplement ensemble les fleurs de même espèce: il faut avoir un certain nombre de plantes simples, et portant graines de couleur primitive, tels que le rouge, le blanc, l'orangé, le jaune, le violet, d'une part; et de l'autre, le bleu, le violet, le cramoisi, le blanc et brun, pour obtenir des couleurs plus ou moins claires ou foncées. Si on veut obtenir des renoncules couleur de soufre, on plantera dans une caisse des renoncules jaunes et blanches, et l'on sémera la graine, laquelle doit donner des renoncules couleur de soufre ou panachées de blanc: on obtiendra des renoncules aurores par le moyen des renoncules jaunes et rouges, et ainsi diverses couleurs, suivant les lois naturelles du mélange des couleurs.

On peut, par contre-expérience, faire fleurir séparément, et éloignées les unes des autres, les fleurs des couleurs ci-dessus, en recueillir les graines et les semer à part : il y a lieu de présumer qu'elles donneront chacune des fleurs de leurs mêmes couleurs.

Nous venons de dire que la manière d'obtenir des variétés en fleurs, est de semer des graines ; ces graines, quoique cueillies sur une même plante, en produisent d'autres qui sont variées en couleur.

Telle est la voie que présente la nature ; mais il est, dit-on, un moyen artificiel de se procurer des variétés de couleurs dans les fleurs. Il faut choisir une plante qui produise des fleurs blanches, et l'on parviendra à lui donner telle couleur que l'on voudra. On la plante dans un pot que l'on remplit d'excellente terre ; on arrose la plante soir et matin avec une eau colorée, comme nous l'avons dit à l'article *Rose* (*voyez ce mot*) ; et on a soin de la garantir toutes les nuits des impressions de la rosée, qui détruirait la couleur que la plante doit acquérir par les sucs colorés qui monteront dans la tige. Si on a arrosé la plante, par exemple, avec de l'eau colorée par du bois de *Brésil rouge* ou de la garance, la fleur tiendra de cette couleur, et de sa couleur blanche naturelle. (*Voyez* dans le *Journal de Verdun*, juillet 1759, p. 29, un secret pour faire panacher les tulippes).

§IV. *Manière d'obtenir des fleurs doubles.*

Le nombre de pétales rend les fleurs bien plus garnies et plus belles : le hasard offre des plantes dont les fleurs deviennent doubles ; mais il y en a quelques-unes qui ne le sont que très-peu, comme on le voit parmi les giroflées. Il est cependant un moyen de les faire venir plus doubles ; il ne s'agit que de transplanter la plante plusieurs fois, comme au printemps, à l'automne, à la première et à la seconde année, sans la laisser fleurir : on parvient même par ce moyen à faire porter des fleurs doubles à des giroflées qui sont simples.

Le docteur Hill a publié aussi un procédé pour convertir des fleurs simples en fleurs doubles, par un cours régulier de culture. Lorsque ce sont des plantes à oignon, il faut les planter de nouveau chaque automne, et on doit ajouter de la marne au terreau que l'on mêle à la terre naturelle pour la rendre plus abondante en sucs nutritifs. La substance marneuse augmente, dit-on, la partie du bois des arbres qui forme les filamens dans les fleurs. Chaque plante doit occuper trois pieds de terre en carré, que l'on tient nets de toutes autres plantes ; il faut en couper annuellement les tiges aussi-tôt qu'elles commencent à fleurir, arroser tous les jours légèrement la racine pendant un mois, après qu'on a coupé la tige : cela remplit le bourgeon pour l'année suivante, et lui donne une substance abondante qui fait doubler les fleurs. Il est dit dans le *Journal de Verdun*, juillet, 1709, p. 29, qu'on obtient des fleurs doubles en choisissant les graines mures.

Comme, en prenant ces soins, on parvient à faire porter des fleurs doubles à plusieurs plantes, de même, lorsqu'on les néglige, on voit d'année en année une plante qui donnait des fleurs doubles n'en donner plus que de simples.

§. V. *Procédé pour obtenir sur le même pied des fleurs de la même espèce et de différentes couleurs.*

On prend un petit morceau de sureau, que l'on vide de sa moële ; on le coupe en deux dans sa longueur, et on y met des graines, par exemple, de giroflée de diverses couleurs. On met ce bâton, dont on réunit les deux parties avec de la soie, et qui contient les graines entourées de terre, on le met dans un pot rempli de terre, telle qu'on l'emploie pour les fleurs, que l'on a soin d'arroser un jour l'un. Ces graines germent, montent le long du sureau : les jeunes tiges s'unissent, s'entortillent entre elles, en sorte qu'elles ne présentent à l'œil qu'un seul et même pied ; les branches s'entremêlent de part et d'autre, et chaque graine produisant les fleurs qui lui sont propres, la touffe présente un mélange agréable de fleurs de diverses

couleurs, qui paraissent toutes partir de la même tige. En choisissant des graines de plantes qui germent dans le même temps, et des plantes qui aient de l'analogie pour la consistance des tiges et le temps de la floraison, quoique d'espèce différente, on en formerait de petits arbrisseaux artificiels très-curieux.

On peut, en suivant un autre procédé, se procurer un pied de giroflée chargé de fleurs de diverses couleurs, mais dont les tiges seront tellement confondues, qu'elles pourront même tromper des yeux très-attentifs. Il faut prendre des branches de giroflée double d'autant de couleurs différentes qu'on en veut allier ensemble ; on les coupe par le bas en pied de biche ; on enlève d'un côté à chacune la pellicule ou écorce tendre qui la couvre ; on applique ces côtés ainsi pelés les uns contre les autres, en les liant fortement avec une feuille de porreau. On passe ces branches ainsi unies dans un tuyau de sureau, de sorte qu'elles sortent par-dessous de la longueur d'un pouce ; on les plante ensuite en terre. La sève de ces branches se confondant du côté qu'elles sont pelées, les unit intimement, et l'on n'apperçoit plus qu'une seule tige.

Nous avons vu pratiquer ce procédé d'une autre manière, qui nous paraît préférable ; c'est de prendre le goulot d'une bouteille à vin, de semer dessous des graines, qui, étant obligées de passer par le même trou lorsqu'elles ont germé, se réunissent

nissent par la pression. On sème ainsi des peupliers d'Italie pour avoir de plus fortes tiges.

§ V I. *Fleurs et plantes dans des pots.*

Leur arrosement demandant des soins et des précautions, il faut mettre des écailles d'huître ou de moules au fond des pots, tournées par leur côté concave sur les trous dont ils sont percés, et par-dessus un lit de moëlon broyé grossièrement. Si le fond des pots, au lieu d'être plat, a été fait concave, et qu'on l'ait pourvu d'un pied qui l'éloigne un peu de la surface de la terre, on se sera prémuni autant qu'il est possible contre la stagnation des arrosemens. Quand ils auront été quelque temps continués, il sera bon de desserrer la terre par un petit labour, et de répandre par-dessus une couche de bonne terre légère, mêlée de sable ; mais lorsque les racines fibreuses, emplissant tous les pots, ne permettent plus aux arrosemens de pénétrer, percez-la jusqu'au fond avant d'arroser, avec un fer pointu et mince, et plongez à plusieurs reprises le fond du pot dans un seau plein d'eau. Souvent il convient de tenir les pots enterrés, pour procurer aux racines le bien de la fraîcheur environnante et de celle qui s'élève du fond de la terre. La fréquence et l'abondance des arrosemens se régleront sur le temps, les saisons, et sur le plus ou moins de soif naturelle aux espèces de plantes. Il en est, comme les

Tome III.

plantes grasses, qui ne demandent presque point d'eau ; plusieurs, au contraire, veulent être continuellement abreuvées. (*Encyclopédie*).

§ V I I. *Choix des fleurs pour les théâtres des jardins et les parterres.*

Le goût de la culture des fleurs reprend faveur plus que jamais. Les sept plantes favorites des fleuristes, présentent un spectacle varié successivement de trois décorations et quatre belles planches.

Les prime-vères sont le premier ornement du théâtre fleuriste. On sème la graine tous les ans : la graine se tire de Hollande.

Le théâtre est ensuite chargé d'oreilles d'ours ; les plus belles viennent de Liège et de Flandres.

L'oreille d'ours passée, le théâtre reste vide ; le jardin est décoré par une planche de jacinthes doubles, bordées, panachées, etc. La Hollande en fournit les plus beaux oignons.

Cette planche est remplacée par les anémones : celles de Bayeux sont le plus en réputation. A cette planche succèdent les tulipes : on n'obtient des variétés qu'en plantant.

La quatrième et dernière planche est celle des renoncules semidoubles.

Enfin, le théâtre reparaît orné d'œillets : les plus beaux se tirent de Lille ou d'Arras. Le grand œillet se cultive à Paris ; mais il est sujet à crever ; il

E

faut l'écarter et le soutenir avec des baguettes de fil de fer peint, et ne laisser qu'un œillet par tige.

Le petit œillet est celui du paresseux, et n'exige pas une si grande toilette : il a l'avantage de ne pas crever. On le tire de Lille, où l'on choisit les plus grands de cette petite espèce, que l'on pousse à la hauteur de quatre pieds. On laisse six à huit œillets sur un seul pied : on préfère l'œillet qui se soutient sans baguette ; on estime le blanc, le bleu et les panachés feu ; point de saleté, de déchiqueté, de dentelé, d'imbibé, de confiné ; une feuille de chou large et épaisse, un blanc pur, les pièces de couleur larges jusqu'à la moitié de la feuille ; une pièce ronde, point d'œillet bédaudé : voilà les conditions qui font attacher du prix à un œillet ; et c'est un miracle que la nature fait en faveur de quelques curieux.

Les parterres, sur la fin de l'automne, devenant un peu tristes, à cause des fleurs jaunes qui s'y trouvent un peu trop multipliées, et qui semblent être la couleur naturelle des fleurs de l'arrière-saison, il est bon de faire suivre les reines-marguerites et les balsamines de quelqu'autre fleur d'un coloris vif qui puisse couper la trop grande uniformité des fleurs à pétales jaunes. La zinnia, ainsi nommée de M. Zinn, professeur de botanique à Gottingue, qui le premier l'a cultivée, est très - propre à cet usage. Elle pousse beaucoup du pied, et garnit ; elle a un ton de couleur

singulier, et peut se varier par la culture : ses feuilles sont opposées entières d'un rouge éclatant à leur naissance, et dégradant de couleur jusqu'à leur extrémité, où elles deviennent d'un pourpre tirant sur la feuille morte ; semée, elle forme des bouquets, et réussit parfaitement en pleine terre.

§ VIII. *Moyen de décorer les appartemens avec des branches d'arbres fruitiers, qui seront couvertes de feuilles et de fleurs pendant les plus grands froids de l'hiver.*

Ceux qui voyagent en Allemagne, ont quelquefois vu avec une surprise agréable, au milieu de l'hiver, des appartemens décorés par des vases, d'où sortent des branches chargées de feuilles et de fleurs. Les Allemands, pour se procurer ce coup-d'œil, coupent, vers le milieu de l'automne, les branches les plus droites des pommiers, cerisiers, pruniers, poiriers, où ils apperçoivent des boutons à fruits ; ils en forment des espèces d'éventails qu'ils mettent dans des vases remplis d'eau. Ils ont soin de placer ces vases dans une chambre où il y a un poële, et dont la température est toujours la même, et de changer l'eau au moins tous les deux jours. Vers Noël, ou quelques jours plus tard, toutes les branches se couvrent de feuilles et de fleurs ; la variété qui résulte de celles de pommiers, de pruniers, de cerisiers, produit l'aspect le plus riant. Cette décoration serait, sans doute, plus riche que celle qui résulte d'une rangée d'oignons placés avec une triste uniformité dans des caraffes.

Un amateur des arts pourrait adopter en France cette forme de décoration usitée en Allemagne, afin de placer avec avantage dans ses appartemens de beaux vases d'une forme antique.

§ IX. *Moyen pour chasser les insectes qui attaquent les fleurs.*

Ce moyen, très-simple, consiste à les arroser légèrement d'eau de savon. Ce même moyen éloigne les fourmis.

§ X. *Manière de changer la couleur des fleurs.*

Les fleurs servent d'ornement ou dans les églises, ou sur les tables dans les desserts, ou pour la parure des femmes dans leurs cheveux. On teint la tubéreuse, en la faisant végéter dans un bocal rempli d'eau colorée. A l'aide des acides, on peut donner aux fleurs de plus belles couleurs, ou varier celles qui en sont susceptibles, telles que les blanches, les violettes et les bleues. L'esprit - de - nitre change les blanches en un beau jaune citron, les violettes en un bel incarnat, et les bleues, telles que l'aconit, le pied d'alouette, et diverses gentianes en un beau rouge cramoisi. Si donc l'on veut changer entièrement la couleur des fleurs, on

les plonge renversées dans l'eauforte, sans y enfoncer la queue qui en serait amollie et brûlée : on les retire pour les suspendre et les laisser égoutter pendant quelques minutes, jusqu'à ce qu'elles aient pris assez de couleur : alors on les plonge dans l'eau claire, pour leur enlever toute l'eau-forte, et on les suspend encore pour les sécher entièrement. Si l'on ne veut que les panacher, on passe dessus un pinceau trempé dans l'eau-forte : mais il faut bien observer que l'eau-forte ne leur causerait aucun changement, si elles étaient desséchées. La plupart des plantes ainsi préparées, se dessèchent naturellement et conservent leur souplesse. Il y a cependant des fleurs qui se ternissent et perdent à être ainsi trempées dans l'esprit-de-nitre, telles que l'immortelle citron, la blanche, le souci d'octobre et novembre, le bleuet, l'œillet d'Inde, la bruyère, le *léonurus* du Cap, l'amaranthe, les renoncules, le kolupa, la ravenelle. Il y en a aussi que l'humidité de l'air ou de la terre fait épanouir, telles que le xéranthemon, l'élichrison, le kolupa.

Il y a encore un autre procédé pour falsifier la couleur des fleurs ; il y en a quelquesunes, et sur-tout l'immortelle blanche ou bouton blanc, qui se prêtent à cette sophistication. Il s'agit de les tremper dans une eau de gomme épaisse, pour les poudrer ensuite de diverses couleurs, telles que le carmin, le vermillon, la laque colombine pour le rouge ; pour le bleu, l'azur, la cendre bleue, et le tournesol qui s'y applique liquide ; pour le jaune, la gomme gutte liquide ou la poudre d'or, aussi saupoudrées : on les sèche au soleil, ensuite on les trempe dans l'eau de gomme arabique la plus blanche, ou dans le vernis de blanc d'œuf.

Les vapeurs sulfureuses ont, comme on sait, la propriété de détruire les couleurs ; si donc on prend une rose rouge ordinaire entièrement épanouie, et qu'on l'expose à la fumée et à la vapeur du soufre, elle deviendra blanche ; si on la met dans l'eau, elle reprend, cinq ou six heures après, sa couleur rose ; effet produit, sans doute, par l'expansion du reste de sève que la tige conserve encore. Veut-on, à cette expérience, donner un petit air de mystère ? on met la rose soufrée dans un gobelet plein d'eau, qu'on remet entre les mains d'une personne, en lui disant de l'enfermer dans une armoire, et d'en rendre la clef, afin que personne n'y touche ; six heures après, on rend cette clef ; la personne ouvrant elle-même l'armoire, sera fort surprise de trouver une rose rouge au lieu de la blanche qui avait été mise dans le vase. Il est, sans doute, possible de faire la même expérience avec d'autres fleurs colorées. (*Voyez* au mot *Roses.*)

§ XI. *Moyen pour conserver des fleurs séparées de leurs tiges.*

On a trouvé un secret bien simple pour conserver les fleurs, ces beautés éphémères de la nature, et qui en font un si bel ornement. (V. *Collect. Acad. part. étrang.*, t. X, p. 302). Cette découverte peut aussi servir à conserver, dans leur entier, des plantes étrangères avec leurs fleurs dont on ne peut voir dans nos climats que les images en peinture : il y en a qui seraient d'autant plus intéressantes à connaître, qu'elles sont d'usage dans la médecine.

Voici le procédé : on choisit du sable de rivière, que l'on passe au tamis pour n'en prendre que le plus fin ; on peut y substituer du sablon fin ; on le lave bien pour en enlever toutes les ordures étrangères ; ensuite on le fait bien sécher : on fait choix d'un vase de forme convenable pour contenir la plante et la fleur que l'on veut conserver ; on met dans le fond du vase de ce sablon bien sec, pour assujétir la queue de la fleur ; ensuite on verse doucement sur la fleur, avec un tamis, et entre les pétales, du même sablon, en étendant et arrangeant bien les feuilles et les fleurs de la plante, que l'on doit avoir eu soin de cueillir dans un temps bien sec ; on la recouvre de ce sable fin de l'épaisseur d'un travers de doigt, et on met le vase dans une étuve échauffée à-peu-près à cinquante degrés ; on l'y laisse plus ou moins, suivant que la plante est plus succulente et plus difficile à sécher ; on la retire ensuite du sable, en versant ce sable légèrement, et on l'enferme dans un vaisseau ou une boîte de verre où elle soit garantie du contact de l'air; la fleur conserve, pendant une année ou deux, sa beauté et son éclat primitif, lorsqu'elle a été ainsi desséchée à une chaleur convenable.

Il y a des espèces de fleurs qui demandent certaines précautions pour être desséchées; par exemple, il faut, avant de l'enterrer dans le sable, enlever à la tulipe ce fruit triangulaire qui s'élève au milieu de la fleur; les pétales de la fleur restent alors bien plus adhérens.

Quant aux roses et aux autres fleurs d'une couleur aussi délicate, elles la reprennent en les exposant à une vapeur modérée de soufre (ce qui mérite examen, sur-tout si l'on fait attention que la vapeur du soufre détruit les couleurs). Celles de ponceau et de cramoisi reviennent à la vapeur de la solution d'étain dans l'esprit-de-nitre. La vapeur de la solution de la limaille de fer dans l'esprit-de-vitriol, rend le verd aux feuilles et aux tiges. Cette méthode réussit parfaitement dans les fleurs simples. Il y a quelques difficultés par rapport aux œillets et aux autres fleurs doubles. On réussit dans les œillets en fendant le calice des deux côtés, et en le collant ensuite après avoir séché la fleur, ou en le trouant avec une épingle en différens endroits.

Toutes les plantes qui sont tant soit peu charnues, comme l'amaranthe, ou dont les fleurs sont sujettes à se friser et chiffonner, comme le bleuet, l'œillet d'Inde, les renoncules, la ravenelle, ont besoin de passer au four, ce qui les rend souvent cassantes lorsqu'on ne ménage pas la chaleur par degré, et qu'on les y expose à nud.

Si l'on fait dessécher l'amaranthe au four sans sablon et à nud, cette exsiccation vive ternit sa couleur, qu'on peut lui rendre en la plongeant dans l'eau chaude et la faisant sécher ensuite à l'air.

Lorsqu'on veut donner un vernis à la plante, on l'enduit fraîche d'une eau de gomme épaisse, puis on la met sécher au four. Mais la gomme prend la poussière dans les temps humides; il serait mieux de se servir du vernis de blanc d'œuf, qui est plus transparent que tout autre, lorsqu'on lui a donné la limpidité de l'eau, en le battant bien avec quelques gouttes de lait de figuier ou de tithimale.

Le cit. Hany a employé avec succès un moyen pour conserver dans leur couleur naturelle les pétales d'un grand nombre de fleurs desséchées. Ce moyen consiste à plonger quelques momens ces pétales dans l'esprit-de-vin. Les couleurs s'y affaiblissent d'abord, mais bientôt elles reprennent toute leur vivacité qu'elles conservent ensuite pour toujours; c'est le résultat d'une expérience de 10 années, faite sur les fleurs de différentes plantes, entr'autres sur le *viola odorata* sur le *geranium sanguinum*, sur le *vicia dumetorum*, etc. Ces pétales, ainsi préparées, peuvent en-

3

suite se coller dans l'herbier à côté de la plante, pour faire connaître la couleur des fleurs. A ce sujet, le cit. Duméril a observé que les pétales rouges de quelques plantes, telles que les pavots, les adonis, frottées d'un acide faible, reprennent leur couleur rouge très-vive et très-solide. (*Bulletin de la Société Philomatique*, an 5, n°. 6, p. 46. V. *Herbier.*)

Quant à l'odeur des fleurs, qui se passe en grande partie, on peut la leur rendre en laissant tomber au milieu de la fleur une goutte de quelque huile distillée ; par exemple, de l'huile de rose sur les roses, de l'huile de girofle sur les œillets. (Voyez *Odeurs.*)

§ XII. *Moyen de tirer les essences des fleurs.*

La plupart des fleurs réunissent le double avantage de flatter l'œil et l'odorat ; mais leur odeur disparaît avec leur beauté fugitive : on a trouvé le secret de conserver aux fleurs leur forme et leur couleur, comme nous venons de le dire il n'y a qu'un moment ; nous allons indiquer ici la manière de conserver leur parfum et leur esprit recteur que l'on peut rendre à la fleur desséchée : la réunion de ces deux procédés les fait revivre avec leur odeur et leurs couleurs. Mais avant d'entrer en matière, nous invitons nos lecteurs à prendre lecture d'une dissertation fort curieuse du cit. Fourcroy, sur le principe de l'odeur des végétaux, nom-

mé par Boerrhaave *esprit recteur*, et auquel les nouveaux chimistes français ont donné le nom d'*arôme* ; dissertation insérée tome II du *Journal de l'Ecole Polytechnique*, p. 82.

Passons au procédé pour tirer l'essence des fleurs. Ayez une caisse dont le dedans soit garni de fer-blanc, afin que le bois ne communique aucune odeur aux fleurs, et ne boive pas l'essence. Faites faire des chassis qui puissent aisément entrer sur leur plat dans la caisse ; leur bois doit être de deux doigts d'épaisseur, et garni de pointes d'aiguilles tout autour ; ajoutez à chaque chassis une toile qui puisse être tendue dessus : cette toile sera de coton ; et vous aurez soin de la faire passer à une bonne lessive, laver ensuite dans de l'eau claire, et bien sécher avant de vous en servir. Après avoir bien fait imbiber les toiles dans l'huile de ben, vous les presserez un peu ; ensuite vous les étendrez sur les chassis, et vous les attacherez aux aiguilles, puis vous mettrez un de ces chassis au fond de la caisse, et dessus la toile vous répandrez également les fleurs dont vous voudrez tirer l'essence ; vous les couvrirez d'un autre chassis, sur la toile duquel vous stratifierez encore des fleurs, et continuerez ainsi jusqu'à ce que la caisse soit pleine. Le chassis étant épais de deux doigts, les fleurs ne sont pas pressées, et il y en a dessus et dessous les toiles. Douze heures après, vous y remettrez d'autres fleurs, et continuerez de même pendant quelques jours. Quand l'odeur vous paraîtra assez forte, vous leverez les toiles de dessus les chassis ; vous les plierez en quatre ; puis les ayant roulées de plusieurs tours avec une ficelle, afin de les contenir, vous les mettrez à la presse pour exprimer l'huile. Cette presse doit être garnie de fer-blanc, afin que le bois ne s'imbibe pas d'huile. Vous mettrez dessous des vaisseaux bien nets pour recevoir l'essence que vous serrerez dans des fioles bien bouchées pour les conserver.

On ne peut faire dans une caisse que l'essence d'une fleur à la fois ; car l'odeur de l'une gâterait l'autre ; par la même raison, les toiles qui auront servi à tirer l'essence d'une fleur, ne pourront servir à tirer l'essence d'une autre, à moins qu'on ne les ait mises à la lessive, et lavées dans de l'eau claire, et bien fait sécher. Ce moyen est d'usage pour obtenir l'odeur des fleurs qui ne donnent pas d'huile essentielle par la distillation, telles que la tubéreuse, le jasmin, et plusieurs autres. (*Voyez* aux articles *Eaux odorantes*, sect. II, § XVIII, et *Huiles essentielles*, § XXIX, d'autres procédés pour tirer l'essence des végétaux.

§ XIII. *Fleurs artificielles.*

Dans le 20e volume des *Lettres édifiantes et curieuses*, il y a une lettre du père Dentrecolles, jésuite, sur l'adresse des Chinois à faire des fleurs artificielles qui imitent parfaitement les fleurs naturelles : elles ne sont faites ni de soie, ni d'aucune espèce de toile ou de papier, mais de la moële d'un arbrisseau, qui se coupe par bandes aussi fines que celles du parchemin ou du papier.

Les fleurs artificielles qui nous viennent d'Italie, ont acquis une juste célébrité par leur parfaite imitation. Les Italiens sont les plus habiles fleuristes en ce genre.

Cet art s'est aussi introduit en France, et l'*Encyclopédie*, tom. XVII, p. 780, fait connaître non-seulement ceux qui l'ont pratiqué avec succès, mais encore dans le 4e. volume des *planches*, les différens outils et instrumens dont se servent les artistes ; mais on trouve encore plus de détails dans l'*Encyclopédie Méthodique*, *Dict. des Manufactures et Arts*, tom. Ier., 2e. part., p. 253.

Voyez au mot *Odeurs*, la manière dont s'y prennent les Napolitains pour leur donner de l'odeur.

§ XIV. *Symbole ou emblême des fleurs.*

On dit qu'en général le goût de la culture des fleurs annonce la mélancolie. Quoiqu'il en soit de cette opinion, que je crois erronée, l'imagination, toujours occupée de lier le moral au physique, a donné à la plupart des fleurs un attribut particulier qui leur sert d'emblêmes. Nous citerons celles qui

sont venues à notre connaissance :

Prime-vere.	. . l'espérance, *parce qu'elle annonce le printemps.*
Hyacinthe.	. . . amour, chagrin.
Margueritte.	. . patience.
Immortelle	. . amour sans fin.
Iris.	. . . . . . inconstance.
Héliotrope.	. . . attachement.
Chèvrefeuille	. . concupiscence.
Pensée.	. . . . amusemens.
Muguet	. . . . coquetterie.
Renoncule.	. . fierté.
Marjolaine	. . . tromperie.
Barbeau.	. . . fidélité.
Annémone	. . . persévérance.
Fleur de laurier	ardent desir.
Jonquille	. . . . jouissance.
Fleur de pommier	repentir.
Rose.	. . . . . difficulté.
Pavot	. . . . . sommeil.
Souci	. . . . . tourment.
Violette.	. . . innocence.
Tubéreuse.	. . dédain, *parce qu'elle porte à la tête.*

Fleur de pêcher qui tombe au
premier vent.

Il existe un livre assez ancien, qui contient la description des emblêmes et leur explication.

FLINT - GLASS. Tout le
monde connaît ce beau verre
blanc d'Angleterre dont on fait
des gobelets et des caraffes. Suivant M. de Lalande, c'est le
minium ou la partie métallique
employée dans la fabrication
du flint-glass qui lui donne la
propriété de disperser beaucoup les rayons colorés, et de
produire un spectre prismatique plus grand que les autres
sortes de verres : c'est cette propriété qui lui donne la préférence pour les lunettes, télescopes, et autres instrumens
d'optique.

Il n'existait point de procédé
connu pour faire constamment
du beau flint-glass ; on n'y réus-
sissait que par hasard, et les
opticiens se plaignaient qu'il
devînt de plus en plus rare. En
1773, M. Macquer a lu à l'Académie des Sciences un mémoire
sur la composition du *flint-
glass*, qui doit intéresser ceux
qui s'occupent à en faire. (Voy.
Collection Acad., *part. franç.*,
tom. XV, p. 238).

En 1786, l'Académie des
Sciences de Paris a proposé un
prix de 12,000 fr. pour la fabrication du flint-glass. Elle demandait des plaques d'un verre
pesant, semblable à celui d'Angleterre ; elle exigeait qu'on pût
tirer de ces plaques des objectifs de lunettes, de 6 pouces au
moins de diamètre et de 5 lignes
au moins d'épaisseur, et que la
pureté de ces objectifs ne fût,
en aucun de leurs points, altérée
par des fils, des talites, ou par
un coup-d'œil gélatineux. Elle
ne devait admettre au concours
aucune plaque de verre qui ne
fût accompagnée d'un mémoire
où les expériences fussent détaillées, et contenant un procédé assez sûr pour en faire en
telle quantité qu'on voudra, et
dans lequel les ingrédiens de la
nouvelle composition fussent
assez bien déterminés pour qu'il
en résultât un verre doué d'une
grande pesanteur, et cependant
exempt des défauts qu'on repro-
che au flint-glass. Nous igno-

rons si ce prix a été remporté.

FLUTE. L'*Encyclopédie* contient, sur cet instrument, des détails fort intéressans, auxquels nous renvoyons nos lecteurs. Nous nous contenterons d'indiquer dans l'ordre de leurs qualités les meilleurs bois employés pour faire des flûtes, savoir : le buis, le gayac, l'ébène, le bois de grenadille ; ce dernier est le plus sonore, mais il est sujet à se fendre.

M. Diderot a inséré dans ses *Principes généraux d'Acoustique*, des observations d'Euler sur la structure des flûtes. Il suit de cette structure, suivant M. Euler, que l'air introduit rase la surface intérieure du tuyau, et comprime celui dont il était rempli ; que cet air comprimé se dilate à son tour, et que le son est produit par ces vibrations réciproques qui naissent de l'inspiration, et qui durent autant qu'elle. *Voyez*-en l'explication physique dans les *Œuvres de Diderot, par Naigeon*, tom. II, p. 58.

Dans le journal intitulé *Nouvelles de la République des Lettres et des Arts, par M. de la Blancherie*, 1785, p. 69, il est fait mention d'une flûte perfectionnée qui, par le moyen de six clefs, réunit des sons plus variés, plus harmonieux, et peut tenir lieu du haut-bois et de la clarinette.

FŒTUS. *Voyez*, pour la manière de les conserver dans l'esprit-de-vin, le mot *Oiseaux*.

FOIN. Le foin est la nourriture des bestiaux. Les services qu'ils nous rendent, les produits que nous tirons d'eux, nous imposent, sinon par reconnaissance, au moins par intérêt, l'obligation de nous occuper de leur approvisionnement.

Suivant une instruction publiée par la Société d'Agriculture et des Arts (voyez *Feuille du Cultivateur*, tom. IV, p. 169), les foins sont bons à récolter quand les épis de la plus grande partie des graminés et les autres plantes qui le composent finissent de fleurir ; les regains sont d'autant meilleurs, que le foin a été coupé plutôt.

Si les bras sont rares, il faut en faucher moins à-la-fois, pour avoir le temps de mettre en meules.

Si la pluie survient lorsque le foin est coupé, et qu'il ne soit même encore qu'en andains, il ne faut pas y toucher tant qu'elle durera.

Lorsqu'on fauche dans des prés humides, où la désiccation est très-difficile, il faut transporter le foin dans des positions plus sèches pour le faner.

Le foin doit être coupé par un temps sec, autant qu'il est possible, près de la superficie du terrein, et lorsque la rosée est passée.

La désiccation ou le fanage doit en être rapide et continu ; sa lenteur fait perdre au foin la plus grande partie de son parfum. Le passage alternatif de la sécheresse à l'humidité le gâte.

On pourrait aider le fanage en répandant ou en piquant sur les prés des branches mortes qui tiendraient le foin éloigné du sol, et faciliteraient la circulation de l'air. Cette pratique embarrassante devient cependant fort utile pour les regains qui sont coupés tard.

Dans les récoltes abondantes, les granges sont quelquefois insuffisantes pour serrer les grains, et le fermier, quelquefois, est obligé de les mettre en meules.

La Commission d'Agriculture et des Arts regarde cette manière de conserver le foin comme préférable à toute autre. Elle a publié une instruction (*Feuille du Cultivateur*, tom. IV, p. 169), dans laquelle elle donne avec détail le moyen de construire des meules de foin assez serrées pour être à l'abri de l'humidité, et tellement susceptibles d'être rafraîchies par l'air, pour qu'elles ne puissent s'échauffer. Cette instruction est accompagnée de figures qui en font encore mieux connaître la description. Nous allons essayer d'en donner une idée sans le secours de la planche.

Supposons un terrein sec de 90 pieds de circonférence, partagé par 4 rayons de 15 pieds chacun. Ces demi-diamètres en pierres où en bois, forment 4 tuyaux creux d'un pied quarré, par lesquels l'air extérieur peut s'introduire et aboutir au centre, ou se trouve une ouverture d'un pied, sur laquelle on pose un cylindre ou panier d'ozier, à-peu-près du même diamètre.

Cela fait, ou commence par remplir, avec des bourrées et fagots, l'espace vuide du terrein entre chaque demi-diamètre, et jusqu'à leur hauteur; c'est

ce qu'on appelle la base de la meule. Sur ce lit de bourrées et fagots, on pose le foin jusqu'à la hauteur du cylindre, c'est-à-dire jusqu'à 6 pieds; on élève ensuite par ses deux ances ce cylindre, armé dans le haut d'une croix, au milieu de laquelle est attachée une corde à laquelle est suspendu un poids pour fixer l'à-plomb du cylindre. Au-dessus de cette croix, s'élève un morceau de bois perpendiculaire, auquel est attachée une corde destinée à mesurer le diamètre de la meule, de manière qu'elle ne soit pas plus forte d'un côté que de l'autre.

On continue d'étendre le foin par lit, en observant de donner insensiblement à ce commencement de la meule une forme un peu évasée, c'est-à-dire plus large d'en haut que du pied, et ce jusqu'à la hauteur de deux toises environ. A partir de ce point, l'on va toujours en diminuant, de manière qu'elle se termine en pointe, à la hauteur de 4 pieds, élevant toujours le cylindre à chaque toise, afin de ménager un vuide dans l'intérieur.

La meule achevée, on la laisse dans cet état pendant une quinzaine de jours; et lorsqu'on juge qu'il n'y a plus, dans son intérieur, ni chaleur ni fermentation, on bouche la cheminée, et l'on couvre la partie supérieure de la meule avec de la paille.

C'est ainsi que cela se pratique dans plusieurs cantons, et l'expérience a appris que le foin se conserve excellent, et tout le temps qu'on peut desirer.

Quand l'instant d'employer le foin est arrivé, ajoute l'instruction, on l'en extrait en le coupant avec un couteau fait exprès, dont la lame est très-large, très-longue, et le manche recourbé. On l'entame par en haut, du côté opposé à la pluie, et l'on continue à couper jusqu'en bas. Chaque partie, coupée carrément, peut avoir 30 pouces de long, sur une largeur et une grosseur proportionnées. Ces portions coupées sont assez solides pour n'avoir pas besoin d'être liées, sinon quand on les transporte au loin, alors un seul lien de paille suffit : elles peuvent être assujéties à un poids régulier, comme les bottes de foin, et sous cette forme les marchands n'y peuvent pas introduire du foin de mauvaise qualité. (Voyez *Regain*).

FONDS POLIS. (Voyez *Vernis*).

FONTAINES. L'eau est pour les habitans des villes un objet de première nécessité ; il faut donc chercher à la leur procurer abondante, propre à tous les usages de la vie, et d'une jouissance facile. Les Romains ont entrepris, pour y parvenir, des ouvrages dont les restes nous étonnent ; quelques villes les ont depuis peu imités ; Louis XIV a, pour embellir ses jardins, fait exécuter des ouvrages qui immortaliseront son siècle. Paris seul manque de ressources à cet égard ; car les machines à feu ne sont qu'un moyen précaire, et que le moindre événement peut arrêter ; elles sont

d'ailleurs d'un entretien très-dispendieux. M. de Parcieux, dont l'ame bienfaisante ne lui faisait employer ses talens que sur des objets d'une utilité publique, avait imaginé de faire arriver à Paris la rivière d'Yvette, prise à Vaugien. Il estimait que cette rivière, conduite à canal découvert, l'espace de cinq lieues et demie, et ensuite dans un acqueduc jusqu'auprès de l'Observatoire, pourrait procurer à la capitale 1200 pouces d'eau, et qu'en faisant quelques travaux de plus, on pourrait en obtenir jusqu'à près de 2000 ; ce qu'il prouve par des calculs très-curieux. En général, son mémoire doit être lu. (*Collect. Acad., part. franç.*, t. XIII, p. 49 ; t. XIV, p. 17, 49, et t. XV, p. 389.) Il n'est pas possible de l'analyser. On se contentera d'observer qu'après des devis faits pour de semblables ouvrages, il est vraisemblable que cette entreprise n'aurait pas coûté dans le temps plus de 4 ou 5 millions, pour amener l'eau jusqu'à la rue St.-Hyacinte. *Voyez* à l'article *Machines*, § XV, celles pour faire arriver de l'eau dans Paris.

M. Perronnet, chargé par la ville de l'examen de ce projet, en a fait le nivellement, les plans et devis ; il en résulte qu'il n'en coûterait pas plus de 8 millions pour amener l'Yvette, prise au-dessus de Saint-Remy, au réservoir de l'ancien moulin. Cette rivière a, jusqu'au Bouillon du château d'eau d'Arcueil, une pente de 45 pieds 7 pouces 7 lignes, et 34 pieds 2 pouces jusqu'au sol de l'Observatoire ; ainsi on pourrait porter l'eau à l'Estrapade, qui en manque. Le bouillon d'Arcueil est de 97 pieds 8 pouces, 1 ligne, plus élevé que les eaux basses de la Seine, vis-à-vis les Invalides. Il est plus élevé que la cuvette de distribution du pont Notre-Dame, de 16 pieds, 8 pouces, 1 ligne.

L'aqueduc de l'Yvette devait avoir 17,352 toises, dont 15,141 à découvert, et 2,211 en différentes parties qui devaient passer sous terre. La pente de l'aqueduc devait être de 15 pouces par 1000 toises, ce qui aurait donné à l'eau une vîtesse d'un pied par seconde ; et en supposant qu'elle ait habituellement 3 pieds 6 pouces de profondeur, il aurait passé 18 pieds 8 pouces cubes par seconde, ce qui aurait donné 2840 pouces d'eau par jour.

En 1787, M. de Fer de la Nouerre, autorisé par le gouvernement, a entrepris d'exécuter le projet de M. de Parcieux. Les travaux ont été commencés ; ils étaient même assez avancés en 1789 ; mais la révolution française a interrompu le cours de cette entreprise, qui avait déjà essuyé bien des contradictions, et il est arrivé aux actionnaires ce qui arrive presque toujours aux spéculateurs confians, c'est-à-dire qu'ils ont été la dupe des brillantes promesses annoncées par les prospectus, répandus et affichés avec profusion. Le travail, cependant, en paraissait bien imaginé et bien conduit ; au sur-

plus, ceux qui ont entrepris l'exécution du projet de M. Parcieux, n'avaient pas pris les mêmes précautions pour avoir la même quantité d'eau, ni pour l'avoir aussi pure ; ils se sont contentés de l'économie. On estime qu'il faut dans les villes un pouce d'eau par chaque mille habitans, pourvu qu'on ne la laisse pas perdre la nuit ; ce qui donne pour chaque personne 20 pintes par jour. Paris est bien loin d'une semblable provision.

La pompe du pont Notre-Dame en donne. . 100 à 125 p.
Arcueil . . . . . . 40 à 50
La Samaritaine. . 26 à 30
Le préSt.-Gervais. 12 à 15
Belleville 10
———————
230 p.

Mais sur cette quantité, il faut défalquer celle de Belleville, qui ne vaut rien et ne sert qu'à laver les égouts ; les trois-quarts de celle d'Arcueil, et toute celle de la Samaritaine, qui sont pour le service des maisons royales ; ainsi il reste environ 180 à 200 pouces pour une ville aussi étendue ; aussi beaucoup de quartiers en manquent-ils, et on est obligé de se procurer, avec assez de frais, celle de la rivière, qui n'est pas toujours potable.

Au reste, comme peu de personnes savent ce que c'est qu'un pouce d'eau, quoiqu'on se serve souvent de cette expression, nous leur dirons qu'on est convenu de nommer ainsi, le jet ou la quantité continue d'eau qui sort par un trou rond d'un pouce de diamètre, fait à un des côtés d'un vaisseau de cuivre ou de fer-blanc, avec cette condition qu'il faut que la surface de l'eau soit toujours entretenue dans le vase à 7 lignes au-dessus du centre du trou. S'il passe par ce trou 72 muids d'eau en 24 heures, ou 3 muids, ou 864 pintes par heure, cela fait environ 14 pintes par minute.

Comme dans les nivellemens des eaux de Paris, l'Observatoire et les tours de Notre-Dame servent de repaire (*voyez* au mot *Hydromètre*, le rapport que nous en avons indiqué d'après les Mémoires de l'Académie), nous dirons seulement que du dessus des tablettes du haut de l'Observatoire, au seuil de la porte du côté du nord, il y a 81 pieds 5 pouces.

Le même seuil est plus élevé que le bouillon d'arrivée des eaux d'Arcueil dans le château d'Eau, à côté de l'Observatoire, de 11 pieds 8 pouces et demi.

La tour méridionale de Notre-Dame est élevée au-dessus du sol de 204 pieds 10 pouces 6 lignes.

La tablette de l'Observatoire est de 161 pieds 3 pouces au-dessus du sol de Notre-Dame.

§ Ier. *Fontaines publiques épuratoires.*

M. de Charancour, ingénieur, a annoncé dans le *Journal de Paris*, 1783, n°. 192, qu'il avait trouvé les moyens d'épurer l'eau de manière à la rendre dans tous les temps limpide et salubre ; qu'il avait obtenu le privilège exclusif d'établir sur les deux rives de la Seine des fontaines épuratoires ; et pour mettre le public à portée de juger de la limpidité et de la salubrité de son eau, il a offert d'en délivrer gratuitement pendant huit jours, tant aux porteurs d'eau qu'à ceux qui se présenteront.

§ II. *Fontaines domestiques.*

Il est nécessaire, dans les villes et dans les lieux où l'eau n'est pas commune, d'en avoir dans chaque maison une provision, soit pour la boisson, soit pour d'autres usages. Mais celle des rivières est souvent trouble, et serait désagréable à boire si on ne la laissait quelque temps en réserve, pour déposer le limon dont elle est chargée.

La fragilité des fontaines de terre a fait imaginer celles de cuivre, qui, à l'abri des inconvéniens de la gelée et des chocs, paraissaient réunir tous les avantages qu'on pouvait desirer, au moyen de l'étamage dont on les couvrait intérieurement, et d'une couche assez épaisse de sable, à travers lequel l'eau se filtrait. (*Voyez*-en la figure, tom. III des planches de l'*Encyclopédie*, art. *Chaudronnerie*.) Mais on a remarqué depuis que ces deux précautions ne préservaient pas de tout danger.

Les étamages, même faits avec soin, n'empêchent pas à la longue le verd-de-gris de se former.

D'ailleurs, l'eau filtrée dans les fontaines à travers le sable, n'est pas d'un usage aussi sain qu'on pourrait le croire ; elle devient plus pesante, l'air ne passant pas comme elle à travers le sable, qui demande au reste à être souvent lavé.

Ces inconvéniens ont fait assez généralement abandonner ces fontaines pour d'autres de cuivre ou de bois, revêtues intérieurement de plomb laminé ; mais le plomb est lui-même suspect, attendu qu'il se convertit aisément en chaux, et que sa chaux est mortelle.

M. le comte de Milly, de l'Académie, a reconnu tous les caractères de cette chaux, dans une liqueur laiteuse qu'il a observée sur les parois des fontaines doublées en plomb, lorsqu'elles ne sont pas pleines, mais sur-tout à la partie du couvercle ; ainsi, en conservant l'usage de ces fontaines, il est toujours prudent de supprimer la doublure du couvercle, qui, au reste, n'est pas nécessaire ; mais le meilleur est de s'en tenir comme le plus grand nombre, aux fontaines de terre ou de grais. Cependant ces fontaines ont l'inconvénient d'être sablées, et leur forme ovale les rend très-sujettes à être brisées par la gelée.

On pourrait remédier à ce défaut, en leur donnant la forme d'un cône tronqué, renversé ; c'est-à-dire, en les faisant de manière qu'elles fussent toujours en s'élargissant du bas en haut, parce qu'il est de principe que l'eau en se gélant augmente de volume, et la glace commençant toujours à se former à la surface, il faut que celle qui lui succède, et qui ne peut s'étendre latéralement, puisse soulever la couche qui lui est supérieure, ce qu'elle ne fera pas, si la fontaine va, comme c'est l'usage, en diminuant par le haut. Au surplus, le meilleur moyen de conserver l'eau destinée à la boisson, est de la mettre dans des cruches de grais ; elle sera toujours saine et claire, si on lui donne le temps de déposer le limon qui la trouble, et si on a soin de nétoyer souvent les cruches. Cet objet est si important pour la santé, que les personnes prudentes ne doivent jamais se relâcher de la vigilance qui convient à cet égard.

En 1745, M. Amy a présenté à l'Académie des sciences de Paris, une machine à filtrer l'eau : en serrant plus ou moins les éponges qui y servent de filtres, on rend la distillation plus ou moins difficile : on peut les ôter et les remettre facilement lorsqu'on veut les nétoyer. Les vaisseaux peuvent être construits de plomb ou de terre, ce qui en rend le prix très-modique. L'Académie a jugé que quoique cette machine fût sujette à l'inconvénient commun à tous les filtres, de ne pouvoir séparer de l'eau les matières qui y seraient véritablement dissoutes, elle était cependant susceptible d'utilité en diverses rencontres.

En 1748, le même M. Amy a présenté à cette Académie une nouvelle fontaine, dans laquelle il propose d'employer le sable à la filtration de l'eau d'une façon beaucoup plus commode qu'on ne le fait ordinairement. Le vaisseau qui sert à cet usage se démonte en trois pièces, et est par-là plus facile à nétoyer. Il place au-dessus du sable un couvercle à rebord, qui reçoit le premier dépôt de l'eau et empêche le sable de s'envaser aussi promptement que dans les fontaines ordinaires ; enfin, il ne permet à l'eau déjà filtrée au travers du sable, de passer dans le réservoir, qu'au travers d'une boîte fermée de deux couvercles, et remplie du sable le plus fin et extrêmement foulé. L'Académie a regardé ce moyen comme ingénieux et propre à produire l'effet qu'on desire. (*Collect. Acad.*, *part. franç.*, t. IX, p. 460, et t. X, p. 465.)

A ces moyens de filtration ont succédé les fontaines filtrantes. D'abord on s'est servi de coffres de bois revêtus entièrement de plomb laminé, et divisés par compartimens, et dans lesquels l'eau passe successivement à travers le sable et des éponges. On en trouve la figure dans le cinquième volume des planches de *l'Encyclopédie*, article *Hydraulique*. Ces fontaines sont de l'invention du même M. Amy, dont nous avons parlé précédemment. Ces fontaines demandent des soins; il faut nétoyer de mois en mois le sable et les éponges. Il ne faut point laisser les éponges à sec; elles donneraient un goût d'amertume à l'eau. Le *Journal de Paris*, du 23 septembre 1780, a annoncé une fontaine filtrante

de l'invention de M. Noiraux, potier d'étain : elle consiste dans trois vases, placés au-dessous les uns des autres, dont deux garnis de sable, et tous les trois de boules filtrantes en plomb laminé. Nous ne répéterons point ce que nous avons dit plus haut des inconvéniens du plomb et du sable.

C'est pour y remédier, que depuis l'on a imaginé des fontaines de pierres filtrantes ; ces fontaines sont de pierre de liais, rondes ou carrées, jointes ensemble par un mastic impénétrable à l'eau ; peintes extérieurement à l'huile en forme de granit ou de porphyre. Elles contiennent plus ou moins d'eau, suivant leur grandeur. Au lieu de sable et d'éponges, on construit intérieurement, et au fond de la fontaine, une petite chambre plus ou moins grande et bien mastiquée, avec trois à quatre pierres d'un pouce d'épaisseur, dressées de champ, pouvant contenir à-peu-près deux à trois pintes d'eau. Ces pierres filtrantes viennent de Picardie : on leur donne le nom de *vergier*. C'est en passant à travers ces pierres que l'eau versée dans la fontaine filtre et s'épure ; et de sale et bourbeuse qu'elle était, elle en sort claire et limpide, par un robinet qui pénètre dans cette chambre, dans lequel est aussi pratiquée une ouverture dans laquelle entre un tuyau mastiqué qui, venant aboutir au haut de la fontaine, sert à donner de l'air à l'intérieur de la chambre ou réservoir, et facilite l'écoulement de l'eau. A-peu-près tous les trois mois , et lorsque les pores de la pierre filtrante sont bouchés par la bourbe et les saletés de l'eau , on ratisse la pierre avec un racloir, et on la lave. C'est afin que la pierre qui couvre la petite chambre ou réservoir , s'encroûte moins , qu'elle est posée en forme de toit.

Cette invention sans doute est préférable à tout ce qu'on a imaginé jusqu'ici ; mais nous connaissons quelque chose de plus simple encore, c'est d'avoir deux fontaines ordinaires de grais, et de faire passer l'eau déja filtrée à travers le sable de la première, pour y recevoir une seconde filtration.

§ III. *Lut pour boucher les fêlures des fontaines de grais ou de terre cuite.*

Il faut prendre une livre de résine, autant de cire, quatre onces de soufre ; mettre le tout dans un pot net ; on y mêlera du gypse pulvérisé ; on donnera à cette composition l'épaisseur nécessaire.

§ IV. *Fontaines artificielles.*

Deux moyens sont employés avec un égal succès pour se procurer des jets d'eau agréables dans un appartement ; la *condensation* de l'air et sa *dilatation.* A l'égard du premier moyen, on se sert d'une petite pompe foulante, construite exprès pour introduire l'air dans la fontaine remplie d'eau jusqu'au trois-quarts ; la quantité

d'air qu'on force d'entrer dans le vaisseau, acquiert, par *compression*, une force élastique considérable , qui , se déployant sur la surface de l'eau, la chasse par le canal qui est ouvert, avec d'autant plus de vitesse qu'il y a de différence entre la densité de l'air renfermé dans le vaisseau, et celle de l'air extérieur ; en sorte que le ressort du premier s'affaiblissant de plus en plus à mesure qu'il trouve plus d'espace pour se mettre au large, le jet en devient moins élevé vers la fin.

On emploie aussi, comme nous avons dit, la *dilatation* de l'air pour former des fontaines qui amusent les curieux : pour cet effet, on fait , par le moyen du feu ou de l'eau bouillante, dilater l'air contenu dans un ballon de cuivre qui communique par un tuyau au vaisseau rempli d'eau jusqu'aux trois-quarts. L'air échauffé du ballon se porte à la surface de l'eau qu'il presse par son ressort, et fait sortir en forme de jet par le petit canal terminé en pointe comme un ajutage. Comme l'air ne se dilate que d'un tiers par la chaleur de l'eau bouillante , il faut que le ballon d'air soit deux fois aussi grand que le vaisseau qui contient l'eau jaillissante. Voulez-vous faire un jet de feu ? au lieu d'eau, servez-vous d'esprit-de-vin ou de bonne eau-de-vie ; tenez quelques minutes l'orifice du vaisseau bouché avec le bout du doigt ou autrement, pour donner à la liqueur le temps de s'échauffer un peu ; avec la flamme

flamme d'une bougie, on allumera le jet lorsqu'il partira.

Il est un moyen de se procurer, à peu de frais, et sans se servir de fontaines, un jet de feu, petit, à la vérité, mais dont l'effet est fort joli. On fait souffler, par un émailleur, une boule creuse un peu plus grosse qu'un œuf de poule, qui ait d'un côté une queue scellée par le bout, et de l'autre un bec recourbé en haut, dont l'orifice soit capillaire. On plonge pendant quelques secondes, toute la boule dans une cafetière remplie d'eau bouillante, ayant soin que l'orifice du bec soit en-dehors. On la retire, et l'on trempe sur-le-champ le bout du bec dans un verre à boire, qui contient de l'esprit-de-vin. Quand il en sera entré dans la boule autant que le poids de l'atmosphère y en peut porter, vous la replongerez de nouveau dans l'eau bouillante, et vous allumerez le jet en tenant la bougie à un pouce près du bec. C'est une espèce d'éolipile, et tous les éolipiles peuvent faire l'effet des fontaines artificielles. (Voyez *Eolipile*). Au reste, quelque forme que l'on donne à ces fontaines jaillissantes, et que l'on peut varier à l'infini, elles n'agissent que par le ressort d'un air, soit comprimé, soit dilaté.

§ V. *Fontaine artificielle*, connue sous le nom de fontaine de Hiéron.

Cette fontaine, ainsi appelée du nom de son inventeur, a
Tome III.

pour objet de faire jaillir l'eau par le ressort de l'air comprimé. On a depuis varié ces fontaines artificielles où l'eau reçoit son mouvement de l'élasticité de l'air. On peut leur donner cent formes différentes plus curieuses et plus agréables les unes que les autres. On en fait de métal plus ou moins compliquées. (Voyez-en la description et la figure dans *l'Encyclopédie Méthodique, amusement des sciences*, p. 86, et dans le *Dictionnaire de Physique de Brisson*, p. 26, fig. 1). On en peut faire aussi de verre d'une seule pièce, ainsi que l'indique M. l'abbé Nollet, p. 2 du tome III, de l'*Art des Expériences*. L'inspection de ces machines mises en jeu, suffit pour faire connaître la cause physique des effets qu'elle produit pour l'amusement et pour l'instruction; mais pour en donner une légère idée, nous dirons qu'une certaine quantité d'air retenue dans la machine et entre deux eaux, fait effort pour s'échapper, presse l'eau de la partie supérieure de la machine qui lui fait obstacle, la force de sortir par le tuyau qui y est plongé; le jet part d'abord avec vivacité, mais sa hauteur diminue peu-à-peu à mesure que l'eau jaillit. La masse d'air trouvant à se loger avec plus de liberté par le vuide que l'eau laisse, perd son état de compression, devient enfin de la même densité que l'air extérieur, et le jet d'eau cesse. On donne, si l'on veut, à ce jet d'eau la forme d'une gerbe, lorsque le petit

F

canal par où l'eau sort est percé de plusieurs trous.

V. à l'article *Machines*, § XI, n°. 9, ce qui est dit de la machine hydraulique de M. de Trouville.

§ VI. *Fontaine artificielle intermittente.*

Cet instrument, dont les empyriques se servent pour éblouir les yeux du vulgaire ignorant, cette fontaine intermittente, qu'ils font obéir à leur commandement, sert en physique à prouver la résistance, et par conséquent la solidité de l'air. On donne à cette fontaine telle figure que l'on juge à propos ; supposons un vase de fer-blanc de quatre pouces de diamètre, et de cinq pouces de hauteur, fermé vers le haut, c'est le réservoir qui contient l'eau. On fait souder vers le fond un tuyau de dix pouces de long et demi-pouce de diamètre, ouvert par ses deux extrémités. Ce tuyau, qui n'est destiné qu'à servir de passage à l'air et non à l'écoulement de l'eau, doit traverser ce réservoir et toucher presqu'au sommet du réservoir, c'est-à-dire, à trois ou quatre lignes près. Au fond du vase l'on fait ajuster cinq à six petits tuyaux par où l'eau renfermée dans le vase puisse s'écouler lentement: on donne à ces ouvertures une ligne et demie de diamètre ; ce vase doit être soutenu par des supports audessus d'une coquille de fer-blanc, de manière que l'ouverture du long tuyau, soit à trois ou quatre lignes du fond de

cette cuvette, percée en son milieu d'un trou de deux à trois lignes de diamètre par lequel l'eau s'écoule. Voici maintenant l'explication physique de la fontaine intermittente dont on vient de donner la description. La pression intérieure de l'air qui passe par le canal de la fontaine intermittente, lorsqu'il est ouvert, fait son effet sur la surface de l'eau du réservoir: or, comme cette pression, jointe au poids de l'eau, est plus forte que la pression que l'air extérieur exerce sur les orifices des petits canaux, celui-ci est obligé de céder à une force supérieure, et l'eau s'écoule par les petits canaux. Mais comme la quantité d'eau que les petits canaux fournissent dans la cuvette est plus grande que celle qui peut en sortir, elle s'élève et bouche l'ouverture inférieure du long tuyau qui sert de passage à l'air intérieur. Alors l'air extérieur qui presse avec avantage contre les orifices des petits canaux, empêche l'écoulement, qui ne recommence que quand l'eau de la cuvette s'est écoulée ; l'air extérieur peut s'introduire par le long tuyau, et aller de nouveau presser l'eau du réservoir. Ainsi, lorsque le bout inférieur du grand canal par où passe l'air dans l'intérieur se trouve bouché, l'air extérieur exerce toute sa force, et résiste à l'écoulement de l'eau par les orifices des petits canaux ; cet obstacle cesse toutes les fois que la cuvette se vuide, et renaît chaque fois que l'eau remplit l'ouverture inférieure du grand canal.

C'est ce qui cause l'intermittence. Comme il est facile de connaître, par l'élévation de l'eau qui se trouve dans la cuvette, l'instant où les petits tuyaux doivent cesser de couler, et celui auquel l'eau doit s'échapper de nouveau, on peut supposer que cette fontaine coule ou s'arrête au commandement et à la volonté de celui qui fait cette récréation. L'habitude, d'ailleurs, fait connaître le temps qui s'écoule entre ces deux différens effets.

FORCE HUMAINE. *Voyez* à l'article *Machines*, ce qui est dit de l'emploi de la force des hommes dans l'usage des machines.

FORÊTS. (Voyez *Plantation*).

FORGES. (Voyez *Soufflets*).

FORTE-PIANO. Cet instrument, dont l'origine est plus ancienne qu'on ne pense, ne paraît être qu'un clavecin d'une forme carrée, longue, dans lequel on a substitué les marteaux aux sautereaux. Le *Journal des Savans*, 1721, p. 190, fait mention d'un clavecin à marteaux; mais il n'y a guères qu'une trentaine d'années que les clavecins ont entièrement passé de mode. Le forté-piano, perfectionné depuis, et dont la qualité des sons est bien supérieure, mérite à tous égards la préférence que lui accordent les personnes sensibles à la musique. Sans entrer ici dans le détail de sa construction, dont on trouve les principes dans l'*Encyclop. Méthod.*, *arts mécaniques*, t. VII, p. 783,

nous nous contenterons d'indiquer la manière de l'accorder; c'est un procédé essentiel à connaître pour ceux qui pratiquent cet instrument, et qui ne sont pas toujours à portée d'avoir un facteur.

§ Ier. *Manière d'accorder le piano-forté.*

Cet instrument s'accorde de la même manière que le clavecin; c'est par cette raison que je ferai connaître ici ce qu'a dit M. d'Alembert, sur la manière d'accorder le clavecin.

On serait tenté de croire que pour qu'un clavecin fût parfaitement d'accord, il faudrait que ses sons fussent parfaitement justes, de manière que l'intervalle entre les tons et demi-tons fût exactement égal. Mais il est démontré que l'échelle diatonique des Grecs (*si*, *ut*, *re*, *mi*, *fa*, *sol*, *la*), et celle des modernes (*ut*, *re*, *mi*, *fa*, *sol*, *la*, *si*), renferment des consonnances altérées, c'est-à-dire, un peu fausses. M. d'Alembert, dans ses *Elémens de Musique théorique et pratique*, démontre, avec beaucoup de vérité, qu'il est impossible que toutes les octaves et toutes les quintes soient justes à-la-fois, sur-tout dans les instrumens à touches, tels que l'orgue et le clavecin, où on ne connaît point d'intervalle plus petit que le demi-ton; en sorte que pour concilier tout et rendre l'harmonie la plus complette possible, il est nécessaire de recourir à ce qu'on appelle *tempéra-*

2

ment. A cet effet, M. d'Alembert indique deux procédés, l'un, tiré de l'usage le plus commun pratiqué par les facteurs pour accorder les orgues et clavecins ; l'autre, tiré de la *Génération Harmonique* de Rameau.

Suivant le premier procédé, on commence par l'*ut* du milieu du clavier, et on affaiblit les quatre premières quintes *sol*, *re*, *la*, *mi*, jusqu'à ce que *mi* fasse la tierce majeure juste avec *ut* : partant ensuite de ce *mi*, on accorde les quintes *si*, *fa**, *ut**, *sol** ; mais en les affaiblissant moins que les premières, de manière que *sol** fasse à-peu-près la tierce majeure juste avec *mi*. Quand on est arrivé au *sol**, on s'arrête ; on reprend le premier *ut* ; on accorde sa quinte *fa* en descendant, puis la quinte *si b*, etc., et on renforce un peu toutes ces quintes jusqu'à ce qu'on soit arrivé au *la b*, qui doit être le même que le *sol** déjà accordé. On trouvera dans le journal intitulé : *Nouvelles de la République des Lettres et des Arts*, *par M. de la Blancherie*, 1782, p. 122, 151 et 157, une lettre de M. l'abbé Roussier, sur le nouveau clavecin de M. de la Borde, plus facile à accorder par la multiplication des demi-tons.

Voyons maintenant le procédé de Rameau. Il consiste à prendre telle touche du clavecin qu'on veut. Si c'est l'*ut* du milieu du clavier, on en accorde la quinte *sol* d'abord fort juste, puis on la diminue imperceptiblement. On accorde ensuite la quinte juste de cette quinte ainsi diminuée, puis on diminue aussi imperceptiblement cette deuxième quinte, et l'on procède ainsi d'une quinte à l'autre en montant. Mais comme l'oreille n'apprécie pas si exactement les sons trop aigus, il faut, quand les quintes commencent à devenir trop aiguës, accorder juste l'octave au-dessous de la dernière quinte qu'on vient d'accorder, puis on continue toujours de même, et l'on arrive enfin à une dernière quinte *mi**, *si**, qui doit se trouver d'accord d'elle-même, c'est-à-dire, qui doit être telle, que *si**, le plus aigu des deux sons qui la forment, soit le son même *ut*, par lequel on a commencé, ou du moins l'octave parfaitement juste de ce son. Il faudra donc essayer si cet *ut* ou son octave fait une quinte juste avec le dernier son *mi** ou *fa* que l'on a accordé. Si cela est, on peut être assuré que le clavecin est bien d'accord ; mais si cette dernière quinte n'est pas juste, en ce cas ou elle sera trop forte, et c'est une marque qu'on a trop diminué les autres quintes ou du moins quelques-unes ; ou la quinte sera trop faible, et c'est une marque qu'on ne les a pas assez diminuées, il faudra donc revenir sur ses pas jusqu'à ce que la dernière quinte soit d'accord d'elle-même. Par cette pratique, tous les douze sons qui composent une des gammes seront accordés, il n'y aura plus qu'à accorder parfaitement justes leurs octaves dans les autres gammes, et le clavecin sera bien d'accord.

M. d'Alembert fait la remarque que si, par le premier procédé, on rencontre des tierces moins altérées que dans celui de Rameau, en récompense les quintes y sont beaucoup plus fausses, et plusieurs tierces le sont aussi, de manière que sur un clavecin accordé par le tempérament ordinaire, il y a 5 ou 6 modes insupportables, et dans lesquels on ne peut rien exécuter : au contraire, dans le tempérament de Rameau, tous les modes sont également parfaits. Au reste, ajoute M. d'Alembert, quelqu'espèce de tempérament qu'on adopte, les altérations qu'il causera dans l'harmonie, ne seront que peu ou point sensibles à l'oreille, qui, uniquement occupée de s'accorder avec la basse fondamentale, tolère sans peine ces altérations, ou plutôt n'y fait aucune attention, parce qu'elle supplée d'elle-même à ce qui manque aux intervalles pour être justes. (*V.* aussi *Coll. Acad.*, part. *fr.*, t. X, p.169 et 172.)

On trouve dans les *Mémoires de l'Académie de Berlin*, 1771, la description d'un clavecin qui, en même-temps qu'on exécute, marque et note ce qu'on a joué. Ce qui peut être d'un grand secours pour le musicien-compositeur.

§ II. *Forté-piano perfectionné.*

Il est fait mention dans le second rapport général des travaux de la Société Philomatique, p. 29, d'un instrument à grand ravalement, imaginé en 1792, par le cit. Montu, et qui réunissait les avantages des instrumens à touches et des instrumens à cordes. Il était composé de 58 cordes, successivement touchées par un archet sans fin, mis en mouvement par une roue que fait tourner une pédale ; la mécanique de cet instrument était telle, qu'on pouvait enfler et diminuer à volonté les sons, et donner au jeu de l'expression à l'aide d'une pièce de bois que le genou faisait mouvoir.

FORTIFICATIONS. Les développemens que contient à cet égard l'*Encyclopédie*, joints au secours des figures tant du tome Ier. des planches que du supplément, article de l'*Art militaire*, nous dispensent de parler de l'architecture militaire ; nous ne ferons qu'indiquer deux ouvrages, l'un intitulé : l'*Art défensif supérieur à l'art offensif*, orné de gravures, présenté à la convention nationale, le 27 septembre 1793, par M. de Montalambert, officier de génie, dont le système a été annoncé comme préférable à celui même de Vauban; ce n'est pas peu dire : et l'autre ayant pour titre : *Traité complet de Fortifications*, par le cit. de Saint-Paul, officier au corps de génie.

On trouve aussi dans les deux premiers cahiers du *Journal de l'Ecole Polytechnique*, deux mémoires sur les fortifications; ils méritent d'être lus, en ce qu'ils contiennent un très-bon précis de cet art, et présentent le tableau des connaissances indispensable à acquérir par ceux qui se lancent dans la carrière du génie militaire.

On trouve dans le *Bulletin de la Société Philomatique*, an 7, n°. 24, p. 188, un mémoire intitulé : *Recherches sur la poussée des terres et sur l'épaisseur des murs de revétement*, par le cit. Prony.

FOSSES D'AISANCE. Les premiers auteurs de l'*Encyclopédie* ont sans doute eu quelque répugnance à remuer cette matière, puisque ce qu'ils en disent se réduit à une très-courte définition, et l'art du *Vuidangeur* est un de ceux qui manquent à cette précieuse collection. Les auteurs de l'*Encyclopédie Méthodique* ont eu plus de courage, ils ont donné dans le tome VIII, p. 727, l'article de l'art du vuidangeur.

Rien de ce qui intéresse le progrès de nos connaissances, et sur-tout l'humanité et l'ordre public, quels que soient les dangers et les dégoûts qui se présentent, ne doit trouver d'obstacle aux yeux de ceux qui consacrent leur temps, leurs soins, leurs lumières, leurs travaux au plus grand avantage de la société.

Nous avons de grandes obligations à MM. Laborie, Cadet jeune et Parmentier, qui ont donné au public des *Observations sur les fosses d'aisance et sur les moyens de prévenir les inconvéniens de leur vuidange*; observations imprimées en 1778, par ordre et aux frais du gouvernement, et appuyées des suffrages de l'Académie des Sciences. L'objet nous a paru d'une si haute importance, que nous croyons devoir entrer dans quelques détails.

§ Ier. *Construction des fosses d'aisance.*

Suivant cet écrit, voici ce qui serait à desirer pour la construction des fosses d'aisance. Il faudrait qu'un bon mur de moëlon, revêtu d'argile, appuyât un second mur intérieur; que celui-ci fût porté sur des pièces de bois de chêne; qu'il fût en moëlon tendre, lequel s'enduirait promptement d'une croûte, qui le rendrait imperméable à l'eau; que le sol de la fosse fût glaisé, et par-dessus la glaise pavé à chaux et à ciment : on ne craindrait pas l'infiltration, par rapport aux puits et aux caves. Il faudrait que la poterie ne fût jamais que droite et perpendiculaire; que la clef se trouvât placée au centre de la voûte, et en cas d'empêchement, qu'elle s'approchât du côté des poteries; que les angles fussent supprimés, en donnant aux fosses la forme circulaire, et que la voûte relevée en arc comme celles des cloîtres, donnât plus de jeu à la circulation de l'air.

§ II. *Qualités des fosses, et matières que les ouvriers y distinguent.*

Il y a des fosses que le vuidangeur exploite sans danger pour sa santé ni pour sa vie; ce sont celles des casernes, des collèges, des maisons religieuses, sans doute à raison de l'homogénéité de la matière. Les plus dangereuses sont celles qui reçoivent des eaux de vaisselle et de lessive, des débris anatomiques, des décombres de plâtres, des poteries, des haillons, des bouchons de foin. Il arrive souvent de rencontrer des fosses alternativement bonnes et mauvaises dans la même journée, c'est-à-dire qu'elles changent dix fois de caractères en vingt-quatre heures. Les vuidangeurs prétendent que jamais les fosses ne sont plus dangereuses que lorsque les pois et les fèves sont en fleurs ; effet produit sans doute, comme on l'observe, par la température de l'atmosphère, qui favorise alors la fermentation.

Dans la matière, les ouvriers distinguent la *croûte*, qui couvre la surface, et qui quelquefois a assez de consistance pour n'être entamée qu'avec effort ; il se forme aussi quelquefois des croûtes dans l'intérieur et l'épaisseur de la matière. Ils appellent la *vanne*, la partie liquide qui, sous la croûte, surnage les matières plus épaisses du fond ; lorsqu'elle est claire et sans couleur, elle a peu d'odeur ; mais lorsqu'elle est verte, trouble et mousseuse, son odeur est infecte. Ce qu'ils appellent *heurte*, est cet amas pyramidal des matières qui se trouve au-dessous des poteries. C'est de toutes les parties de la matière, celle que les ouvriers attaquent avec le plus de défiance, à

cause des moffètes dangereuses qu'elle recèle le plus souvent. Ils donnent le nom de *gratin* à cette matière adhérente au fond et aux parois des fosses. Plus il est solide et adhérent, moins il laisse transpirer la *vanne*.

Après avoir exposé ce que voit le vuidangeur dans les fosses d'aisance, voyons ce qu'y découvrent le physicien et le chimiste.

Il arrive très-souvent qu'après avoir levé la clef, l'approche de la lumière fait prendre feu à la vapeur qui s'exhale. Ce n'est souvent qu'un jet de flamme aussi-tôt dissipé qu'apperçu ; mais quelquefois cette flamme est considérable et a de la durée : elle est si légère qu'elle n'a pas la force de mettre le feu à des copeaux et autres corps combustibles. On a remarqué que sans action sur les vêtemens des ouvriers, elle en avait cependant assez pour griller leurs cheveux, leurs sourcils et leur barbe. Expérience faite sur cet *air inflammable*, il a été remarqué que des fosses en étaient assez abondamment pourvues pour reprendre feu à l'approche d'une lumière, après avoir passé deux jours sans y travailler ; que dans une fosse qui n'avait point pris feu à l'ouverture, ayant jeté des morceaux de papier allumés, une flamme bleuâtre avait paru sillonner la surface de la matière, ce qui fut répété plusieurs fois de suite ; et qu'enfin la flamme cessant, le vent d'un très-gros soufflet l'avait fait revivre.

Il est fort imprudent de jeter

4

du papier enflammé dans des fosses d'aisance. Le *Journal de Paris*, du 29 novembre 1778, en cite un exemple, qui pensa coûter cher à la femme d'un épicier, rue de la Corrette au Gros Caillou, par la flamme et l'explosion qui en furent la suite.

Une pareille explosion eut lieu dans un cas à-peu-près semblable. Une dame apprend que la pierre du puisart de sa maison est recouverte des eaux qui s'écoulent de la cuisine. Elle veut juger par elle-même si le puisart n'est qu'engorgé ou s'il est plein. Il était nuit ; un domestique l'accompagne avec une lumière, et donne à l'aide d'un bâton l'issue aux eaux. La lumière fait détonner l'air inflammable qui s'échappe de l'intérieur du puisart. Il se fait une explosion violente ; la pierre est enlevée et brisée ; la dame s'échappe aux flammes qui l'environnent, et l'accident se borne à avoir les sourcils brûlés. (V. le *Journal de Paris*, 1784, p. 629 ; *voyez* aussi la *Coll. Acad.*, *part. franç.*, t. XII, p. 53.)

L'*air inflammable* n'est pas la seule chose remarquable qui ait fixé l'attention des physiciens et chimistes ; ils y trouvèrent aussi du *soufre* tout formé. Il existe en poudre sèche et friable sur la surface interne de la clef. Le soufre qui repose sur la matière est pâteux, à cause du mélange liquide et de l'humidité qu'il éprouve ; mais après des lotions réitérées, il ne diffère pas du soufre ordinaire.

Enfin ils ont trouvé dans ce soufre une espèce d'insecte particulier, qui paraît habiter la surface des matières, et qu'ils ont mis entre les mains d'un naturaliste, pour être observé et étudié.

Nous ne terminerons pas cet article sans dire un mot de l'opinion populaire, suivant laquelle on ne va pas impunément aux lieux d'aisance, lorsque les fosses ont été nouvellement vuidées, et sans s'exposer aux hémorrhoïdes ou à la dissenterie. Ce qu'il y a de vrai, c'est que souvent ces fosses répandent pendant un ou deux jours plus de mauvaise odeur qu'avant la vuidange, et que l'on a vu des maçons être attaqués d'asphyxie en travaillant à les réparer.

§ III. *Des accidens qui attaquent les vuidangeurs et des remèdes.*

Ils sont de deux sortes, la *mitte* et le *plomb*. Ce dernier ne va jamais sans l'autre.

Dans la mitte, le nez commence par être pris. A l'enchifrennement se joint une douleur dans le fond de l'œil, laquelle se propage dans les simes frontaux. Le globe de l'œil et les paupières deviennent rouges et enflammés. En 8 ou 10 minutes de repos à l'air libre, le nez coule, les yeux pleurent, et la douleur ainsi que la rougeur se dissipent. Cette guérison peut être accélérée par l'usage de l'alkali-volatil-fluor en respiration. Cette espèce de mitte, dont nous venons de parler, à laquelle on donne le nom de *mitte simple*, prend quelquefois un autre caractère; elle répand sur la vue des ouvriers une espèce de voile, et les jette pour un ou deux jours dans une cécité absolue, accompagnée de douleurs et d'inflammation considérables, c'est la *mitte grasse*. Ils se mettent au lit, se tiennent les yeux couverts de compresses d'eau fraîche, fréquemment renouvellées. Il ne paraît pas que la mitte soit occasionnée par cette vapeur qui prend si vivement aux yeux et au nez, dans les cabinets d'aisance, à certains changemens de temps. Les vuidangeurs disent que rien de semblable ne se fait sentir dans les fosses, et qu'aucun piquant dans l'air qu'ils respirent ne leur annonce la mitte qui va les saisir.

Quant au *plomb*, s'il faut en croire les ouvriers, il y en a de dix-sept sortes, dont cependant ils ne peuvent établir les distinctions. Ils reconnaissent la présence du plomb à une odeur fade qui se mêle à l'odeur infecte. On ne peut respirer cette vapeur sans remporter une petite toux sèche, un chatouillement fatiguant du gozier, de la gêne dans la respiration, le nez pris et sans avoir pendant la nuit un sommeil interrompu et troublé par des songes désagréables.

Pour se préserver de cette vapeur, les ouvriers ont grand soin de détourner la tête à chaque mouvement qu'ils donnent à la matière, d'éviter les fortes inspirations, de besogner avec lenteur, de s'abstenir de parler ou de ne parler que redressés, et la tête tournée du côté de l'ouverture de la fosse.

Le resserrement du gosier, des cris involontaires et quelquefois modulés (ce qui fait dire aux ouvriers que le plomb les fait chanter), la toux convulsive, le rire sardonique, le délire, l'asphyxie et la mort, tels sont les accidens par lesquels se diversifie l'action du plomb sur les vuidangeurs, qui, lorsqu'ils en ressentent les premières atteintes, n'ont pas de plus prompt remède que d'aller chercher la respiration d'un air libre et frais. L'eau fraîche jetée au visage, et la respiration de l'alkali-volatil, ne sont pas d'un secours bien sensible. M. Hallé, qui a fait l'examen critique de l'*Anti-méphytique* de M. Janin, pense qu'il est nécessaire d'y joindre les vomitifs, quelquefois même le traitement pour les noyés, avec cette précaution toutefois, que quand on vient au secours d'un homme asphyxé dans les fosses d'aisance, il ne faut jamais se présenter en face de lui, parce que ce serait un moyen assuré de partager son infortune. (V. *Asphyxie*, *Alkali-volatil-fluor*, *Vapeurs méphytiques*).

En général, les vuidangeurs ont le teint mauvais, la peau très-douce et luisante; leurs cheveux croissent peu et leur vieillesse prématurée est accompagnée pour l'ordinaire de cécité et de paralysie. Leur métier non-seulement les garantit, mais même les guérit de la galle. Ils ne connaissent ni dartres, ni érésipèles, ni engelures, ni gerçures aux mains; les piquures, écorchures et petites plaies, se guérissent en 24 heures; mais aussi rien de plus dangereux que ce métier, pour ceux qui sont attaqués de maladies vénériennes, ou qui en ont été guéris imparfaitement.

§ IV. *Vuidange des fosses.*

Nous ne dirons rien du préjugé de quelques personnes, qui pensent qu'en jettant force neige dans les fosses d'aisance, on n'a pas besoin de les vuider. Nous pensons au contraire que c'est le moyen de les remplir plus promptement. La matière liquide s'infiltre à travers les murs et jusques dans les puits. *Voyez* à ce sujet les *Mémoires de la Société royale de Médecine*, 1786, p. 173; le *Journal de France*, 17 janvier 1789; et le *Journal de Paris*, 1789, n°. 20.

Depuis quelques années, cette profession dont les atteliers ont servi de tombeau à une multitude d'ouvriers, compte moins de victimes depuis qu'une compagnie, sous le nom de *Ventilateur*, est parvenue à maîtriser la vapeur des fosses.

L'appareil consiste dans un cabinet de menuiserie, placé et scellé en plâtre sur l'ouverture de la fosse. Ce cabinet est un magasin d'air, que fournit le jeu de trois soufflets placés en-dehors. Le vent y porté par trois tuyères, dont deux horizontales rasent le sol et viennent aboutir à l'orifice de la fosse, sur lequel ils entretien-

nent une nappe de vent; l'autre tuyère partant de la partie supérieure du cabinet, souffle de haut en bas et perpendiculairement à ce même orifice. D'un autre côté, on bouche les ventouses et les sièges d'aisance qui répondent à la fosse, à l'exception de celui qui est le plus voisin du toit; sur ce siège on établit un grand entonnoir de fer-blanc, servant de base à une enfilade de tuyaux, qui se prolongent en-dehors et gagnent le dessus de la maison.

Au moyen de cette disposition, les soufflets ne sont pas plutôt en action, que du cabinet à l'extrémité des tuyaux, il s'établit un courant d'air qui n'en sort que chargé des vapeurs de la fosse. C'est une fumée considérable, non moins sensible à la vue qu'à l'odorat, teinte de différentes nuances de bleu, de verd, de noir, et quelquefois d'un blanc sale capable d'asphyxer les animaux qui y seraient exposés.

Ce serait en vain que le ventilateur aurait mis ainsi ces vapeurs hors de la portée des sens, si en même-temps les plus grandes précautions ne surveillaient la communication de la matière avec l'air environnant, pour empêcher que ni les ouvriers, ni les tonneaux n'y portent aucun principe d'infection.

Pour cet effet, le cabinet est assez grand pour contenir deux tonneaux et l'ouvrier qui les remplit: ces tonneaux ne se remplissent que couverts d'un tablier de cuir garni d'un entonnoir, de manière à sortir du cabinet sans être aucunement salis. Ils n'en sortent qu'en passant successivement par deux portes qui ne s'ouvrent que l'une après l'autre. A l'instant où ils sont sortis, le couvercle qu'ils portent est enfoncé à coups de maillet, et scellé en plâtre, afin que rien ne puisse transpirer par les jointures ; enfin, ces tonneaux ne reviennent à l'attelier qu'après avoir passé par une lessive dans laquelle ils sont non-seulement lavés à plusieurs eaux, mais encore brossés. C'est ainsi que la vuidange des fosses est devenue entre les mains de la compagnie du ventilateur, une opération dont on s'apperçoit à peine dans la maison où se fait le travail.

La matière des fosses est si fermentescible, qu'on l'entend bouillir dans les tonneaux, et que les ouvriers sont obligés de laisser jusqu'à six pouces de vuide, sans quoi les couvercles sauteraient dans le transport.

Nous ne parlerons point ici de l'*Anti-méphytique*, de M. Janin, qui n'était autre chose que du vinaigre jeté dans la fosse par la lunette d'un des cabinets d'aisance ; l'insuffisance en est démontrée dans les *Mémoires de la Société Royale*, 1780, p. 254 ; et le journal intitulé : *Nouvelles de la République des Lettres et des Arts, par M. de la Blancherie*, 1785, p. 204, rapporte à ce sujet le sentiment de M. Hallé. Au surplus, *voyez* l'article *Vapeurs méphytiques.*

Mais ce que nous nous garderons bien de passer sous silence, ce sont les essais faits avec succès par MM. Laborie, Cadet jeune et Parmentier, et qui doivent être joints au ventilateur, comme moyens préservatifs.

§ V. *Le feu employé comme préservatif.*

L'effet du ventilateur est de diminuer le nombre des accidens, en portant la mauvaise odeur hors de l'habitation. Mais le local ne permet pas toujours d'établir l'appareil ci-dessus ; d'ailleurs la masse méphytique reste dans un état de stagnation, qui fait le danger de l'ouvrier. Enfin la vapeur des fosses n'en existe pas moins dans l'atmosphère qu'elle infecte ; et dans certaines dispositions de l'air, cette vapeur, loin de se dissiper, va quelquefois retomber plus loin, et se faire sentir à 100 toises de là ; il s'agissait donc de trouver le moyen de faire absorber par le feu ces vapeurs méphytiques.

Les ouvriers, lorsque le plomb se manifestait dans une fosse, avaient recours à deux expédiens : le premier, était une chandelle allumée qu'ils suspendaient par une ficelle dans le tuyau d'aisance, au rez-de-chaussée. Cette chandelle, lorsqu'elle restait allumée, ce qui ne lui arrivait pas toujours, s'environnait d'un petit courant de vapeurs sensibles, et qui formaient des ondulations autour de la lumière. Le second était une poële de feu qu'ils descendaient dans la fosse, où elle s'éteignait souvent; mais lorsqu'elle restait allumée, alors, disaient-ils, le plomb se précipite, et ils en concevaient un bon augure.

Le feu était donc un agent auquel il fallait seulement donner plus d'activité. A cet effet MM. Cadet, Parmentier et Laborie, placèrent un fourneau sur l'orifice supérieur du tuyau principal de la fosse d'aisance, où les ouvriers du ventilateur plaçaient l'entonnoir renversé, dont nous avons parlé. Ce fourneau est composé d'une tour de terre sans fond, surmontée d'une chape qui a une ouverture dans sa partie intérieure, par laquelle on introduit le charbon: cette ouverture se ferme par une porte de tôle, qui se meut sur de petits gonds. La grille de fer nécessaire pour soutenir les charbons, se trouve placée à quelques pouces au-dessus de la base du fourneau. Dans la partie supérieure de la chape on adapte un tuyau de tôle, dont l'orifice supérieur surmonte le toit de la maison.

Lorsque l'intérieur du fourneau commence à s'échauffer, si l'on approche un papier ou tout autre corps enflammé de la porte du fourneau, la vapeur qui le traverse prend feu subitement, et produit une flamme qui se fait voir au-dehors.

Lorsque le charbon est embrâsé, si on débarrasse la chape de ses tuyaux, la flamme qui s'élève à deux ou trois pieds au-dessus, forme un brandon de feu de différentes nuances, dont l'odeur ne peut mieux se comparer qu'à la vapeur enflammée d'une dissolution de fer par l'acide vitriolique, et cette odeur de soufre, quoique désagréable, n'a rien de dangereux.

Ce procédé a l'avantage d'établir un courant d'air considérable; d'attirer toutes les vapeurs méphytiques de la fosse; de les dénaturer; de les changer en une vapeur qui, loin d'altérer la salubrité de l'air, détruirait, par l'acide sulphureux, les dispositions putrides s'il en existait dans l'atmosphère.

Ce fut par un procédé à-peu-près semblable, que M. Cadet désinfecta un puits, rue de Bourbon-Villeneuve, qui, en le creusant, s'annonçait pour être méphytique. (Voyez le *Journal de Paris*, du 21 août 1779).

On trouve dans le *Journal de Physique*, mars 1785, p. 229, la description et la figure de la *machine pyropneumatique*, imaginée par MM. Cadet-de-Vaux, Laborie et Parmentier.

Outre ce fourneau supérieur, ils en ont établi un second dans l'intérieur de la fosse, même avec communication, par des tuyaux de tôle entre ce fourneau et le conduit en poterie, sur l'orifice duquel était établi le fourneau supérieur. Ce fourneau inférieur allumé seul, déterminait un courant de vapeurs qui formaient, à l'extrémité des tuyaux, une fumée épaisse de la grosseur du bras.

De l'établissement de ces fourneaux il est résulté que les ouvriers ont pu continuer, pendant plusieurs heures de suite, et sans éprouver le moindre accident, le travail dans une fosse réputée très-mauvaise.

Une remarque importante à l'égard du fourneau inférieur, c'est de voir le charbon s'allumer et brûler, avec la plus grande vivacité, au milieu d'un fluide qui s'éloigne si fort de l'air atmosphérique.

§. VI. *La chaux employée comme préservatif.*

Voici une précaution qui intéresse de plus près, et qui n'intéresse que les ouvriers qui travaillent à la vuidange des fosses : il est reconnu que si l'on jette de la chaux pulvérisée sur la matière des fosses, c'est le moyen de neutraliser l'odeur : ce changement s'opère presque subitement. L'odeur ne se fait sentir que lorsque les vapeurs ont saturé la chaux, et redeviennent surabondantes. Si l'on renouvelle les projections de chaux, l'odeur change encore une fois de nature, en sorte qu'elle disparaît chaque fois qu'on jette de la chaux. Le moyen donc de garantir les ouvriers de la mitte et du plomb, serait de jeter de la chaux en poudre dans la fosse, à mesure qu'ils travaillent ; ce moyen, même seul, agirait efficacement sans le secours du ventilateur et des fourneaux. La craie opère le même effet, mais plus lentement. Il en serait de même des terres et pierres non-calcinées, mais réduites en poudre, avec cette différence qu'il en faut une plus grande quantité. Toutes ces substances absorbantes peuvent être employées avec le même succès pour détruire l'infection que répandent pendant quelques jours, les fosses nouvellement vuidées, et celles qui sont sujettes à donner de l'odeur dans certains changemens de temps. C'est rendre un vrai service à l'humanité, que d'indiquer un moyen de se préserver de ces émanations putrides, si pernitieuses pour les malades, les femmes en couches, les fébricitans, les asthmatiques, les poitrinaires, et même pour l'homme en santé.

M. Pilatre de Rosier a aussi imaginé, pour les vuidangeurs, une machine qui mérite que nous en fassions ici mention. Elle consiste dans un masque qui enveloppe la bouche et le nez, et auquel aboutissent deux tuyaux de cuir soutenus par des rondelles ou des spirales : l'un de ces tuyaux répond au nez, l'autre à la bouche, avec des soupapes en sens contraire. Celui qui est destiné pour l'inspiration répond au nez ; celui qui est pour l'expiration, répond à la bouche, en sorte que l'homme descendu dans une atmosphère meurtrière, peut respirer un air pur, et parler librement tout en suivant les opérations qu'il veut, au milieu d'un air dans lequel il ne pourrait vivre sans ce secours. (*Voyez* l'article *Vapeurs méphytiques*, § V). La description de ce respirateur anti-méphytique, est un peu différente dans le *Journal Polulype*, tome II.

§ VII. *Moyen de suppléer aux fosses d'aisance.*

On habite quelquefois des maisons où il n'y a point de fosses d'aisance, ou bien elles sont placées de manière que leur usage est très-incommode. D'après les observations que nous venons de faire, on peut y suppléer, sans crainte d'être incommodé par l'odeur, en plaçant dans quelque coin de l'appartement un baquet au-dessus duquel il y aura un siège d'aisance. Cinq ou six livres de chaux vive, selon la grandeur du baquet; deux seaux d'eau, et une petite quantité de cendres, suffisent pour préserver de l'odeur. Ce que l'on retirera du baquet peut faire un excellent engrais.

Il y a quelques années qu'on proposa deux questions: 1°. Quel est le parti le plus avantageux à tirer des matières extraites des fosses d'aisance? 2°. Quelles sont les précautions les plus expéditives et les plus sures pour les transporter hors des villes?

Quant à la première, il paraît qu'on ne peut en faire un meilleur emploi que celui qui est en usage dans les environs de Paris, pour l'engrais des terres (Voyez *Fumier*).

M. Cavaillon, dans une lettre insérée dans le *Journal général de France*, 1786, p. 347, observe cependant que cet engrais employé trop frais, communique aux substances végétales un goût analogue à son odeur: il cite, pour garans de son observation, Hoffmann, et le *Dictionnaire d'Agriculture*, par l'abbé Rosier. Il voudrait, qu'au lieu d'étaler et faire sécher en plein air pendant des années les produits des latrines, ou de faire croupir les fumiers dans les mares, on disposât les uns et les autres par couches sur une terre humectée; on se garantirait de leur mauvaise odeur, dont ils se dépouilleraient en peu de temps, sans déchet sensible des parties grasses qui en constituent les principes fertilisans (voyez *Fumier, Engrais*). Il a éprouvé qu'ayant mis au feu des morceaux désinfectés de cette manière, puis séchés, ils ont brûlé aussi aisément, aussi long-tems, et avec une aussi belle flamme que d'autres qui avaient séché tout simplement.

Cette même année 1786, M. Géraud, médecin, dans un ouvrage intitulé *Essais sur la suppression des fosses d'aisance et de toute espèce de voiries*, etc., avait proposé de convertir les boues des villes, les balayures des maisons, les déblais d'animaux et de végétaux, les matières fécales, etc. en combustibles, sous la forme de mottes à brûler, pour suppléer à la disette de bois.

A l'égard de la seconde, les précautions que prend la compagnie du ventilateur nous semblent répondre suffisamment à la question proposée.

FOSSILES. (Voyez *Histoire Naturelle*).

FOUGÈRE. Les fougères multiplient quelquefois si prodigieusement, qu'elles étouffent les jeunes taillis.

On prétend qu'un des moyens de détruire ces plantes, qui, ordinairement, repoussent toujours de leurs racines, est de les arracher dans le mois d'août, et de les remettre chacune dans les trous d'où on les a tirées, et que le suc qui en découle, suffit pour faire périr les racines.

On a essayé avec succès de les scier avec des faucilles, de les brûler ensuite, et de cautériser les tiges avec un fer chaud. Cette partie étant ainsi détruite, les racines périssent; et comme elles sont en très-grande quantité, elles deviennent même un excellent engrais pour la terre.

§ Ier. *Manière de tirer le sel de fougère dont on peut faire un crystal assez beau.*

La cendre de fougère peut être substituée à la roquette ou kali. La fougère doit être coupée verte depuis la fin de mai jusqu'à la mi-juin, parce que dans ce temps elle est dans sa perfection, et donne plus de sel et d'une meilleure qualité qu'en tout autre temps. Si on la laissait sécher d'elle-même sur pied, elle n'en fournirait que très-peu, et il serait d'une mauvaise qualité. Après l'avoir coupée, comme on vient de le dire, et l'avoir entassée, elle se flétrit et se sèche en peu de temps; et si l'on vient à la brûler, elle donne des cendres dont on pourra extraire un sel, qui, mêlé avec le tarse bien tamisé, donne un crystal fort beau, et plus tendre qu'à l'ordinaire; car, quoiqu'il ait assez de con-

sistance, il est cependant plus flexible que ne sont ordinairement les crystaux. Néri est parvenu à en faire des fils très-déliés : cette fritte prend au mieux la couleur d'or, pourvu qu'on n'y mêle point de sel de tartre, et même la couleur que donne ce crystal est plus éclatante que celle de celui qui est fait avec les cendres d'Orient; l'on peut en former également différens vases.

FOUR. Le besoin réduit souvent les gens de la campagne à chauffer leur four avec tout ce qu'ils trouvent. Cela peut cependant n'être pas sans conséquence.

On a vu l'exemple d'une famille empoisonnée pour avoir mangé du pain cuit dans un four chauffé avec des treillages peints en verd. On cite un autre exemple, d'un jardinier mort subitement, pour avoir trop long-temps respiré la fumée d'un four qu'il faisait sécher avec des tiges de pavôt à demi-séchées. Ainsi, il est prudent de ne pas rester trop long-temps exposé dans des lieux renfermés et y respirer la fumée de plantes nuisibles, telles que la jusquiame, les pavôts, la pomme épineuse, etc.

On a annoncé dans la *Gazette de France*, 1783, n°. 76, un four économique, inventé par M. Ferrez, profess. de mathématiques à Lille en Flandre, et où l'on peut cuire au feu de charbon-de-terre; et, à son défaut, à celui de tout autre combustible et de tourbe même. Cette invention a eu l'approbation de l'Académie des Sciences, et a paru supérieure pour la construction, la solidité, la propreté et l'économie, aux nouveaux fours de Prusse. Les boulangers ont observé qu'avec ce four on pouvait faire, en 24 heures, 18 cuissons au moins avec 5 livres de combustibles, tandis qu'avec les fours ordinaires il faudrait, pour le même nombre de cuissons, 36 heures au moins, et plus de 15 livres de bois. Avec peu de dépenses et d'embarras, on pourra faire manger du pain frais aux officiers et aux équipages de vaisseaux. (*Voyez* au mot *Charbon-de-terre* la manière de chauffer le four avec ce charbon).

En 1761, M. Faignet avait proposé à l'Académie desSciences des fours portatifs pour le service des armées. Ces fours étaient composés de deux grandes caisses de tôle placées l'une dans l'autre, laissant entr'elles un ou deux pouces d'intervalle. Ces caisses étaient soutenues par des barreaux de fer assujétis par des vis, de manière que le tout pût se démonter. La caisse extérieure était plus forte que l'intérieure. Celle-ci, qui était le véritable four, était partagée en trois étages, qui pouvaient chacun recevoir 192 rations de pain, ce qui faisait 576 rations dans les trois étages. Ce four recevait sa chaleur du feu qu'on allumait entre les caisses, et dont la flamme, pénétrant dans l'intervalle qu'elles laissaient entr'elles, communiquait à toutes ses parties une chaleur assez égale, sur-tout en défen-

dant le fond du four de l'action immédiate du feu, par une caisse de tôle remplie de sable à quelques pouces d'épaisseur. L'auteur proposait d'ajouter à ces caisses toutes montées, des essieux de fer, pour les transporter sans les démonter, lorsqu'on le jugerait nécessaire. Cette construction a paru ingénieuse et mériter qu'on en fît l'expérience en grand. (*Coll. Acad.*, *part.franç.*, tom. XIII, p. 387).

Le *Journal de Verdun*, août 1739, p. 124, avait annoncé des fours de fer qui se montaient et se démontaient, pesaient 1200 livres, et cuisaient 150 rations de pain.

§ Ier. *Four à chaux.*

En 1787, le sieur Jazet a fait construire à Chaville un four pour faire la pierre à chaux avec du charbon-de-terre. Les commissaires de l'Académie des Sciences en ont rendu le témoignage le plus favorable.

Ce four est de forme ovale et en cône renversé; il a environ 18 pouces de diamètre par le bas, et 9 à 10 pieds par le haut, sur environ 7 pieds de profondeur; il peut cuire 24 muids de chaux.

On charge ce four alternativement d'un lit de pierre et d'un lit de charbon-de-terre, et cette charge s'élève de 7 à 8 pieds au-dessus de l'orifice supérieur du four.

Deux bûches et 6 fagots suffisent pour l'allumer; le feu se communique successivement à chaque lit de charbon par les interstices

interstices que laisse la pierre à chaux.

Toute la charge supérieure excédante l'orifice supérieur du four, est enduite avec un mortier de terre ou de glaise destiné à concentrer le feu, qui acquiert une action prodigieuse, et calcine toute la pierre sans la briser. Cette cuisson se fait à l'air, sans que le four soit enfermé ni couvert. Le charbon se réduit en cendres. Dans l'espace de 5 jours, la cuisson est achevée. (*Journal de Paris*, 1785, n°. 939).

FOURMIS. Il y a diversité d'opinions relativement aux fourmis. Les uns pensent qu'elles nuisent à nos arbres fruitiers, par les dégâts qu'elles y causent. D'autres sont d'avis qu'elles ne peuvent qu'être utiles en détruisant les pucerons. M. Mustel, entr'autres, dans son *Traité théorique et physique de la Végétation*, imprimé à Rouen en 1781 et 1785, 4 vol. *in-8°.*, se déclare le protecteur des fourmis. Quoiqu'il en soit, ceux qui conseillent leur destruction indiquent de transporter dans les jardins un grand nombre de grosses fourmis, qu'on trouve ordinairement dans les bois. Celles-ci ne cessent de combattre les petites fourmis, que lorsqu'elles les ont entièrement détruites ou chassées. On a remarqué que, dans les jardins où il n'habite que de grosses fourmis, les arbres viennent très-bien. Ce procédé, annoncé dans la *Gazette d'Agriculture*, a, dit-on, réussi dans les environs de Montpellier. On ajoute même

que cette petite guerre est très-intéressante aux yeux d'un observateur curieux.

Il n'en est pas moins démontré pour nombre de cultivateurs, que les fourmis font beaucoup plus de tort aux fruits qu'elles ne sont utiles aux arbres. De tout ceci, l'on peut conclure que les fourmis sont utiles aux arbres chargés de pucerons, mais qu'elles sont nuisibles elles-mêmes en desséchant les lieux par où elles passent habituellement. Ainsi, il faut se débarrasser des pucerons et des fourmis.

§ Ier. *Moyens de détruire les fourmis.*

L'usage ordinaire, connu de tous les jardiniers, est de mettre simplement dans une bouteille de l'eau et du miel, et de la suspendre aux arbres que les fourmis attaquent. L'odeur du miel les attire; elles entrent dans la bouteille et s'y noient en grand nombre; mais comme le miel, par sa pesanteur, dépose, et que l'eau froide qui le surnage ne peut que comprimer les corpuscules qu'il exhale, on prendra la précaution de les mêler parfaitement, en les faisant bouillir ensemble avant de les mettre dans la bouteille, que l'on ne doit remplir qu'à moitié. Les fourmis en seront beaucoup plus puissamment attirées, et on les détruira plus promptement en multipliant le nombre des bouteilles selon le besoin.

Un agronome allemand, pour détruire des fourmillières qui

faisaient chez lui beaucoup de ravages, frotta de syrop l'intérieur de plusieurs vases ou pots à fleurs ; après avoir bouché le trou du fond, il plaça ces pots au-dessus des fourmillières ; chaque jour il éloignait les pots d'un pied et demi ; l'odeur du syrop attirait les fourmis ; elles suivaient le pot, et en peu de jours il trouvait dans son piège plusieurs milliers de ces insectes, qu'il détruisait en versant dessus de l'eau bouillante, et replaçait ensuite le pot sur les fourmillières, jusqu'à ce qu'il n'en vît plus sortir de fourmis ; par ce moyen il est parvenu à délivrer ses jardins de ces insectes.

Plusieurs chauderonnées d'eau bouillante versées pendant plusieurs jours sur leur fourmillière, avant que leurs œufs éclosent, les font périr.

On peut aussi avoir remarqué que l'on ne voit point de fourmillières dans les terreins labourés ; ainsi, le labour fait au pied des arbres, peut écarter les fourmis, qui quelquefois les font périr.

On peut aussi, au commencement d'une gelée, enlever les mottes de fourmillières, les jeter dans l'eau ; les fourmis qui y sont ramassées périssent ; l'eau et la pluie qui pénètrent dans la fourmillière, détruisent le reste.

Une eau chargée d'une forte décoction de feuilles de noyers, versée dans la fourmillière, les fait périr.

En Russie l'on enferme dans les fourmillières des entrailles

de poisson, et l'on frotte les arbres avec un morceau de drap ou un linge imbibé de suc de poisson : les fourmis fuient cette odeur, et périssent en la respirant de trop près. (*Voyez Collect. Acad., part. étrang.*, t. XI, p. 384).

Voilà certainement bien des procédés pour la destruction des fourmis, dont quelques-uns ont été employés avec succès. Mais on ne saurait en indiquer un trop grand nombre, s'il est vrai que ces insectes nuisent à nos jardins. Un observateur a fait insérer dans le *Journal de M. Buc'hoz*, 1781, n°. 11, des essais qui méritent attention. Il a reconnu que les fourmis, qui attaquaient ses pêchers, s'attachaient particulièrement à l'extrémité des branches et aux yeux où la sève se porte pour l'accroissement de l'arbre ; qu'au bout de huit jours, les feuilles sont raccornies, jaunissent, et finissent par noircir ; et enfin que l'arbre cesse d'augmenter et de végéter : il s'avisa de répandre une prise de tabac sur la pointe d'une des branches attaquées ; il vit les fourmis faire un mouvement de répugnance ; il redoubla, et les vit faire une espèce de mouvement convulsif, les unes tomber par terre, et les autres fuir. Il répéta cet essai sur d'autres branches ; il en obtint les mêmes effets : le même procédé, employé sur d'autres pêchers, eut le même succès ; enfin il assure avoir réitéré, depuis trois ans, cette expérience qui lui a toujours réussi.

Cet observateur remarque que ce sont les pêchers qui ont le plus de sève, qui sont attaqués par les fourmis, qu'elles se plaisent particulièrement sur les feuilles chargées de pucerons, qu'elles dévorent; qu'en cela elles causent un bien aux arbres; mais que leur habitude devient funeste, et qu'il a vu avec satisfaction que le vrai remède est le tabac. Si cela est, il n'est pas difficile de l'appliquer aux orangers; on s'en servirait même avec avantage par-tout où cet insecte peut faire quelques ravages; de la glu mise autour et au pied d'un arbre, le garantit des ravages des fourmis et des chenilles.

On dit que la suie de cheminée, mise au pied des arbres, les empêche d'en approcher. (*Voyez* au mot *Oranger*, la manière d'empêcher les fourmis de monter aux arbres.

Voyez dans le *Journal de Paris*, du 17 octobre 1777, le moyen proposé par M. Dombey, pour détruire les fourmis de l'île de la Martinique, qui s'étaient multipliées au point de ravager presque toutes les plantations de cannes à sucre; et dans la feuille de ce même journal, du 1er. janvier 1778, une lettre à ce sujet. Depuis, M. Cadet le jeune a fait, avec l'alkali-volatil, sur les fourmis, des expériences consignées dans le *Journal de Paris*, du 31 juillet 1778. Il en est résulté que les alkalis, et sur-tout l'alkali-volatil, attaquaient vivement le principe acide qui entre dans la constitution naturelle de la fourmi.

En 1779, le *Journal de la Blancherie*, p. 189, fait mention d'une poudre qui, versée dans une certaine quantité d'eau bouillie, ou détrempée pendant 48 heures, avec la précaution de remuer de temps à autre, est propre à détruire toutes sortes d'insectes. Expérience faite par M. Constant Brongniart, sur des fourmis, elles périrent en peu de momens. Nous ignorons en quoi consiste cette poudre; mais nous renvoyons à l'article *Insecte*, où l'on trouvera la recette d'une eau composée par le Sr. Tatin, et dont les effets sont éprouvés.

§ II. *Moyen de faire une collection de fourmis pour la pharmacie.*

Il importe de connaître les faits suivans consignés t. VIII de la *Collection Académique, partie étrangère*, p. 57 du *Discours Préliminaire*; p. 156 des *Mémoires*, et p. 54 de l'*Appendix*.

Il exhale des fourmillières une vapeur vive et désagréable; une grenouille qui y est exposée périt en peu de temps; les fourmis elles-mêmes ne la soutiennent pas. M. Roux ayant passé une après-dînée à emplir de fourmis une bouteille à large goulot, placée sur une fourmillière, ses doigts devinrent rouges, et l'épiderme se sépara.

Un particulier voulant détruire une fourmillière, imagina de la couvrir d'une cloche de verre, espérant que la chaleur les suffoquerait, ce qui réussit; mais ayant imprudemment approché le visage de la cloche, il sentit une vapeur forte qui lui occasionna un violent mal de tête; le corps lui enfla; il éprouva des agitations qui firent craindre pour sa vie; heureusement qu'il se fit une éruption qui dura trois jours, au bout desquels le calme se rétablit; mais sa peau tomba par écailles; ainsi, il faut être réservé avec ces insectes, et ne pas s'exposer imprudemment à leur acide formique, corrosif.

Si l'on veut se procurer pour l'usage de la médecine un grand nombre de fourmis, il n'y a qu'à placer auprès de la fourmillière, à la surface de la terre, un vase où il y ait un peu d'esprit-de-vin; les fourmis, accoutumées à tenir la même route, rôdent autour du perfide vaisseau, l'odeur de l'esprit-de-vin les enivre, et les fait tomber au fond du vase; en moins d'une heure une fourmillière est détruite.

§ III. *Pour éloigner les fourmis des offices et des appartemens.*

On est prodigieusement incommodé par les fourmis dans les Indes. Pour conserver ses provisions de sucre, on les suspend au plancher au bout d'une corde à poulie. Pour garantir les sucriers, qui sont d'un usage continuel, on les tient au milieu d'une assiette qu'on remplit d'eau, le moyen réussit pour quelque temps; à la longue, il devient inutile, et il faut renouveler l'eau assez souvent. Les fourmis s'aguerrissent; elles viennent bientôt en foule entourer le fossé qu'on leur a opposé, et elles essaient avec un courage incroyable de le franchir; les plus avancées, celles qui se trouvent à la tête, périssent les premières; celles qui suivent, avancent à la faveur des corps morts de celles-là; il en succède une infinité d'autres qui éprouvent le même sort à la suite les unes des autres; les corps de toutes ces victimes, qui se sont sans doute dévouées pour le bien de la république, forment enfin un pont de communication, qui sert aux autres sujets à passer jusqu'au sucre et à l'enlever. J'ai souvent pris plaisir à répéter cette observation, dit M. Gentil dans son voyage dans les mers de l'Inde.

On lit dans le journal intitulé *Nouvelles de la République des Lettres et des Arts*, par M. de *la Blancherie*, 1779, p. 102, qu'un particulier de Leipsick ayant appris, par les papiers publics, qu'on proposait un million à celui qui aurait trouvé un moyen de détruire, dans l'île de la Martinique, des fourmis d'une espèce très-nuisible aux productions de la terre, et même à la santé des hommes, offrait un secret qu'il disait posséder à cet effet.

Les fourmis qui marchent par légions, lorsqu'elles ont fait découverte de quelque sucrerie, confitures, ou autre chose propre à flatter leur goût, empêchent de faire usage quelquefois de certaines armoires. L'odeur du marc de café bouilli et séché, et celle de l'huile de genièvre, les chassent, dit-on, et les empêchent d'aborder; mais comme elles s'évaporent, il faut renouveler le marc ou l'huile. Voici un autre moyen certain de détruire toutes ces légions : il ne s'agit que de mêler de l'arsénic en poudre avec du sucre, ou quelqu'autre chose dont les fourmis soient friandes; on les verra toutes périr; et on pourra mettre alors dans ses armoires, avec sécurité, tout ce que l'on voudra conserver. On indique encore un autre moyen non moins efficace, pour éloigner les fourmis des offices et des appartemens.

Prenez du tabac à fumer coupé par petits morceaux; distribuez-les dans les buffets et appartemens trop fréquentés par les fourmis; vous les verrez peu-à-peu disparaître, parce qu'elles ont une aversion singulière pour l'odeur du tabac. Ou bien, faites bouillir de la rue; jetez-en la décoction sur la fourmillière; lavez les planchers et les armoires où les fourmis ont coutume de se trouver; vous en serez totalement débarrassés en très-peu de temps. Peut-être l'huile de laurier, dont il est parlé à l'article *Mouches*, produiroit-elle cet effet.

M. Rolland de la Platière, dans l'*Encyclop. Méthodique*, *Dictionnaire des Manufactures*

et *Arts*, t. III, p. 5o5, dit que l'odeur du savon écarte les fourmis, et qu'il suffit d'en frotter l'endroit par où elles passent, ou d'en laisser un morceau sur la tablette où elles ont coutume de venir.

Enfin l'on est assuré, dit-on, de chasser les fourmis des offices, en y mettant des os de jambon cuit. En général, il paraît que les odeurs fortes nuisent aux insectes, et que l'odorat est un des sens le plus étendu chez ces animaux, quoiqu'on soit fort embarrassé pour en assigner le siège. (*Voyez à* ce sujet le *Bulletin de la Société Philomatique*, n°. V, an 5.) Ce qu'il y a de certain, c'est que le procédé que nous indiquons a été éprouvé et a réussi.

§ IV. *Piquures des fourmis.*

Il y a des fourmis de différentes espèces et de toutes sortes de couleurs : la piquure des fourmis rouges cause une vive inflammation, et excite une douleur aiguë; mais un peu d'huile et de miel fait disparaître l'inflammation et la douleur.

FOURNEAUX DE CHIMIE. Il y a une multitude de matières réputées réfractaires par les naturalistes, qui cependant ne le sont pas. On peut, à l'aide d'un feu violent et long-temps continué, leur faire éprouver une fusion plus ou moins complète : ces expériences, si décisives, ont été répétées d'une manière différente; mais le grand travail, et sur-tout la dépense très-considérable que ces sortes d'expériences exigent, y mettent des obstacles presqu'insurmontables pour la plupart des physiciens et des chimistes. Ces considérations ont engagé M. Macquer à tenter de les faire réussir dans un fourneau à charbon. Le fourneau qu'il a employé est une espèce de poële carrée, de terre cuite. (Le mieux serait de faire usage des *Briques nageantes*, voyez ce mot), dont les parois ont deux bons pouces d'épaisseur; il doit être porté sur un fort trépied, ou sur des piliers de brique; il est entièrement ouvert par son fond, à l'exception d'un rebord qui règne tout autour dans son intérieur, et qui est destiné à soutenir une grille de fer. Vers le bas de ce fourneau, c'est-à-dire, à l'endroit le plus chaud de son foyer, il y a une ouverture que l'on peut fermer avec une pièce de terre cuite, et la partie supérieure est recouverte d'une chape ou dôme qui se retrécit par le haut pour recevoir un tuyau de tôle qu'on y adapte; il y a au bas de cette chape une ouverture pareille à celle du foyer du fourneau.

Après avoir placé dans ce fourneau le vaisseau où étaient renfermées les matières à fondre, et l'avoir échauffé avec une petite quantité de charbons par degré pendant deux heures, il fut empli de charbon; et l'on ferma la porte du foyer et celle de la chape pour lui donner tout son tirage. L'effet en fut si fort, que la commotion qu'il occasionnait dans l'air, excitait un trem-

blement sensible dans les vitres et dans les ustensiles suspendus en différens endroits du laboratoire. Cinq ou six heures de ce feu ont toujours suffi pour fondre les matières les plus réfractaires, celles qu'aucun chimiste, sans en excepter M. Pott, n'avait pu jusqu'alors faire fondre dans les fourneaux, telles que le gypse, la craie de Briançon, l'amiante des Pyrénées, l'ardoise d'Angers, la chaux d'étain faite sans addition, le spath de Bordeaux, le talc de Moscovie, etc.

M. Macquer, dans un mémoire lu à l'Académie des sciences au mois de juillet 1768, a rendu compte de ces expériences, qui prouvent que dans un petit fourneau à charbon bien construit, et animé par un grand courant d'air, on peut, sans le secours des soufflets, obtenir en quelques heures une chaleur égale à celle qui ne règne dans les fours à bois qu'après plusieurs jours de grand feu sans interruption; ce qui peut faciliter beaucoup les expériences où l'on a besoin de ce degré de chaleur.

Ce même chimiste a observé que si on alonge le tuyau ou la cheminée d'un fourneau à vent, il faut aussi que la largeur du tuyau soit augmentée à proportion de l'alongement qu'on lui donne : en sorte, par exemple, que si un tuyau de six pouces de diamètre, mais seulement de six ou huit pieds de hauteur, se trouve dans la proportion nécessaire pour faire tirer fortement un fourneau d'une certaine capacité, et qu'il n'ait précisément que la largeur convenable pour cela ; plus on alongera ensuite ce tuyau, plus on diminuera aussi le tirage. Il faut donc en augmenter la largeur à proportion de la hauteur qu'on lui donne. Cette observation paraît d'autant plus essentielle, qu'elle s'applique non-seulement aux fourneaux à charbon, tel que celui dont s'est servi M. Macquer pour faire ses expériences de porcelaine, mais encore à celle des grands fours à flamme.

On est arrêté dans plusieurs opérations chimiques faute de pouvoir augmenter l'intensité du feu. L'application d'un principe d'hydraulique à la construction du *fourneau Macquer*, a donné au citoyen Guyton le moyen de porter la chaleur jusqu'au point qu'un creuset de platine y a éprouvé un commencement de fusion ; ce qui n'avait pas encore été observé.

§ Ier. *Fourneaux de fonderie.*

La plupart des fonderies sont composées de pierres qui crèvent ou se calcinent, ou de briques ordinaires qui se vitrifient. Pour ces sortes d'ouvrages, il faut une matière qui résiste au degré de chaleur nécessaire pour mettre le fer et le cuivre en fusion. M. Swab, dans les *Mémoires de l'Académie des sciences de Stokolm*, *janvier*, *février et mars* 1793, propose des briques faites avec des scories de fonderies pilées, et une argile pâlerougeâtre des bruyères, compo-

sition qui, suivant les expériences réitérées de l'auteur, s'est trouvée inaltérable au feu.

A l'article des *Miroirs ardens* et des *Lentilles de verre*, il est parlé de l'avantage qu'ils ont de produire, en un instant, une chaleur sans comparaison plus forte que celle de tout autre foyer : mais outre la difficulté connue de tenir et de fixer les corps au foyer de ces verres et miroirs, ils ont un autre inconvénient qui les rend presqu'inutiles dans les recherches sur la plus ou moins grande fusibilité des substances ; c'est que leur action est tout-à-fait inégale, rélativement à la couleur et à la contexture des matières qu'on y expose ; en sorte, par exemple, que des substances blanches et polies, quoique très-fusibles dans le feu ordinaire, résistent infiniment davantage à l'action du foyer, que des matières colorées et poreuses, qui pourtant se montrent extrêmement réfractaires dans les fourneaux.

Un morceau d'argent bien poli s'y fond plus difficilement qu'un morceau de fer brut, quoique ce dernier métal résiste infiniment plus au feu des fourneaux que le premier. M. Macquer croit même avoir apperçu, dans plusieurs expériences, que les corps très-blancs résistent plus à leur fusion dans un fourneau quelconque, toutes choses égales d'ailleurs, que ceux qui ont de la couleur, sur-tout une couleur foncée et rembrunie : mais cette différence sera

4

toujours beaucoup moins sensible dans le feu des fourneaux, qu'au foyer des miroirs et verres ardens dont les corps très-blancs éludent l'action d'une manière surprenante, par la propriété qu'ils ont de réfléchir les rayons du soleil au lieu de s'en laisser pénétrer : ainsi il paraît certain que les verres et miroirs ardens sont des instrumens incapables de nous faire connaître les rapports de fusibilité des différens corps.

À l'égard du feu des charbons animé par le vent des soufflets, quoiqu'on puisse fondre par son moyen les matières les plus réfractaires et même assez promptement, il n'est cependant pas applicable à toutes sortes d'expériences. L'action brusque et turbulente de ce feu auquel aucun creuset ne peut résister quand il est poussé à sa plus grande force, ne manque presque jamais de troubler tout, et de rendre les résultats incertains et inexacts.

Il n'en est pas de même du feu de charbon dans un fourneau à vent bien construit : ce feu, quoique croissant avec infiniment plus de rapidité que dans les fours à flamme, se gradue pourtant de lui-même aussi bien que celui des derniers, puisqu'il n'est animé que par un courant d'air modéré, et qui, pendant toute sa durée, traverse les diverses parties du foyer avec beaucoup d'égalité et d'uniformité, et fait monter la chaleur au même point que dans les fours à flamme.

§ II. *Fourneaux économiques et portatifs.*

Trouver le moyen facile et commode de préparer les alimens sans peine, sans soins, sans embarras, en pleine campagne ou dans l'appartement, à la chasse ou à l'armée, en voyage sur terre ou sur mer ; faire cuire tout-à-la-fois, potage, bouilli, volaille, deux entrées, sans bois, sans charbou, sans cuisinier ; c'est certainement une de ces ressources de l'industrie, qui par son utilité, peut mériter quelqu'attention.

Le sieur Bligny, médecin, chargé du *Journal de médecine*, a annoncé, dans un ouvrage publié en 1688, sur le café, le thé et le chocolat ; l'invention d'une machine de la grandeur et pesanteur d'une médiocre marmitte, dans laquelle on peut, sans bois ni charbons, préparer toutes sortes d'alimens et ragoûts, bouilli, rôti, friture, grillades, pâtisseries, et toutes les opérations de chimie.

Serait-ce la même que celle du sieur Duval, annoncée dans le *Journal des Savans*, 1685, p. 360 ; et 1686, p. 264 ?

Un poële de ce genre, proposé par M. Fresneau en 1739, a eu l'approbation de l'Académie. (Voyez *Coll. Acad.*, *part. fr.*, t. VIII, p. 433).

Cette même *Collection*, t. IX, p. 460, annonce une marmitte de l'invention du sieur Pigage, qui paraissait faite dans les mêmes vues d'économie.

En 1771, M. Domicetti, médecin vénitien, fit part à l'Académie des sciences, d'un fourneau économique, où un seul foyer pouvait échauffer plusieurs chaudières remplies d'eau, et disposées de manière qu'on pouvait les employer, soit à donner à un malade un bain de vapeurs, soit à faire cuire à-la-fois un grand nombre d'alimens. (*Collect. Acad.*, *partie franç.*, t. XV, p. 411).

Au mois de novembre 1781, le sieur Nyvert, cuisinier de profession, a exposé chez lui une espèce de fourneau qu'il appelle *fourneau économique portatif*; ce fourneau est fait dans la même forme à-peu-près que ce que l'on connaît sous le nom de *veilleuse*, c'est-à-dire, que c'est une cuvette ou bassin de cuivre, divisé intérieurement en deux parties, l'une supérieure, plus haute; l'autre inférieure, plus basse. Cette dernière est faite comme dans les *veilleuses*, pour recevoir un ou plusieurs lampions, suivant la nature et le nombre des pièces que l'on veut faire cuire; et afin que la fumée des lampions ne pénètre point dans la partie supérieure, une ouverture faite dans la partie inférieure, donne issue à cette fumée. La partie supérieure de la cuvette est assez profonde pour recevoir un, deux ou trois vaisseaux, soit d'argent ou de fer-blanc poli, soit de fayance, de porcelaine, de crystal ou de verre, qui se servent de couvercle les uns aux autres, et dans lesquels on renferme les mets qu'on veut faire cuire. A la cuvette est un couvercle qui recouvre le tout, et que l'on peut fermer à clef si l'on veut.

On pourrait encore substituer une brique ou un fer rouge à l'usage des mêches, et même du charbon, en remplissant le premier vaisseau d'eau, dont la chaleur soutenue fait cuire le reste au bain-marie. Cette invention est susceptible de beaucoup de variétés.

Mais sans examiner si le fourneau inventé par le sieur Nyvert, exige les mêmes précautions que la *marmitte de Papin*, (*Voyez* ce mot), et si les viandes cuites de cette manière sont saines et de facile digestion, nous nous contenterons d'observer que la *Gazette de Santé* a parlé avantageusement de cette invention, dont l'économie est un des grands avantages; car pour peu que l'on réfléchisse, on voit que la consommation de bois et de charbon qui se fait dans les cuisines, est excessive, faute de savoir ménager le feu, et de mettre à profit toute sa chaleur.

En 1752, M. Vanière, calculant cet objet de consommation en France, le faisait monter à plus de 8 millions par an pour le seul rôti. Ce fut d'après ces réflexions qu'il imagina de construire un *foyer de cuisine économique et portatif*, d'où l'on tirait parti de toute la chaleur, et l'on pouvait faire avec un peu de charbon de bois ou de tourbe, toutes les opérations de la cuisine en même-temps, telles que celles de la marmitte, de la casserole, de la poële, du gril et de

la broche. Ces cuisines avaient l'avantage de pouvoir se transporter dans quelque chambre que l'on désirât, pourvu que l'on pût faire échapper la fumée par quelqu'endroit (Voy. *Coll. Académ.*, *part. franç.*, t. XI, p. 476, et t. XII, p. 459).

A Florence, le fourneau de cuisine de l'hôpital de *Santa Maria Nuova*, sert tout-à-la-fois à changer continuellement l'air de toutes les infirmeries, à préparer la nourriture de 3000 personnes, à échauffer une prodigieuse quantité d'eau pour les bains, à sécher le linge dans les temps pluvieux, et à fournir plusieurs autres commodités aux malades et à leurs assistans. (Voyez le *Journal de Paris*, 1788, n°. 10 et 33).

En 1794, M. Quinquet, si connu par ses lampes, a imaginé un appareil propre à cuire toutes sortes d'alimens par la chaleur de ses lampes. On en peut voir la description et la figure dans le *Journal des Arts et Manufactures*, t. II, p. 237.

Mais puisque nous sommes sur cet article, voici un moyen économique et bien plus expéditif de faire cuire une volaille. On commence par apprêter et larder un poulet comme à l'ordinaire, puis on le farcit de bon beurre avec de la sauge ; on fait ensuite passer par le milieu du corps un morceau d'acier rougi au feu, de la longueur du poulet et de la forme à-peu-près d'un rouleau de pâtissier ; enfin l'on met la volaille dans une boîte de fer-blanc bien fermée. Au bout de deux heures elle est cuite. Cette méthode expéditive et peu embarrassante, peut être d'usage pour des officiers qui sont en route, et qui, sans beaucoup d'apprêt et sans s'arrêter, pourront par ce secret porter leur dîner tout cuit. C'est ainsi, dit-on, que plusieurs seigneurs de Prusse en usent à l'armée, lorsqu'ils sont en marche.

Dans la séance du Lycée des Arts, du 30 brumaire an 6, il a été fait un rapport très-avantageux de nouveaux poëles ou fourneaux domestiques du cit. Desarnod, architecte. Ces nouveaux potagers, coulés en fonte douce avec la plus grande propreté, peuvent servir également à chauffer avec économie, et à satisfaire sans aucune odeur à tous les besoins de la cuisine. On trouvait de ces poëles rue Neuve des Mathurins, au coin de celle de l'Arcade, pour le prix depuis 15 jusqu'à 72 francs. (*Voyez* l'article *Feu*, § Ier.)

Le bureau de bienfaisance de la division du Mail, à Paris, a fait paraître en l'an 8 (1800), un petit écrit très-intéressant sur la préparation des *soupes économiques* (*voyez* ce mot), distribuées aux pauvres de son arrondissement, à l'imitation de celles qui se distribuent dans la maison d'industrie de Munich et autres établissemens de charité, fondés par le comte de Rumford. Ce petit écrit contient des détails sur la construction du fourneau de la rue du Mail, d'après les principes de ce célèbre philantrope, si bien exposés dans ses *Essais Politiques, Economiques et Philosophiques*,

2 vol. in-8°. *Fuchs* , *Maradan*. Ces détails sont accompagnés d'une figure, qui fait connaître toutes les parties de ce fourneau, qui pourrait, à quelques changemens près, servir de modèle pour ceux que les teinturiers, les brasseurs, les salpétriers, les blanchisseuses, les baigneurs, les chapeliers, les distillateurs et les fabricans de sel sont obligés de faire construire, parce qu'il a l'avantage de ne pas occasionner une trop forte dépense de combustible.

FOURRAGE. Voici un nouveau procédé pour multiplier considérablement le fourrage dont on nourrit les bestiaux. Tous les moyens de nourrir des animaux si utiles, et dont nous avons tant intérêt de favoriser la multiplication, sont précieux pour l'économie, d'autant qu'une expérience fâcheuse nous apprend que le produit des prairies n'est pas toujours le même; que tantôt la sécheresse empêche les foins de pousser, et que tantôt les grandes pluies, long-temps continuées, en font perdre beaucoup.

On a reconnu que l'arbre que nous nommons ici *acacia*, qui porte des fleurs légumineuses et odoriférantes, était propre à fournir aux bestiaux une excellente nourriture, et à procurer aux vaches une plus grande quantité de lait : de cinq vaches, on prit celle qui en donnait le moins ; étant nourrie pendant deux jours avec des feuilles d'acacia, elle en donna plus que les autres, que l'on continuait de nourrir de la manière accoutumée.

M. Bohadsch, professeur d'histoire naturelle et de botanique de l'Université de Prague, a publié un mémoire allemand sur le *faux acacia*, dont il a montré qu'on pouvait tirer un très-grand parti pour la nourriture des bestiaux.

Cette découverte économique est d'autant plus précieuse, que l'acacia est un arbre qui croît très-bien dans des terreins secs et assez stériles, et qui vient avec la plus grande facilité, soit de graines, soit de boutures. Ainsi on peut en planter dans des lieux stériles et élevés, dans ceux qui sont de mal rapport, comme les rues, les chemins des villages, les bruyères et les terres en friches : les cantons où il n'y a que peu ou point de prairies, se trouveront bien dédommagés. Comme l'acacia n'a qu'un bois très-faible et très-tendre, on en fera facilement la récolte.

En 1785, le gouvernement alarmé de l'extrême sécheresse qui avait régné au commencement de cette année, et voulant prévenir la disette de fourrages qui devait en être la suite, a fait publier une instruction, dans laquelle sont indiquées les différentes ressources qu'il est possible d'employer utilement, selon les cantons et la nature du sol, pour suppléer au défaut de nourriture ordinaire, et augmenter par-tout l'aliment des bestiaux, si nécessaires pour l'agriculture et pour les approvisionnemens.

Il y est dit, qu'il n'est point de nourriture plus substantielle, plus salutaire , et plus agréable aux animaux , que les herbes et les racines potagères , qui tiennent le premier rang parmi les ressources indiquées.

Les pommes-de-terre , la carotte et les gros navets ou turneps , sont spécialement recommandés , comme les plantes les plus propres à favoriser la multiplication des bestiaux , l'abondance des engrais , et conséquemment le produit des récoltes. Leur culture bien entendue fait une des principales richesses rurales économiques des endroits où elle est adoptée. (Voyez *Bled* , § XV , *Pommes-de-terre* , § XVI , *Turneps*.)

On peut encore tirer parti des terres en jachères , en les convertissant en prairies momentanées , au moyen du maïs , du seigle , de l'orge , du sarrasin , de la vesce , des pois et des fèves. Ces différentes plantes coupées en herbe , loin d'appauvrir le terrain , le rendent plus propre encore aux récoltes futures. (Voyez *Prairies* , § Iᵉʳ.)

L'emploi des feuilles d'arbres et de la vigne , a paru d'un usage important pour les bestiaux ; ils les préfèrent aux fourrages ordinaires , et c'est une excellente nourriture pour l'hiver. *Voyez* à l'appui de cette assertion , une lettre insérée dans le journal intitulé *Nouvelles de la République des Sciences et des Arts* , par M. de la Blancherie , 1786 , p. 162.

A cette instruction , le gouvernement fit joindre des pommes-de-terre , du maïs et de la graine de turneps , pour être distribués dans les différentes provinces du royaume qui avaient le plus souffert de la sécheresse.

Dans le même temps , l'Académie de Bordeaux fit annoncer un prix de 600 liv. pour le cultivateur qui , par une des cultures ou quelqu'un des moyens indiqués dans un avis particulier qu'elle avait fait distribuer , aurait conservé pendant l'hiver suivant le plus de bétail ; et une médaille d'or de 300 liv. , pour le propriétaire de cette généralité qui aurait encouragé et introduit dans son canton l'établissement et l'usage d'une de ces cultures.

Il a paru dans la même année , deux ouvrages de M. l'abbé Commerel , l'un intitulé : *Mémoire et instruction sur la culture , l'usage et les avantages de la racine de disette* ; l'autre , qui n'est que le précis du précédent , sous le titre de *Lettres sur la culture d'une plante-racine de la plus grande ressource pour l'engrais des bestiaux et la nourriture des gens de campagne.* La plante dont il s'agit est une espèce de betterave , connue sous le nom de *mangel-wurzel.* (Voyez *Betterave champêtre.*) Le mémoire qui se vendait à Paris , chez Buisson , contient encore des instructions sur la culture des carottes , de la spargule , et autres plantes secondaires pour les fourrages. Il en est parlé dans le *Journal de la Blancherie* , 1786 , p. 427.

M. Bruhm , dans un ouvrage qu'il a fait imprimer en 1786 , à Leipsick , intitulé : *Quæstio de pastu pecorum in stabulis*, met au nombre des plantes qui peuvent tenir lieu de fourrages pendant l'hiver, les pommes-de-terre, les navets, les raves, les topinambours, et sur-tout une variété de la bête-blanche qui s'élève très-haut, et à laquelle Linnée donne le nom de *beta cicla*.

Au nombre des fourrages propres à la nourriture des bestiaux, il faut encore ranger la plante connue sous les noms de *pastel*, *isutis*, *vonede*, et en latin, *isatis*, *glastum*, *glastrum*. Cette plante a l'avantage de réussir même dans les terreins pierreux et sablonneux ; de fournir trois à quatre récoltes par an ; d'être du goût des bestiaux, soit fraîche, soit séchée ; de produire une graine très-abondante ; de ne point souffrir de mauvaises herbes quand elle est semée serrée ; de s'ensemencer d'elle-même ; de bonifier, par ses racines, le terrein dans lequel elles se pourrissent; de rester aussi fraîche, aussi verte même sous la neige et durant les plus grandes gelées, qu'au cœur de l'été, avantage inestimable, puisqu'il procure les moyens de donner, pendant les hivers les plus rudes, une nourriture fraîche aux bestiaux, nourriture qui leur est agréable, en ce qu'elle contient plus de sel que toutes les autres plantes alimentaires. M. Bohadsch a publié à ce sujet, en allemand, un mémoire très-curieux. (V. la *Feuille du Cultivateur*, t. V, pag. 5.)

M. Willemet , dans sa *phy-*tographie économique rurale*, indique celles des espèces de gesses qui peuvent être mises dans la classe des bons fourrages, indépendamment de l'utilité des grains et de l'agrément des fleurs de quelques - unes. (Voyez *Feuille du Cultivateur*, t. IV , p. 3o5, 32o , 323 , 353.)

M. Bouvier , dans un voyage près Aiguesmorte , a vu cultiver en grand le *Clematis flamula*. Les habitans en divisent la récolte en paquets d'une livre , qu'ils font sécher , et donnent ensuite à leurs bestiaux , qui mangent avec avidité cette plante séchée , tandis qu'elle est pour eux un poison lorsqu'elle est donnée en verd. (*Bulletin de la Société Philomatique* , décembre 1791 , n°. 6.)

M. Sylvestre a fait part à la Société Philomatique, au mois d'avril 1792 , de la méthode employée par M. Chabert pour nourrir ses vaches pendant l'hiver , époque où la disette des fourrages fait diminuer considérablement la quantité du lait. M. Chabert y supplée par des pommes-de-terre crues , qu'il fait écraser avec un lourd pilon, dans une auge de pierre. Il dépose ensuite ses pommes-de-terre par couches, en mettant successivement dans un tonneau défoncé , un lit de ces racines écrasées et du son ; et jetant dans le milieu une poignée de levure, le mélange fermente pendant 8 à 10 jours. Il prend une odeur vineuse , et devient aussi agréable que salubre pour les vaches. Cette méthode remplace avec avantage celle de la cuisson , qui

est pratiquée par plusieurs agriculteurs anglais et français. Elle
n'exige point de combustibles ;
consommation assez dispen-
dieuse pour s'opposer dans beaucoup d'endroits à l'usage des
pommes-de-terre, qui, mangées crues, sont aqueuses et de
difficile digestion. On peut aussi, pour écraser les pommes-de-
terre en peu de temps, les faire
passer dans la meule à cidre.
Cette seule opération diminue
beaucoup les inconvéniens attachés à leur usage habituel.

FOURRURES. La rigueur
des hivers a obligé tous les peuples du Nord à faire usage des
fourrures. Ces peuples les regardent en même-temps comme
un objet de luxe et d'utilité. Le
prix considérable qu'y mettent
chez eux certains seigneurs, est
toujours relatif à la beauté réelle
de la fourrure, et à la difficulté
de se la procurer. Or, cette
beauté consiste dans la longueur
du poil de l'animal, sa douceur,
son épaisseur et sa couleur. Ces
différentes qualités se trouvant
généralement réunies dans les
poils du dos, ceux du ventre
sont par conséquent peu recherchés. Les fourrures les plus
estimées sont la pointe de queue
de martre-zibeline, nommée
Soble (voyez *Zibeline*); la sur-
queue, ou cette petite portion
de fourrure qui est antérieure
relativement au bout de la
queue ; le dos des martres, sur-
tout de celles qui sont très-
noires ; le renard noir, le renard blanc (1), l'hermine, le

loup blanc, le baranki, ou
agneau mort-né, venant d'As-
tracan, noir, gris, argenté ou
blanc ; le *poplieski*, ou petit gris
foncé ; le *piesacki*, ou gorge de
chien de Sibérie ; le roso-
mack (2); le lièvre de Moscovie, nommé *stammokeski*;
le loup gris et la peau d'ours,
qui est la moins estimé.

Comme les martres sont les
fourrures les plus communes
parmi celles du premier rang,
les Juifs qui font le commerce
de la pelleterie, s'attachent singulièrement à les déguiser. 1°.
Ils les mouillent avec une légère eau-seconde qui attaque le
poil de la martre et l'amincit,
pour les rendre plus douces et
plus fines ; 2°. ils les suspendent
dans leur cheminée, pour que
la fumée donne à l'extrémité
des poils cette couleur noirâtre
que chérissent les peuples du
Nord ; 3°. ils les plongent enfin
dans une teinture. On doit donc
sentir les fourrures pour voir si
elles n'ont pas été fumées, et en
ouvrir le poil pour observer s'il
est noir par-tout, ce qui indi-
querait la teinture. Les fourrures
de loup ou de renard sont les
plus chaudes ; les dernières les
plus légères.

Pour conserver toutes sortes
de fourrures, il faut, dès le
mois d'avril, les faire battre
avec une baguette, les envelopper, sans les presser, dans un
drap ou telle autre pièce de
linge, et mettre entre les plis
du camphre grossièrement pulvérisé ; cette résine ne se ré-

(1) c'est l'isatis.

(2) C'est le glouton.

duit pas seule en poudre fine; on y parvient en y ajoutant un peu d'esprit-de-vin. On enferme ensuite le tout dans un coffre ou dans une armoire bien fermés; les vers ni les mites ne s'y mettent jamais. Quand on veut reprendre ses fourrures, il faut encore les faire battre et les exposer pendant 24 heures à l'air, pour faire évaporer l'odeur du camphre. Si la fourrure est d'un poil long, comme les peaux d'ours ou de renard, on ajoute au camphre partie égale de poivre noir en poudre.

Il y a des personnes qui se contentent de les bien battre à l'entrée du printemps et dans le milieu de l'été, et d'en former ensuite une espèce de matelas, qu'ils mettent avec ceux de leur lit. Quelques personnes y mettent des morceaux de cuir neuf. L'huile essentielle de térébenthine, dont l'odeur fait périr les teignes, est un des moyens les plus certains; mais comme l'odeur subsiste long-temps, nous ne le conseillons pas, non plus que le sublimé corrosif, qu'on emploie pour conserver les peaux des oiseaux qu'on apporte des pays étrangers.

FOYER. On nomme *foyer*, en optique, le point où tous les rayons de lumière qui ont pénétré une loupe ou une lentille, viennent se peindre en vertu de la réfraction qu'ils éprouvent dans leur passage, c'est dans ce lieu que se rapporte l'image des objets vus au travers. Ce foyer est plus ou moins éloigné, selon que la lentille approche plus ou moins de la sphère; il en est de même des objets réfléchis sur un miroir concave dont le foyer est hors du miroir, au lieu où se rassemblent les rayons. On trouve ce foyer en examinant à quelle distance les objets vont se peindre sur un carton ou tout autre corps blanc, d'une manière bien nette, en approchant ou reculant la lentille, jusqu'à ce qu'on ait trouvé ce point. La distance entre le centre de la loupe et l'image, est la longueur du foyer. On indique que cette lentille fait portion d'une sphère dont le rayon est égal à la distance trouvée.

FOYER DE CUISINE ÉCONOMIQUE ET PORTATIF. Voyez *Fourneaux*, § III.

FRICTIONS. Voyez *Gymnastique*.

FROID. Quelle est la meilleure manière en usage dans la Russie et dans le Nord, pour se garantir du froid, tant dans les appartemens qu'au-dehors? Serait-elle susceptible d'être adoptée dans nos climats? La trop grande chaleur qu'elle produirait ne serait-elle pas nuisible à la santé?

Ces questions, dont on trouve la solution dans le journal intitulé: *Nouvelles de la République des Sciences et des Arts*, par M. la Blancherie, 1786, p. 164 et 271, ne nous sont applicables que très-imparfaitement, parce que la température de l'air n'étant point habituellement chez nous aussi rigoureuse, il ne nous est point nécessaire de prendre les mêmes mesures.

On a inséré dans le *Journal*

de Paris, du 4 juin 1780, des remarques curieuses sur les effets du froid excessif de l'année 1776.

Le *Journal de Verdun*, 1749, p. 386, et mars 1752, p. 186, indique des moyens de se garantir du froid.

Les *fourrures*, les *poëles*, les *cheminées*, voilà les moyens avec lesquels nous nous garantissons du froid. (*Voyez* chacun de ces mots ; *voyez* aussi les articles *Feu*, *Charbon*).

Quant aux secours à donner aux personnes gelées, nous croyons devoir entrer dans quelques détails sur les accidens mortels occasionnés par le très-grand froid.

Lorsque le froid est extrême et qu'une personne y reste exposée très-long-temps, il peut lui causer la mort, parce que, en coagulant le sang dans les extrémités, et en le forçant à se porter en trop grande quantité vers le cerveau, le malade se trouve exposé à une espèce d'apoplexie, précédée d'un assoupissement insurmontable.

Les voyageurs, qui se trouvent dans ce cas, doivent, aussi-tôt qu'ils se sentent assoupis, redoubler d'efforts pour se tirer du danger imminent auquel ils sont exposés. Le sommeil, qu'ils sont enclins à regarder comme une espèce de soulagement au froid qu'ils endurent, devient mortel, s'ils ont le malheur de s'y livrer. Mais, heureusement, de pareils effets du froid ne sont pas communs dans nos climats.

Il arrive cependant très-souvent que les mains, les pieds, le nez, etc. des voyageurs sont tellement engourdis ou même gelés, que la gangrène devient à craindre, si on ne prend pas les précautions nécessaires pour la prévenir.

Mais, on ne peut trop en avertir, le plus grand danger naît, dans ces circonstances, de l'application subite de la chaleur. Il est très-commun de voir ceux qui ont quelques parties engourdies par le froid, les approcher du feu, mais la raison et l'observation démontrent qu'il n'est pas de conduite plus imprudente ni plus dangereuse.

Tous les paysans savent que si l'on met dans le feu ou dans de l'eau chaude, des alimens, des fruits, des racines, etc. gelés, ils se pourrissent et tombent dans une espèce de gangrène, si cela peut se dire, et que, dans ce cas, le seul moyen de les rendre mangeables, est de les plonger, pendant quelque temps, dans l'eau froide. Lorsque les animaux se trouvent dans le même cas, ils doivent être traités de la même manière. (Voyez *Dégel*).

Lorsque les pieds ou les mains sont engourdis par le froid, il faut donc ou les plonger dans l'eau très-froide, ou les frotter avec de la neige, jusqu'à ce qu'ils aient recouvré leur chaleur naturelle et leur sensibilité. Ensuite on transportera le malade dans un lieu un peu chaud : on lui donnera quelques tasses de thé, ou d'infusion de fleurs de sureau, édulcorées avec le miel. Il n'y a personne qui

qui n'ait observé que lorsqu'on a les mains très-froides, le meilleur moyen, pour les échauffer, est de les laver dans l'eau froide, et ensuite de continuer à les frotter fortement pendant quelque temps.

Mais lorsqu'une personne a été exposée au froid pendant un temps assez considérable pour qu'elle ne donne plus aucun signe de vie, il faut lui frotter tout le corps avec de la neige ou avec de l'eau très-froide, ou, ce qui convient encore mieux, la plonger dans de l'eau très-froide, si on en a la facilité. On se déterminera d'autant plus volontiers à employer ces moyens, que nous pouvons assurer, dit l'auteur de la *Médecine Domestique*, cité à l'article *Charlatans*, que des hommes ensevelis sous la neige ou exposés à un air glacé pendant cinq ou six jours de suite, de sorte qu'ils avaient été plusieurs heures sans donner aucun signe de vie, ont recouvré la santé par cette méthode.

Si l'on adopte le bain froid, on y laissera le malade pendant un quart-d'heure, plus ou moins; ensuite on le retirera de l'eau et on lui fera des frictions sur tout le corps nud, avec des flanelles ou des linges trempés dans de l'eau froide. On continuera ces frictions pendant un autre quart-d'heure; ensuite on le mettra dans un lit médiocrement chauffé par le moyen d'une bassinoire, mais de manière que les matelats soient chauds et puissent conserver la chaleur qui leur aura été communiquée.

Tome III.

Alors, et pas avant, on a recours à de nouvelles frictions, que l'on fait avec des linges chauds, ou mieux encore avec des flanelles chaudes imbibées d'eau-de-vie tiède. Deux personnes s'occupent de ces frictions : l'une se charge de frotter la plante des pieds, les jambes et les cuisses, pendant que l'autre frotte les bras et le corps, ayant toujours attention de diriger de bas en haut celles qui se font sur le ventre et sur la poitrine. On doit aussi observer, pendant qu'on fait ces frictions, de mettre dans un mouvement presque continuel, et cependant modéré, la personne gelée, et de lui tenir la tête plus élevée que le corps.

On essaiera alors de la ranimer, en lui présentant sous le nez de l'alkali-volatil-fluor, en lui en faisant respirer, et lui en introduisant dans les narines, au moyen de mèches qui en seront imbibées, ce qu'on réitérera plusieurs fois. On l'approchera ensuite peu-à-peu d'une cheminée, pour la réchauffer graduellement; si même on en a la facilité, on la mettra dans un bain tiède. On lui fera avaler quelques gouttes d'alkali-volatil-fluor dans une cuillerée de vin chaud ou d'eau-de-vie, adoucie par du sucre. Enfin, lorsqu'elle paraîtra à-peu-près rétablie, on lui fera prendre un petit bouillon, et on la tiendra au régime alternatif de vin à petites doses et de bouillons, avant que de lui faire prendre de la nourriture solide.

Si l'on ne peut se procurer un

H

bain froid, et que l'on s'en tienne aux frictions, on frottera tout le corps du malade avec de la neige ou avec des flanelles trempées dans de l'eau très-froide; mais au lieu d'un quart-d'heure, on les continuera pendant une demi-heure. Du reste, on se comportera absolument comme nous venons de le dire. On peut voir ce que dit à ce sujet M. Portal, à la fin de son *Instruction* publiée en 1796, sur le traitement des asphyxiés, etc.

§ Ier. *Froid artificiel.*

Voyez les articles *Glace*, § II; *Mercure*, § VI, *refroidissement des liqueurs.*

FROMAGES. Avant de faire connaître quelques procédés pour améliorer et conserver les fromages, il conviendrait peut-être d'indiquer la manière dont ils se font. Mais à l'égard du fromage commun, les procédés sont trop connus; ils sont d'ailleurs décrits dans nombre d'ouvrages d'agriculture et d'économie. On peut aussi consulter l'*Encyclopédie Méthodique, Arts et Métiers*, tom. III, p. 73. Il nous suffira donc d'observer que la partie caséuse du lait est la base du fromage; et comme il y a différentes espèces de lait, il y a aussi différentes espèces de fromages; les uns sont faits avec du lait de vache, d'autres avec du lait de chèvre, du lait de jument, du lait d'ânesse, etc. (Voyez *Lait*).

Les fromages les plus connus en France sont les fromages de Brie, de Viri, de Neufchâtel, de Roquefort, d'Auvergne, de Marolles.

Les fromages étrangers sont ceux de Suisse, de Hollande, de Gruières, de Géradmer, et le Parmesan.

On trouvera à la fin du VIe. volume des *Planches de l'Encyclopédie*, la manière de faire les fromages de Gruières et de Gérardmer, avec les figures des instrumens nécessaires.

Comme tous les procédés rentrent un peu les uns dans les autres, nous nous contenterons d'indiquer ici sommairement la manière dont se font quelques fromages d'Auvergne, de Suisse et des Alpes.

§ Ier. *Procédés pour faire le fromage du Mont-d'Or.*

Ces fromages sont très-délicats et renommés. Pour s'en procurer, le premier soin doit se porter sur les chèvres; il ne faut point les laisser sortir l'hiver; on peut même les garder toute l'année sans sortir, en veillant à ce qu'elles soient tenues très-proprement. On les nourrit avec les herbes qui croissent dans les vignes et les bois, des pointes de chêne, de châtaignier, d'aubépine, de gênet, etc.; mais les plantes potagères aqueuses, et les laitues sur-tout, ne fournissent point de lait. On peut encore leur donner du son, des grains et de la drèche. L'hiver on les nourrit avec des feuilles d'arbre et les jeunes branches cueillies en août et septembre, et séchées au soleil.

Pour faire le fromage, on trait les chèvres le matin; on laisse reposer le lait deux ou trois heures; jetez-y ensuite de la présure pour le faire prendre à froid; remuez le tout, et laissez reposer pendant 9 à 10 heures, pour que le lait soit bien caillé.

On prend ensuite des écuelles plates, qu'on met sur de la paille, et qu'on garnit avec un linge blanc et fin; on met dans ces vaisseaux le lait caillé qu'on tire du pot avec une cuillier plate; on le laisse reposer jusqu'à ce qu'il n'y ait plus d'eau ou de petit lait; ensuite on sale la superficie. Vingt-quatre heures après, on retourne le fromage sur un autre paillasson; on le sale, et on ôte la toile.

Il faut laisser fondre le sel, et retourner tous les jours les fromages sur des paillassons propres. Peut-être serait-il avantageux de préparer le sel, comme font les Hollandais. (Voyez *Sel*, § X).

Ces fromages se conservent bien dans un lieu tempéré, ni trop sec, ni trop humide. *Voyez* tom. IIIᵉ. de l'*Encyclop. M th.*, *Arts et Mét.*, p. 73, la description détaillée de la manière dont se font les fromages d'Auvergne.

§ II. *Fromage de Suisse.*

Ce fromage, appelé dans le pays *schabzieger*, se fait avec le sédiment de la partie séreuse du lait; on y mêle des feuilles sèches du *trifolium odoratum* et du mélilot; on pétrit le tout d'une certaine manière; on en forme une pâte entièrement semblable au fromage, et qui se mange de même. C'est un objet considérable de commerce dans quelques cantons suisses, sur-tout dans ceux de Glaris et d'Appenzel.

Dans les Hautes-Alpes, on fait du fromage sans sel. La fermentation suffit pour lui donner une saveur qui paraît saline, et dans laquelle on découvre l'odeur des plantes. Mais aussi il faut convenir que le lait, dans ces cantons, a une qualité bien supérieure. Cependant l'usage commun est de saler les fromages; mais ceux-ci sont moins compactes que les autres, qui deviennent d'un goût très-fort, et se conservent, dit-on, pendant un siècle.

§ III. *Fromage de pommes-de-terre.*

La pomme-de-terre, dont l'industrie a su tirer de quoi faire du pain, de l'amidon, etc, paraît encore propre à entrer dans la composition du fromage. Vous prendrez la quantité de pommes-de-terre que vous jugerez à propos; après les avoir fait bouillir, vous les pélerez, et les remuerez ensuite avec les mains, jusqu'à ce qu'elles soient réduites en pâte : vous y ajouterez alors du fromage blanc, c'est-à-dire la matière dont on le fait, en quantité égale à celle des pommes-de-terre, ou même moindre, si vous le voulez; pourvu que le tout mêlé ensemble ait une certaine consistance, cela suffit : vous mettrez alors du sel, du laurier, et quelques clous de girofle pilés. Couvrez bien ce mélange, et laissez-le un jour, sans y toucher, pour lui donner le temps de fermenter un peu : vous en formerez ensuite de petits fromages à la manière accoutumée. Il est à remarquer qu'ils deviennent meilleurs à mesure qu'on les garde plus long-temps. Les pommes-de-terre ôtent, ou du moins adoucissent beaucoup le fromage, et font qu'on le mange avec plus de plaisir : on aurait peine à s'imaginer qu'un pareil mélange pût donner une nourriture si saine et si agréable.

§ IV. *Moyen de les améliorer en les affinant.*

On sature du nitre alkalisé par les charbons, ou par le tartre, avec de bon vinaigre blanc et du plus fort, jusqu'à ce qu'il n'y ait plus aucun mouvement d'effervescence ; il en résulte une liqueur à-peu-près de même nature que la dissolution de sel connue en chimie et en médecine sous le nom de *terre foliée du tartre.*

On met à la cave les fromages que l'on veut affiner et améliorer ; on les enveloppe avec des linges bien imbibés de la liqueur qui vient d'être décrite ; on les laisse s'en imbiber eux-mêmes pendant 24 heures : on renverse au bout de ce temps une nouvelle quantité de la même liqueur sur les enveloppes des fromages pour les remouiller, observant de retourner chaque fromage sans dessus dessous. On réitère cette imbi-

bition et cette manœuvre tous les jours pendant 20, 30 ou 40 jours, suivant la nature des fromages.

M. de Chazotte, inspecteur des mines du duc de Parme, et auteur de ce procédé, assure que les fromages les plus secs et de la plus mauvaise qualité acquièrent par ce moyen un moëleux et une saveur qui les rendent excellens. Cela est très-possible, attendu que les alkalis dissolvent le fromage, comme ils empêchent le lait de cailler ; au lieu que les acides végétaux ou minéraux le font cailler. On emploie plus communément les acides végétaux, et avec raison, parce qu'ils donnent plus de fromage.

La terre foliée du tartre étant un sel neutre savonneux qui n'a aucune qualité mal-faisante, lorsqu'il est pris en petite quantité, et d'ailleurs ce sel étant aussi beaucoup employé en médecine en qualité de fondant et d'apéritif, il n'y a pas lieu de croire que cette préparation des fromages puisse avoir aucun inconvénient ; il est même assez probable que le fromage affiné de cette manière deviendrait une espèce de médicament commode et convenable dans certains cas à ceux auxquels les médecins conseillent l'usage de la terre foliée du tartre.

§ V. *Moyen de conserver le fromage.*

Malgré tout le soin qu'on peut prendre pour conserver le fromage, il s'en gâte beaucoup.

Mortimar donne le moyen suivant pour parer à cet inconvénient : Si quelqu'un de vos fromages, dit cet auteur, commence à se gâter, ouvrez-le, mettez de la craie dans l'ouverture que vous aurez faite. Pour empêcher que la craie ne tombe, vous mettrez un peu de beurre par-dessus ; soyez sûr qu'il ne se gâtera pas davantage, parce que la craie desséchera l'humidité qui le gâtait. S'il s'y engendre des mites, oignez l'endroit où vous en appercevrez, avec de l'huile ou de la cendre de chêne, et elles mourront toutes : ces moyens sont simples, mais le succès n'en est pas moins infaillible.

FRUITS. Une remarque générale, et qui mérite quelqu'attention, c'est que les fruits, mangés immédiatement à l'arbre, occasionnent quelquefois des relâchemens accompagnés de coliques ; l'épreuve en est sensible dans les cerises, les raisins. Les fruits mangés 12 ou 24 heures après la cueillette, n'ont point cet inconvénient. (Voyez le *Journal de Paris*, du 17 juillet 1778.)

Sans entrer dans les détails qu'entraîne la culture des fruits, nous nous contenterons d'indiquer quelques procédés isolés et peu connus ; nous passerons ensuite aux soins qu'on doit prendre pour les conserver, et nous terminerons cet article par la manière de les préparer pour en faire des confitures et des ratafias.

§ Ier. *Moyen pour faire grossir les fruits.*

Si le soleil contribue à colorer les fruits, il les empêche de grossir par la grande évaporation qu'il occasionne. Aussi les cultivateurs attentifs, ont-ils soin de ne découvrir que quelques jours avant de les cueillir, les fruits précieux, comme les pêches et quelques poires.

Mais comme les feuilles ne forment pas toujours un abri suffisant, il faut alors procurer de l'ombre aux fruits que l'on veut faire grossir, en les couvrant de papier ou de toute autre chose qui les mette à l'abri des rayons du soleil. Ainsi, c'est une très-bonne méthode que de mettre dans des sacs les grappes de raisin, comme cela se pratique. On peut aussi mettre des poires après qu'elles sont nouées dans des bouteilles, où elles grossissent très-bien ; c'est même un moyen pour les conserver long-temps. Il y a des verreries où l'on fait des bouteilles exprès pour cet usage.

M. Guettard, qui a fait sur la transpiration des fruits beaucoup d'observations que l'on trouve dans la *Collect. Acad., partie française*, t. X, p. 307 et 311, a remarqué que de deux melongènes mis en expérience dans le même temps, l'un avait transpiré un demi-gros, tandis que l'autre n'avait pas donné la moindre goutte d'eau, quoique ce dernier fût une fois plus gros que l'autre ; ce qui

3

venait de ce qu'il était renfermé dans un vaisseau de verre noir, et fort ombragé par les feuilles de la plante, au lieu que l'autre était exposé au soleil dans un vaisseau de verre blanc.

§ II. *Moyen d'avoir des fruits sur l'arbre en hiver.*

Arrachez les arbres avec leurs racines dans le printemps, dans le temps où ils commencent à pousser leurs boutons, ayant soin de conserver autour de leurs racines quelque peu de leur terre naturelle : serrez-les droits dans une cave jusqu'à la Saint-Michel ; alors encaissez-les en y mettant de la terre, et mettez-les dans une étuve ; ayez soin d'humecter la terre tous les matins avec de l'eau de pluie, dans laquelle vous aurez fait dissoudre sur une carte, gros comme une noix de sel ammoniac ; vos arbres vous donneront du fruit vers le carême. M. Durieux, distillateur à Paris, rue de Charonne, a fait annoncer, dans les papiers publics, en 1768, qu'il possédait un secret pour faire venir à maturité, pendant l'hiver, des fruits et des légumes de toute espèce, sans le secours d'aucune chaleur artificielle ; il demandait 1200 fr.

§ III. *Moyen que l'on peut tenter pour se procurer des nouvelles espèces de fruits, et des fruits dont les quartiers soient de diverses espèces.*

Il est certain que par la découverte ingénieuse que l'on a faite de la greffe, on fait rapporter à des sauvageons des fruits très-agréables, très-doux, mais qui cependant ne sont jamais que la même espèce de fruit dont on a tiré la branche que l'on a greffée Pour se procurer de nouvelles espèces, il faudrait rassembler, dans un même jardin, un grand nombre d'espèces d'arbres différens, et assez voisins les uns des autres. La poussière des étamines, qui est la semence masculine fécondante des plantes, peut être portée sur les pistiles d'autres espèces de fleurs, pistiles qui sont les parties féminines des plantes : il est vrai qu'il ne s'ensuit pas de-là que toutes sortes de poussières, portées sur toutes sortes de pistiles, doivent produire de nouveaux fruits ; il faut un certain rapport d'organisation entre la poussière et le pistile étranger, afin que l'une féconde l'autre ; il faut de plus un rapport de temps, c'est-à-dire, que la poussière ayant la maturité nécessaire pour féconder, le pistile ait aussi celle qui lui est nécessaire pour être fécondé. Sans compter qu'il peut y avoir des plantes plus ou moins susceptibles de variétés, ainsi que nous le voyons dans certaines espèces d'animaux : en semant les pépins ou les noyaux de ces fruits ainsi heureusement fécondés, il peut s'élever des espèces nouvelles : aussi, est-ce toujours de ces sortes de jardins qu'on a vu sortir de nouvelles espèces. C'est ainsi que les fleurs que l'on cultive de préférence, et qu'on réunit ensemble dans des planches, fournissent tant de variétés. (*Voyez* au mot *Fleur.*)

On connaît des variétés dans les fruits, qui sont très-curieuses : telles sont une espèce de raisin qui produit sur le même sep des grappes rouges et blanches, et sur une même grappe des grains rouges et blancs, ou dont les pépins sont les uns rouges, les autres blancs. Il y a encore un phénomène de botanique bien plus surprenant : ce sont des citrons ou oranges, dont une côte est parfaitement citron, la suivante parfaitement orange, la troisième redevient citron, et ainsi de suite. Ces phénomènes de la végétation sont un produit de l'industrie que l'on pratique en Italie : on peut, à leur exemple, se procurer des pommes et des poires de diverses espèces sur le même pied. On choisit des greffes sur différens pommiers ou poiriers; on doit avoir attention que ces arbres soient de nature à fleurir en même-temps. On lève, par exemple, un écusson sur un bon-chrétien, et un autre sur un beurré. On fend la peau du sauvageon; l'on coupe la peau de chaque écusson tout près de l'œil; on les insinue alors, le plus proprement qu'il est possible, dans la fente que l'on a faite au sauvageon, en sorte que les deux yeux se touchent, et qu'en s'unissant ils ne fassent qu'un seul jet. On peut pratiquer le même procédé sur les pommiers, et sur les fruits tant d'hiver que d'été. Cet arbre ainsi greffé donne, dit-on, des fruits qui participent distinctement des diverses espèces de fruits que l'on a greffés et confondus ensemble.

§ IV. *Procédé pour empêcher les fruits noues de tomber.*

Voyez cet article au mot *Arbres*, § Ier.

§ V. *Procédé pour empreindre sur les fruits des armoiries, des devises, des fleurs, ou tels autres dessins que l'on voudra.*

On applique sur des pêches, des pommes d'apis, ou autres fruits susceptibles de se colorer, des papiers dont les contours ont le dessin que l'on desire; on les attache avec de la gomme ou du blanc d'œuf sur ces fruits, lorsqu'ils sont encore verds. Les endroits recouverts de papier ne se colorent point; le reste devient d'un beau pourpre, effet produit par les rayons du soleil.

On se procure ainsi des fruits très-variés, qui paraissent être des jeux de la nature. Il est bon d'avoir toujours un papier découpé, semblable au premier que l'on a employé, parce que si celui-ci se décolle, on y en substitue un autre. On pourrait pratiquer au-dessus de ces fruits de petits auvents, qui, sans les empêcher de jouir des rayons du soleil, les missent à l'abri des brouillards et de la pluie.

4

§ VI. *Moyen pour se procurer de belles poires de bon-chrétien d'hiver.*

On lit dans les *Avis Economiques d'Italie*, pays des bons fruits, que lorsque les poiriers de bon-chrétien ou les autres espèces d'arbres qui donnent de grosses poires sont en fleurs, il faut détacher avec des ciseaux plusieurs fleurs, et même n'en laisser qu'une seule à chaque bourgeon; laissant toujours la mieux placée, la plus grande, et celle qui a les couleurs les plus vives et les plus vermeilles. On craindra, sans doute, pour cette frêle et seule espérance; mais l'on dit que la fleur se trouvant ainsi seule, se noue beaucoup plus vîte, et est mise promptement à l'abri de tout danger. D'ailleurs, les fleurs réunies en bouquet offrent comme des niches où la neige et l'humidité séjournent aisément, et les font périr toutes à-la-fois. Lorsque le fruit est noué, on coupe exactement, avec des ciseaux, tous les jets nouveaux qui poussent au-dessus du bourgeon fleuri, ou près de son aisselle; si on le laissait croître, on exposerait le fruit à manquer de sève, à se flétrir au moindre accident, et à tomber: ayant déja même acquis une certaine grosseur, on doit couper ces rejets dès qu'ils commencent à pousser, et ne faire point de grace à aucune des productions qui pourraient enlever la sève de l'arbre. On ne doit pas négliger, au commencement de juin,

d'épointer l'extrémité des branches, pour faire refluer la sève dans le bas de l'arbre, dans les branches à fruit, et dans les fruits: cette opération est de la dernière importance, car elle prépare aussi les fleurs et les fruits des années suivantes.

Lorsqu'en été on s'appercevra que la terre est sèche, on suspendra un vase au tronc de l'arbre, dans lequel on disposera l'eau de manière à tomber goutte à goutte; la terre s'humectera, et la chair du fruit ne se durcira point; il ne perdra point sa couleur, et sa croissance ne s'arrêtera pas avant sa maturité; ce qui serait arrivé si on avait laissé dominer la sécheresse.

Vers le milieu de septembre il est bon de mettre chaque poire, les plus belles, dans un sac de bougran, que l'on attache à une branche supérieure; par là on évite les accidens que le vent pourrait occasionner: la sève circule toujours avec la même facilité, et l'on a vu obtenir, par cette méthode, des poires de bon-chrétien d'hiver, d'une beauté, d'une bonté admirables, et du poids de trois à quatre livres.

Le moment favorable qu'indique la nature pour cueillir les poires de bon-chrétien d'hiver, c'est lorsque leur verd commence à s'éclaircir, et qu'elles sont piquées d'un peu de jaune. Il faut les mettre dans un fruitier bien fermé où l'air ni l'humidité ne pénètrent point, et les visiter, la lanterne à la main, deux fois par semaine, afin d'ôter celles qui se flétrissent, et qui en venant à se pourrir, gâteraient les autres.

§ VII. *Moyen de conserver des fruits.*

Pour conserver long-temps les fruits, et sur-tout les fruits aqueux, il faut les garantir, le plus qu'il est possible, du contact de l'air: aussi conserve-t-on bien, dit-on, le raisin, en le cueillant huit jours avant sa maturité, et le mettant dans des cendres de sarment bien sèches et bien pures, ou dans du sable bien fin et bien sec, ou même dans de la paille d'avoine.

Quoique nous indiquions ici la cendre d'après plusieurs auteurs, nous croyons qu'il faut prendre celles qui ont été lessivées et séchées au four; les autres contiennent des sels qui pourraient nuire à l'opération. D'autres au lieu de cendres emploient du sable fin très-sec.

On peut essayer de conserver de cette manière diverses autres sortes de fruits. Il est bon d'observer qu'il serait mieux d'avoir un baril ou tonneau parfaitement bien fait, qui ne prît aucun air par les jointures des douves; et lorsqu'on y a disposé le raisin par lits, soit dans la cendre, soit dans du son séché au four, le fermer avec la plus grande exactitude. Lorsqu'on veut manger le raisin et lui faire reprendre sa fraîcheur, il faut couper le bout des grappes, et les mettre tremper, comme on ferait un bouquet, dans du vin ou de l'esprit-de-vin.

Les fruits ne peuvent être conservés long-temps, parcequ'il survient dans ces fruits une fermentation qui les fait gâter; mais la fermentation, en général, pour avoir lieu, exige plusieurs circonstances; de ce nombre sont la chaleur, le concours de l'air: en garantissant les fruits de l'alternative qui arrive dans la température de l'air, et du contact de cet élément (Voyez *Air*, § III), on peut empêcher cette fermentation, et les conserver très-long-temps.

Cependant on observe que les fruits rassemblés dans un fruitier y acquièrent, et les pommes sur-tout, un goût plus relevé et plus agréable que lorsque l'on vient de les cueillir, ce qui arrive parce que par leur réunion, elles s'échauffent un peu, et éprouvent un commencement de fermentation vineuse, qui, poussée à un trop haut degré, les conduirait promptement à la putridité. C'est pour cette raison que l'odeur des fruitiers est si forte, et même dangereuse pour la santé.

On propose de ne cueillir les fruits, que l'on veut conserver, ni trop verds, ni trop mûrs; d'avoir de larges bocaux de verre; de les exposer au feu pour les bien faire sécher, et en dilater, autant qu'il est possible, l'air qu'ils contiennent; d'y enfermer les fruits que l'on veut conserver; les boucher exactement avec un bouchon de liège; et pour empêcher l'air de pénétrer, entourer le bouchon d'une espèce de lut, que l'on peut faire de diverses manières. De la farine délayée dans du blanc d'œuf, à laquelle on ajoute un peu de chaux, forme même une excellente colle propre à luter le bouchon exactement autour de la bouteille, en s'en servant pour appliquer des linges autour du bouchon et du goulot. Il faut les placer dans une cave profonde où la température reste toujours au même degré ; on y conservera des fruits très-délicats en très-bon état, parce qu'ils ne seront point exposés à subir la fermentation qui les détruit et les fait pourrir.

On propose aussi de mettre ces vases dans un cellier bien sec, et de les entourer d'un mélange de sable, de salpêtre et de bol d'Arménie.

Les glacières sont aussi très-propres à bien conserver les fruits. Les mémoires de l'Académie des sciences de 1758, contiennent une observation du P. Bertier pour la conservation des fruits et des légumes pendant l'hiver. Le procédé consiste à les placer au fond d'une glacière où on les arrange par couches sur des lits de mousse dans des pots de grès qui servent à transporter le beurre de Gournay à Paris.

Leur ouverture est fermée par un pareil lit de mousse, et les pots sont renversés, afin que l'eau ne puisse pas y avoir d'accès. On leur ménage un espace commode, environné d'un faisceau de longues perches légèrement serrées par les deux

bouts. Lorsque la glacière est remplie, on retire les perches l'une après l'autre ; elles laissent dans la glace le vuide nécessaire pour placer les pots. Il résulte des expériences du père Bertier, faites dans la glacière du château de M. le Maréchal de Luxembourg à Montmorency, que les melons sont les fruits qui s'y sont le mieux conservés, ensuite les cerises et groseilles, les fraises et les pois ; les prunes de Reine-Claude y ont un peu perdu de leur goût, etc. Cet effet doit être attribué à l'égalité de température et au froid qui règnent dans les glacières. On sait que la chaleur et l'humidité, ou l'alternative de froid et de chaud, sont très-contraires à la conservation des fruits. (*Coll. Acad.*, *part. franç.*, tom. XII, p. 69).

Voici un procédé assez simple pour conserver les poires et autres fruits : on choisit sur l'arbre les plus beaux ; et après avoir coupé avec des ciseaux la queue des fruits le plus haut qu'il est possible, on verse sur le bout coupé une goutte de cire d'Espagne, et on attache ensuite à la queue de ce fruit un fil ou une petite ficelle. On a en même temps une feuille de papier blanc roulé en cornet ouvert par sa pointe : par cette ouverture, on passe le fil, en sorte que le fruit soit suspendu dans le cornet : cette pointe du cornet se ferme avec de la cire verte et molle, et l'on fait en sorte d'en clore la bouche avec le même soin, de façon que l'air ne puisse absolument y entrer.

Alors on suspend ces fruits ainsi préparés à un clou au moyen d'une boucle que l'on fait au bout du fil, dans un lieu absolument sec et tempéré. Ce fruit, ainsi suspendu, se conserve très-long-temps. Au reste, c'est une observation digne de remarque, que les insectes qui déposent leurs œufs dans presque tous les fruits, respectent cependant les pêches, les raisins et les abricots. S'il se trouve quelquefois des vers dans ces derniers, c'est qu'ils y sont entrés lorsque le fruit s'est ouvert de lui-même, ce qui est assez fréquent.

On parvient, dit-on, à conserver très-bien les fruits, en les enduisant avec une dissolution de gomme arabique. Cette dissolution, en bouchant tous les pores, pourrait peut-être empêcher l'évaporation des parties, et contribuer par-là à la conservation du fruit ; mais nous observerons que cette espèce de vernis qui recouvre le fruit, mis trop épais, étant sujet à se fendiller, laisserait, dans ce cas, un libre passage à l'air, ce qui rendrait nulle la précaution qu'on aurait prise.

La *Collection Académique*, *partie étrangère*, t. VI, p. 316, indique un vernis plus efficace, fait avec une livre d'esprit-de-vin rectifié, et deux onces de succin blanc, mis en digestion au bain-marie pendant 48 heures ; on y ajoute une once de sandaraque blanche et de mastic blanc, et une once et demie de térébenthine de Venise. On fait digérer le tout au bain-marie pendant 24 heures, jusqu'à dis-

solution entière. Les fruits enduits de ce vernis, se conservent tout aussi bien que les cerises qu'on conserve en les enduisant de cire blanche fondue.

La cire jaune fondue produirait le même effet. Cela est si vrai, qu'on parvient à conserver des pêches en les entourant de filasse, et en les trempant ensuite dans de la cire jaune fondue, qui, en se refroidissant, forme une enveloppe impénétrable à l'air.

On lit dans la *Collec. Acad.*, *part. étr.*, tom. VI, pag. 301, qu'un apothicaire enferma des cerises aigres parfaitement mûres, dans un bocal de verre à large embouchure ; qu'il mit entre deux autant de feuilles de vignes qu'il en fallait pour empêcher qu'elles ne se touchassent ; qu'il ferma ce bocal avec son couvercle de verre, bien luté avec de la cire molle ; qu'il suspendit ce bocal dans un puits ; que le cordon cassa ; que le bocal, oublié pendant 40 ans, fut rapporté par des ouvriers à l'apothicaire, qui trouva les cerises entières, bien conservées, mais n'ayant plus leur saveur naturelle.

On lit dans le journal intitulé *Nouvelles de la République des Sciences et Arts*, par *M. la Blancherie*, 1786, p. 538, que M. Carrier a essayé de transporter de la Dominique au Hâvre, des Ananas, des sapotilles, des bananes, des oranges, etc. Après une traversée de 48 jours, et trois jours après le débarquement, ces fruits se sont trouvés sains et très-bons à manger.

Voici son procédé : Il a mis ces fruits, dont plusieurs étaient parfaitement murs, dans une barrique qu'il a fermée aussi exactement qu'il a pu le faire par lui-même, parce qu'il n'avait pas de tonnelier à bord. Il a placé cette barrique dans une autre, dont le diamètre était plus grand de trois ou quatre pouces, et il a rempli cet intervalle d'eau de mer, qu'il a eu soin de renouveler tous les jours, parce que la barrique extérieure perdait de l'eau.

§ VIII. *Moyen d'empêcher les fruits de geler.*

On empêche les fruits de geler quand on les couvre d'un peu de paille, et qu'on étend par-dessus un drap mouillé. Ce drap empêche la gelée de pénétrer jusqu'au fruit ; car les particules des sels qui voltigent dans l'air, rencontrant l'eau de ce drap, s'y arrêtent et ne doivent pas passer outre, s'il n'en survient une trop grande quantité pour être retenue par l'eau du drap : mais si, au lieu d'un drap, on les couvrait avec une natte de paille fort épaisse et bien mouillée, nul doute que le fruit ne se conservât encore mieux sans se geler ; car il y aurait une plus grande partie de sels qui pourraient s'arrêter dans l'eau de la natte. Les paillassons dont on couvre quelques plantes dans les jardins pour les conserver contre la rigueur du froid, font à-peu-près le même

effet lorsqu'il tombe dessus de la pluie ou de la neige, outre qu'il s'élève continuellement de la terre une vapeur tempérée qui entretient la plante, et qui, s'attachant aux paillassons par le dedans, s'y gèle et empêche les sels de passer plus avant.

M. Cadet de Vaux a indiqué le moyen suivant de préserver les fruits d'une gelée tardive. Si une légère pluie, succédant à la gelée de la nuit, vient à précéder les rayons du soleil, ou s'ils sont, au moment de son lever, dérobés par un brouillard épais et humide, le givre dont les arbres étaient couverts se trouve dissout, et la fleur est sauvée. Il ne s'agirait donc que de procurer ou une pluie artificielle, ou un brouillard artificiel, le matin avant le lever du soleil. Il n'est pas difficile de faire tomber sur les arbres une pluie artificielle, par le moyen de plusieurs pompes de jardin terminées par une boule en arrosoir ; mais ce moyen ne peut s'employer dans un grand verger. Les grandes propriétés forcent à la négligence des petits soins. Cette espèce d'arrosement, impraticable dans des champs dépourvus d'eau, peut être suppléé par la fumée de paille ou de chaume humide, qui produit un brouillard artificiel, lequel, interposé entre le soleil et le terrein, préserve de l'action de ses rayons la culture qu'on cherche à protéger. Ce procédé est indiqué dans la *Décade Philosophique*, an 7, t. III, p. 114.

Voyez au mot Dégel, le

moyen de dégeler les fruits gelés.

§ IX. *Méthode pour faire sécher des poires et autres fruits.*

La nature nous prodigue des fruits en abondance pendant certaines saisons ; mais ces fruits ne se conservent pas tous bien, et ne se conservent jamais assez pour pouvoir gagner l'autre saison qui nous les ramène ; on est donc obligé d'avoir recours à l'industrie pour les conserver : aussi a-t-on imaginé de composer des confitures, des ratafias ; mais le moyen qui change le moins la nature des fruits, c'est de les faire sécher au four ou au soleil. La méthode que l'on donne ici pour conserver les poires, en les faisant sécher, et qui est une des meilleures, peut aussi s'employer pour d'autres fruits.

Les poires d'hiver sont les meilleures à faire sécher, et entre celles-là, la poire de Colmar et celle de Bézery : on cueille ces poires un peu avant leur parfaite maturité ; on les fait cuire à demi dans un chauderon d'eau bouillante, jusqu'à ce qu'elles viennent à mollir un peu ; on les laisse ensuite égoutter sur des claies, et on les épluche, ayant soin de leur conserver leur queue. A mesure qu'on les pèle, on les met sur des plats, la queue en haut, et elles laissent égoutter un jus qu'on met à part dans un vaisseau. On met ensuite ces poires ainsi pelées sur un clayon dans le four, après qu'on en a retiré le pain, observant qu'il ne soit point trop chaud. Lorsqu'on les en retire, on les trempe dans un syrop qu'on a préparé avec le jus du fruit, en faisant fondre dans chaque livre de jus une demi-livre de sucre et une chopine d'eau-de-vie, avec de la canelle et des cloux de girofle. On trempe les poires qu'on a retirées du four dans ce syrop, et on les remet ensuite sécher au four, prenant garde que la chaleur ne soit pas trop forte. On les retire du four ; on les trempe de nouveau dans le syrop, et on les remet au four. On reconnaît que les poires sont suffisamment sèches, et qu'elles sont au degré convenable, lorsqu'elles ont acquis une couleur de café clair ; que la chair en est ferme, transparente et bien luisante du vernis formé par les deux couches de syrop. Ces poires ainsi séchées, sont d'un bon goût, sur-tout si on ne les mange que plusieurs mois après qu'elles ont été séchées. On les garde dans des boîtes de sapin.

M. Cadet de Vaux a fait insérer dans la *Feuille du Cultivateur*, tom. IV, p. 162, un procédé pour la parfaite désiccation des fruits, et ce procédé, qui réussit très-bien sur les poires, les prunes et les abricots, plus difficilement sur les pommes et les pêches, pourrait, par des essais, conduire à faire la même opération sur les cerises et les raisins.

Voyez au mot *Raisins secs*, la manière de les faire sécher.

§ X. *Fruits à l'eau-de-vie.*

Il est peu de fruits qu'on ne puisse conserver à l'eau-de-vie; c'est un genre de préparation qui est à la portée de tout le monde; on ne peut le regarder ni comme liqueur, ni comme ratafia; mais il n'en a pas moins l'avantage de nous procurer le plaisir de manger pendant toute l'année des fruits qui plaisent autant à la vue qu'au goût et à l'odorat, et de nous présenter une liqueur parfaitement semblable aux fruits que nous venons de savourer. Il est peu de personnes qui résistent à la tentation d'une pêche, d'une prune, d'un abricot à l'eau-de-vie, et qui cependant ne boivent jamais ni liqueur ni ratafia.

Voyez aux articles *Mirabelle, Prunes, Abricots, Reine-Claude, Cerises, Rousselet, Pêches, Raisins,* les procédés que nous avons donnés; ils pourront servir d'indication pour préparer toute autre espèce de fruit.

§. XI. *Fruits, légumes, etc., conservés dans le vinaigre.*

Les capres, les cornichons, paraissent être aujourd'hui les seuls fruits que l'on conserve dans le vinaigre. Cependant on y conserverait également des haricots verds, les épis tendres du maïs ou bled de Turquie, de jeunes pousses de houblon, et une infinité de végétaux, tels que la sarriette, l'estragon, la marjolaine, la salsepareille et autres. (*Voyez* l'article *Caprier.*)

M. de Machi a fait sur cet objet économique des observations, qui ont été insérées dans l'*Encyclop. Méthod., Arts et Métiers,* t. VIII., p. 657.

FUMÉE. Nous avons indiqué, au mot *Cheminée,* quelques moyens de les empêcher de donner de la fumée; mais on n'aurait jamais imaginé que cette fumée, qui nous est si incommode, pût devenir quelque jour un objet très-important et très-précieux pour les arts et pour l'économie publique et privée. Le journal *le Publiciste,* du 28 messidor an 8, rend compte d'une expérience infiniment curieuse, et qui paraîtrait mériter l'attention des savans et même du gouvernement. Le cit. Lebon, rue et île St.-Louis, est parvenu à tirer de la lumière de la fumée elle-même. J'emprunterai les expressions de la personne respectable, et très-digne de foi, qui était présente à l'expérience, et qui en a fait part au journaliste.

« L'appareil de la combustion était au rez-de-chaussée d'une maison, et la clarté à environ 25 toises de-là, au 3e. étage d'une maison voisine. Je vis l'appareil avec environ une trentaine de témoins, presque tous gens très-éclairés, et quelques-uns très-savans en chimie. Je le vis, dis-je, au rez-de-chaussée, et je vis ensuite au 3e. de la maison voisine, l'illumination placée sur une tablette de cheminée, et qui aurait suffi pour éclairer magnifiquement une salle de 100 pieds de large. Cette illumination provenait du feu que j'avais vu allumer au rez-de-chaussée dans la maison d'à-côté.

» Pour produire cet effet, le cit. Lebon, continue l'auteur de la lettre au journaliste, a d'abord fabriqué une capse ou enveloppe, où il introduit assez d'air pour aider l'opération, qui réduit le bois en état de charbon, sans déflagration totale et sans évaporation inutile. La fumée n'est point abandonnée indiscrètement dans l'espace de l'atmosphère, mais introduite dans des canaux qui la captivent, qui la mènent où l'on veut ; qui lui font subir des immersions répétées ; qui lui font déposer ce qu'on juge à-propos ; qui la dépouillent au degré nécessaire, et la purifient jusqu'à celui de l'inflammabilité la plus lumineuse, et qui après en avoir tiré une substance précieuse et conservatrice, un acide plus parfait que celui de bien des vinaigres, lui rendent enfin la liberté et la laissent échapper en des torrens de clarté, qui, d'abord colorés, finissent par la blancheur la plus éclatante et la plus pure.

» Je ne me charge de vous dire que ce qui nous frappa tous : peu de bois qui donne, après avoir servi, de très-bon charbon en quantité ; la fumée dirigée à volonté ; la partie de cette fumée qui peut donner la plus abondante lumière, conduite à près de 25 toises, et qui le serait de même à cent. Voilà ce que nous vîmes.

» Il nous entretint de quelques-uns des usages qu'il fait de la fumée, de ses produits, soit de l'acide, soit du gaz. Il nous dit, par exemple, que par ses procédés, un ballon aérostatique pourrait être enflé à quatre ou cinq fois meilleur marché que par la méthode actuelle. »

L'auteur de la lettre pense que l'on pourrait tirer parti de la flamme pour les illuminations, pour les fanaux, pour des signaux de nuit et des communications télégraphiques.

FUMIER. On distingue plusieurs espèces de fumier, qui, chacune, selon leur nature, ont plus ou moins d'activité.

Plus le fumier contient de matières grasses, meilleur il est ; plus il contient de sel, plus il doit être divisé par des matières grasses.

Le fumier d'homme est celui qui est le plus chaud ; c'est celui qui contient le plus de sel. Mis en trop grande quantité dans une terre, il la frappe de stérilité pour long-temps, parce que les matières salines étant surabondantes aux matières grasses, il ne se fait qu'une très-petite saturation.

Nous négligeons le fumier des latrines : les Romains en faisaient grand cas. Il y a des pays où les habitans ramassent avec grand soin ces matières ; ils les mettent dans des fossés qu'ils achèvent d'emplir de terre, et les laissent ainsi pendant deux ans ; c'est le meilleur fumier qu'on puisse employer, sur-tout dans les terres humides et lorsqu'il est bien ménagé.

Dès 1786, le Sr. Bridet avait entrepris de tirer parti de la voierie de Montfaucon, pour préparer un engrais avec les matières fécales. Il a partagé le terrein en cinq réservoirs différens, qui, à des hauteurs graduées, communiquent les uns dans les autres par des vannes, au moyen desquelles, après y avoir laissé reposer les matières, il en épanche successivement la liqueur, qui s'écoule à la fin dans un égoût pratiqué exprès à la partie la plus basse. Il fait relever ensuite ces différens sedimens, qu'il fait fermenter, comme il arrive au fumier que l'on met en tas ; après quoi il les étend au grand air, les fait dessécher, et au moyen d'un moulin il les convertit en une poudrette grainée, à-peu-près comme la poudre à canon, la fait mettre dans des sacs, et la vend sous le nom de *poudre végétative*. Cette poudre inodore, qui n'altère en aucune manière la saveur des plantes et des fruits, préférable au fumier ordinaire, aux cendres et au fumier de pigeon, appelé *Colombine*, a reçu l'approbation de la Société d'Agriculture. Il faut observer cependant que ces sortes de fumiers ne conviennent qu'aux terres froides, très-humides, et qu'ils augmentent le défaut des terres sèches, brûlantes, au lieu de le corriger. *Voyez* dans le recueil des *Mémoires de la Société royale de Médecine*, 1786, p. 198, 222 et 227, un rapport sur la voirie de Montfaucon, et sur le dessèchement des matières fécales.

Après le fumier d'homme, vient celui de basse-cour ; il faut qu'il soit saupoudré sur une terre bien divisée et déjà ensemencée. Ce fumier n'a de vertu que quand les pluies et l'humidité lui font éprouver cette première fermentation, qui unit les sels avec les graisses et en forme une matière savonneuse, qui est portée par l'eau jusqu'aux racines des plantes ; dans les années sèches, il ne produit aucun effet.

Vient ensuite le fumier de mouton et de chèvre qui est répandu sur la terre avant qu'elle ne soit labourée, par le moyen du parc. M. Duhamel voudrait que l'on répandît sous les moutons, dans le parc, de la paille ; ce fumier conserverait, par ce moyen, beaucoup plus de vertu ; la paille imprégnée de l'urine, de la bave, du suint des animaux, conserverait mieux à la terre son humidité et tous les sels qu'elle contient. Ce fumier, comme celui des oiseaux, a une très-grande vertu ; il établit, par le moyen de l'humidité et de la chaleur que les animaux parqués occasionnent, cette fermentation si nécessaire, qui fait que les sels s'unissent avec les matières grasses qui se trouvent en grande quantité dans la terre végétale et dans l'air ; mais il ne faut pas que ce fumier reste trop long-temps sur la terre ; il perd sa vertu et ses sels, qui s'évaporent à l'air.

Après le fumier de mouton, vient celui de vache et de cheval ; il est aussi très-bon quand il est consommé. Il a déjà subi un premier degré de fermentation

tion sous les animaux : à cette première fermentation en succède une seconde, la putréfaction, qui, décomposant tous les végétaux, unit toutes les matières grasses, salines, et en forme une matière savonneuse qui est miscible à l'eau, pénètre les terres, et s'en approprie tout ce qui lui est analogue ; voilà le principe de la fécondité produite par les fumiers.

Les statuts des maraîchers leur avaient interdit l'usage des boues de Paris. On trouve dans le *Journal de Paris*, du 15 novembre 1779, des observations qui, fondées sur l'expérience, démontrent que les boues de Paris sont le meilleur engrais.

M. Conventati, dans un mémoire italien sur la nature des terres de Macerata, blâme l'usage de tenir les fumiers exposés au soleil et à la pluie sur la surface de la terre, et plus encore celui d'en former de petits tas isolés dans les champs. Il conseille de les conserver dans des trous qui aient de la profondeur, mais non pas assez pour empêcher l'action de l'air.

Il exhorte encore les cultivateurs à écarter de leurs fumiers les balles du bled qui contiennent souvent ou des grains viciés, ou de cette poudre noire qui propage la carie des bleds. On peut rassembler ces balles dans des fosses et les y laisser pendant trois ans pour leur donner le temps de se putréfier ; mais le plus sûr, est de les brûler et d'en employer les cendres qui formeront un excellent engrais.

On a éprouvé avec succès

Tome III.

que le fumier de pigeon était un excellent engrais pour la vigne.

M. Tillet, grand cultivateur et grand observateur, a remarqué que les plantes frugifères perdent au lieu de s'améliorer par une culture approfondie et des fumiers trop gras. Mais que les végétaux, dont la partie précieuse réside dans l'écorce et les feuilles, y gagnent. (*Voyez* *Engrais*).

FUMIGATIONS. Elles sont employées à plusieurs fins ; par exemple, à faire périr les animaux et insectes nuisibles (nous en avons donné des exemples à l'article *Punaise*), ou bien à purger le mauvais air d'une chambre ; mais il est à observer que les fumigations elles-mêmes peuvent contribuer à engendrer le méphytisme : il est préférable d'y substituer les acides végétaux en évaporation, non sur une pelle rouge, comme cela se pratique quelquefois, mais dans des vaisseaux de verre ou de grès (voyez l'article *Vapeurs puirides*). On trouve dans le *Recueil des Mémoires de la Société royale de M. de in*, 1786, p. 520, un mémoire de MM. de Lassone et Cornette sur cette matière.

Les bains de vapeurs peuvent encore être regardés comme des espèces de fumigations qui pourraient être rendues médicamenteuses, en y appliquant les réflexions contenues dans le mémoire de MM. de Lassone et Cornette, qui vient d'être cité. (*Voyez* l'article *Étuves*).

Monsieur Housset, médecin à

I

Auxerre, a inventé une machine fumigatoire nasale propre à servir aux fumigations par le nez et la bouche, et au bain des yeux dans les maladies du cerveau, les enchifrénemens, les polypes du nez, les inflammations et les ulcères qui affectent cette partie ; dans les maux des gencives, du palais et de la gorge ; enfin dans les maladies des yeux, où l'on conseille le bain. Cette machine se fabrique en argent, ou bien partie en fer blanc, partie en ivoire. On s'adressait, dans le temps, à M. Latour, orfèvre, ou à M. Sanglé, ferblantier, rue de l'Horloge, à Auxerre.

Quant à la machine fumigatoire pour les noyés, voyez *Noyés*.

FUSIL. On connaîtra toutes les pièces qui composent cette arme meurtrière, si l'on jette les yeux sur les figures qui accompagnent la notice de l'*Art de l'arquebusier*, t. Ier des *Planches de l'Encyclopédie*. Nous ne parlerons ici que de quelques-unes de ces armes annoncées dans les papiers publics, soit à cause de quelqu'invention nouvelle, soit à cause de la perfection des anciennes.

M. Villons a inventé une machine fort ingénieuse et fort commode dans la pratique pour la fabrique des canons de fusils. Cette machine a été approuvée par l'Académie des Sciences, en 1716. Il a aussi fait part à cette Académie de plusieurs idées au sujet des canons de fer forgé et revêtus de bronze. (*V.* le *Journal des Savans*, 1721,

p. 190 ; *V.* aussi l'article *Canons*, de ce *Dictionnaire*).

Voyez à l'article *Minéralogie*, § II, le danger, en chargeant un fusil, de laisser de l'espace entre la bourre et la poudre.

§ Ier. *Fusils à l'épreuve de quatre charges.*

En 1768, on a annoncé dans les papiers publics une manufacture de *canons à rubans*, légers et solides, sans doute les mêmes que M. Descourtieux soumit au jugement de l'Académie des Sciences en 1765. (*V. Coll. Acad., part. franç.,* tom. XIII, p. 424).

Était-ce la même chose que les canons filés de l'invention du sieur Barrois, approuvés par l'Académie des Sciences en 1769, et dont on trouve l'explication dans le journal intitulé *Nouvelles de la République des Lettres et des Arts, par M. la Blancherie,* 1779, p. 36?

Ce même *Journal*, année 1782, p. 192, 206, 214, parle aussi d'un canon de fusil, de la composition du sieur de la Place.

Il y est encore question, pag. 223, 231 et 256, d'un double canon de fusil, exécuté par le sieur Pelletier, avec une machine ayant pour but de procurer aux canons une épaisseur uniforme dans toute leur longueur. Le mérite de tous ces fusils consiste dans la nature, dans la texture, dans la force, et dans la résistance à l'effort des charges. *Voyez* aussi à ce sujet le *Journal de Paris* du 19 juin 1780, où l'on trouve plus de détails. La machine et ses usages sont décrits dans le *Journal des Inventions et Découvertes*, tom. Ier., p. 37.

On lit dans la *Gazette de France*, 1782, n°. 43, article *Vienne*, qu'on a fait dans cette ville l'essai de nouveaux fusils, dans le bassinet desquels le soldat est dispensé de mettre de la poudre. S. M. I. était présente à cette épreuve; mais on ignore si elle substituera ces nouvelles armes à feu à celles dont on se sert actuellement.

§ II. *Fusil tournant à deux coups.*

En 1742, le sieur Reiniers, arquebusier, a présenté à l'académie des Sciences un nouveau fusil de son invention, qui n'a point l'inconvénient des fusils de ce genre. *Voyez* ce qui en est dit dans la *Collect. Acad.*, *part. franç.*, tom. IX, p. 442.

§ III. *Fusils à plusieurs coups.*

En 1767, les sieurs Bouillet, père et fils, ont présenté à l'Académie des Sciences un fusil de leur invention, qui, moins lourd que les fusils ordinaires, avait la propriété de pouvoir tirer 24 coups de suite, se chargeant, s'amorçant et s'armant par le seul mouvement circulaire du canon, sur un axe disposé à cet effet. (*Collection Acad.*, *part. franç.*, tom. XLV, p. 373.

On lit dans la *Gazette de France*, année 1786, n°. 51, article *Limberg*, que le baron de Wolskohl a inventé une arme à feu, qui, chargée une fois, peut être déchargée 36 fois de suite. Ce fusil n'est ni plus grand, ni plus lourd qu'un fusil ordinaire. La crosse en est creuse et remplie de plusieurs ressorts. Les expériences qu'on a faites avec cette arme ont parfaitement réussi, et l'inventeur a été mandé à Vienne. (*Voyez Pistolet*).

§ IV. *Fusil à lunette, pour ceux qui ont la vue courte.*

M. Regnier, arquebusier à Semur en Auxois, a inventé une lunette qu'il place sur les fusils pour la commodité des personnes qui ont la vue courte. Cette lunette est placée dans la base de la crosse, de manière qu'elle n'est point du tout embarrassante. Mais lorsqu'on veut s'en servir, on peut la faire sortir en poussant un petit bouton; alors elle se trouve disposée de manière à être près de l'œil quand on est en joue; et quand l'arme part, la lunette fléchit en avant, et ne peut pas blesser; mais elle se remet si promptement dans sa position naturelle, qu'elle ne donne point de retard pour faire coup double. En un mot, cette mécanique a, dit-on, toutes les qualités essentielles pour un pareil usage, et l'auteur ne l'a publiée que d'après l'approbation de plusieurs personnes qui s'en sont servis. (*Journal de la Blanchière*, 1779, p. 194).

§ V. *Fusils qui se montent et se démontent.*

Nous avons vu des fusils de plusieurs pièces, qui pouvaient se démonter et se mettre en poche; nous croyons ces armes fort dangereuses, parce qu'elles sont sujettes à ne point s'ajuster et s'emboîter si exactement qu'elles ne laissent quelque jour imperceptible, ou quelque partie faible qui en occasionne la rupture avec explosion. Mais ce n'est pas de ces sortes de fusils dont nous voulons parler ici.

La platine des fusils est la plus exposée à être attaquée par la rouille lorsqu'on est surpris par la pluie; de plus, la crasse qui, à chaque coup que l'on tire, se dépose sur le bassinet, bouche souvent la lumière, et on ne peut même parfaitement bien nétoyer le bassinet, parce que les parties sont assujéties au fusil par des vis.

En 1762, un arquebusier de Paris, nommé Challier, a inventé des platines qui n'étaient point assujéties sur le fût du fusil avec des vis; on pouvait les ôter à l'instant lorsqu'il survenait de la pluie, et les mettre dans sa poche. On les remontait aussi facilement, et l'on était sûr qu'en tirant, le fusil ne raterait point, puisqu'on avait toujours conservé la platine séchement. (*Coll. Acad.*, *part. franç.*, tom. XIII, p. 400).

Cet arquebusier proposait d'appliquer ces nouvelles platines sur les anciens fusils qu'on voulait garder.

M. Pelletier, mécanicien, a fait annoncer dans le *Journal de la Blancherie*, année 1782, pag. 237, et année 1783, p. 30 et 55, des fusils bien conditionnés, d'après des principes nouveaux, approuvés par l'Académie des Sciences de Paris, dont les platines, de nouvelle construction, se démontent en une seconde. *Voyez* aussi le *Journal des Inventions et Découvertes*, t. Ier., p. 37.

§ VI. *Platines perfectionnées.*

La platine des fusils est, comme l'on sait, cette partie qui contient toutes celles qui font le jeu de l'arme. Il faut lire dans le *Journal de la Blancherie*, année 1783, p. 162, 169, et année 1785, p. 47, les changemens que M. Facilles, arquebusier, a faits dans la construction des platines, changemens qui lui ont mérité l'approbation de l'Académie, et une gratification du gouvernement. On en trouve aussi une ample description dans le *Journal des Inventions et Découvertes*, imprimé en 1793, tom. Ier., p. 45.

En 1723, M. Deschamps avait soumis au jugement de l'Académie des Sciences, une manière inventée par lui pour mesurer la force de différens ressorts. *Voyez* ce qui en est dit dans la *Coll. Acad.*, *part. fr.*, tom. V, p. 414.

§ VII. *Bassinet à réservoir.*

En 1771, M. de Launay, arquebusier, a présenté à l'Académie des Sciences un fusil qui s'amorçait promptement, au moyen d'un réservoir de poudre placé dans la batterie : on pouvait amorcer pendant la pluie. (*Collection Académique*, *partie française*, tom. XV, p. 411).

§ VIII. *Arme à feu singulière.*

En 1705, l'Académie des Sciences donna son approbation à une carabine, inventée par M. de la Chaumette, et que l'on chargeait par la culasse sans la briser. *Voyez* ce qu'en dit le *Journal des Savans*, 1707, pag. 154, 222, de la première édition, p. 126 et 198 de la seconde, et 1719, p. 540.

§ IX. *Charge d'un fusil.*

Il est important de remarquer qu'un fusil crève lorsque la bourre ne touche pas la poudre ; on doit donc avoir grande attention, en chargeant son fusil, de chasser la bourre avec la baguette jusqu'à ce qu'elle touche immédiatement la poudre. (Voyez le *Bulletin de la Société Philomatique*, floréal an 3).

§ X. *Nétoiement des fusils.*

En parlant de cet instrument, qu'on ne doit laisser qu'entre des mains prudentes et exercées, nous croyons devoir rappeler une précaution qu'il est toujours sage d'employer lorsqu'on a nétoyé un fusil. On sait que l'eau réduite en vapeurs, est susceptible de la plus grande dilatation, et cette dilatation, éprouvant de la résistance, serait capable de faire crever un fusil chargé, si l'on n'avait attention de tirer auparavant une amorce pour en dissiper l'humidité.

Voyez le mot *Charlatans.*

§ XI. *Fusil à vent.*

Un bourgeois de Nuremberg, nommé Guther, est, dit-on, l'inventeur du fusil à vent. Jean Lossinger, autre Nurembergeois, mort en 1570, l'a considérablement perfectionné. Les fusils, pistolets ou cannes à vent, sont des instrumens plus curieux qu'utiles. La difficulté de les construire, celle de les entretenir long-temps en bon état, les rendent nécessairement plus chers et d'un service moins commode et moins sûr que les fusils à poudre ordinaires : ces armes nous font connaître les effets terribles que peut produire le ressort de l'air. La crosse de ces fusils est creuse pour recevoir l'air, que l'on force d'y entrer par le moyen d'une petite pompe foulante qui y est logée ; ce fluide y est retenu par une soupape gouvernée par un ressort. Le chien, en tombant, fait ouvrir la soupape, que le ressort fait refermer aussi-tôt; l'air s'échappe et chasse la balle avec tant de force, qu'elle perce la première fois une planche de chêne d'un pouce d'épaisseur, à la distance de soixante et dix pieds. On tire plusieurs coups de suite sans remettre de nouvel air. Comme la soupape ne demeure ouverte qu'un instant, il ne s'échappe à chaque fois qu'autant d'air qu'il en faut pour faire partir une balle. Dans le temps de son plus grand effet, on n'entend autre bruit qu'un souffle violent, à peine sensible à trente ou quarante pas. Le bruit en est plus faible que celui d'une arme à feu, parce que ni la balle ni l'air qui la pousse ne frappent jamais l'air extérieur avec autant de violence et de promptitude qu'une charge de poudre enflammée, dont l'explosion se fait toujours avec une vitesse extrême : mais ce bruit se fait plus entendre dans un lieu fermé que dans un endroit découvert, parce qu'alors la masse d'air qui est frappée, étant appuyée et contenue par des murailles ou autrement, fait une plus grande résistance. Dans ces armes à vent, les dernières balles sont poussées avec moins de force que les premières, parce que le ressort de l'air diminue à mesure que ce qu'il en sort lui laisse plus de place pour s'étendre. Tel est le senti-ment de M. l'abbé Nollet ; d'autres personnes pensent que le peu de bruit vient de ce qu'il ne se fait point dans le canon un vuide qui puisse être remplacé par l'air extérieur, qui, en frappant les parois du métal, rend le bruit que l'on entend lorsque l'on tire une arme à feu, ou lorsque l'on ouvre un étui bien fermé. C'est une chose fort rare que les soupapes tiennent l'air assez constamment pour les garder long-temps chargés. M. Roberval dit avoir gardé pendant quinze ans de l'air comprimé dans un fusil à vent, et que le coup partit néanmoins avec autant de force que s'il eût été chargé le jour même. Ces fusils, sans bruit, sans feu et sans lumière, ne sont pas heureusement fort en usage, et ne se trouvent guère que dans les cabinets des curieux. C'est sans doute à ces instrumens qu'il faut rapporter les histoires que l'on a faites de la poudre blanche, dont on prétend qu'on armait les arquebuses.

FUSIL A COUTEAU. Voyez *Affiler.*

G

GALERIE PERPÉTUEL-LE. Voyez (*Jeux d'optique*).

GALLE. Voici un remède dont le succès est constaté par l'expérience. Prenez de l'aulne noir (*alnus nigra*, *frangulus*); ôtez-en la première peau, qui est noirâtre et semée de petites taches blanches ; enlevez ensuite le restant de l'écorce ; mettez-en deux poignées dans une bouteille de vin blanc ; ajoutez-y du beurre frais de la grosseur de trois œufs de poule ; faites bouillir le tout pendant un demi-quart-d'heure, en le remuant de temps en temps ; frottez pendant huit jours, soir et matin, le malade aux articulations des bras et des jambes avec la pelure ainsi cuite, en l'humectant toujours de la sauce que vous ferez réchauffer pour chaque friction.

Madame la comtesse de Montjoye fait administrer ce remède dans ses terres et aux environs, avec le plus grand succès ; il est si doux, qu'il n'y a aucune suite à craindre : cependant, pour en assurer mieux l'effet, elle fait préparer le malade par une petite médecine, et lui en fait encore donner une quelques jours après les frictions, parce que, sans cette précaution, la galle reparaît quelquefois au bout de trois semaines ou un mois, que le remède employé une seconde fois fait passer pour toujours.

Au reste, il est bon d'observer qu'il est quelquefois dangereux de guérir la galle trop promptement, et que s'il est vrai que ce remède agisse avec autant de célérité, il arriverait qu'il pourrait faire beaucoup de mal, en faisant rentrer l'éruption lorsqu'il serait peut-être nécessaire de l'entretenir. Nous conseillons donc de consulter des gens de l'art avant d'user de ce liniment, ou des livres qui traitent de cette maladie, tels que la *Médecine Domestique*, etc.

Voyez les *Mémoires de la Société royale de Médecine*, 1779, p. 6, sur l'usage efficace de la dentelaire. (*Plumbago Europæa*. Lin.)

On lit dans le *Bulletin de la Société Philomatique*, an 7, numéro 23, p. 184, que la racine de l'*inula helenium*, est très-efficace dans le traitement de la galle et des maladies de peau.

La *Feuille du Cultivateur*, t. IV, p. 251, 256 et 263, contient un mémoire très-intéres-

4

sant de M. Chabert, directeur des écoles vétérinaires, sur la galle et les dartres des animaux et particulièrement des chevaux. (Voyez *Bêtes à laine*, § IX; *Chiens*, § V).

GALONS L'*Encyclopédie Méthodique*, *Dict. des Manufactures et Arts*, tom. I, p. 237 de la 2e. partie, contient quelques détails sur la fabrication des galons. Passons à d'autres observations. L'éclat des galons, et celui des étoffes où il entre de l'or et de l'argent, sont sujets à être ternis par la longueur du temps ou par le mauvais air, tel que celui des latrines, qui, comme l'on sait, noircit l'or et l'argent par ses vapeurs méphytiques; celui de la mer est singulièrement pernicieux aux étoffes d'or et d'argent. M. Baumé a aussi reconnu que la décoction des plantes anti-scorbutiques noircit l'argent comme les matières azotiques.

Il s'était établi une manufacture de *galons faux* très-beaux, qui n'étaient que du cuivre doré: ces galons étaient nécessairement encore chers, puisqu'ils étaient recouverts d'or. Depuis il s'est établi une nouvelle fabrique de galons d'une composition particulière, qui imite très-bien l'or Cette composition métallique est si malléable, que le galon qui en est fabriqué est aussi doux que le galon fin. Ce nouveau galon ne change point de couleur, a le brillant et l'éclat de l'or; il n'est pas plus sujet à se noircir par les mauvaises exhalaisons, que les galons d'or fin; a-t-il perdu son brillant, on le lui rend en le frottant avec une peau de chamois; et il est d'un prix très-modique.

Voyez dans l'*Encyclopédie Méthodique*, *Arts et Métiers*, tom. II, p. 131, le procédé pour faire des galons faux.

§ Ier. *Manière de nétoyer les galons d'or et d'argent.*

Pour faire revivre, dit-on, les passemens d'or et d'argent, il faut prendre le fiel d'un brochet et celui d'un bœuf, les bien mélanger ensemble dans de l'eau claire, en frotter l'or et l'argent, et on les verra changer de couleur.

On recommande aussi de faire griller de la mie de pain, de la mettre bien chaude dans une serviette avec le galon, et de remuer ainsi le galon et de le frotter; c'est une opération qu'il faut répéter jusqu'à ce que le galon soit propre. (*Voyez* au mot *Broderie*).

S'agit-il de laver un ouvrage d'or ou de soie sur toile ou sur quelqu'étoffe que ce soit, et le remettre à neuf? il faut prendre une livre de fiel de bœuf, trois onces de miel, de savon et de poudre d'iris de Florence; bien mêler le tout dans un vaisseau de verre, jusqu'à ce qu'il soit en pâte, et l'exposer au soleil pendant dix jours; ensuite faire une décoction de son, et la passer au clair. Après cela, enduisez de cette pâte amère les endroits que vous voulez nétoyer, et lavez ensuite avec l'eau de son,

jusqu'à ce que l'eau ne se tei-
gne plus : alors il faut essuyer
avec un linge les endroits lavés,
et les envelopper après d'un
autre linge blanc, le faire sécher au soleil; ensuite le mettre à la presse et faire lus-
trer; ces ouvrages seront comme
neufs.

Comme les instrumens et les
ornemens d'or pur ne sont sujets qu'à être salis par la simple
adhésion de substances étrangères, on peut leur rendre toute
leur beauté sans faire aucun
tort au métal, et sans rien enlever de sa surface, quelque
délicatement qu'ils soient figu-
rés et travaillés, et quelque
minces et délicats qu'ils soient,
au moyen de certaines liqueurs
qui dissolvent la saleté adhérente à l'or, comme de l'eau
de savon, une dissolution de
sels alkalis fixes ou de lessives
alkalines, des esprits alkalis
volatils et l'esprit-de-vin rectifié. Quand on se sert de liqueurs alkalines, il est nécessaire de prendre certaines précautions par rapport aux vaisseaux; ceux qui sont faits de
métaux en étant corrodés dans
de certaines circonstances jusqu'au point de déposer sur l'or
une partie de leur substance
métallique qui en altère l'éclat.
Ainsi, une tabatière dorée que
l'on fait bouillir avec de la lessive des savoniers, dans un pot
d'étain, deviendrait bientôt
d'une mauvaise couleur, et à la
longue paraîtrait blanche par-
tout, comme si elle eût été
étamée. Certains morceaux d'or
au titre, traités de la même

façon, éprouveraient le même
changement; et en essayant les
esprits alkalis volatils préparés
avec l'eau de chaux, le même
effet se produit encore plus
promptement. En faisant bouillir les pièces ainsi blanchies avec
quelques-unes de la même espèce de liqueurs alkalines dans
un vaisseau de cuivre, toute
l'enveloppe étrangère disparaît,
et l'or reprend sa couleur naturelle.

Il ne faut point du tout se
servir des liqueurs alkalines,
sous quelque forme que ce soit,
pour nétoyer les galons, les
broderies, ni le fil d'or tissu
avec la soie; car tandis qu'elles
nétoient l'or, elles corrodent la
soie, et en changent et mangent la couleur, attendu que le
dissolvant de la soie et de toutes les matières animales, est
une lessive de soude aiguisée
par de la chaux, ce qui forme
un alkali très-fort. Le savon altère aussi les nuances et même
les espèces de certaines couleurs; on peut se servir d'esprit-
de-vin sans aucun danger. Un
riche brocard, à fleurs brochées
de bien des couleurs différentes,
avait été sali et terni d'une manière désagréable; on a fait
revivre parfaitement le lustre
de l'or en le frottant avec une
vergette douce trempée dans de
l'esprit-de-vin chaud: quelques-
unes des couleurs de la soie,
qui avaient été pareillement sa-
lies, redevinrent en même-
temps vives et brillantes. Mais
quoique l'esprit-de-vin soit la
matière la plus innocente que
l'on puisse employer, il ne

convient pas également dans tous les cas. Il peut arriver qu'une pièce dorée ait, par place, perdu son or, et que cependant l'argent ait conservé l'apparence de la dorure, qu'il est sujet à prendre par le laps de temps ; dans ce cas, il est évident qu'il vaut mieux ne pas nétoyer la broderie.

Une pièce de vieux galon d'or salie, et nétoyée avec de l'esprit-de-vin, s'est trouvée privée, en perdant sa saleté, de la plus grande partie de sa couleur d'or, et ne paraissait presque plus alors que comme un galon d'argent.

En 1745 et 1770., les sieurs Naudin et Rusé firent annoncer dans les papiers publics qu'ils possédaient un secret pour dérougir et nétoyer les galons, sans changer en rien la couleur de l'étoffe.

§ II. *Manière de tirer l'or et l'argent du galon, sans le brûler.*

Lorsque l'on brûle les galons, il doit nécessairement se perdre quelques particules d'or ou d'argent dans les cendres ; pour éviter ce déchet, et rendre l'opération plus simple, plus facile, et qui exige moins d'adresse, il faut couper le galon en petits morceaux, les envelopper dans un linge, et mettre le paquet dans de la lie de savon fondu dans l'eau, qu'on laisse bouillir jusqu'à ce qu'on apperçoive une diminution dans le paquet. Ceci demande peu de temps, à moins que la quantité du galon ne soit considérable. On tire ensuite le linge, et on le lave avec de l'eau froide en le pressant fortement avec le pied, ou en le battant avec un marteau pour en exprimer la lie de savon. Alors on délie le paquet, et on trouve la substance métallique du galon pure et entière, sans être altérée dans sa couleur ni diminuée de son poids. Cette méthode est beaucoup plus commode et moins difficile que la manière de brûler l'or. Comme il ne faut qu'une très-petite quantité de lie, et qu'on peut se servir plusieurs fois de la même, la dépense est de très-peu de chose. Le vaisseau dont on se servira peut être de fer ou de cuivre. La raison de cette opération est sensible pour ceux qui savent un peu de chimie. La soie sur laquelle tous nos galons sont tissus est une substance animale, et toutes les substances animales sont solubles dans les alkalis. Mais la toile dans laquelle on enveloppe le galon, étant une substance végétale, résiste à leur action, et n'en est pas altérée.

Au surplus, on prétend qu'il suffirait de faire bouillir le nouet dans une lessive de cendres de bois neuf. (Voyez *Essai des mines.*)

§ III. *Galons faux.*

En 1770, il s'était établi à Lyon une fabrique de galons de 15 à 31 sous l'aune, qui imitaient très-bien l'or et l'argent. Ils ont été quelque temps en usage pour les meubles et décorations de spectacles et salles de bals.

GALVANISME. Un observateur italien (Galvani, professeur de médecine à Bologne), a soulevé le voile qui dérobe à nos yeux les merveilles de la nature, et a publié en 1796 un phénomène qui paraît tenir aux élémens invisibles et encore peu connus. Galvani disséquait une grenouille, tandis que quelqu'un occupé, dans la même chambre, d'expériences électriques, tirait des étincelles du conducteur. Les muscles, mis à nud, donnaient des signes sensibles de mouvement, toutes les fois que les nerfs étaient en contact avec le scalpel, qui faisait alors l'office d'un conducteur métallique. Il varia ses expériences, dépouilla une grenouille, mit à découvert les nerfs qui descendent de l'épine du dos dans les jambes, appelés *nerfs cruraux ou sciatiques* ; les enveloppa d'une feuille d'étain ; appliqua l'une des deux extrémités d'un compas ou d'une paire de ciseaux sur la feuille d'étain, et toucha de l'autre un point de la surface de la jambe ou de la cuisse de la grenouille. Chaque attouchement excitait des mouvemens convulsifs dans les muscles, qui demeuraient immobiles lorsqu'on les touchait sans communiquer avec la feuille d'étain, qui enveloppait les nerfs. Le même effet a lieu sur une grenouille morte décapitée, ou même réduite à sa moitié inférieure. Voici la manière la plus simple de préparer l'animal :

Après avoir tué l'animal en lui coupant ou écrasant la tête, on l'écorche ; on vide le ventre de tout ce qu'il contient ; on apperçoit des deux côtés de l'épine du dos des filets ou cordons blancs qui sortent des vertèbres et descendent vers les cuisses ; ce sont les nerfs cruraux. On soulève ces filets avec la pointe des ciseaux, en prenant soin de ne pas les couper. Après les avoir détachés de l'épine, on coupe l'épine elle-même aussi bas que l'on peut. Alors les deux parties supérieure et inférieure de la grenouille ne communiquent plus que par les filets blancs qu'on a conservés. On coupe enfin ces filets le plus haut possible, contre les vertèbres, et l'on n'a plus entre les mains que la moitié inférieure de la grenouille, de laquelle sortent ces nerfs; on forme ensuite, avec un petit morceau de plomb ou d'étain laminé, une sorte de pince, dans laquelle on serre l'extrémité de ces nerfs, assez fortement pour qu'elle y demeure suspendue par cette pression ; c'est ce qu'on appelle *armure du nerf*. On place l'un à côté de l'autre deux verres à boire, presque pleins d'eau ; on met dans l'un d'eux la demi-grenouille, placée de manière que ses pieds appuyent au fond, et que ses jambes et ses cuisses soient à moitié pliées ; on fait pendre par-dessus le bord de l'autre verre, dans l'eau qu'il contient, l'extrémité des nerfs et leur armure. Si alors tenant à la main une pièce d'un métal *différent* de celui qui forme l'armure du nerf, on touche cette armure avec la pièce de métal, tandis qu'on plonge le doigt de l'autre main dans l'eau du verre où est la demi-grenouille, elle éprouve au moment du contact des deux métaux, un tressaillement ou plutôt une convulsion si violente, qu'elle saute comme si elle était en vie ; elle franchit même quelquefois le second verre, et va tomber à une certaine distance au-delà.

L'eau n'est point essentielle au succès de l'expérience, qui peut s'opérer avec les mêmes effets sur des oiseaux, des lapins, des chevaux, même sur une jambe humaine après l'amputation.

On a dit plus haut qu'il fallait que les métaux de l'expérience fussent de nature *différente*. Les métaux qui, pris deux à deux, paraissent produire l'effet le plus énergique, sont l'argent ou le zinc d'un côté, et l'étain ou le plomb de l'autre. Le zinc d'un côté en contact avec l'or ou l'argent de l'autre, semblent produire des effets encore plus marqués. M. Foweler a fréquemment réussi à exciter avec ces métaux-là, des contractions, plus de 24 heures après qu'elles avaient cessé, en armant le nerf avec l'étain, et en employant quelqu'autre métal pour établir la communication depuis l'armure jusqu'au muscle.

Des découvertes récentes ont prouvé que les effets ne se bornaient pas au cas de l'application des métaux.

On peut exciter les contrac-

tions sans écorcher la grenouille, en la posant sur du zinc ou de l'étain ; en la touchant quelque part avec de l'argent, et mettant en contact le zinc et l'argent.

Foweler dit qu'une grenouille, morte depuis assez long-temps, et qui ne donnait pendant un quart-d'heure aucun signe de sensibilité au galvanisme, commença finalement à montrer des contractions, qui s'accrurent ensuite. *Voyez* dans le *Bulletin de la Société Philomatique*, juillet et septembre 1792, et mars 1793, plusieurs expériences à ce sujet.

Voilà les faits. Quelles en sont les causes ? Est-ce bien le fluide électrique qui est mis en jeu ? Agit-il comme dans la bouteille de Leyde ? Sont-ce les nerfs, les muscles qui propagent cette influence ? Existerait-il un magnétisme animal ?

Au mois de juillet 1793, la Société Philomatique (Bull., n°. 25) a proposé un prix pour le meilleur mémoire qui répondrait à ces deux questions : *Quelle est l'analogie ou différence, entre le fluide animal de Galvani et le fluide électrique ? Quel rôle joue le fluide de Galvani dans l'économie animale ?*

En attendant que des observations ultérieures aient dévoilé le mystère, on est convenu de donner à ces effets singuliers le nom de *galvanisme*.

Comme il est impossible de séparer entièrement les muscles

des nerfs, il serait difficile de décider si l'influence galvanique agit exclusivement sur l'un des deux, ou plus sur l'un que sur l'autre.

Si l'on suspend un ver en travers, sur une baguette d'argent, et qu'on approche à-la-fois du zinc de la tête et de la queue, il paraît éprouver une secousse qui va de la queue à la tête.

Mettez un ver ou une sangsue sur une pièce d'argent, qui repose sur un plateau de zinc ; l'animal paraît être repoussé par une sensation pénible, chaque fois qu'il essaie de reposer sur le zinc qui environne la partie antérieure de son corps ; il se fatigue en vains efforts pour sortir de cette prison, dans laquelle aucun obstacle visible ne semble le retenir. Si on le place sur le zinc, il paraît éprouver de même une sensation désagréable, lorsque par les tâtonnemens qui précèdent sa marche, sa tête se met en contact avec l'argent.

On parvient à renouveler les battemens du cœur d'une grenouille une heure après qu'ils ont cessé, en plaçant ce cœur seul sur un plateau de zinc, et lui faisant éprouver l'influence galvanique. On réussirait de même sur le cœur d'un chat noyé dans l'eau tiède, et non dans l'eau froide.

Parmi les expériences multipliées faites depuis la découverte du galvanisme, celles sur nos propres sens méritent de trouver place dans l'extrait que nous en donnons.

La langue éprouve une sensation bien désagréable, lorsqu'on met en contact deux métaux différens, dont l'un repose sur la surface supérieure, et l'autre touche à l'inférieure. Avec le zinc et l'or, elle est plus forte qu'avec tous les autres métaux, et n'a rien de commun avec celle que donne l'électricité ; mais la chaleur en détruit l'effet. La température la plus convenable est celle de la langue elle-même. (Voyez le *Bulletin de la Société Philomatique*, mars 1793). Le cit. Fabroni a lu à cette société un mémoire très-intéressant sur l'action chimique des différens métaux entre eux, à la température commune de l'atmosphère, dans lequel, sans exclure totalement l'électricité de tous les faits galvaniques, il pense que ce fluide n'est pour rien dans la sensation qu'éprouve la langue par deux métaux en contact. (Voyez le *Bulletin de la Société Philomatique* an 8, n°. 29, p. 35.)

Le tact ni l'odorat ne paraissent pas, jusqu'à présent, éprouver l'influence galvanique.

M. Foweler, en introduisant dans ses deux oreilles des métaux différens, entre lesquels il avait établi une communication, crut éprouver une secousse dans la tête, au moment du contact des métaux.

Il mit un morceau d'étain en feuilles sur le bout de sa langue, et l'extrémité arrondie d'un porte-crayon d'argent contre l'angle intérieur de l'œil ; après avoir attendu que ces parties fussent assez accoutumées à ce contact, pour qu'il pût s'appercevoir de quelqu'autre sensation, il mit en contact l'étain et l'argent; il apperçut à l'instant un éclair d'une lumière pâle, et sa langue fut affectée de la sensation que produit le contact de deux métaux. Le zinc et l'or rendent l'éclair plus vif; le même effet a lieu en insérant l'un des deux métaux dans le nez. L'iris de l'œil se dilate, ou la pupille se contracte chaque fois que les métaux se touchent.

Un autre procédé, plus simple encore, consiste à mettre l'un des métaux sous la lèvre supérieure, entr'elle et la gencive, et l'autre sur la langue ou entre la gencive et la lèvre inférieure. Dans ce dernier cas, la sensation, au lieu d'être bornée à l'œil, s'étend à toute la face.

Mettez une plaque de zinc entre l'une de vos joues et les gencives; placez de même une pièce d'argent vis-à-vis en-dedans de l'autre joue; insinuez une baguette de zinc entre la plaque de zinc et la joue d'un côté, et une baguette d'argent entre l'argent et la joue de l'autre côté; approchez ensuite lentement jusqu'au contact, les extrémités des deux baguettes hors de la bouche, vous éprouverez une vive sensation dans les gencives; vous appercevrez un éclair un instant avant le contact, et vous éprouverez la même sensation, en séparant de nouveau les extrémités des baguettes, lorsqu'elles seront à une petite distance; on ne sent rien, si on place les baguettes

ensorte que celle d'argent touche le zinc et celle de zinc l'argent. On peut se dispenser des baguettes métalliques, en faisant simplement toucher dans la bouche les métaux placés à droite et à gauche contre les gencives, qu'il faut d'ailleurs avoir soin de ne pas trop serrer.

M. de Saussure fit l'essai du galvanisme sur la peau délicate qui succédait à l'épiderme enlevé par un vésicatoire qu'on lui avait appliqué, à l'occasion d'une incommodité passagère. Il n'en éprouva aucune sensation particulière.

Le *Bulletin de la Société Philomatique*, mai 1793, fait mention d'une expérience faite avec succès par M. Larrey, sur la cuisse d'un homme, après l'amputation. (*V.* aussi fructidor an 3, l'expérience faite par M. Humbold sur lui-même, après s'être enlevé l'épiderme avec un vésicatoire.

M. de Humbold en Allemagne, et M. Wallis à Edimbourg, sont du nombre des physiciens qui se sont le plus occupés d'expériences sur l'irritation causée par les métaux, relativement à l'impression différente que les organes animaux en reçoivent. À la fin de l'année 1796, M. Guyton Morveau a lu à l'Institut national une lettre intéressante de M. Humbold sur cette matière. Elle est insérée dans la *Décade Philosophique*. Tous les faits qui y sont exposés, et ceux que nous venons d'annoncer, semblent tenir du prodige.

Le *Magasin Encyclopédique*,

3e. année, t. IV, p. 501, offre une suite d'expériences faites par le citoyen Sue, professeur d'anatomie, pour reconnaître quelle est dans les nerfs et dans les fibres musculaires, la durée de la force vitale, soit par des effets spontanés, soit par des excitemens produits par le contact des substances métalliques.

Le cit. Halley, membre de l'Institut national, et l'un des commissaires pour vérifier et examiner les phénomènes du galvanisme, a fait un rapport curieux et intéressant par les faits et observations qu'il contient.

Il a paru, en 1799, une traduction, par le cit. Jadelot, médecin, d'un ouvrage fort étendu de M. Humbold, intitulé : *Expériences sur le Galvanisme, et en général sur l'irritation des fibres musculaires et nerveuses.*

§ Ier. Pile ou colonne galvanique.

L'ingénieux Volta a imaginé un appareil galvanique, qui depuis a été modifié et a produit des effets surprenans. La pile galvanique n'est autre chose qu'un tube rempli alternativement d'un disque de zinc, d'un disque d'argent, et d'un disque de carton imbibé d'eau. L'inversion des métaux est indifférente ; mais la pile doit se terminer supérieurement par un disque de métal. Plus le tube est long, plus l'effet est considérable ; ce tube doit être porté sur deux supports, de manière à laisser introduire le doigt sur les bords de la partie inférieure du tube. C'est ce qu'on appelle la pile ou la colonne galvanique, due à l'invention de Volta. Si, après s'être mouillé les mains, on porte aux deux extrémités du tube un doigt de chaque main, on éprouve une commotion, faible à la vérité, mais qui a de grands rapports avec celle de l'électricité. Si l'on porte la main sur le milieu de l'appareil, on n'en éprouve rien. Si au lieu du doigt on applique la langue, on éprouve la la même sensation que celle dont nous avons déjà parlé précédemment. La sensation est plus vive, quand on y applique la lèvre supérieure. Si l'on forme une chaîne de plusieurs personnes, l'effet s'affaiblit en raison du nombre ; mais on le renforce en les isolant. A quelque distance de cet appareil, on place un autre tube semblable rempli d'eau, porté de même sur deux supports, bouché par ses extrémités d'un bouchon de liège. On fixe à la partie supérieure du premier tube, un fil de laiton ou de fer, que l'on fait passer dans l'eau du second tube par sa partie supérieure, jusques vers la moitié environ. Un autre fil de fer ou de laiton, fixé à la partie inférieure du premier tube, est pareillement conduit dans l'intérieur du second tube jusques vers la moitié, de manière qu'il existe entre les deux pointes une distance plus ou moins grande ; car si elles se touchaient, l'appareil serait sans effet. L'appareil ainsi disposé, l'eau se décompose ; il s'élève une quantité de bulles d'air qui couvrent la surface du fil du faisceau de fils de fer supérieur (car on peut faire passer du premier au second tube plusieurs fils réunis) : à mesure que ces bulles s'élèvent, le fil inférieur s'oxide dans la même progression. Cet *effluvium*, sensible du fluide galvanique, est continuel et sans interruption. Si dans cet état de choses on porte un doigt sur les bords supérieurs du premier tube, l'effet cesse à l'instant, et l'on ne voit plus s'élever de bulles d'air, ni le métal s'oxider. On peut changer la disposition des fils, faire passer le fil supérieur par la partie inférieure du second tube, et le fil inférieur par la partie supérieure du second tube; l'effet est inverse, c'est-à-dire, que le fil qui s'oxidait se couvre de bulles d'air, et le fil qui se couvrait de bulles d'air s'oxide.

§ II. *Batterie galvanique.*

On a donné le nom de *batterie galvanique*, à l'appareil dont on s'était servi à la Société de médecine pour répéter les expériences de Volta. Cet appareil consistait en un certain nombre de bocaux rangés les uns à côté des autres ; on avait fait passer de l'un dans l'autre, des lames courbées d'argent et de zinc. L'eau des bocaux contenait une dissolution de sel ammoniac; et l'effet en était encore plus marqué que dans l'expérience précédente ; la seule différence entre les deux

appareils, c'est que l'un est vertical, et l'autre horizontal.

Les étincelles qu'on est parvenu à tirer du premier appareil, diffèrent un peu des étincelles électriques; mais il n'est pas encore permis de prononcer sur la nature du fluide qui occupe aujourd'hui les savans. Les différentes expériences qui ont été faites jusqu'à présent, indiquent dans les effets des nuances qui donnent de l'incertitude sur l'identité du fluide électrique et du fluide galvanique.

Depuis ces découvertes, on a fait, à l'École de médecine, beaucoup d'expériences décrites dans le *Bulletin de la Société Philomatique*, frimaire an 9, p. 165, où l'on trouve aussi le détail et la disposition des appareils.

GANTS. Nous n'entrerons pas dans le détail de la fabrication des gants. L'*Encyclop.* in-folio et son supplément, l'*Encyclop. Méthod.*, *Dict. des Arts et Métiers*, t. VI, p. 50, et *Dict. des Manufactures et Arts*, t. III, pag. 145, contiennent tout ce qu'on peut savoir de plus important sur cette matière.

Voici des procédés fort simples pour teindre les gants blancs, en violet et en couleur de rose.

§ Ier. *Couleur violette.*

Il faut prendre pour deux sols de bois d'Inde, pour un sol d'alun de glace; faire bouillir le tout ensemble dans une cafetière de terre d'une chopine d'eau, d'eau, réduite à demi-septier; ensuite mettre avec un pinceau deux couches de couleur, ne mettre la seconde couche que lorsque la première sera bien sèche; et quand la dernière sera également bien sèche, il faut frotter les gants beaucoup avec un morceau de toile neuve qui ne soit ni trop fine ni trop grosse.

§ II. Couleur de rose.

Cela se fait de la même manière, excepté qu'au lieu de bois d'Inde, il faut en prendre de Chypre, de même pour deux sols.

L'avantage de ce procédé, fort économique, est de faire servir comme neuf et à bon marché, des gants qui ont été portés.

GARANCE. Un cultivateur qui serait curieux d'établir chez lui une garancière, peut lire un excellent mémoire qui se trouve dans le 2e. volume de l'*Introduction au Journal de Physique*, et qui, peu susceptible d'extrait, est trop long pour être inséré ici. Nous lui conseillons aussi de consulter l'*Encyclopédie* et un mémoire inséré dans la *Feuille du Cultivateur*, tom. V, p. 185.

§ Ier. Dessication de la garance.

La racine de garance, lorsqu'elle est verte, fournit, à quantité égale, beaucoup plus de couleur que la garance desséchée. De plus, c'est une opération coûteuse et fort difficile,

Tome III.

que celle de faire sécher la garance.

On trouve dans les mémoires de la Société patriotique de Silésie, des observations de M. Herzberg sur la dessication de la garance, avec le plan d'une étuve que l'auteur juge être la plus convenable pour cette opération, qui doit être faite très-lentement. Dans le Levant, on dessèche la garance à l'ombre et à l'air libre; mais dans notre climat, il est nécessaire de recourir à une chaleur artificielle, qui doit être douce et répandue uniformément. M. Herzberg demande que la chambre soit carrée ou circulaire; que le poele soit placé au milieu, et qu'on évite soigneusement la fumée, qui altérerait la couleur et la noircirait.

Dans les papiers de Londres on a proposé un moyen à essayer pour conserver la racine fraîche, et l'envoyer en cet état aux teinturiers; ce serait aussi-tôt que les racines sont tirées de terre, après les avoir bien lavées, de les faire piler dans un moulin, de les réduire en pâte fine; de mettre cette pâte dans des futailles avec une once de sel gris, et autant d'alun par chaque livre de racine. Ces sels empêcheraient cette pâte de fermenter; et loin de nuire à la couleur, il y a lieu de penser qu'ils ne pourraient que très-bien faire, puisqu'on emploie ces sels dans les teintures. Cependant il faut faire attention que la racine fraîche donne une teinture jaune, ou au moins un suc jaune qui peut être rougi ensuite;

K.

au lieu que le suc de la racine sèche est rouge. M. Duhamel a publié, en 1757, un *Mémoire sur la garance et sa culture, avec la description des étuves pour la dessécher, et des moulins pour la pulvériser.* On en trouve l'analyse dans *Coll. Académiq., part. franç.,* t. XII, p. 270.

Voyez au mot *Oiseau,* la propriété qu'a la garance de colorer les os des animaux. *Voyez* aussi *Laque.*

GARENNE ARTIFICIELLE. Le lapin est un animal qui multiplie beaucoup, et qui, par conséquent, est d'un excellent produit; sa chasse est aussi fort agréable et fort amusante. Comme cet animal est extrêmement sensible au froid, au chaud et à la pluie, il s'établit toujours dans les endroits montueux et sablonneux, où il trouve des abris favorables. Il ne peut point réussir dans les plaines humides. Si cependant on veut en avoir, on peut former des garennes artificielles, où trouvant une retraite convenable, ils multiplieront très-bien : on en a vu au milieu des plaines de la Brie où les lapins réussissaient à merveille.

Voici la manière de construire ces garennes artificielles. On choisit un petit bois, au milieu duquel on fait un amas de terre en rond, du diamètre au moins de soixante pieds ; le mieux est d'apporter la terre la plus sableuse qu'il est possible, de la disposer en élévation de huit pieds vers le milieu du rond, en ménageant la pente vers toute la circonférence ; il faut battre cette terre à mesure qu'on l'apporte : on bâtit ensuite au tour de ce rond un petit mur à chaux et à sable, pour empêcher que les terres ne s'éboulent.

On trouve dans un ouvrage intitulé : *Cours d'hist. naturelle, ou tableau de la nature,* imprimé en 1770, t. II, p. 169, le plan, la figure et la description d'un projet de construction de garenne domestique pour des lapins et des lièvres.

GATEAU ANGLAIS. Nous n'avons pas entrepris de faire entrer dans cet ouvrage la manière de préparer tous les comestibles dont nous faisons usage. La réunion de ces procédés nombreux formerait seule une compilation très-volumineuse. Nous nous bornerons à indiquer quelques-unes de ces préparations, qu'avec un peu d'adresse on peut faire soi-même, et dont on peut jouir sans payer une industrie mercenaire. Voici un procédé de ce genre. Il a plu au caprice de désigner sous le nom de *gâteau anglais,* le mets agréable que ce procédé nous procure.

On prend une livre et demie de pain émietté que l'on fait cuire dans une chopine de lait, avec un peu de crème, un quarteron de beure frais, et autant de sucre ; on laisse ensuite refroidir ce mélange ; on délaie cinq jaunes d'œuf avec une cuillerée de fleurs-d'orange ; on fouette les blancs ; on mêle le tout ensemble, qu'on met ensuite dans un plat sous la tourtière.

GAZ. (*Voyez* l'article *Air*, § IV, et l'article *Jeux Physiques*, 3ᶜ. *expérience*).

GAZE. Ce tissu léger, destiné principalement à l'habillement et à la parure des femmes, est ou de fil ou de soie, ou de fil et soie travaillé à claire voie, et percé de trous comme le tissu de crin dont on fait les cribles. L'*Encyclopédie* donne sur cet artile quelques détails pour l'intelligence desquels il faut consulter les figures insérées dans le 11ᵉ. volume des planches, article *Gazier*, immédiatement avant celles du *Rubonnier*; voyez aussi l'*Encyclopédie Méthodique*, *Dictionnaire des manufactures et des arts*, t. I, p. 35 *, au milieu du volume.

En 1779, M. Morel présenta, à l'administration des manufactures et du commerce, un métier propre à fabriquer les gazes, et auquel il avait fait trois changemens essentiels, dont on peut voir les détails développés dans un rapport inséré dans le *Journal des Invent. et Découvertes*, imprimé en 1793, t. I, p. 137.

GAZOMÈTRE. C'est à notre siècle, et à la sagacité des chimistes modernes, qu'est dûe la nouvelle doctrine des gaz ou fluides aériformes. De belles et nombreuses expériences nous ont fait connaître ces substances qui ont l'apparence et l'élasticité du fluide atmosphérique, mais qui n'en ont pas les autres propriétés caractéristiques, et qui sont d'une nature essentiellement différente. (*Voyez* l'art.

Air, § IV). M. Séguin a présenté à l'Institut National, au mois de janvier 1798, un nouveau gazomètre, instrument propre à mesurer les gaz; il diffère de celui de l'infortuné Lavoisier, en ce qu'il dispense des corrections qu'exigent, pendant le cours des expériences, les variations barométriques. Avec cet instrument on maintient les gaz dans un état de densité constant, par une compression artificielle et graduée, substituée à la compression variable de l'atmosphère : la compression s'opère au moyen d'une quantité d'eau qu'on introduit à volonté dans les réservoirs destinés à contenir ces gaz. (*Voy.* la description et la figure de ce nouveau gazomètre, dans le *Bulletin de la Société Philomatique*, nᵒ. 10, an 6, p. 75).

GAZON. Le gazon est un des plus beaux ornemens de la campagne ; sa belle simplicité, sa verdure flattent l'œil agréablement ; c'est un tapis sur lequel le pied repose mollement : aussi cherche-t-on tous les moyens de se procurer de beaux gazons bien garnis, et d'une belle teinte. Il y a des terrains qui lui sont plus favorables, tels qu'en Angleterre ; cependant on parvient par des soins à se procurer des gazons aussi beaux. Pour cet effet, on prépare le terrein qu'on destine à ce gazon ; on le nivelle, on l'épierre, on le bêche, on le laboure, en sorte que la terre en soit bien ameublie ; on la passe au rateau ; on en casse les mottes ; on en unit la surface, et on répand dessus un ou deux pouces d'épaisseur de bon terreau pour faciliter encore mieux la levée du gazon.

On choisit pour semence la graine du gazon le plus fin ; on la sème dans la terre ainsi préparée : on choisit pour semer un temps calme , parce que lorsqu'il vente , la graine qui est fort légère s'envole , et tombe sur terre par tas , au lieu d'être également distribuée ; on la recouvre ensuite légèrement avec de la terre humide.

On préfère pour semer le gazon, le commencement du printemps ou de l'automne , c'est-à-dire les mois de mars et de septembre , avant et après les grandes chaleurs de l'été.

On s'estime très-heureux, si le gazon qu'on a semé dans un temps favorable , et qui vient de monter, se trouve pur , épais , et d'un beau verd; mais néanmoins , comme on sait qu'il périrait bientôt, si on l'abandonnait à lui-même, on prend grand soin de l'entretenir. Ce soin consiste à le tondre très-souvent, tous les huit jours ou tous les quinze jours; à arracher les herbes étrangères qui y sont mêlées; plus l'herbe est coupée fréquemment, plus elle s'épaissit, et plus elle devient belle ; ensuite on sème chaque année de la nouvelle graine dans tous les endroits où le gazon est trop clair , afin de l'épaissir, le rafraîchir et le renouveler.

On lui donne tous les arrosemens nécessaires ; on bat le gazon quand il s'élève trop, et on fait passer dessus un rouleau de bois, de pierre , ou de fer , afin de rompre les tiges , de l'empêcher de pousser vigoureusement ; ces rouleaux l'unissent , et lui font prendre , par les reflets de lumière , des teintes agréables.

Lorsqu'on se trouve auprès d'une pelouse, où le gazon croît naturellement beau, on l'enlève par plaques ; on prépare la terre sur laquelle on veut les mettre ; on les unit les uns contre les autres ; on arrose ; on passe le rouleau dessus, et on obtient des tapis d'une belle verdure.

Lorsque la mousse commence à détruire les gazons, on y répand , par un temps pluvieux, de la suie, l'herbe croît avec vigueur, la mousse, dit-on , disparaît, et les gazons reprennent leur première beauté.

GEAI. On sait combien les merles, les pies et les geais sont difficiles à joindre , et que la finesse de l'ouïe et de l'odorat de ces oiseaux ne permet pas que l'on en puisse approcher, sinon à une grande distance : il faut, pour les avoir, ou les tirer quand ils sont grands, ou les prendre encore petits dans leurs nids. Nous donnerons ici un moyen facile et amusant que l'on a pratiqué plus d'une fois pour le geai, et qui paraît pouvoir être mis en usage avec le même succès pour le merle et la pie.

Chasse du geai.

Ayez un geai privé, et le portez ou dans votre poche ou dans une cage couverte vers une futaie ou autre bois où vous soupçonnerez qu'il y aura des geais ; car il n'est pas nécessaire d'en appercevoir ; avancez cent ou deux cents pas dans le bois, et choisissez un lieu un peu découvert ; on en trouve communément en suivant les sentiers et les chemins qui traversent les bois : alors prenez votre oiseau ; renversez-le contre terre sur le dos ; et avec deux petites fourches dont vous serez muni, contenez-le sur le terrein, en engageant ses deux aîles sous ces fourches. Il faut en cela prendre garde à deux choses ; l'une, de ne point blesser l'oiseau qui servira plusieurs fois ; l'autre, de planter les fourches si bien et si avant en terre, que malgré tous les efforts qu'il fera, il ne puisse se mettre en liberté.

Le geai étant ainsi placé, retirez-vous dans le bois, et postez-vous de façon que, sans être trop en vue, vous puissiez voir tout ce qui se passera, et prendre le plaisir entier de cette chasse. Aux cris que poussera le geai en se débattant, tous ceux qui sont à demi-lieue à la ronde, ne manqueront pas d'accourir d'arbre en arbre jusqu'au lieu où ils verront leur camarade si mal à son aise. Après avoir raisonné quelque temps entre eux sur une si étrange aventure, ne voyant personne, et n'entendant aucun bruit, la curiosité les prendra d'examiner la chose de plus près ; ils voleront à terre, tourneront et sauteront autour de l'infortuné, dont ils approcheront de plus en plus sans aucune défiance.

Celui-ci, qui aura la tête et les pattes libres, désespéré de se voir le seul malheureux de la troupe, ne manquera pas de saisir celui d'entre eux qui passera trop près de lui, et certainement ne le lâchera plus. Les cris que jettera le nouveau prisonnier vous avertira que le geai a fait son coup ; vous sortirez de votre embuscade, et vous irez prendre votre proie.

Il n'est point douteux que tous les geais ne s'envolent aussitôt ; mais soyez assuré qu'ils n'iront pas loin ; retournez dans votre embuscade, vous les verrez bientôt revenir, et le geai en attraper un second : ainsi vous pourrez en avoir plusieurs de suite ; et, comme il a été dit, ce geai privé, en le ménageant, vous servira pour plusieurs chasses.

Comme dans une de ses chasses il a été pris un merle, on présume que la même ruse servirait pour les merles et les pies ; en effet, dans une grande partie des différentes espèces d'animaux et d'oiseaux, un instinct uniforme les porte à accourir au secours de leurs semblables qui, par leurs cris, expriment la peine et le danger où ils se trouvent.

Au reste cette chasse n'est pas seulement amusante, elle a aussi son objet d'utilité, puisqu'on fait avec certaines plumes du geai, des garnitures de robes et des ajustements de femmes très-recherchés.

GELÉE. (Voyez *Froid*.)

GELÉE DE VIANDE. (V. *Marmitte de Papin*).

3

GENÊT D'ESPAGNE. De toutes les fleurs , celles qui fournissent aux abeilles les plus abondantes récoltes, ce sont les fleurs en entonnoir ; parce que le suc mielleux , contenu dans les glandes nectarifères situées au fond de la fleur, ne peut pas s'évaporer si aisément. Parmi ces plantes, il y en a qui abondent bien plus les unes que les autres en suc mielleux; le genêt d'Espagne est dans ce cas.

Un économe , exact observateur de la nature, ayant remarqué l'ardeur avec laquelle les abeilles travaillaient sur cette espèce de plante, en fit couvrir des collines incultes et des terres légères : cette plante y crut avec la plus grande facilité, et ses abeilles, qui ne lui rapportaient presque rien, lui firent les plus riches récoltes, sur ces terreins dont l'air était parfumé d'une exhalaison semblable à celle de la fleur d'orangers. Dans ces pays-ci, lorsque les années ne sont ni trop sèches ni trop pluvieuses, les champs de luzerne, de sainfoin , de fèves fournissent aussi à nos abeilles de riches moissons.

Quelques personnes font confire les jeunes boutons de genêt d'Espagne dans du vinaigre , comme les capres ou les fruits de capucine.

Ce n'est pas là le seul avantage qu'on puisse retirer du genêt ; on en peut faire du fil dont on fabrique de la toile , et cette plante peut servir de nourriture aux moutons pendant l'hiver. Sa culture est facile et demande peu de soins ; ou le sème en janvier après un léger labour ; au bout de trois ans on peut commencer à le couper.

Si on en veut tirer le fil , on coupe le genêt au mois d'août , par petites bottes, qu'on laisse sécher au soleil ; on les bat ensuite; on les lave , et on les laisse tremper pendant quatre heures ; on les place ensuite dans un creux fait près de l'eau , où on les couvre de fougère ou de paille ; on les y laisse huit à neuf jours , ayant soin d'arroser le tas une fois tous les jours ; après quoi on le lave à gande eau : la partie verte de la plante se détache , et laisse à nu la portion fibreuse : on bat alors chaque botte avec un batoir , sur une pierre , pour détacher la filasse qu'on a soin de ramener à une des extrémités des rameaux : on délie alors les bottes, et on les étale pour les faire sécher.

On peut ensuite peigner cette filasse comme celle du chanvre ; on en fait de la toile. (Voyez *Fil* , § V.).

Le genêt peut aussi servir de nourriture aux moutons. Lorsqu'il a trois ans on les y conduit ; on coupe avec une serpette les tronçons rongés , et tous les six ans on coupe la souche.

Cependant il ne faut pas en laisser trop manger aux moutons, la quantité les incommode, et sur-tout la graine. M. Broussonnet a donné des observations intéressantes sur la culture et les usages économiques du genêt d'Espagne.

Consultez, sur l'usage et l'utilité des différentes espèces de genêts, l'ouvrage de M. Willemet, instituteur de botanique à Nancy, intitulé : *Phytographie économique et rurale* : cet ob et y est traité de manière à intéresser les cultivateurs.

GENIÈVRE Le genévrier, dont nous avons donné l'histoire dans notre *Manuel du Naturaliste*, porte un fruit en forme de baie, d'une substance résineuse et balsamique, et dont on peut faire de l'esprit ardent, de la liqueur, du ratafia et du vin : les deux premières préparations se font par voie de distillation ; les deux autres par infusion et fermentation : détaillons les procédés.

§ Ier. *Esprit ardent de genièvre.*

Pour l'obtenir sans addition d'eau-de-vie, il faut prendre une assez grande quantité de baies bien mûres, les écraser, y mêler un peu de miel ou de levure de bière, avec assez d'eau pour qu'elle surnage d'un bon doigt ; on se servira de vaisseaux assez grands à cause du gonflement qu'excite la fermentation. On laissera le tout en macération jusqu'à ce qu'on sente une odeur forte et vineuse. Pour lors, on versera les matières dans la cucurbite avec un tiers d'eau ou environ ; l'on adaptera le chapiteau, et on distillera à feu ouvert, jusqu'à ce qu'on apperçoive que ce qui tombe dans le récipient n'a plus de force ; ce seront les flègmes ; il sera temps de cesser : si l'on trouve que cet esprit contient encore trop de flègme,

il faudra le rectifier, en répétant la distillation dans un plus petit alambic au bain-marie : après quoi, si l'on a bien opéré, l'on aura un esprit très-inflammable ; il est vrai que cette liqueur, sans sucre et sans autre préparation, n'est pas trop agréable ; mais on la dit très-efficace dans l'indigestion : lorsqu'elle est fort vieille, elle perd sa force, et devient un peu plus supportable.

§ II. *Liqueur de genièvre.*

Il y a du choix dans les baies dont on veut faire usage ; il faut rejeter celles dont l'épiderme est ridée, elles ne sont pas de l'année ; celles dont la peau est ferme et bien tendue sont préférables : elles sont sujettes à fermenter, ce qu'on reconnaît à leur goût aigre et moisi. Dans ce cas, il faut encore les rejeter, et en choisir qui soient fraîches et saines : on en prend un demi-litron qu'on écrase dans un mortier de marbre ; on y ajoute deux onces de cannelle et quatre cloux de girofle ; on met le tout en infusion dans neuf pintes d'eau-de-vie ou autant d'esprit-de-vin tempéré par l'eau ; on fait durer l'infusion pendant quinze jours ; au bout de ce temps, on distille au bain-marie ; on verra à l'odeur, plus ou moins forte du genièvre, s'il est nécessaire de cohober ; sinon, ayant tiré cinq pintes d'esprit, on passera à la composition de la liqueur, en mêlant autant de syrop qu'on aura d'esprit. Le mélange, pour l'ordinaire, devient louche et même laiteux; en ce cas il faut recourir à la filtration et clarification, comme nous l'avons dit au mot *Liqueurs*.

§ III. *Ratafia de genièvre.*

L'on pile grossièrement une demi-livre ou trois quarterons de baies de genièvre bien choisies, c'est-à-dire fraîches, sans être vertes ni moisies et parfaitement mûres; on les met en infusion dans neuf pintes d'eau-de-vie; on y ajoute deux onces de cannelle, douze cloux de girofle, deux gros de macis, un gros d'anis verd, un gros de coriande, une demi-livre de sucre par pinte d'eau-de-vie, qu'on fera fondre sur le feu dans une pinte d'eau commune; le syrop étant bien refroidi, on le versera sur l'infusion; on bouchera bien la cruche, et on la placera au soleil ou dans un lieu tempéré pendant six semaines; après quoi on passera le ratafia par la chausse, et on le mettra en bouteille. Ce ratafia joint à l'agrément de la saveur l'avantage de produire de très-bons effets, et d'accélérer la digestion.

§ IV. *Vin de genièvre.*

Le vin de genièvre a deux qualités qui le rendent recommandable, l'une d'être salutaire, l'autre de coûter peu. Il se fait, suivant le procédé d'Helvétius en usage dans le Gatinois, avec six boisseaux de baies de genièvre, et trois ou quatre poi-

gnées d'absynthe; on laisse infuser et fermenter le tout dans cent pintes d'eau; on peut en laisser tomber le marc, et tirer la liqueur au clair; elle est beaucoup meilleure et plus gracieuse étant vieille. C'est une boisson inventée et perfectionnée par le comte de Moret, fils d'Henri IV, qui, jouissant d'une parfaite santé, parvint à une grande vieillesse avec cette boisson.

On fait encore avec le genièvre une espèce de confiture, plus saine qu'agréable. On en faisait un grand débit à Fontainebleau.

GÉOGRAPHIE. C'est par les sens assez généralement que nous acquérons les connaissances. L'observation journalière démontre que l'esprit est plus prompt à saisir les idées qui viennent par nos sens que celles d'une simple théorie fondée sur le raisonnement.

Segniùs irritant animos demissa per
   aures,
Quàm quæ sunt oculis subjecta fidelibus.

On peut donc employer avec succès des procédés mécaniques pour fixer la mémoire des enfans. Cette méthode a deux avantages; l'un, de rendre le précepte plus sensible; l'autre, d'instruire en amusant. On a imaginé différens jeux pour exercer l'esprit des enfans et leur apprendre les élémens de l'histoire, de l'architecture, du génie, de l'artillerie, etc. (voyez dans le *Journal de Paris*, année 1788, n°. 342, l'annonce des *leçons de Géographie* de M. l'abbé Gautier). Nous connaissons une manière de leur montrer la géographie, qui nous a paru très-ingénieuse; elle consiste à découper des cartes géographiques par continens, royaumes, provinces, etc., à les coller ensuite sur des cartons pareillement découpés. On les donne aux enfans, qui sont obligés de rapprocher les angles saillans et rentrans pour rassembler ces pièces, et n'en former qu'une seule carte. De cette manière, la position respective des royaumes, états et provinces se fixe dans leur imagination, d'autant plus vivement, qu'ils ont eu plus de peine à résoudre ce petit problème. On leur apprend pareillement, par ce mécanisme, à observer le cours des fleuves et des rivières. Cette méthode nous paraît préférable à celle de M. Pingeron, qui proposait de leur faire entourer chaque division géographique avec des petites balles de plomb applaties.

§ Ier. *Cartes géographiques.*

Voici des observations de M. Girard, docteur en médecine, insérées dans le *Journal de M. Buc'hoz*, année 1781, n°. 11 :

« Je trouve, dit-il, dans mes manuscrits, à l'occasion de la carte minéralogique de M. Guettard, quelques réflexions et des conjectures sur la matière de la pâte inconnue dont se servait un naturaliste suisse pour exprimer en relief la forme saillante et l'élévation des montagnes de son pays. Il ne serait peut-être pas fort difficile de retrouver le secret de cette composition ; du moins serait-il aisé d'imiter et même de perfectionner le procédé, soit en employant le bois ou la cire pour cette espèce de sculpture, soit en faisant usage du carton qui (*comme nous l'avons déjà dit sous ce mot*) prend toutes les formes qu'on veut lui donner. Un tel moyen pourrait sans doute contribuer au progrès de cette partie de la géographie, qui a pour objet la progression stéréographique ou représentation des éminences du globe et de ses profondeurs, des bois, des mines, des ponts, etc., sur un plan ou sur toute autre surface.

« Mais quelqu'avantageuse que fût cette méthode, serait-elle préférable à celle que l'industrie et le génie inventif de MM. Preissen et Breitkopf leur ont fait découvrir ? Le second de ces artistes, habile typographe de Leipsick, qui a inventé l'art d'imprimer les notes de musique, est aussi parvenu, comme on sait, à fondre tous les caractères que peut former le burin, et dont l'assemblage figure correctement tous les traits et les objets qui entrent dans la composition des cartes. Il en a qui représentent les fleuves, les villes, les forêts, les limites, les montagnes, que le comte Marsigli appelle les ossemens de la terre, etc., et tout peut s'arranger de façon qu'il en résulte une image exacte du pays qu'on veut peindre sur le papier. M. Breitkopf a publié en allemand un ouvrage sur cette matière en 1778, et M. Preutzven, diacre, demeurant à Carlsruhe, avait fait annoncer, dès 1776, sa précieuse découverte de cette nouvelle manière d'imprimer. M. Butsching en reçut à Berlin une épreuve. C'était la carte du royaume de Sicile avec ses monts ignivomes, et par conséquent une des plus curieuses pour les amateurs de la géographie physique. Elle avait été exécutée par M. Hare, de Bâle, qui assure que cette invention est d'une exécution facile, et qu'elle peut être introduite dans les imprimeries ordinaires.

» Ainsi, les cartes géographiques, dont la perfection dépend de la géométrie et de l'astronomie, ces plans si utiles qui ne furent d'abord gravés que sur bois, et dans la suite sur cuivre, peuvent être aujourd'hui comme les livres composés et imprimés selon l'art typographique. *Dies diem docet.* Ils sont même devenus une partie des domaines du sculpteur et du naturaliste : et puisqu'on a imaginé des appareils ingénieux qui rendent au naturel les tremblemens de terre, les monts embrasés, les volcans actuellement en explosion, même les aurores boréales, à plus forte raison peut-on faire de petits modèles, des grandes colonnes de la terre, simples ou remarquables par quelques accidens particuliers, où l'on désigne en même-temps leur élévation au-

dessus du niveau de la mer, leur crête, leurs angles, leur charpente, leurs concavités, les ravages que les eaux y ont produits, comme dans la plus grande partie de notre pont d'Arc, et dans cette fameuse montagne de l'île de Samos, qui était trouée de part en part. »

L'Encycl. Méth. in-folio, t. II du supplément, p. 251, contient l'énumération des atlas et des cartes géographiques les plus estimés.

Quant à la construction des cartes géographiques, sans entrer dans aucun détail à cet égard, il suffira d'observer que celles dressées par les méthodes de la stéréographie, méritent la préférence. M. Lorgna, dans un ouvrage intitulé : *Principi di geographia, astronomico-geometrica, in Verona,* 1789, a proposé un moyen de dresser les cartes géographiques, en se servant de la projection centrale, afin d'offrir la représentation des contrées suivant leur rapport d'étendue en superficie.

Le cit. Lacroix, qui a donné l'extrait de cet ouvrage dans le *Bulletin de la Société Philomatique,* an 7, n°. 29, p. 37, desirerait que ceux qui s'occupent de la construction des cartes géographiques, en modifiassent le dessin, pour mieux faire sentir la configuration des chaînes de montagnes, et la direction des grandes vallées. (*Voyez* l'article *Montagnes,* § III)

GÉOMÉTRIE. Nous avons des traités élémentaires de géométrie si excellens, qu'il serait absurde de vouloir donner ici des notions imparfaites de cette science. On trouvera dans l'*Encyclopédie*, l'énumération de ces traités et autres ouvrages de géométrie.

Bornons-nous donc à faire connaître quelques découvertes ou prétendues telles, et quelques instrumens annoncés.

M. Chevalier a donné à l'Académie des sciences, en 1707, un mémoire sur une manière de lever la carte d'un pays. Cette méthode n'a pas toute l'exactitude géométrique, mais elle a l'avantage de pouvoir être pratiquée sans frais et sans aucune géométrie.

On a annoncé dans les *Affiches de Province*, 1784, p. 459 et 478, la découverte d'un principe unique et fécond, mais inconnu jusqu'à nos jours, qui s'étend à une infinité d'objets, et sur-tout qui résout avec la plus grande facilité, avec la précision et l'évidence mathématiques, tous les problèmes de géométrie, singulièrement ceux qui jusqu'ici sont restés sans démonstration rigoureuse, et qui par-là même sont universellement réputés insolubles : tels sont la quadrature du cercle, la trisection de l'angle, la duplication du cube, le rapport exact et numérique de la diagonale à un des côtés du carré.

En 1781, M. Dulaure a fait annoncer, dans les papiers publics, un instrument propre à résoudre sur-le-champ et sans calcul, tous les problèmes de la trigonométrie rectiligne. Pour le mieux faire connaître, nous emprunterons les expressions des commissaires de l'Académie des sciences de Paris, qui l'ont examiné : « Cet instrument, disent-ils, est pricipalement composé de trois règles, dont l'une est fixe, et les deux autres mobiles, de manière à pouvoir faire entr'elles un triangle quelconque. Ces trois règles sont divisées en un certain nombre de parties, et armées de pinules. Lorsqu'on aura mesuré sur le terrain la base d'un triangle, on prendra sur la règle fixe un nombre de divisions propre à représenter la longueur de cette base. On transportera ensuite aux deux extrémités pour diriger successivement chacune des règles mobiles vers le sommet du triangle, tandis que la règle fixe sera dans la direction de la base mesurée ; cela fait, les deux règles mobiles donneront par intersection les deux côtés du triangle qu'il s'agissait de trouver.

» Rien n'est plus connu que la théorie sur laquelle cet instrument est fondé. Lorsqu'il sera bien exécuté, ce que nous croyons fort difficile, il pourra être utile pour lever très-promptement des cartes topographiques.

» Antérieurement à ce moyen, il existait d'autres instrumens pour mesurer des angles, entr'autres celui de M. Clairault, approuvé par l'Académie en 1727. (Voyez *Coll. Acad.*, part. franç., t. VI, p. 548). C'est un cercle de carton, gradué de 21 pouces de diamètre, dans lequel M. Clairault a décrit un grand nombre de circonférences concentriques, pour exprimer, par les longueurs de ces circonférences, les logarithmes des nombres et ceux des sinus : et le *goniomètre* de M. Garangeot, annoncé dans le journal intitulé *Nouvelles de la République des Lettres et des Arts, par M. de la Blancherie*, année 1782, p. 111, instrument dont M. Romé de Lille paraît avoir fait particulièrement usage pour déterminer la forme des crystallisations, sans aucune opération ni calcul géométrique. »

Voyez *Graphomètre, Instrumens de mathématique*. Le journal ci-dessus, année 1785, p. 521 et 372, et année 1786, p. 79, 137, 198, annonce des problèmes de géométrie proposés par M. Le Comte de Fortice, et qui pourront exercer l'application de ceux de nos lecteurs qui s'adonnent à ce genre d'étude. (Voyez *Problème de géométrie*.)

GERBES D'EAU. C'est un assemblage de 30 ou 40 tuyaux qui forment des jets d'eau peu élevés, et représentant une gerbe. Ces jets ne se font que dans les lieux où il y a beaucoup d'eau à dépenser dans un bassin.

GERÇURES DE LA PEAU. (*Voyez* au mot *Huile de froment*, et au mot *Pommade*, des procédés pour les guérir.

GESSE. (V. *Pain*, § XVII).

GIBIER. On est quelquefois curieux de conserver certains gibiers pendant long-temps :

suivant l'épreuve qu'en a faite un gentilhomme du Poitou, le vrai secret est de vuider les animaux et d'enlever aux oiseaux même le gésier ; car les parties internes sont les premières qui se corrompent. On les remplit de bled ou d'avoine ; on les laisse dans leurs plumes ou dans leur poil ; on les met ensuite au milieu d'un tas de bled ou d'avoine : étant ainsi garanties du contact de l'air et de l'approche des mouches, le gibier se conserve très-bien. La personne qui, la première, a fait cette expérience, dit avoir conservé, par ce moyen, du gibier pendant un carême entier ; et, au bout de ce temps, il était aussi frais et aussi bon que s'il eût été fraîchement tué.

GINS-ENG. Cette plante, que les Chincis achètent un prix excessif, dont on trouve la description et la figure dans la *Coll. Acad., part. étrang.*, t. III, p. 646, pl. 25, et qu'ils emploient dans toutes leurs maladies, comme la panacée la plus sûre, n'est pas particulière à la Chine. Elle se trouve en abondance dans les grandes forêts du Canada, vers le 47e. degré de latitude, et croîtrait également en Europe, si l'on voulait la cultiver sous le même degré. (Voyez *Collec. Académ*, part. franç., t. IV, p. 341). Le *Journal des Savans*, 1722, p. 485, nous apprend qu'elle n'a pu réussir au Jardin des Plantes, quoiqu'on y en ait semé des graines fraîches et bien conditionnées.

Les Chinois, auxquels on a

présenté du gins-eng de Canada, ont reconnu qu'il était parfaitement semblable à celui de leur pays, mais ils ont soutenu qu'il ne pouvait avoir les mêmes propriétés, qu'en le préparant suivant leur procédé. Cette préparation, qu'il était important de connaître, a été communiquée il y a quelques années à M. Barrow, par un mandarin qui commandait dans la partie de la Tartarie, où l'on recueille le gins-eng, et a été publiée par le docteur Heberden, dans la forme suivante :

Il faut cueillir les racines au commencement du printemps ou à la fin de l'automne, lorsque la plante n'est point en fleurs, et en ôter avec soin la terre qui y est attachée, en les ratissant avec un couteau de bambou, assez légèrement pour ne pas en entamer la peau. On fait bouillir de l'eau dans une casserolle de fer, qu'on place sur un feu de charbon ; on y jette des racines choisies qu'on y laisse 3 ou 4 minutes, jusqu'à ce qu'en coupant une de leurs extrémités, on voye une couleur de jaune paille dans l'intérieur ; on les essuie avec un linge propre, et remettant la casserolle sur un feu très-doux, on y place un rang de racines qu'on retourne de temps à autre, et qu'on fait sécher lentement, mais seulement jusqu'à ce qu'elles donnent des signes d'élasticité. On les roule ensuite parallélement dans une toile humide ; on les y enveloppe en les serrant fortement, et on les assujétit en les liant avec du fil. Après les avoir séchées deux ou trois jours à un feu très-doux, on les déroule et on enveloppe de nouveau celles qui étaient au centre du paquet. On connaît que ces racines sont parfaitement sèches, lorsqu'elles rendent un son semblable à celui d'un morceau de bois qui tombe sur une table. Les plus estimées sont celles qui sont les plus pesantes, et dont la couleur est d'un jaune pâle ou d'un brun léger.

Pour les conserver, on les serre dans une boîte doublée de plomb, qui se met dans une deuxième boîte, où l'on jette de la chaux vive, pour écarter les vers, et on les tient dans un lieu sec.

Lorsque les Chinois veulent s'en servir en infusion, ils les coupent par tranches et les jettent dans un vaisseau plein d'eau froide, qu'ils couvrent et qu'ils tiennent pendant quelques minutes dans l'eau bouillante. (*Nouvelles de la République des Lettres et des Arts*, par *M. de la Blancherie*, 1786, p. 160.)

GIRASOLE. On sait que la girasole, que l'on met au rang des pierres précieuses, est à demi-transparente, d'un blanc laiteux, mêlée de bleu et de jaune. Quoiqu'elle ait beaucoup de rapport avec l'*opale*, M. Defontanieu trouve, dans les matériaux qui entrent dans la composition du rubis, ceux de la girasole. Voici ce qu'il dit dans son *Art d'imiter les pierres précieuses* :

La girasole se fait avec la même composition que le rubis (voyez *Rubis*), en introduisant les matières colorantes dans le fondant. Lorsqu'il est en belle fusion, j'agite le tout avec un tube de verre, et retire le creuset du feu, quand la matière est tranquille, sans la laisser plus de six à sept minutes au feu, après avoir mis les matières colorantes.

GIVRE ARTIFICIEL. (V. *Pluie artificielle.* **)**

GLACE. Tout liquide, dit M. de Mairan, doit se resserrer à mesure qu'il se refroidit, et occuper moins d'espace ou devenir plus pesant par rapport à son volume. Ainsi lorsqu'il est prêt à se geler, et à plus forte raison lorsqu'il se gèle, ses parties doivent être plus proches les unes des autres que jamais, et former un moindre volume. La cire, les huiles, la graisse, les métaux fondus, à l'exception du fer, suivent tous cette loi générale : ils occupent moins de volume à mesure qu'ils se refroidissent, et moins encore lorsqu'ils sont figés. L'eau et la plupart des liqueurs aqueuses ne s'en écartent point; jusqu'aux momens qui précèdent la congellation, elles perdent de leur volume et acquièrent en ce sens d'autant plus de poids, qu'elles se refroidissent davantage. (V. dans le *Journal de la Blancherie*, 1785, p. 370, l'analyse d'une lettre de M. Fordyce, contenant ses expériences, ses conjectures sur la perte du poids de la glace.) Mais quand cette froideur est enfin parvenue jusqu'au point qui va produire leur congellation, elles sortent totalement de la règle; elles se di-

latent et diminuent de poids par rapport au volume.

Ce phénomène important et curieux, a fait chercher à M. de Mairan quelles pouvaient en être les causes. Voici d'après les expériences de cet habile observateur, celles qui peuvent concourir à l'augmentation de volume dans l'eau qui se glace; 1°. les bulles d'air qui s'assemblent dans l'eau pendant la congellation : 2°. le dérangement qui survient aux parties intégrantes de l'eau par la sortie ou par le dégagement de l'air d'entre ses interstices : 3°. le dérangement des parties intégrantes de l'eau par la manière différente dont elles se groupent entre elles en vertu d'une tendance qu'elles ont, ou qui leur est imprimée en ce moment, à s'incliner les unes vers les autres sous un angle sensible de 60 ou 120 degrés. C'est dans la savante dissertation sur la glace qu'il faut lire le développement de ces différentes causes. (Voyez *Collec. Acad. part. franç.*, t. X, p. 155.)

M. Haüy, dans une de ses leçons aux Ecoles normales, a discuté cette théorie de M. de Mairan. *Voyez* à ce sujet, tom. III, p. 319 et suivantes, des *Séances des Ecoles Normales*, imprimées en 1795, où il attribue l'effet de la dilatation à l'acte seul de la crystallisation.

Nous invitons aussi nos lecteurs à prendre lecture du mémoire de M. l'abbé Nollet, sur la formation de la glace dans les grandes rivières, analysé dans la *Collection Académique*, *partie française*, t. IX, p. 30.

Quoiqu'il en soit, nous croyons devoir rapporter ici une expérience pour déterminer la plus grande dilatation de l'eau lorsqu'elle se glace, expérience tirée du recueil des expériences faites à Florence, par M. le comte Magalotti, dans l'Académie del Cimento, et traduite de l'italien.

On prit un tube de verre, le plus égal qu'il fut possible de trouver; on le fit fondre par une de ses extrémités pour le boucher; et cette opération étant faite, ce tube fut rempli d'eau jusqu'à son milieu, et plongé dans de la neige non condensée et mêlée avec du sel pour hâter la congellation. On compara ensuite la hauteur du cylindre d'eau dans son état de fluidité avec celle où il se trouvait après être gelée; on vit qu'elles étaient entre elles comme 8 est à 9. Comme on aurait pu soupçonner quelqu'inégalité dans toutes les parties de la capacité du tube, on pesa la quantité d'eau nécessaire pour achever de remplir le tube avant et après la congellation de l'eau, dont on l'avait rempli jusqu'au milieu. On trouva que l'eau mise après la congellation pesait un quarante-huitième de grain de moins, et que le poids de l'eau dans le premier cas était à celui où elle se trouvait dans le second, comme 25 à 28 plus un dix-neuvième, proportion à-peu-près semblable à celle de 8 à 9 trouvée par la première partie de cette expérience. Comme elle a paru digne d'une sorte

d'attention, elle a été répétée très-souvent, et les résultats ont toujours été les mêmes, ou à très-peu de chose près. (*Collect. Acad.*, *part. étrang.*, t. Ier, p. 69; *part. franç.*, t. II, p. 150.)

M. de la Mark, dans ses *Recherches sur les causes des principaux faits physiques*, t. Ier, p. 34, dit qu'un cylindre de verre tout-à-fait clos, et dans lequel il avait mis de l'eau, exposé au nord pendant qu'il gelait, avait soutenu 5 à 6 degrés de froid, sans que l'eau, peu dépouillée d'air, et n'occupant pas la moitié du cylindre, se congelât; mais qu'ayant ensuite éprouvé 7 degrés et demi de froid, elle avait pris une consistance semblable à de l'huile figée.

Dans les fortes gelées de 1774, on a observé un phénomène digne d'attention; en cassant la glace on vit sortir de l'eau une vapeur chaude. La glace se gela de nouveau; en la cassant une seconde fois, nouvelle vapeur.

§ Ier. *Force et solidité de la glace.*

Le fameux palais de Glace, que l'impératrice de Russie, Anne, fit bâtir sur les bords de la Newa, en janvier 1740, montre jusqu'où peuvent aller la force et la solidité de la glace. Il fut bâti de larges quartiers de glace taillés en forme de pierres. Ce curieux édifice avait 52 pieds de longueur, 16 de largeur et 20 de hauteur. Les appartemens en étaient décorés de tables, de chaises, de lits et de toutes sortes de meubles en glace. En face du palais, outre des pyramides et des statues, toutes de glace, furent placés six canons de 6 livres de balles et deux mortiers, également en glace. De l'un des premiers on fit, par forme d'essai, partir un boulet de fer poussé seulement par un quart de livre de poudre. Le boulet traversa une planche de 2 pouces d'épaisseur, placée à 60 pas de la bouche de la pièce, qui ne fut nullement endommagée, non plus que son affût. Sur le soir, le palais de glace fut illuminé et produisit un effet admirable.

M. Krafft, auteur allemand, a donné la figure et la description de ce palais glacial. M. Leroi, qui a traduit cette description, pense qu'il est possible de tourner la glace au tour, de la percer, de la tailler, de la peindre, de la mettre au feu après l'avoir frottée de naphte. (*Voyez* le *Journal des Savans*, 1742, p. 323).

§ II. *Moyen de briser les glaces et de prévenir les accidens occasionnés par les débacles.*

Il n'y a presque pas d'hiver où il n'arrive des pertes et des malheurs considérables, occasionnés par la rupture des glaces, qui survient tout-à-coup après que les rivières ont été prises quelque temps. C'est surtout dans les villes de commerce où le danger devient plus sensible, et les évènemens plus effrayans. Les moulins, les grands bateaux d'approvision-

nement et autres, quelque précaution qu'on prenne pour les arrêter, ne résistent pas au choc impétueux des glaçons accumulés, qui rompent les cordages ou submergent les bateaux trop bien fixés au port. Les bateaux détachés et entraînés par le courant, se brisent contre les piles des ponts. Les pièces de bois qui s'en détachent, placées en travers des arches, empêchent le cours des glaçons. A ces premiers débris, viennent s'en joindre d'autres qui multiplient la résistance et l'obstruction. L'élément, forcé, semble céder aux obstacles; mais bientôt tout le poids de sa masse se déploie avec fracas: et après avoir entassé décombres sur décombres au-devant des arches, sa fureur éclate. Le pont, quelque solide qu'il puisse être, cède à cet élément terrible. Emporté par l'effort des glaces et des eaux, il laisse un passage libre à un torrent épouvantable, qui n'en devient que plus funeste, et va porter plus loin le désordre, le trouble et la désolation avec encore plus d'impétuosité.

Ça été sans doute dans la vue de se garantir de ces tristes dégâts, que M. de Parcieux a proposé, en 1768, à l'Académie des sciences, des moyens de remédier aux inconvéniens des débacles. (V. *Collect. Académ. part. franç.* tom. XIV, p. 94). Depuis, on a formé le projet d'établir à Paris, au-dessus de la Salpêtrière, une *gare* propre à recevoir les bateaux, qui, dans le temps des glaces, auraient

raient été à l'abri des débacles; mais ce projet, commencé, n'a pas eu une exécution entière. L'objet en est cependant sensiblement utile et intéressant, et s'il était possible de faire un établissement de cette espèce dans le voisinage des ports où se déchargent les marchandises, on serait plus à portée d'en profiter, et on ne verrait pas se renouveler tous les ans les malheurs, les pertes et les accidens.

Quels sont les moyens que l'on prend communément pour les prévenir? Lorsque la rivière est prise, on expose un certain nombre d'hommes sur la glace, et avec des pieux, des haches, des leviers, ils détachent quelques glaçons que le courant de l'eau emporte; d'autres, en balançant le bateau qui les porte, foulent l'eau, afin de la faire refluer sous la glace, et de la forcer, par le mouvement qu'ils lui impriment, à rompre les glaçons inégaux qui couvrent sa surface. Tous ces moyens, faibles et impuissans, sont très-coûteux. Un grand nombre d'hommes fait très-peu d'ouvrage en beaucoup de temps. Cependant les dangers sont pressans; la débacle est prochaine; les momens sont courts et précieux, et l'on a fait souvent des dépenses très-considérables sans aucun fruit.

Pourquoi ne pas recourir aux moyens industrieux de la mécanique? Qu'il nous soit permis d'en indiquer un qui n'est peut-être pas impraticable, et que nous inspire l'amour du bien public.

Tome III.

D'abord nous pensons qu'il serait de la dernière importance qu'il n'y eût point de maisons sur les ponts. La plus grande solidité qu'ils peuvent acquérir par la surcharge des bâtimens, et tout autre intérêt quelconque, doivent céder à la considération des dangers qui peuvent en résulter pour la fortune, et plus encore pour la vie des citoyens qui les occupent.

En second lieu, dans une ville telle que la capitale, que l'on s'adresse au premier mécanicien, il aura bientôt imaginé une machine propre à rompre les glaces en peu de temps. Il nous semble que des leviers, des moutons, des sonnettes, montés sur des bateaux et mis en mouvement par un très-petit nombre d'hommes, briseraient plus de glaces en deux ou trois heures, que deux ou trois cents hommes répandus sur la surface de la rivière, n'en peuvent faire dans le double espace de temps. Qui empêcherait, par exemple, qu'au moment où la rivière est prise, on armât un grand bateau qui serait vuide, de trois sonnettes, l'une à la pointe du bateau; les deux autres sur les côtés. Les moutons de ces sonnettes frapperaient sur des coins retenus au bateau par des crampons mobiles. On pourrait même, au lieu de coins, au-dessous des deux sonnettes latérales, placer une pièce de bois de la longueur d'une sonnette à l'autre, taillée en angle par-dessous, et pareillement retenue au bateau par des cram-

L

pons mobiles. Les moutons des deux sonnettes, en frappant sur cette pièce de bois, romperaient une étendue de glace à-la-fois; et si l'on craignait pour les hommes employés à cette manœuvre, l'éclat des glaçons et des eaux jaillissantes, rien ne serait plus aisé que de les mettre à couvert.

Nous desirerions encore qu'un nouvel Archimède inventât une main de fer qui enlevât de dessus le pont un bateau brisé et arrêté contre une des piles, ou les pièces de bois qui se placent en travers des arches. Deux boulons de fer à tête platte, circulaire et dentelée, et dont les dents seraient recourbées en forme de crochet, suspendus chacun à une corde, et resserrés par un anneau qui embrasserait ces deux cordes, et qu'on laisserait couler quand les deux boulons seraient placés assez avantageusement pour saisir les débris qui bouchent les arches, nous paraîtraient suffisans, sinon pour enlever les pièces, au moins pour les déplacer et pouvoir les diriger de manière à débarrer l'écoulement des glaçons et le passage des autres débris qui pourraient survenir. Mais cette manœuvre ne peut se faire que sur un pont découvert : raison de plus pour empêcher la construction des maisons sur les ponts, et faire ordonner la démolition de celles qui y sont construites.

Nous ne dirons rien ici du projet d'estacades flottantes, imaginé par M. de Montferrier, ingénieur, pour garantir les bateaux pendant les grandes crues d'eau et les débacles des glaces. On en trouvera la description dans le *Journal de M. la Blancherie*, 1785, n°. 71.

M. Lavier, architecte, a présenté à l'Académie royale des sciences, en 1743, une machine à briser la glace, et que, par cette raison, il nommait *brise-glace.*

Cette machine consistait en une espèce de mouton suspendu à une chèvre qui peut s'incliner plus ou moins en s'avançant hors du bateau sur lequel elle est posée, et même se coucher tout-à-fait pour passer sous les ponts. Le plancher sur lequel porte toute la machine, est mobile, et peut tourner par le moyen d'un treuil qui est à l'arrière, et de quelques cordages; de sorte que, sans remuer le bateau, on peut faire décrire à ce plancher un demi-cercle. Le mouton est suspendu à un cordage qui s'entortille par l'autre bout à une poulie mobile sur son axe, et qui n'est entraînée par cet axe qu'au moyen d'une espèce de verrou à ressort, qu'on peut lâcher par une corde qui y est attachée et qui sort par l'autre bout de l'axe. Les hommes appliqués aux manivelles qui tiennent à cet axe, peuvent toujours tourner du même sens et sans s'arrêter, et l'on est maître de lâcher le mouton quand on veut, et de telle hauteur qu'on veut.

L'Académie a jugé qu'on pouvait s'en servir utilement; qu'il pouvait être exécuté avec succès, et qu'on éviterait par ce moyen une partie des accidens qui menacent la vie des ouvriers employés à rompre les glaces, lorsqu'ils montent dessus, ce qui ne se pratique que trop communément pour la Seine, et au milieu de Paris. (*Collect. Acad.* , *part. franç.* , tom. IX, p. 451).

§ III. *De la glace artificielle.*

Comme il n'y a presque pas de corps, quelque solide qu'il soit, qui ne se fonde et ne se vitrifie par un feu violent, je crois aussi, dit M. de Mairan, qu'il n'y a point de liquide qui ne puisse, à la rigueur, être fixé ou changé en glace par un froid extrême. Si l'on trouvait jamais le moyen de ramasser en un seul point tout le froid d'un grand espace, comme on a déja eu l'art de rassembler en un foyer les rayons du soleil, si l'on trouvait, dis-je, une machine pour augmenter le froid, équivalente aux miroirs dont on se sert pour augmenter la chaleur, je ne doute pas qu'on ne vît en ce genre des phénomènes aussi curieux et aussi surprenans que ceux qu'on a vus au miroir ardent du Palais Royal. Il est rapporté dans les expériences de Florence, qu'un miroir concave de réflexion ayant été ajusté auprès d'un tas de glace de 500 livres pesant, l'esprit-de-vin d'un thermomètre exposé à son foyer, commença à descendre; mais rien n'est plus incertain que cette expérience, de l'aveu même de ceux qui l'exécutèrent.

Les conjectures de M. de Mairan sont en partie prouvées par le fait. Les Indiens d'Allahabad et de Montigel emploient, pour se procurer de la glace artificielle, un procédé qui paraît consister dans la concentration du froid. Dans ces pays, le faiseur de glace creuse dans une pleine vaste et découverte, trois ou quatre fosses d'environ trente pieds carrés, sur deux de profondeur. Il en garnit le fond d'une couche de cannes à sucre ou de tiges sèches de bled d'Inde. Là il pose de petites terrines non vernissées, minces et très-poreuses, qu'il emplit le soir d'eau qui a bouilli ; on ramasse, avant le lever du soleil, la glace qui s'est formée pendant la nuit; on la porte à la glacière, où on la met en masse, en la battant avec des *hies*. Plus l'air est léger et serein, plus on a de glace. Souvent on n'en obtient point dans des nuits très-froides, tandis que pendant des nuits sensiblement plus chaudes, la totalité des terrines se trouve toute prise. D'autres fois l'eau d'une fosse gèle, et celle de la fosse voisine ne gèle pas; tout cela dépend de l'état de l'atmosphère. Cette glace leur sert, comme en Europe, à faire prendre des sorbets, des crêmes, en y ajoutant du salpêtre et du sel commun. Ils gèlent par ce moyen l'eau pure au point qu'il faut un maillet pour la rompre ; ils se servent à cet effet de tasses d'argent coniques, qui contiennent environ une pinte. (*Journal de Physique* , mars 1777, p. 226).

M. de Réaumur nous a fourni, sur ce sujet, et par une voie bien différente, tout ce que l'industrie et l'art ont donné jusqu'ici de plus curieux et de plus utile, en augmentant par degrés, et de plus en plus par le moyen des sels et des esprits acides tirés de ces sels, la froideur d'une glace qui sert à son tour à rendre la suivante plus froide, et ainsi de suite, sans qu'on sache où s'arrêtera la progression. (Voy. *Coll. Acad.*, *part. franç.*, t. VII, p. 89). Il a poussé l'augmentation du froid dans ces expériences jusqu'à 25 degrés de son thermomètre au-delà du terme de la simple congellation. Cette expérience a depuis été poussée plus loin par des physiciens qui ont fait, dans le Nord, des expériences pour geler le *mercure*. (*Voyez* ce mot). C'est ainsi que les physiciens, en interrogeant la nature par les expériences, parviennent à faire des découvertes, ou utiles, ou curieuses.

M. Boerrhaave a su faire de la *glace artificielle* sans le secours d'autre glace. On sait que les sels, principalement le sel ammoniac, ont la propriété de refroidir l'eau dans laquelle on les fait dissoudre sans la glacer, ainsi qu'on peut le voir au mot *Refroidissement des liqueurs.*

Que l'on prenne de l'eau déjà froide à un degré voisin de la congellation, il sera facile d'en augmenter la froideur de plusieurs degrés, en y faisant dissoudre un tiers de sel ammoniac. Ce mélange servira à rendre plus froide une seconde masse

d'eau déjà refroidie, au degré où l'était d'abord la première qu'on a employée. On fera encore dissoudre du sel ammoniac dans cette nouvelle eau : en continuant ce procédé, et en employant ainsi des masses d'eau successivement refroidie, on aura enfin un mélange de sel et d'eau beaucoup plus froid que la glace ; d'où il suit évidemment que lorsqu'on vient à plonger dans ce mélange une bouteille d'eau pure, moins froide que la glace, cette eau y gélera.

Tous les sels n'agissent pas avec la même célérité et la même efficacité pour le refroidissement des liqueurs. Le sel ammoniac, qui dissout la glace plus promptement que le salpêtre, et un peu plus tard que le sel marin, parut à M. de Mairan celui qui donnait la congellation artificielle la plus prompte, ensuite le salpêtre ; et le sel marin qui fait fondre la glace le plus vite, et qui produit le plus grand refroidissement dans la glace qu'il fond, fut celui de tous qui donna la congellation artificielle la plus lente. Le sucre ordinaire, qu'on pourrait employer au défaut des autres sels, fait descendre la liqueur du thermomètre de 4 degrés au-dessous du point de la congellation ; les cendres de bois verd, de trois degrés ; l'alun, d'un et demi ; la chaux vive, d'un et un quart : le sel gemme purifié, plus puissant que tous les autres, la fait descendre de 17 degrés. Les esprits acides font d'ordinaire plus d'effets que les sels dont ils sont tirés.

Le sel ammoniac et le sel marin font, en deux ou trois minutes, descendre l'esprit-de-vin de quatre, cinq ou six degrés, plus ou moins, selon le degré de froid qu'avait l'eau avant qu'on y eût mis les sels. Le soufre, les cendres, même encore chaudes, et généralement toutes les matières qui contiennent une certaine quantité de sel, rafraîchissent l'eau, et font baisser la liqueur du thermomètre qu'on y a plongé, à raison de cette quantité, et des principes qui les modifient. Les autres matières, telles que le sable fin, le limon, mêlées dans l'eau, rendent seulement la congélation plus tardive, moins ferme et moins compacte; et l'effet en est d'autant moindre en général, qu'elles se dissolvent moins dans l'eau, et contiennent moins de sel; car il est peu de matières qui n'en contiennent.

Voyez dans les *Mémoires de l'Académie des Sciences*, 1731, le résultat des expériences faites par M. de Réaumur, sur le plus grand froid que l'on peut produire par différentes substances mêlées avec la glace. Il faut observer en général que si on mêle une matière quelconque avec de la glace, ce mélange ne produit de froid qu'autant qu'il occasionne la fonte de cette glace, et se mêle de manière à former un nouveau liquide ; ainsi les huiles font inutilement fondre la glace ; mais l'esprit-de-vin en augmente la densité, et fait geler plus promptement. Quant aux proportions des matières à employer, ce ne doit

être que la quantité nécessaire pour fondre la glace ; plus ou moins est nuisible : et pour fixer cette quantité, il faut chercher à connaître celle que l'eau tient en dissolution, et en mettre un peu plus. Ainsi l'eau tient en dissolution à-peu-près le tiers de son poids de sel marin, il faut une partie de sel marin contre deux de glace, et mieux encore deux parties de sel contre trois de glace, et pour faire ce mélange le plus parfaitement et le plus promptement possible, il est nécessaire de mêler la glace et le sel, en les posant par couches autour du vase qu'on veut refroidir.

Il est bon de remarquer que l'eau qu'on a auparavant fait bouillir, et qui par ce moyen se trouve privée d'air, se gèle plus aisément que celle qui n'a pas été échauffée.

Un mémoire intéressant à lire sur cette matière, est celui de M. Eller, inséré p. 256 du tome VIII *de la Collection Académ., part. étrang.* Il ne faut pas négliger de lire en même-temps les réflexions contenues p. 84 *du Discours préliminaire* qui est en tête de ce volume.

C'est d'après les propriétés qu'on a reconnues aux sels de rendre la glace plus froide, en la faisant fondre, qu'on a trouvé le moyen de se procurer des substances glacées, et des boissons fraîches dans les grandes chaleurs.

Lorsqu'on veut faire des *glaces* ou *des fromages à la crème glacée*, on prend des jus de fruits, tels que ceux de groseilles, de verjus, de framboises, de cerises, que l'on mêle avec la quantité de sucre nécessaire. Si ce sont des crêmes que l'on veut faire, on commence par faire bouillir la crême, et après l'avoir laissé refroidir, on la met dans un vase ou moule de fer-blanc ou d'étain, avec la quantité de sucre suffisante : on écrase, si l'on veut, dans ce mélange, quelques massepains, et on y ajoute de l'eau de fleur-d'orange.

On concasse, d'un autre côté, de la glace qu'on mêle avec du sel commun, dans un seau ; pour lors on plonge le moule dans le mélange de glace et de sel ; et au moyen d'une anse qui est au couvercle du moule, on agite, avec une spatule, les objets que l'on veut glacer, pour qu'il ne se forme pas de trop gros glaçons, et on agite quelquefois le moule pour que la glace ne s'y attache pas, et la crême ou le jus des fruits se glace sous une forme légère. Il est à observer que lorsque les moules sont d'étain, il faut prendre quelque précaution pour ne pas enlever, avec la spatule, qui est ordinairement de fer, des morceaux d'étain, qui pourraient incommoder, soit par leur forme aiguë, soit par la qualité du métal qui peut n'être pas pur.

Les glaces ne sont pas toujours faites précisément au moment où l'on veut les servir ; mais souvent on est forcé de les garder plusieurs heures : alors il est préférable de faire usage des matières qui, donnant un moindre degré de froid, le conserve-

raient plus long-temps. La soude a ces deux avantages, et est d'ailleurs moins coûteuse que le sel commun ; elle maintient mieux que lui le degré de froid suffisant pour empêcher les liqueurs qu'on a glacées de se fondre. La moins chère est même la meilleure. Si la soude manque, on peut employer, lorsqu'on n'est pas pressé, la cendre ordinaire, c'est-à-dire, la cendre de bois neuf : en la mettant à poids égal avec la glace, elle donne un degré de froid suffisant pour geler les liqueurs ; et si le refroidissement qu'elle occasionne n'est pas subit, elle le conserve long-temps : dans le cas même où l'on voudrait avoir des glaces en cinq ou six minutes, la potasse, moins chère que le sel marin, opère aussi promptement. (*Voyez* le mot *Refroidissement*).

§ IV. *Glace inflammable.*

Parmi les procédés curieux de chimie, en voici un fort intéressant, car il s'agit de former une espèce de glace qui a cependant la propriété d'être inflammable. On prend de l'huile essentielle de térébenthine distillée ; on la met dans un vaisseau sur un feu doux ; on y fait fondre du *blanc de baleine* ; la liqueur reste claire, transparente ; on la met dans un lieu frais, et au bout de deux ou trois minutes, elle est glacée. Si cependant la liqueur se glaçait trop difficilement, il faudrait y faire fondre de nouveau un peu de blanc de baleine : la seule circonstance essentielle à observer, est de ne le point piler, mais de le mettre fondre en assez gros morceaux, faute de quoi la glace aurait moins de transparence. Si la saison est trop chaude, alors il faut mettre le vase dans de l'eau froide : la liqueur se congèle en moins d'une minute. On observera que cette glace, faite si rapidement, n'est jamais si belle ni si transparente que celle qui se forme dans le vase placé simplement au frais.

Voilà une espèce de glace qui est inflammable, mais qui ne reste sous cet état de glace que peu de temps ; dès que la liqueur commence à se dégeler, et pendant qu'il y a encore des glaçons flottans dessus, il faut y verser du bon esprit-de-nitre ; alors la liqueur et la glace s'enflammeront et se consumeront dans l'instant. C'est ici le phénomène de l'*inflammation des huiles essentielles* (voyez ce mot) ; mais l'art consiste à charger l'huile essentielle d'une matière capable de la réduire en glace, sans altérer sa transparence et son inflammabilité. (*Collect. Académ.*, *part. franç.*, t. IX, p. 305).

GLACES-MIROIRS. C'est sans doute une des belles inventions humaines, que celle de faire des glaces. On en trouve la description dans l'*Encyclopédie*, article *Verrerie* ; mais, pour plus grande intelligence, on peut consulter les figures y relatives, insérées dans le 4ᵉ volume des planches, article *Manufacture des glaces* ; voyez aussi l'*Encyclopédie Méthod.*, *Arts et Métiers*, t. III, p. 142.

Nous n'en parlons ici que pour rendre compte de quelques annonces particulières qui ont été faites depuis.

§ Iᵉʳ. *Table pour le coulage des glaces.*

On sait que la matière des glaces, mise en fusion, se coule sur une table de cuivre. Jusqu'à présent cette table, malgré une épaisseur de six pouces qu'on lui donne ordinairement, a eu l'inconvénient de se déjeter par l'effet de la chaleur de la matière, ce qui préjudicie à l'égalité des glaces. M. Fourneau, pour y remédier, propose de faire un chassis en forme de gril de fer méplat, incorporé dans la table, et ne faisant qu'un seul et même corps avec elle.

§ II. *Etamage des glaces.*

Le *Journal de l'Ecole Polytechnique*, t. II, p. 71, contient, sur la manière dont se polissent et s'étament les glaces coulées dans les atteliers du faubourg Saint-Antoine, des détails qu'il serait trop long de transcrire. Nous ne pouvons qu'y renvoyer nos lecteurs. Il suffit de dire que les glaces sont par elles-mêmes transparentes ; mais on a trouvé le moyen de les rendre opaques, en mettant derrière un corps qui, en réfléchissant les rayons, renvoie l'image des objets. Le procédé qu'on emploie est d'étendre sur une table une feuille d'étain, sur laquelle on verse du mercure, qui, en s'amalgamant avec l'étain, prend assez de solidité pour s'attacher à la glace que l'on fait glisser dessus. La feuille d'étain ainsi amalgamée reste adhérente à la glace, par la raison que tous les corps polis contractent une forte adhésion lorsqu'ils se touchent par tous les points. Mais il arrive trop souvent que l'humidité, pénétrant à travers l'amalgame, cause entre l'étain et la glace des taches que les ouvriers appellent de la rouille. On ne connaît d'autre remède à cet inconvénient, que de remettre les glaces au tain. Peut-être pourrait-on réparer la glace endommagée, en employant un mélange de plomb, d'étain et de bismuth, moyen dont on se sert pour étamer les boules de verre. Ce procédé pourrait peut-être dispenser de l'étamage total de la glace.

En 1778, le sieur Bourbon, ingénieur, a fait annoncer qu'il avait inventé un enduit propre à être appliqué sur l'étamage des glaces, et qui les préservait de toute humidité. Elles peuvent, par ce moyen, être placées, à la campagne, dans des salles à manger humides, et même dans des caves, pour en faire l'essai, sans craindre que l'étain s'altère. Si cet enduit avait véritablement une telle propriété, c'était une découverte intéressante. Le Sʳ. Bourbon demeurait à Paris, rue St.-Antoine, au petit hôtel Turgot, vis-à-vis St.-Paul.

§ III. Glaces cassées.

Il y a quelques années qu'on avait annoncé, dans des papiers publics, qu'on avait trouvé le secret de former avec des morceaux de glaces cassées, des glaces qui ont la même apparence et le même poli que si elles étaient entières.

Le cit. Pajot Descharmes a fait voir à la Société Philomatique, des fragmens de glace soudés ensemble d'une manière presqu'insensible. Quand la soudure est visible, c'est un simple filet qui ne brise point les rayons lumineux, comme le font les fêlures. Les morceaux que nous avons vus n'étaient pas d'une grande dimension, ni d'une forte épaisseur. Il a annoncé que son procédé avait l'avantage de pouvoir laminer une glace, d'en effacer les bouillons, d'en faire disparaître les teintes désagréables, de réparer une glace d'une assez grande valeur, en réunissant des fragmens sans prix, d'augmenter l'étendue d'une glace aux dépens de son épaisseur, etc.; mais cette découverte ne serait pas fort utile, si, comme on le dit, il en coûte presqu'autant pour souder une glace que pour en avoir une neuve. (Voyez le Bulletin de la Société Philomatique, an 8, nº. 52, p. 59).

§ IV. Glaces courbées.

En 1771, M. Charrier a annoncé dans les papiers publics,

des manufactures de miroirs concaves et de loupes à eau.

M. de Bernières a depuis perfectionné les procédés pour la courbure des glaces.

Voyez dans l'*Encyclop. Méthod.*, t. VIII, *Arts et Métiers*, p. 557, l'art d'amollir le verre au fourneau, de l'y courber, de l'y refondre.

§ V. *Glaces discrètes.*

On a très-bien désigné sous ce nom de nouvelles glaces propres à être mises aux carrosses, aux salles de bain, aux croisées exposées trop en vue ; elles ont l'avantage de laisser voir tout ce qui se passe au-dehors, sans que l'on puisse être vu. L'industrie qu'on y emploie consiste à y tracer des losanges ; en sorte qu'une partie de la glace étant terne et dépolie, il ne reste plus que de petits carrés transparens, à travers desquels on apperçoit distinctement les objets. Il est aisé de sentir que l'œil étant près de la glace, le rayon visuel n'a pas souffert une grande divergence avant de passer par un des points transparens. La raison, au contraire, pour laquelle on n'est point vu par ceux qui passent, c'est qu'étant éloignés de la glace, l'angle du rayon visuel est trop ouvert pour embrasser un objet caché derrière cette glace, divisée par des surfaces dépolies. Ces glaces ont été imaginées, en 1769, par M. de Bernières, contrôleur des ponts et chaussées.

§ VI. *Glaces indiscrètes.*

C'est le nom que l'on donne à un miroir préparé pour l'espèce de récréation dont nous allons parler. Il faut avoir un cadre de miroir, de 3 pouces de diamètre, dont la bordure, d'un pouce de large, soit découpée à jour et couverte en-dessous d'un ou de plusieurs morceaux de glace très-mince : entre le cadre et le carton qui le couvre par derrière, est une glace mobile, de manière qu'en penchant le miroir d'un côté ou de l'autre, la glace puisse couler facilement et sans bruit, et faire paraître à volonté, par une des ouvertures du cadre, l'une ou l'autre partie de la glace où sont écrits invisiblement, avec le crayon sympathique dont nous avons parlé à l'article *Ecriture*, § XVII, les mots *oui* et *non*. On propose à une personne de faire une question à laquelle il y ait à répondre oui ou non ; et lorsque cette question aura été faite, penchez le miroir du côté convenable, eu égard à la réponse que vous voulez faire ; et affectant de répéter tout bas sur la glace la question qui a été faite, approchez la bouche très-près du miroir, et faites voir aussi-tôt la réponse qui s'y trouvera écrite.

§ VII. *Glaces peintes.*

Voyez *Peinture*, § XVI.

GLACIÈRE. C'est un lieu creusé en terre, où l'on serre de la glace ou de la neige pendant l'hiver, pour boire frais en été. On la place ordinairement dans quelque endroit dérobé d'un jardin, dans un bois, au fond d'un grand bosquet, ou dans un champ proche de la maison. On choisit un terrein sec qui ne soit point exposé au soleil ; on y creuse une fosse ronde de deux ou trois toises de diamètre par le haut, finissant en bas comme un pain de sucre renversé : on lui donne une profondeur de trois toises ou environ. Plus elle est profonde et large, plus la glace et la neige s'y conservent. On va, en la creusant, toujours en retrécissant par le bas : de crainte que la terre ne s'affaisse, on revêt cette fosse, depuis le bas jusqu'en haut, d'un mur de moëlon de 8 à 10 pouces d'épaisseur, bien enduit de mortier. On perce dans le fond un puits de 2 pieds de large et de 4 de profondeur, garni d'une grille de fer dessus pour recevoir l'eau qui s'écoule de la glace. On ne donne aucun jour à une glacière, et pour y mettre la glace, on choisit un temps froid et sec, afin que la glace ne se fonde point ; mais auparavant on couvre le fond de paille, et on en met tout au tour pour que la glace ne touche qu'à la paille. Le premier lit de glace doit être fait des plus gros morceaux ou des plus épais. Plus ils sont entassés sans aucun vuide, plus long-temps ils se conservent. La glacière pleine, on couvre la glace avec de la grande paille par le haut comme par le bas et par les côtés ; et par-dessus cette paille, on met des planches qu'on charge de grosses pierres pour tenir la paille serrée. Il doit y avoir deux portes à une glacière, une en-dehors, l'autre en-dedans : il ne faut point ouvrir celle-ci que la première ne soit fermée, afin que l'air n'y entre point en été, temps où l'on fait usage de la glace. La neige se conserve aussi bien que la glace dans les glacières, en l'y mettant en grosses pelottes, battue et pressée autant qu'il est possible. La neige ainsi conservée est beaucoup en usage dans les pays chauds, comme en Provence, en Italie et en Espagne, où il n'y a presque point de glace. (Voyez *Collect. Acad.*, *part. étrang.*, t. II, p. 23 ; t. XI, p. 507, et le *Journal de Paris*, 1784, n°. 154).

En Perse, où on fait grand usage de glace, on a coutume, pour remplir les glacières, qui sont des fosses profondes abritées au nord, de pratiquer sur le devant, des bassins de 15 ou 20 pouces de profondeur. Le matin, ils en tirent la glace qui s'y est formée, la jettent dans la glacière, et l'arrosent d'eau après l'avoir bien brisée ; en sorte que l'eau, se gelant dans la glacière avec la glace qu'on a pilée, le tout forme une seule masse qui se conserve très-bien, et qu'on brise lorsqu'on veut s'en servir. (*Voyage du Levant*, par *Thevenot*, t. III, p 329).

Dans les Indes, on s'y prend

un peu différemment, ainsi que nous l'avons ci-devant observé, p. 155, 2e. colonne.

Les glacières, en Italie, sont de simples fosses profondes, qu'ils tapissent de paille et recouvent de chaume; on les remplit de neige très-pure, ou de glace tirée de l'eau la plus nette et la plus claire qu'on puisse trouver, parce qu'ils ne s'en servent pas pour rafraichir, comme nous faisons dans nos climats, mais pour la mêler avec leur vin et autres boissons.

Voyez le plan d'une glacière que M. de Machi a donné dans son *Art du Distillateur*.

La glace se vend à Paris, à la livre, et à un prix assez modique, par les limonadiers.

GLASS-CHORD. Voy. *Harmonica*.

GLAND. Ce fruit, qui, à cause de son goût acerbe, est abandonné pour la nourriture des animaux domestiques, n'est cependant point à dédaigner. En 1759, on en a fait usage dans quelques cantons de la Westphalie, saccagés alors par deux armées ennemies. On est parvenu, il y a quelques années, à rendre ce fruit susceptible d'être mangé sans dégoût.

La manière de le préparer, pour le rendre comestible, consiste à le faire tremper un jour ou deux dans l'eau, à le faire bouillir ensuite dans une lessive alkaline jusqu'à ce qu'il s'écrase aisément entre les doigts. Il jette une écume abondante, qu'il faut avoir soin d'ôter. On le lave bien lorsqu'il est cuit, et on le fait bouillir encore un peu dans une eau, où l'on met d'abord un peu d'alkali (de la potasse par exemple), puis un peu de sel commun; alors il est très-mangeable et peut se conserver long-temps dans son eau. Il serait assez bon en salade, sur-tout si l'on avait soin de l'écraser dans l'assaisonnement avant de le manger. (*Affiches de Province*, 1784, n°. 44.)

M. Ruchat, dans son *Histoire Ecclésiastique de la Suisse*, remarque qu'en 1628, le pays étant désolé par la famine, quelques paysans s'avisèrent de faire rôtir au four des glands qu'ils firent moudre ensuite, et dont ils firent du pain qui se trouva propre à les nourrir. Au surplus, comme il y a une grande variété de glands, il faut choisir les moins acerbes, d'autant plus qu'il y en a qui sont naturellement assez doux; on dit même qu'il s'en trouve en Espagne une espèce bonne à manger sans préparation. (*Voy.* ce qu'en dit Pline dans son *Histoire Naturelle*, liv. 16, ch. 5.

On trouve dans le *Journal de Physique*, t. XXXVIII, pag. 377, des observations de M. Desfontaines sur le chêne ballotte ou à glands doux du mont Atlas. Ce chêne croît abondamment à Alger et à Maroc; on en vend les glands dans les marchés publics. Les Maures les mangent cruds ou grillés sous la cendre. On prétend qu'en Barbarie on en exprime une huile aussi douce que celle d'olive. Le bois de cet arbre est dur, compact, fort pesant, excellent pour le chauffage, pour le charonnage et la menuiserie.

GLOBE AUTOMATE. Le S^r. Catel, mécanicien de Berlin, a annoncé et fait voir au public, en 1784, un globe qui, au moyen d'un mouvement intérieur, tourne toutes les 24 heures autour de son axe, et fait en même-temps une déviation du sud au nord de 23 degrés et demi; il sert de pendule, en indiquant les mois, les semaines et les jours, sans qu'il soit besoin de régler la date tous les mois comme aux autres horloges. Il marque le degré de l'éloignement du soleil, de l'équateur, et montre l'heure qu'il est au même instant dans tous les endroits de la terre. Cette pièce, approuvée par l'Académie de Berlin, qui l'a fait graver à ses frais, et en a inséré la description dans ses journaux, se monte tous les huit jours.

GLOBE HYDRAULIQUE. Les eaux sont pour l'ornement de nos jardins ce que les glaces sont pour la décoration de nos appartemens; mais une eau jaillissante offre un spectacle plus animé qu'une eau tranquille. On peut faire prendre à cette eau plusieurs formes plus piquantes les unes que les autres : celle dont il s'agit ici, consiste à faire un globe creux de cuivre ou de plomb, d'une grosseur proportionnée à la quantité d'eau qui sort du jet d'eau sur lequel on veut poser cette pièce. Il faut lui donner

quelque épaisseur, et le percer d'une quantité de petits trous qui soient tous dans la direction des rayons de ce globe, en observant avec grand soin que si le jet d'eau ou ajutage sur lequel on doit adapter le globe, a un pouce à son ouverture, il faut que la totalité de ces trous ne puisse donner passage qu'à une quantité d'eau moindre ou égale. On ajuste à ce globe un tuyau de telle hauteur qu'on juge convenable, et qui puisse, par son extrémité, entrer à vis dans le bout du tuyau d'où part le jet d'eau. L'eau jaillissante se répandra dans tout l'intérieur du globe, et s'élançant par tous les petits trous qui y ont été faits, elle en suivra la direction, et produira un globe d'eau très-agréable à voir.

GLOBES CÉLESTES ET TERRESTRES. Parmi les instrumens qui contribuent le plus au progrès des connaissances dans l'étude de la géographie et de l'astronomie, il faut mettre au premier rang les *sphères* qui nous présentent l'image du ciel et de la terre dans leur position, sinon mathématiquement vraie, au moins assez rapprochée pour l'usage auquel elles sont destinées, et pour nous donner une idée du système du monde, système digne de notre admiration et de notre profonde vénération.

Il est peu de personnes qui ne connaissent ces globes célestes et terrestres, qui, dans l'éducation de la jeunesse, servent à donner les premiers élémens de la géographie.

Ce qui va suivre, fera con-

naître combien ils sont susceptibles de perfection.

Le *Journal des Savans*, 1709,
suppl. p. 327 de la 1re édit., et
p. 279 de la seconde, fait men-
tion d'un globe céleste, construit par M. Cassini, par rapport aux mouvemens des étoiles fixes ; ce globe pouvait tourner également sur l'axe de
l'équateur et sur celui de l'é-
cliptique.

En 1725, Isaac Broukner
avait trouvé beaucoup de difficultés sur la position d'un
grand nombre de lieux diversement marqués par plusieurs
auteurs ou observateurs, et assez souvent même variante,
selon que les différences des
méridiens étaient exprimées en
temps ou en degrés. Il vint à
Paris pour s'éclairer sur tous
ses doutes, et M. Delille lui en
leva la plus grande partie. Ce
fut dans ce temps qu'il construisit, avec toute la précision
possible, un globe terrestre de
cuivre rouge de deux pieds de
diamètre. Ce globe, outre la
grande exactitude des positions,
avait cet avantage, que par
des dispositions nouvelles et
très - ingénieuses dans certains
cercles mobiles, on pouvait y
faire facilement et exactement
toutes les opérations qui se
font sur les globes, comme de
connaître l'heure, pour quelque pays que ce soit, la marche progressive du jour, de la
nuit, et des crépuscules sur
tous les points de la terre. Ce
globe fut présenté à l'Académie, et reçut son approbation.
(*Collect. Acad.*, *partie franç.*,
t. V, p. 430.)

Cette même *Collection*, t. VI,
p. 549, met au nombre des
machines et inventions approuvées par l'Académie en 1727,
un globe céleste mouvant de
M. Outhier, prêtre du diocèse
de Besançon. Il représentait le
mouvement diurne et annuel
du soleil, leur différence ou
celle du temps vrai et du moyen,
tous les mouvemens de la lune,
ses phases, les éclipses, le passage des étoiles fixes par le mé-
riden, leur mouvement particulier, etc.; tout cela par la
construction intérieure du globe, qui contenait deux mouvemens séparés, dont l'un se faisait
sur l'axe de l'équateur, et l'autre sur celui de l'écliptique ; il
contenait aussi une horloge
sonnante. Quoiqu'il existât déjà
plusieurs ouvrages de ce genre,
l'Académie trouva celui - ci
très-ingénieusement imaginé,
sur-tout à cause de quelques
dispositions nouvelles, telles
que celles, entr'autres, relatives
aux phases de la lune et à ses
latitudes.

M. Passement présenta à l'A-
cadémie, en 1749, une sphère
mouvante, dans laquelle les
révolutions des planètes, suivant l'hypothèse de Copernic,
étaient assez précises pour ne
pas s'écarter d'un degré en
deux ou trois mille ans. Cette
sphère tirait son mouvement
d'une pendule à répétition et
à sonnerie : cette pendule, qui
était au-dessous, marquait le
temps vrai et le temps moyen,
le quantième du mois, celui
de la lune, ses phases, en un
mot faisait tout ce que pourrait

faire une bonne pendule qui n'aurait point un système de planètes à faire mouvoir. (*Coll. Acad.*, part. *fr.*, t. X, p. 478.)

En 1759, le S^r. Passement fit, pour M. de Marigny, deux globes de près d'un pied et demi de diamètre, dont les horisons étaient montés sur de grandes consoles de bronze doré ; ces deux globes étaient mis en mouvement par une mécanique singulière qui était enfermée et ne paraissait pas. Le *globe céleste* tournait sur lui-même en 23 heures 56 minutes 4 secondes, temps de la révolution des fixes, en sorte que l'on voyait toutes les étoiles qui se levaient, se couchaient, et passaient au méridien : un soleil faisait le tour de ce globe en parcourant en une année l'écliptique, sans que l'on vît comment il communiquait avec le rouage qui le faisait mouvoir. Au pôle arctique était placé un cadran d'émail, où l'heure et la minute étaient marquées. Le *globe terrestre* tournait sur lui-même en 24 heures. Au zénith, était placé un soleil qui semblait éclairer le globe; l'horizon servait à séparer la partie éclairée de la partie obscure ; toutes les villes qui atteignaient les bords de l'horizon, entraient dans la lumière : celles qui passaient sous le soleil avaient le midi ; celles qui atteignaient le bord opposé de l'horizon, entraient dans la nuit. Le pôle du nord s'élevait et s'abaissait de 23 degrés et demi, suivant l'ascension et la déclinaison du soleil en été

et en hiver. Par ce mouvement, les jours croissaient et décroissaient régulièrement ; on voyait les pays qui avaient six mois de jour et six mois de nuit. Les saisons se succédaient avec exactitude. On ne montait que toutes les semaines ces globes, qui depuis furent présentés au roi par le marquis de Marigny, et portés au château de la Muette.

La *Coll. Acad.*, part. *franç.*, t. XIV, p. 366, fait mention d'une très-belle sphère mouvante, présentée à l'Académie des sciences, en 1766, par M. Castel.

En 1779, on voyait, chez M. Le Guin, un globe de crystal d'un pied de diamètre, représentant le système du monde. Sur la surface de ce globe, étaient gravées les constellations et les principales étoiles : au centre était placé le système planétaire, qui se mettait en mouvement par une pendule placée dans le piédestal. Cette machine, au jugement de l'Académie, offrait à la vue le même spectacle que celui dont on jouirait si l'on était placé au-delà de la région des étoiles, suivant notre système du monde. M. Le Guin, disent les commissaires, paraît être le premier qui ait mis à exécution ce firmament transparent, n'y en ayant jamais eu de semblable, si ce n'est celui qu'au rapport de Claudien Archimède avait exécuté. (*Journal de la Blancherie*, 1786, p. 119.)

Cette même année 1779, il parut un autre globe terrestre

mouvant, de l'invention du Sᵉ. Legros, horloger. Voici la description qu'en donne le journal intitulé *Nouvelles de la République des Lettres et des Arts*, par *M. la Blancherie*, 1779, p. 55.

Ce globe est composé de deux parties très-distinctes : 1°. le globe terrestre représentant tous les pays, tel enfin que les globes ordinaires ; 2°. un assez grand cadran placé à l'extrémité de l'axe, qui se termine au pôle arctique. Ce cadran marque les heures et les minutes, comme ceux des pendules.

Ce globe peut faire connaître, avec beaucoup de précision, le mouvement diurne et le mouvement annuel de la terre :

Le mouvement diurne, en ce que ce globe fait en 24 heures une révolution totale d'orient en occident, en sorte que tous ces points d'un pôle à l'autre passent sous un méridien qui est fixe, que l'on peut supposer être le soleil, et avec lequel le mouvement du globe peut être comparé :

Le mouvement annuel, parce que l'auteur a disposé un petit soleil qui se meut autour de ce globe, de manière à indiquer pour chaque jour, non-seulement le lever et le coucher de cet astre, mais de plus le degré du zodiaque sous lequel il est apperçu de la terre, en sorte que du tropique du cancer au tropique du capricorne, et de celui-ci au premier, on peut s'assurer jour par jour des degrés que la terre a parcourus, par ceux qu'a parcourus ce petit soleil.

Ce globe peut donner d'une manière bien précise la comparaison du temps *vrai* au temps *moyen*.

Le temps *moyen* est indiqué par le cadran dont il a été parlé plus haut, et le temps *vrai* est donné par le mouvement du globe sur lui-même.

Au moyen de ce globe, selon l'auteur, on peut connaître, avec une très-grande exactitude, le lever et le coucher du soleil et son passage dans le méridien, l'âge et les phases de la lune, le mouvement *diurne* et le mouvement *annuel* de la terre, l'heure selon le temps *vrai* et selon le temps *moyen*. On peut en opérant sur ce globe, comparer l'heure qu'il est dans le degré le plus éloigné, avec celle de notre pays.

Le mouvement qui met en jeu cette machine, est hermétiquement renfermé dans ce globe, et ne se remonte que tous les 15 jours ; et comme les aiguilles n'ont que le jeu nécessaire à leur mouvement, l'auteur assure qu'elles indiquent avec la plus grande justesse les objets ci-dessus annoncés.

M. l'abbé Grenet, professeur au collège de Lisieux, proposa en 1784 d'exécuter une sphère avec deux globes d'un pied de diamètre chacun, l'un terrestre, l'autre céleste, qui devaient tourner autour d'une lanterne à deux faces, par le moyen d'un rouage très-simple. Avec cette sphère, on connaîtrait non-seulement le lever et le coucher du soleil pour tous les peuples du monde, mais encore celui des étoiles, à quelques jours et quelques heures du jour que ce soit. En un mot, elle devait indiquer l'état de la terre et du ciel dans toutes les saisons et pour tous les pays. L'auteur ne devait l'exécuter que lorsqu'on la lui demanderait. Le prix de la moins ornée était de 400 à 500 liv.

En 1787, ce professeur fit annoncer dans le *Journal de Paris*, p. 257, une sphère céleste représentant clairement aux yeux la grande révolution de 25,000 ans, la précession des équinoxes, la variation de l'équateur, et le changement de position de l'étoile polaire, qui sont les suites nécessaires de cette révolution.

Voyez au mot *Loxocosme*, la description d'une machine inventée par M. Flecheux, pour démontrer les phénomènes des saisons et l'inégalité des jours.

§ Ier. *Globes célestes et terrestres portatifs.*

Un particulier proposait une invention qui pourrait être utile à beaucoup de personnes. Les globes célestes et terrestres, tels qu'on les fabrique ordinairement en bois ou en carton, ne peuvent être d'usage que dans un lieu stable : les voyageurs qui seraient curieux de consulter ces machines, soit à l'occasion des phénomènes, soit pour s'assurer de certaines positions, sont privés nécessairement du plaisir de satisfaire leur curiosité, parce qu'on ne se charge pas d'un meuble aussi embar-

rassant en voyage. Il imagina donc qu'il serait aisé de suppléer à ces globes solides par des globes à vent, qui seraient certainement portatifs. Aurait-on envie de parcourir le ciel ou la terre ? le globe s'enflerait sur-le-champ, comme on enfle un ballon; et ce qui n'occupait pas 6 pouces cubes d'espace dans une malle, prendrait un volume de 18, 20, 30 pouces de diamètre. On pourrait poser ce globe sur un pied de fil d'archal, au moyen d'une petite planche de quelque bois fort léger : il faudrait que ce globe céleste ou terrestre fût exactement tracé et bien imprimé sur une peau apprêtée exprès pour recevoir tous les traits, toutes les figures qui représentent les constellations ou les divisions de la terre.

Depuis que l'étude de la géographie et celle des mathématiques entrent dans l'éducation des personnes opulentes, on a vu faire un objet de luxe des instrumens dont ces deux sciences empruntent les secours. On fait aujourd'hui, dans quelques verreries, des globes de verre d'un assez grand diamètre de différentes couleurs; sur la surface des uns, qui sont intérieurement étamés, sont peintes les quatre parties du monde avec les principales îles : les terres sont en couleur naturelle, rehaussées d'or; les fleuves sont représentés par le fond de la glace. Les globes célestes sont d'un bleu très-foncé, étamé; et les étoiles, qui forment les principales constellations, sont peintes

tes en or. Ces globes sont très-propres à décorer des appartemens et des cabinets de physique. (Voyez *Journal Encycl.*, 15 octobre 1772.)

Nous ne saurions parler des sphères mouvantes et des globes portatifs, sans rappeler la description et l'explication que M. de la Hire a données des deux fameux globes céleste et terrestre de 34 pieds de circonférence chacun, que M. le cardinal d'Estrées avait fait construire avec un très-grand soin par le P. Coronelli, placés ensuite dans les pavillons du château de Marly, et depuis transportés à la bibliothèque du roi. Les horisons et les méridiens avaient été exécutés par Butterfield, en bronze, de 13 pieds de diamètre. M. de la Hire a joint à sa description, dont il est fait mention dans le *Journal des Savans*, 1704, p. 641, 516, un traité des globes, où, dans une explication courte et serrée, il a eu l'adresse de renfermer une infinité de choses, qu'il est utile et agréable de savoir.

GLOBES DE VERRE. (Voyez *Boules de verre.*)

GLU. La pipée étant un genre d'amusement très-agréable à la campagne, nous allons indiquer la manière de se procurer de la glu; d'autant mieux qu'on peut aussi s'en servir pour sauver les plantes de l'attaque des chenilles et autres insectes destructeurs.

La matière qu'on emploie ordinairement pour faire cette composition tenace et visqueuse,

est la seconde écorce de houx. (*Ilex aquifolium*, Linn.) On enlève cette écorce dans le temps de la sève; on la laisse pourrir à la cave dans des tonneaux on la bat ensuite dans des mortiers, jusqu'à ce qu'elle soit réduite en consistance de pâte, que l'on lave à grande eau; on la met dans des barils où elle se perfectionne en poussant une écume que l'on enlève. Cette glu ainsi préparée demande à être employée sur-le-champ, parce qu'elle perd promptement ses propriétés visqueuses et glutineuses étant exposée à l'air; mais on en fait une qui peut être conservée plus long-temps.

Pour cet effet, on prend une livre de la glu que nous venons d'indiquer; on la bat bien jusqu'à ce qu'elle ne contienne plus d'eau : on la laisse sécher; on la met ensuite dans un pot de terre, et on y ajoute de la graisse de volaille, autant qu'il est nécessaire pour la rendre coulante, une once de vinaigre, demi-once d'huile d'olive, et autant de térébenthine; on fait bouillir le tout à petit feu pendant quelques minutes, en le remuant toujours. Quand on veut l'employer, on l'échauffe; et pour empêcher que la glu ne se gèle en hiver, on y mêle un peu d'huile de pétrole.

On peut employer plusieurs substances visqueuses à faire de la glu, tels que les baies, l'écorce du gui, les racines de viorme; peut-être y emploirait-on avec succès le jus des plantes visqueuses, tels que celui de sureau, de racines de narcisses, de jacinthe, ou autres racines bulbeuses. Des matières animales, des limaçons, limaces, entrailles de chenille, mêlées avec de l'eau, et battues avec de l'huile, font une sorte de glu tenace. (Voyez *Collection Acad.*, *part. fr.*, t. V, p. 170).

La même *Collection*, même tome et même page, fait mention d'une glu animale, tirée d'une espèce de chenille, commune à Perpignan.

GOBELET. On lit dans les *Affiches de Bourges*, que M.***, curé du diocèse de Bourges, a inventé un gobelet dont l'utilité est remarquable : il est construit de manière que l'on peut boire en courant en poste, et sans craindre que le mouvement d'une main tremblante renverse la liqueur qu'il contient. Il est tel, qu'un malade, sans lever la tête de dessus son oreiller, peut boire facilement.

Il en a inventé un autre, à double fond, à la faveur duquel on peut boire deux espèces de liqueurs ensemble ou séparément.

On en vend à Paris, chez le sieur Dunan, marchand clincaillier, rue Coquillère, en face des petits Augustins. (*Journal de France*, 1787, n°. 62).

GOMME ADRAGANTE. Cette substance que donne l'astragale de l'île de Crète (*astragalus cretica*, L.), est employée en médecine comme incrassante. Elle est nutritive. On s'en sert pour donner de la consistance à plusieurs médicamens. On la fait entrer dans les crèmes et les gelées. Mêlée avec la farine, elle augmente la force agglutinative. Il est fâcheux que cette substance, également utile dans les arts, soit chère ; ce qui engage ou à l'altérer, ou à lui substituer d'autres matières. La gomme adragante est blanche, opaque, en petits morceaux contournés, comme des vermisseaux : dans l'eau, elle se réduit en gelée.

L'Académie des sciences et belles - lettres de Marseille a proposé pour sujet du prix, en 1787, la question suivante : *Si la plante vulgairement appelée barbe de renard, et connue des botanistes sous le nom de tragacantha massiliensis, qui croit naturellement sur les bords de la mer, en Provence, est la même que celle qu'on cultive dans le Levant pour extraire la gomme adragante, et quelle serait la manière de la cultiver avec succès pour en extraire cette gomme ?* Nous ignorons si le prix a été remporté.

GOMME COPALE. (Voyez *Résine copale*).

GOMME ÉLASTIQUE. (Voyez *Résine élastique*).

GOMME DE GENIÈVRE. C'est la même chose que le camphre artificiel. (Voyez *Camphre*).

GONIOMÈTRE ou instrument pour mesurer les angles. (*Voyez* l'article *Géométrie*).

GOUDRON. Nous avons dit, au mot *Charbon-de-terre*, qu'on en pouvait tirer de cette matière. La *Gazette de France*, 1795, n°. 158, dit que le baron Meydeinger a trouvé, par des moyens chimiques, un bitume artificiel très-facile à préparer. Dans quelques heures, sans feu, et à peu de frais, on peut en obtenir plus de 20 quintaux. Ce bitume a la consistance, la couleur noire et luisante, la viscosité et les autres propriétés du bitume naturel ; il a l'odeur de naphte à un très-haut degré. Il est plus tenace, résiste plus à l'eau que le goudron, garantit les navires de la pourriture ; et, par sa forte odeur, préserve les vaisseaux de l'attaque des vers qui les rongent, ainsi que les bois des ponts, des digues, des moulins. En l'atténuant, on peut l'employer à graisser les essieux. Enfin, dit-on, c'est un excellent vernis noir pour le cuir, et un enduit très-solide pour le fer. (Voyez *Charbon-de-terre*).

GOUTTE. Nous ne manquons pas de recettes contre cette cruelle maladie ; les livres et les journaux en sont farcis. Laissons aux gens de l'art à démêler celles qui sont vraiment salutaires. Nous nous contenterons d'en indiquer quelques-unes qui ont déjà passé à la censure, et qui peuvent être censurées encore.

Les Chinois se guérissent de cette maladie en brûlant sur la partie affectée des petits cônes d'une espèce de coton, qu'on nomme *moxa*, qui, à ce qu'on assure, n'est autre chose que l'armoise, qu'on a fait sécher, que l'on bat ensuite, et qu'on froisse jusqu'à ce que la partie ligneuse s'étant détachée, il ne reste qu'une partie lanugineuse. Il y a dans la *Collect. Académ.*, *partie étrang.*, tom. III, p. 311, 359, 456, 645 ; t. VI, p. 329,

plusieurs expériences qui paraissent annoncer ce remède comme souverain et peu douloureux. *Voyez* aussi le *premier Rapport général des Travaux de la Société Philomatique*, p. 209.

Il paraît que le *moxa* n'est pas absolument nécessaire pour cette opération, puisque les Espagnols ont apporté de l'Amérique une mousse qu'ils employaient au même usage, et dont M. Homberg atteste avoir vu d'heureux effets. (*Voyez* même *Collection Acad.*, *part. étrang.*, tom. VII, p. 83).

Parmi les différentes recettes insérées dans le journal intitulé *Nouvelles de la République des Lettres et des Arts*, par M. la Blancherie, 1786, p. 179, 477, 478, 480 et 537, on indique comme un très-bon remède de faire infuser deux onces de résine de gayac dans trois pintes de bonne eau-de-vie de sucre, qu'on nomme vulgairement *taffia* ; en prendre tous les matins deux cuillerées à bouche, avec une tasse de thé par-dessus. Si ce remède ne guérit pas, il soulage infiniment ; d'ailleurs il fortifie l'estomac, purifie le sang, et facilite les excrétions. C'est le remède des Caraïbes.

La poix-résine, suivant Bartholin (*Coll. Acad.*, *part. étr.*, tom. VI, p. 145), est encore d'un secours utile pour soulager la goutte.

En 1778, le sieur Bourbon, ingénieur, fit annoncer dans le public un instrument dans lequel l'usage de la machine pneumatique était particulièrement employé pour calmer la douleur, et faire descendre la goutte quand elle remontait à l'estomach. Il ne paraît pas que cet instrument ait eu un grand succès.

M. Cullen, médecin anglais, dans son *Cours de matière médicale* dont M. de Vaumorel nous a donné la traduction, s'élève contre l'usage de la poudre du duc de Portland, contre la goutte, et en démontre les dangers.

Nous terminerons cet article par indiquer la composition de M. Archidet, pour la cure de la goutte, des rhumatismes, et du rachitis, sur laquelle MM. Darcet, Deyeux et Duhamel ont fait un rapport favorable, inséré dans le *Journal des Inventions et Découvertes*, imprimé en 1793, tom. Ier., p. 310.

La table du *Journal des Savans* contient une longue énumération de dissertations et traités sur cette matière.

On vient d'annoncer dans les papiers publics (nivôse an 9), que la Société royale de Londres avait communiqué à l'Institut national de France un remède qui consiste dans l'usage du gingembre mêlé avec du lait. Sans doute, si ce remède est aussi efficace qu'on le dit, l'Institut en fera connaître les détails.

GOUTTE SEREINE. La répugnance que nous avons à faire entrer dans cet ouvrage ce qui est du ressort de la médecine, sur quoi nous estimons qu'on doit consulter les gens de l'art, nous détermine à renvoyer nos lecteurs au journal intitulé *Nou-*

velles de la République des Lettres et des Arts, par M. la Blancherie, année 1785, p. 153, 275, 321, 377, et année 1786, p. 93, et 254, où l'on trouvera quelques recettes sur cette maladie: nous nous reprocherions de ne les avoir pas fait connaître, si elles sont bonnes.

GOUTIÈRES. (Voyez *Chanées*).

GRAINES. Il serait difficile d'établir la différence qu'il y a entre *graines* et *grains*; l'usage seul a déterminé le sens et les acceptions de ces deux dénominations. Il paraît qu'on a adopté le mot *grains* pour désigner le bled, le seigle, l'orge et l'avoine, et qu'on a rangé dans la classe des graines toutes les autres semences, soit alimentaires, soit potagères, soit de jardinage, etc.

Le *Journal des Savans*, 1685, p. 12, 1re. édit., et p. 9 de la 2e., fait mention d'une expérience faite en Angleterre et communiquée par M. Papin: on sème de la laitue dans une terre préparée, et en moins de deux heures, elle a poussé la longueur d'un pouce, en comptant la racine.

Ce même journal, année 1666, p. 237, 393, indique le moyen de faire pousser le persil hors de terre en fort peu d'heures.

Dans un petit livre intitulé: *Instructions faciles pour connaître toutes sortes d'Orangers et de Citronniers*, on trouve un secret pour faire venir toutes espèces de plantes d'une prodigieuse grosseur. Voyez ce qu'en dit le *Journal des Savans*, 1675, p. 115, 204.

On avait avancé que les graines semées avant leur maturité, produisaient des plantes hâtives. On avait même indiqué un moyen pour se procurer du fourrage en peu de temps; M. Sylvestre a répété cette expérience. Les semences qui n'étaient pas mûres n'ont pas même germé. (*Bulletin de la Société Philomatique* , 6 juin 1791).

L'assemblée nationale avait institué des prix pour les ouvrages qui , au jugement de l'Académie des sciences , seraient jugés les plus utiles aux sciences. Parmi ceux mentionnés avec éloge en 1792, par les commissaires de l'Académie, se trouve un ouvrage de M. Guatner : *de Structurâ Seminum*, où ce savant a donné la description et l'anatomie de 1200 espèces de fruits et de semences prises dans différens genres , dont les rapports étaient peu connus. Une belle collection de toutes les graines et semences , n'est point du tout une chose indifférente aux yeux des naturalistes; je voudrais que toutes les galeries d'histoire naturelle en fussent ornées, que chaque département eût dans son musée une suite complette de toutes les graines et semences des plantes qui croissent dans ses différens districts et cantons; que chaque cultivateur, chaque jardinier eût sur sa cheminée un échantillon de tous les grains et semences qu'il cultive; enfin , que tout amateur de botanique eût dans son cabinet une collection de graines et semences. Ces collections exposées continuellement sous les yeux , vaudraient bien ces herbiers ou jardins secs que l'on tient enfermés, et qui sont si difficiles à bien conserver.

Il est étonnant que depuis que nous pratiquons la Chine, nous ne nous soyons pas encore procuré plusieurs de leurs grains dont on dit des merveilles , et que l'on nous en ait apporté des arbres , ou inutiles , comme leur mûrier, ou nuisibles , comme l'arbre du vernis. On dit qu'ils ont chez eux une espèce de grains appelé *ma* , dont une variété nommée *tchy-ma* a la propriété, quand on en a mangé un peu, d'appaiser pour long-temps la faim , de rendre la pâtisserie plus délicate et de meilleur goût, de fournir une huile qui donne du lustre et de la beauté aux cheveux, de dissiper la mauvaise odeur des viandes, l'air mal-sain et même le poison : ce grain donne de l'embonpoint; enfin il sert d'appât pour le poisson, qu'il fait mourir dans les petites rivières.

Si toutes ces qualités ne sont pas exagérées , ce grain est un trésor; il faudrait tout faire pour se le procurer. (*Journal de Physique*, t. II , p. 1773).

§ Ier. *Choix des graines.*

La Commission de l'agriculture et des arts a fait imprimer, en 1794, une instruction sur les moyens de reconnaître la bonne qualité des espèces de graines les plus utiles et les plus répandues. Cette instruction se trouve imprimée dans la *Feuille du Cultivateur*, 5ᵉ. année, p. 15. Il en résulte qu'en général il faut choisir de préférence les semences nettes et pures ; qu'en mettant de la graine sur une feuille de papier, et lui imprimant le mouvement du van, il est facile de juger celles qui n'ont pas les propriétés, la néteté convenables. L'épreuve de la submersion, vantée comme une pierre de touche pour les grains qui ont une pesanteur spécifique plus considérable que l'eau, y est regardée comme illusoire, puisque celles dans lesquelles l'énergie de la reproduction se trouve tout-à-fait éteinte n'en vont pas moins au fond de l'eau. Nous indiquerons, à l'article de chaque graine et légume, les caractères auxquels on peut reconnaître la bonne qualité des semences.

On trouvera aussi dans le *Journal des Inventions et Découvertes*, imprimé en 1793, tom. II, p. 29, une instruction adressée par la Convention Nationale aux cultivateurs sur les semailles d'automne. Elle contient des réflexions générales sur le chaulage, sur les engrais, et des observations particulières sur quelques grains, graines et légumes.

§ II. *Transport des graines et semences.*

L'expérience a démontré que des graines enfermées avec grand soin dans des bouteilles bien bouchées et gaudronnées, arrivaient, au-delà des mers, en apparence, les plus belles et les mieux conservées ; mais elles étaient hors d'état de germer.

On a reconnu que la meilleure manière de les envoyer, est de les envelopper dans des cornets de gros papier brouillard, bien sec, que l'on ferme et que l'on cachète, et de mettre ensuite ces cornets dans du son.

Voyez au mot *Histoire naturelle*, § II, le moyen de les conserver dans les transports ; *voyez* aussi l'article *Semis*.

§ III. *Moyen de préserver les graines de navets, de choux, de chanvre, de lin, et autres végétaux, de l'attaque des insectes.*

Voici un moyen mis en pratique avec succès, par un cultivateur anglais, et qui a été inséré dans les papiers publics de Londres. Mettez, pendant trois jours consécutifs, une once de fleur de soufre et trois livres de graine de navet dans un pot de terre vernissé ; couvrez bien le pot, et remuez-le pendant quelque-temps, toutes les fois que vous ajouterez du soufre et de la graine, pour que le soufre communique mieux son odeur à la graine que vous aurez soin de semer, suivant la méthode ordinaire. Que la saison soit humide ou sèche, vous n'aurez pas à craindre que les mouches et autres insectes approchent de vos plantes, à cause de l'odeur qu'elles conserveront, du moins pendant quelque-temps. (Voyez *Insectes*.)

GRAINE D'AVIGNON. On donne ce nom au fruit du petit nerprun, arbrisseau très-commun en Provence, ainsi que nous l'avons remarqué dans notre *Manuel du Naturaliste*, au mot *Nerprun*. Cette graine, ou plutôt ces baies cueillies avant leur maturité et séchées lentement, donnent une belle teinture jaune, qu'on exalte encore en y mettant un peu d'alun de roche. Ces mêmes baies prises dans leur maturité, c'est-à-dire lorsqu'elles sont noires, donnent un beau verd; mais elles ont besoin pour cela de la préparation indiquée au mot *Verd de vessie*. (Voyez cet article.) On trouve de la graine d'Avignon, ainsi que du verd de vessie, chez tous les marchands de couleurs. Quant à la couleur jaune, on la retire par une simple infusion à froid dans l'eau commune. Quand elles ont été cueillies avant leur maturité, et qu'on les a fait sécher pour les garder (c'est dans cet état qu'on les trouve communément chez les marchands de couleurs), il faut ajouter un peu d'alun de roche dans l'infusion: employez-la nouvellement faite. Cette couleur n'a point de corps; elle est très-bonne pour enluminer des globes, des cartes de géographie, etc., où il est important qu'on apperçoive distinctement les traits de la gravure. Il paraît aussi que l'on peut tirer quelque parti des baies de notre nerprun ordinaire. (Voy. *Nerprun* et *Jaune*.)

GRAISSE *pour les voitures.*

On distingue deux sortes de graisse d'asphalte; l'une est épaisse, et l'autre claire: l'épaisse est très-propre pour graisser les roues des carrosses, les trains et toutes sortes de voitures: elle est supérieure au vieux-oing; elle est plus utile, de plus de durée, et est plus d'un tiers à meilleur marché. Suivant l'expérience physique qui en a été faite, elle est amie du fer et nourrit le bois; elle ne se corrompt jamais, et se conserve sans diminution de poids et sans perdre sa qualité. L'odeur en est bonne et saine. Six onces suffisent pour graisser un carrosse, et durent six jours de travail dans Paris. On doit, pour employer cette graisse, se servir d'une spatule de bois ou de fer, avec laquelle on l'étend sur les essieux; elle ne coule point et ne forme aucun cambouis. Lorsqu'on en est taché, on peut se nétoyer avec de la simple eau de savon froide; s'il arrivait qu'on en fît tomber sur quelque équipage, on n'a qu'à prendre un peu d'huile avec une éponge, la passer sur la partie barbouillée, et l'essuyer ensuite avec un linge, tout disparaît; la peinture ni le vernis n'en seront point endommagés. (V. *Taches*, § Ier.)

La graisse claire est à meilleur marché que l'épaisse, et a la même propriété; elle n'est employée que par les rouliers et charretiers, qui gagnent beaucoup à s'enservir de la même manière que de l'épaisse. On l'emploie très-utilement à graisser toutes sortes de machines à frot-

4

tement, comme rouets, pressoirs, moulins ; et l'on remarque qu'elle est souveraine pour les javars, malandres, excoriations, et crevasses de chevaux.

L'huile d'asphalte provenant de la même mine et manufacture de ce nom, a les mêmes propriétés que celles de Pétrole, d'Italie et de Languedoc : elle produit de très-bons effets pour la guérison des rhumatismes, des humeurs froides, des maladies de nerfs, et des épidémies des bestiaux.

Cette manufacture, qui a des dépôts à Paris, est établie en Basse-Alsace, près Hagueneau.

GRANGES. Les laboureurs n'ayant pas, dans certaines années, d'emplacemens suffisans pour serrer leur moisson, nous croyons les servir en leur donnant la description d'une espèce de grange de facile construction et très-commode, fort usitée en Allemagne, et sur-tout près des villes Anséatiques. Ces granges ne sont composées que de huit pièces de bois de dix à douze pouces en carré, et de quatre-vingt à cent pieds de long, qu'on raccourcit et qu'on augmente suivant le besoin du propriétaire. Ces pièces de bois, qu'on peut appeler proprement piliers, sont enfoncées dans la terre jusqu'à une certaine profondeur : par exemple, de cinq à six pieds. A certaine hauteur on établit un plancher solide, qui sert à lier les huit piliers, et à les empêcher de se déranger de leur direction. Le dessous de ce plancher sert de remise pour y loger les charrues et autres instru-mens nécessaires à la culture ; au-dessus on établit pareillement un toît mouvant, qu'on couvre de paille ou de roseau, etc. : ce toît se hausse et se baisse par le moyen de chevilles de fer qu'on fiche le long des piliers, qu'on a soin de percer pour cet effet de deux pieds en deux pieds, suivant la quantité de gerbes qu'on a à placer dessous, et alors on arrête ce toît mobile.

Cette grange a beaucoup d'avantage non-seulement sur les meules, mais encore sur les granges ordinaires, où les semences se trouvent presque toujours exposées à l'air, par la manière dont les boîtes sont disposées.

GRAPHOMÈTRE. Tout le monde sait que le graphomètre est un instrument employé par les arpenteurs, pour rapporter sur le papier les surfaces qu'ils ont mesurées, c'est-à-dire lever des plans ; mais cet instrument est borné à cet usage. M. Eckhard, de l'Académie royale de Londres, a, dans un ouvrage publié en 1778, annoncé un *graphomètre universel* d'un service bien plus étendu (d'autres lui donnent le nom de *scenographe.* Voyez *Paysage, Scenographie*). On peut avec cet instrument dessiner non-seulement un plan géométral, mais aussi en perspective, ou ce qui est plus difficile, en vue de plafond, et cela sans avoir les principes du dessin. Si cet instrument tient ce qu'on en promet, il est assurément bien précieux. *Voy.* ce qu'en dit le *Journal de la Blancherie*, 1779, p. 47.

On trouve dans le même journal, 1779, p. 157, l'annonce d'un graphomètre géométrique, inventé par M. Fyot, professeur de mathématiques à Lyon. Cet instrument promet à-peu-près les mêmes effets et les mêmes avantages.

La *Collect. Acad., part. franç.*, tom. XV, p. 422, fait mention d'une alidade de M. Dupré de Retonfay, par le moyen de laquelle on peut avoir sur un plan qu'on lève, la position de tous les objets placés haut et bas, réduite à l'horizon.

Dans le *Journal des Inventions et Découvertes*, imprimé en 1793, t. Ier., p. 293, on donne la description d'un instrument de trigonométrie, inventé par M. Freville, qui lui a donné le nom d'*agrichnographe* Cet instrument réunit en partie les avantages de la planchette et du graphomètre ; il mesure les angles avec la même exactitude que le graphomètre ; il donne comme la planchette et sans calculs, la connaissance de tous les côtés, avec la facilité de faire, d'une manière très-expéditive, sur les lieux mêmes, le canevas du plan. Il dispense de l'usage des tables de sinus et de logarithmes, et même des tables de Baudusson. Les opérations peuvent se faire sans porter la chaîne ailleurs que sur la base, et sans être obligé de traverser et de causer du dégât sur le terrain couvert de grains. En deux stations, on peut dans plusieurs cas, à l'aide de cet instrument, déterminer sur le local la continence de plusieurs possessions différentes. C'est avec cet instrument et la planchette, qu'on se proposait de faire les opérations de détail du cadastre de la république française.

§ Ier. *Manière de caler un graphomètre et autres instrumens portatifs.*

En 1751, M. Langlois a présenté à l'Académie des sciences une machine propre à caler les instrumens portatifs, et à les mettre dans une situation verticale. Elle consiste en un chassis attaché horisontalement au bas de la douille du genou, dans lequel peut couler, au moyen d'une vis de retenue, une pièce qui porte l'écrou d'une autre vis. Cette dernière pièce est jointe à l'instrument, et sert par son mouvement à en mettre le plan dans une situation verticale, tandis que l'action de la première vis le fait mouvoir sans sortir de son plan, jusqu'à ce que le rayon O, ou le commencement de la division, réponde à un fil à-plomb attaché au centre.

Cette machine a depuis été perfectionnée et simplifiée par M. Simon. Celui-ci, au lieu d'appliquer immédiatement la machine à la douille du genou et à l'instrument, brise la tige du genou en deux parties, dont la supérieure peut faire tel angle qu'on voudra avec l'inférieure, par le moyen de deux vis, dont les écrous coulent entre deux platines attachées à cette dernière. De cette manière la partie supérieure pourra toujours se mettre verticale quand on le voudra, et l'instrument, auquel on fixe une fois pour toutes une douille, dont l'axe est parallèle au rayon O, tournera tout autour de l'horison sans sortir de sa situation verticale; ce qui est extrêmement commode lorsqu'on veut prendre des hauteurs correspondantes, faire des observations d'astres dans un même vertical, etc. L'Académie a jugé cette mécanique très-commode et utile à tous ceux qui se servent d'instrumens portatifs.

Voyez le supplément de l'*Encyclopédie*, t. II, p. 124, article *Caler un quart de cercle*.

GRAVURE. La gravure, cet art aimable, utile, précieux, et d'autant plus admirable, qu'il n'a pour moyens que le seul emploi du blanc et du noir pour rendre les objets, est destinée principalement à servir tous les autres arts; elle seule peut conserver des traces de toutes les inventions humaines qui passent si rapidement, et en transmettre d'âge en âge d'utiles ou de curieux modèles. Puisque nous devons faire un jour partie de la respectable antiquité qui, après la révolution de huit ou dix siècles, sera l'objet des conjectures ou des savantes spéculations des modernes d'alors, il est important de conserver précieusement les procédés d'un art aussi utile. Mais comme il n'est pas dans notre plan de donner la description des arts, description confiée, graces aux soins de l'Académie des scien-

ces, à des mains plus habiles et plus exercées que les nôtres, nous ne nous attachons qu'à quelques découvertes nouvelles ou à quelques procédés détachés qui pourraient échapper à la postérité, si l'on négligeait de les recueillir, soit parce qu'ils ne sont pas encore conduits à leur perfection, soit parce que dans le moment présent, ils n'offrent rien de bien important.

Nous ne pouvons cependant laisser ignorer qu'il existe un excellent ouvrage d'Abraham Bosse, graveur du dernier siècle, sous le titre: *De la manière de graver à l'eau-forte et au burin, et de la gravure en manière noire*. Le *Journal des Savans*, 1745, p. 617, en donne une notice avantageuse. Les réflexions de Diderot, recueillies dans le *tome XIII de ses œuvres*, *édit. de Naigeon*, p. 352, indiquent la manière de se connaître assez promptement en gravures.

Il y a plusieurs espèces de gravures: celle sur les pierres, connue des anciens, qui nous ont laissé en ce genre des modèles inimitables; celle sur les métaux, autrement nommée ciselure, dans laquelle les anciens ont également réussi, et qui a donné naissance à celle dont nous voulons parler. Celle-ci consiste à tracer sur le bois, le cuivre ou l'étain, un sujet quelconque, que l'on transporte ensuite sur le papier par le moyen de l'impression. Ludger Rust paraît être le premier auteur des gravures en bois. Il avait pour disciple Martin Sehon, de Colmar, dont les gravures en bois étaient déja connues en 1460. M. Siegen trouva, vers 1648, l'art de la gravure hachée, que le prince Robert, de la maison Palatine, apprit de lui. M. Vaillant l'apprit de ce prince, pendant son séjour à Londres. Un pauvre manœuvre employé à poser les plaques, divulgua le secret. Les médailles et les monnaies sont encore une branche dépendante de cet art, dont nous parlerons à part. Nous n'avons pas de procédés particuliers sur ces différens genres de gravures; elles sont trop connues des artistes. Leur description, d'ailleurs, se trouve dans le *Dictionnaire des Artistes*, dans l'*Encyclopédie* et autres traités *ex professo*. Nous nous contenterons de faire part d'une observation faite par un amateur, sur la façon de calquer pour transporter un dessin sur une planche de bois ou de cuivre.

§ Ier. *Manière de calquer pour la gravure.*

Ordinairement, pour cet effet, on frotte et l'on enduit l'envers du dessin avec de la poudre de crayon rouge ou de la pierre de mine; mais toutes deux gâtent l'envers du dessin, l'une en rouge, l'autre en gris. Il est préférable d'employer la poudre de craie de Briançon, qui, outre qu'elle ne gâte rien, a l'avantage de laisser des traits blancs qui se détachent mieux sur le noir que toute autre couleur. Il est vrai que cette craie peut s'effa-

cer un peu plus aisément que le crayon rouge ou la mine de plomb; mais on la rend ineffaçable en faisant chauffer un instant la planche calquée par l'envers, pour incorporer la craie dans le vernis. Cette craie peut encore servir aux peintres à huile, en la taillant comme un crayon; elle ne s'égrène pas facilement comme la craie de Champagne, ce qui fait qu'on tire sur la toile des lignes blanches aussi fines que l'on veut. (*Voyez* le mot *Iconostrophe*).

Nous ajouterons ici, pour la satisfaction des amateurs de la gravure en bois, qu'on voit dans le cabinet des estampes, à la bibliothèque nationale, en 4 volumes in-folio, la collection des œuvres du sieur Papillon et de ses ancêtres, augmentée de quatre à cinq cents morceaux, dont quelques-uns sont uniques.

La gravure en couleur et la gravure au pinceau, sont des inventions modernes que nous avons cru intéressant de faire connaître.

A l'égard de la gravure des pierres fines, voyez *Pierres gravées factices, Camées.*

Dans le *Journal de la Blancherie*, 1786, p. 237, on a élevé cette question : « Parmi les » scénographes connus, y en a-» t-il eu d'assez exacts pour » faire le portrait d'une per-» sonne et le graver en même » temps, comme opère celui » que nous devons à la décou-» verte de M. Chrétien? Ce scé-» nographe ne déforme point les » objets ». Nous avouons l'impossibilité où nous sommes d'y répondre ; mais ce n'est pas une raison de la rejeter. Elle pourra servir, à des personnes plus éclairées, d'occasion pour faire des recherches.

Les planches des graveurs sont d'une seule pièce. En 1769, le sieur Montulay a fait part à l'Académie des Sciences d'une méthode qui consiste à composer une grande planche de plusieurs planches plus petites, dont on peut changer à volonté les dispositions, et qu'il fait assujétir d'une manière solide, simple et ingénieuse. (*Collect. Acad.*, *part. fr.*, t. XIV, p. 394).

On trouve aussi dans un *Recueil de mémoires publiés en 1783 par M Rochon*, astronome, la description d'une machine à graver les lettres ou autres choses, pour suppléer à l'impression.

Nous ne pouvons nous dispenser de faire connaître un ouvrage anglais fort intéressant, de M. Strutt, graveur lui-même. C'est un Dictionnaire historique des graveurs et de leurs ouvrages, avec l'indication des monogrammes qu'ils ont souvent substitués à leurs noms dans les planches qu'ils ont gravées.

Le mot *gravure*, qui devrait être consacré à dénommer l'art, désigne aussi quelquefois ce qu'on entend par *estampes ; voyez* ce mot.

§ II. *Gravure en couleur.*

Ce genre de gravure, qui a commencé à paraître entre 1720 et 1730 (voyez *Journal des Savans*, 1721, p. 256 ; 1722, p. 316 ; 1741, p. 396), a l'avantage bien précieux de nous rendre les objets avec leurs couleurs et leurs nuances, et de multiplier, par un procédé simple, les tableaux des grands maîtres. Les savantes recherches de Newton nous ont appris qu'un rayon de lumière est composé de plusieurs couleurs primitives ; mais peut-on appeler primitives les sept couleurs que donne l'arc-en-ciel ou l'expérience du prisme? (Voyez *Prisme*). Si l'on fait attention que le rouge et le jaune mêlés ensemble donnent l'orangé, que le jaune et le bleu donnent le vert, que le bleu et le rouge donnent le violet, il paraît démontré que le rouge, le jaune et le bleu suffisent seuls pour produire les sept couleurs prismatiques, et que l'orangé, le vert, l'indigo et le violet qui paraissent dans l'arc-en-ciel et dans l'expérience du prisme, ne sont dus qu'au mélange des trois premières couleurs, d'où l'on pourrait inférer qu'un rayon de lumière ne contient essentiellement que trois rayons colorifiques refrangibles, et que chacun d'eux ayant différens degrés de refrangibilité, occasionnent par le mélange de l'un d'eux avec celui qui l'avoisine, l'apparence des sept couleurs. Il a été lu à l'Académie des sciences un ouvrage du sieur Gauthier, contre le système de Newton, et qui a pour titre : *Chroa - genesie*, ou *Génération des couleurs*. Voyez ce qu'en dit le *Journal des Savans*, 1750, p. 126.

M. Rochon a fait imprimer en 1783, un *Recueil de mémoires*, dont un contient des *recherches sur l'analyse des couleurs*. Quoiqu'il en soit des opinions particulières sur cet objet, on trouvera dans l'*Encycl. Méthod.*, *Arts et Métiers*, t. III, p. 626, quelques procédés sur l'impression en couleurs.

Quelques artistes, persuadés qu'on peut, avec le secours de trois couleurs primitives, et par le moyen de l'ombre et de la lumière, former toutes les couleurs de la nature, ont cherché le moyen d'imprimer des estampes qui, étant sorties de dessous la presse, puissent imiter des tableaux peints à l'huile, ce qui se pratique au moyen de quatre cuivres de même grandeur, sur lesquels on grave séparément le sujet qu'on veut imprimer. Un de ces cuivres porte toutes les ombres du tableau, et s'imprime en noir ou en couleur d'ombre ; chacune des trois ombres s'imprime l'une en bleu, l'autre en jaune, et la dernière en rouge. A cet effet, on grave artistement sur chacun des cuivres, toutes les parties qui ont rapport aux couleurs du tableau, en y faisant cette gravure plus ou moins forte, eu égard aux tons de couleurs qu'il convient de leur donner. On fait passer successivement sous la presse ces quatre planches, et le mélange des couleurs qui y ont été appliquées produit une estampe qui imite un peu le tableau ; mais elles n'ont jamais, au moins jusqu'à présent, le mérite des belles estampes gravées en noir. La principale difficulté de cette gravure consiste à savoir ménager avec intelligence, sur chacune des planches, une quantité de gravure plus ou moins forte, pour produire les tons de couleur qu'on veut imiter. S'il y a une draperie rouge, on la grave sur la planche qui doit donner le rouge ; si elle était violette, il faudrait la graver sur celles qui donnent le rouge et le bleu, et ainsi de tous les autres objets qu'on veut imiter, en laissant sur chaque planche les couleurs telles qu'on les composerait sur la palette, et en observant qu'on peut faire porter plus ou moins de couleur à une planche, en faisant la gravure plus ou moins légère. Si l'on veut, par exemple, former un vert gai, il faut laisser autant de gravure sur la planche bleue que sur la jaune ; si l'on veut un vert olive, il faut une gravure beaucoup plus légère sur la bleue que sur la jaune.

Ce procédé d'industrie a l'avantage de procurer à peu de frais des copies des meilleurs tableaux, et d'enrichir nos livres d'anatomie, de botanique, et d'histoire naturelle, d'estampes bien colorées, qui représentent sans altération les objets de ces sciences, et qui sont préférables aux injections, aux herbiers, aux conservations dans l'esprit-de-vin et autres liqueurs.

§ III. *Gravure en lavis.*

Ce genre de gravure, découvert par M. Charpentier, suivant le *Mercure de France*, du mois d'août 1762, p. 55, et dont l'invention a été attribuée depuis à M. le Prince, suivant le *Journal de Paris* du 17 juillet 1780, tient à un procédé à l'aide duquel un peintre, un architecte et tout dessinateur, peut graver une planche imitant le dessin lavé, soit au bistre, soit à l'encre de la Chine, avec la même facilité, de la même manière, et presque dans le même-temps qu'il laverait un dessin, sans employer aucun ustensile de gravure. Le succès ne dépend pas du hasard. On peut travailler aux bougies et produire l'estampe, en la composant sur la planche même. On peut en tirer nombre de belles épreuves, et enfin la conduire aussi loin que peut durer le trait de pointe, en fortifiant les endroits qui s'affaiblissent, opération aussi prompte que la retouche d'un dessin. Elle acquiert même par cette retouche, plus de velouté et d'harmonie. Le procédé de M. le Prince ne nous est pas connu. On peut prendre, dans le *Journal des Inventions et Découvertes*, imprimé en 1793, t. Ier., p. 69, une idée des procédés de M. Charpentier.

§ IV. *Gravure à l'imitation du crayon.*

Il paraît que c'est vers 1756, que ce genre de gravure a pris naissance. M. Desmarteaux est un de ceux qui, avec la pointe sèche et le burin, était parvenu à imiter le plus parfaitement le grainé du crayon. Cet art est bien aidé aujourd'hui par les instrumens avec lesquels tous les graveurs peuvent imiter les dessins au crayon. Ces instrumens sont de deux espèces, mobiles et immobiles. Les instrumens mobiles sont formés de petites roulettes d'acier dont la surface cylindrique est grainée. Les instrumens immobiles sont formés de petites surfaces d'acier de formes différentes, dont la partie inférieure, celle avec laquelle on grave, est grainée.

Par le moyen de ces outils et d'une forte pression sur le cuivre, on parvient à graver des traits grainés de formes différentes, plus ou moins gros, en raison de l'instrument qu'on emploie, et ces traits, imprimés, imitent assez parfaitement l'effet du crayon. M. Magny a imaginé une machine pour appuyer fortement les instrumens immobiles sur le cuivre, et graver très-profondément.

Elle est composée d'un levier attaché au plancher par une de ses extrémités; à l'autre est emmanchée une verge de fer qui communique à une pédale, par le moyen de laquelle on peut faire baisser le levier. A une certaine distance de la fixation du levier au plancher, est emmanchée une barre de bois, à l'extrémité de laquelle on attache l'instrument à graver. Par ce moyen, pendant que le graveur conduit librement avec ses mains l'instrument sur les traits indiqués sur la planche, il fait passer avec son pied le levier contre son instrument, et grave ses traits plus ou moins profondément, sans se fatiguer.

Cette machine présente des facilités pour l'exécution de la gravure imitant le crayon.

Au surplus, ces roulettes, ces instrumens, adoptés aujourd'hui par tous les graveurs, n'ont pas peu contribué à l'invention et au perfectionnement de la manière de graver en forme de crayon, que Janinet, de nos jours, a poussé très-loin. (Voyez le *Journal des Inventions et Découvertes*, tom. Ier., p. 33).

§ V. *Gravure en manière noire.*

Nous ne pouvons passer sous silence le genre de gravure connu aussi sous le nom de *manière anglaise*. Nous avons dans ce genre des estampes d'une grande beauté. L'*Encyclopédie* donne sur cette espèce de gravure des notions très-satisfaisantes ; mais pour ceux de nos lecteurs qui veulent en avoir une connaissance plus approfondie, nous leur indiquerons un ouvrage anglais qui a paru en 1786, sous le titre d'*Histoire de la gravure en mezzo-tinto*. (Voyez l'*Encyclopéd. Méthod.*, *Arts et Métiers*, t. III, p. 622, 635).

§ VI. *Gravure au pinceau.*

Cette nouvelle méthode de graver, plus prompte qu'aucune de celles qui sont en usage, et que l'on peut exécuter facilement sans avoir l'habitude du burin ni de la pointe, est due à M. Stapart, qui, en la publiant dans une brochure intitulée l'*Art de graver au pinceau*, imprimée à Paris en 1773, ne se propose d'autre objet que de se rendre utile aux artistes et aux amateurs.

On voit dans le journal intitulé : *Nouvelles de la République des Lettres et des Arts*, par M. la Blancherie, 1785, p. 285, que M. Ducros, peintre, proposait par souscription un traité dans lequel il devait enseigner tous les moyens de graver au pinceau, à la plume ou au roseau, comme aussi en manière de dessins rehaussés de blanc, sur papier colorié. Nous ignorons si cette annonce a été réalisée. Quoiqu'il en soit, M. Stapart distingue deux opérations : par la première, on peut imiter un dessin lavé d'un bon maître ; en y réunissant la seconde, on réussit à copier fidèlement un tableau. Cette méthode, qui donne les procédés pour rendre la plus légère demi-teinte jusqu'à la plus foncée, et les fondre et noyer imperceptiblement les unes dans les autres, s'il est nécessaire, sera d'autant plus agréable à l'artiste, qu'elle est beaucoup plus expéditive que la gravure à la pointe.

Lorsque le trait du dessin est tracé sur la planche, par le moyen de l'eau-forte, le graveur donne les demi-teintes ; ce travail se peut faire sur le cuivre à nud sans autre préparation. Le graveur commence par les teintes les plus faibles, qu'il couvre de vernis quand elles sont au ton convenable, et il laisse à découvert celles qui doivent dominer; les dernières augmentent par gradation, à proportion que l'eau-forte y a séjourné. On ne peut obtenir par ce moyen que deux ou trois teintes très-faibles. On ferait ronger la planche, si l'on voulait obtenir une teinte supérieure; il était donc nécessaire de recourir à un autre procédé pour donner plus de force aux teintes suivantes. L'auteur, pour cet effet, après que la planche, lavée et séchée, a été dépouillée du vernis noir qui servait à couvrir les blancs et les teintes légères, et qu'elle a été essuyée et dégraissée, conseille de la couvrir d'un vernis clair dont nous allons parler. Il demande ensuite qu'on y répande du sel bien tamisé. On distribue ce sel également, et on frappe dessous la planche avec une clef, pour que les grains de sel pénètrent jusqu'au nud du cuivre, ce qui arrive lorsqu'on conserve à son vernis le même degré de fluidité; c'est pourquoi il faut être prompt: l'égalité du grain et la beauté de l'ouvrage dépendent de cette opération; lorsqu'elle est faite, on incline sa planche au-dessus d'un papier pour recevoir l'excédent du sel: il est de plus nécessaire de faire recuire le vernis, mais légèrement, parce qu'autrement il perdrait la transparence essentielle ici pour voir au travers,

et reconnaître non-seulement le plus faible trait, mais aussi les légères teintes précédentes. Le sel, incorporé avec le vernis, s'enlève ensuite facilement par le secours de l'eau, le sel s'y fond et laisse le vernis poreux comme un jonc. L'eau-forte, avant cette opération, aurait couvert la planche enduite seulement de vernis, sans aucun effet: mais les petits pores pratiqués par le sel, sont autant de passages dans lesquels ce dissolvant s'insinue et pénètre à proportion du temps qu'il y reste; ainsi, il faut donc, avant cette opération, couvrir les endroits de la planche que l'on veut garantir de l'action de l'eau-forte. On peut voir dans l'*Encyclop. Method., Arts et Métiers*, t. III, p. 635, et t. VI, p. 360, de plus amples détails sur cette manière de graver.

§ VII. *Gravure sur acier.*

On lit dans la *Décade Philosophique*, an 7, t. IV, p. 52, que le cit. Simon, graveur en pierres fines, nommé par le ministre de l'intérieur pour faire des élèves en ce genre, a découvert la manière de graver sur acier trempé, secret dont l'art de la gravure en médailles et monnaie, pourra tirer de très-grands avantages. Rarement les ouvrages gravés sur acier non trempé, conservent leur netteté après la trempe, et souvent ils cassent en les trempant ou en recevant les premiers coups de balancier. Le cit. Simon fait frapper avant de graver sur son carré,

carré, plusieurs coups de balancier, qui assurent à son ouvrage une plus grande durée. Il a présenté, à l'Institut national, le premier essai fait en deux matinées, de cette manière de graver, inconnue jusqu'à présent. L'Institut a nommé quatre commissaires pour examiner son procédé.

§ VIII. *Gravure sur verre.*

On peut graver sur le verre, en enduisant une glace du vernis fort des graveurs, fait avec égale quantité d'huile siccative et de mastic en larmes; il faut l'appliquer bien également et le laisser sécher. La glace doit être, pendant cette application, très-chaude, au point d'y tenir à peine la main; on unit ensuite le vernis avec un tampon de taffetas rembouré de coton, et on l'expose à la fumée des petites chandelles de résine, après quoi on dessine ce que l'on veut, soit en le calquant, soit autrement; et on répand dessus de l'acide fluorique, qui a la propriété d'agir sur le verre. C'est le procédé de la gravure à l'eau-forte, excepté qu'on lui substitue l'acide fluorique et une glace au cuivre.

Mais tous les verres ne sont pas propres à être employés, parce qu'ils ne sont pas bien homogènes, ou qu'ils contiennent trop de chaux de plomb, ou que les matières sont entremêlées. Au surplus, ce procédé peut être utile dans beaucoup de circonstances.

L'acide fluorique, avec lequel on grave sur le verre, est ce qu'on peut employer de mieux pour graver les micromètres. Il est impossible de le faire aussi exactement de toute autre façon. (Voyez le *Journal des Arts et Manufactures*, t. I, p. 271.)

GREFFE. La greffe est le triomphe de l'art sur la nature: par ce moyen, en effet, on force la nature à prendre d'autres arrangemens, à suivre d'autres voies, à changer ses formes, et à perfectionner et améliorer les productions végétales; enfin on peut, par le moyen de la greffe, transmuer le sexe, l'espèce, et même le genre des arbres. Cet art est ce qu'on a imaginé de plus ingénieux pour la perfection de la partie de l'agriculture qui en fait l'objet; et cette partie s'étend principalement sur tous les arbres fruitiers. Par le secours de la greffe, on relève la qualité des fruits, on en perfectionne le coloris, on leur donne plus de grosseur, on en avance la maturité, on les rend plus abondans; enfin on change dans plusieurs cas le volume que les deux arbres auraient dû prendre naturellement.

On assure, d'après l'expérience, que les pommes à cidre ne rapportent que lorsqu'on a eu soin, en les greffant, de prendre les greffes sur un arbre dans son année de rapport. Le pommier ne rapporte que de deux années une.

Si la greffe a été prise sur un arbre dans son année de repos, l'arbre greffé poussera du bois,

Tome III.   N

des feuilles, des bourgeons, des fleurs en abondance, mais point de fruits.

Les *Transactions Philosophiques*, pour l'année 1795, 2ᵉ part., font mention d'expériences faites par M. Knight. Il en résulte que les greffes des pommiers, et probablement des autres arbres à fruit, sont affectées de l'état de l'arbre dont on les a tirées: si l'arbre était trop jeune pour produire du fruit, l'ente croîtra avec vigueur, mais ne fleurira pas utilement; s'il est trop vieux, l'ente produira promptement du fruit, mais l'arbre ne sera jamais vigoureux. M. Knight est persuadé que des rejetons pris à la racine et mis en greffe, croissent avec plus de vigueur, et sont plus durables que ceux pris des branches.

Voilà tout ce que l'on peut obtenir de la greffe; son effet se réduit à modifier, à améliorer les fruits; mais on ne peut créer d'autres espèces. (V. à ce sujet la *Collec. Acad.*, part. étr., t. IV, p. 10). La *Feuille du Cultivateur*, t. IV, p. 215, contient des observations intéressantes sur la greffe.

Si la nature se soumet à quelque contrainte, elle ne permet pas qu'on l'imite. Tout se réduit ici à améliorer ses productions, à les embellir et à les multiplier; et ce n'est qu'en semant les graines, en suivant ses procédés, qu'on peut obtenir des variétés et des espèces nouvelles; encore faut-il pour cela tout attendre du hasard, et rencontrer des circonstances aussi rares que singulières. (*Collec-*

tion Académique, *partie franç.*; t. VI, p. 363 et 377.)

Il faut cependant observer que la greffe, si utile pour améliorer les fruits, est nuisible à l'arbre dont elle abrège la durée, et qui en devient moins vigoureux; ainsi, cette pratique doit être proscrite des arbres forestiers, et de ceux que l'on destine pour des avenues. Quoique l'usage soit assez commun de greffer l'orme femelle sur l'orme mâle, il vaut mieux planter ces arbres venus de pied quand on en peut trouver assez; c'est cette pratique des pépiniéristes de greffer les ormes, qui est cause que depuis quelque temps on se plaint de ce que les avenues de ces arbres ne durent pas autant qu'autrefois. Au reste, la greffe, en formant des glandes dans lesquelles la sève est plus travaillée, empêche l'arbre de pousser vigoureusement; et tout arbre qui ne pousse pas avec vigueur, donne ordinairement beaucoup de fruits. M. Duhamel cite, dans les mémoires de l'Académie, année 1731, une observation singulière. Il avait au milieu d'un gazon un poirier de crésanne greffé sur sauvageon; cet arbre, dont le gazon dérobait la substance, poussait peu en bois; les feuilles en étaient jaunes; il poussait beaucoup de rejetons, et tous les ans se chargeait beaucoup en fruits. Ayant fait arracher le gazon, couper les racines qui traçaient à la surface de la terre et produisaient les rejets, l'arbre a repris sa vigueur, poussé beaucoup en bois, et n'a donné presqu'aucun bouton à fleurs; d'où l'on doit conclure que la vigueur dans la pousse est un obstacle à la fructification : aussi les arbres greffés sur sauvageon donnent bien plutôt du fruit dans les terres maigres que dans les grasses ; d'où il suit encore que la vigueur de l'arbre, dépendant du plus ou moins d'analogie de la greffe avec le sujet, on peut employer ce moyen pour la diminuer à volonté : ainsi, dans les lieux où le poirier greffé sur sauvageon vient trop fort, on peut y substituer le coignassier, l'épine, le néflier, l'alisier, ou le cormier ; c'est à l'expérience à indiquer ces choses. Enfin les greffes réitérées sont encore un moyen pour accélérer la fructification. (*Voy.* au mot *Jardin*, les espèces qui se mettent plus ou moins aisément à fruit. *Voyez* aussi *Coll. Acad., part. franç.*, t. VII, p. 361.)

M. de Francheville, dans son mémoire sur l'huile de faîne, inséré t. XII de la *Collection Académique*, *partie étrangère*, p. 191, observe qu'il serait à désirer qu'on pût rendre les hêtres des forêts aussi francs que le sont les oliviers de Provence et les arbres fruitiers de nos jardins, c'est-à-dire, qu'il faudrait trouver un hêtre déja franc pour pouvoir affranchir les hêtres sauvages, en le greffant ou l'entant sur eux; ou bien qu'il faudrait trouver le secret de rendre franc un hêtre sauvage. Il annonce avoir trouvé ce secret; mais il diffère de le publier jus-

qu'à ce qu'il en ait fait l'expérience sur d'autres arbres. Il paraît que ce secret est resté dans le porte-feuille de M. de Francheville, et qu'il n'a pas encore vu le jour.

Les greffes les plus usitées sont, la *greffe en fente*, la *greffe en couronne*, la *greffe en flûte*, la *greffe en approche*, la *greffe en écusson*, la *greffe en langue sur les racines*, et la *greffe en arc*.

§ Ier. *Greffe en fente.*

Pour greffer en fente, on choisit des sujets depuis un pouce et moins, jusqu'à six de diamètre; la saison la plus favorable, est depuis le commencement de février jusqu'à ce que la sève commence à se mettre en mouvement; on coupe le sujet avec une scie : on choisit une jeune branche sur l'arbre dont on veut multiplier l'espèce; on laisse à cette branche deux ou trois bons yeux; on fait à son gros bout, et sur la longueur d'un demi-pouce, une entaille en forme de coin sur deux faces, en conservant avec précaution l'écorce qui est sur la face de devant; avec un couteau et quelques coups de marteau, on fait une entaille dans le sujet; on y glisse la jeune branche, de manière que son écorce touche exactement à celle du sujet : c'est de là que dépend la réussite de la greffe; car on s'est assuré par des expériences que le bois de la greffe ne s'unit jamais avec celui du sujet; que la réunion se fait uniquement d'une écorce à l'autre, et que l'accroissement des parties ligneuses ne devient

2

commun qu'à mesure qu'il se forme de nouveaux bois.

Le châtaigner doit être enté en fente, à deux ou trois pieds de sa racine. (*Journal de Verdun*, juillet 1739, p. 26).

§ II. *Greffe en couronne.*

Le procédé pour cette espèce de greffe est à-peu-près semblable à celui de la greffe en fente; il n'y a d'autres différences que de mettre les greffes entre l'écorce et le bois sans faire de fente; de les choisir plus fortes. Il faut que l'arbre que l'on veut couronner soit en pleine sève, en sorte que l'écorce puisse se séparer aisément du bois : on scie une ou plusieurs branches à un pied ou deux au-dessus du tronc de l'arbre qui doit servir de sujet; on met six ou huit greffes sur chaque branche, à proportion de sa grosseur; et on garnit le tout comme nous l'avons dit plus haut. On ne fait usage de cette greffe que sur de très-gros arbres de fruits à pepin qui souffriraient difficilement la fente.

§ III. *Greffe en flûte.*

C'est de toutes les méthodes de greffer la plus difficile; elle se fait au mois de mai, lorsque les arbres sont en pleine sève; on choisit deux branches, l'une sur l'arbre qui doit servir de sujet, et l'autre sur l'arbre de bonne espèce qu'on veut multiplier : ces deux branches, par la mesure que l'on en prend,

doivent se trouver de même grosseur dans la partie qui doit servir de greffe, et dans celle que l'on veut greffer. On laisse sur pied la branche qui doit être greffée; on en coupe seulement le bout à trois ou quatre pouces au-dessus de l'endroit où l'on veut greffer. Après avoir fait une incision circulaire au-dessous, on enlève toute l'écorce sur cette longueur de trois ou quatre pouces; ensuite on détache la bonne branche de son arbre; on en coupe le bout au-dessus de l'endroit qui a été trouvé de grosseur convenable; on fait une incision circulaire à l'écorce, pour avoir un tuyau de la longueur de deux ou trois travers de doigt, et on fait en sorte qu'il soit garni de deux bons yeux. On enlève adroitement ce tuyau en pressant et tournant l'écorce avec les doigts, sans pourtant offenser les yeux; puis on le passe dans le bois de la branche écorcée, de façon qu'il enveloppe exactement, et qu'il se réunisse par le bas à l'écorce du sujet; s'il s'y trouve quelqu'inégalité, on y remédie avec la serpette : enfin, on couvre le dessus de la greffe avec un peu de mastic ou de glaise, et plus communément on rabat sur l'écorce de petits copeaux, en incisant tout autour avec la serpette le bout du bois qui est resté nud en-dessus; on forme par là une espèce de couronnement qui défend la greffe des injures de l'air. Cette méthode de greffer est peu usitée, si ce n'est pour le châtaignier, le figuier, l'olivier, le noyer, qu'il serait très-difficile de faire réussir en les greffant autrement.

§ IV. *Greffe par approche.*

Les cultivateurs instruits depuis un grand nombre de siècles par l'observation de la nature, de la faculté dont jouissent certains arbres de se réunir, d'adhérer entre eux pour n'avoir plus qu'une circulation commune, et de former ainsi de nouvelles espèces, ont, à son exemple, pratiqué avec plus ou moins de succès, l'opération toujours merveilleuse de la greffe. Les économes, en s'attachant particulièrement, et presqu'exclusivement aux greffes qui pourraient procurer des fruits d'une saveur agréable, ont laissé à tenter sur les autres arbres et arbustes, des suites d'expériences dont on a droit d'attendre des découvertes nombreuses et aussi agréables par la variété des jouissances qu'elles peuvent procurer, qu'elles sont désirables pour les progrès de l'agriculture pratique et de la science naturelle.

Mais revenons à la greffe par approche. C'est une question de savoir si les arbres ou arbrisseaux aquatiques sont plus disposés que tout autre à cette réunion, et s'il y a quelque exemple de pareille réunion formée dans l'eau, soit près de sa surface, soit à une plus grande profondeur.

Entre les arbres sur lesquels cette opération a peut-être été le moins tentée, on doit compter le frêne; mais avant de faire des essais en ce genre, il ne serait pas inutile de savoir si la nature a présenté quelquefois des entures par approche, opérées par le froissement de deux branches de frêne, qui se seraient enfin réunies solidement; si quelque cultivateur a tenté l'enture par approche, ou la greffe en rapprochant ou en insérant, soit frêne sur frêne, soit frêne sur autre espèce, soit autre espèce sur frêne, et quels en ont été les succès, les résultats, les fruits et les reproductions?

Lorsqu'on veut pratiquer la greffe par approchement pour les orangers et citroniers, on pique en terre à côté du sauvageon une branche de l'espèce que l'on desire se procurer, et de la même grosseur que le sauvageon; on la plante assez près pour pouvoir faire toucher les deux écorces; après y avoir fait une incision, on les assujétit ainsi l'un contre l'autre. L'humidité de la terre nourrit toujours la branche jusqu'à ce qu'elle se soit incorporée au sauvageon. Au bout de six semaines, on ôte la ligature; on coupe la tête du sauvageon; toute la sève se porte dans la nouvelle branche greffée, qu'on laisse jusqu'à l'année suivante participer de l'humidité qu'elle retire de la terre; au bout de ce temps, on la coupe au-dessous de la réunion des deux sujets; quelquefois même la partie qui reste dans la terre a pris racine, et donne naissance à un nouvel arbre. Cette greffe a l'avantage de pouvoir se pratiquer en tout temps, de donner promptement de beaux arbres: car on peut

3

mettre pour greffe de très-grosses branches. On gagne une année que l'on perdrait en greffant à l'ordinaire. Il y a lieu de penser que cette greffe est la première qui a été présentée par la nature, et qui a donné naissance aux espèces différentes de greffes qu'on a imaginées.

§ V. *Greffe en écusson.*

C'est la plus expéditive, la plus étendue, la plus simple, la plus usitée, la plus naturelle et la plus sûre de toutes les méthodes de greffer. On peut greffer en écusson pendant toute la belle saison, depuis le commencement du mois de mai, jusqu'à la fin de septembre, si ce n'est qu'il en faut excepter les temps de pluie, les chaleurs trop vives, et les grandes sécheresses : il faut aussi le concours de deux circonstances ; que le sujet soit en sève, ainsi que l'arbre sur lequel on prend l'écusson. Les écussons que l'on fait avant la Saint-Jean, font leur pousse dans l'année ; ceux que l'on fait après ce temps ne poussent qu'au printemps de l'année suivante ; c'est pourquoi on nomme les premières *écussons à la pousse*, et les autres *écussons à œil dormant.*

L'écusson n'est autre chose qu'un œil levé sur une bonne branche : pour le lever, on fait autour de cet œil une incision triangulaire, et ensuite on détache l'écorce de dessus le bois, observant exactement si l'œil est resté adhérent dans l'intérieur de l'écorce ; alors on fait sur le sujet deux incisions, comme si on figurait la lettre majuscule T, et on en proportionne l'étendue à la grandeur de l'écusson qu'on y veut placer ; on soulève par ses angles l'écorce du sujet ; on glisse l'œil en-dessous ; on applique dessus l'écorce soulevée ; et avec de la filasse de chanvre, ou encore mieux de la laine filée, parce qu'elle serre moins vivement, on passe plusieurs tours sans couvrir l'œil, pour maintenir les écorces et faciliter leur réunion. Lorsque les greffes commencent à pousser, on détache la filasse qui l'entourait. *Voyez* dans la *Collect. Acad.*, *part. fr.*, tom. II, p. 697, la manière dont en Languedoc on greffe les oliviers en écusson.

§ VI. *Greffe en langue sur les racines.*

On trouve dans la *Coll. Acad.*, *part. étr.*, tom. IV, p. 38, un procédé pour greffer des arbres fruitiers, qu'il ne paraît pas qu'on ait employé en France : on prend une bonne racine d'un jeune arbre que l'on coupe de biais à environ un pouce ; on se procure ensuite une greffe, grosse comme le doigt, proportionnée à la racine, longue de cinq ou six pouces, que l'on coupe également de biais ; on fend ensuite la racine et la greffe d'environ un pouce, et on insère l'un dans l'autre de manière que le contact soit aussi parfait que faire se pourra, pour que la sève puisse communiquer de l'un à l'autre ;

on enveloppe la jointure d'un peu de chanvre ; on met la racine ainsi greffée à environ dix à douze pouces de profondeur, de manière que la jointure soit couverte de quatre pouces de terre au moins.

Cette description n'est pas très-claire, mais avec un peu d'intelligence, on peut aisément suppléer à ce qui y manque. On assure que cette méthode procure des fruits très-promptement et très-abondamment.

§ VII. Greffe en arc.

Un amateur de jardinage ayant enté, sur un coignassier, une branche de prunier, plia la greffe en arc, et en fit entrer la pointe dans un autre endroit du coignassier, après quoi il garnit les deux bouts de ses greffes avec de la terre glaise à l'ordinaire ; la greffe prit par les deux bouts, jetta des feuilles, et produisit des prunes telles que les portait le premier, d'où elles étaient sorties, et d'un goût approchant ; mais celles qui étaient sorties par la pointe de la greffe, n'avaient pour noyau qu'un grain gros comme un pepin de raisin et fort dur, au lieu que les prunes sorties du bout d'en-bas, avaient un noyau à l'ordinaire. C'est M. Lémery qui cite ce fait. (*Collect. Acad.*, *partie franç.*, t. II , p. 120.).

On connaît encore d'autres manières de greffer , telles que la *greffe en queue de verge de fouet*, la *greffe par térébration*, etc. ; mais la trop grande incertitude de leurs succès les a fait négliger.

On a aussi récours à la greffe pour multiplier plusieurs arbrisseaux curieux, et même quelques arbres, tels que les belles espèces d'érable , d'orme , de mûrier, etc. ; mais à ce dernier égard, c'est au détriment de la figure, de la force et de la durée des arbres ; ils ne peuvent jamais récupérer la beauté qu'ils auraient eue, et l'élévation qu'ils auraient prise dans leur état naturel.

Outre les diverses espèces de greffes usitées dont nous venons de parler , il en est une autre dont on fait usage sur les châtaigniers dans la Marche et le Limousin, au moyen de laquelle on se procure tout de suite un arbre à fruit , avec une tête belle , bien formée et bien garnie. Lorsque les arbres sont en pleine sève, on coupe horizontalement la tête du sujet que l'on veut greffer ; ensuite on fait à l'écorce trois ou quatre incisions, suivant la grosseur de l'écorce ; on l'écarte du bois, afin qu'elle ne souffre point dans le reste de l'opération ; on entaille alors le bois jusqu'au milieu de la moële, de la hauteur de trois ou quatre pouces ; on prend ensuite une branche que l'on a coupée sur un autre arbre, et qu'on a choisie exactement de la grosseur de l'arbre qu'on veut greffer ; on y fait la même opération que nous venons d'indiquer pour le sujet ; alors ces deux portions de bois étant coupées également en flûte, s'appliquent exactement l'une sur l'autre, et l'on a soin d'observer que le canal du jeune bois soit perpendiculaire à celui de la tige ; puis on fait un trou qui traverse de part en part les deux morceaux de bois, dans lequel on met une cheville. La greffe se trouve donc assujétie fermement dans sa position naturelle ; la sève bouche tous les petits interstices. On relève après cela sur la greffe l'écorce de la tige, et on l'arrange de manière qu'elle l'enveloppe exactement : on entortille ensuite la greffe à la manière ordinaire, pour empêcher l'eau des pluies de s'introduire entre la greffe et le sujet ; on a le plaisir de jouir alors presque tout de suite d'un arbre portant une belle tête, et qui rapporte abondamment. Il paraît néanmoins que cette opération exige beaucoup d'adresse : car elle n'a pas réussi entre les mains d'habiles gens qui l'ont essayée, sans doute par la difficulté d'adapter bien juste la tête coupée avec le tronc, et par le dérangement que le moindre vent occasionne dans la circulation de la sève.

§ VIII. *Méthode pour conserver les greffes et faciliter la réunion certaine de la plaie.*

Les greffes ne réussissent qu'autant que les vaisseaux de la greffe et du sujet peuvent s'aboucher et se réunir, afin que les liqueurs de la sève puissent s'élever de l'un à l'autre (voyez *Coll. Acad.*, *part. franç.*, t. X, p. 282). L'humidité et la sécheresse empêchent souvent la réunion des vaisseaux ; pour les en garantir, on entortille ordinai-

rement chaque greffe avec de la terre grasse ou de la bouze de vache ; mais dans bien des circonstances, ce sont de faibles défenses pour la jeune greffe. On propose, comme bien plus certain, d'avoir dans un petit pot de la poix-résine, de la térébenthine et de la cire, que l'on fait fondre ensemble ; on enduit toutes les petites fentes avec ce mélange ; on en met aussi au bout de la greffe ; et le tout étant ainsi enduit, ni l'humidité, ni l'ardeur du soleil ne peuvent faire le moindre tort à cette greffe, et elle réussit bien, si on emploie toutes les attentions que nous avons décrites. Les anciens employaient la glu à cet usage.

Le moyen de défendre les jeunes greffes de l'attaque des insectes connus par les jardiniers sous le nom de *lisettes* ou *coupe-bourgeons*, ainsi que des premières gelées du printemps, c'est de les envelopper dans de petits sacs de papier, qu'on lie avec du fil. On les défend aussi des fourmis, en entourant l'arbre d'une bande de peau de mouton au-dessous de la greffe.

§ IX. *Manière de greffer les fruits à noyaux, en sorte qu'un arbre qui portait de mauvais fruits en porte de bons l'année suivante.*

L'expérience a fait connaître que les arbres qui, par la greffe, produisent les meilleurs fruits, sont les plus faibles ; ainsi les greffes de la grosse mignone périssent en partie, et celles qui restent croissent si faiblement, qu'en deux années elles ne donnent pas d'aussi beaux jets que la greffe d'un fruit rustique ; ce qui engage souvent les pépiniéristes à tromper et à greffer des fruits médiocres qui, donnant des jets vigoureux, préviennent favorablement l'acheteur. Quand on a été trompé, le remède est de regreffer sur vieux bois à œil dormant en automne, dans le temps même que l'arbre est encore en fruit et en sève, sans couper aucune branche ; la greffe se soude dessus par l'union des sèves, sans pousser en aucune façon : en coupant au printemps suivant les branches au-dessus des greffes, les écussons de l'automne poussent vigoureusement ; mais il faut choisir ces écussons sur des branches qui ne soient ni tout-à-fait à bois, ni tout-à-fait à fruit, mais moyennes : on les reconnaît en ce qu'elles sont plus grosses que les branches à fruit, et moins que celles à bois ; en ce qu'elles portent deux, trois, quatre, et quelquefois cinq feuilles à chaque œilleton ; enfin en ce que les œilletons sont plus distans les uns des autres que dans les branches à fruits, et moins que dans celles à bois. Il faut encore remarquer, sur cette même branche, que les yeux sont triples ; l'œil destiné pour branches à bois, y est situé entre les 2 feuilles, et avance plus que les 2 autres qui sont placés en dehors des 2 feuilles, lesquels sont destinés à porter du fruit : ce sont ces sujets qu'il faut choisir pour écussonner.

Par ce moyen, et avec ces attentions, on est assuré d'avoir de bons fruits l'année suivante ; mais il est prudent de n'en laisser qu'à proportion de la force de l'arbre. (Collection Académique, partie franç., tom. IV, p. 325).

Nous avons lu dans plusieurs livres de recette que, pour avoir des fruits sans noyau, il suffisait de détruire la moële. M. Duhamel a vérifié le fait ; il assure que cette opération violente fait toujours périr les arbres sur lesquels on la pratique, et que toutes les fois qu'il a enlevé une partie de la moële sans que l'arbre ait péri, les fruits qu'il produisait renfermaient un noyau osseux.

§ X. *Moyen de se procurer des arbres chargés de diverses espèces de fruits.*

Il ne s'agit que de greffer sur un même arbre, sur un poirier, par exemple, des poires de diverses espèces ; et comme la sève des poiriers se met en mouvement à-peu-près dans le même temps, et qu'il se trouve beaucoup d'analogie entre eux, plusieurs de ces greffes réussissent très-bien.

On a vu quelque chose même de plus singulier ; un habile jardinier d'Orléans présenta au duc d'Orléans, un oranger chargé de cent fruits, la plupart d'espèces différentes. L'artifice qu'il avait employé avait été de greffer par la queue diverses espèces d'oranges encore nouvelles sur un autre oranger où elles grossirent, sans changer de beaucoup leur goût et leur qualité naturelle.

Un curieux prétend avoir vu chez M. d'Ozembray, à Charenton, un oranger chargé d'une douzaine de pommes, dont chacune était divisée en 8 demi-quartiers d'espèces différentes, et qui ne se ressemblaient ni pour la forme, ni pour la couleur, ni pour le goût. (*Journal de Physique*, mars 1780). Le même curieux prétend qu'on peut se procurer des raisins de différentescouleurspar la greffe. En prenant deux yeux sur des sujets différens, qu'on fend par le milieu en deux; on réunit deux moitiés, qu'on applique entre l'écorce et le bois de la vigne, où on les fixe avec une ligature. Cette greffe doit demander bien de la dextérité, si elle est pratiquable. (Voyez *Fruits*, § III).

GREFFE ANIMALE. (*Voyez* l'article *Coq*).

GRÊLE ARTIFICIELLE. (Voyez *Pluie artificielle*).

GRENADILLE. (*Voyez* au mot *Horloge végétale*).

GRENAT. Le grenat est une pierre précieuse, de couleur rouge foncée, mais dont l'éclat ne brille qu'au jour; à la lumière, elle paraît noire. Les grenats d'Orient contiennent, dit-on, un peu d'or, et les Occidentaux du fer et de l'étain. On voit à Fribourg des moulins et des machines employées à tailler, percer et polir le grenat.

§ Ier. *Manière de contrefaire le grenat.*

Le verre de plomb est plus propre que tout autre à contrefaire cette pierre. Vous prendrez 20 livres de frite de crystal, 16 livres de chaux de plomb; joignez-y 5 onces de magnésie du Piémont, une demi-once de safre; mettez tout le mélange dans un creuset un peu chaud; au bout de douze heures, jetez le creuset dans l'eau; séparez-en le plomb; remettez le reste au fourneau; laissez-l'y pendant dix heures, pour qu'il achève de se purifier; remuez ensuite et faites-en l'essai : vous aurez, par ce procédé, un verre d'une belle couleur de grenat.

On parvient à lui donner une couleur plus foncée en prenant deux onces de crystal de roche, cinq onces et demie de *minium*, 15 grains de magnésie, quatre grains de safre; procédez comme auparavant : il faut laisser un peu plus de vuide dans le creuset, parce que la matière se gonfle davantage, et vous aurez une couleur de grenat plus foncée et tirant sur le violet.

Pour obtenir encore une plus belle couleur, il faut prendre deux onces de crystal de roche, cinq onces de *minium*, 35 grains de magnésie, 4 grains de safre; observant, comme ci-dessus, de laisser un grand intervalle vuide dans le creuset, parce que la matière enfle extraordinairement; ayez soin de luter le creuset, et de le faire sécher avant que de le mettre au fourneau;

continuez le procédé de la manière accoutumée, et vous obtiendrez une couleur de grenat supérieure à toutes les autres.

Kunkel remarque à ce sujet qu'on peut, dans ces compositions, diminuer ou augmenter à volonté la nuance des couleurs, mais elles ressemblent beaucoup plus à celles de l'améthyste qu'à celle des grenats.

Voici le procédé de M. de Fontanieu, dans son *Art d'imiter les pierres précieuses :*

Prenez 20 onces du fondant fait avec la pierre à fusil, décrit article *Pierres précieuses factices* (*voyez* cet article), une once de manganèse fusible préparée comme nous l'avons dit au mot *Améthyste*, et deux onces deux gros de cristal minéral. Faites fondre toutes ces substances ensemble.

Voyez au mot *Émail blanc* le procédé pour émailler les grenats.

GRENOUILLES. Je ne sais par quelle prédilection ces animaux ont été plus particulièrement l'objet de nos persécutions. Il a plu à nos pères de trouver un très-bon mets dans leurs cuisses fricassées ; des physiciens se sont amusés à disséquer des grenouilles, pour observer la circulation du sang dans leurs pattes, dans leur mésentère, et jusques dans la queue du lézard (*voyez Microscope*, § IV) : le célèbre Spalanzani a cherché, dans leurs viscères, le principe de leur *fécondation artificielle* (*voyez* ce mot) ; ensuite, on les a tourmenté de toutes les manières pour connaître les causes

et les effets, presque miraculeux, de l'irritabilité sur le système des nerfs (*voyez Galvanisme*) ; depuis, pour mieux connaître le mécanisme de leur respiration, on leur a mis des baillons, ce qui les fait mourir un peu plus vîte : enfin, il est assez ordinaire aux jardiniers de faire la guerre indistinctement à tous les animaux qu'ils rencontrent sur leurs terreins, les regardant comme autant d'ennemis qu'il est nécessaire de détruire, et dont ils voudraient, s'il était possible, exterminer la race. Qu'ils détruisent les taupes, les courtillières, les chenilles, et une multitude d'autres ; mais ils conserveront la vie des grenouilles lorsqu'ils sauront qu'elles mangent avec avidité les petits limaçons à coquilles qui, dans de certaines années, dévorent les plantes, les légumes, les feuilles des arbres, les fleurs, etc. Nous sommes heureux que toutes les années ne soient point aussi favorables à faire éclore les œufs de ces animaux ; car ces coquillages étant de vrais hermaphrodites qui se fécondent mutuellement, les productions de nos jardins en seraient presque toujours dévorées.

GRIFFON *pour arracher les dents.* (Voyez *Dents*).

GRILLAGES. (Voyez *Étoffes métalliques*).

GRILLONS. Ce sont de petits insectes, nommés par quelques personnes *criquets*. Ils s'établissent quelquefois derrière des plaques de cheminées, et y font entendre un bruit qui, étant continuellement réitéré, devient désagréable. Ces insectes importuns sont renfermés dans un fort inaccessible ; le seul moyen de pouvoir s'en débarrasser, est de mettre dans les fentes des trous qu'ils habitent quelques petits morceaux de fruits empoisonnés avec de l'arsenic ; ils ne manqueront pas de venir manger ce fruit, qui les fera périr. On peut encore les arracher de leurs forteresses en attachant une fourmi au bout d'un fil ; on fait entrer l'insecte dans la crevasse, le grillon vient fondre dessus, on retire le fil ; il est si attaché à sa proie, qu'il ne la quitte pas ; lorsqu'il est hors de ses retranchemens, on le fait périr.

GROSEILLERS. Un cultivateur a publié, en 1786, un procédé qu'il emploie depuis long-temps avec succès, pour garantir les groseillers des insectes qui rongent les feuilles et les fruits. Son procédé consiste à mouiller les branches de l'arbrisseau avec une eau de savon très-forte, aussi-tôt que les feuilles sont tombées, et le printemps suivant, lorsque les bourgeons poussent. (*Nouvelles de la République des Lettres et des Arts*, par M. *de la Blancherie*, 1786, p. 480.)

§ Ier. *Vin de groseilles.*

Il est très-étonnant que les groseilles, qui sont un fruit acide, donnent par la fermentation beaucoup plus d'huile que les fruits doux ; tels que les guignes, les cerises, les raisins. L'huile de groseille fournit peu d'esprit ardent ; ce qui vient de ce que ce n'est pas précisément la dose d'acide et d'huile que contient un fruit qui le rend doux ou acide, mais la manière plus ou moins intime dont ils sont liés.

Ainsi les groseilles sont bonnes dans la fièvre, parce qu'elles fermentent peu, et par cette raison ne causent point de chaleur. Ses acides se dégagent aisément, et par-là peuvent tempérer le mouvement des liqueurs.

Les autres fruits sont moins convenables et moins rafraîchissans. (*Coll. Acad., part. franç.*, t. II, p. 24.)

Voici deux procédés pour faire du vin de groseilles.

Suivant le premier, cueillez les groseilles bien mûres ; pilezles dans un tonneau ou mettezles sous presse ; tirez le jus clair ; ajoutez-y de l'eau suivant les proportions indiquées ci-après, et puis du sucre brut. Ce mélange doit être fait promptement, de peur que le sucre ne fermente. Le tonneau ne doit pas être exactement rempli, pour donner de la place à la fermentation qui fait gonfler la liqueur. Au bout de trois semaines on bouche le tonneau, laissant seulement l'évent ouvert, jusqu'à ce que le vin ait cessé de fermenter, c'est-à-dire jusque vers le mois d'octobre. On peut alors le soutirer ; d'autres le laissent une année sur la lie et même plus, prétendant qu'il s'y améliore. Pour le soutirer, il faut percer le tonneau un pouce près du bas.

Il ne faut exprimer que le tiers du suc de groseilles ; trop d'expression rendrait le vin dur. Ce vin ressemble à celui de Madère.

Les doses à employer sont, pour avoir 120 pintes de liqueur, 32 pintes de jus de groseilles, 64 pintes d'eau, 72 livres de sucre, qui équivalent à 24 pintes d'eau. (Voyez le *Recueil de la Société de Philadelphie*, année 1771.)

Suivant le second procédé, cueillez vos fruits mûrs, après la rosée dissipée ; laissez-les exposés au soleil quelques heures, et ensuite séparez-les de leur grappe dans un tonneau défoncé qui sert de cuve, et avec des pilons écrasez-les autant qu'il sera possible.

Si le suc est trop visqueux, ajoutez-y de l'eau, parce que sans fluidité point de fermentation tumultueuse. Si le suc est trop fluide et s'il ne contient pas assez de muqueux doux, mettez-y quelques livres de sucre que vous remuerez et agiterez.

Remplissez ce tonneau à quatre doigts près de sa hauteur, et placez-le dans un lieu tempéré ; couvrez-le légèrement avec une toile, et placez pardessus son couvercle. Alors la fermentation tumultueuse s'établit. Levez de temps en temps le couvercle ; et lorsque la masse commence à s'affaisser, tirez votre vin dans des petits tonneaux, qu'on laisse dégorger quelques jours. Ayez soin de les remplir avec du même vin, que vous aurez mis en réserve. Dès que la fermentation tumultueuse commencera à diminuer, bouchez peu-à-peu le tonneau avec son bouchon ; et quand elle sera cessée, bouchez exactement sans laisser d'évent.

Au bout de deux mois on peut soutirer ce vin. Ce sera un vrai vin de groseilles, un peu acide, mais non aigre.

§ II. *Marasquin de groseilles.*

Cette liqueur est l'esprit ardent du fruit, comme nous l'avons dit au mot *Marasquin*. On prend cent livres de groseilles parfaitement mûres ; on les écrase dans un ample vaisseau ; on prend ensuite douze livres de feuilles de cerisier, qu'on pile dans un mortier de marbre ; on les ajoute aux groseilles écrasées, et on laisse le tout tranquille jusqu'à ce que la fermentation s'annonce : alors on foule et refoule ce fruit toutes les 24 heures une fois ; on laisse agir la fermentation jusqu'à ce qu'elle exhale une odeur vineuse tirant un peu sur l'aigre, mais très-peu ; car si l'aigre dominait trop, ce serait une preuve que la fermentation acéteuse serait commencée, et dans ce cas tout serait perdu. La fermentation étant à son point, il sera temps de procéder à la distillation : il faut garnir la grande cucurbite de la grille dont il est parlé au mot *Marasquin* ; on y verse le fruit en totalité ou en partie, relativement à la capacité de la cucurbite, qu'il faut laisser vide à six pouces du bord. On adapte la partie supérieure et le réfrigérent, ainsi que le serpentin si on en a, et on distille à feu modéré. On retirera plus ou moins d'esprit ardent et aromatique, selon la quantité du fruit qu'on aura employé, et le degré de fermentation qu'on aura sagement ménagé : communément la groseille n'en fournit pas beaucoup. Quand on en aura retiré trois ou quatre pintes, on verra si ce qui sort de l'alambic est encore suffisamment spiritueux ; en ce cas on continuera la distillation. Si l'on n'apperçoit que du flegme, on cessera ; on jettera comme inutile ce qui restera dans la cucurbite ; on verse alors le produit de la distillation dans un alambic de médiocre grandeur, et on le rectifie au bain-marie. Cela fait, on pourra procéder à la syropation de la manière suivante : on prend une livre de sucre par pinte d'esprit ; on le fait fondre dans une pinte d'eau commune ; on mêle le tout ensemble, et on filtre. Notez qu'il faudra augmenter ou diminuer la dose de syrop, relativement au degré de force de l'esprit ardent. Ce que l'on vient de dire de la groseille, peut s'appliquer à tous les fruits qui fournissent un suc abondant, tels que la cerise, la merise, etc.

§ III. *Syrop de groseilles.*

Dans les grandes chaleurs de l'été, l'on fait beaucoup usage de ce syrop, qui a le double avantage de rafraîchir et de désaltérer agréablement par le goût acidule du fruit qui en fait la base. Comme il est très-aisé de le faire soi-même, nous en allons indiquer ici le procédé, qui est facile et peu dispendieux : il faut prendre deux livres de groseilles un peu avant qu'elles ne soient tout-à-fait mûres, une livre de belles cerises et autant de framboises ; ôtez-en les noyaux et tout ce qu'il y a de verd dans ces fruits, exprimez-en le suc dans une terrine ; passez ce suc par un tamis, et laissez-le reposer pendant deux fois vingt-quatre heures ; après quoi passez-le par la chausse jusqu'à ce qu'il soit parfaitement clair. Le parfum de la framboise est assez volatil ; il pourra bien arriver que le suc n'en soit que très-faiblement imprégné. Pour remédier à ce défaut, on prend une certaine quantité de framboises bien mûres, c'est-à-dire proportionnellement à la quantité de suc bien clarifié qu'on aura obtenu. L'on met infuser ces framboises dans le suc pendant trois ou quatre jours, après quoi l'on verse le tout sur un tamis de soie ; on laisse filtrer tranquillement la liqueur sans presser la framboise. Pour huit onces de ce suc on prend quinze onces de sucre concassé, ou une demi-livre de sucre en poudre par chopine de jus ; on met l'un et l'autre dans un matras, d'abord le sucre, ensuite le jus ; on place le matras au bain-marie, sur un feu modéré. Quand le sucre est tout-à-fait fondu, on laisse éteindre le feu et refroidir le vaisseau, après quoi l'on verse le syrop dans les bouteilles. Au lieu de se servir de

matr
ment
dans
sucre
donn
vers
feu,
on le
veut
limp
empl
A
posit
pas
géné
§
C'
ble,
de f
on fa
de V
nage
qu'u
par
prim
qui
plus
beau
ser b
bon
sans
cons
la re
rece
P
roug
fait
cre
con
tou
sur
pre
c'es
bou
for

matras, on peut tout simplement mettre le sucre et le jus dans une poële à confiture. Le sucre étant bien fondu, l'on donne quelques bouillons couverts au syrop : on le retire du feu, et étant presque refroidi, on le met en bouteille. Si l'on veut que le syrop soit d'une limpidité parfaite, il faudra employer le sucre royal.

Avant de travailler à sa composition de ce syrop, il ne sera pas mal de lire les observations générales faites au mot *Syrop*.

§ IV. *Gelée de groseilles.*

C'est une confiture très-agréable, que tout le monde se mêle de faire, et que généralement on fait assez mal, dit M. Cadet de Vaux, parce qu'on veut ménager le sucre; qu'on n'en met qu'une demi-livre ou trois-quarts par livre de fruit; qu'on exprime le suc de la groseille, ce qui oblige de le faire bouillir plus long-temps, de prendre beaucoup de peine, de dépenser beaucoup de bois ou de charbon pour avoir une confiture sans saveur, de couleur et de consistance de sang caillé. Voici la recette qu'il propose, et cette recette mérite la préférence :

Prenez 10 livres de groseilles rouges cueillies avant leur parfaite maturité, et autant de sucre ; épluchez la groseille et concassez le sucre ; mettez le tout dans la poële à confiture, sur un feu clair et vif. Faites prendre un bouillon couvert, c'est-à-dire attendez que le bouillon, qui commence à se former sur les bords, s'étende et couvre toute la surface de la poële ; retirez alors la poële du feu, et coulez sur un tamis de crin ; laissez égoutter sans exprimer, et versez dans vos pots; sans autre clarification, on a la gelée la plus transparente. Si l'on veut parfumer sa gelée avec du jus de la framboise, on étend sur le tamis une livre de framboises épluchées, et on verse dessus la confiture toute bouillante. Si on veut un goût plus prononcé de framboises, on en mettra deux livres ; mais dans ce cas, il faut diminuer d'une livre la quantité de groseilles, pour ne pas trop s'éloigner de la proportion égale de fruits et de sucre.

Cette gelée a la couleur et la transparence du rubis, toute la saveur de la groseille, et l'avantage de se conserver pendant plusieurs années. Elle se dissout facilement et complettement dans l'eau, et fournirait au besoin un syrop de groseilles infiniment agréable, et un excellent sorbet à la glace dans toutes les saisons de l'année.

Le marc exprimé, mis à part et étendu dans une certaine quantité d'eau, peut encore fournir un très-bonne eau de groseilles qui n'est pas à dédaigner. (*Journal des Débats*, 12 messidor an 8).

GROSSESSE. Hypocrate indique trois signes pour conjecturer si une femme est grosse d'une fille ou d'un garçon.

1°. Celle qui est enceinte d'un garçon, est bien colorée; celle qui est grosse d'une fille, a le teint mauvais.

2º. Les enfans mâles sont ordinairement portés au côté droit; les filles à gauche.

3º. Une femme enceinte d'un garçon a la mamelle droite plus grosse et plus dure; dans une femme enceinte d'une fille, c'est la gauche.

Mais un caractère qui paraît plus certain, c'est la couleur de l'aréole ou cercle qui fait la base du bout de la mamelle. Elle est d'un rose plus ou moins marqué lorsque la femme est enceinte d'un garçon, tandis que cette aréole est d'une couleur brune lorsqu'elle doit accoucher d'une fille.

Fontrailles, chirurgien, dans un *Traité de physique et de chirurgie*, enseigne à connaître si une femme est grosse d'un garçon ou d'une fille. *Voyez* ce qu'en dit le *Journal des Savans*, 1697, pag. 296, première édition, et p. 261 de la seconde.

Il vient de paraître un ouvrage de Millot, intitulé : *De l'Art de procurer les sexes à volonté.*

GRUAU. Dans le journal intitulé *Nouvelles de la République des Lettres et des Arts, par M. la Blancherie*, 1785, p. 23 et 45, il est fait mention d'une machine destinée à extraire le son du gruau. Nous n'en parlons pas, parce que son invention est litigieuse entre les sieurs Pradon et Brunet, tous deux mécaniciens.

GRUE. C'est le nom qu'on donne à une machine employée pour élever des fardeaux. Elle est d'un grand usage dans l'architecture, pour la construction des édifices. L'*Encyclopédie*,

2ᵉ. vol. des planches, article *Charpente*, pl. 48, nous en offre plusieurs figures. On sait que la grue est composée du treuil et de la poulie.

Cette grande et utile machine a, depuis son invention, souffert bien des changemens. L'usage journalier dont elle est dans les arts et dans le commerce, a fait découvrir beaucoup d'inconvéniens dans sa construction. Il en est sur-tout dont une malheureuse expérience n'a que trop instruit. Cet inconvénient consiste dans le danger évident que court la puissance appliquée à la grue, lorsque le poids vient à vaincre le moteur. Le sieur Galabino, pour prévenir les accidens qui arrivent si fréquemment avec la grue, a imaginé un moyen qui, à la vérité, ne peut guère s'appliquer qu'aux grues d'un petit volume, pareilles à celles que l'on voit si communément chez les épiciers, en Angleterre, pour charger et décharger facilement leurs marchandises; mais il n'en est pas moins intéressant; voici en quoi il consiste :

Le premier moteur de cette grue est une vis sans fin, que la puissance fait tourner par le moyen d'une manivelle qui est adaptée à l'axe de cette dernière. Cette vis engrène dans une roue verticale, sur l'axe de laquelle est le cylindre qui reçoit la corde à laquelle le poids est attaché. C'est par un moyen aussi simple que l'on peut facilement monter et descendre de gros fardeaux sans avoir rien

à

à redouter. Le succès de cette machine, exécutée en grand, a été récompensé à Londres par la Société des arts, qui jugea qu'elle pourrait être très-utile dans l'exploitation des mines. (*La Nature considérée, par M. Buc'hoz*, 1781, n°. 13, p. 219).

Nous n'entreprenons pas de donner la description de toutes les machines de ce genre. Nous en indiquerons seulement quelques-unes de celles qui ont reçu l'approbation de l'Académie des sciences de Paris.

On sait assez les effets de la force accélératrice que peut acquérir un poids dans sa descente, et on n'a que trop d'exemples des accidens qu'elle a produits. M. Loriot, pour y remédier, a présenté à l'Académie, en 1755, une grue propre à descendre des fardeaux sans risque. Au moyen d'un contrepoids et d'une roue à laquelle on procure un frottement plus ou moins fort, il a trouvé le moyen de modérer la vîtesse de la descente, et de la rendre uniforme. Quoique ce moyen ait déjà été employé pour le même usage dans diverses machines, cependant la construction employée par M. Loriot a paru ingénieuse, tant parce qu'il évite, par sa manière d'appliquer le frottement, un encliquetage dont les autres machines de cette espèce ont besoin, que parce que le contrepoids qu'il emploie gagne du temps en ramenant toujours la corde à la hauteur nécessaire, et on a cru que des grues de

Tome III.

cette espèce pourraient être fort utiles pour démolir des édifices, charger des vaisseaux et descendre avec sûreté des fardeaux considérables. (*Collect. Acad., part. franç.*, t. XI, p. 492).

Cette même *Collect.*, t. XIII, p. 391, donne la description d'un moyen inventé par M. Loriot, en 1761, pour arrêter le mouvement de la roue d'une grue lorsque la corde qui enlève le poids vient à se casser.

En 1768, M. Berthelot a présenté à l'Académie des sciences une grue de son invention, et dont la force motrice, au lieu d'être appliquée immédiatement à la circonférence de la roue, est placée à terre, sur deux espèces de marches ou pédales qui font agir deux leviers verticaux, par le moyen desquels la roue est mise en mouvement. (*Collect. Acad., part. française*, t. XIV, p. 378).

Voici le jugement porté, en 1782, par l'Académie d'architecture, sur une grue de nouvelle construction, par M. Fourneau, charpentier. « Cette grue, disent les commissaires, a pour objet principal de remédier aux dangers auxquels ces sortes de machines n'exposent que trop les ouvriers employés à élever par leurs moyens des poids plus ou moins considérables. Lorsque la corde qui porte le fardeau vient à casser, les ouvriers n'ayant plus aucune puissance qui fasse équilibre avec le poids de toute leur pesanteur, la roue à laquelle ils sont appliqués, de quelque manière que ce soit, tourne avec

O

rapidité en sens contraire, et les expose à des chûtes d'autant plus inévitables, qu'elles sont toujours imprévues, et ils y courent ordinairement le risque de la vie, ou au moins d'y être dangeureusement blessés. Pour remédier à des accidens aussi graves, le sieur Fourneau adapte à l'extrémité de la moise principale et supérieure, une espèce d'arrêt composé d'une pièce de bois à bascule, attachée à l'extrémité de ladite moise par un bouton, autour duquel elle peut se mouvoir dans un plan vertical. Cette pièce oblique porte pareillement une autre pièce qui lui est attachée par un boulon de fer, autour duquel elle peut tourner librement, gardant toujours une situation verticale. La pièce oblique porte à son extrémité une poulie mobile dont la gorge repose sur la corde qui enlève le poids, tant que le poids est attaché à la corde et la tient tendue : cette même corde soulève la partie dont on vient de parler, et avec elle l'arrêt destiné à procurer la sûreté de la machine. Si la corde vient à casser, dans le même instant la pièce verticale tombe entre les dents dont le contour extérieur de la roue est armé, et arrête tout mouvement rétrograde, la poulie agissant très-obliquement sur la corde qui monte le poids, et n'exerçant sur elle qu'une pression peu considérable. Il nous a paru que les avantages qui résultent de cette idée pour la sûreté des hommes, sont de beaucoup supérieurs au petit inconvénient

du frottement sur la corde, que l'on n'a point à vaincre dans les autres machines. Nous croyons que cette machine mérite d'être approuvée, comme simple dans son principe et utile au but que l'auteur s'est proposé ». Cette grue a été annoncée dans le journal intitulé : *Nouvelles de la République des Lettres et des Arts*, *par M. la Blancherie*, année 1781, pag. 16 et 47, et année 1785, p. 59.

Nous avons journellement sous les yeux, à Paris, la grue tournante à deux bras égaux, établie au port Saint-Nicolas pour décharger les diligences par eau. M. Tremel, mécanicien, qui en est l'inventeur, se proposait d'y faire quelques changemens, dont il est fait mention dans le journal ci-dessus, décembre 1779, p. 63. Il a aussi présenté, à l'Académie des sciences, différentes machines propres à charger et décharger les bateaux. On peut voir le jugement qu'en ont porté les commissaires de l'Académie dans le même *Journal*, 1782, p. 143. M. Fourneau, charpentier, a présenté, en 1782, à l'Académie d'architecture, un modèle de grue, sur lequel elle a porté son jugement ainsi qu'il suit : « Cette machine a beaucoup de rapport avec celles destinées aux mêmes usages, et déja construites en cette ville depuis quelques années; mais l'auteur de la machine dont il s'agit, s'est proposé de remédier à des inconvéniens assez considérables, qui ne peuvent manquer d'avoir lieu dans les machines ordinaires. Lorsque le fardeau qu'il s'agit d'enlever est très-considérable, son poids tend à faire déverser la machine du côté où il est suspendu, et cause des frottemens énormes à l'endroit où le poinçon, servant d'axe vertical commun à toutes les pièces de la machine, traverse par le sommier vers le bas dudit poinçon.

» Pour éviter cet inconvénient, M. Fourneau ajoute à sa machine deux grandes pièces de bois horizontales, et destinées à faire fonction de romaine, ramenant le centre de gravité toujours sur l'axe du poinçon, au moyen du contre-poids qui s'éloigne d'autant plus dudit axe du côté opposé au poids, que ce poids est plus considérable.

Pour se former une idée du jeu et de l'effet de cette romaine, le S^r. Fourneau a pratiqué quatre poulies mobiles au milieu des deux pièces de bois, qui forment la moise horizontale à la hauteur de l'axe des deux roues auxquelles les hommes doivent exercer leur action pour enlever le fardeau. L'axe desdites roues traverse une roue dentée, placée à distances égales des quatre poulies dont nous venons de parler. Les branches de la romaine sont taillées dans leur plan et suivent leur longueur en forme de crémailliers, dont les dents, lorsqu'on juge à propos, engrainent sur la roue dentée dont on vient de parler, ou n'ont aucune action sur elles, si on le

juge nécessaire, en les élevant au-dessus de ladite roue, et leur faisant faire bascule du côté où le poids est suspendu à la machine.

» Si le poids à élever est trop considérable, et si son action tend à faire déverser la machine de son côté, dans le moment où il tend les deux cordes qui le soutiennent, ces deux cordes enlèvent une bascule ayant son point d'appui des deux côtés du poinçon. Les deux pièces de la romaine posant alors sur les quatre poulies opposées, engrainent dans la roue dentée, et par leur mouvement en arrière du poids, éloignent les poids qui sont placés à l'extrémité opposée de l'axe vertical, ramenant ainsi le centre de gravité sur le même axe. Lorsque ces poids sont assez éloignés de l'axe, un poids qui décline sur cette romaine à mesure que la bascule s'élève, tend à faire poser en bascule sur les deux poulies opposées au poids qui monte et qui descend, jusqu'à ce que l'équilibre soit à-peu-près établi, tant par l'éloignement de ces poids mobiles, que par le poids des hommes qui font mouvoir la machine.

Cette idée nous a paru ingénieuse et utile pour faciliter l'égalité du mouvement dans le service de la machine; un autre avantage que cette machine nous paraît avoir sur celles exécutées jusqu'ici, c'est l'attention que l'auteur a eu de faire monter le poids par deux cordes qui se roulent également des deux côtés sur l'axe qui traverse les deux roues. »

M. Fourneau a fait insérer dans le *Journal de la Blancherie*, 1785, p. 63, la description d'une autre machine propre à charger et décharger les navires, et dont la mécanique avait ceci de particulier, qu'à quelque endroit que la chaîne qui soutient le fardeau vînt à se rompre, le fardeau demeurait suspendu.

Nous pourrions à ce sujet donner ici la description d'une machine imaginée par M. de Bernières, des ponts et chaussées, sous le nom de *levier tournant*, destiné non-seulement à descendre les chevaux dans les navires et à les en retirer, mais encore à charger et décharger toutes sortes de marchandises; mais, comme cette machine rentre absolument dans la *grue tournante*, dont nous venons de parler, que d'ailleurs dans le temps ce n'était qu'un modèle proposé par M. de Bernières, et dont la construction en grand n'était pas bien démontrée, nous nous abstiendrons d'entrer dans aucun détail. M. de la Blancherie, dans son journal, année 1779, p. 22, en fait mention. (Voyez l'article *Machines*, § IV).

Le Lycée des Arts, en 1795 ou 1794, a couronné le cit. Baudicre-Laval, auteur d'une grue qui se meut en avant, en arrière, tourne sur son axe avec une grande facilité; elle sert à décharger les vaisseaux et bateaux de toutes les dimensions, et est en usage, dit-on, depuis long-temps sur le port Saint-

Nicolas. Il n'est donc pas difficile de la comparer avec celle de M. Tremel, dont nous avons parlé plus haut.

On trouvera encore dans le journal ci-dessus, intitulé *Nouvelles de la République des Lettres et des Arts, par M. de la Blancherie*, année 1779, p. 2, 106 et 124, 1783, p. 162 et 198, des annonces de grue de nouvelle construction.

GUÉRITE PORTATIVE. M. Lavier présenta, en 1744, à l'Académie des sciences de Paris, qui y donna son approbation, une espèce de guérite portative, au moyen de laquelle on peut élever, à une assez grande hauteur, un homme qui y serait commodément sans péril, et pourrait de là découvrir au loin ce qui se passe; ce qui pourrait être souvent utile à la guerre. Huit ou neuf personnes suffisaient pour monter et démonter la machine, qui se transportait aisément dans un ou plusieurs charriots. (*Collec. Acad. part. franç.*, t. IX, p. 457.)

Le journal de *M. la Blancherie*, 1785, p. 256, contient la description détaillée d'une guérite portative qui peut s'adapter facilement à un arbre à une hauteur quelconque. Nous avons aujourd'hui, graces à l'invention des aërostats, un moyen bien plus avantageux et moins embarrassant. (Voyez *Aërostat*).

GUITTARE ET MANDOLINE. Le manche de ces instrumens est entouré de cordes qu'on nomme *touches*; on a cru que ces touches servaient à partager les cordes en demi-tons, lorsqu'on appuyait le doigt dessus; ces touches faisaient tous les demi-tons égaux sur toutes les cordes, tandis qu'il y en a de majeurs et de mineurs. Pour y remédier, M. Gosset substitua aux touches des espèces de sillets bas, collés sur le manche plus haut ou plus bas sur chaque corde, selon que le demiton se trouve majeur ou mineur. (Voyez *Collec. Académ*, *part. franç.*, t. XIV, p. 397).

En 1773, M. Vanheke imagina des guittares à 12 cordes, qui se vendaient chez M. Nadermann, luthier. (*Voyez*-en la description dans l'*Encyclop. Méthod.*, *Arts et Métiers*, t. IV, p. 46.)

GYMNASTIQUE. L'homme, cette machine si belle, et faite avec tant d'art, est composé d'une multitude de fibres, de ressorts et de canaux, dont le jeu ne peut être entretenu que par l'exercice. C'est le mouvement qui aide les fluides divers à circuler à travers les solides, soit pour les nourrir, les abreuver et les entretenir dans leur état de souplesse, soit pour porter au-dehors le superflu qui est très-considérable, ou ce qui pourrait nuire. C'est ce qui a fait penser à d'habiles médecins, que l'art de la gymnastique était nécessaire pour entretenir et même rétablir la santé, et pour augmenter les forces; mais cet art doit être raisonné selon l'âge, les circonstances et le tempérament. Ce qui met en jeu tous les muscles, est ce qu'il y a de plus

avantageux, comme la paulme, le billard, le battoir, la danse, la déclamation, les armes; dans un âge plus avancé, la promenade. Mais il faut éviter tout ce qui peut porter le sang du centre à la circonférence, comme les courses de bague, l'escarpolette, les balançoires, et autres de la même espèce.

Ceux qui par leur situation ne peuvent point se livrer à l'exercice, doivent user de frictions. (Voyez *Art de Masser*.)

Les anciens, qui avaient mis les bains au rang de leurs jouissances, avaient de vastes bâtimens, destinés non-seulement à prendre les bains, mais à préluder par différens jeux et exercices. Ils se baignaient ensuite ou se faisaient suer, et finissaient par les frictions. Leur luxe était, à cet égard, porté au point qu'ils avaient dans les bains publics différens officiers, dont les uns préparaient les onguens, les autres servaient à oindre, d'autres frottaient la peau, d'autres pétrissaient et tiraient les membres pour les rendre plus souples; enfin, il y avait des dépilatoires de différentes compositions. Nous sommes bien loin de conseiller toutes ces recherches de luxe, qui ne peuvent conduire qu'à la mollesse, au lieu que l'exercice bien employé, augmente la vigueur. Cependant nous croyons que dans beaucoup de cas on fera bien d'avoir recours aux frictions. Il y en a de fortes et de douces; les premières, qui se font avec de la toile, des brosses et autres choses semblables, peuvent fortifier les parties qu'on y soumet, en raréfiant et résolvant les humeurs que d'autres remèdes ne pourraient atteindre, comme dans les rhumatismes, la léthargie, l'asphyxie, etc. La friction douce au contraire ramollit et relâche; aussi l'emploie-t-on dans la cure des fractures et des grandes plaies; elle réchauffe et facilite la circulation; mais dans l'état de santé l'exercice suffit.

GYPSE. (Voyez *Plâtre.*)

H

HABILLEMENT. Les costumes des anciens peuples sont assez bien décrits dans l'*Encyclopédie Méthodique* , *Dictionnaire des Manufactures et Arts* , t. I, p. 45 *, au milieu du volume. Parlons un peu du nôtre. Nous avons fait connaître, en parlant des *corps* (*Voyez* ce mot), que leur usage peut être utile dans quelques circonstances, est très-nuisible dans l'emploi ordinaire. M. Winslow, qui s'est occupé de la manière de nous vêtir, dans quelques-uns de ses ouvrages, et particulièrement dans un mémoire de l'Académie , année 1740 (Voyez *Collect. Académ.* , part. *franç.* t. VIII, p. 360 ; t. IX , p. 186), a fait voir que certains habillemens, et certaines habitudes, n'étaient pas sans danger. Il cite l'exemple d'une femme haute de taille et bien droite, qui devenue sédentaire, avait contracté l'habitude de s'habiller négligemment , et d'être assise courbée comme sont la plupart des femmes riches , dans des bergères molles et chaudes. Au bout de quelques mois, elle commença à sentir de la peine à se tenir droite, et au bout de quelque temps, elle est devenue contrefaite , au point de perdre un quart de sa taille ; ce qui prouve qu'il faut être très-circonspect dans les habitudes que l'on contracte , et telles qu'elles soient, prendre beaucoup de précautions lorsqu'on veut les quitter. Si cette femme n'avait pas eu habituellement le corps serré et soutenu, la nature l'aurait fortifiée, et elle ne serait pas tombée dans l'inconvénient qui lui est arrivé en quittant ses usages. (Voyez *Collect. Académ.* , part. *franç.* , t. XV , pag. 301). Les jeunes gens dans les collèges prennent souvent l'habitude d'écrire sur leurs genoux ; il n'est pas rare que cela leur occasionne des maux de poit et de bas-ventre. Si on ne fait pas attention à la cause, les remèdes ne font qu'augmenter le mal. Les saignemens de nez peuvent venir aussi de l'usage de coucher la tête trop basse.

Enfin il est à souhaiter que les médecins qui ont à traiter les maladies des jeunes gens, étudient leur manière d'être, car c'est sur-tout à cet âge que les habitudes sont pernicieuses. Avec le temps elles deviennent naturelles, et paraissent avoir moins d'effet, ce qui n'empêche pas qu'elles ne soient cause de certaines infirmités qui ne semblent y avoir aucun rapport. (*Voyez* dans la *Médecine Domestique*, ce qui est dit à ce sujet).

En 1782, le sieur Doffemont, tailleur, rue de la Verrerie, vis-à-vis Saint-Merry, a fait annoncer, dans les papiers publics, des épaulettes et des ceintures en piquure, utiles aux femmes et aux enfans, et approuvées de la Société Royale de médecine, comme propres à soutenir et même redresser la taille. (Voyez le *Journal des Inventions et Découvertes*, imprimé en 1793, t. I, p. 257),

Quant aux vêtemens, il y a long-temps que l'on s'est expliqué sur le mauvais effet des nôtres; on ne saurait trop insister sur un objet aussi essentiel; il serait à souhaiter que la mode qui varie tant, pût nous conduire enfin à un usage raisonnable. La manière dont les Européens s'habillent, plus leste que celle des Orientaux, a certainement moins de grace, est plus incommode d'ailleurs, et exige une toilette plus longue. Dans un pays humide et pluvieux, on ne peut peut-être pas, comme en Asie, porter des habits longs, faits avec des étoffes précieuses. Notre peu d'opulence nuirait à notre luxe, peut-être aussi que notre pétulance ne s'accommoderait pas de ce que ces habits paraissent avoir d'embarassant, quoiqu'on ait long-temps porté en France des habits longs; mais rien ne nous oblige à gêner nos pieds dans des souliers minces, étroits, par cette raison peu sains, et dont la forme étrangère à celle de la nature, rend notre allure gênée, et nous procure des cors, des oignons, des durillons, enfin rend nos pieds sensibles et notre marche douloureuse; ce qu'éprouvent sur-tout les femmes en s'élevant sur des talons ridicules, qui, joints avec la gêne des souliers, leur occasionnent, à un plus haut degré, tous les accidens qui peuvent arriver aux pieds: leur unique dédommagement, est de donner à leur stature une élévation qui n'est pas dans la nature, et de cambrer le pied de façon à ne pouvoir plus être applati. Leurs jambes d'ailleurs perdent par-là, la belle forme ronde qu'elles doivent avoir; elles deviennent ordinairement plus maigres par l'inaction et le raccourcissement des muscles postérieurs. M. Winslow croit que cela peut même influer jusque sur les viscères de l'abdomen, et dont en cas d'accident on chercherait inutilement la cause ailleurs. Ces hauts talons obligent de plus les femmes, quand elles marchent, à plier les genoux en avant pour conserver l'angle de 90 degrés que la jambe doit avoir avec la plante des pieds, ce qui fait porter le derrière en sens contraire, et les réduit, pour paraître droites, à courber encore plus leurs reins déja courbés par la nature; aussi on verrait la plupart des femmes faites comme des Z, si elles allaient nues; mais le caprice et l'idée mal conçue de la beauté, amènent dans leur habillement bien d'autres ridicules, dont quelques-uns ont leur inconvénient; en général leur habits'oppose à ce qu'elles ayent de la grace; elles ne peuvent développer aucun de leurs mouvemens; tout est gêné chez elles; aussi s'en apperçoit-on lorsqu'elles veulent emprunter un habit dans lequel elles sont plus libres. Pour y suppléer, l'habitude de la coquéterie, et le desir de plaire, font qu'elles étalent aux yeux, contre les règles de la modestie et l'intérêt de leur santé, des choses que souvent l'on ferait bien de laisser desirer, qui deviendraient une faveur de plus à accorder, et qui au moins conserveraient un prix, perdu par l'usage d'être exposées aux regards; il est certain au moins que la phtysie, qui attaque et détruit tant de jeunes femmes, vient autant de l'usage de peu garnir les bras, et de découvrir la poitrine, que de leur intempérance, dans un pays, surtout comme le nôtre, où les saisons sont sujettes à autant de vicissitudes.

M. Leroi, médecin, a publié, en 1772, un ouvrage que nous invitons à lire; il a pour titre: *Recherches sur les habille-*

mens des femmes et des enfans.

Leur coëffure, en général plus bizarre qu'élégante, est encore pour elles une source de maux. Autrefois les poudres et les pommades préparées formaient sur leur tête un enduit pernicieux par sa composition, et nuisible parce qu'il interceptait la transpiration nécessaire à cette partie; delà naissaient les fluxions, les douleurs de tête et d'autres maux qui en paraissent plus éloignés. D'ailleurs, l'échafaudage ridicule de leur coëffure ne pouvait se soutenir que par des épingles, dont le moindre inconvénient était de tirailler les cheveux, et de les détruire; ces épingles, de plus, si elles sont de cuivre, contractent un verd-de-gris très-pernicieux, et qui peut être introduit dans le sang par des piquures qui ne sont que trop fréquentes. Les épingles de fer sont enduites d'un vernis qui n'est pas sans inconvénient; enfin les piquures très-répétées dans cette partie, y occasionnent souvent des incommodités très-réelles. Aujourd'hui les femmes ont donné dans un excès contraire; les unes ont fait couper leurs cheveux, le plus bel ornement de la tête, et toutes, ou presque toutes se sont affublées de perruques noires sur un teint blond, de perruques blondes sur un teint brun; la plupart de ces perruques assez semblables à celles des paillasses de la foire, et qui remplacent grotesquement les beaux cheveux bouclés et flottans qui faisaient autrefois leur parure; ces femmes économisent, il est vrai, en pure perte, le temps qu'elles mettaient à leur toilette, mais contrarient la nature, et nuisent à la transpiration de la tête. Ce que je viens de dire pour les femmes, s'applique également aux hommes à tête demi-tondues, cheveux gras, noirs et dégoûtans de leur *huile antique*, costume imité de celui des agens de la terreur.

On peut voir au mot *Cosmétiques*, les autres inconvéniens auxquels s'exposent les femmes qui défigurent les charmes qu'elles tiennent de la nature, pour en emprunter de nuisibles à leur santé, et même au plaisir, et qui ne servent qu'à leur donner un éclat dont l'habitude fait qu'on n'est plus dupe.

Enfin leur habillement semble avoir été imaginé en totalité contre la raison; autrefois leurs jupons étaient le comble de l'extravagance, gênans dans la marche, d'un poids très-lourd; elles étaient obligées de les attacher sur leurs reins, qu'ils déformaient en y causant une rainure désagréable et un bourlet; ce vêtement, d'ailleurs, en laissant les cuisses nues, les exposait à éprouver toute l'intempérie des saisons. Il serait tout aussi modeste, et bien moins incommode, de porter moins de jupons, et de suppléer au reste par des caleçons.

Aujourd'hui, fin du 18e. siècle, les femmes vont presque nues. Une chemise falbalatée, une robbe très-mince, très-légère, des bras nuds jusqu'aux aisselles, la gorge découverte, un sac justement appelé *ridicule*, pour tenir lieu de poche; voilà l'habillement des femmes même au cœur de l'hiver. Mode folle, extravagante, meurtrière, contre laquelle quelques médecins ont jeté les hauts cris avec grande raison. L'habillement des jeunes-gens n'est pas moins incommode, indécent et malsain; des manches d'habits aussi justes que des fourreaux de pistolets; des culottes si étroites que la chemise n'y trouve point de place; à peine leur permettent-elles de s'asseoir. Il ne leur manque plus que de porter aussi un *ridicule*, pour y mettre leur mouchoir et leur argent à défaut de poches.

Les jarretières trop serrées sont une autre cause d'accident pour les femmes et les hommes. Le *Journal de Verdun*, 1746, p. 190, a annoncé une machine inventée par le Sr. Cartier, pour suppléer aux jarretières et retenir les bas. On cite à cet égard un fait arrivé en Dannemarck, qui en prouve tout le danger. Un capitaine de ce pays avait obligé tous les soldats de sa compagnie à porter leurs jarretières et leurs cols très-serrés, pour qu'ils parussent vigoureux et bien nourris, parce que cela augmentait la rougeur de leur visage et la grosseur du molet. Au bout de quelque temps, ils tombèrent presque tous malades, et plusieurs périrent comme attaqués d'affections scorbutiques putrides, tant il est dangereux d'arrêter, de quelque manière que ce soit, la liberté de la circulation. Cette occasion rappelle qu'il y a long-temps que le gouvernement s'occupe du moyen d'habiller nos troupes avec grace, légèreté, salubrité et commodité. On n'y réussira pas tant que l'on voudra conserver la mode. Ce dernier point, qui a peut-être le plus arrêté, ne devrait pas être un obstacle. Le Français saura toujours donner de la grace à son habit, tel qu'il soit, et l'habit militaire, de mode ou non, sera toujours agréable à ses yeux, et finira peut-être par devenir l'habit de la nation.

Nous croyons qu'il faudrait d'abord débarrasser le soldat de ses cheveux, ce serait un soin très-important de moins et une dépense assez considérable d'épargnée, dont la suppression ne nuirait qu'à quelques bas-officiers, chargés des fournitures. L'équipement devrait consister dans un casque, un manteau à capuchon, une veste et un gilet, les culottes à larges ceintures mouvantes au-dessus des reins et sans jarretières, une cravatte lâche au lieu de cols, les guêtres à l'ordinaire et des souliers ferrés. Telles étaient à-peu-près les idées du maréchal de Saxe, qu'on ne saurait trop répéter.

L'*Encyclopédie* donne beaucoup de détails sur la taille et la façon des habits, et la description de l'art du tailleur est accompagnée de figures, qui se trouvent dans le 9e. volume des planches, et à la fin du supplément.

Parmi les inventions approuvées par l'Académie des sciences de Paris, la *Collection Acad.*, *part. franç.*, t. V, p. 406, fait mention d'un justeaucorps fait de six pièces, par le Sr. de Cay, tailleur, deux pour le devant, deux pour le derrière, et deux pour les manches, au lieu de vingt-une qu'on emploie ordinairement. La coupe a paru bien imaginée, et l'habit n'en a pas moins bonne grace.

La Société d'Agriculture de Paris a proposé, en 1786, la question suivante : *Trouver une étoffe de plus de durée, plus chaude, moins chère et moins perméable à la pluie, que les étoffes employées ordinairement aux vêtemens des gens de la campagne ?* Nous ignorons si le prix de 12,000 liv. a été remporté.

En 1768, on a annoncé dans les papiers publics une fabrique d'habits et autres ouvrages tricotés, en soie, filoselle, poil de chèvre, laine et coton, et culottes de toutes couleurs, en façon de cirsaka. On a long-temps porté de ces habits tricotés, qui réussissaient fort bien. On en trouvait la matière dans les rognures de soie, que les femmes prenaient la peine de parfiler. L'économie dans les arts consiste à ne rien perdre et à tirer parti de ce qui paraît inutile. Qu'il y a loin de la coque de ver à soie aux débris de cet habit tricoté !

En 1772, le Sr. Delpêche, tailleur aux Quinze-Vingt, avait le secret de remettre à neuf les vieux habits noirs usés et même percés, de rélargir ou ral-longer ceux qui étaient trop étroits ou trop courts, sans y mettre des pièces ni les retourner ; et enfin de remettre dans leur couleur et de gauffrer toutes sortes d'habits passés. (V. *Chemise d'une seule pièce* ; *Tailleur.*)

La propreté des habillemens est un genre de parure qui plat généralement, et l'on peut dire à la louange des troupes françaises, qu'elles étaient parfaitement tenues à cet égard. C'était un des articles de la discipline militaire, et la surveillance était portée sur ce point jusqu'aux détails les plus minutieux. On a quelquefois reproché à nos soldats ces soins, cette espèce de coquéterie ; mais un extérieur sale et dégoûtant est-il donc le signe de la bravoure ? est-il bien nécessaire que le guerrier ne soit couvert que de haillons ? Il semble, au contraire, que les livrées de la misère n'appartiennent qu'à la bassesse et à la lâcheté, et que l'habit propre et décent élève le militaire à la hauteur du sentiment qu'il doit avoir de la profession des armes. Sans doute le luxe énerve, amollit ; mais autant il faut craindre ses funestes effets, autant doit-on empêcher le soldat de tomber dans cet abandon de lui-même, qui le rend abject à ses propres yeux. C'était donc avec raison que les soins de la propreté étaient si fort recommandés aux troupes. Loin d'être blamables à cet égard, les principes du gouvernement avaient un but moral et sage, qui fut bientôt senti par les puissances voisines.

Parmi les procédés recueillis à la suite de *l'Ordonnance du 28 avril 1778, concernant la maréchaussée*, nous en avons remarqué quelques-uns, que nous allons insérer ici, parce que leur usage peut s'étendre à toutes sortes de professions.

§ Ier. *Pour nétoyer une veste de drap chamois.*

Il faut commencer par ôter les taches, s'il y en a, en frottant chaque partie tachée avec du savon blanc, puis avec une brosse trempée dans de l'eau très-claire, jusqu'à ce que la tache ne paraisse plus ; ensuite en délaie dans de l'eau une quantité suffisante de stil de grain et d'ochre fins (en observant qu'il y ait un peu plus d'ochre que de stil de grain), pour que l'eau soit bien teinte sans être épaisse. On prend de cette eau avec la brosse, qui doit être un peu forte, et l'on en frotte le drap, jusqu'à ce qu'il ait pris sa couleur naturelle. Il faut faire sécher la veste à l'ombre, et jamais au soleil.

§II. *Pour nétoyer une culotte de peau.*

Il faut la dégraisser avec du savon blanc, de la même manière que la veste ; ensuite prendre une demi-once de blanc de pipe et un demi-sixain de stil de grain. Après que l'on a bien écrasé en poudre fine et mêlé ensemble toutes ces parties, on les détrempe avec de l'huile d'olive, dans la proportion de ce qu'il en tiendrait dans le quart d'une coquille d'œuf, et avec la moitié d'un jaune d'œuf; ensuite de quoi, et lorsque le tout est bien lié, on le délaie avec de l'eau, jusqu'au point où la composition devienne une teinte légère, qui nourrisse la peau et la colore, sans faire croûte dessus.

On emploie cette composition avec un linge trempé dedans, que l'on frotte bien également sur la culotte, laquelle on fait sécher à l'ombre, et quand elle l'est à-peu-près aux deux tiers, on la retourne le dehors en dedans, on l'enveloppe dans un linge propre, et on la foule aux pieds pour la rendre souple; elle achève de sécher, et on s'en sert après l'avoir bien secouée.

Les gants peuvent se nétoyer de la même manière.

§ III. *Pour les galons de fil blanc.*

On les nétoie en les frottant avec une petite brosse mouillée d'eau de savon, bien propre et bien moussante. Il faut avoir l'attention de les faire sécher à l'ombre, parce qu'ils roussissent quand on les expose au soleil.

HACHE-PAILLE. (Voyez *Paille.*)

HAIES. On sait que les parcs, les jardins et les enclos des campagnes sont, pour la majeure partie, fermés par des haies d'épines ou de charmilles; mais quelque précaution qu'on prenne pour la formation de ces haies, il se rencontre des vides, des lacunes difficiles à réparer, sur-tout lorsque ces haies ont acquis un certain âge, par la raison que les jeunes plants dont on fait usage pour ces réparations sont presque toujours étouffés par les plants latéraux plus âgés, et il résulte presque toujours de cet inconvénient, que ces haies ne sont plus d'aucune défense. Voici un moyen de parer à ces inconvéniens, et de se procurer une clôture agréable, et de plus impénétrable aux malveillans.

J'ai fait planter, dit un agriculteur, depuis trois ans une haie d'épines blanches pour clôre un terrein sur une longueur de près de cent toises; au bout d'un an, j'ai fait sapper ma haie à 4 à 5 pouces; dès la seconde année la nouvelle pousse s'est élevée à 3 pieds, et celle de la troisième a doublé; alors, et au printemps dernier, j'ai fait treillager ma haie. Pour y parvenir, mon jardinier, homme intelligent, a placé et enfoncé, à quelques pouces de distance, des gaulettes de la grosseur du doigt et de 5 à 6 pieds de hauteur, de façon que cette première rangée s'est trouvée inclinée et formant des angles aigus avec le sol ou la superficie de mon terrein; il a ensuite planté et enfoncé de pareilles gaulettes également inclinées, mais dans un sens opposé avec l'attention de les croiser et de les entrelacer les unes sur les autres; au moyen de cette opération, cette espèce de palissade a représenté une multitude de losanges de 7 à 8 pouces d'une pointe ou d'un angle à l'autre, après quoi il a pris séparément chaque brin d'épines; il les a couchés et assujétis à chaque croisillon ou jonction des losanges, observant d'incliner alternativement chacun de ces brins, tantôt le long des gaulettes penchées à droite, tantôt le long de celles penchées à gauche, et il les a maintenues et fixées avec osiers qui ont embrassé et les gaulettes et les brins d'épines. Cette manœuvre terminée, il a réduit le tout à trois pieds six pouces de hauteur.

Résultat. —Il a suivi de cette opération, que les brins d'épines se trouvent maintenant soudés et adhérens les uns aux autres dans les points de leur jonction, par la réunion des écorces, et il en résulte un soutien mutuel et de proche en proche dans toutes les parties de la haie; les pousses des bourgeons de ces épines couvrent les intervalles des losanzes, de manière que cette haie continue ne forme plus qu'un seul corps.

Il est aisé de concevoir les avantages d'une pareille haie, qu'on peut également former en charmille, et qui présente de tous côtés des résistances à quiconque voudrait s'y présenter.

Voyez, sur ce genre de clôture, la *Feuille du Cultivateur*, tom. V, pag. 122, 189 et 193. M. Chalumeau conseille d'employer de préférence le sureau et le faux ébénier, dont les fleurs fournissent aux abeilles une récolte abondante. Il re-

commande aussi l'amandier, le pommier d'api greffé sur sauvageon, et le néflier sauvageon ou greffé, qui, selon lui, feraient d'excellentes clôtures.

L'Académie de Lyon a demandé, en 1785, des *observations théoriques et pratiques sur les haies destinées à la clôture des champs, des vignes et des jeunes bois.* Les auteurs devaient indiquer le choix convenable des diverses espèces de haies, suivant la diversité des terrains et des cultures. Ils devaient déterminer la meilleure manière de les former et de les entretenir, en considérant le produit des récoltes, l'extension des racines, le chauffage, les arbres fruitiers qui peuvent être placés dans les haies, etc. Nous ignorons si les prix, qui consistaient en deux médailles d'or et deux médailles d'argent, ont été remportés.

Le premier but de l'agriculture est de multiplier les produits, en dépensant le moins possible en argent et en travail. Les haies que nous allons proposer remplissent cet objet dans toute son étendue.

Il est bien démontré qu'un champ, fermé par des murs, est plus avantageux qu'un champ ouvert; mais les murs sont fort coûteux, et quelquefois impraticables dans certains endroits, faute de pierres; on peut construire alors des haies économiques, qui sont impénétrables et d'un très-grand produit.

Plantez, à 5 ou 6 pieds l'un de l'autre, des pommiers, poiriers, pruniers, mais ne mélangez point les fruits, et qu'un côté de la haie soit d'une seule espèce; coupez la tige de ces arbres à 18 pouces au-dessus de terre; par ce moyen, il se formera 4, 6, ou 8 bourgeons, qui s'ouvriront pour donner des feuilles et des branches. Lorsque les bourgeons auront poussé et qu'ils seront assurés, supprimez ceux de la partie supérieure; à la fin de juin, supprimez ceux de la partie inférieure, qu'on n'a conservés que dans la crainte de quelque accident: il ne reste plus au tronc que ceux qui ont poussé dans le milieu; ils se fortifieront pendant le reste de l'été et de l'automne, et ils formeront de bonnes branches. A la fin de l'hiver suivant, retranchez la partie supérieure de l'arbre restant au-dessus des branches qui se sont formées. Si ces branches sont faibles, coupez les extrémités, et ne laissez de chaque côté qu'un bon œil, ou bourgeon sur chacune; si au contraire elles sont fortes, proportionnées, bien nourries, laissez deux bourgeons; il est certain que, dans cette seconde année, ils donneront chacun une bonne branche qui, dans les bons terreins, pourra avoir 3 ou 4 pieds.

A cette troisième année, lorsque la sève commence à monter des racines aux bourgeons, prenez les branches, faites leur prendre doucement, et peu-à-peu une position horisontale; réunissez leurs extrémités; marquez avec un instrument tranchant sur l'écorce, l'espace qu'elles doivent occuper dans le

point de leur réunion; enlevez avec cet instrument, sur chacune d'elles, et dans une égale proportion, un tiers de leur diamètre du côté qui doit correspondre au même côté de l'autre branche; faites que ces deux entailles se touchent exactement et se réunissent dans tous leurs points lorsque vous les croiserez; alors, prenez de la mousse, de la filasse ou telle autre substance semblable; enveloppez ces deux branches dans leur point commun, et avec un osier, serrez assez fortement la mousse, pour que cette mousse et cette ligature subsistent pendant le reste de l'année sans se déranger. Cette première greffe par approche sur l'extrémité des branches, une fois exécutée, fixez un échalas en terre, et sans faire perdre aux deux branches leur direction horisontale, assujétissez-les contre cet échalas avec de l'ozier, à l'endroit où elles ont été greffées; ensuite, laissez un ou ceux bourgeons au-dessus de chacune des branches greffées, les branches qui en naîtront seront ensuite greffées aussi par approche à celles qui naîtront de la branche d'en bas, et on formera, autant qu'il sera possible, des lozanges; chaque portion de lozange se trouvera garnie de bois à fruit, et de brindilles qui donneront du fruit; la haie sera impénétrable, du meilleur produit, et sera bien préférable à un mur.

Il est bon d'observer que, si on serrait trop fortement l'osier contre les points de réunion, les branches, venant à grossir pendant le cours de l'année, l'osier imprimerait des sillons dans leur substance, qui nuiraient jusqu'à un certain point à l'ascension de la sève vers le bourgeon supérieur pendant le jour, et à la descente de cette même sève des branches aux racines pendant la nuit. Cependant, si l'on voyait que les bourgeons supérieurs poussassent trop vigoureusement aux dépens des bourgeons inférieurs, il faudrait alors serrer la ligature; la sève se porterait moins rapidement vers les extrémités, et les branches inférieures se fortifieraient.

Il est essentiel d'observer que, pour se former ainsi des haies économiques, il faut toujours planter ensemble des arbres de la même espèce, et tous greffés sur franc, sur coignasier ou sur paradis; car ces arbres, poussant en bois les uns plus, les autres moins, ceux qui poussent le plus en bois détruisent les autres. Ce que nous disons du genre du pied de l'arbre, doit aussi s'entendre également de l'espèce du fruit. Par exemple, le poirier rousselet, le poirier beurré blanc ou doyenné, donnent peu de bois; le virgouleux, au contraire, en fournit davantage : ainsi, une haie formée avec ces arbres, le dernier viendrait à bout de ruiner les premiers.

L'expérience apprend que le mieux est de planter des arbres greffés sur franc. On doit préférer les fruits d'hiver, qui se vendent plus chèrement que les fruits d'été. Cette greffe, par approche, ainsi multipliée, fait tourner bien plus promptement à fruit ces arbres greffés sur franc, et ils subsistent beaucoup plus long-temps que les autres.

Ces haies sont peu dispendieuses; des femmes, des enfans, peuvent donner les soins qu'elles exigent; c'est plutôt un ouvrage de patience que pénible. Une haie en buisson ne produit aucun fruit; nos haies économiques procurent une récolte abondante, avec l'avantage de clôre exactement. Tant qu'un arbre à fruit ne donne que du bois, il produit peu de fruits; cet arbre ne se charge en bois que parce que les canaux de la sève sont droits; mais recourbez les branches, donnez-leur une direction horizontale, la partie de la sève qui se consommait inutilement en bois, se convertira en fruits.

Les fruits qui viennent sur ces haies fruitières, ont un suc raffiné; car l'arbre se trouvant ainsi greffé quinze ou vingt fois sur lui-même, les sucs s'élaborent, se perfectionnent à un degré supérieur, puisque l'on observe que de simples sauvageons, greffés sur des sauvageons, sont susceptibles d'acquérir une certaine perfection.

Pendant les trois ou quatre premières années, ces haies fruitières demandent à être taillées avec la serpette; mais lorsque toute la masse a acquis une certaine consistance, on peut les tailler avec le croissant.

HALE. C'est le nom qu'on donne à la qualité de l'atmosphère dont l'effet est de sécher le linge et les plantes, et de noircir la peau de ceux qui y sont exposés. Le hâle est l'effet de trois causes combinées, le vent, la chaleur et la séche-resse. Pour remédier à l'effet du hâle ou le prévenir, voici quel-ques procédés dont on peut faire usage avec succès.

Pour se préserver du hâle, il faut faire tremper dans de l'eau fraîche une livre de lupin pen-dant trois jours ; retirez-le de cette eau, faites-le bouillir dans un vase de cuivre où vous met-trez cinq livres de nouvelle eau. Retirez lorsque les lupins seront cuits et que l'eau sera un peu épaissie ; exprimez et conservez cette liqueur, avec laquelle vous vous frotterez le visage et le col lorsque vous se-rez obligé de vous exposer aux effets du hâle.

L'huile d'olive verte, dans laquelle on a mis un peu de mastic en larmes, produit le même effet.

On peut aussi se frotter la peau avec le mucilage de graine de lin, la semence de *psyllium*, ou d'herbe aux puces, de gom-me adragante, du suc de pour-pier, etc., que vous mêlerez avec le blanc d'œuf.

Lorsqu'on veut faire passer le hâle du visage, on prend une grappe de raisin verte : mouil-lez-la, saupoudrez-la d'alun et de sel ; enveloppez-la ensuite dans du papier, et faites-la cuire sous des cendres chaudes, expri-mez-en le jus ; lavez-vous le visage avec ce jus, cette liqueur emportera le hâle.

Ou bien on peut, le soir en se couchant, écraser quelques frai-ses sur son visage, les laisser *sé-cher pendant la nuit*, et le len-demain matin se laver avec l'eau de cerfeuil ; alors la peau de-vient belle, fraîche et luisante.

Quant à ce dernier procédé, nous pensons qu'il pourrait quel-quefois occasionner des flu-xions, et qu'en général il faut user de la plus grande précau-tion dans le choix des choses que l'on met sur le visage ; il ne faut pas même se fier à l'expé-rience, à moins qu'elle ne soit longue et sans contradiction, parce que ce qui ne nuit pas à l'un nuit à l'autre, et ce que l'on a éprouvé sans dangers dans une circonstance, n'est pas sans inconvénient dans une autre ; c'est selon la disposition.

HANNETON. Les hannetons sont des insectes qui multiplient prodigieusement, et qui font les plus grands dégâts, tant dans l'état de vers sous lequel ils restent en terre pendant trois ans, que dans l'état d'insecte parfaitement formé, c'est-à-dire, de hannetons. Dans l'état de vers, ils rongent les racines du bled, des poiriers, des légumes et des arbres qu'ils font périr. Ils sont plus communs dans les pays de bois qu'ailleurs, parce que dans l'état de hannetons, c'est sur les arbres qu'ils s'ac-couplent, et delà que les femel-les descendent pour déposer leurs œufs assez profondément en terre ; ils dépouillent tous les arbres de leurs feuilles. On lit dans les *Transactions Phyloso-phiques* de la Société de Dublin,

que

que les habitans d'un certain canton de l'Irlande avaient tant souffert de ces insectes, qu'ils s'étaient déterminés à mettre le feu à une forêt de plusieurs lieues d'étendue, pour en couper la communication avec les lieux qui n'en étaient pas encore infectés. Le meilleur expédient pour diminuer le nombre de ces dangereux insectes, qui au bout de trois ans reparaissent encore en plus grande quatité, c'est de secouer légèrement les arbres fruitiers, de battre les autres arbres avec de longues perches, de balayer les hannetons en tas, et de les brûler. En général, nous pensons que pour se débarrasser de ces insectes et de beaucoup d'autres, le meilleur est de bien travailler le pied des arbres, et de labourer profondément son jardin; tout en ira mieux.

HARAS. Qu'il nous soit permis de donner ici l'extrait d'un mémoire intéressant de M. le Boucher du Crozer, membre de la Société d'agriculture, du commerce et des arts de Bretagne, sur les haras. L'auteur a pour objet la perfection des races et l'éducation du cheval, cet animal domestique devenu en Europe un besoin de nécessité première, une richesse territoriale, l'objet d'un commerce immense. Il résulte de ses principes, que, pour améliorer les haras, il faut apporter dans le choix des étalons et des jumens, les connaissances nécessaires, observer de ne permettre l'accouplement qu'à tel ou tel âge aux chevaux de tel

ou tel pays; croiser les races en opposant les climats; avoir égard à la différence ou à la réciprocité des figures du cheval et de la jument, afin de corriger les défauts de l'un par les perfections de l'autre : donner, par exemple, à une jument un peu trop épaisse, un cheval étoffé, mais fin; à une petite jument, un cheval plus haut qu'elle; à une jument qui pèche par l'avant-main, un cheval qui ait la tête belle et l'encolure noble; opposer de même, autant qu'il est possible, les mœurs, l'âge et le tempérament : donner par exemple, à une jument jeune un cheval un peu plus âgé; à une vieille jument, un cheval plus jeune; un cheval froid, à une jument fougueuse; assortir le poil et la taille; consulter les nuances pour approcher de la belle nature, sans s'écarter jamais des proportions qui font la beauté de ses ouvrages.

De plus, on doit gouverner les étalons et les cavales, pendant et après le temps de la monte, soigner les jumens durant le temps de la gestation, pendant et après l'accouchement; élever les poulains, et les conduire insensiblement à l'état de service; donner aux uns et aux autres les pâturages et les alimens propres; mesurer la quantité et la qualité de la nourriture selon la taille, l'âge, la délicatesse ou l'avidité de chaque individu; prévenir les accidens, comparer les résultats, recueillir les observations; enfin ne rien négliger de tout ce qui concer-.

ne l'administration des haras.

HARICOTS. Tous les haricots doivent être bien secs, clairs et luisants dans leurs couleurs respectives. Lorsque la poussière s'y attache, et qu'ils sont ternes, il est presque certain que le germe est attaqué, et il est difficile de tirer avantage de ce légume. Ils doivent être emballés très-séchement. (*Voyez*, pour ce qui concerne leur culture, l'instruction de la commission d'agriculture et des arts, insérée dans la *Feuille du Cultivateur*, t. V, p. 161).

A l'égard des haricots verds, (*voyez* au mot *Légumes*, § III, la manière de les conserver pour l'hiver).

HARMONICA. Nom donné plus particulièrement à une sorte d'instrumens dont les sons se tirent du verre. L'industrie, animée par l'amour de la gloire, et plus encore par l'appas du gain, conduit quelquefois à des découvertes heureuses, ou à exécuter les choses qui paraissent les plus difficiles. Tout le monde sait qu'en promenant un doigt mouillé sur le bord d'un verre, on en tire un son; que ce son n'est pas le même sur des verres de différentes grandeurs, et qu'il change même selon que le verre est plus ou moins rempli d'eau. En 1681, M.ᵉ Blondel a observé que lorsqu'on presse le bord d'un verre plein d'eau avec le doigt, en tournant, les petits cercles formés par l'eau en ébullition se doublent lorsque le ton monte à l'octave. (*Coll. Acad.*, part. *franç.*, t. I, p. 90).

Un particulier a fait voir, à la foire, qu'on pouvait, par ce moyen, exécuter une pièce de musique. Il avait si bien calculé et combiné les sons de chaque verre, qu'en promenant adroitement ses deux mains d'un verre à l'autre, il exécutait un air avec accompagnement. Pour cet effet, il avait placé ses verres, à patte très-mince, de différentes grandeurs et remplis inégalement d'eau, dans une caisse, où ils étaient fixés. Les sons que rendaient cet instrument étaient doux et assez harmonieux. (Voy. le *Journal Encyclopéd.*, 1ᵉʳ juin 1774).

Cette forme de verres disposés en amphithéâtre, devenait embarrassante et d'un transport difficile et susceptible d'accidens d'autant plus fâcheux, qu'on a des peines infinies à rassortir des verres une fois cassés, et à s'en procurer qui rendent avec justesse les tons ou semitons qui manquent; c'est pour cela qu'on a depuis imaginé l'harmonica, dont on trouve la description en deux endroits de l'*Encyclopédie Méthod.*; savoir: dans le *Dictionnaire des Arts et Métiers*, tom. IV, p. 20; et dans le volume intitulé: *Amusement des Sciences*, p. 28. Cet instrument consiste en petites coupes de verre en forme de timbre de carillons d'inégale grandeur, enfilées dans un axe commun, disposé horizontalement sur deux pieds, et que fait tourner une roue mise en mouvement par une corde attachée au pied de celui qui joue de l'instrument. Pour en tirer du son, il faut mouiller les verres pendant quelque temps avec des éponges, en faisant tourner le cylindre, et se mouiller les doigts, qu'on appuie légèrement sur les verres. Le frottement des doigts mouillés sur un timbre de verre, excite un frémissement argentin, sonore, fluté, susceptible du *crescendo*. Les adagios sont ce qui réussit le mieux. Il n'est pas possible d'entendre d'harmonie plus douce, plus sonore que cet harmonica; aussi des charlatans en ont depuis fait usage dans le traitement des maladies, pour préparer l'imagination à l'effet des remèdes, qui n'agissaient que par son moyen.

Mais on a prétendu que cet instrument nuisait à la santé de celui qui le touchait, par le frémissement du verre, qui se communique à la main et au corps du musicien. Il ne serait peut-être pas difficile de remédier à cet inconvénient, en adaptant un clavier qui suppléerait au tact des doigts mouillés.

Le *Journ. de Phys.*, an 7, t. V, p. 408, a annoncé, sous le nom de *glass-chord*, une espèce de *forte-piano* dont les cordes sont de verre. Ces cordes sont de petites lames de verre ou crystal attachées sur deux espèces de chevalets. Une des extrémités est frappée par de petits marteaux garnis de soie, soulevés par les touches du clavier; les bandes pour les tons graves sont fort minces, ont peu de longueur; l'épaisseur est, ainsi que la longueur, plus considérable pour les tons aigus. Cet instrument a l'avantage d'être portatif, de n'avoir jamais besoin d'être accordé, de rendre des sons faibles, à la vérité, mais plus mélodieux, plus agréables que ceux du *forte-piano*, et de ne point compromettre la santé comme l'harmonica. L'auteur en a étendu le clavier à 4 octaves.

C'est un effet bien singulier, que celui annoncé en 1787, par M. Chladni, dans un ouvrage allemand imprimé à Leipsick, sous le titre : *Découvertes sur la théorie du son*. On prend des carreaux de verre de 10 à 12 centimètres de largeur, qui ne sont pas trop épais, sans bulles et sans nœuds; on pince, entre 2 bouchons de liège très-pointus, ces plaques, que l'on saupoudre de poussière de bois ou de sable très-fin; et lorsqu'on passe un archet, bien frotté de colophane, contre les bords du verre adoucis sur un grais, en même-temps qu'on produit un son, on voit la poussière se réunir en lignes qui affectent des figures différentes, selon la manière dont le verre est pincé, dont l'archet est tiré, et suivant le son qu'on en a obtenu. Si, par exemple, le carreau est pincé par son centre, et que l'archet passe par le milieu d'un de ses côtés, la poussière se distribue en deux lignes à-peu-près diagonales du carré; si l'archet passe seulement au quart de ce côté, les deux lignes de poussière deviennent les rayons d'un octogone, et le son rendu dans ce cas est à l'octave, au-dessus de celui qu'on obtient dans le précédent; si l'on donne à la

2

plaque de verre une figure circulaire, et que l'on incline un peu l'archet, on forme les six rayons de l'hexagone. Ces expériences réussissent également sur les plaques de métal, et même de bois. *Voyez* dans le *Bulletin de la Société Philomatique*, an 7, p. 178, les raisons que des physiciens éclairés ont données de ce phénomène, par analogie avec les nœuds et les ventres que présente une corde en vibration. (voyez *Sonomètre*); ce qui pourrait conduire à la théorie des surfaces vibrantes, et à la perfection des instrumens de musique.

HARPE. Cet instrument, d'une forme élégante, brille encore plus par la beauté de ses sons harmonieux, qu'une main habile et savante peut faire passer, par nuances insensibles, du ton le plus éclatant au plusléger murmure : c'est l'instrument des graces, et lorsqu'une voix touchante, animée par l'expression du sentiment, et accompagnée d'une douce harmonie, se mêle aux attraits séduisans d'une aimable figure, il est impossible que tous les sens n'en soient délicieusement affectés.

Si quelqu'un desire connaître la construction intérieure d'une harpe, le tom. V des planches de l'*Encyclopédie*, art. *Luthier*, lui en présentera la figure. Cet instrument a été perfectionné depuis par plusieurs artistes. Nous n'entrerons point dans le détail des procédés employés par les sieurs Cousineau et Nadermann; on les trouvera dé-

veloppés dans le journal intitulé *Nouvelles de la République des Lettres et des Arts*, par M. la Blancherie, année 1782, p. 87, et année 1783, p. 178, 185, 197. Nous nous contenterons d'observer qu'en 1785, le sieur Cousineau a fait annoncer, dans les papiers publics, une harpe avec nouvelle mécanique ; ayant pour objet de produire, par le seul moyen de la bascule, et avec sept pédales seulement, le même effet que produisent les harpes à 9, 10 et 14 pédales, c'est-à-dire de pouvoir, avec le même nombre de pédales, obtenir d'une corde le ton naturel, le ton bémol et le ton dièse.

La *harpe double* dont il est question dans le supplément de l'*Encyclopédie*, n'étant point d'usage, nous renvoyons nos lecteurs au volume de supplément des planches, article *Luthier*, pour en connaître la figure.

§ Ier. Harpe d'Éole.

On donne ce nom à un instrument composé de 12 cordes montées à l'unisson, celles des deux extrémités d'une octave au-dessous des autres. Ce qui l'a fait nommer *harpe d'Eole*, c'est qu'en le plaçant horizontalement tout près d'une fenêtre dans laquelle on a ménagé une très-petite ouverture pour produire l'air, cet air, agissant sur la surface de toutes ces cordes, leur fait rendre une harmonie souvent très-agréable.

Voyez ce que dit à ce sujet le P. Schott dans sa *Mécanique hydraulico-pneumatique*, p. 439, et la figure qu'il donne d'un appareil préparé à cet effet.

Nous allons transcrire ici un article du *Journal Polytipe* de 1786, qui nous a paru intéressant.

« Indiquer d'une manière sure les plus petits changemens de temps qui arrivent dans l'atmosphère, les annoncer par des sons harmonieux qui descendent du haut des airs; prédire, par la variété et la force de ces sons, la grandeur ou la variété des changemens; tel est l'effet d'un *harmonica* dont M. l'abbé Gattoni, chanoine de Côme, vient de faire part au public. ...

» M. Pierre Moscati, professeur de chimie à Milan, avait observé que le fil de fer trèstendu, qui était attaché à une barre électrique, rendait en certain temps des sons harmonieux, M. l'abbé Gattoni approfondit cette observation. Il se rappela que M. Bernouilli avait cité un fait pareil à l'Académie de Berlin, en 1780, et que M. Haas avait fait la même expérience, mais dans des cas où il n'y avait aucune barre électrique. M. l'abbé Gattoni essaya des fils de plusieurs métaux, et se tint enfin au fil de fer. Après quelques expériences à-peu-près inutiles, faites dans un jardin durant six mois, il se résolut à s'élever plus haut. Sur une tour haute de 52 brasses, il fit construire une sorte de *harpe gigantesque* (ce sont ses expressions); une coupole légère fut élevée, portée sur quatre colonnes; au milieu, fut placé un conducteur électrique, et les colonnes furent liées les unes aux autres par des grosses barres de fer; à ces barres, et sous la coupole, furent tendus des fils de fer d'inégale grosseur et d'une seule pièce, qui furent conduits jusqu'à une loge près de la maison de M. Moscati. Ces fils, au nombre de 15, étaient proportionnés de manière à produire les sept sons fondamentaux de la musique, et l'auteur prit plaisir, pendant quelque temps, à y jouer des airs.

» Cependant M. Moscati se livra à l'observation; il rapporte un grand nombre d'expériences, desquelles il résulte que dans les changemens de temps, la *harpe gigantesque* rendait des sons harmonieux plus ou moins forts, plus ou moins soutenus, et que les témoins de ces expériences, et les voisins de M. Moscati, comparaient au bruit de l'orgue ou à celui d'un murmure musical infiniment agréable. Souvent ces sons se faisaient entendre par un temps serein, mais le changement ne manquait pas d'arriver, et un domestique de M. Moscati acquit assez d'expérience pour prédire les changemens de temps de manière à se tromper à peine une fois sur dix. Quelquefois l'*harmonica* sonnait des heures entières. Il faudrait traduire la lettre de M. Moscati pour connaître ses expériences, leurs effets et les conjectures de l'auteur, qui finit par soupçonner que ce pourrait bien être un effet d'un changement dans l'atmosphère, porté à un degré de subtilité que l'on n'avait pas encore observé ». *Voyez* dans le

5

Journal d'Hist. Nat., ann. 1787, tom. I, p. 133, la description et la figure d'une *harpe d'Éole*.

HÉLIOMÈTRE. C'est une espèce d'instrument inventé en 1747, par M. Bouguer, de l'Académie royale des sciences, avec lequel on peut mesurer, avec beaucoup plus d'exactitude qu'on n'a fait jusqu'à présent, le diamètre des astres. Cet instrument, d'une très-grande utilité pour les astronomes, est d'une construction très-simple. Cet héliomètre est composé de deux objectifs d'un très-long foyer, placés à côté l'un de l'autre, et combinés avec un seul oculaire. On donne au tuyau de la lunette une forme conique, dont l'extrémité supérieure est la plus grosse, pour y placer les deux objectifs; l'extrémité inférieure doit être munie comme à l'ordinaire de son oculaire et de son micromètre.

Lorsqu'on fait usage de cet instrument pour reconnaître le diamètre du soleil ou de la lune, il se forme au foyer deux images à cause des deux verres; chacune de ces images serait entière si la lunette était assez grosse par en bas; mais il ne s'y forme que comme deux croissans adossés l'un à l'autre: alors au lieu de ne voir qu'un des bords du disque, comme cela arrive lorsqu'on se sert d'une lunette de quarante à cinquante pieds, parce que le reste de l'image ne trouve pas de place dans le champ, on a présentés sous les yeux les deux extrémités du même diamètre,

malgré l'extrême intervalle qui les sépare, ou la grande augmentation apparente du disque.

Dans un *Recueil de Mémoires* publiés par M. Rochon, en 1783, on en trouve un sur les moyens de rendre l'héliomètre de M. Bouguer propre à mesurer des angles considérables, afin de faciliter les observations des distances d'étoiles à la lune.

HÉLIOPT. (*Voyez* à la fin de l'article *Lok*).

HÉMISPHÈRES DE MAGDEBOURG. Nom donné à deux moitiés de boule creuse que l'on ajuste à la machine *pneumatique*. (*Voyez* ce mot). Ces deux calottes se joignent en forme de globe. On fait le vuide dans cette boule, et l'on ferme le robinet pour la tenir en cet état. Lorsqu'elle est détachée de la machine pneumatique, on joint au robinet un crochet de métal capable de porter un poids plus ou moins fort, et l'on attache l'anneau à quelque point fixe. Quand ces deux hémisphères sont ainsi suspendus, le poids n'est pas capable de les séparer l'un de l'autre; et quand on ouvre le robinet pour laisser rentrer l'air, la moindre force les désunit.

Les deux hémisphères ne s'attachent point ensemble tant que l'air qui s'y trouve renfermé demeure dans son état naturel, c'est-à-dire, aussi dense que celui du dehors, parce que chacune d'elles se trouve en équilibre entre deux puissances de même valeur; mais quand cet air intérieur se trouve raréfié par l'action de la pompe, la force de son ressort en est d'autant affaiblie, l'équilibre est rompu, et l'adhérence des deux hémisphères est proportionnelle à la différence qu'il y a entre la densité de l'air qui presse extérieurement, et celle de l'air qui résiste en-dedans; de sorte que si celui-ci pouvait être réduit à zéro, il faudrait employer pour séparer ces deux pièces un effort un peu plus grand que le poids d'une colonne entière de l'atmosphère, dont la base serait du diamètre de ces hémisphères, supposé de six pouces; ce qui serait plus de quatre cents liv., en supposant seulement, suivant l'évaluation commune, qu'une colonne de l'atmosphère fait une pression de douze livres sur un espace circulaire d'un pouce de diamètre.

Lorsqu'on place la boule vuide sous un récipient qui lui ôte toute communication avec l'atmosphère, ce n'est plus, à la vérité, le poids de cet atmosphère qui retient les deux hémisphères l'un contre l'autre; mais c'est la réaction d'une masse d'air comprimé précédemment par ce poids, et qui est capable des mêmes effets. C'est pourquoi ces deux pièces ne se séparent facilement que quand on a détendu le ressort de l'air environnant, en diminuant sa densité par plusieurs coups de piston, jusqu'à ce qu'il soit autant raréfié que celui qui reste dans la boule, et que l'équilibre se rétablisse. Si l'air en rentrant dans le récipient trouve les deux hémisphères rejoints, et qu'il ne puisse pas s'y intro-

duire et s'y étendre comme dans le reste du vaisseau, il les presse de nouveau l'un contre l'autre, par la même raison qu'ils avaient été d'abord attachés, et avec autant de force, s'il y a la même différence entre les deux airs, celui du dehors et celui du dedans. (Voyez *Coll. Acad.*, *part. franç.*, t. XI, p. 147).

Sans machine pneumatique, il est possible de faire à-peu-près la même expérience : faites faire une petite cloche de cuivre d'environ trois à quatre pouces de hauteur et de diamètre, et surmontée d'un anneau. Ayez en outre un cercle de bois d'un pouce d'épaisseur et de cinq à six pouces de diamètre, qui soit couvert en-dessus d'un double morceau de peau de mouton, cloué sur les côtés du cercle; que ce cercle ait en-dessous un crochet de fer. Lorsque vous aurez fait chauffer cette cloche, ou que vous aurez brûlé un morceau de papier dans son intérieur, si vous l'appliquez sur-le-champ du côté de son ouverture sur cette peau de mouton que vous aurez mouillée auparavant, vous pourrez, aussi-tôt que cette cloche sera refroidie, soulever un poids assez considérable attaché au crochet qui se trouve sous ce cercle.

Cet effet extraordinaire provient de ce que la chaleur a beaucoup dilaté, et conséquemment diminué le volume d'air contenu dans la cloche; et que ne pouvant y en entrer de nouveau, le peu qu'il en est resté n'a pas assez de force et de ressort pour faire équilibre avec

4

celui qui est extérieur. Si on a fait un trou bien grand et bien uni au centre de ce cercle de bois, et qu'on y ait enfoncé un bouchon qui le ferme bien exactement, il en sort souvent avec violence, étant poussé par l'air extérieur.

C'est encore à cause de la pression de l'air extérieur, qu'il est si difficile de séparer deux marbres bien polis que l'on a appliqués l'un contre l'autre, après avoir mouillé leur surface. Alors il n'y a point d'air entre les deux marbres qui seconde leur séparation perpendiculaire, mais en les faisant glisser l'un sur l'autre, l'air postérieur seconde l'effort autant à-peu-près que l'air antérieur y résiste ; de-là peu d'obstacle à la séparation horizontale.

HEMORRHAGIE. Les papiers publics ont annoncé que dans le mois de septembre 1771, l'empereur reçut du pape un présent assez extraordinaire ; c'est une grosse bouteille d'une eau vulnéraire, qui a la propriété d'arrêter à l'instant toute espèce d'hémorrhagie, et celles mêmes qui sont causées par une rupture d'artères ou de grands vaisseaux. Des expériences nombreuses en ont prouvé l'efficacité. Un malheureux condamné à la potence a racheté sa vie à Rome, en donnant le secret de la composer. L'empereur qui avait entendu parler de cette eau, souhaita d'en avoir une petite provision, et le pape lui a envoyé l'eau et le secret. On en parle beaucoup comme d'une grande ressource pour les ar-

mées. L'on a extrait cet article de la *Gazette de France*. (Voy. aux mots *Agaric*, *Coupure*, *Essence styptique*, *Poudre sympatique*, plusieurs moyens indiqués pour arrêter le sang.

HÉMORRHOIDES. Y a-t-il un remède connu pour guérir les hémorrhoïdes ? Peut-on, par d'autres moyens que par des suppositoires de beurre, de cacao, modérer momentanément les douleurs des hémorroïdes sèches ? Nous n'hésitons point de transcrire ici la réponse de M. de Morveau, secrétaire perpétuel de l'Académie des sciences et belles-lettres de Dijon.

« Cette question, dit-il, me fait penser qu'on ne connaît pas ce que l'illustre Bergmann a dit à ce sujet (t. Ier., p. 239 de l'édition française de ses œuvres), ou du moins qu'on y a fait peu d'attention. Il y assure avoir observé non-seulement sur lui, mais encore sur plusieurs autres personnes, que l'usage de l'eau de Seltz artificielle (voy. *Eaux minérales*) ne manquait jamais d'ouvrir les hémorrhoïdes, et de prévenir par-là les accidens graves de cette maladie dans les six jours, quelquefois même dès le 3e. ou 4e. jour. J'en fis usage en 1780, par le conseil de M. Maret, qui fut aussi surpris que moi de leur prompte efficacité, au temps marqué par le savant professeur d'Upsal. Depuis cette époque, j'ai repris l'usage de ces eaux dès que je sentais quelques avant-coureurs des accidens qui m'avaient forcé précédemment à recourir à l'application des sang-sues, et par ce moyen je n'en ai plus éprouvé aucun.

HERBES. (Voyez *Pavé*.)

HERBIER. Un herbier a plusieurs avantages : 1°. celui de présenter aux yeux l'image quoiqu'imparfaite des plantes, dans des temps où la rigueur de la saison ne nous permet pas de les voir fraîches et vivantes ; 2°. ce n'est qu'au moyen des herbiers qu'on peut réunir chez soi un grand nombre de végétaux de tous les pays, observer le nombre et la position de toutes les parties de la fructification, et se former une idée juste des plantes, à l'exception de celles qui sont trop petites, et que la dessication altère trop sensiblement. Autrement, quelqu'actif, quelque zélé que soit un botaniste, sa vie entière, consumée dans de pénibles voyages, ne pourrait lui faire connaître qu'un très-petit nombre de végétaux, en comparaison de la multitude de ceux qui existent. Il ne peut donc s'instruire qu'en recourant aux jardins secs, aux herbiers, dont l'usage est si fort recommandé par Linnée et par les plus grands maîtres ; 3°. la connaissance des plantes sèches, qui très-souvent ne ressemblent plus aux plantes sur pied, a un autre objet d'utilité réelle, c'est de mettre à portée de se garantir de la charlatannerie des herboristes, qui, par ignorance ou mauvaise foi, vendent une plante pour une autre ; ce qui n'est pas indifférent dans le traitement des maladies. L'inspection d'un herbier n'est donc pas inutile, elle est même essentielle et doit suivre les herborisations en plein champ, afin de pouvoir reconnaître les plantes dans tous les états possibles.

Pour former un herbier, il faut cueillir les plantes par un temps sec sans rosée, deux ou trois heures après que le soleil les a ressuyées de l'humidité de la nuit, en élaguer les parties qui sont gâtées, rongées, ou dont la quantité causerait de la confusion. Quelques personnes les enferment dans des boîtes de fer-blanc ; mais on peut sans autre précaution les mettre purement et simplement dans la poche, en observant toutefois de les ménager de façon à ne pas les rompre. Elles s'y fanent, à la vérité, mais en rentrant, mettez les dans l'eau, vous les ferez bientôt revenir. Après les avoir bien essuyées avec un linge, étendez-les, soit dans un vieux livre, soit dans une feuille de papier gris, vous leur donnez alors la forme la plus agréable possible. Ainsi disposées, mettez-les en presse. Le papier se charge de l'humidité ; il faut les changer de place deux fois par jour, ou tous les jours ou de deux jours l'un, suivant qu'elles sont plus ou moins grasses, jusqu'à ce qu'il ne reste plus d'humidité au papier. Il y en a qui prétendent que la presse du corps humain est préférable, parce que sa chaleur est plus propre à faire évaporer l'humidité. D'autres les mettent en presse entre deux planches de bois très-minces, et les exposent ainsi alternativement à l'air et au soleil. D'autres se servent d'un fer chaud qu'ils passent sur le papier où sont disposées les plantes, et les exposent à l'air aussi-tôt après Cette dernière manière ne peut guère être utile que pour les plantes grasses. En général, nous nous sommes bien trouvés du premier procédé : il faut encore, pour dessécher plus promptement les plantes, avoir l'attention d'écraser leurs tiges, qui retiennent la plus grande partie de l'humidité. Lorsqu'elles sont trop épaisses, on coupe et l'on retranche longitudinalement une partie de la côte et des boutons, mais proprement et de manière que le coup-d'œil de la plante ne soit point dégradé. On fait aussi dessécher les plantes charnues au four, promptement, et au soleil à la longue. Quant aux plantes étrangères et grasses qui nous arrivent en bottes et toutes recoquillées, on les amollit dans l'eau pendant quatre ou six heures, on les ressuie et on les met en presse. Les plantes bien desséchées, on les met dans du papier blanc qui n'est pas collé, ou dans de beau papier gris. On peut, si l'on veut, les y coller, mais il faut que ce soit avec de la gomme arabique, ou de la colle de poisson dissoute dans l'esprit-de-vin et mêlée de poudre de coloquinte, pour écarter les mites et autres insectes. D'autres les attachent au papier avec des épingles ou les cousent. D'autres enfin les laissent libres dans le papier volant. Un herbier préparé de cette façon peut se conserver soixante ans et plus, en le tenant dans un lieu sec, frais, et à l'ombre. Quant à la manière de disposer les plantes, cet ordre dépend de la volonté des curieux, et de la préférence qu'ils donnent aux différens systèmes de botanique.

Un inconvénient des herbiers, c'est que la couleur des fleurs s'altère au point de devenir méconnaissables. Pour y remédier, le cit. Hany a imaginé de peindre un papier fin avec des couleurs à la gomme, qui aient autant qu'il est possible le même ton que la nature, seulement un peu plus faible. Cela fait, il jette les pétales des fleurs dans de l'esprit-de-vin, où ils perdent leurs couleurs et se trouvent réduits à une membrane blanchâtre et transparente ; après les avoir bien essuyés entre deux linges, il les applique sur le papier à l'aide d'un vernis gras, dont il enduit le papier pour servir de mordant ; il passe ensuite un autre papier sur la fleur, en appuyant jusqu'à ce que les pétales soient exactement appliqués. Cette opération fonce un peu la couleur. Il laisse ensuite la fleur à la presse pendant quelques instans, après quoi il découpe le papier tout autour, et l'applique avec une dissolution de gomme arabique, à la place que la fleur doit occuper sur la plante qui a été auparavant colée.

Il observe qu'il est utile, lorsqu'on veut appliquer des fleurs dont les couleurs sont permanentes, comme celles de la plupart des renoncules sauvages,

de commencer par coller séparément ces fleurs sur un papier,
et de le découper ensuite; elles
en sont plus saillantes. (*Mém.
de l'Acad. des sciences*, 1784.)

Depuis, M. Hauy a observé
que, quand on n'avait laissé les
pétales dans l'alkool (esprit-de-
vin) qu'autant de temps qu'il
en fallait pour que leur couleur
fût seulement très - affaiblie,
souvent cette couleur reparais-
sait d'elle-même au bout d'une
ou plusieurs heures pour ne
plus s'effectuer.   Dix années
d'expériences faites sur différentes plantes, entr'autres sur
le *viola odorata*, le *geranium
sanguineum*, le *vicia dumetorum*,
etc., prouvent le succès de ce
procédé. Il y a cependant des
fleurs auxquels M. Hauy a inutilement tenté de l'appliquer.

Il paraît aussi que les pétales
rouges de quelques plantes,
telles que les *pavots*, les *adonis*, reprennent leur couleur
rouge très-vive, si on les frotte
d'un acide faible. Mais est-elle
de durée? (*Bulletin de la Société
Philomatique*, n°. 6, an 5, p. 46).

Il y a des plantes dont les
feuilles charnues sont difficiles
à dessécher, telles que les *orchis*. On peut, à l'aide d'un
canif, enlever la pellicule qui
couvre le dessous de ces feuilles
avant de les coller; ce qui hâte
leur dessication et conserve
leur couleur.

Les herbiers sont sujets à être
attaqués par de petits insectes
qui mangent les plantes desséchées, et qui attaquent aussi les
livres. *Voyez*, au mot *Livre*, la
manière d'en garantir les livres
et les herbiers.

Fikins a publié, vers 1705,
une petite instruction de Lau-
remberg, botaniste allemand,
sur la manière de faire des herbiers et de conserver des plantes entre des feuilles de papier.
Elle est intitulée : *Guillelmi
Lau, rembergi, botanotheca recens
auctum.*

S'il s'agit de plantes qu'on
veuille conserver pour l'usage
de la médecine, elles doivent
être séchées très-vite au soleil
ou dans une étuve; parce que,
sans cela, elles conservent une
eau surabondante qui détruit
ou altère leurs principes cons-
tituans : une attention à avoir
encore, lorsqu'on fait sécher
des plantes au soleil, est de ne
les serrer ni le soir, ni le matin.

§ Ier. *Herbier par empreinte.*

Plusieurs plantes qu'on dessèche à la presse, laissent sur
le papier leur figure empreinte,
soit par une gomme qui couvre leur surface, comme dans
le ciste ladanifère, soit par une
couleur que leur humidité y
décharge, comme dans la plupart des saules et des peupliers;
ce qui fait une espèce d'impression que l'art a imitée : on gomme légèrement celles des plantes qui sont aqueuses; on huile
celle qui ne prennent pas l'eau
ou la gomme, puis on répand
dessus de la couleur en poudre;
on les met à la presse sur un
papier blanc, auquel s'attache
cette couleur; on marque davantage les côtes et les nervures.
La méthode de représenter le
type des plantes par les plantes

mêmes, est de M. Hessel. Etant en Amérique en 1707, et voulant conserver la figure des plantes qu'il y découvrit, la privation de tout autre moyen lui fit trouver celui-ci. M. Keiplof a ensuite perfectionné cette méthode. (*Voyez*, au mot *Broderie*, un procédé pour prendre l'empreinte des fleurs).

HERBORISATOIN. Il arrive très-souvent, lorsqu'on va herboriser dans les montagnes et parmi les rochers, qu'on est obligé d'abandonner des plantes très-curieuses et des branches d'arbustes inconnus, par la difficulté de pouvoir y atteindre avec la main. Cet inconvénient empêche qu'on ne puisse compléter la suite des plantes qui croissent dans pareilles contrées. M. Pingeron, pour y remédier, a inventé une petite mécanique extrêmement simple, qui peut s'adapter à toutes les cannes sans les endommager. Elle forme une espèce de mâchoire ou pince qu'on fait ouvrir et fermer a volonté par un levier courbé et mobile sur son angle. Toute la machine qui se place dans un étui, n'a que quatre pouces et demi de longueur, ou tout au plus cinq pouces, et s'adapte au bout de la canne.

En 1771, le sieur Lallemant, menuisier à Commercy, a fait annoncer dans les papiers publics des cannes d'herborisation, qu'il vendait 6 livres.

HERNIES. Il n'est pas du ressort de cet ouvrage d'indiquer les causes, les symptômes, et le traitement des maladies ; ce sont les gens de l'art et leurs ouvrages qu'il faut consulter sur ce point important ; mais il est des accidens qui demandent un prompt secours, et pour lesquels souvent on n'est pas à portée de recourir sur-le-champ aux gens de l'art.

Dans les hernies ou descentes, les bandages ou brayers bien conditionnés mettent en sûreté la vie de ceux qui en sont affligés. Ils les garantissent de l'étranglement que la chûte des parties pourrait occasionner, et ils produisent quelquefois la guérison aux personnes même d'un âge avancé. Il est donc bien important de ne point abandonner imprudemment son bandage.

M. Abeille a soumis au jugement de l'Académie des Sciences une espèce de bandage, qui a reçu son approbation. (*Coll. Académiq. part. franç.*, t. IX, p. 441 ; *voyez* aussi l'*Encyclopédie*, tom. II, p. 406, au mot *Brayer*, et *Supplément*, tom. IV, p. 613, article *Résine élastique*).

Il y a du temps qu'on a annoncé au public des bandages élastiques, faits avec de l'acier le plus fin, trempé de la même manière que les ressorts des montres et pendules : ils ont l'avantage de se prêter à tous les mouvemens du corps, et de n'être pas sujets à se casser.

On en avait aussi annoncé un à ressort, excellent pour l'exomphale réduit. (*Voyez* la *Coll. Acad., part. franç.*, tom. XV, p. 424).

M. Oudet, chirurgien herniaire, a cherché à rendre les pelotes des bandages mobiles dans tous les sens, afin de faire produire tous les degrés de pression dans toutes les directions possibles. (*Voyez* le détail de ses procédés dans le *Journal des Inventions et Découvertes*, année 1793, p. 21).

Tout le monde sait que les descentes sont un accident très-commun, parmi les jeunes gens sur-tout. En remédiant sur-le-champ à ces accidens, souvent ils n'ont point de suites fâcheuses; mais aussi quelquefois ils obligent à des précautions pour le reste de la vie. Il est donc très-important de s'adresser tout de suite à un homme de l'art. Mais, à cet égard, nous avertissons qu'il y a, dans les provinces, des charlatans ou ignorans qui s'annoncent pour guérir surement cet accident; le moyen coupable qu'ils emploient est de couper un testicule; et lorsque l'hernie est double, ils coupent les deux. Des gens qui, sans nécessité, se permettent des opérations aussi dangereuses, et dont les suites sont aussi affligeantes, méritent assurément d'être punis. Un rapport fait à la Société royale de médecine prouve que cela n'est que trop commun.

Heister nous apprend que George II, roi d'Angleterre, passant en revue un régiment, touché de ce qu'on était obligé de délivrer 82 congés pour cause de hernies, dit qu'il ferait donner 100,000 écus à la personne qui aurait trouvé le moyen de guérir cette cruelle maladie. Un chirurgien, frappé de la promesse du roi, quitta son état pour s'occuper uniquement de la guérison des hernies. Deux années de travail et de recherches ne l'ayant point conduit à son but, il eut la bonne foi de l'avouer. George II lui fit donner 40,000 liv. pour le dédommager de ses pertes, et pour le récompenser de son zèle.

Voici un autre trait qui nous a été conservé par Dionis:

Le grand Colbert, informé que le prieur de Cabrières, en Provence, avait réussi à guérir quelques enfans attaqués de hernies, par le moyen d'un emplâtre qu'il appliquait sur l'anneau, et du vin blanc aiguisé d'acide marin qu'il faisait boire, le fit venir à Versailles, et l'engagea à lui confier son secret. Louis XIV, avec son ministre, se fit un plaisir d'administrer lui-même le remède; et ayant obtenu quelques succès, la méthode fut rendue publique, et le Prieur renvoyé comblé de biens et d'honneurs.

De nos jours, M. Magez, chirurgien-major de la marine, publia l'*Art de guérir radicalement, et sans le secours d'aucun bandage, les hernies*. Cet ouvrage a été imprimé à l'imprimerie royale.

HIEBLE. Cette plante, plus petite que le sureau commun auquel elle ressemble d'ailleurs à tant d'égards, croît le long des terres labourées: ses racines s'étendent quelquefois jusqu'à cinq ou six pieds de profondeur, en sorte que la bêche ne peut souvent les détruire. Il serait cependant utile de pouvoir délivrer les terres ensemencées de cette plante parasite qui leur nuit, dérobe au froment sa nourriture, et l'étouffe. Mais comment se débarrasser de cette plante? Un économe intelligent a observé qu'elle disparaît totalement d'une terre qui produit du trèfle pendant trois ans, pourvu que ce trèfle soit bien fourni et bien entretenu. Il y a lieu de penser que cette plante croissant très-serrée, et poussant beaucoup de feuilles, forme une ombre épaisse qui, empêchant le contact de l'air, fait au bout d'un certain temps périr l'hieble. Ainsi, la luzerne et les autres plantes qui croissent bas et serré, produiraient le même effet, non-seulement à l'égard de l'hieble, mais encore sur toutes les mauvaises herbes.

HIRONDELLES. Spalanzani, t. VI de ses voyages, rapporte qu'étant encore très-jeune, il s'amusait à prendre des hirondelles de la manière suivante : « J'avais, dit-il, un brin de bouleau de la longueur d'un pouce; je l'enduisais de glu; j'y appliquais en travers une plume très-légère; puis je montais sur le faîte de la maison, autour de laquelle voltigeaient ces oiseaux. Là je donnais un souffle à la plume, qui, en s'éloignant, descendait lentement, et plus souvent encore s'élevait suivant l'impulsion du vent; l'hirondelle ne manquait pas d'accourir, et saisissant la plume avec son bec, elle engluait ses ailes et tombait à terre. J'en attrapais ainsi, en moins d'une heure, plusieurs

douzaines. Ce qui n'a lieu que dans les temps où elles s'occupent de l'arrangement de leurs nids. »

HISTOIRE NATURELLE. Pour bien étudier la nature, il faut de la sagacité, de la patience, du courage même : de la sagacité, pour ne jamais perdre de vue la nature, malgré les soins qu'elle semble prendre pour échapper continuellement à nos yeux; pour la suivre dans sa marche toujours égale dans le fond, mais bisarre et variée à l'infini quant aux apparences; pour saisir ses nuances, ses gradations souvent imperceptibles aux yeux les plus pénétrans.

Il faut de la patience pour aller et revenir mille fois sur ses pas, lorsqu'elle semble se cacher; pour tenir un état exact des plus légères circonstances et de ce qui peut tendre à la déceler; pour la suivre dans les plus petits corps, comme dans les masses les plus volumineuses.

Il faut du courage pour ne la point abandonner dans l'immensité des plaines, sur le sommet des plus hautes montagnes, dans la profondeur des eaux; pour se plonger avec elle dans les abîmes les plus effrayans, et aller dans les entrailles de la terre même découvrir ses plus secrètes opérations; mais aussi quel dédommagement n'obtient-on pas, quand les nouvelles découvertes, qu'on ne doit qu'à soi-même, viennent nous éclairer, et changent en de véritables démonstrations ce qui n'était pour nous que dans l'ordre des conjectures? Est-il un plaisir plus vif, et tout-à-la-fois plus innocent? Tournefort fut mille fois plus satisfait sur la cime de l'Ararath, et dans la grotte d'Antiparos, qu'au milieu de la cour ottomane et des distinctions flatteuses qu'il y reçut.

Si le projet d'établir un centre de correspondance entre toutes les sociétés savantes qui ont les mêmes sciences pour objet, et de diriger les travaux des correspondans vers un même but, se réalise quelque jour, alors chaque province, chaque canton aura ses historiens, ses observateurs; chaque fait de l'histoire particulière sera détaillé avec exactitude, et il n'en échappera aucun à quiconque aura assez de courage et de génie pour entreprendre l'histoire générale.

En attendant, on peut consulter les voyages et autres ouvrages qui traitent de l'histoire naturelle, l'Encyclopédie, les mémoires des académies de l'Europe. Le *Journal des Savans* et les autres journaux, entr'autres celui de *Physique*, tome XXXIX, p. 138, contiennent aussi quelques observations curieuses, et l'annonce de dissertations, traités et autres livres modernes sur l'histoire naturelle.

§ Ier. *Manière de préparer les animaux pour les conserver, et en orner une galerie.*

Nous invitons à lire sur cet objet un très-bon mémoire de M. Mauduyt, inséré dans le *Journal de Physique*, décembre 1773. On y trouvera tout ce que l'on peut desirer en ce genre. Ce mémoire, peu susceptible d'analyse, est trop long pour être transcrit ici. On peut consulter aussi, dans le même volume, un mémoire de M. Kuckhan sur le même objet.

M. l'abbé Mannesse a fait imprimer, en 1786, un ouvrage intitulé : *Traité sur la manière d'empailler et de conserver les animaux, les pelleteries et les laines.*

Quadrupèdes.

On lit dans le *Journal Littéraire, dédié au roi de Prusse par une société d'académiciens*, des observations curieuses sur la manière de recueillir, conserver et transporter les quadrupèdes, les oiseaux, et autres curiosités d'histoire naturelle.

D'abord on distingue entre les quadrupèdes, les grands, ceux de moyenne grandeur, et les petits. A l'égard des grands quadrupèdes, il est possible de transporter leurs peaux entières en les roulant : il faudrait seulement avoir l'attention de les saupoudrer avec des drogues qui puissent les préserver des insectes. Lorsqu'on voudrait les étendre et les dérouler, on les ramolirait à la vapeur de l'eau; pour les monter, il faut faire faire des mannequins. Quant aux phocas ou veaux marins, on y joindra les nageoires et pieds de devant.

Pour les *quadrupèdes de moyenne grandeur*, il faut, lorsqu'ils sont morts, en ôter la peau le plutôt qu'on pourra. Pour cet effet on fait l'ouverture aussi petite qu'il est possible, sans gêner l'opération : la meilleure manière de faire l'incision est de couper la peau des deux cuisses en-dedans, partant d'un genou, et aboutissant à l'autre; mais en observant, quand on est au milieu, de couper jusqu'à l'anus par une seconde incision perpendiculaire à la première. Après qu'on aura ôté la peau, à laquelle il faut laisser attachées la tête, les jointures et les extrémités des pieds, on pourra remplir le creux de la tête avec une poudre composée de deux parties de tabac, d'une partie de poivre noir ou de poivre long, et d'une partie d'alun brûlé ou calciné, le tout réduit en poudre, prenant soin pourtant de détacher la chair des os du crâne et des mâcheoires, et de tirer la cervelle de la tête par l'entrée du trou de la moële de l'épine du dos ou par les yeux. On frottera ensuite avec les mêmes ingrédiens tout le dedans de la peau, après quoi on pourra la remplir d'étoupes sèches bien saupoudrées avec la poudre susdite; mais on n'en mettra pas une quantité assez grande pour changer ou altérer la figure de l'animal; enfin il faut recoudre l'ouverture. La peau étant remplie, on doit la faire un peu sécher, ensuite la mettre dans un four d'où l'on aura tiré du pain, et dont le degré de chaleur doit être si tempéré, qu'un poil ou une plume qu'on y mettra pour faire l'épreuve, ne

puisse devenir friable, ni se rissoler, ni même se courber. On lit dans les nouveaux *Mémoires de l'Académie des sciences* de Stokolm, une observation de M. Thunberg, sur la manière de garantir de la piquure des vers les animaux conservés dans les cabinets. Elle consiste à les faire macérer dans l'eau-de-vie avant leur dessication. La queue, les ongles, les dents, les cornes, les oreilles, les moustaches, ou la soie sur le museau et au menton, doivent être bien conservées. On ôtera les yeux et la langue avant de mettre la peau dans le four.

Par rapport aux petits quadrupèdes, on les plongera dans un baril ou pot de fayance plein d'eau-de-vie, de rack ou de rum. Le rum est préférable à cause des parties balsamiques qu'il tient du sucre dont on le fait. Tous les animaux mis dans des liqueurs fortes les remplissent d'impuretés, et les gâtent presque entièrement. Ainsi, pour empêcher que les animaux qu'on met dans les liqueurs ne se pourrissent, on fera bien de les tirer de l'eau-de-vie au bout de quelques jours ou de quelques semaines, et de les mettre dans les liqueurs nouvelles.

Oiseaux.

Les oiseaux ne sont pas les plus faciles à préparer et à conserver; pour y parvenir on les vuide de tout ce qui peut être contenu dans les intestins, ou par une pression graduée, dirigée vers l'anus, ou par une forte injection qui chasse au-dehors **toutes**

toutes les matières. Cela fait, on lie l'anus avec un fil, et on injecte de l'éther par le bec avec une petite seringue; on le farcit de cette liqueur, et on le suspend par la tête; on perce ensuite un œil, on vuide le cerveau, et on y fait pénétrer de l'éther, qu'on y retient avec un tampon; le lendemain ou le surlendemain on renouvelle l'injection, et l'on continue jusqu'à ce que l'animal soit entièrement desséché. A mesure qu'il sèche, on peut lui donner l'attitude convenable, après quoi on peut le conserver sans soin.

Cette méthode ne gâte point les formes, et n'altère point les couleurs; elle n'est pas très-coûteuse, puisqu'une once d'éther, qui, pris dans les fabriques, ne coûte pas plus de 4 francs la livre, suffit pour un petit oiseau, et trois onces pour un gros perroquet.

On peut, par ce moyen, préparer de petits quadrupèdes et toutes sortes d'animaux. (*Journal de Physique*, juillet, 1785).

Voici encore un autre procédé: il faut ouvrir les oiseaux par l'anus, et en tirer les entrailles, les poumons et le jabot; on leur ôtera aussi les yeux et la langue, et on en frottera tout le dedans avec la poudre indiquée pour les quadrupèdes, après quoi on les remplira d'étoupes. Il faut aussi prendre bien garde à ne pas mettre le plumage en désordre, et à ne pas le souiller pendant l'opération. Enfin, ayant recousu l'incision, on pourra les sécher dans le four, comme on l'a dit à l'égard des

quadrupèdes; mais on a plutôt fait de les dépouiller de leur peau en entier, cela donne plus de facilité pour préparer la peau, et ensuite pour donner à l'oiseau son attitude naturelle. Tous les apprêts connus jusqu'à présent ne mettaient les animaux apprêtés à l'abri des insectes, qu'au moyen du soufre qui altère les couleurs, et qui n'est qu'un préservatif momentané. M. le Vaillant a annoncé, en 1790, un secret qui, en deux heures de préparation, met les oiseaux à l'abri des animaux destructeurs.

Le P. Foucault a fait voir, à l'Académie, des Sciences, 1770, des oiseaux dans des bocaux de crystal, dont l'orifice n'était que d'une médiocre grandeur. La manière de les y faire entrer est un secret qui a été déposé cacheté à l'Académie, pour être ouvert après sa mort. (*Coll. Acad.*, part. franç., t. XIV, p. 154).

Dans les mémoires de l'Académie des sciences, 1770, il est fait mention d'une poudre dont le secret est également déposé, qui sert à conserver divers animaux, même des sujets humains. M. Hérissant a présenté, à la même Académie, des poissons, des insectes conservés dans toute leur fraîcheur par le moyen d'une liqueur très-claire, incapable d'altérer le lut dont il se sert pour boucher les bocaux, et qui ne reviendra pas à plus de six sols la pinte. Voilà bien des avantages enfouis. (*Coll. Acad.*, part. fr., t. XIV, p. 155).

Voyez dans le *Journal Ency-*

Tome III.

Q

clopédique, 15 février 1782, une méthode pour conserver dans leur beauté les plumages des oiseaux morts.

Les grands oiseaux aquatiques ont la peau assez épaisse pour qu'on puisse la leur enlever. Après qu'on l'aura ôtée, on en frottera l'intérieur de même que la peau des quadrupèdes, avec la poudre ci-dessus. On la remplira, et on la séchera de même. La tête, le bec et les pieds doivent être conservés. Il est à observer que quelques naturalistes emploient le sel commun pour la conservation des oiseaux et autres animaux; mais le sel se fond aisément par l'humidité de l'air, et les sujets qui sont ainsi préparés deviennent humides, de sorte qu'on ne pourrait les mettre proprement dans aucun cabinet.

Les nids et les œufs des oiseaux doivent être conservés tout entiers, en vuidant préalablement les œufs par un petit trou qu'on y fera tout exprès, et on les empaquétera bien avec du foin ou des étoupes, pour qu'ils ne se cassent point (*Voyez* l'art. *Oiseaux*, § V, de cet ouvrage).

Les amateurs d'ornithologie qui veulent prendre la peine de préparer eux-mêmes les oiseaux, ne peuvent rien consulter de mieux que le 4ᵉ. discours de M. Mauduyt, inséré dans *l'Encyclopédie Méthod.* p. 425 du 1ᵉʳ. volume d'Histoire naturelle, concernant les oiseaux, et le 12ᵉ. chapitre du *Traité complet d'Ornithologie*, par le

cit. Daudin, tom. I, p. 439, sur l'art de la taxidermie, où l'auteur rapporte et discute les différens procédés connus, et indique avec détail les moyens de dépouiller, droguer, conserver et monter les peaux des oiseaux.

Reptiles.

Il faut plonger dans de l'esprit-de-vin ou du rum toutes les espèces de reptiles, tels que les serpens, lésards, grenouilles, crapauds et tortues, prenant soin d'y dissoudre un peu d'alun. Les serpens ou les couleuvres et les lésards, doivent être entiers, c'est-à-dire qu'il ne faut pas qu'il leur manque la queue ou quelques écailles, etc. Mais il ne faut jamais mettre les serpens ni les lésards dans de l'esprit-de-vin trop fort, parce que cela les gonfle et les crève. On peut consulter sur cet article l'ouvrage de M. l'abbé Manesse, publié en 1787, intitulé: *Traité sur la manière d'empailler et de conserver les animaux.* Il y est question des reptiles, lésards, crapauds et tortues.

Le sieur Borelli, qui préparait fort élégamment les oiseaux, avait aussi le talent d'apprêter les peaux des reptiles et des chenilles, dont il formait des tableaux fort agréables; quoique la peau fût absolument vuide, cependant il conservait bien la figure de l'animal, et le tout avait un grand air de vérité.

Poissons.

On peut envoyer toutes sortes de poissons dans des bouteilles ou de petits barrils remplis d'eau-de-vie ou de rum. Les nageoires et la queue du poisson, et dans quelques espèces, les barbes au menton, ne doivent pas être détachées ni déchirées. Comme les poissons corrompent les liqueurs plus que les autres animaux, on doit les ôter du rum infecté, et les mettre dans du rum pur avant que de les transporter. Mais lorsqu'ils sont d'une grandeur fort considérable, on se contente de leur ôter la peau, ou d'en conserver les têtes, mâchoires, dents, nageoires, etc. à peu-près de la même manière, et comme on l'a dit en parlant des quadrupèdes.

Lorsque des personnes qui habitent sur le bord de la mer veulent envoyer des poissons curieux à des amateurs d'histoire naturelle, elles doivent insinuer un peu de camphre dans le corps de ce poisson, et le mettre dans un bocal rempli d'eau chargée de sel marin et d'alun en dissolution. Si les poissons se ramollissent, c'est une preuve que la liqueur a été affaiblie par les dépôts faits par les poissons. Le parti à prendre, est de les changer de nouveau.

Voyez dans l'*Encyclop. Méthodique*, *Arts et Métiers*, t. VI, p. 539, la manière de préparer les poissons pour les cabinets.

Insectes.

Autrefois on conservait les insectes dans de l'eau-de-vie. On tuait les papillons et autres, en pinçant leur corps entre les ailes, ou en leur passant au travers du corps une longue épingle que l'on faisait rougir lorsqu'on voulait les tuer plus promptement. Quand ils étaient bien desséchés, on les attachait avec de la gomme, dans des cadres, sous verre.

Le *Journal d'Histoire Naturelle*, 1787, p. 321, contient une lettre de M. Dantoine, de l'Académie de Marseille, sur la méthode de conserver les insectes et d'en faire des envois; elle consiste, entr'autres, à piquer les insectes, à les embrocher au défaut du corcelet, dans de longues épingles fines, que l'on fiche dans des boîtes dont le fond est de liége ou de cire, ou de bois garni de deux couches de vieux chapeau, assujéties avec de la colle. On recouvre le liége, la cire ou le feutre, d'une double feuille de papier blanc. Ces boîtes doivent être fermées par un couvercle dont les bords aient à-peu-près un pouce. Lorsque l'on fait des envois, ces bords doivent être collés, pour ne laisser aucune issue à la poussière et aux insectes destructeurs, et aucuns moyens à la curiosité d'y causer du dérangement. C'est une mauvaise méthode que d'exposer les insectes dans des cadres perpendiculaires; mieux vaut conserver ses collections dans des boîtes placées horizontalement.

A l'égard des chenilles, voyez la manière de les conserver au mot *Chenilles*, § II.

Quant aux escargots et limaçons, M. Borelli avait fait annoncer dans les papiers publics, en 1766, qu'il possédait un secret pour conserver ces sortes d'animaux et corps charnus incorruptibles, sans eau-de-vie ni esprit-de-vin. Nous ignorons quel était son procédé. En attendant qu'il soit connu, nous nous en tiendrons à celui de Swammerdam pour les disséquer.

Lorsqu'on veut disséquer ces animaux, il faut commencer par les séparer de leur coquille, ce qui se fait avec une pince platte et arrondie par le bout, au moyen de laquelle on dépouille le corps de la coquille, en la levant par éclats, jusqu'à ce qu'on soit parvenu à l'endroit où les muscles du corps sont insérés dans la coquille ; alors il faut séparer les tendons avec une spatule platte ; puis on continue de briser peu-à-peu la coquille jusqu'au sommet de la spirale ; lorsqu'il ne reste plus qu'un ou deux tours, la petite queue qui termine le corps se dilate aisément. Pour ouvrir l'escargot, il faut des ciseaux très-fins, et dont une des pointes soit garnie d'un bouton, afin de ne point offenser les parties intérieures.

Pour faire mourir les limaçons, il ne faut se servir ni d'esprit-de-vin, ni de térébenthine, ni de rien de semblable, pas même de soufre, qui tue les autres insectes ; mais la meilleure manière est de les laisser mourir lentement dans l'eau ; par ce moyen, toutes les parties se dilatent et sont plus aisées à voir. (Collect. Acad. ; part. étrang., t. V, p. 54, 59, 68).

En 1768, Mad. Grandpré a fait pareillement annoncer qu'elle possédait un spécifique propre à conserver toutes sortes d'animaux, et à les garantir des mites, teignes et autres insectes ; mais la plupart de ces annonces avantageuses pour l'histoire naturelle, ne paraissent pas jusqu'à présent avoir eu l'effet qu'on en avait promis.

Testaces.

On rassemble aussi des coquilles, des crabes, des oursins de mer, du corail, et d'autres substances qui naissent au fond de la mer. (Voyez *Coquilles*, *Corail*). On peut les mettre dans de l'eau-de-vie, du rum, etc. Mais en cas que les coquilles, oursins, etc. ne contiennent plus d'animaux, on pourra les sécher un peu, puis les empaqueter dans des étoupes ou dans du coton, en sorte que les pointes ou parties fines ne scient pas cassées. *Voyez* au mot *Porcelaine*, la manière de l'encaisser pour le transport.

Catalogue.

Il ne faut conserver que trois ou quatre sujets de chaque sorte, choisissant les plus parfaits et les plus entiers. On attachera avec un fil d'archal une petite pièce de plomb à chaque animal, à chaque pièce ou à chaque corps qu'on aura rempli comme on vient de le dire, ou qu'on aura plongé dans l'eau-de-vie. Sur le plomb on gravera un numéro suivant lequel il doit être indiqué dans le catalogue. On écrit dans ce catalogue le nom de l'animal ou de la chose à laquelle il appartient, tel qu'il le porte dans son pays; sa nourriture, son âge, son sexe, la taille à laquelle il peut parvenir, et sa demeure; combien de petits il fait, ou combien d'œufs il pond à-la-fois; le terme de la portée dans les quadrupèdes, et de l'incubation dans les oiseaux; la façon de prendre ou de tuer l'animal, l'usage qu'on en fait; la saison de la copulation; le temps où les poissons fraient; la nourriture des insectes : en un mot, l'histoire et toutes les particularités qui regardent chacun des sujets qu'on aura rassemblés.

Conservation dans les fluides.

L'esprit-de-vin est cher, et dans les collections que se forment les naturalistes, la quantité qu'il en faut devient très-coûteuse. Il s'agit donc de trouver un liquide clair, transparent, moins dispendieux, qui conserve comme l'esprit-de-vin, qui ne s'évapore point ou presque point, qui ne se gèle jamais.

Un apothicaire de Versailles vendait, à très-haut prix, une liqueur composée qui conservait les matières animales et végétales. Analyse faite de cette liqueur, il a paru que ce n'était qu'un mêlange d'esprit-de-vin rectifié et d'eau; en telle proportion, qu'il ne soutenait que 15 degrés au pèse-liqueur de Baumé. On a remarqué que l'esprit-de-vin tempéré par une certaine quantité d'eau, conserve beaucoup mieux les corps organisés que l'esprit-de-vin pur. Ce mêlange conserve non-seulement la forme des fleurs les plus délicates et des animaux ; mais encore de la viande conservée pendant plus de 9 mois dans un bocal rempli de cette liqueur, a fait du bouillon ordinaire. (Voyez le *Journal Polytipe*, t. II, p. 157).

On dit que Gaubius, célèbre médecin de Leyde, avait fait faire, pour conserver les pièces d'anatomie, une eau très-transparente, autre que l'esprit-de-vin dont on se sert communément, et que l'on en voit des bocaux au cabinet d'anatomie de cette ville. Pourrait-on avoir quelques détails à ce sujet, et particulièrement sur la manière de composer cette liqueur, et a-t-elle en effet la supériorité qu'on lui attribue sur les liqueurs dont on s'est servi jusqu'à présent ?

L'huile d'amandes douces exposée à la grande ardeur du soleil, devient, au bout de deux ou trois jours, aussi limpide que le crystal, sans dépôt ; en dix ans de temps la déperdition par l'évaporation n'est presque pas sensible ; les insectes, les fleurs, les fruits s'y conservent très-bien ; ils y acquièrent même une teinte plus vive qui fait l'effet d'un vernis : mais, soit l'humidité du fruit, de la fleur ou de l'insecte, soit l'acide qu'ils contiennent, l'huile acquiert une odeur infecte : l'animal, ou la plante, se flétrit, se fane, se gâte. Peut-être, avec le secours de la chimie, parvien-

3

drait-on à perfectionner cette idée, 1°. en employant une huile encore plus commune que l'huile d'amandes douces, afin de rendre les frais moins dispendieux; 2°. en communiquant à cette huile la vertu de conserver les insectes dans les bocaux, sans être obligé de renouveler souvent la liqueur.

Le *Journal des Savans*, 1677, p. 254, 1re. édit., et p. 162 de la 2e., donne le détail d'un secret du sieur Comiers pour conserver en leur entier les corps les plus corruptibles.

Il a aussi été annoncé dans les papiers publics, en frimaire an 9, un ouvrage du cit. Nicolas, membre correspondant de l'Institut national, intitulé : *Méthode de préparer et de conserver les animaux de toutes les classes, pour les cabinets d'histoire naturelle*, avec gravures.

§ II. *Manière de recueillir et de préparer les plantes pour les transporter*.

On observe qu'il faut cueillir les plantes, de tous les pays, lorsqu'elles sont en fleurs, s'il est possible. On mettra dans une feuille de papier la fleur de chaque espèce de plante, avec des feuilles qui croissent en haut, et de celles qui se trouvent près de la racine, qui sont souvent différentes des premières. On l'y pressera doucement, et on la laissera sécher dans le papier, sur lequel on mettra un numéro particulier relatif à celui de la liste, en y marquant le nom que les naturels du pays

donnent à chaque plante; les caractères distinctifs des parties de la fructification, et les noms de Linnée, s'il est possible, ou ceux donnés par tout autre botaniste connu; l'usage qu'on fait de la plante; ses propriétés, si l'on en connaît de particulières; l'endroit, le sol et la situation où on la trouve; si elle est vivace, si elle dure une seule ou plusieurs années; si elle a toujours des feuilles, ou si elles tombent tous les ans; le temps de ses fleurs, de la maturité des semences ou des fruits. Il faut, autant qu'il est possible, éviter de ramasser des plantes après la pluie, ou lorsqu'elles sont couvertes de rosée, et l'on fera bien d'envoyer trois ou quatre échantillons de chaque plante, aussi bien que des fruits, semences et racines. Mais quant à celles qui sont trop charnues, et qui ne peuvent pas sécher sans beaucoup perdre de leur figure, il vaut mieux les mettre dans de l'eau-de-vie. Pour ce qui regarde les arbres et les arbrisseaux trop grands, c'est assez de conserver de petits rameaux, avec des feuilles, fleurs et fruits, observant d'en couper transversalement quelques morceaux du bois pour mieux en distinguer la texture : on prendra aussi des morceaux de leur écorce, de leurs gommes, résines, etc. Au reste, *voyez* au mot *Herbier* de cet ouvrage, ce que nous avons dit de la manière de conserver les plantes.

Les semences de toute espèce doivent être recueillies lorsqu'elles sont en parfaite maturité, et jamais dans un temps humide : il faut les mettre dans un endroit où elles soient à sec, sans les exposer au soleil. Si l'on veut transporter les semences avantageusement dans des pays éloignés, sans les rendre inféconndes, il faut mettre chacune, ou bien plusieurs, si elles sont fort petites, dans un morceau de papier, qu'on marquera avec un numéro, sous lequel on les enregistrera dans la liste. On couvre chaque paquet avec de la cire, et on les met ainsi enveloppées dans un pot de cire fondue. Il faut les mettre par intervalle les unes sur les autres. Si l'on n'attendait pas que la cire fût refroidie, les semences seraient peut-être endommagées par la chaleur. Après qu'on les a mises dans le pot, on y jette encore de la cire fondue, pour que l'embouchure soit toute remplie, et le tout entièrement enseveli dans la cire sans aucune communication avec l'air. Mais si le voyage est de peu de semaines, alors il suffit de renfermer les semences dans des bouteilles ou vases de fayance, et de les boucher bien avec du cuir ou avec de la vessie par-dessus le bouchon. *Voyez* au mot *Plante*, la manière de conserver les graines dans le transport.

Pour transporter les arbres et buissons, ou plantes quelconques tout verds, il faut les tirer du sol avec un morceau de la terre qui couvre les racines. On les met dans de la mousse, et on les enveloppe ensemble dans une natte, ou dans un vieux morceau de canevas ou de grosse toile. Ces plantes doivent jouir de l'air, mais il ne faut les exposer ni au soleil, ni aux eaux de la mer, ni leur donner plus d'humidité qu'il n'est nécessaire.

§ III. *Manière de préparer les fossiles et minéraux.*

Le règne minéral exige bien moins de peine. Les minéraux, pierres, pétrifications et fossiles, doivent être enveloppés dans des papiers et numérotés, puis on les empaquette avec du foin, des étoupes, du chanvre, de la mousse, etc., de sorte que les pièces ne se frottent pas les unes contre les autres. La meilleure manière de conserver les argilles, les terres, les sables, sels, bitumes, et autres matières qui se fondent d'elles-mêmes, ou qui sont d'une consistance trop menue, est de les renfermer dans des bouteilles de verre ou dans des pots de fayance couverts avec de la vessie ou du cuir par-dessus le bouchon : de même on doit mettre les eaux minérales dans des bouteilles qu'il faut boucher d'abord très-bien, et dont il faut ensuite couvrir le bouchon avec de la poix-résine fondue. On colera un numéro à chaque bouteille ou pot de fayance, par le moyen duquel on trouvera dans le catalogue le nom de chaque substance, l'endroit où on la trouve, et l'usage qu'on en fait. De même, si ce sont des métaux, on doit y marquer la manière de les fondre, de les réduire en

4

forme métallique, de les purifier et de les travailler ou mettre en œuvre, avec toutes les autres circonstances qui peuvent servir d'instruction.

En 1769, M. Bayser, pasteur luthérien à Ste.-Marie-aux-Mines, a fait annoncer dans les papiers publics des boîtes minéralogiques en 4 petits vol. in-8°., contenant des échantillons de toutes les espèces de mines et de leurs variétés connues, à l'exception des mines d'or, qu'il remplaçait par des pyrites aurifères. Prix, 36 liv.

En 1772, M. Monnet, rue Charlot au Marais, vendait moyennant 150 l., des cabinets de minéralogie portatifs, ou caisses minéralogiques, avec un catalogue raisonné qui renvoyait aux numéros des cases, et un papier contenant des explications particulières.

HOQUET. Le hoquet n'est autre chose qu'un mouvement convulsif de l'œsophage et du diaphragme, qui se fait en même-temps dans ces deux organes avec une prompte inspiration, courte et sonore. Il ne s'agit point ici du hoquet regardé comme symptôme morbifique. Ce symptôme étant du ressort de la médecine, nous ne parlerons que de cette petite crise de la nature, dont elle se débarrasse elle-même par les secousses convulsives en quoi elle consiste. Ces secousses sont un effort qui tend à faire cesser une irritation produite dans quelque partie du diaphragme ou dans l'orifice supérieur de l'estomac. C'est par cette raison qu'on prétend qu'un éternuement spontané et excité à dessein, délivre souvent du hoquet.

Lorsque le hoquet dépend de quelqu'irritation légère dans l'estomac, occasionnée par la trop grande quantité d'alimens ou par leur dégénération en matières acrimonieuses, le lavage comme l'eau seule froide ou chaude qui favorise le passage des alimens dans les intestins, qui aide l'estomac à se vider des matières qui pèchent par leur quantité ou par leur qualité, en les détrempant, en les entraînant, en émoussant leur activité, suffit pour faire cesser le hoquet.

Le P. Lana indique l'ail comme un remède assuré contre le hoquet, soit que celui qui en est attaqué tienne l'ail dans sa main, soit qu'une autre personne s'approche avec de l'ail dans la main près de lui, sans qu'il en sache rien. Ce physicien atteste l'avoir éprouvé quelquefois lui-même, tant sur lui que sur d'autres.

Une gorgée de vinaigre fait passer le hoquet sur-le-champ; mais ce remède est un peu trop violent: peut-être en affaiblissant cet acide, ferait-il le même effet.

Cinq ou six gouttes d'éther avec du sucre, pris intérieurement, ont fait cesser à l'instant des hoquets violens, soit qu'ils fussent survenus peu de temps après le repas, soit au contraire, l'estomac vide.

On a éprouvé que dès les premiers accès du hoquet, on en

arrêtait le cours en retenant quelque temps la respiration ou l'inspiration, et en élevant les bras.

HORLOGERIE. Cet art a aussi son histoire, dont l'*Encyclopédie* contient une esquisse. Plusieurs auteurs ont écrit sur son origine et ses progrès. Parmi les ouvrages modernes, nous invitons à lire un mémoire imprimé dans le 1er. tome du *Journal des Arts et Manufactures*, p. 77. Il contient des spéculations utiles pour le gouvernement.

On a employé l'eau, la terre, l'air et le feu, pour mesurer le temps qui nous échappe. On trouve, dans les *Récréations Mathématiques d'Ozanam*, la description d'horloges, que l'eau, le sable, le vent et le feu mettent en mouvement ; mais depuis la découverte de l'horlogerie, ces machines ne sont plus que de curiosité. Nous avons dit au mot *Clepsydre*, les inconvéniens auxquels sont sujets les horloges d'eau et de sable. Les horloges à vent et les horloges à feu sont plus compliquées, et ont encore moins de justesse que les précédentes : nous n'entrerons point ici dans le détail de leur fabrication.

§ Ier. *Horloges mécaniques.*

La mécanique en horlogerie est trop intéressante, pour n'en pas donner une idée générale, propre à faire mieux entendre les différens moyens employés, et qu'on pourra proposer par la suite pour la plus exacte mesure du temps. Ce que nous allons dire s'applique tout-à-la-fois aux montres et aux pendules.

On sait que ces machines ont quatre parties principales : le *moteur*, le *rouage*, le *régulateur* et l'*échappement*.

Le *moteur* est, ou le poids qui tend à descendre en vertu de sa gravité, comme dans les *pendules*, ou un ressort élastique qui tend à revenir dans son état naturel par sa propre force, comme dans les *montres.*

Le *rouage* est un assemblage de roues et de pignons, qui sert à modifier à volonté l'action du moteur, à gagner de la vitesse aux dépens de la force, et à communiquer le mouvement aux aiguilles.

Le *régulateur*, soumis à l'action de l'échappement, force par ses oscillations la machine de marcher uniformément.

L'*échappement* est un moyen de communication entre la machine et le régulateur. C'est par lui que la force motrice, transmise par le rouage, vient se perdre et tomber pour ainsi dire goutte à goutte sur le régulateur, dont elle entretient les oscillations, tandis que celui-ci exerce la force qui lui est propre, à modérer et rendre uniforme le mouvement de toute la machine.

La fonction du régulateur est de modérer le mouvement de la roue d'échappement ; et la fonction de la roue d'échappement est d'agir sur le régulateur, autant qu'il est nécessaire pour lui restituer les degrés de vitesse, qu'il perdrait s'il était abandonné à lui-même.

Les détails de l'horlogerie sont très-considérables, et nous mèneraient trop loin. Cet objet est amplement traité dans l'*Encyclopédie*, qui, dans le 4e. vol. des planches, article *Horloger*, donne les figures des différentes pièces, telles que réveil, horloge horisontale, pendules et montres de différentes espèces, etc. Nous nous contenterons d'observer qu'en général, dans la composition des machines, il faut éviter, autant qu'on le peut, le frottement de l'acier sur l'acier, même le mieux trempé, parce que le jeu de deux pièces de même métal l'une sur l'autre en enlève une petite partie, qui forme une espèce d'émeril nuisible à leur effet. Aussi emploie-t-on, dans les machines en contact et en frottement, des métaux de différentes densités; ce qu'on peut remarquer dans les montres, dont les roues sont ordinairement en cuivre et les pignons en acier.

Dans le *Journal des Inventions et Découvertes*, imprimé en 1793, t. Ier, p. 37, il est fait mention d'une machine du Sr. Pelletier, propre à construire et diviser les pignons de toutes grandeurs, ainsi qu'à perfectionner l'égalité des ressorts de pendule.

Et dans le même journal, t. I, p. 236, il est fait mention d'un calibre inventé par M. Thouverez, horloger, et qui, sans engrenage, sert à déterminer avec précision la grosseur des pivots des roues de montre et de pendules. *Voyez* une machine de ce genre dans l'*Essai sur l'Horlogerie* de M. Berthoud.

On trouve dans la *Coll. Acad.*, part. franç., t. V, p. 401, l'analyse d'un mémoire de M. Saurin, sur les horloges à pendule.

M. Callet, professeur de mathématiques, a aussi fait imprimer en 1782, un mémoire qui mérite d'être connu, tant à cause de sa clarté, de sa précision, qu'à cause des détails qu'il contient sur les échappemens, au nombre desquels en est un de son invention, qu'il appelle *échappement à ancre*, dans lequel il a su anéantir le frottement qui s'exerce sur le repos, et cela par le moyen de deux pièces additionnelles, qui ont la propriété de suspendre la cheville de la roue d'échappement, de l'empêcher de frotter, et de l'abandonner lorsqu'il faut qu'elle agisse sur le régulateur. On peut voir l'extrait de ce mémoire dans le *Journal de la Blancherie*, 1783, p. 25.

Passons maintenant en revue les efforts faits, à différentes époques, par plusieurs artistes, et dont les travaux, pour la plupart, ont eu l'approbation de l'Académie des sciences de Paris.

En 1724, M. Thioult, horloger, proposa deux projets de pendule pour marquer le temps vrai et le temps moyen. Le premier, qui donnait l'équation des secondes d'un midi a l'autre, a paru ingénieux, mais d'une exécution difficile. Le second, qui ne donnait l'équation que lorsqu'elle est d'une manute, a paru plus simple et d'un succès plus facile. (*Collection Académique, partie française,* tom. V, p. 419).

Ce fut ce même M. Thioult qui, en 1726, présenta une pendule du temps vrai. La courbe, qui en était la principale pièce, était tracée avec tant de justesse, que quand même on plaçait avec la main, à différens jours de l'année, une roue d'un an d'où dépendait le mouvement vrai, on trouvait toujours un parfait accord avec la table des équations. (*Collection Académique, partie franç.*, t. V, p. 440).

Il a aussi présenté, en 1737, à l'Académie, deux montres à répétition. (*Collect. Académ., part. franç.*, t. VIII, p. 409).

En 1726, M. Duchêne, horloger, a présenté une pendule qui marquait, par un cadran fixe, l'heure moyenne, et par un autre, concentrique et tournant, l'heure vraie. Les minutes et secondes des deux temps étaient aussi marquées, ainsi que les jours du mois et les signes. Une courbe elliptique faisait mouvoir les cadrans qui appartiennent au temps vrai, et la façon dont elle les faisait mouvoir, a paru nouvelle et assez bien imaginée. Si la pendule était arrêtée ou déréglée, il suffisait de la remettre à l'heure par l'aiguille du temps moyen, et tous les cadrans se plaçaient aussi-tôt dans la position où ils devaient être. Cet ouvrage a paru conduit avec intelligence, et exécuté avec habileté. (*Collect. Acad., partie franç.*, t. V, p. 438).

Le sieur Kriegseissen a aussi présenté, dans la même année, une horloge à rochet et à pendule, comme à l'ordinaire, mais qui marquait, 1°. le temps moyen et le temps vrai en minutes; 2°. tout ce qui appartient à la révolution du soleil et à celle de la lune, même avec ses phases et sa figure apparente; 3°. le passage du premier degré du *bélier* par le méridien; 4°. l'heure des principales villes du monde, tant moyenne que vraie; 5°. le quantième du mois, avec la différence de ceux qui ont plus ou moins de jours que les autres, sans qu'il soit besoin d'y toucher qu'aux années bissextiles; 6°. l'épacte; 7°. le nombre d'or; 8°. le cycle solaire, etc. Cette pendule a paru ingénieusement imaginée, et malgré la grande quantité d'indications dont elle était chargée, on a trouvé ses mouvemens arrangés avec beaucoup d'ordre, d'intelligence et de simplicité. (*Coll. Acad., part. fr.*, t. V, p. 438).

Le même M. Kriegseissen a présenté, en 1732, une pendule à équation, dont le fin du mécanisme consistait dans les deux diamètres d'une ellipse, de l'un desquels coulait sur l'autre une espèce de verrou. Comme ces diamètres étaient peu inégaux, le passage n'était pas difficile; et l'équation se faisant par un simple avancement ou retardement des roues, qui allaient toujours du même côté; le jeu des engrenages ne pouvait empêcher l'effet qu'on se proposait. (*Collection Académique, par-*

tie franç, tom. VII, p. 406.)

En 1728, M. le Roi, l'aîné, présenta une pendule avec les quarts et le *tout ou rien*. L'avantage de cette pendule était d'en montrer la mécanique à découvert, d'être plus aisément réparée sans rien démonter, et d'avoir les pièces de la répétition placées derrière la platine de la pendule. (*Collec. Acad.*, *part. franç.*, tom. VI, p. 555.)

M. le Roi, cadet, présenta aussi dans le même-temps une pendule de sa façon, faite sur la division exacte de l'année solaire, de 365 jours, 5 heures, 48 minutes, 584 secondes ; la sonnerie réglée sur le temps vrai et non sur le temps moyen. (*Collection Académique, partie franç.*, tom. VI, p. 555.)

M. Collier, dans la même année, présenta une pendule avec le tout ou rien, et sonnant les demi-quarts avec des tons différens. Elle était sur-tout remarquable par la façon de lever les marteaux. (*Coll. Acad.*, *part. franç.*, t. VI, p. 555.)

En 1734, M. Larsé présenta une pendule sonnante et à répétition, dont l'invention a paru nouvelle. (*Collec. Acad.*, *partie française*, tome VII, p. 410).

En 1737, M. Thiout laîné présenta, à l'Académie, une nouvelle pendule à équation, exempte des inconvéniens reprochés à celles de cette espèce. (*Collect. Acad.*, *part. franç.*, t. VIII, p. 409.)

Dans la plupart des châteaux, et dans quelques maisons particulières, on est dans l'usage de placer des horloges, dont la sonnerie, très-forte, peut indiquer l'heure à toute la maison; mais ces grosses horloges, d'un prix assez considérable, ont l'inconvénient, par l'engrenage des roues, etc., de faire beaucoup de bruit, et de rendre inhabitables les chambres de leur voisinage; d'ailleurs, elles ne sont point aisément transportables d'un lieu à un autre, et par conséquent difficiles à réparer. M. Grandjean de Foenchy, a indiqué, dans les *Mémoires de l'Académie*, année 1740, un moyen très-simple pour appliquer une forte sonnerie aux horloges que l'on nomme à pilier, qui peuvent se mettre par-tout, et qui sont d'un prix très-modique, faciles à raccommoder, et d'un transport aisé. Quoique l'addition à faire aux horloges soit très-peu considérable et fort simple, cependant comme il serait difficile d'en entendre la description sans le secours des planches, nous renvoyons au mémoire de cet académicien. (V. *Collect. Académ.*, *partie franç.*, t. VIII, p. 434.)

C'est à Julien Leroi que l'on est redevable de la construction des horloges de châteaux ou de clocher, appelées horizontales, plus simples, plus sures et moins couteuses que celles dont on faisait usage avant lui. Il faut voir les mémoires qu'il a fait imprimer sur ce sujet, à la suite de l'ouvrage de Sully, son ami, intitulé : *Règle artificielle des temps.*

Dans la même année, 1740,

M. Gallande présenta une pendule dont le nombre des roues était moindre qu'à l'ordinaire, et où d'ailleurs les frottemens étaient diminués par le moyen de quelques petits rouleaux. (*Coll. Acad., part. franç.*, t. VIII, p. 441.)

Pour construire une pendule qui ne puisse s'allonger par la chaleur, ni se raccourcir par le froid, M. Julien Leroi, en 1738, avait imaginé de tirer parti de la différence de dilatation entre le fer et le cuivre jaune et laiton. (*Voyez* ce qui en est dit à l'article *Thermomètre*, de l'*Encyclopédie*, où l'on renvoie pour la figure à la planche 8, N. du 4ᵉ vol. des planches.) En 1741, M. Cassini proposa d'appliquer les deux métaux à la verge même du pendule par une ou deux contre-verges de cuivre, dont les dilatations et condensations agissent en sens contraire de la verge de fer du pendule, et produisent le même jeu que dans la pendule de M. Leroi. (*Collect. Acad., part. franç.*, t. IX, p. 416.)

En 1742, M. Gourdain présenta, à l'Académie, une petite horloge portative, marquant les heures, les minutes, les secondes et le quantième du mois, sonnant d'elle-même les heures et les quarts, à répétition et à réveil, sans fusée, sans corde ni chaîne, mais à balancier. (*Collect. Acad., partie franç.*, t. IX, p. 446.)

Dans la même année, M. Gallande présenta une pendule à secondes, dans laquelle, pour diminuer le frottement de l'échappement à ancre, il termine les pattes de l'ancre par deux rouleaux, en sorte que les dents de la roue qui les poussent alternativement, les font tourner sur leurs pivots. (*Collect. Acad., part. fr.*, t. IX, p. 449.)

En 1748, M. Leroi fils présenta un nouvel échappement à repos, de son invention : au lieu que dans les échappemens à repos ordinaires, la roue de rencontre porte à chaque retour du balancier, sur une pièce qui fait corps avec lui, et sur laquelle frotté une de ses dents, dans le nouvel échappement, la roue pose et est retenue à chaque demi-vibration sur une pièce fixée à la platine et entièrement étrangère au balancier. Cette idée a paru neuve. (*Collect. Académ., part. franç.* t. X, p. 464.)

En 1749, M. Rivaz présenta, à l'Académie, une pendule différente des autres par le poids de la lentille, par la petitesse des arcs que décrit le pendule dans ses vibrations, par la manière dont il est suspendu, qui permet toujours au pendule de faire ses oscillations dans un plan vertical, quoique l'horloge sorte de son à-plomb, et par un échappement nouveau qu'il employait dans quelques-unes, par une nouvelle manière de faire marquer le temps vrai, et par une composition de la verge du pendule, que les expériences ont montrée inaltérable à un degré de chaleur infiniment supérieur à tous ceux qu'on peut éprouver dans quelque climat que ce soit. (*Collect. académ.*, *part. franç.*, t. X, p. 477). On trouve dans le 4e. vol. des planches de l'*Encyclopédie*, article *Horloger*, planche 9, R et S, les figures d'une pendule à équation, et d'une montre à équation du même sieur Rivaz.

En 1751, M. Le Plat imagina d'employer un courant d'air pour remonter le poids des pendules, par le moyen d'un moulinet placé dans un tuyau qui communiquait de l'air extérieur à une cheminée fermée par en bas. Le courant d'air qui s'établissait dans le tuyau, faisait tourner le moulinet qui, à l'aide de quelques roues et d'une corde sans fin, remontait le poids de la pendule. Lorsque le poids était arrivé à sa plus grande hauteur, il touchait une bascule qui tirait une petite vanne de papier, laquelle fermait passage au courant d'air (*Collect. académ.*, *part. franç.*, t. XI, p. 472). On lit dans le journal intitulé *Nouvelles de la République des Lettres et des Arts*, *par M. la Blancherie*, 1785, p. 85, que M. Rodella, machiniste de l'observatoire de Padoue, a employé l'action du vent pour remonter les horloges. Comment s'y prenait-il?

En 1752, M. Leroi, fils de Julien Leroi, présenta une pendule dans laquelle il avait trouvé le moyen de réduire tout le mouvement et toute la sonnerie chacun à une seule roue. (*Collect. Acad.*, *part. franç.*, t. XI, p. 477).

Ce même horloger présenta, à l'Académie, en 1755, une pendule construite sur le même plan que la précédente, avec cette différence, qu'au lieu du poids et du cordon ordinaires, un large ruban, cousu par les deux bouts en forme de corde sans fin, roulait sur la poulie. Ce ruban était chargé d'espace en espace de petits augets, qui, s'emplissant de menu plomb à mesure qu'ils passaient sur la poulie, formaient un poids suffisant pour faire aller la pendule. (*Coll. Acad.*, *part. franç.*, t. XI, p. 489). M. Le Mazurier a exécuté une semblable pendule avec des changemens. (*Collec. Académ.*, *part. franç.*, t. XI, p. 490.)

En 1752 et 1754, M. Ferdinand Berthoud présenta des pendules et montres à équation, d'une mécanique extrêmement simple pour donner le mouvement à la roue annuelle. (*Coll. Acad.*, *part. franç.*, t. XI, pag. 475 et 484). Le 4e. vol. des planches de l'*Encyclopédie*, article *Horloger*, planche 9, Q et X, donne les figures de pendules à équation du même sieur Berthoud.

En 1753, M. Vincent, de Montpellier, présenta une machine à finir la denture des roues. (*Voy.* ce qu'en dit l'*Encyclop. Méth.*, *Arts et Mét.*, t. III, p. 365.)

En 1754, l'Académie donna son approbation à un nouvel échappement à repos, de l'invention du sieur Caron fils, perfectionné depuis par M. Romilly, horloger de Genève, qui l'a employé dans une montre par lui présentée à l'Académie en 1755. (*Collect. Acad.*, *part. fr.*, tom. XI, p. 483 et 491.)

Deux autres artistes présentèrent, dans cette année, 1754, à l'Académie, l'un une montre à deux balanciers, pour la mettre à l'abri du dérangement occasionné par les secousses auxquelles elle est exposée (M. Jodin, horloger, à Saint-Germain-en-Laye); l'autre, une pendule à secondes, dout les trois aiguilles étaient placées au centre, de façon que celle des secondes conduisait les deux autres (M. Chareux, horloger, à Lyon). *Collect. Acad.*, *partie franç.*, t. XI, p. 484 et 485.

En 1755, le Sr. Christin présenta une montre avec nouvel *échappement à ancre*. Dans cet échappement, facile à exécuter, où l'Académie trouva que la pulsion était très-puissante pour faire reculer le balancier, qu'il n'était pas sujet au renversement, et que toutes les roues de la montre pouvaient avoir leurs tiges parallèles et leurs pivots dans les platines, ce qui était très-commode dans l'exécution des montres à secondes. (*Collect. Acad.*, *part. franç.*, t. XI, p. 487.)

La plus grande et la plus belle horloge qu'on ait faite jusqu'à présent, est celle exécutée par M. Le Paute, et placée, en 1781, dans l'Hôtel-de-Ville de Paris. La cage a plus de six pieds de longueur; toutes les roues sont de cuivre poli; elle marque le temps vrai en suivant les inégalités du soleil; le pendule, qui pèse 250 liv.,

corrige les inégalités de la chaleur : l'échappement est celui dont les leviers sont rigoureusement égaux, et qui fut imagiué par M. Le Paute, lors de ses premières horloges vers 1750 : elle marche pendant qu'on la remonte. Enfin tous les genres de perfection, dont cet immense ouvrage était susceptible, y ont été employés.

Mais il serait trop long d'analyser, comme nous venons de le faire, toutes les machines de ce genre qui ont été présentées jusqu'à présent à l'Académie. Nous nous contenterons d'indiquer celles dont il est fait mention dans la *Collection Acad.*

En 1756, une pendule avec un seul rouage de sonnerie, par M. Ridreaut, t. XII, p. 430.

En 1757, une pendule à quatre aiguilles concentriques, par le sieur Biesta. *Ibid*, p. 434.

En 1758, une nouvelle quadrature de sonnerie, par M. Ridreaut. *Ibid*, p. 441.

En 1760, une pendule à verge de correction, par M. Quinette. *Ibid*, p. 462.

En 1762, deux pendules à demi-secondes, de Millot. Tom. XIII, p. 598 et 599.

En 1763, une nouvelle quadrature de répétition, par M. de l'Epine. Tom. XIII, p. 411.

En 1766, une machine à relever continuellement les poids moteurs d'une horloge de clocher, par M. l'abbé Gallays. Tom. XIV, p. 363.

En 1769, une manière de faire changer d'air, à chaque heure, le carillon des grosses horloges par l'horloge même, par M. Courtois. Tom. XIV, p. 395.

En 1770, une pendule de M. Biesta, toujours en échappement, malgré l'inclination de la cage, et un cadran ou équation mobile du même auteur. Tom. XIV, p. 405.

Le journal intitulé *Nouvelles de la République des Lettres et des Arts*, *par M. la Blancherie*, année 1785, p. 145, annonce un moyen mécanique, imaginé par l'abbé Carreras, professeur de mathématiques à Faenza, et au moyen duquel le son d'une horloge de clocher et de château, quelle que soit la grandeur du timbre ou de la cloche, se propage au loin et avec plus de force.

En horlogerie l'on donne le nom de *quantième perpétuel* à un instrument qui marque à perpétuité les quantièmes du mois et les jours de la semaine. Le *Journal* ci-dessus indiqué, année 1786, p. 46, donne une description détaillée d'un quantième perpétuel, de l'invention de Legros, horloger, qui avait combiné son rouage de manière que dans les mois de 30 jours, l'aiguille sautait la division 31 ; dans les années bissextiles, où le mois de février a 29 jours, l'aiguille sautait les divisions 30 et 31, et dans les années communes, où le mois de février a 28 jours, l'aiguille sautait les divisions 29, 30 et 31.

Le *Journal Encyclopédique*, 15 août 1775, donne la description d'une horloge perpétuelle, qui paraît se remonter d'elle-même ; elle est de l'invention de M. Kratzenstein, membre de l'Académie de Pétersbourg.

Voyez à l'article *Montre*, l'indication de différentes espèces de montres et horloges de mer.

Après avoir donné le tableau des efforts de l'industrie dans ce genre, nous terminerons par une observation qui n'est nullement indifférente.

On est dans l'usage de peindre et de vernisser les boîtes qui renferment les mouvemens des pendules ; il faut bien choisir ses matières, et éviter sur-tout celles qui peuvent attaquer les pièces intérieures, telles que le cinnabre et le vermillon : le vif-argent qui les compose s'évapore, attaque le cuivre et le corrode. Les exemples n'en sont pas rares.

On lit dans les *Mémoires de l'Académie*, qu'un mouvement de pendule, achevé en juillet 1736, et enfermé tout de suite dans une boîte de bois vernie en-dehors et en-dedans, fut, au bout de deux ans, couvert de verd-de-gris, qu'après avoir été nétoyée, le verd-de-gris reparut encore deux ans après. (*Coll. Acad.*, *part. franç.*, tome IX, p. 16 et 20, *voyez* aussi *Journal des Savans*, 1745, pag. 105, et 1746, p. 58).

Les horlogers doivent aussi choisir avec soin les huiles dont ils se servent, attendu que la meilleure attaque, avec le temps, les pièces de fer et d'acier, et sur-tout le grand ressort qui, quelquefois, finit par casser. (Voyez *Coll. Académ.*, *part. franç.*, t. IX, p. 20). Les cadrans ordinaires de pendules, horloges et montres, sont d'émail.

mail. En 1755, le sieur Dupont, horloger, et le sieur Julien, peintre en émail, en présentèrent, à l'Académie des sciences, qui imitaient parfaitement les cadrans d'émail, et qui avaient l'avantage d'être d'une construction plus facile et moins chère. Ceux de M. Dupont étaient de glace peinte, ceux de M. Julien de carton préparé. (Voyez *Collection Academique*, *partie française*, tome XI, page 488).

§ II. *Horloges à sable pour les voyages de mer, ou sabliers.*

Il faut une grande précision dans la mesure du temps pour les observations astronomiques. Les horloges à pendules y sont très-propres; mais dans les voyages de long cours, et principalement lorsqu'on approche des tropiques, ces sortes d'horloges se rouillent si fort en peu de temps, qu'il est impossible de s'en servir. M. Delahire a imaginé de faire usage d'horloges de sable telles que celles dont on se sert ordinairement, à l'exception qu'au lieu de l'une des fioles qui composent ces horloges, il faudrait y appliquer un tuyau de verre de vingt pouces environ de longueur, et d'une ligne et demie à-peu-près d'ouverture; ce tuyau sert de seconde fiole; en sorte que lorsque le sable descend de la fiole dans le tuyau, on le voit s'accumuler peu-à-peu, et si distinctement, que l'on peut observer à quelle hauteur il se trouve au moins de cinq en cinq secondes, et par

Tome III.

conséquent les minutes s'y voient très-distinctement. Si cette horloge n'est que pour une demi-heure; lorsque tout le sable qui doit passer dans la demi-heure est descendu dans le tuyau, on retourne la machine, et le sable en se vuidant du tuyau dans la fiole, marque de même, par sa descente, les hauteurs qui conviennent aux minutes et à leurs parties. Pour se servir commodément de cette machine, il faut l'appliquer sur un morceau de bois; en sorte que la moitié de la fiole et la moitié du tuyau, soient enchassées dans l'épaisseur du bois. L'on attache deux cordons aux deux extrémités du morceau de bois, pour la pouvoir retourner aisément étant toujours suspendue en l'air ou contre quelque chose. On marque les divisions des minutes d'un côté du tuyau pour la descente du sable lorsqu'il se remplit, et de même on en marque d'autres de l'autre côté pour la descente du sable lorsqu'il se vuide. La méthode pour faire ces divisions, consiste à faire usage d'un pendule en cette sorte :

Prenez une balle de mousquet bien ronde; mesurez-en le diamètre le mieux que vous pourrez; faites une petite règle de bois de 9 pouces deux lignes un septième; retranchez de cette règle la moitié du diamètre mesuré de la balle de plomb, afin de l'avoir de la longueur du reste, tel que serait 8 pouces 10 lignes un deuxième; prenez un fil délié de soie platte, ou à son défaut, de

R

fil tel qu'on peut se le procurer ; un brin de chanvre tiré de dessus la plante écrouie, ou d'un paquet de chanvre avant d'être filé, serait très-bon, et mieux encore un fil d'aloès-pit ; cirez le fil afin qu'il ne se détorde pas, ce qui l'alongerait ; suspendez-y la balle, et faites passer l'autre bout de fil par une fente d'un corps solidement fixé, qui pince le fil de façon qu'il ne puisse pas baloter dans la fente : appliquez légèrement un bout de la règle de bois sur le point de suspension de la balle, et tirez le fil jusqu'à ce que l'autre bout de la règle atteigne la fente ; arrêtez le fil dans la fente, en sorte que vous soyez sûr, par cette opération, que la distance du centre de la balle au point de suspension du fil est précisément de 9 pouces 2 lignes un septième, de pied de roi ; alors, en faisant balancer légèrement la balle, elle emploira exactement une seconde de temps à faire une allée et un retour. Ainsi si un sablier d'une demie minute dure exactement 60 vibrations, il sera exact.

Toute la division se doit faire avec le pendule, à mesure que le sable montera ou descendra dans le tuyau ; car les divisions ne sont pas toujours égales, à cause de l'inégalité du tuyau qui, étant plus étroit en quelques endroits, se remplit plus vîte qu'aux autres qui sont plus larges. On remarquera que le sable se vuidant du tuyau dans la fiole, parcourt d'abord des distances plus grandes que celles

qui se font vers la fin ; ce qui est causé par la descente du sable par secousses qui le fait un peu tasser dans le commencement ; mais cela ne causera pas d'irrégularité, les divisions étant faites par l'expérience du pendule. Ces sortes de *Sabliers* sont d'usage en mer pour compter les nœuds du *Lok*. (*Voyez* ce mot). Ils ne sont que d'une demie minute. Au surplus, M. Delahire conseillait d'avoir plusieurs de ces horloges, afin qu'elles se rectifiassent entre elles. Le P. Tertio de Lanis, jésuite italien, dans son *Magisterium Naturæ et Artis*, donne la description de deux horloges à sable très-simples et très-précieuses, par lui inventées.

C'est sans doute sur ce principe qu'a été construite l'horloge à sable présentée à l'Académie par M. le comte Prospère, en 1728. L'Académie, en donnant son approbation, a reconnu qu'elle était sujette aux inconvéniens ordinaires des sabliers, tels que la différente ténacité du sable et l'élargissement des trous par sa chûte continuelle. (*Collection Académique, partie française*, tome XI, page 550).

Il est fait mention dans cette même *Collection*, t. IX, p. 455, d'une horloge d'une demie minute pour l'opération du *lok*, approuvée par l'Académie, et présentée par le sieur Gourdain, horloger. L'Académie a jugé cette machine plus juste que le *sablier* ou *ampoulette* pour mesurer le chemin que fait le vaisseau.

§ III. *Horloge végétale.*

On connaît plusieurs plantes qui s'ouvrent et se ferment régulièrement tous les jours à une certaine heure fixe, et ce changement s'observe pendant des semaines et des mois consécutifs. Quelques-unes ne s'épanouissent et ne se ferment qu'une seule fois dans tout le temps de leur fleuraison. Le période, de l'un à l'autre moment, est chez les unes de deux, trois ou plusieurs jours; dans d'autres, il ne dure que peu d'heures, et il faut un observateur bien attentif pour épier cet instant qui, dans ces espèces de fleurs, est le moment de la fécondation; ce moment une fois apperçu de l'épanouissement de la fleur, on peut être assuré de voir s'épanouir à la même heure des jours suivans, d'autres fleurs de la même plante.

Cet effet est opéré par l'élévation des sucs qui gonflent les vaisseaux de ces fleurs, les force à se redresser et à s'épanouir; mais cette élévation des sucs est elle-même causée par la chaleur, la lumière, et beaucoup d'autres circonstances de l'atmosphère; en effet, chaque fleur a en quelque sorte des degrés différens de sensibilité; aussi s'épanouissent-elles les unes plutôt, les autres plus tard. La variété des heures de l'épanouissement de certaines fleurs, leur repliement réglé, périodique et constant, ont fait naître au célèbre Linnée l'idée d'une horloge végétale; il en a fait un tableau qu'il a publié sous le nom d'*horloge botanique*; ce tableau n'est exact que pour le climat d'Upsal; car à mesure que l'on s'approche de l'équateur, ces fleurs s'épanouissent plutôt; il en faudrait donc faire autant qu'il y a de climats sur la terre, ou au moins de 10 degrés en 10 degrés, qui m'ont paru, dit M. Adanson, donner une différence d'une heure. Le tableau de Linnée que nous allons présenter ici, ne diffère guère que d'une heure de celui qu'on pourrait faire pour le climat de Paris.

Il est bon d'observer, pour l'intelligence du tableau, que l'heure de la floraison varie suivant la température et les espèces, à-peu-près dans le même rapport que diffèrent entre eux les climats de la zone torride, des zones tempérées et glaciales; en sorte qu'au printemps et en automne, où il fait une fois moins chaud qu'en été, les mêmes fleurs s'ouvrent et se ferment une ou deux heures plus tard; c'est pour cela qu'on a mis dans la première colonne de l'épanouissement des fleurs, deux chiffres, comme 3 à 5, 4 à 5, qui indiquent que la plante s'épanouit à 3 heures du matin en été, et à 5 heures au printems et en automne; il en est de même pour le temps où elles se ferment.

a

Horloge botanique, ou tableau de l'heure de l'épanouissement de certaines fleurs à Upsal, par 60 degrés de latitude boréale, extrait de l'ouvrage de Linnée, intitulé : Philosophia Botanica **XI.**

Heures du lever, c'est-à-dire de l'épanouissement des fleurs.	Noms des plantes observées.	Heures du coucher, c'est-à-dire où se ferment ces mêmes fleurs.	
Matin.		**Matin.**	**Soir.**
heures.		heures.	heures
3 à 5	*Tragopogon luteum*	9 à 10	
4 à 5	*Leontodon taraxaconoïdes.* . . .	. . . .	3
4 à 5	*Picris magna.*	12 ou	2
4 à 5	*Cichorium scanense.*	10 à 12	
4 à 5	*Crepis tectorum*	10 à 12	
4 à 6	*Scorzonera tengitana.*	10	
5	*Sonchus lævis.*	11 à 12	
5	*Papaver nudicaule*	. . . .	7
5	*Hemerocallis fulva*	. . . .	7 à 8
5 à 6	*Tragopogon columnæ*	11	
5 à 6	*Leontodon taraxacum*	8 à 9	
5 à 6	*Crepis alpina.*	11	
5 à 6	*Lampsana rhagadiolus.*	10 à	1
5 à 6	*Lampsana glutinosa*	10	
6	*Hypochæris pratensis.*	. . . .	4 à 5
6	*Hieracium fruticosum.*	. . . .	5
6 à 7	*Hieracium latifolium.*	. . . .	1 à 2
6 à 7	*Hieracium pulmonaria*	. . . .	2
6 à 7	*Crepis rubra.*	. . . .	1 à 3
6 à 7	*Hieracium rubrum.*	. . . .	3 à 4
6 à 7	*Tragopogon dalechampii.*	12 à	4
6 à 7	*Sonchus repens.*	10 à 12	
6 à 7	*Sonchus belgicus.*	. . . .	2
6 à 8	*Alyssum alyssoïdes.*	. . . .	4
7	*Anthericum album*	. . . .	3 à 4
7	*Lactuca sativa.*	10	
7	*Sonchus laponicus.*	12	
7	*Calendula africana*	. . . .	3 à 4
7	*Nymphæa alba.*	. . . .	7
7	*Leontodon chondrilloïdes.*	. . . .	3
7 à 8	*Lampsana rhagadioloïdes*	. . . .	2
7 à 8	*Hypochæris hispida.*	. . . .	2

Fin du tableau de l'horloge botanique , etc.

heures.				heures.	heure
7 à 8	*Mesembryanthemum barbatum.*	. . . . .			2
7 à 8	*Mesembryanthemum linguiforme*	. . . ,			3
7 à 8	*Anagallis cærulea.*				3
8	*Anagallis rubra.*				3
8	*Dianthus prolifer.*				1
8	*Hieracium pilosella.*				2
9	*Calendula arvensis*				3
9 à 10	*Mesembryanthemum crystallinum.* .				3 à 4
9 à 10	Portulaca hortensis		11 à 12		
9 à 10	*Hypochæris chondrilloïdes.* . . .				1
9 à 10	*Arenaria purpurea*				2 à 3
9 à 10	*Malva helvula*				3
10 à 11	*Mesembryanthemum neapolitanum.*	. . . . .			3

Soir.		
5 heures.	Belle-de-nuit.	
6	*Geranium triste.*	
9 à 10	*Silene noctiflora.*	
9 à 10	*Cereus.*	
3	*Passiflora.*	

On peut voir dans le 1er. volume des familles des plantes, par le citoyen Adanson, p. 105, un semblable tableau avec des observations.

Une plante Américaine, connue sous le nom de *mirabilis longiflora*, mérite, par la beauté de sa fleur, mais sur-tout par cette singulière propriété, l'admiration, non-seulement du curieux botaniste, mais de tout contemplateur des merveilles de la nature. Cette plante étrangère vient très-bien dans des pots dans nos climats ; on la voit même se naturaliser dans les climats septentrionaux : la fleur en est blanche, ayant la forme d'un tube de la longueur du doigt, assez étroite de la tige, s'élargissant un peu : cette plante s'ouvre environ sur les quatre heures après midi, et se ferme à minuit, non point pour se rouvrir comme font les autres fleurs le jour suivant ; mais elle reste fermée sans retour. C'est dans ce moment que s'opère la fécondation, au moyen de laquelle la plante se multiplie : cette fleur, qui était si pleine de vie, se flétrit tellement après ce moment, qu'il est impossible

3

de rouvrir les parties intérieures sans la déchirer. On peut se procurer cet admirable spectacle tous les jours pendant cinq à six semaines, parce que les fleurs ne s'épanouissent que les unes après les autres.

Les plantes du Nouveau-Monde ne sont pas les seules qui aient cette singulière propriété ; le *lis des champs*, plante Européenne qui croît sur les collines sablonneuses de la Suisse, présente le même spectacle aux yeux d'un observateur attentif ; mais les pétales de cette fleur s'ouvrant et se fermant par degrés à des heures régulières, peuvent indiquer en quelque sorte les heures du jour.

Les anciens botanistes nommaient cette plante *phalangium*. Linnée lui a donné le nom d'*anthericum album*.

Ce *lis des champs* est ainsi nommé, parce qu'il a quelque ressemblance avec le lis ; ses racines sont au nombre de quatre ; les feuilles partent de la racine, ressemblent assez à celles du gramen, et sont fort pointues par le bout ; la tige s'élève à la hauteur de deux ou quatre palmes ; elle est verte, lisse, garnie de trois ou quatre branches ou plus ; les branches sont ornées de sept à huit fleurs ; chaque fleur est composée de six pétales blanches, de même longueur, mais de forme différente ; les trois intérieures sont oviformes, étroites par le bas, larges au milieu, obtuses par le haut, et uniformes dans leur couleur : les trois extérieures sont de même largeur que

les intérieures par le bas ; mais à l'opposé de celles-ci qui vont en s'élargissant, elles diminuent pour se terminer en une pointe, qui paraît d'autant plus aiguë, que ses côtés se replient vers l'intérieur de la feuille ; l'extrémité de cette pointe est jaune en dessus et en dessous ; l'alternative de ces feuilles étroites, larges, pointues, obtuses, donne au lis champêtre une forme des plus agréables. Avant de s'épanouir, les feuilles sont de couleur verte. Les étamines sont au nombre de six, trois longues et trois courtes ; les longues sont en face des feuilles larges, et les courtes vis-à-vis les feuilles pointues ; celles-là sont à peine de la longueur des pétales. Les semences sont grosses, triangulaires, ayant deux côtés plats, et le troisième un peu relevé.

Les fleurs de cette plante, ainsi que celles de la fleur américaine, ne s'ouvrent qu'une seule fois, et se referment ensuite pour toujours. Les pétales, avant l'épanouissement, sont verds, et ont la forme d'un calice. Les fleurs qui le lendemain s'épanouiront parfaitement, se colorent de blanc, dès le midi du jour qui précède leur épanouissement ; à cinq heures du soir le coloris a presque tout son éclat, et la fleur a pris un accroissement visible : comme cette fleur s'ouvre par degrés, et se ferme de même dans l'espace de vingt-quatre heures, depuis les sept heures du soir jusqu'à la même heure du jour suivant, elle peut être regardée comme une horloge végétale, toutes les fleurs s'ouvrant et se fermant régulièrement aux mêmes heures.

On peut regarder cette horloge comme commençant à marquer à six heures du soir , car à ce moment les fleurs ont acquis tout leur éclat ; à sept heures les pointes des trois pétales étroits et extérieurs commencent à s'écarter tant soit peu des trois intérieurs ; à neuf heures les trois intérieurs sont entre-ouverts pour laissser appercevoir les étamines; à minuit les six feuilles s'écartent de la fleur sous un angle de quarante-cinq degrés ; à sept heures du matin elles sont couchées horizontalement , et forment un angle droit ; à midi toutes les pétales se renversent en forme d'arc, de façon que la pointe des pétales touche le péduncule ; à quatre heures après midi ils forment de nouveau un angle de quarante-cinq degrés ; à sept heures du soir les trois pétales intérieurs sont fermés, et les trois autres forment un angle aigu ; à minuit toutes les parties de la fructification sont entièrement voilées.

Comme on vient de le voir, les trois pétales extérieurs se déploient vers les sept heures du soir , et les trois pétales intérieurs se trouvent fermés à la même heure lors de la défloraison ; ainsi l'on voit dans un même-temps la fleur naissante et la fleur dépérissante sous une forme semblable ; cependant on discerne aisément, à la nuance des pétales , les fleurs qui commencent et celles qui finissent leur carrière ; celles-ci sont d'un blanc pâle , et ont moins de fraîcheur ; les premières sont vigoureuses , et ont l'éclat de la neige.

On remarque le pistil resté à découvert , parce qu'il excède les pétales. Avant la pointe du jour les pétales sont colés et entortillés autour des parties de la fructification, au point d'être tout-à-fait méconnaissables , n'ayant pas plus de largeur que les filets ; alors on voit à travers des interstices le germe fécondé grossir à vue d'œil ; au bout d'un jour enfin , ils se flétrissent , tombent et pendent comme des fils rompus. C'est dans cet intervalle que la fleur s'épanouit, que la nature opère la fécondation qui perpétue l'espèce. On a observé dans le plus grand nombre de plantes , que la fécondation s'opère par la poussière des étamines qui tombent sur le stigmate du pistil, s'y introduit et féconde la plante ; ici la nature ne paraît point se servir de ce moyen ordinaire.

On doit être surpris de voir les pétales de cette fleur perdre en si peu de temps leur forme élégante, se replier, et s'unir si étroitement aux parties de la fructification. On observera que ce repliment est occasionné par une matière visqueuse qui a servi à la fécondation de la plante , et qui est peut-être cette même liqueur que l'on retrouve dans le nectareum des autres fleurs. On observe sur cette fleur que la nature a produit dans le réceptacle une liqueur visqueuse, qui suinte en trois gouttes,

4

et opère la réunion étroite des pétales; de-là cette liqueur épandue se porte sur les *anthères* qui contiennent la poussière fécondante, d'où sans doute elle entraîne quelques grains sur les stigmates, et les y fait éclater. Les trois pétales larges, en se fermant sur le soir, compriment la goutte crystaline qui, humectant les anthères qui contiennent la poussière fécondante, donnent lieu à la fécondation. Ainsi le lis champêtre offre cette singularité particulière d'être sans *nectareum*, quoiqu'il ne soit point privé de cette liqueur, et ce qu'il y a d'extraordinaire, c'est que cette liqueur se trouve être ici l'agent immédiat de la fécondation.

M. Maret de Dijon a observé, pendant le mois d'août 1774, le développement de la grenadille, avec les yeux d'un naturaliste. D'abord les feuilles du calice se déploient avec un bruit qui imite un peu le mouvement d'une montre; ensuite deux pétales de la fleur se développent avec un petit bruit semblable, et en même-temps sort un stigmate et une étamine, dont l'anthère replié en-dedans se rejette au-dehors; un autre pétale se détache avec le même bruit, et aussi-tôt sort une autre étamine, et ainsi successivement; les anthères semblent acquérir tout-à-coup un accroissement de près de deux lignes. Ce développement se fait environ à midi, et exige près de dix minutes; sur les quatre ou cinq heures les pétales de la fleur, ainsi que les découpures du calice sont re-

courbés en-dehors; ils restent dans cet état jusqu'au lendemain matin; mais dès que le soleil vient à frapper cette fleur de ses rayons, les pétales se redressent peu-à-peu, puis se referment brusquement, pour ne plus s'ouvrir. Dans ce moment les stigmates sont rapprochées, les étamines ont retourné leurs anthères; elles versent la poussière séminale; la fleur perd toute sa beauté. C'est ainsi que la phalène et le papillon perdent leurs ailes, et expirent bientôt après avoir assuré l'existence de leur postérité; dans le règne végétal, comme dans le règne animal, la régénération des êtres épuise leurs forces.

A la base de cette fleur est une espèce de réservoir ou nectair, qui contient un suc d'une saveur agréable, et qui doit nous donner une idée du fruit de cette plante, dont les Indiens font leurs délices. Notre observateur dit que communément le calice et les pétales de la fleur qui, la veille, étaient très-ouverts, forment une espèce de soucoupe à sept heures du matin. C'est le moment où les anthères versent leurs poussières séminales; à neuf heures la fleur est absolument fermée; une autre fleur s'ouvre ensuite à onze heures ou à midi; lorsque le temps est nébuleux, les fleurs s'ouvrent sur les deux ou trois heures, et se ferment néanmoins comme les autres le lendemain matin. Dans les temps de pluie, les fleurs ne s'épanouissent pas: ainsi le souci d'Afrique s'ouvre le matin et se ferme le soir;

mais s'il ne s'ouvre point, on est sûr qu'il pleuvera dans la journée.

M. Linnée observe que la grenadille ne s'ouvre à Stockolm qu'à trois heures de l'après-midi, et se ferme à six heures du soir; la nature du climat, l'intempérie des saisons, rendent le développement de cette plante plus tardif, et la referment plus promptement; le climat rude de la Suède est sans doute la raison qui ne lui permet qu'une existence si courte.

La grenadille indique l'heure dans les jours sereins; elle est d'ailleurs du nombre des plantes solaires, qui s'ouvrent plutôt ou plus tard, à raison de l'ombre, de l'humidité ou de la sécheresse; mais elle ne se referme point aux approches de la nuit, comme les fleurs de la dent de lion et de la pimprenelle; il est singulier que cette fleur s'étant ouverte par le soleil, attende son retour pour se refermer; ou plutôt, n'est-ce point la chaleur du soleil qui doit opérer l'effusion de la poussière séminale, en nous prouvant combien la nature se refuse avec peine aux opérations qu'elle a coutume de mettre en usage sous un ciel favorable pour perpétuer les individus?

Dans le nord, où la grenadille est plus contrariée par le climat, elle se referme le soir, parce que l'effusion de la poussière séminale n'a point lieu; d'où l'on voit que l'on pourrait peut-être établir différens degrés de plantes étrangères; celles qui donnent leurs fleurs et leurs fruits, celles dont le fruit ne parvient pas à maturité, celles qui répandent leurs poussières sans féconder; celles enfin qui n'ont qu'une existence momentanée, sans aucune effusion de poussière séminale.

HOUBLON. La plante du houblon, dout les fleurs et les fruits sont d'un si grand usage pour la bière, est sujette à être attaquée d'une maladie qui fait périr quelquefois toutes les houblonnières; les feuilles deviennent toutes blanches, la plante languit et meurt. Plusieurs agriculteurs ont attribué cet effet à une espèce de rosée qu'ils ont nommé *rosée farineuse*: mais après l'examen qu'en ont fait de bons observateurs, ils ont reconnu que ce n'était qu'une multitude de petits œufs d'insectes qui y avaient été déposés, et qui doivent subir leur métamorphose. Au reste, l'expérience paraît avoir prouvé à quelques personnes, que si l'on met du fumier de porc aux pieds des houblons, ils ne sont point sujets à être attaqués de ces insectes; apparemment la végétation étant plus vive et plus animée dans la plante, les feuilles deviennent moins favorables aux insectes pour y déposer leurs œufs. Cette méthode n'a point réussi à quelques autres; mais lorsque leur houblonnière était dans ce fâcheux état, ils faisaient arracher toutes les feuilles, conservaient leur plant, qui repoussait de nouvelles feuilles, et leur donnait encore une assez bonne récolte.

L'industrie économique s'attache à observer la nature , et à tirer tout le parti possible de ses productions. Les jeunes pousses de houblon forment un mets fort délicat , que l'on mange comme les asperges, auxquelles elles ressemblent. Les personnes qui cultivent le houblon pour la bière , peuvent tirer de cette plante un double avantage, surtout s'ils sont dans un terrein qui ne soit point propre pour la culture du lin ou du chanvre ; car le houblon pourra leur fournir une grosse toile , qui sera d'un excellent usage à la campagne.

Lorsqu'on a cueilli les fleurs de houblon, on coupe les tiges , ou les met en paquet, et on les fait rouir dans l'eau comme le chanvre : la macération est ici l'opération la plus importante ; car si le houblon n'est pas bien macéré , on ne peut point séparer les fils de l'écorce de la substance ligneuse ; mais lorsque les tiges sont bien rouies, on les fait sécher au soleil ; on les bat comme le chanvre sous une mâchoire de bois ; les fils se détachent ; on les peigne , on les travaille, et on peut en faire de la grosse toile ; les tiges les plus grosses peuvent donner un fil propre à faire de bonnes cordes. Le houblon travaillé suivant la méthode de M. Marcandier , dont on parle au mot *Chanvre*, pourrait aussi procurer du fil beaucoup plus beau. (V. au mot *Fil*, l'article *Fil de Houblon* , §. VI).

Les Ecossais et les Anglais cultivent le trèfle d'eau (*menyanthes trifoliata*) pour remplacer le houblon dans les brasseries de bière.

HOUE A CHEVAL. (Voy. *Charrue.*)

HOUILLE. La houille est une espèce de charbon de terre , mais qui se trouve à une moindre profondeur que la véritable espèce de charbon de terre, qui est plus serrée, plus compacte , que l'on emploie pour chauffer diverses espèces de four , ou dans les forges ; on a reconnu à cette houille ou espèce de charbon de terre , de très-grandes propriétés pour favoriser la végétation , soit qu'on l'emploie sans être brûlée , soit qu'on en emploie les cendres. Comme cette houille est une terre noirâtre , et qu'on peut la confondre avec d'autres terres , il est une expérience facile pour la reconnaître et la distinguer de toutes les autres terres noires , que l'on pourrait soupçonner être de la houille.

Il en faut prendre un morceau d'une moyenne grosseur, et sans le rompre le mettre sur la braise ; si c'est de la *terre-houille* , il s'y allume comme de l'amadou, ne jette point de flamme , mais répand une odeur de soufre suffoquante ; si le morceau de houille s'enflammait, la terre serait trop sulfureuse , et il ne faudrait l'employer pour engrais qu'après l'avoir brûlée et réduite en cendres. Si on retire le morceau de houille à demi-embrâsé, et qu'on le mette sur un plat de terre à l'air, l'odeur suffoquante disparaît, et on ne sent plus qu'une odeur douce de bitume terrestre : cette terre continue à brûler lentement, s'éteint et laisse une masse très-friable de couleurs variées, dont la dominante est la noire. Si on la brûlait davantage, elle ne vaudrait plus rien, parce que le bitume, véritable engrais, en serait consumé.

Ces cendres, qui sont des engrais salins et bitumineux, sont bien préférables à une terre aride, telle que la *marne* et le *cran*, dont l'effet n'est que de dilater les terres tenaces, en se dilatant elles-mêmes dans des temps humides.

En 1773, il y avait à Saint-Denis un magasin de *terre-houillée* propre à l'engrais des terres nouvellement ensemencées, et pour les vignes. La mesure, contenant 3 boisseaux et demi, et pesant 100 livres, se vendait 28 et 32 s. Ces terres-houilles sont des engrais infiniment supérieurs, parce qu'elles sont sulfureuses et bitumineuses; et si on les décomposait, on y trouverait du vitriol et peut-être de l'alun. (Voyez *Engrais*).

Voici des expériences qui prouvent l'effet merveilleux de cette espèce d'engrais: M. Hellot mit sur trois petites caisses d'orangers qui étaient prêts à périr, un demi-pouce de terre-houille crue, c'est-à-dire sans être brûlée; trois mois après, ces orangers avaient repris leur vigueur, avaient poussé beaucoup de feuilles et de nouvelles branches. Cette expérience prouve, d'une manière bien frappante, combien cet engrais est favorable pour la végétation; aussi en a-t-on vu les plus heu-

reux succès sur les bleds, les avoines, les bisailles, les prairies, les vignes, etc. Quant à la quantité que l'on doit répandre sur les terres, de cette houille brûlée ou non brûlée, on l'apprend de l'expérience, qui donne les différences suivant les diverses espèces de terre.

Comme engrais pour les bleds, on l'emploie de différentes manières. Les uns mettent dans un cuvier, un jour ou deux avant d'ensemencer, parties égales de cendres de houille, de semences et une certaine quantité d'eau. Le grain ainsi trempé pousse vigoureusement, donne de très-beaux épis qui ne sont point sujets à la brouissure, et on épargne un cinquième de semences. D'autres sèment en même-temps la semence et la graine sans les mouiller; d'autres sèment les cendres par-dessus le bled; et on a vu semer, au mois d'avril, de ces cendres sur des bleds sur lesquels l'eau avait séjourné pendant l'hiver, et où il ne paraissait presque point y avoir de grain, et ces bleds devenir parfaitement beaux.

Ces cendres de houille semées sur des prairies où le jonc dominait, ont fait pousser les bonnes herbes avec tant de vigueur, qu'elles ont étouffé le jonc, et ces prairies ont donné le double d'herbe de ce qu'on en récoltait d'ordinaire. La saison la plus favorable pour répandre les cendres, est les mois de février et de mars, sur-tout lorsqu'il pleut un peu. Ces cendres mises à l'épaisseur d'un pouce sur des vignes situées dans un terrein bas et froid, et qui languissaient, les ont fait croître avec vigueur, et leur ont fait pousser beaucoup de raisins, qui ont donné un bon vin ferme et hauten couleur; et pendant l'usage de cet engrais, il n'a point poussé d'herbes dans cette vigne.

Les personnes qui tiennent aux anciennes pratiques et qui ne veulent point faire usage de la terre ou des cendres de houille, disent qu'elle tient trop long-temps les fourrages verds, effet produit par la grande végétation : on doit alors semer ces cendres plutôt, lorsqu'on veut recueillir les fourrages secs. On dit que lorsque cette houille n'est pas suffisamment écrasée, elle brûle les endroits où elle repose : le remède est simple ; il ne s'agit que de les écraser exactement, et on en retirera plus de profit.

La Société d'émulation, à Liège, a proposé en 1783, 1784, 1785 et 1786, un prix pour le meilleur mémoire sur cette question : *Quels seraient les moyens de prévenir les dangers qui accompagnent l'exploitation de la houille dans le pays de Liège?* Nous ignorons si le prix a été remporté.

Le citoyen Baillet a fait part à la Société Philomatique des moyens par lui proposés pour exploiter sans danger les mines de houille sujettes au feu grisou. (Voyez le *Rapport général des travaux de la Société Philomatique*, année 1792, p. 84).

En 1783, M. de Saive a lu à cette société un précis des moyens pour débitumiser la houille et la réduire à l'état de charbon.

On trouve dans le tom. IV de la *Feuille du Cultivateur*, p. 122, une instruction très-détaillée sur l'emploi de la houille d'engrais.

Voyez au mot *Couche*, l'usage que l'on peut faire de cette houille pour en former des couches qui ne soient pas sujettes à être attaquées par les vers blancs, et sur lesquelles les productions s'avancent trois semaines plus vîte que sur d'autres.

Voyez aussi au mot *Arbre*, § V, l'usage dont est la houille pour les ranimer, et au mot *Chenille*, l'emploi qu'on en peut faire pour faire périr ces insectes.

On donne quelquefois improprement, dans la campagne, le nom de houille à la tourbe. (Voyez *Tourbe*, *cendres de la tourbe*).

HUILE. On distingue, dans les arts, les huiles en essentielles, siccatives et grasses. Les huiles essentielles sont celles qui sont odorantes et assez volatiles pour s'élever au degré de chaleur de l'eau bouillante ; ces huiles se dissolvent dans l'esprit-de-vin.

Les huiles siccatives sont celles qui se dessèchent à l'air, qui y prennent un caractère résiniforme, et qui sont susceptibles de s'épaissir au degré de l'eau bouillante, telles que l'huile de lin, de noix, de navette, etc.

Les huiles grasses ne s'épaississent ni à l'air ni au degré de chaleur de l'eau bouillante, telles que l'huile d'olive, de ben, d'amandes douces, d'œillets ou pavots, etc.

Voyez les mots *Falsification, Ondulations singulières, Tempête.*

Nous ne parlerons point des moulins à huile, qu'il conviendrait peut-être mieux d'appeler *pressoirs à huile.* La *Collection Académ.*, *part. étr.*, tom. XI, p. 512, nous a donné la description de la presse à huile des Chinois. On trouve dans l'*Encyclopédie*, tom. X, p. 811, la description des moulins à huile ; et dans le 1er. vol. des planches, article *Agriculture*, la figure du moulin à huile avec pressoir dit *à grand banc* de Provence et de Languedoc.

Nous ajouterons seulement qu'on a trouvé, en 1779, dans les fouilles de la ville de Stabia, aux environs de Naples, un moulin antique à huile. Nous croyons que M. le marquis de Grimaldi en a donné la description dans un ouvrage sur cette découverte.

Avant d'indiquer aucuns procédés sur les différentes espèces d'huiles, nous croyons devoir recommander la lecture d'un mémoire intéressant de M. Homberg, sur les huiles des plantes, mémoire inséré dans la *Collect. Acad.*, *part. franç.*, t. I, p. 517, 608).

§ Ier. *Huile animale.*

Avec les abattis des bœufs, moutons et chèvres, on fait de l'huile très-utile. On met ces abattis dans une chaudière pleine d'eau, dans laquelle on les fait cuire à-peu-près au degré où ils pourraient être mangés. On puise alors l'huile et toutes les graisses qui surnagent ; on les jette dans une autre chaudière où il y a de l'eau prête à bouillir ; on tient cette chaudière dans le même degré près de 24 heures, et quelquefois plus ; l'huile la plus pure surnage ; on la soutire par un robinet adapté à la chaudière ; on la verse dans une autre où il y a de l'eau assez chaude pour que les graisses mêlées avec l'huile ne puissent pas s'y figer ; on tient l'eau de cette chaudière dans le même degré de chaleur pendant 24 heures ; on la laisse ensuite refroidir.

Les graisses, qui tiennent toujours le dessous, se figent entièrement, et on en retire trois espèces d'huiles par trois robinets adaptés les uns au-dessus des autres. La plus pesante étant appliquée sur les cuirs, les rend impénétrables à l'eau.

On fait, dans l'île des Cygnes, une huile d'abattis dont on se sert pour les lampes. Elle pourra peut-être quelque jour être employée au même usage que celle que nous venons de décrire.

Il ne faut pas confondre ces huiles avec l'huile de Dippel.

Il existait en 1783, à Paris, une compagnie qui se chargeait de faire des huiles préparées sans fumée et sans odeur.

§ II. *Huile d'anacarde.*

On se sert, dans l'Inde, d'une huile tirée par expression de la substance onctueuse et caustique qui est entre les deux écorces d'une espèce de noix nommée *bibo*, pour marquer le linge d'une couleur noire ineffaçable à tous les blanchissages, et dont on use dans le pays. Le *bibo* est le fruit du *saraincoté*, arbre des Indes, qu'on appelle plus communément *anacarde*, et dont l'amande a la forme d'un cœur. M. Hellot ayant vérifié ce fait, a trouvé que ces marques ne s'effaçaient point aux blanchissages ordinaires ; mais que pour les toiles que l'on envoie aux blancheries, cette huile ne tient pas, non plus que sur celle qui a trempé dans du lait ou qui est savonnée au savon noir. (*Col. Acad.*, *partie franç.*, tom. IX, p. 372).

II . *Huile d'aspic.*

Cette huile essentielle se tire d'une espèce de lavande qu'on nomme *aspic de Provence ;* elle est bonne à mettre en petite quantité dans les vernis blancs à l'esprit-de-vin ; elle sert aussi pour la peinture en émail : elle est toujours, au moins celle du commerce, falsifiée par un mélange d'esprit-de-vin, ce qui lui est moins nuisible, ou d'huile de térébenthine. Il est aisé de s'en appercevoir par les moyens indiqués aux mots *Falsification des huiles essentielles.*

La raison pour laquelle cette huile est toujours falsifiée, c'est que, quoique la lavande d'où on la tire soit très-abondante aux environs de Montpellier, où on la fabrique, cependant on ne pourrait pas la donner à un

prix aussi modique, si elle était pure.

L'huile essentielle que l'on tire de notre lavande est aussi bonne et plus agréable, mais en moindre quantité que celle de Montpellier. Lorsque l'on veut avoir pure celle de Montpellier, on y parvient en la distillant de nouveau, si elle est mêlée avec de l'huile de térébenthine, et arrêtant la distillation aussi-tôt qu'elle cesse de passer claire et limpide ; si elle est d'esprit-de-vin, on en fait le départ par l'eau, sur laquelle elle surnage et s'amasse après l'avoir laissé reposer. *Voyez*, sur l'huile d'aspic, un mémoire de M. Geoffroy, tom. IV de la *Collection Acad.*, *partie franç.*, p. 92.

Il est nombre de semences assez communes dont on pourrait extraire de l'huile, soit pour l'usage de la vie, soit pour les arts ou pour brûler. On en retire de la navette, du chenevis, du lin, du colsat, de la faine, des noix, etc. On peut s'en procurer d'excellente à brûler, de la graine du chardon à feuilles d'acanthe, ou pédane. Pour cet effet, il faut ramasser en automne les têtes de pédane, les laisser sécher ; en les battant ensuite, la graine se détache ; elle est très-dure et très-menue ; on ne la tirerait pas à froid avec les plaques dont on se sert pour obtenir l'huile d'amandes douces. Vingt-deux livres de têtes de pédane ont donné douze livres de semences, et ces douze liv. ont rendu trois livres d'huile. Cette huile est pesante et ne se fige pas aisément ; mais elle brûle bien et dure plus que les autres.

Ainsi ce chardon, qui croît assez abondamment dans certains endroits, pourrait être utilement employé.

§ V. *Huile de colsât* (espèce de choux) *et de navette.*

M. l'abbé Rozier, dans un excellent ouvrage sur la meilleure manière de cultiver la navette et le colsat, a donné un procédé pour rendre les huiles qu'on en tire agréables au goût et à l'odorat, en leur enlevant le principe âcre et caustique qu'elles contiennent. Nous nous formerons, d'après lui, les idées les plus saines sur cet objet.

Les semences émulsives sont les seules qui donnent des huiles grasses, et ces huiles existent toutes formées dans le végétal qui les produit, et sont presque toujours dans l'intérieur des semences, au contraire des huiles essentielles qui n'ont point de siège fixe. Les huiles de chou et de navette ont beaucoup de rapport avec l'huile d'olive ; elles sont, ainsi qu'elles, fluides, transparentes, miscibles aux autres huiles, aux beurres, graisses, cires, résines, etc., et elles rancissent par la chaleur et la vétusté.

L'huile d'olive est la meilleure huile grasse connue ; et la meilleure huile de chou et de navette est âcre. Cette dernière dépose beaucoup et promptement ; et extraite de la graine marchande, même récente, elle est rance.

Pour découvrir la cause de cette acrimonie, de cette rancidité, il faut, de toute nécessité, remonter aux principes constitutifs de ces huiles. Les huiles grasses de chou et de navette contiennent une huile essentielle, ce qui est prouvé par la différence des charbons qui restent après leur ustion. Ces huiles grasses, perdant peu-à-peu leur mucilage, se rapprochent à la fin de ces mêmes huiles essentielles ; elles contiennent encore un esprit recteur et sulfureux ; cet esprit recteur réside dans le parenchyme de la graine, et par l'expression de cette graine, il s'unit en partie avec l'huile grasse.

Le goût âcre et légèrement caustique des huiles essentielles et de l'esprit recteur, ne doit pas être confondu avec le goût rance que les huiles de colsat et de navette ont presque toujours. Si on distille les huiles grasses chargées d'eau, l'eau bouillante en sépare l'huile essentielle et le mucilage ; si on prend séparément cette huile essentielle, et si on l'ajoute à petite dose à de l'huile de colsat et de navette même récente, on la rend âcre et désagréable : si on sépare, ou bien si on prive de leur mucilage les huiles de colsat et de navette, la rancidité ne tarde pas à paraître. Outre les huiles essentielles et l'esprit recteur, les huiles grasses de colsat et de navette contiennent encore une substance résineuse. Tels sont les principes constitutifs de ces deux huiles, qu'il était de la dernière importance de connaître, afin de parvenir à les dépouiller des principes qui leur sont nuisibles, et afin de conserver ceux qui leur sont avantageux.

Les huiles de colsat et de navette reconnaissent deux causes de leurs mauvaises qualités; les unes sont naturelles, les autres sont acquises : 1°. la maturité incomplette des graînes quand on coupe la plante; 2°. si la plante coupée reste trop long-temps étendue sur terre, et surtout dans un temps pluvieux; 3°. si l'humidité la pénètre quand on l'a mise en meule; 4°. si la graine portée dans le grenier a pompé l'humidité de l'air, elle y rancira facilement, de même que si on lui a enlevé son écorce : ces graines rancissent comme les fruits pourrissent; 5°. si on fait chauffer la graine avant de la mettre sous le pressoir.

On jugera facilement de ces mauvaises qualités, si on compare l'huile vierge récente extraite de la graine macérée, comme je vais le dire, avec une pareille huile où l'on aura employé la chaleur pour l'extraire, et où l'on aura négligé les moyens de conserver la graine saine : ainsi, si on veut avoir une huile parfaite en ce genre, il faut détruire l'esprit recteur, qui est le principe du goût âcre et de l'odeur désagréable (ce qu'on doit bien distinguer de la rancidité); il faut également détruire la substance gommo-résineuse qui communique encore l'âcreté. La germination des graines dans un terrain sa-

blonneux, enlève en partie cet esprit recteur ; mais un moyen toujours sûr, toujours efficace pour détruire les principes nuisibles, est de faire macérer les graines dans une lessive alkaline, qui corrige les deux sources d'âcreté de ces huiles.

Après trente-six ou quarante-huit heures de macération à froid dans cette lessive alkaline, on lavera ces graines, et ensuite on les mettra pendant dix ou douze heures dans une eau alunée. Les eaux doivent surnager ces graines à la hauteur d'un pouce : après cette double opération, on les lavera ensuite exactement dans l'eau ordinaire ; on les étendra, et on les mettra sécher jusqu'au temps où on voudra les envoyer au pressoir. L'économie exige qu'elles soient pressées aussi-tôt qu'elles seront séchées, et il ne convient pas de les garder plus de six mois.

Pour conserver l'huile que vous extrairez de ces graines, lavez-la ; quelque temps après, soutirez-la de dessus son dépôt ; conservez-lui son air principe et son air surabondant ; imprégnez-la d'un air nouveau.

Pour cet effet, il faut mettre dans le fond du vase, avec l'huile, une éponge trempée dans une pâte un peu liquide, formée d'un mélange de deux parties d'alun en poudre, et d'une de craie de Champagne, ou de toute autre terre absorbante qui aura plus d'affinité avec l'acide vitriolique de l'alun, que sa terre argileuse n'en a elle-même : il se formera une
nouvelle

nouvelle décomposition et une combinaison lente de ces sels; mais comme il ne se fait dans ce genre aucune nouvelle union, qu'il ne se dégage en même-temps beaucoup d'air, cet air se mêlera à l'huile à mesure qu'il s'échappera. Ce serait une erreur de penser que ces sels et ce mélange peuvent altérer la qualité de l'huile; ils sont tous insolubles dans l'huile; là présence de l'huile qui enveloppe ces sels, les rend encore plus lents dans leur réaction. Il ne se produira donc de l'air qu'insensiblement, et seulement pour fournir à la perte que l'huile en pourra faire. Si, malgré cet avantage, l'huile faisait encore un dépôt mucilagineux, ce dépôt étant répandu dans les cavités et les cellules de l'éponge, se trouve en plus petites masses rassemblées; il est, par cette raison, moins disposé à la fermentation. On peut avoir encore recours à une autre méthode pour empêcher les huiles de se rancir; c'est d'y ajouter une plus grande quantité de mucilage doux qu'elles n'en contiennent ordinairement, pour parer d'avance à la perte qu'elles en feront dans la suite. Le sucre est la seule substance qui puisse être employée avec facilité; il le faut faire dissoudre par trituration à froid dans une portion d'huile, pour être mélangé ensuite dans la masse restante. Les proportions les plus convenables sont de six onces de sucre sur cent livres d'huile; mais si l'huile est déjà rance, et qu'elle n'ait pas été faite avec les pré-

Tome III.

cautions indiquées, cette méthode nuit au lieu d'être avantageuse; car le sucre développe encore plus l'odeur et le goût qu'elle pourrait avoir.

Il faut tenir les vases dans lesquels on met l'huile dans des caves fraîches, et en tout semblables aux meilleures caves pour conserver le vin : on doit avoir soin de laver scrupuleusement les vaisseaux qui doivent la contenir, et passer ensuite dans ces vaisseaux un peu d'esprit-de-vin ou de froment : il est essentiel de tenir ces vaisseaux parfaitement bouchés; ce qui est totalement opposé à la coutume ordinaire.

Ce n'est pas assez d'avoir dépouillé ces huiles de leur mauvais goût, de leur odeur désagréable, enfin de les avoir rendues bonnes pour tous les usages économiques, il faut encore les corriger quand elles sont devenues rances.

L'huile essentielle, les résines mises à nud par l'abandon du mucilage, sont le principe du goût et de l'odeur désagréables. L'esprit-de-vin ou de froment les corrige à peu de frais. Pour cela, faites légèrement chauffer l'huile; ajoutez de l'esprit-de-vin; agitez le vaisseau quand l'esprit-de-vin frémira sur l'huile; séparez cette huile de l'esprit-de-vin, et ajoutez-en de nouvelle. On peut également faire cette opération à froid. Cet esprit-de-vin se charge de l'huile éthérée, et peut-être de la résine; mais il n'est point perdu ni altéré pour cela en le traitant de la manière suivante:

S

Il faut l'étendre dans six parties d'eau de chaux légère, séparer l'huile éthérée qui surnage cette eau après ce mélange, la filtrer sur de la chaux lessivée. Cette eau déposera son principe huileux, et par la distillation, on retirera et on séparera l'esprit-de-vin de l'eau dans laquelle on l'avait mêlé ; alors il est aussi pur et aussi inodore que dans son premier état.

Ces huiles, ainsi corrigées, gardent pendant plusieurs jours une sensation fraîche quand on les goûte, et elles ont une légère odeur d'esprit-de-vin qui n'est pas désagréable, et qu'on peut cependant leur enlever par des lotions réitérées dans l'eau ordinaire, si on veut les employer tout de suite. Cette correction de la rancidité des huiles, donnerait un bénéfice considérable à celui qui, après s'être exercé, l'entreprendrait dans le grand.

§ VI. *Huile de cornouilles.*

Dans le journal intitulé *Nouvelles de la République des Lettres et des Arts, par M. la Blancherie,* 1785, p. 1, on lit que M. Casagrande, médecin d'Italie, est parvenu à tirer par les procédés ordinaires des baies de l'arbrisseau, connu en France sous le nom de *Sanguin* ou *Faux cornouiller,* une huile très-bonne à brûler, et qui remplacerait l'huile d'olive en lui ôtant le goût et l'odeur aromatique, qui ne permettent pas d'en manger. On en a fait du savon plus onctueux, d'une odeur plus agréable, et qui blanchit mieux le linge que le savon d'Espagne et de Venise. L'avantage de cet arbrisseau est de venir sans culture dans les terrains les plus ingrats, de produire des fruits au bout de deux ans, et d'être moins délicat que l'olivier, qui n'a pris son accroissement qu'au bout de 20 ans.

Suivant des observations de M. de Chancey, insérées dans la *Feuille du Cultivateur,* t. IV, p. 259, cent livres de baies de cornouiller sanguin, donnent 34 livres d'huile ; huit onces de cette huile avec 6 onces de la liqueur des savonniers, donnent onze onces de savon.

Comme l'huile de cornouiller sanguin est, ainsi que celle d'olive, sujète à fermenter si on la laisse dans un lieu chaud, on doit, pour l'en empêcher, aussitôt que l'huile est exprimée des baies, y ajouter de l'eau, l'agiter fortement et laisser reposer. L'eau dégage et entraîne le principe mucilagineux. Lorsque l'huile est reposée, on la soutire et on la porte dans un lieu frais. Cette huile ne paraît être d'usage que pour la lampe.

(*Voyez* dans ce même *Journal,* t. IV, p. 567, d'autres observations de M. Sarton.)

§VII. *Huile de cresson alenois.*

M. Bousquet, cultivateur à la Rochefoucauld, a fait, sur le cresson alenois, plante qui, par la rapidité de sa croissance, peut fournir deux récoltes par an, des essais consignés dans la *Feuille du Cultivateur,* tom. V,

p. 57. Il a tiré de ses graines une huile bonne à brûler, mais non à manger, à cause de sa forte odeur de cresson et même de son âcreté, que cependant le temps affaiblit ; elle n'est point non plus propre à la peinture ; mais elle peut être employée dans les fritures et dans le travail des laines. La plante est abondante en graines, ne tient à la terre que pendant trois mois, donne une graine qui mûrit tout-à-la-fois, qui ne se répand pas d'elle-même, et qui n'est mangée ni par les rats, ni par les oiseaux.

§ VIII. *Huile de faines.*

On fait de l'huile avec le fruit du hêtre que l'on nomme *Faine*. (*Voyez* ce mot). Dans certains lieux, le peuple s'en sert au lieu de beurre ou d'autre huile ; la plupart de ceux qui en font beaucoup d'usage, se plaignent de douleurs et de pesanteur d'estomac. M. Danty d'Isnard a donné un moyen pour prévenir ces incommodités. C'est de verser cette huile nouvellement exprimée dans des cruches de grais bouchées exactement, de les mettre en terre et de les y laisser un an ; après quoi cette huile aura perdu sa mauvaise qualité. (*Collect. Acad, part. française*, t. VI, p. 547.)

Il paraît que cette huile a toujours un goût assez peu agréable, et une odeur forte qu'on croit venir de l'écorce intérieure, et du peu de soin de séparer les faines gâtées de celles qui sont saines.

On propose, pour remédier à cet inconvénient, de faire moudre les faines, en ayant soin d'écarter assez les meules pour qu'elles ne brisent que l'écorce sans écraser l'amende ; on les jette ensuite dans l'eau bouillante, les graines gâtées surnagent ; on les écume ; lorsque l'eau est refroidie, on retire l : faines ; on les lave à l'eau froide, et on les laisse sécher ; on exprime ensuite l'huile à froid. On peut, en remettant le marc au feu, en retirer à plusieurs fois de l'huile qu'on dit douce au goût et à l'odorat.

Il paraît que la mauvaise qualité de la faine vient uniquement de la seconde écorce ou écorce intérieure, qui est astringente. Ainsi, en s'en débarrassant et en employant des faines saines, on peut en faire un aliment sain.

On trouve dans le *Journal de Physique*, mois de février 1781, un assez long mémoire sur la manière de faire l'huile de faine aux environs de Compiègne. Tout l'art consiste à ramasser la faine avec soin ; on la fait moudre dans des moulins à huile, ou plutôt piler et presser ; on garde l'huile pendant un an, et alors on la prétend très-bonne. Ce mémoire est à consulter.

Nous invitons également ceux qui voudraient faire de cette huile, à lire un bon mémoire de M. de Francheville, inséré dans le t. XII de la *Collection Académique, partie étrangère,* p. 184 ; comme aussi l'ouvrage intitulé : *Observations sur la manipulation et la propriété de*

2

l'huile de faine, par M. Carlier, 1784; chez Barrois, libr., quai des Augustins. Cet auteur dit que l'huile de faine a cela de particulier, que plus elle est vieille, meilleure elle est; qu'on peut s'en servir sur-le-champ; qu'elle est délicate à cinq ans, et qu'elle se soutient 10, 20 ans et au-delà, sans altération. La Convention nationale a fait imprimer, sur la fabrication de cette huile, une instruction qui se trouve dans plusieurs journaux, tels que celui des *Débats*, n°. 659, de l'an 2 de la République. On y a joint un mot d'instruction sur la fabrication de l'huile de pépins de raisin : enfin la Commission d'agriculture et des arts a fait imprimer une instruction divisée en deux parties : la première indique la manière de récolter la faine, et contient à cet égard de longs détails. (*Voy*. encore dans le *Magasin Encyclopédique*, 1795, t. III, p. 78). La 2e. contient les moyens simples et faciles qu'on peut employer pour se procurer la quantité d'huile de faine nécessaire à son usage. De ces deux parties, la première fait connaître le travail en grand comme objet de commerce; la seconde, résultante des expériences de MM. Mesaize et Brémontier, indique un procédé économique, que chacun peut employer pour sa propre consommation. Cette instruction est suivie de deux planches, dont une représente un moulin à huile ou tordoir, mis en mouvement, soit par l'eau, soit par le vent; et l'autre, un moulin ou tordoir à bras; les pièces de ces machines sont décrites avec leurs dimensions. *Voyez* aussi la *Feuille du Cultivateur*, t. IV, p. 271, 329, 391, 404 et 411, et le *Journal des Arts et Manufactures*, t. II, p. 299.)

§ IX. *Huile de froment.*

L'huile de froment a été employée avec succès contre les gerçures des lèvres et des mains, ainsi que contre les dartres et la rudesse de la peau. Ce remède très-simple est, pour cette raison-là même, d'une grande ressource à ceux qui, vivant à la campagne, sont exposés aux injures de l'air et éloignés des secours; il leur suffira, pour obtenir cette huile, de serrer fortement le froment entre des plaques de fer bien chaudes.

§ X. *Huile de galéope chanvrin.*

Cette plante, nommée par Linnée *galeopis tretrahit*, paraît fournir une bonne huile à brûler, que les habitans des environs de Bouillon expriment de sa semence, de la même manière qu'on extrait celle de lin, de chennevis, etc. (Voyez la *Feuille du Cultivateur*, t. IV, p. 363).

§ XI. *Huile de marrons d'Inde.*

Voyez l'article *Marrons*.

§ XII. *Huile de nicotiane.*

Au commencement de l'année 1792, M. Parmentier a présenté, à la Société d'Agriculture, une bouteille d'huile de graine de nicotiane, plante avec laquelle se fait le tabac. Cette huile n'est pas siccative ; elle est douce et mangeable. L'auteur en a tiré 3 onces et demie livre de graines.

§ XIII. *Huile de noix.*

Les peintres font souvent usage de l'huile de noix pour faire sécher plus promptement leur peinture ; mais lorsque cette huile à quelque teinte, elle peut quelquefois gâter les nuances de leurs couleurs ; il est donc essentiel de l'avoir claire et limpide. Voici deux procédés différens, au moyen desquels ils peuvent blanchir l'huile de noix, et lui donner la limpidité qu'ils recherchent.

Le premier est d'exposer l'huile de noix pendant quinze jours au soleil dans les grandes chaleurs, dans des vaisseaux larges et plats, sur le fond desquels il ne faut mettre que l'épaisseur d'une ligne d'huile ; après quoi il faut la dégraisser en la mêlant avec des terres absorbantes et argilleuses.

Le second moyen est moins embarrassant ; il s'agit de prendre un quarteron de litharge d'argent, deux onces de blanc de céruse, et deux onces de couperose blanche ; les réduire en poudre fine, les mettre dans une bouteille de la capacité de trois pintes, verser dessus de l'huile de noix, agiter ce mélange pendant une heure, laisser ensuite reposer la liqueur pendant quatre jours : l'huile qui surnagera alors sera claire, limpide, et telle que les peintres la desirent. (*Œuvres de Diderot*, édition de Naigeon, tom. XV, p. 379).

§ XIV. *Huile d'œufs.*

Cette huile, qui est quelquefois d'usage en médecine, se prépare en faisant durcir des œufs ; on les dépouille ensuite du blanc ; on fait rôtir le jaune à petit feu, et on exprime avec une presse échauffée : ce qui en sort en assez grande quantité, est ce qu'on nomme huile d'œufs.

§ XV. *Huile d'olives.*

Les huiles d'Aix en Provence et de Villeneuve-lès-Avignon, jouissent à juste titre de la plus grande réputation, et ce n'est pas précisément à la qualité du terrain ni à l'espèce des plants qu'elles sont redevables de cette célébrité, mais principalement aux procédés de la main-d'œuvre, qui est unique dans ces provinces.

La *Feuille du Cultivateur*, tom. IV, p. 526, a donné sur les oliviers et l'huile d'olive l'extrait d'un mémoire italien qui mérite d'être lu.

Sans entrer ici dans de grands détails sur la fabrication, nous nous bornerons à quelques observations générales :

1°. La cueillette générale des olives qu'on destine au moulin commence toujours vers la Toussaint ; on entasse les pre-

mières cueillies au rez-de-chaussée à peu de hauteur, de peur
qu'elles ne s'échauffent. On ôte
toutes les feuilles de l'arbre qui
s'y rencontrent, parce qu'elles
donneraient à l'huile une amertume insupportable : moins l'on
attend pour faire presser les
olives, mieux vaut l'huile.

2°. Après la première presse,
lorsqu'il ne coule presque plus
d'huile, on lâche les vis ; on
remue la pâte sans y mettre une
seule goutte d'eau chaude, et
on la presse de nouveau. Cette
huile, sortant du moulin, n'a
pas besoin qu'on la laisse reposer ; on peut l'employer tout de
suite.

3°. On met cette huile dans
de grandes urnes de terre vernissées, très-propres, qu'on a
eu soin de laver à plusieurs reprises, d'abord après qu'on a
retiré celle de l'année précédente. Le moindre mauvais
goût d'une urne le communique
à toute la masse de la liqueur
qu'on y met.

4°. On évite, autant que faire
se peut, que les urnes ne soient
pas exposées auprès du feu, et
l'on transvase l'huile des premières urnes dans d'autres, pour
mettre à part le dépôt qui reste
au fond. Les personnes délicates transvasent la leur trois ou
quatre fois avant qu'elle se
gèle, parce que, dans ce cas, il
faudrait attendre la fonte pour
la transvaser. La saison du transport en deviendrait plus critique et plus sujette au coulage.

5°. Les olives abattues par le
grand vent et que l'on ramasse
à terre, doivent être mises au

moulin séparément ; autrement
elles donneraient une odeur de
terre qui se fait sentir dans certaines huiles.

6°. Les barils qui servent au
transport doivent être de bois
neuf, de saule ou de chêne
blanc, garnis de plusieurs cerceaux de châtaigniers. Un même baril ne peut pas servir pour
2 envois, sans altérer la qualité
de l'huile ; à moins qu'aussi-tôt
après avoir vuidé la première
du baril, on ne le remplisse
d'eau tout de suite, et qu'on ne
le renvoie plein pour servir à
un deuxième envoi : il serait
plus assuré de les laver dans une
eau alkalisée : c'est même une
attention qui convient toutes les
fois qu'on met de l'huile dans
une cruche ou un vase qui en a
déjà contenu. En voici la raison : Après qu'on a tiré d'un
baril neuf toute l'huile qu'il
contenait, l'intérieur des parois
s'en trouve imbibé ; l'air qui
remplit ce vuide dessèche bientôt le peu d'huile qui reste attaché aux douves, et leur donne
une aigreur capable d'infecter
toute autre huile qu'on y mettra : en général, l'huile rancit
très-aisément, et la moindre
quantité d'huile rance, ne fut-
ce qu'une goutte, forme un le-
vain qui opère bientôt sur toute
la nouvelle huile ; ce qu'on ne
peut éviter que par la précaution indiquée.

En 1771, M. Maurice a fait
annoncer dans les papiers publics des éponges à clarifier
l'huile, qui conservaient leur
vertu pendant deux ans.

Il peut quelquefois être utile

de faire épaissir les huiles grasses, et d'en former des bâtons de vernis. M. de Réaumur en a donné un procédé, qu'on trouvera décrit à l'article *Vernis*, § XVIII.

Le *Journal de Verdun*, novembre 1720, p. 332, dit qu'en mêlant de l'urine à l'huile bouillante, on l'empêche de brûler.

§ XVI. *Procédé pour rétablir les huiles d'olives qui ont pris un peu de rancidité.*

Les huiles d'olives qui n'ont point été préparées avec tous les soins nécessaires, dans lesquelles on a mêlé de mauvaises olives, et qui n'ont point été suffisamment dégagées de leurs féces, sont quelquefois sujettes à se rancir. M. Ambroise-Michel Sieffert indique, dans un mémoire inséré dans le *Journal de M. l'abbé Rozier*, pour l'année 1779, le procédé suivant, pour leur enlever cette rancidité : Il faut, dit-il, laver l'huile rance dans de l'eau salée, de manière à la rendre parfaitement trouble. Une dissolution de cendres gravelées dans l'eau, au point de saturation, versée dans cette huile, lui rend sa limpidité. On se sert plus avantageusement d'huile de tartre par défaillance, en y en mettant huit à dix gouttes par chaque livre d'huile ; on agite ce mêlange avec une spatule de bois ; on le laisse reposer le reste de la journée ; le lendemain on y verse un peu d'eau médiocrement chaude, et on l'agite encore jusqu'à ce qu'il prenne une apparence laiteuse.

Quelque temps après, il se dépose un sédiment blanc, résultant des parties salines de la lessive unies aux parties épaisses qui avaient occasionné la rancidité de l'huile. Pour achever de la purifier, on la verse dans un vase qui contient des matières propres à la fermentation acide. Cette fermentation rassemble les parties salines, qui sont encore enveloppées ; elle s'oppose à la rancidité ultérieure, communique à l'huile une saveur agréable, et rétablit en quelque sorte les parties que la rancidité lui avait fait perdre. Du nombre de ces corps, sont les pommes de rainette, les cerises, les prunes, sur-tout celles de mirabelle jaune, les framboises, et enfin les fraises. Quels que soient ceux de ces fruits dont on se serve, il faut avoir soin de les exprimer légèrement, pour en faire une sorte de bouillie qui ne contienne ni grains ni pepins. Si on emploie des pommes ou des prunes, il faut en enlever la peau et les réduire en bouillie, comme il a été dit. En en mettant une partie sur dix d'huile, la fermentation se fera en peu de temps. L'huile devient trouble, quand la masse commence à bouillir. Il faut prendre garde, dans cet état, que la croûte qui se forme à la superficie de l'huile ne se moisisse ; pour cet effet on la précipite en l'agitant. La fermentation finie, l'huile devient peu-à-peu agréable et limpide, qualités qu'elle conserve long-temps. Les framboises mêlées à l'huile en certaine quantité, lui com-

4

múniquent leur saveur, qu'elle conserve assez bien. On peut laisser cette huile quelque-temps sur les féces, dans un vaisseau bien fermé ; mais il faut l'en séparer.

On a beaucoup de peine à rétablir l'huile qui est devenue caustique en s'épaississant ; cependant on peut essayer la méthode qui vient d'être décrite. *Voyez* à la fin de l'article *Huile de colzat et de navette*, p. 265, les moyens proposés par M. l'abbé Rozier, pour enlever la rancidité qui peut être survenue à ces huiles.

§ XVII. *Manière de séparer l'huile, lorsqu'elle est mêlée avec de l'eau.*

L'affinité ou la tendance réciproque des corps est une loi de la nature, démontrée par une multitude d'expériences ; telle est la tendance mutuelle qu'ont l'une avec l'autre deux gouttes d'eau, d'huile, de mercure, ou de quelqu'autre fluide placé l'un auprès l'autre qui se confondent aussi-tôt ensemble, et se réunissent en une seule masse. C'est en vertu de cette loi que l'on vient à bout de séparer deux liqueurs mêlées ensemble, comme de l'huile et de l'eau. Pour cet effet, il faut imbiber une languette de drap de l'une de ces deux liqueurs, d'huile, par exemple, la tremper par un bout dans le mêlange, et la laisser pendre hors du vase par l'autre bout, qui doit tomber plus bas que celui qui trempe dans les liqueurs, comme cela se pratique à l'égard des *syphons* (voy. ce mot.) Cette languette laissera couler toute l'huile, et l'eau restera dans le vase. Si l'on trempe la languette du drap dans l'eau, elle laissera couler toute l'eau, et l'huile restera dans le vaisseau. Mais il faut avoir attention que la partie de la languette qui traverse l'huile soit enfermée dans un tuyau de plume, de peur que l'huile, pénétrant et imbibant le drap, ne refuse le passage à l'eau, et ne laisse écouler que l'huile.

§ XVIII. *Huile de pavot, appelée improprement huile d'œillets.*

Cette huile est plus dessicative que les autres, parce qu'elle perd plus facilement son air surabondant. Elle pourrait être employée avec succès dans certains mastics. (Voyez *Pavot*.)

§ XIX. *Huile de pépins de raisin.*

M. l'abbé Rozier a donné, dans le *Journal de Physique* de 1772, t. I, p. 302, une méthode usitée en Italie pour faire l'huile de pépins de raisin. (Voy. *Coll. Acad.*, *part. étrang.*, t. XIII, p. 292.)

On doit préférer, si on a le choix, le pépin du raisin rouge ou noir à celui des raisins blancs : il faut séparer avec soin les pépins de toutes autres parties du marc de vendange, ce qui se fait par le moyen de l'eau. On jette le marc dans des baquets suffisamment remplis d'eau ; on remue le tout pendant quelque temps avec la main et les bras ;

on retire et l'on jette le marc qui surnage, les pépins restent au fond, et on peut les changer d'eau pour les laver. C'est ainsi à-peu-près que l'on opère en petit pour séparer la graine du mûrier de la pulpe de la mûre. Le marc qu'on a enlevé ne perd pas la propriété qu'il a de servir de nourriture aux pigeons pendant l'hiver.

Il faut ensuite faire sécher les pépins à l'ombre ou au soleil, le plus promptement qu'il est possible. Lorsqu'ils sont parfaitement secs, on les passe par un crible ; on les fait bien broyer sous la meule à froment, et l'on répète une seconde fois l'opération avec la meule en pied, comme pour le chanvre, le colsat, etc. Les pépins étant bien triturés, on les met dans une ou plusieurs chaudières avec un peu d'eau dans la proportion de deux pintes pour un demi-boisseau. On mêle le tout avec soin ; on place les chaudières sur le feu doux ; on continue de remuer la matière avec une grande spatule de bois, jusqu'à ce qu'elle soit suffisamment cuite ; ce qui se connaît lorsque la surface devient brillante comme de l'argent. On s'en assure encore en prenant une poignée de la matière ; on ouvre et on ferme la main : si la pâte n'est plus liée, et qu'elle se divise d'elle-même en petites parties, la coction est à son point ; on retire alors les chaudières du feu ; on verse ce qu'elles contiennent dans un sac ; on met le tout sur le pressoir, et on exprime l'huile qui bientôt surnage l'eau. La qualité de cette huile n'est pas comparable à celle que fournissent les olives et les noix : néanmoins les paysans du Parmesan en mangent quelquefois, mais communément ils s'en servent pour la lampe, et en brûlant elle ne répand aucune odeur. On l'emploie encore utilement dans le même pays, pour l'apprêt des peaux de veau.

Il serait, sans doute, avantageux d'introduire en France cette méthode, cependant en y faisant beaucoup de corrections. Plusieurs expériences faites à ce sujet, prouvent que le pépin et sa surpeau se dépouillent en très-grande partie de leur âpreté et de leur âcreté pendant la fermentation ; et que ce serait un très-grand avantage de supprimer le pépin, autant qu'il serait possible, avant de mettre le raisin dans la cuve, le vin en serait bien plus délicat. *Voyez* ce qui est dit à la fin de l'article *Huile de Faine.* La *Feuille du Cultivateur*, t. IV, p. 271 et 333, contient des procédés sur l'extraction de l'huile des pépins de raisin.

On conseille de prendre les raisins après la seconde fermentation ; de les laver exactement ; de les séparer de tous corps étrangers ; en un mot, de se conformer au procédé suivi en Italie, de faire écraser le pépin et le mettre tout de suite au pressoir sans le faire travailler par le feu : l'huile qu'on obtiendra sera douce, agréable, propre à la cuisine, et meilleure à tous égards que certaines huiles qui se vendent à Paris. Après cette première expression, le marc délayé et soumis à l'action du feu donnera une huile d'un goût fort et très-bonne à brûler. Il faut souvent soutirer ces huiles.

En 1786, il existait à Bourges un moulin à huile de pépins de raisin ; mais nous n'avons pu nous procurer les détails de sa construction. (Voyez dans le *Journal des Inventions et Découvertes*, imprimé en 1795, t. I, p. 67 et 127, les tentatives et essais proposés et exécutés peu fructueusement et à grands frais par le Sr. Canalès Oglou.

La flamme de l'huile de pépins est vive, belle, claire, et plus nette que celle de l'huile de noix. Plus cette huile est vieille, moins elle donne de fumée, objet essentiel pour les fabriques d'étoffes de soie. Les fabricans éprouvent tous les jours les mauvais effets de la fumée des huiles de navette et de colsat : ces huiles donnent une fumée tenace, épaisse, qui se rassemble en manière de grumeaux, et tache les étoffes en retombant. L'huile de pépins ne se fige qu'au plus grand froid : unie avec l'alkali, elle forme promptement un très-bon et très-beau savon.

On prétend que l'on peut employer en peinture l'huile de pépins de raisins : elle a l'avantage d'être très-dessicative, de donner un très-beau lustre, et un très-beau vernis, et n'a point l'inconvénient de l'odeur désagréable de l'huile essentielle de térébenthine.

§ XX. *Huile de pétrole.*

Voyez ce qui en est dit dans la *Collect. Acad.*, part. franç., t. IV, pag. 94 et 96 ; tom. VI, p. 94 ; t. VIII, p. 15 ; t. XIV, p. 133.

§ XXI. *Huile de poisson.*

Cette huile est la plus utile pour les cuirs ; mais lorsqu'elle est mêlée avec de la potasse qui a servi à dégraisser les peaux qui ont été préparées en chamois, elle est beaucoup meilleure.

§ XXII. *Huile de sapin.*

On est parvenu à tirer de la graine du vrai sapin, (*pinus abies*, ou selon Linnée, *pinus picea*), une huile très-inflammable, répandant beaucoup de clarté, et ayant l'odeur de la térébenthine ; la commission d'agriculture et des arts, qui a publié les essais heureux faits à ce sujet par Mr Arnoud, a pensé que différentes espèces de pins dont elle a donné la nomenclature, peuvent fournir des ressources en huiles, mais que ces huiles ne pouvaient être employées pour la table à cause de leur forte odeur résineuse. (Voyez la *Feuille du Cultivateur*, t. V, p. 51).

§ XXIII. *Huile de talc.*

Les anciens chimistes avaient fort vanté une liqueur qu'ils nommaient *huile de talc*, à laquelle ils attribuaient des qualités merveilleuses et incroyables pour blanchir le teint, et pour conserver aux femmes la fraîcheur de la jeunesse jusques dans l'âge le plus avancé. Malheureusement ce secret, s'il a jamais existé, est perdu pour nous : on prétend que son nom lui vient de ce que la pierre que l'on appelle *talc*, était le principal ingrédient de sa composition. M. Justi, chimiste allemand, a cherché à faire revivre un secret si intéressant pour le beau sexe : pour cet effet il prit une partie de talc de Venise, et deux parties de borax calciné ; après avoir parfaitement pulvérisé et mêlé ces deux matières, il les mit dans un creuset qu'il plaça dans un fourneau à vent; il donna pendant une heure un feu très-violent ; au bout de ce temps il trouva que ce mélange s'était changé en un verre d'un jaune verdâtre ; il réduisit ce verre en poudre, puis il le mêla avec deux parties de sel de tartre, et fit refondre le tout de nouveau dans un creuset ; par cette seconde fusion il obtint une masse qu'il mit à la cave sur un plateau de verre incliné, au-dessous duquel était une soucoupe ; en peu de temps la masse se convertit en une liqueur où le talc se trouvait totalement dissout.

On voit que par ce procédé on obtient une liqueur de la nature de celle qui est connue sous le nom d'*huile de tartre par défaillance*, qui n'est autre chose que l'alkali fixe que l'humidité a mis en liqueur. Il est très-douteux que le talc entre pour quelque chose dans ses propriétés ou les augmente ; mais il est certain que l'alkali fixe a la propriété de blanchir la peau, de la nétoyer parfaitement, et d'emporter les taches qu'elle peut avoir contractées. D'ailleurs il paraît que cette liqueur peut être appliquée sur la peau sans danger.

§ **XXIV**. *Huile de tartre par défaillance.*

On appelle ainsi l'eau commune dans laquelle on a fait dissoudre du sel de tartre jusqu'à saturation. (Voyez *Sel*, § II et III).

Nous observons que c'est improprement qu'on lui donne le nom d'*huile*, n'en ayant aucun caractère. On retire du tartre par la distillation une liqueur qui mériterait, à plus juste titre, le nom d'*huile de tartre*. Au surplus nous indiquons le procédé ci-dessous, parce qu'il peut être utile dans les expériences de physique, ou de l'art.

Quand vous voudrez préparer cette liqueur, vous formerez dans un entonnoir de verre une poche de papier gris, dans laquelle vous mettrez du sel de tartre : vous ferez entrer le bout de l'entonnoir dans le col d'une bouteille aussi de verre, et vous exposerez le tout à l'air libre dans un lieu et par un temps humide. Si vous êtes pressé, vous pourrez hâter cette préparation, en mettant de l'eau à plusieurs fois, et par petites quantités, sur le sel de tartre. Vous verrez la liqueur tomber goutte à goutte dans la bouteille, tant qu'il y aura du sel dans le filtre; après quoi vous ôterez l'entonnoir, et vous tiendrez la bouteille bouchée.

§ XXV. *Huile de Vénus.*

M. l'abbé Poncelet, dans sa *Chimie du Goût et de l'Odorat*, ayant tenté sans succès les recettes connues pour faire cette liqueur agréable inventée par M. Cicogne, qui s'en était fait un secret, y a substitué le procédé suivant, qui consiste à prendre six onces de fleurs de carotte sauvage, de les faire infuser quelques jours dans neuf pintes d'eau-de-vie, ou mieux encore dans cinq pintes d'esprit-de-vin, rectifié et tempéré par quatre pintes d'eau, et de les faire distiller au bain-marie après en avoir retiré six pintes. Pendant ce temps on fait bouillir dans six pintes d'eau trois onces de capillaire de Canada. Lorsqu'on a tiré de cette plante une teinture de couleur d'ambre foncée, on la retire du feu; on y jette dix livres de sucre, et l'on remet la teinture sur le feu; on clarifie ce syrop avec quatre blancs d'œuf; on le passe par un tamis de soie, et on en mêle sept pintes avec les cinq pintes d'esprit. Ainsi se peut faire cette liqueur si vantée sous le nom d'*huile de Vénus*.

§ XXVI. *Huile de vipere.*

On a découvert, depuis quelque temps, que l'huile de vi-père est d'une grande utilité pour les maladies des yeux. Mais cette huile, obtenue par insolation, est beaucoup meilleure que celle qu'on tire avec le feu ordinaire. Prenez une chausse d'Hipocrate, faite avec de vieille toile de lin; mettez-y une vipère grasse; suspendez-la au soleil, et mettez au-dessous de sa pointe une fiole pour recevoir l'huile à mesure qu'elle en distille goutte à goutte.

§ XXVII. *Huile de vitriol.*

Voyez l'article *Ether.*

§ XXVIII. *Huiles essentiélles.*

Les plantes fournissent trois sortes d'huiles. La première est l'huile grasse que l'on tire des fruits par expression, comme les huiles d'olive, de lin, de noix, d'amandes, ou par l'ébullition dans l'eau, sur la surface de laquelle elle se ramasse ensuite, comme celle que fournissent les bayes de laurier, de palmes, de cacao, de ricins, etc.

La seconde espèce comprend les huiles que l'on tire par la distillation avec l'intermède de l'eau. Elles contiennent le principe huileux le plus subtil des plantes; aussi leur donne-t-on le nom d'huile essentielle ou éthérée, ou simplement d'essence.

Dans la 3e., sont les huiles fétides, qui proviennent encore de la distillation, mais à l'aide d'un feu immédiat qui pousse tous les principes à-la-fois. On peut, par plusieurs rectifications, retirer de ces huiles une huile volatile et essentielle. Les huiles essentielles contiennent ce que les plantes ont d'odorant; mais cette huile n'est pas indifféremment répandue dans toutes les parties de la plante.

Celles qui fournissent des baumes et des résines, que l'on peut regarder comme une huile essentielle épaissie par l'évaporation de la sève et à l'aide de quelqu'acide, en donnent, dans quelque partie de la plante qu'on la cherche; mais il ne faut pas croire que toutes les larmes épaissies que l'on trouve sur les arbres soient résineuses; il y en a qui, quoiqu'odorantes comme la mirrhe, ne sont qu'une gomme résine; d'autres ne sont que de la gomme.

Le principe odorant réside dans des vessicules particulières. Il est très-important, pour ne pas perdre son temps, de connaître dans quelle partie de la plante elles se trouvent, et si elles sont assez abondantes pour que l'on puisse chercher à en extraire l'huile qu'elles contiennent, d'autant plus que plusieurs plantes, odorantes d'ailleurs, n'en fournissent point du tout; telles sont la violette, le jasmin, la tubéreuse, la jonquille, la giroflée, dont l'huile essentielle, qui réside seulement dans les pétales, est en trop petite quantité et trop exaltée; on n'en tire tout au plus qu'une eau odorante, qui encore perd bientôt sa qualité. Les fleurs de tilleul, de muguet, de lys, d'œillet, sont encore dans le même cas.

Les fleurs des fruits à noyau ou à pépins amers donnent aussi peu d'huile, mais assez d'eau odorante, avec cette particularité, qu'au lieu de l'odeur douce de la fleur, elle prend, après la distillation, l'odeur d'amandes amères, ce qui vient de ce que c'est l'embrion du fruit qui contient le plus d'huile essentielle; cependant les jeunes feuilles de pécher ont aussi la même odeur.

Dans les fleurs radiées, les vessicules odorantes ne résident ni dans les fleurons, ni dans les demi-fleurons, mais dans le calice; ainsi il faut faire usage de ces fleurs avant qu'elles soient épanouies.

La plupart des plantes molles à fleurs en gueule ont trop peu d'odeur pour contenir de l'huile essentielle, ce qui n'empêche pas que l'on en puisse tirer une eau odorante, comme de la mélisse, dont les vessicules sont répandues dans le corps de la plante, sur-tout si on la ramasse avant qu'elle ait acquis toute sa grandeur, et lorsque ses feuilles sont encore rougeâtres: on peut observer la même chose dans toutes les plantes ligneuses de la même classe, à la réserve qu'elles sont plus aromatiques, c'est-à-dire qu'elles contiennent plus de vessicules résineuses.

Le jeune plan de sauge est rempli de vessicules odorantes; sa partie ligneuse n'en contient point. Dans cette plante, comme dans le romarin, la lavande, etc. lorsqu'on veut employer la fleur, c'est le calice qu'il faut prendre;

il renferme les vessicules ; il faut les ramasser avant la pleine floraison. Le thim doit être pris vers le temps de la pleine floraison. On choisit les jeunes pousses pour les distiller sur-le-champ, si on les a laissé sécher, (ce qui doit être à l'ombre); on les bat pour faire tomber les fleurs avec les capsules des graines, et en séparer la partie ligneuse. Lorsque la lavande est en pleine fleur, il ne faut prendre que l'épi; le reste est inutile.

Pour les arbres dont les fleurs et les feuilles sont odorantes, comme l'oranger, le laurier, le myrthe, le lentisque, la sabine, quoique le bois ne le soit point, il faut choisir les jeunes pousses. Dans les bois odorans, la résine est en plus grande quantité aux nœuds d'où sortent les branches; quelques-uns sont même si résineux, que chacune des lames qui les composent semble être collée par une couche de résine, comme le gayac, le calambouc, l'aloès; ce dernier, sur-tout, doit fondre sur les charbons, comme une résine : c'est la meilleure marque pour reconnaître s'il n'a pas été dépouillé de sa résine, comme cela arrive quelquefois.

Lorsque l'on veut retirer le baume des jeunes pousses, il faut les faire bouillir ; alors il surnage.

Les boutons de la plupart des arbres sont enveloppés d'une résine que l'on peut en extraire à l'aide de l'esprit-de-vin.

Il y a des racines qui contiennent aussi de la résine ou huile essentielle, telles que celles du rapontic et de la rubarbe, l'iris,

le *calamus aromaticus*, le chervi; enfin presque toutes les plantes ombellifères.

Les plantes qui n'ont point de corde au milieu, comme l'iris et la rubarbe, ont le siège des vessicules dans le parenchyme de la racine; dans celles dont la substance est garnie de fibres, l'huile est ramassée au collet, comme dans le jalap; celles qui sont cordées la renferment dans l'écorce, telles l'*enula campana*, le fenouil, le persil, la fraxinelle : celle-ci a de ces vessicules tout du long de sa tige jusqu'à l'enveloppe des graines.

Les capsules des fruits ont plus d'odeur que les fruits. L'enveloppe qui recouvre l'amande de la pistache est plus abondante en huile essentielle que l'amande ; de même que l'écorce qui renferme l'amome et le cardamome a autant et plus d'odeur que la graine qu'elle contient.

Les graines ombellifères qui passent pour aromatiques, ont peu d'odeur ; ce sont leurs enveloppes qui renferment les capsules qui contiennent l'huile essentielle : les amandes renferment une huile grasse.

L'huile d'anis tirée par expression est verte et très-odorante, parce qu'elle prend la teinte de l'écorce. Celle, au contraire, que l'on tire par distillation, est blanche et se fige, parce qu'elle n'emprunte rien du parenchyme ou écorce.

La peau des fruits mols, tels que la pêche, la fraise, la prune, la poire, l'abricot, ont plus d'odeur que le reste du fruit, les vessicules huileuses étant plus répandues dans cette peau, comme dans celles qui sont plus charnues, telles que les oranges, les citrons, etc.

M. Geoffroy cite un exemple singulier du soin qu'il faut prendre lorsque l'on veut extraire les principes d'une plante. Lorsqu'on écrase dans la bouche une baie de genièvre, on lui trouve un goût doux, aromatique, et à la fin âcre. On a reconnu que l'âcreté venait de l'écorce, que le suc est une substance mielleuse, et que les vessicules répandues dans cette substance lui donnent le goût aromatique. M. Geoffroy a trouvé le moyen de les extraire en les laissant sécher, parce qu'alors elles durcissent et se séparent.

La pratique la plus ordinaire d'extraire les huiles essentielles est de les tirer par la distillation avec l'intermède de l'eau, qui, aidée par la chaleur, ramollit les vessicules et facilite la sortie de l'huile sans mélange.

Pour les fruits tels que les oranges, où les capsules sont apparentes, en grand nombre et fort remplies, on peut en tirer l'huile par simple expression, comme on fait en Italie; mais ces fruits étant rares dans ce pays-ci, une façon assez commode d'en extraire l'huile essentielle, c'est de prendre de ces fruits les plus récens; on les frotte légèrement sur un pain de sucre; on enlève cette couche huileuse avec la lame d'un couteau; on amasse ainsi une quantité suffisante de ce sucre imbibé d'huile essentielle, que l'on peut conserver un an entier dans des bouteilles bien bouchées.

C'est un moyen fort expéditif pour faire sur-le-champ du ratafiat d'orange fort agréable, en mettant ce sucre chargé d'huile dans de l'eau-de-vie.

Les essences s'altèrent promptement; il faut les redistiller pour les rétablir.

M. Geoffroy propose une manière plus propre à extraire les essences, et qui les rend d'une plus longue durée sans s'altérer; c'est de mettre plein une cucurbite d'écorce de ces fruits frais, de les y laisser macérer avec de l'esprit-de-vin, et de les distiller ensuite au bain-marie, après quoi on fait la séparation au moyen d'un syphon; s'il reste encore de l'essence dans l'esprit-de-vin, on en fait le départ en y ajoutant de l'eau; l'esprit-de-vin se mêle à l'eau et abandonne l'huile. Ces essences sont plus subtiles et de plus longue durée sans s'altérer.

En général, il faut observer que les huiles essentielles varient en qualité, en quantité et même en couleur, selon la culture des plantes, les années sèches ou humides, et les lieux. Il faut remarquer encore que ces huiles ne répondent pas toujours au goût des matières d'où on les tire. L'huile d'absinthe a une médiocre amertume, quoique la plante en ait une très-forte. Le poivre, quoique caustique, rend une huile essentielle très-douce.

On peut aussi rendre essentielles les huiles grasses, en les cohobant et redistillant sur de la chaux vive. (Voyez *Collect. Acad., part. franç.*, tom. V, p. 77).

On emploie les huiles essentielles dans la peinture, dans les liqueurs de table et de toilette, dans les parfums, dans la médecine, etc., ce qui les rend très-intéressantes à connaître. A l'article *Falsification des huiles essentielles*, nous avons indiqué les moyens de reconnaître celles qui sont falsifiées.

On peut extraire soi-même les huiles essentielles ; mais comme elles reviennent alors à un prix plus haut que si on les achetait, on peut s'épargner cette peine, d'autant plus qu'on les trouve aisément chez tous les parfumeurs ; il faut seulement prendre garde de ne pas les acheter trop vieilles ou falsifiées. Cependant il y a des personnes qui par curiosité peuvent s'amuser à en faire : voici le procédé le plus usité pour retirer l'huile essentielle d'un végétal quelconque. On prend la plante dans l'âge de sa plus grande vigueur, et lorsque son odeur est la plus forte ; on choisit même celles des parties de la plante dont l'odeur est la plus marquée, d'après ce que nous avons observé ci-dessus. On les met dans la cucurbite d'un alambic à feu nud ; on ajoute assez d'eau pour que la plante en soit bien baignée, et ne touche pas le fond de la cucurbite. On ajuste un serpentin au bec de l'alambic, et l'on donne tout d'un coup le degré de chaleur convenable

pour faire entrer l'eau en ébullition. L'eau monte dans cette distillation très-chargée de l'esprit recteur de la plante, et elle entraîne avec elle toute son huile essentielle. Une partie de cette huile est assez intimément mêlée avec l'eau pour la rendre trouble et un peu laiteuse ; le reste de l'huile nage à la surface de l'eau, ou se précipite au fond selon la pesanteur spécifique de l'huile. On continue ainsi la distillation jusqu'à ce qu'on s'apperçoive que l'eau commence à venir claire, en observant d'en remettre de temps en temps dans la cucurbite, pour que la plante en soit toujours bien baignée. Ce procédé s'applique en général à toutes les plantes et aux substances aromatiques dont on veut retirer l'huile essentielle ; cependant il y a des observations particulières à faire, et que l'expérience indique : par exemple, il y a des huiles fort pesantes, comme l'huile de girofle, de cannelle : il y en a d'autres qui se figent au moindre froid, comme l'huile d'anis. Ces huiles veulent être distillées à grand feu, et dans des alambics fort peu élevés. D'autres sont vives et pénétrantes, et contiennent un sel volatil, abondant et âcre, comme l'huile de romarin, de marjolaine : celles-ci demandent à être distillées à une chaleur fort tempérée, crainte de leur faire perdre leur odeur fine et gracieuse par un feu trop vif. L'alambic doit être plein au moins des deux bons tiers ; car s'il était plus

plus ou moins rempli, ou l'huile essentielle arriverait chargée de particules étrangères, ou elle ne pourrait s'élever jusqu'au haut du chapiteau.

Il ne faut pas s'attendre à tirer la même quantité d'huile essentielle de toutes les plantes, fleurs, ou substances aromatiques : il y a des plantes qui en fournissent une grande quantité, comme le genièvre, le girofle, la lavande, la sabine, le térébinthe, et la plupart des arbres balsamiques et résineux. D'autres, telles que les roses, le poivre, le cochléaria, tous les nasturtiums, le zédoaire, en fournissent à peine une quantité sensible. Ainsi la sabine fournit, par la distillation, deux onces et demie d'huile essentielle par livre, tandis qu'une livre de noix muscade n'en fournit qu'une once. Le jasmin, la tubéreuse, la jonquille ne fournissent rien d'odorant par la distillation.

On parvient aussi à retirer une plus grande quantité d'huile, lorsqu'on ajoute du sel marin dans l'eau qui doit servir à la distillation.

Il y a des plantes qui, quoique très-odorantes, ne donnent que très-peu, et même point d'huile essentielle à la distillation, telles que la jonquille, la tubéreuse, etc. Mais pour en obtenir il ne s'agit que de se servir d'une eau fortement chargée du principe odorant de ces plantes. En faisant cette distillation en grand, et en remplissant la cucurbite avec des fleurs et une pareille eau, on obtient des huiles essentielles (Voyez *Roses,* § Ier., et *Eaux*, § XXII).

La plupart des huiles essentielles ont une pesanteur spécifique moindre que celle de l'eau, et nagent à sa surface, telles que celles d'anis, de citron, de cédra. Il y en a cependant qui sont plus pesantes, et qui se précipitent au fond : c'est une propriété qu'ont celles qu'on retire des végétaux aromatiques des pays chauds, tels que le girofle, la cannelle, le sassafras.

A l'égard des premières, lorsque la distillation sera faite, il sera question de séparer l'huile d'avec l'eau laiteuse sur laquelle elle nagera : pour y parvenir avec facilité, il faut être deux personnes, l'une desquelles prendra un entonnoir de verre d'une capacité assez grande, c'est-à-dire d'une pinte au moins ; elle le tiendra ferme au-dessus d'une grande terrine, et de l'autre elle appliquera le doigt index contre l'orifice inférieur de l'entonnoir pour le boucher. L'autre personne versera lentement dans l'entonnoir le produit de la distillation : l'entonnoir étant plein, l'huile essentielle surnagera ; et en retirant le doigt qui le bouche, l'eau ne manquera pas de s'écouler. On aura par ce moyen l'huile essentielle toute seule, en répétant cette manipulation jusqu'à ce que l'eau soit entièrement séparée de l'huile.

Quant aux secondes qui se précipitent au fond de l'eau, la séparation en est encore plus aisée ; il ne s'agit que de décanter l'eau qui surnage. Lorsque l'huile essentielle qui est au fond commence à suivre le cou-

Tome III. T

rant de l'eau, on se sert de l'entonnoir ci-dessus, dont on ne débouche l'orifice inférieur que pour donner passage à l'huile essentielle. Il se faut bien garder de jeter cette eau qui est très-odorante et chargée abondamment d'esprit recteur; elle peut servir, et doit même être préférée pour une seconde distillation de la même substance.

Les huiles essentielles n'ont pas, comme on vient de le voir, la même pesanteur spécifique; nous ajouterons qu'elles n'ont pas non plus la même couleur. L'huile essentielle de girofle et celle de cannelle, qui sont très-blanches, prennent une teinte jaune et ensuite rousse, lorsqu'on les laisse dans un flacon qui n'est pas tout-à-fait plein. L'huile de lavande fort limpide jaunit en vieillissant. L'huile de rhue est d'une couleur brune; celle d'absynthe d'un verd noir; celle de fleurs de camomille, ainsi que celle de fleurs de mille-feuille, ressemble au plus bel azur, mais cette jolie couleur dégénère en une vilaine couleur jaune foncée. Il ne faut cependant pas croire qu'elles soient mauvaises, mais c'est que leur nature est de devenir telles au bout d'un certain temps.

Pour conserver les huiles essentielles dans toute leur pureté et le plus long-temps qu'il est possible, il faut en remplir des petits flacons de crystal exactement bouchés, non avec du liège, il serait corrodé, mais avec des bouchons de même matière; les placer dans un lieu frais, et ne les ouvrir qu'au besoin.

Voy. inflammation des huiles essentielles.

§ XXIX. *Rectification des huiles essentielles.*

Les huiles essentielles sont sujettes à perdre par l'évaporation leur partie la plus volatile, la plus tenue, dans laquelle réside l'odeur spécifique du végétal dont elles sont tirées; elles s'épaississent, et dans cet état elles ne peuvent plus s'élever au degré de la chaleur de l'eau bouillante. Si on les soumet à la distillation à ce degré de chaleur lorsqu'elles sont altérées par la vétusté, mais avant qu'elles aient perdu tout le principe de leur odeur, il en monte une partie dans la distillation, et ce qui monte ainsi a toutes les propriétés de l'huile essentielle nouvellement distillée. Comme cette portion d'huile est renouvellée par cette opération, on a coutume de la pratiquer sur les huiles essentielles que le temps a décomposées et affaiblies. Cette seconde distillation se nomme rectification des huiles essentielles. (Voyez *Collection Acad., partie franç.*, tom. VI, p. 134.)

§ XXX. *Falsification des huiles.*

Voyez l'article *Falsification*.

§ XXXI. *Huile pour les cheveux.*

Voyez les articles *Cheveux*, *Dépilatoire*.

§ XXXII. *Huile pour les sou-liers.*

Voyez l'article *Noir liquide.*

HUITRES. Les marins sont obligés dans bien des circonstances de profiter des nourritures qu'ils peuvent rencontrer, et même de les conserver pendant un très-long-temps. Aussi tient-on d'un marin le secret de conserver les huitres pendant année entière. Il ne s'agit que d'ôter les huitres de leurs écailles, de rejeter une partie de leur eau, de les mettre ensuite dans une chaudière, où elles s'imprégnent du sel de leur eau nécessaire pour les conserver; la partie aqueuse s'évapore, les huitres se cuisent; alors on les retire, on les fait égoutter sur des clayons, et on les boucane comme les *harengs sores.*

Pour cet effet on les arrange sur un gril dont les branches soient serrées, et on les expose à la fumée du feu qu'on allume dessous. On les retourne, et elles prennent des deux côtés une couleur dorée; elles se conservent alors très-bien, pourvu qu'on les mette dans un lieu sec. Lorsqu'on veut les manger, on les laisse tremper, et on les lave dans de l'eau fraiche que l'on renouvelle; elles perdent leur goût de fumée, sont très-bonnes et propres à être accommodées à telle sauce que l'on désire.

HYACINTHE. Cette pierre, mise au nombre des pierres fines, est d'un rouge mêlé d'o-range, avec une teinte de brun. On peut voir ce qui est dit de sa forme géométrique et de sa composition chimique, par les cit. Haüy et Vauquelin, dans le *Journal des Mines*, brumaire an 5, n°. 26, p. 83 et 97.

§ Ier. *Manière de contrefaire l'hyacinthe.*

La chaux d'antimoine, encore pourvue de phlogistique, et fondue avec le verre, a la propriété de lui donner une couleur rougeâtre. Elle est donc propre à former la couleur hyacinthe: aussi, M. de Fontanieu dans son *Art d'imiter les pierres précieuses*, prescrit-il la recette suivante:

Prenez 24 onces du fondant fait avec le crystal de roche (v. *Pierres précieuses factices*), et 2 gros 48 grains de verre d'antimoine; faites fondre ces substances ensemble.

HYDRO-HYGROMÈTRE. Les *Annonces de la Société de Leipsick* font mention d'un instrument imaginé par M. Hermann, pasteur d'une petite ville près de Freyberg, en Saxe. On lui donne le nom de *hydro-hygromètre*, ou *observateur mécanicien pour les vents, la pluie et la sécheresse.* C'est une horloge ou pendule ordinaire, dont le mécanisme est extrêmement simple. Sa direction, sa force, sa variation, sa durée, vont à l'aire du vent. Le degré, les vicissitudes, et les momens précis de l'humidité de l'atmosphère, sont exactement tracés, ainsi que l'indication de la quantité exacte de la pluie qui tombe par heure, son commencement et sa fin. Quatre planches accompagnent cet hydro-hygromètre.

HYDRO-KEL-MÈTRE. Ce mot, composé des trois mots grecs *udor, eau ; kel, vitesse ; metros, mesure,* indique un instrument propre à mesurer la vîtesse des eaux : c'est le nom que nous hasardons de donner à l'instrument imaginé par M. Pitot, et dont on trouve la figure et la description dans la *Collection Acad. , part. franç.*, t. VII, p. 574. Pour en donner une idée, nous observerons qu'il est composé de deux tuyaux, l'un recourbé et en forme d'entonnoir du côté de la courbure, l'autre tout droit, tous deux appliqués sur la même échelle graduée des deux côtés. Dans le tuyau droit, l'eau se met au niveau ; dans le tuyau recourbé, l'eau remonte au-dessus du niveau, suivant le degré de vîtesse, et la différence des deux élévations sera ce qui appartiendra à la vîtesse de l'eau. On peut ainsi mesurer le sillage d'un vaisseau, *ibid,*p.575.

En 1781, la Société de Harlem a proposé un prix pour la question suivante : « Peut-on déterminer, par quelque règle de théorie confirmée par l'expérience, la vélocité des eaux courantes à toutes espèces de profondeurs, et par conséquent la vélocité moyenne dans chaque profil ? ou faut-il avoir uniquement recours à des expériences pratiques, et quelle serait en ce cas la machine la moins sujette à des inconvéniens, d'un effet prouvé par des expérien-

ces satisfaisantes, et qui pourrait servir en toutes occasions à découvrir les divers degrés de vélocité. ? »

Dans la même année, 1781, l'Académie de Mantoue proposa le sujet suivant : « Etablir la véritable théorie des eaux qui sortent des trous ouverts dans les vases, et démontrer en quelles circonstances on peut en faire l'application aux eaux courantes dans les lits naturels des rivières. »

En 1785, cette même Académie demanda « quel rapport on trouve entre les lois des eaux qui roulent, soit dans les rivières, soit dans les canaux libres, et celles des eaux qui passent par des tuyaux faits exprès pour les conduire à leur destination, » Nous ignorons si sur ces différentes questions, il y a eu quelque mémoire couronné.

HYDROMEL VINEUX DE METZ. On peut, étant à la campagne, se procurer à peu de frais des choses que l'on fait payer très-cher à la ville. L'hydromel vineux de Metz, qui est en si grande réputation, et dont on fait des envois jusqu'au-delà des mers, est dans ce cas.

Cette excellente liqueur se fait simplement avec du miel et de l'eau. On clarifie d'abord le miel, en y jetant des blancs d'œufs avec leurs coquilles, puis en le mettant sur le feu et le faisant bouillir jusqu'à ce qu'il soit parfaitement écumé : on a ensuite une grande chaudière, et sur une mesure de miel, on met quatre mesures d'eau ; on fait bouillir le tout à un feu

clair et à grand bouillon, jusqu'à ce que la liqueur soit diminuée d'un cinquième.

On entonne l'hydromel pour
le faire venir à la fermentation
vineuse ; c'est pourquoi on place
le tonneau au soleil sans être
bondonné, mais recouvert seulement, à la place du bondon,
d'une tuile platte. Comme la
chaleur est nécessaire pour la
fermentation de l'hydromel, la
saison pour le faire est le commencement de juin, parce que
la chaleur est alors très-grande.
Un point essentiel pour bien
réussir, est d'arrêter la fermentation à propos, avant que la
liqueur passe à l'acide.

Cette liqueur devient d'autant
meilleure, qu'elle est gardée
plus long-temps.

Dans la Pologne, la Lithuanie, la Russie, la boisson ordinaire est l'hydromel : voici la
manière de le faire. Prenez 30
pots d'eau de fontaine ou de rivière ; délayez-y 20 livres de
bon miel blanc ; mettez le tout
sur le feu et l'écumez ; on l'y
laisse jusqu'à ce qu'un œuf puisse
surnager la liqueur ; après quoi
versez-la dans un tonneau, dont
vous n'emplirez que les deux
tiers, que vous ne boucherez
qu'avec du papier et du liège ;
mettez ce tonneau au soleil pendant 40 à 50 jours, afin que la
liqueur fermente et se fortifie ;
descendez-le ensuite à la cave,
et bouchez-le bien. Pour faire
un hydromel vineux, il n'y a
qu'à ajouter quelques pots de
bon vin d'Espagne ou autre, sur
la fin de la cuisson, ou avant
qu'il ait bouilli. (Voyez Coll.

Acad., part. franç., t. II, p.
335 et 436.)

HYDROMÈTRE. C'est le
nom qu'on donne en général aux
instrumens qui servent à mesurer la pesanteur, la densité, la
vîtesse, la force et les autres
propriétés de l'eau. Sous ce genre peuvent être compris l'Aréo-
mètre, le Nétomètre, etc. (Voyez
ces mots.)

Cependant quelques auteurs
ont donné plus particulièrement
le nom d'hydromètre à ces
échelles établies dans les grandes villes, pour indiquer la crue
des rivières. (Voyez Collection
Acad., part. franç., t. I, p. 191).

A Dieuse, en Lorraine, on a
jugé à propos de placer un plateau circulaire d'environ deux
pieds de diamètre sur la surface
de l'eau : au centre du plateau
est attaché un gros cordeau qui
passe sur une poulie placée au
haut de la charpente qui soutient les pompes, et porte ensuite un poids qui monte ou
descend le long d'une grande
planche, partagée par une ligne divisée en degrés comme
celle des baromètres et des thermomètres. Il est évident que
lorsque l'eau monte dans le
puits, elle élève le plateau, et
que le poids descend : l'eau
vient-elle à diminuer, le poids
monte. Une idée aussi simple
peut être applicable, avec très-
peu de frais, à tous les puits
profonds, comme à ceux de Bi-
cêtre, de l'École Militaire et des
Invalides à Paris, et dans les
réservoirs.

Les anciens se servaient d'un
pareil moyen pour faire mou-

voir l'aiguille de leurs clepsy-drès ou horloges d'eau, avec cette différence, qu'ils faisaient faire une révolution à leur cordeau autour d'un cylindre horizontal, dont l'axe portait l'aiguille de leur cadran. Lorsque l'eau s'écoulait du réservoir inférieur, le plateau descendait, et le cordeau qui le soutenait faisait tourner le cylindre et l'aiguille. L'évaporation de l'eau, l'inégalité avec laquelle elle s'écoule à différentes hauteurs par le même orifice, ont fait abandonner ces clepsydres; car l'eau étant plus haute, a plus de pesanteur, et s'écoule plus vite que vers la fin de l'épuisement du réservoir.

M. Pingeron pense qu'on pourrait tirer parti de l'expérience ci-dessus; qu'elle pourrait même contribuer à l'embellissement des villes, en marquant l'accroissement et le décroissement des eaux de la rivière. Pour appliquer l'index des salines de Dieuse aux ponts, on érigerait vers leur milieu une colonne, sur le fût de laquelle serait tracée une ligne divisée en parties égales. Dans le chapiteau seraient placées une ou deux poulies, sur lesquelles passerait une petite chaîne qui suspendrait un anneau de bronze; cet anneau embrasserait la colonne, et marquerait en montant et en descendant la diminution ou l'augmentation des eaux de la rivière. L'anneau devrait être très-pesant du côté de la ligne pour être toujours dans une situation horizontale. Le bout de la petite chaîne, qui

serait du côté de la rivière, serait attaché à un fort plateau qui monterait et descendrait avec la surface de l'eau dans une espèce d'encaissement, comme un corps de pompe percé par le bas. Cette précaution est indispensable pour empêcher que le courant n'entraîne les morceaux de bois : il serait même possible, en construisant les piles des ponts, d'y laisser une espèce de petit puits, dont le fond communiquerait avec la rivière. Pour cet usage, on placerait sur la colonne une statue représentant la nymphe de la rivière, ou un vase ou un trophée : par ce procédé, les passans ne seraient plus obligés de se presser sur un parapet pour voir l'échelle qui est gravée sur le perron de l'une des piles.

Dans le *Journal des Savans*, 1675, p. 118, 1re édit., et p. 65 de la 2e., on donne la description et la figure d'une machine propre à observer les périodes de la marée. Cette machine est tirée d'un journal d'Italie.

À Paris, l'échelle dont on fait usage pour mesurer la hauteur de la rivière, est celle du pont de la Tournelle. C'était de là que le bureau de la ville en faisait prendre tous les matins la mesure, qu'il rendait publique dans le *Journal de Paris*.

Le point fixe de cette échelle hydrométrique a été pris de la surface des plus basses eaux de 1719. Ainsi le premier point est zéro, et à mesure que l'eau monte, l'on marque ses degrés d'élévation par pieds et pouces.

C'est cette échelle qui sert de

guide à la plupart des mariniers qui naviguent sur la Seine, tant au-dessus qu'au-dessous de Paris, et ils prétendent qu'elle est en pleine navigation, lorsqu'elle est parvenue aux environs de 5, 6 à 7 pieds d'élévation.

Il y a une seconde échelle au Pont-au-Change, qui marque 2 pieds 6 pouces, lorsque celle du pont de la Tournelle marque un pied un pouce; c'est donc environ 18 pouces de différence.

Il y a une troisième échelle au Pont-Royal. Celle-ci marque 3 pieds 11 pouc., lorsque celle de la Tournelle marque un pied un pouce; c'est donc environ 3 pieds de différence. Il est nécessaire de remarquer que les divisions de cette échelle ne commencent pas à la ligne du fond de la rivière, auprès du Pont-Royal, mais seulement à celle qui répond à la surface du banc nommé le *Nœud de l'Aiguillette*, qui se trouve entre la demi-lune du cours et Chaillot. Ce banc étant un des endroits où la rivière a le moins de fond depuis Paris jusqu'à Rouen, il est très-important de savoir combien il y a d'eau au-dessus; c'est pour cet objet que cette échelle a été construite, et que le maître du Pont-Royal fait savoir aux marchands de Rouen quelle est la hauteur de l'eau au-dessus du banc d'aiguillette. On voit par là que pour avoir la hauteur de la rivière au-dessus du sol de son lit, il faut y ajouter la différence qui se trouve entre le sol du fond au Pont-Royal, et celui du banc du nœud d'aiguillette; cette différence est de 14

pieds, dont le dessus du banc est plus élevé que le sol de la rivière sous l'arche du milieu du Pont-Royal. (*Coll. Acad.*, *part. franç.*, t. IX, p. 8.)

M. de Parcieux a fait, en 1764, à ce sujet, des observations intéressantes, qu'on trouvera dans cette même *Collection*, t. XIII, p 86.

Enfin ces échelles gardent la même différence entre elles par des crues d'eau insensibles; mais lorsqu'elles sont subites, cette différence est altérée, et nous pensons que le choix qu'avait fait la ville de Paris de se servir de l'échelle du pont de la Tournelle, est infiniment préférable. C'est aussi celle que les mariniers suivent communément.

Nous ajouterons ici différentes élévations, qu'on peut être curieux de connaître.

Élévation du fond de la rivière, au Pont-Royal, au-dessus de l'Océan, 113 pieds.

Moyennes eaux de la Seine au-dessus de son fond, au Pont-Royal, 13 pieds.

Pente de la Seine, du Pont-Royal à la mer, 110 pieds.

Longueur du cours de la Seine, depuis le Pont-Royal, 72 lieues.

Élévation de la salle méridienne de l'Observatoire, au-dessus de l'Océan, 338 pieds.

Élévation de cette salle au-dessus du fond de la Seine, au Pont-Royal, 165 pieds.

De la galerie de l'Observatoire au-dessus du 1er. bouillon d'Arcueil, 93 pieds, 1 pouce, 6 lignes.

4

De cette galerie au-dessus du sol de Notre-Dame, 160 pieds, 10 pouces, 6 lignes.

Du sol du pavé de Notre-Dame au-dessus du fond de la Seine, au Pont-Royal, 33 pieds 6 pouces.

De la tour méridionale au-dessus du pavé, 205 pieds, 4 pouces, 6 lignes.

De la flèche du dôme des Invalides au-dessus du pavé du même dôme, 324 pieds.

Du pavé des Invalides au-dessus du fond de la Seine, au Pont-Royal, 22 pieds.

De la tour de St.-Geneviève au-dessus du pavé de l'église, 198 pieds.

Il paraît que la hauteur moyenne de l'eau de la Seine est de 5 pieds. *Voyez* les observations de M. de la Lande, insérées dans le *Journal de Paris*, 1788, nº. 120.

On trouvera dans les mémoires de l'Institut National, an 5, le journal des hauteurs de la Seine, observées à Paris par le cit. Cousin.

Tableau de comparaison de quelques inondations de Paris.

	pieds.	pouces
1651	24	10
1658	25	10

M. Bonami a donné un mémoire sur le débordement de la Seine, comparé à celui de 1658 et aux précédents. (*Voyez* le *Journal de Verdun*, décembre 1741, p. 468.)

Voyez dans la *Collect. Acad.*, part. franç., t. II, p. 191, ce qui est dit des observations faites depuis le 14 septembre 1703, jusqu'au 31 décembre 1704.

		pieds.	pouces.
1711		25	5
1740	1 décemb.	8	4
	25 décemb.	24	4
1747	1 février.	5	1
	28 février.	17	1
1751	20 janvier.	8	1
	25 mars.	20	6 $\frac{1}{2}$
1760	25 janvier.	10	
	9 février.	21	5

Voyez dans cette même *Collection*, t. XII, p. 94, les observations de M. Adanson.

		pieds.	pouces.
1783	9 janvier.	10	
	10 mars	17	1
1784	23 février.	2	5
	5 mars,	20	6
1799	2 à 3 février	21	2

Voyez Coll. Acad, part. fr., t. V, p. 4, 63. Le *Journal des Savans*, 1707, p. 194; 1724, p. 446, et 1727, p. 626, donne aussi quelques détails sur les débordemens de la Seine.

On estime que la vîtesse de l'eau de la Seine, au Pont-Royal, est de 150 pieds par minute à sa superficie. Cependant, pour estimer la quantité d'eau que donne une rivière, il ne faut pas s'en tenir à la superficie, mais connaître sa vitesse au fond et au milieu, attendu que quelquefois elle court plus lentement, quelquefois plus vite au fond et au milieu qu'à la superficie, selon les obstacles qui se rencontrent dans son cours.

§ Iᵉʳ. *Moyen de reconnaître la quantité d'eau que peut donner une source.*

Plusieurs savans mathématiciens se sont occupés de la conduite des eaux, et des règles qu'il faut observer à cet égard. On a calculé assez juste celles dont la conduite ne va pas à de grandes distances, ou dont l'issue est terminée par des ajutages ; mais on n'a pas encore des règles bien certaines sur celles dont l'issue est très-éloignée, et qui sortent à gueulebée ; c'est ce qui fait qu'il ne faudrait pas suivre pour ce dernier cas les règles données par M. Mariette, comme l'a reconnu M. Couplet, qui a rendu compte à l'Académie, en 1732, du résultat des travaux qu'il a été obligé de faire pour la conduite des eaux à Versailles. (V. *Coll Acad.*; *part. franç.*, t. VII, p. 378, 397 ; t. X, p. 166.) Il a éprouvé que l'air et les frottemens formaient une résistance qui augmentait à raison des coudes, des sinuosités et de la petitesse des tuyaux, et qui diminuait par l'ouverture des ventouzes, et à raison du volume d'eau plus considérable. Ainsi une conduite qui, suivant les règles, aurait dû donner 61 pouces d'eau, n'en a fourni que 2 pouces 63 lignes, parce que la conduite était extrêmement longue, et qu'elle versait ses eaux à gueule-bée. Si on avait réglé le diamètre des tuyaux à raison de ce produit, on n'en aurait eu que le cinquième. C'est ce qui fait aussi que la Loire, qui a beaucoup plus de pente que la Seine, coule cependant moins vite, parce que celle-ci est plus profonde.

M. Couplet, pour jauger les eaux d'une conduite quelconque, s'est servi d'une jauge contenant 12 pintes, mesure de St.-Denis, ou 18 pintes deux tiers, mesure de Paris. Pour construire ce vaisseau, il forme un prisme dont le carré soit de 8 pouces de côté, et qui ait 14 pouces de hauteur, le tout dans œuvre, ou bien 6 pouces d'équarrissage sur 24 pouces 10 lignes deux tiers de hauteur. On pourrait cependant prendre pour étalon telle mesure que l'on voudrait, pourvu qu'on la reportât à une mesure déterminée de 13 pintes un tiers mesure de Paris. Ainsi, si on veut avoir un étalon de 13 pintes un tiers, qui est la valeur du pouce d'eau coulante, il n'y a qu'à faire un prisme qui ait pour base un carré de 8 pouces sur 10 pouces de hauteur, le tout en œuvre, ou bien donner à la base 6 pouces d'équarrissage sur 15 pouces de hauteur. Enfin si on veut avoir un étalon d'une grande justesse, il faut le couvrir d'un diaphragme, qui empêche l'ondulation, et vous fait connaître le moment où la mesure est pleine.

On pourrait aussi prendre un muid pour étalon, en formant un cube de 2 pieds en dedans œuvre, ou en le faisant prismatique, dont le fond serait un carré de 18 pouces sur 42 pouces deux tiers de hauteur. L'on peut également se servir d'une pinte, lorsque la source à jauger n'est pas forte.

C'est par la quantité écoulée par minute à travers une plaque verticale d'une ligne d'épaisseur et d'un pouce de diamètre, ayant la partie supérieure de sa circonférence couverte d'une ligne seulement de hauteur d'eau, ou ce qui est la même chose, ayant son centre à 7 lignes de sa superficie, qu'on détermine ce qu'on nomme un pouce d'eau.

Chaque pinte pèse 2 livres moins 7 gros, ou une livre 15 onces, ce qui est à très-peu près la pinte de 48 pouces cubiques, c'est-à-dire celle dont le pied en contient 36, et dont le muid, qui est de 8 pieds cubiques, en contient 288.

Quant au moyen de recevoir, dans un temps déterminé, toute l'eau qui sort d'une conduite, il est facile, au moyen d'une pendule ou montre à secondes, ou bien d'un pendule simple, c'est-à-dire d'un fil le moins sujet à extension que faire se pourra ; tels sont ceux d'écorce de tilleul, de palmier ou d'aloès ; ces derniers sont les meilleurs. Au bout d'un de ces fils, si l'on attache une balle de plomb ou d'autre métal, d'environ 8 lignes de diamètre, alors s'il y a 3 pieds 8 lignes et demie du centre de la balle jusqu'au point de suspension, ce pendule, mis en mouvement, donnera à Paris ses oscillations d'une seconde chacune. Si l'on veut que les oscillations soient d'une demi-seconde, alors le pendule ne doit plus être que

d'un quart de celui à secondes ; et pour les avoir de 2 secondes, le pendule doit être de quadruple de celui à secondes ; et pour une entière précision, il faut avoir attention de ne lui point donner un trop grand mouvement d'oscillation ; il ne faut pas qu'il s'écarte de plus de 6 pouces environ de côté et d'autre. (*Voy.* au mot *Pendule*).

Pour la commodité de ceux qui voudraient faire des expériences sur le mouvement des eaux en se servant de l'étalon, on joint ici une table dont les temps sont distingués.

Avec cette table et l'étalon, on trouvera tout d'un coup combien une source donne de pouces d'eau par minute. Mais comme on n'a fait cette table que par minutes, si on a une plus grande quantité d'eau à évaluer, on le fera aisément par secondes et par demi-secondes, en sachant que l'étalon dont il est parlé étant rempli dans une demi-seconde, la source ou l'écoulement d'eau est de 168 pouces, d'où il résulte que celle qui le remplira en 12 demi-secondes sera 12 fois plus petite ; comme celle qui le remplira en 3 demi-secondes sera trois fois plus petite. Ainsi, en divisant le quotient 168 par le nombre de demi-secondes employées à remplir l'étalon, le résultat sera le nombre de pouces de cette source. Par exemple, divisant 168 par 3, le quotient 56 exprime le nombre de pouces de la source qui remplit l'étalon en 3 demi-secondes.

Première table pour connaître combien une source fournit de pouces d'eau, et combien de muids et de pintes de Paris elle donne par minute, par heure et par jour, en observant combien de temps elle emploie à remplir un vaisseau de 12 pintes, mesure de St.-Denis, ou 18 pintes 2/3 mesure de Paris, le pouce d'eau étant évalué à l'écoulement de 13 pintes 1/3, mesure de Paris, par minute, la pinte étant de 48 pouces cubiques, et le muid de 288 pintes, le pouce composé de 144 lignes.

Minutes employées à remplir l'étalon.	pouces et lignes d'eau.	Muids et pintes de Paris par minute.	Muids et pintes de Paris par heure.	Muids et pintes de Paris en 24 heures.
1	1 58	19	3 256	93 96
2	101	9	1 272	46 192
3	67	6	1 85	31 52
4	50	5	280	23 96
5	40	4	224	18 192
6	31	3	187	15 160
7	29	3	160	13 96
8	26	2	140	11 192
9	22	2	124	10 107
10	20	2	112	9 96
11	18	2	102	8 112
12	17	1	93	7 224
13	16	1	86	7 52
14	15	1	80	6 192
15	14	1	75	6 64
16	13	1	70	5 240
17	12	1	66	5 141
18	11	1	63	5 54
19	10	1	59	4 257
20	9	1	56	4 192
25	8	1	45	3 211
30	7	1	37	3 32
35	6		32	2 192
40	5		28	2 96
45	5		25	2 21
50	4		22	1 150
55	4		20	1 201
60	3		19	1 160

Heures employées à remplir l'étalon.	pouces et lignes d'eau.	Muids et pintes de Paris par minute.	Muids et pintes de Paris par heure.	Muids et pintes de Paris en 24 heures.
1	3	. . .	19	1 160
2	2	. . .	9	224
3	1	. . .	6	150
4	1	. . .	5	112
5	3/5	. . .	4	90
6	1/2	. . .	3	75
7	3/7	. . .	3	64
8	3/8	. . .	2	56
9	1/3	. . .	2	50
10	3/10	. . .	2	45
11	3/11	. . .	2	41
12	1/4	. . .	2	37

Deuxième table pour connaître combien une source donne d'eau ou de combien elle est de pouces, en observant la quantité de son écoulement, au moyen d'un pendule à secondes et d'un vaisseau ou étalon de 13 pintes 1/3, mesure de Paris.

Secondes employées à remplir l'étalon.	pouces et lignes d'eau.		Secondes employées à remplir l'étalon.	pouces et lignes d'eau.	
	pouces	lignes		pouces	lignes
1	60		36	1	96
2	30		37	1	90
3	20		38	1	83
4	15		39	1	78
5	12		40	1	72
6	10		41	1	68
7	8	82	42	1	62
8	7	72	43	1	57
9	6	96	44	1	52
10	6		45	1	48
11	5	65	46	1	44
12	5		47	1	40
13	4	88	48	1	36
14	4	41	49	1	32
15	4		50	1	29
16	3	116	52	1	20
17	3	76	55	1	13
18	3	48	57	1	6
19	3	23	60	1	
20	3		65		133
21	2	123	70		123
22	2	105	75		115
23	2	88	80		108
24	2	72	90		94
25	2	58	100		86
26	2	44	115		75
27	2	33	130		66
28	2	20	150		52
29	2	10	175		49
30	2		200		43
31	1	139	250		35
32	1	126	300		31
33	1	118	350		25
34	1	110	400		22
35	1	103	450		19

Voyez dans la *Collect. Acad.*, *part. franç.*, tom. XIV, p. 25, un mémoire lu à l'Académie des sciences par M. de Borda, en 1766.

Voyez aussi les articles *Fontaine* et *Machines hydrauliques* de cet ouvrage.

HYDROPHANE. M. Daubenton range dans la classe des calcédoines cette pierre demi-transparente, assez dure pour étinceler par le choc du briquet. C'est avec cette pierre que Newton et les physiciens qui lui ont succédé démontrent la porosité des corps, moyen beaucoup plus simple que celui de la *machine pneumatique* (*voyez* ce mot). Lorsqu'on a plongé cette pierre dans l'eau, on voit s'élever de sa surface des files nombreuses de petites bulles d'air qui se succèdent sans interruption. Cet air, qui occupait les pores de la pierre, en est délogé par l'eau qui le remplace; en même-temps la pierre acquiert un nouveau degré de transparence, et si on la pèse d'abord avant l'expérience, et de nouveau après l'expérience, on trouve que son poids est augmenté d'une manière sensible. Une pierre de 23 grains et demi, pesée avant l'expérience, a pesé en sortant de l'eau 40 grains.

Il y a plusieurs années que des charlatans vantaient beaucoup, sous le nom de *Pyrophane*, une pierre blanche opaque, remarquable par sa propriété d'acquérir, en la chauffant légèrement dans une cuiller, la couleur et la transparence de la plus belle topase. Ils la nommaient aussi *pierre du soleil*, parce que, disaient-ils, dans les sables de l'Arménie, on la reconnaissait à sa propriété d'être transparente le jour et opaque la nuit, par l'effet que produisait sur elle la présence des rayons du soleil. Il fut démontré que cette pierre merveilleuse n'était autre chose qu'une hydrophane habillée d'une légère couche de cire.

HYDROSCOPE. (Voyez *Source*).

HYDROSTATIQUE (Voy. *Balance hydrostatique*).

HYGROMÈTRE, ou Hy-cnoscope. L'air qui nous environne est un fluide susceptible d'une multitude de modifications ; la sécheresse ou l'humidité occasionnent différentes variations, plus ou moins sensibles, qu'il serait quelquefois important de connaître et de mesurer. (*Voyez* l'article *Observations météorologiques*, § VIII). On a imaginé diverses espèces d'hygromètres indicatifs des changemens qui arrivent dans son état ; mais l'on n'est pas encore parvenu à en construire qui puissent être de comparaison comme le thermomètre. Nous en allons cependant indiquer quelques-uns pour en donner l'idée. Nous ne parlerons pas de l'hygromètre de Florence, Mus-chembroek l'ayant regardé comme insuffisant. (Voyez *Collect. Acad.*, *partie étrang.*, tom. I, p. 68).

Le *Journal des Savans*, 1681, p. 35, fait mention d'un hygromètre de l'invention de M. Grillet.

§ Ier, *Hygromètre végétal.*

Quelques personnes font des hygromètres avec le grain d'une espèce d'avoine garnie de sa barbe très-longue, torse et articulée. On forme sur une carte une espèce de cadran qu'on divise suivant les différens rumps des vents ; ce qui sert à indiquer les différens degrés d'humidité et de sécheresse. Les vents du midi et du couchant marquent le temps humide ; ceux du nord et du levant indiquent le temps sec : on fait dans la carte un trou au centre du cadran, dans lequel on enfonce le grain d'avoine par l'extrémité où il tient à la plante ; on plie ensuite la barbe à l'articulation pour servir d'index, qui tourne exactement suivant le degré de sécheresse ou d'humidité. Mais pour le rendre utile, il faut commencer à le placer par un temps décidément sec ou humide.

Cet hygromètre est très-ancien, car il en est question dans les *Transactions Philosophiques*, année 1676. (Voyez *Collection Acad.*, *part. étrang.*, tom. VI, p. 159). Le *Traité de la Baguette divinatoire*, t. II, p. 6, l'attribue au sieur Magnan. M. Buissart a cherché à le perfectionner, en le composant de 4 brins de la barbe de seigle réunis en faisceaux, à une extrémité desquels est attaché par son milieu une petite lame de cuivre qui tourne selon que ces brins se tordent et se détordent par l'humidité et la sécheresse, et qui indique les degrés sur une espèce de cadran, au milieu duquel l'autre extrémité du faisceau de brins est attachée.

On peut faire avec les semences de plusieurs espèces de *geranium* des hygromètres; les mouvemens dans les unes, telles que le *geranium* rampant à feuilles de ciguë, sont trop petits; la grosseur et l'épaisseur des semences des *geranium* à larges feuilles les rendent moins susceptibles des variations de l'air. Les plus propres à cet usage sont celles du *geranium* odoriférant à feuilles de ciguë; elles forment plusieurs circonvolutions. Il faut fixer cette capsule ou semence sur un petit cercle, ou encore mieux sur un corps convexe, parce que la pointe de la plante, s'allongeant quand il fait humide, ne reste point parallèle à l'horizon, mais touche le plan lorsqu'elle s'arrête et cesse de se mouvoir. Cet hygromètre se meut par un temps sec, et fait jusqu'à neuf ou dix tours; lorsque le temps devient humide, il se déroule; l'extrémité de la semence ne se roule jamais autant que sa partie inférieure, quelque grande que soit la sécheresse; restant toujours allongée, elle tient lieu d'aiguille; de manière que l'on connaît au nombre des tours ou des spirales de la base, ceux que la pointe a fait, en même-temps qu'elle marque le degré du cercle sur lequel elle s'est arrêtée. On divise le cercle en 24 degrés; l'hygromètre, par ces circonvolutions, indique les degrés de sécheresse, et en se déroulant, les

degrés d'humidité; il est si sensible aux variations de l'air, qu'il ne cesse jamais de se mouvoir, tantôt dans un sens, tantôt dans un autre, selon que l'air est plus ou moins chargé de nuages; le soleil même ne peut se cacher qu'il ne produise une altération dans la semence; l'haleine seule y produit des impressions sensibles. Il est de peu de durée; mais comme cette plante vient très-bien de graine, on peut s'en procurer facilement.

§ II. *Hygromètre à l'huile de vitriol.*

On lit dans la *Collect. Acad., part. étrang.*, tom. VI, p. 235, la manière dont M. Gould emploie, en forme d'hygromètre, l'huile de vitriol, qui devient plus ou moins pesante suivant le plus ou moins d'humidité qu'elle attire. *Voyez* aussi t. V des planches de l'*Encyclopédie*, article *Pneumatique*, pl. 1re, fig. 13).

§ III. *Hygromètre à éponge.*

On sait que les sels sont susceptibles d'humidité, et qu'ils sont plus ou moins pesans, selon qu'ils sont plus ou moins humides. On propose de prendre une éponge, de la laver dans l'eau, de la faire sécher, de la tremper de nouveau dans de l'eau ou du vinaigre où l'on aura fait dissoudre du sel ammoniac ou du sel de tartre, de la faire sécher, de la suspendre à un des bras d'une balance, de suspendre à l'autre bras un poids qui fasse équilibre, de fixer vis-à-vis l'aiguille de cette balance une portion de cercle gradué. Voilà en quoi consiste tout le procédé de cet hygromètre; l'éponge fait, par son poids, baisser la balance à raison de l'humidité dont elle se charge, et l'aiguille déplacée marque les degrés. (*Voyez* tom. V des pl. de l'*Encyclopédie*, art. *Pneumatique*, pl. 1re., fig. 12). C'est de ce genre qu'est l'hygromètre inventé en Angleterre par M. Aideros, et dont on trouve la description dans le *Journal Encyclopédique*, 1er. décembre 1779.

§ IV. *Hygromètre à mercure.*

On trouve dans les *Transactions Philosophiques*, ann. 1773, la description de l'hygromètre inventé par M. Deluc. Cet instrument a la forme d'un thermomètre de mercure. La partie inférieure est un tube d'ivoire fort mince, mais large; la partie supérieure est un tube capillaire de verre. L'ivoire étant très-sensible à l'humidité et à la sécheresse, le réservoir se resserre par la sécheresse, et force le mercure à monter dans le tube. Le point fixe de cet hygromètre est la glace fondue, comme dans les thermomètres. La division des degrés est double de celle des degrés d'un thermomètre qui aurait le même tube et la même quantité de mercure. Pour éviter l'effet thermométrique, le tube se place sur une règle mobile, dans

une coulisse qu'on met au degré actuel du thermomètre. Par ce moyen, les divisions du thermomètre commencent, non pas au degré de la congellation, mais au point où la chaleur seule aurait fait monter le mercure du baromètre, indépendamment de l'humidité. (V. le *Journal de Physique*, mois de mai et de juin 1775).

M. Deluc avait indiqué, p. 471 du même journal, qu'on pouvait substituer les tuyaux de plumes au tube d'ivoire. Il s'est élevé à cet égard une altercation entre MM. Retz et Buissart, dont on peut voir les réclamations respectives dans le journal intitulé *Nouvelles de la République des Lettres et des Arts*, 1779, p. 71, 94, 121, 136, 168, et 203.

§ V. *Hygromètre à baleine.*

M. de Saussure a imaginé d'employer une bandelette très-mince de baleine, qui fait le même office que le cheveu. (*Voyez Hygromètre à cheveu*). Il maintient cette baleine tendue au moyen d'un ressort, dont il préfère l'action à celle d'un poids. Il détermine le degré d'humidité extrême en plongeant la bandelette de baleine tout-à-fait dans l'eau; et pour fixer la limite opposée, qui est celle de l'extrême sécheresse, il se sert de chaux calcinée, qu'il renferme avec l'hygromètre sous une cloche de verre. Le choix de cette substance est fondé sur ce que la calcination l'ayant amenée au plus haut degré de sécheresse, si on la laisse ensuite refroidir jusqu'au point de pouvoir être placée sans inconvénient sous la cloche de verre destinée à l'expérience, elle se trouvera encore alors sensiblement dans le même état de sécheresse, parce qu'elle est très-tentée à reprendre de l'humidité, et ainsi toute sa faculté absorbante sera employée à dessécher peu-à-peu l'air renfermé sous le récipient, et à faire passer l'hygromètre lui-même à un état qui se rapprochera le plus qu'il est possible de l'extrême sécheresse.

§ VI. Hygromètre à bois.

La Collection Académique, partie étrang., tom. VI, p. 158, donne la description et la figure d'un hygromètre fait avec deux planches de peuplier rassemblées dans un chassis, et qui, par la dilatation et la contraction des panneaux, indiquent les degrés de sécheresse et d'humidité; voyez aussi le tome V des planches de l'Encyclopédie, article Pneumatique, pl. 1re., fig. 11; et vol. du Supplément, article Physique, pl. 1re., fig. 3 et 4.

§ VII. Hygromètre à cordes de chanvre.

L'hygromètre le plus simple est celui qui se fait avec une longue corde tendue faiblement dans une situation horizontale et dans un endroit à couvert de la pluie, quoique exposé à l'air libre. On attache au milieu un fil de laiton, au bout duquel on fait pendre un petit poids qui sert d'index, et qui marque sur une échelle divisée en pouces et en lignes, les degrés d'humidité en montant, et ceux de la sécheresse en descendant. On voit un pareil hygromètre sous le passage du vieux Louvre où est le télégraphe.

§ VIII. Hygromètre à cordes de boyaux.

Les marchands de baromètre vendent des cadrans dont l'aiguille indique les degrés de sécheresse et d'humidité : ce qui fait mouvoir cette aiguille est un bout de corde à boyau qui, sensible à la sécheresse et à l'humidité, se tord ou se détord et met l'aiguille en mouvement. Voyez-en la description et la figure dans le tome III des Nouvelles récréations Physiques de Guyot, t. II, p. 538. La même cause produit le même effet dans ces petites maisons à double portique, avec deux petites figures d'émail, dont l'une sort et l'autre rentre; si l'air est humide, c'est l'homme qui sort; s'il est sec, c'est la femme : mais ces hygromètres sont très-imparfaits; parce que la corde renfermée comme dans un étui, pour leur donner un air de mystère, ne peut pas recevoir directement les impressions de l'air : d'ailleurs, combien de gens tiennent ces petits instrumens enfermés dans leur appartement; et dans ce cas, la variation qu'ils éprouvent, indique, non l'état de l'air extérieur,

rieur, mais celui de l'apparte-ment.

Le père Lana dit qu'il faut prendre une grosse corde de boyau semblable à celle dont on se sert pour les luths; atta-chez-la par un bout à un clou que vous enfoncerez dans un poteau; faites ensuite faire une révolution à cette corde sur une petite poulie qui se mouvra au-tour d'un bouton de fer, planté dans un poteau parallèle au pre-mier. Cette poulie doit être jointe à une plus considérable, à la circonférence de laquelle sera attaché un poids capable de tendre la corde à boyau; vous mettrez ensuite une petite dent ou languette sur la circonférence de cette dernière poulie. Cette dent doit atteindre la queue d'un petit marteau suspendu presqu'en équilibre par le mi-lieu de son manche, et traver-sé pour cela par un bouton de fer. Ce marteau frappera sur un petit timbre, et avertira par sa chûte du changement de temps. Si l'on veut savoir, par le mê-me moyen, lorsque le temps devient plus sec ou plus humi-de, il faut avoir deux hygro-mètres construits de la même manière, dont l'un fasse aller le marteau quand la corde de luth se resserre, et l'autre, quand elle se dilate. On peut cacher cette mécanique, et mettre deux ca-drans, dont l'un marquera la sécheresse et l'humidité de l'air, de même que les deux timbres.

Si vous attachez deux cordes de luth parfaitement égales en grosseur et en longueur sur une longue planche de sapin, et que

Tome III.

vous les souleviez par deux che-valets de même hauteur, il est constant qu'elles seront à l'unis-son; si vous tendez l'une plus que l'autre, elle produira un son plus aigu. D'après ces principes de physique, on construit un hygromètre très-simple, qui peut servir pour les aveugles. On attache une de ces cordes de même longueur et de même grosseur, à un anneau ovale, d'un bois très-poreux, dans le sens de son grand diamètre, au-près d'un chevalet. Il est évi-dent que le bois venant à se gonfler, il doit tendre la corde à boyau; lorsqu'on veut savoir si le temps est humide, il n'est question que de pincer les deux cordes. Si la corde où est l'an-neau rend un son plus aigu, il est certain que l'air est plus hu-mide que le jour qu'elles étaient à l'unisson. On doit préparer cet hygromètre, qui est très-sim-ple, pendant un très-beau temps.

Les hygromètres à cordes de boyaux ont été variés de bien des manières. Ou ce sont de simples cordes tenant un poids suspendu, et qui par l'allonge-ment ou le raccourcissement opérés par l'effet de la séche-resse ou de l'humidité, pro-mènent un index sur des degrés tracés verticalement (*Voyez* tome V des planches de l'*Ency-clopédie*, article *Pneumatique*, planche 1re., figure 10), ou de pareilles cordes qui, en se tor-dant, ou se détordant par les mê-mes causes, font mouvoir une aiguille sur un cercle gradué et posé horizontalement (*Voyez* la

V

même planche que ci-dessus, figure 9); ou ce sont de ces même cordes roulant sur des poulies (*Voyez* même planche, figures 7 et 8 ; *voyez* aussi *Coll. Académ.*, *part. étrang.* tom. VI, p. 233).

M. Lambert, de l'Académie de Berlin, a donné un mémoire sur la mesure de l'humidité. On y trouve la description et la figure de différentes espèces d'hygromètres faits avec des cordes de boyaux : (Voyez *Coll. Acad.*, *part. étrang.*, t. VI, p. 383)

§ VIII. *Hygromètre a lanière.*

Voici, d'après D. Casbois, la construction d'un hygromètre dont on trouve la description dans le 5e. volume du supplément de l'*Encyclopédie*, article *Hygromètre*.

On trace à l'extrémité supérieure d'une planche, un cadran que l'on divise en dix parties égales. Au centre de ce cadran l'on attache une poulie à double gorge et garnie d'une aiguille ; on prépare une lanière de parchemin de 3 lignes de largeur, et qui ait en longueur cent fois le tour de la poulie. On attache cette lanière, par une de ses extrémités, au bas de la planche, et à une distance du cadran qui soit égale à la longueur de la lanière. A l'autre extrémité de la lanière, on adapte un fil ou une petite chaîne qui vient s'accrocher à un point de l'une des gorges de la poulie. On attache un autre fil à un point de l'autre gorge de la même poulie, et on suspend à ce fil un poids d'une demi-once. Les deux fils passent, l'un sur la première gorge, et l'autre sur la deuxième, en sens contraire, de manière que le poids tient la lanière dans une tension perpétuelle. Lorsque la lanière devient humide, elle s'alonge ; le contre-poids fait tourner la poulie, et l'aiguille marque sur le cadran de combien la lanière s'est allongée. Chaque degré marque un allongement égal à un millième de la longueur de la lanière.

§ IX. *Hygromètre à cheveu.*

M. de Saussure, dans son ouvrage sur l'hygrométrie, donne la description de son hygromètre à cheveu. Le cheveu préparé dans une lessive alkaline, est attaché, par l'extrémité supérieure, à un point fixe, tandis que son extrémité inférieure occupe le fond de la gorge d'une espèce de demi-poulie circulaire qui repose sur des pivots très-mobiles. Cette demi-poulie forme l'un des bras d'un levier, dont l'autre est une aiguille dont les variations indiquent, sur un cadran, la dilatation ou le raccourcissement du cheveu.

Pour dépouiller les cheveux de l'espèce d'onctuosité qui les préserve jusqu'à un certain point de l'action de l'humidité, on les enferme dans un ruban de fil fin, un peu plus long qu'eux, en sorte qu'ils n'y soient ni trop serrés ni enveloppés de plus d'une épaisseur de toile. On les plonge ainsi enfermés dans un matras à long col, capable de contenir environ 50 onces d'eau, dans laquelle on fait dissoudre 180 grains de sel de soude crystallisée. Alors on fait chauffer la liqueur jusqu'à l'ébullition, qu'on soutient doucement et uniformément pendant une demi-heure. Après quoi, retirant l'espèce de sac qui renferme les cheveux, on les fait bouillir quelques minutes dans de l'eau pure; ensuite on les retire de ce sac; on les agite dans un grand vase rempli d'eau froide, pour achever de les détacher les uns des autres, et on les suspend pour les faire sécher à l'air libre, et choisir ensuite ceux qui, après cette opération, se trouvent propres à être employés à l'hygrométrie.

Pour donner à l'échelle de cet hygromètre une base qui puisse mettre en rapport tous les hygromètres construits d'après les mêmes principes, M. de Saussure a pris deux termes fixes, l'extrême de l'humidité, l'extrême de la sécheresse. Il a déterminé le premier en plaçant l'hygromètre sous un récipient de verre, dont il a mouillé exactement toute la surface intérieure. Lorsqu'après avoir réitéré plusieurs fois l'opération, et que par un séjour plus long sous le récipient le cheveu cesse de s'étendre, on a atteint le terme extrême de l'humidité, il a déterminé l'extrême de la sécheresse en renfermant l'hygromètre sous un récipient chaud et bien desséché, avec un morceau de tôle, pareillement échauffé, et couvert d'alkali fixe. Ce sel, en absorbant ce qui reste d'humidité dans l'air environnant, détermine le cheveu à se raccourcir jusqu'à ce qu'il ait atteint le dernier terme de sa contraction. L'espace compris entre les deux termes est divisé en 100 degrés; le o indique l'extrême sécheresse; le nombre 100, l'extrême humidité.

Les effets de l'humidité et de la sécheresse sur le cheveu, sont modifiés par ceux de la chaleur, qui agit sur lui tantôt dans le même sens, tantôt en sens contraire; en sorte que si l'on suppose, par exemple, que l'air s'échauffe autour de l'hygromètre, d'une part cet air enlevera au cheveu une portion de son eau, et le raccourcira; et de l'autre, en le pénétrant, agira, quoique plus faiblement, pour l'allonger; d'où résulteront deux effets contraires. C'est pour faire connaître ce double effet que M. de Saussure a construit, d'après l'observation, une table de correction propre à démêler l'effet principal, ou le degré de l'humidité l'air d'avec l'effet accessoire produit par la chaleur.

En 1788, M. Sage a fait annoncer dans le *Journal de Paris*, n°. 345, des hygromètres construits par M. Riché, mécanicien, d'après la théorie de M. de Saussure, dans lesquels huit cheveux concourent à produire l'effet qu'un seul produit dans l'hygromètre de ce savant Génevois.

§ .X. *Hygromètre de compa-*
raison.

En 1781, l'Académie électorale de Manheim a proposé une
médaille d'or de 50 ducats pour
la découverte d'un *hygromètre
de comparaison qui marque purement et simplement toutes les variations, dont le temps ne puisse
altérer le mécanisme, et dont le
prix ne soit pas trop considérable.* Nous ignorons si quelque
mémoire a été couronné.

Nous croyons avoir réuni sous
cet article les hygromètres connus les plus intéressans. On trouvera dans le *Journal de Physique,* janvier 1778, p. 421, un
excellent mémoire de M. de
Sennebière, où il présente la
suite des travaux qu'on a faits
pour perfectionner l'hygromètre ; *voyez* aussi les *Récréations
mathématiques et physiques d'O-
zanam,* tom. III, p. 301.

J

JACINTHE. Les jacinthes de
Hollande sont les plus estimées.
Ces oignons doivent être mis en
terre depuis la fin de septembre jusqu'à la mi-octobre, et il
est à propos de les planter dans
un temps sec et serein. Comme
ils sont sujets à pourrir, il faut
les placer sur le côté, la racine
tournée vis-à-vis du midi : on
doit avoir soin qu'il n'y ait point
de fumier dans la terre qu'on
leur prépare, laquelle doit être
légère et sablonneuse, dans les
lieux humides comme en Hollande. La jacinthe réussirait
très-bien dans un terrein disposé en amphithéâtre, parce qu'a-
lors elle ne ressentirait point
l'humidité qui la fait périr.

Comme les oignons de jacinthe sont sujets à être altérés en
terre, et attaqués d'espèces de
chancres, et qu'il y a de ces oignons qui donnent de si belles
fleurs, qu'on est curieux de les
conserver ; voici une méthode
excellente : il faut, lorsqu'on a
tiré ces oignons de terre, mettre ceux qui sont attaqués de
chancre dans de l'eau distillée
de tabac, ou dans une forte décoction de tanésie. On les laisse
dans ce bain salutaire environ
une heure ; les petits animal-
cules qui sont attachés à l'oignon, et qui sont les causes de
sa maladie, périssent. On retire
ces oignons qu'on laisse sécher
ensuite à l'ombre dans un lieu
bien aéré, et on conserve ainsi
des espèces précieuses qu'on aurait de la peine à recouvrer.

La jacinthe a une singularité
qui lui est particulière, c'est de
fleurir dans l'eau. Pour cet effet, prenez un vase cylindrique de verre de 15 à 18 pouces
de long, sur 2 ou 3 pouces de
large ; ajustez au haut un cercle

de plomb, qui puisse soutenir la jacinthe ; placez l'oignon sur ce support, la tête en bas, et versez-y de l'eau jusqu'à ce que son extrémité supérieure en soit baignée, en sorte que le bourre-let des racines reste dehors. Il ne viendra pas de racines, mais l'oignon poussera dans l'eau des feuilles et des fleurs, comme si elles étaient à l'air.

Ce qui fait présumer que les racines de la jacinthe ne servent que pour la fixer.

§ Iᵉʳ. *Moyen de se procurer sur sa cheminée, pendant tout l'hi-ver, un jardin de jacinthes, et de les voir fleurir à des jours fixes.*

Il faut observer le temps d'ac-croissement différent de quel-ques espèces d'oignons, et les multiplier par les cayeux : les jacinthes blanches simples com-mencent à fleurir le vingt-sixiè-me jour dans un appartement modérément échauffé toute la journée ; les jacinthes bleues simples, le trente-quatrième. D'autres espèces doubles sui-vent diverses marches dans leurs accroissemens. D'après ces ob-servations, en mettant tous les huit jours dans des caraffes d'eau, ou sur des petits théâ-tres, des oignons, on se procure une suite de fleurs non inter-rompue. Les oignons mis dans l'eau ne demandent qu'à être entretenus d'eau tous les jours, à mesure qu'elle s'évapore. Les a-t-on retirés de l'eau après la floraison, si on les laisse sé-cher, et qu'on les remette en terre l'année suivante, ils pous-

seront quelques fleurs, mais four-niront de très-beaux cayeux qui renouvelleront l'espèce. Les tu-lipes et les jonquilles peuvent orner de même les cheminées de la manière la plus agréable.

Voyez, au mot *Fleurs*, § XI, la manière d'en changer les couleurs.

JAMBES ET CUISSES AR-TIFICIELLES. En 1747, l'A-cadémie de chirurgie, sur le rapport de ses commissaires, donna son approbation aux jam-bes artificielles, de l'invention du sieur Garat, menuisier, rue des Poitevins. (*Voyez* le *Journal de la Blancherie*, 1779, p. 28.)

Ce même journal, année 1781, p. 84, année 1782, p. 96, fait mention de cuisses et de jambes artificielles, par le moyen des-quelles tous les mouvemens du genou et du pied s'opéraient en tous sens. Ces jambes artifi-cielles, de l'invention de MM. Dupont et Constin, mécani-ciens, à l'hôtel des Bœufs, rue de la Huchette, avaient cela de particulier, est-il dit, que pour-vu qu'il restât 4 pouces de cuis-se tout au plus, à partir de la hanche, ce tronçon étant enfer-mé dans une boîte qui formait le haut de la cuisse artificielle, le seul mouvement de la han-che suffisait pour imprimer aux différentes parties de la machi-ne les divers mouvemens qui imitent ceux de la nature, et ces mouvemens s'opéraient par des lames d'acier qui étaient lo-gées le long de la cuisse, et qui, à l'aide de charnières mobiles en toute sorte de sens, trans-mettaient le mouvement au ge-

3

nou, au pied et aux doigts même, faisaient tourner la jambe en-dedans, en-dehors, etc., selon la volonté de celui qui s'en servait, de sorte qu'il pouvait s'asseoir, se lever, monter un escalier, et faire, avec une facilité étonnante, toutes les fonctions que son état semblait lui avoir interdites, si l'art ne fût point venu à son secours.

M. Oudet, chirurgien herniaire, a présenté, en 1792, à la Commission des Arts, une jambe artificielle qui avait l'avantage, 1°., d'exécuter les mouvemens de flexion et d'extension du pied sur la jambe, sans avoir les inconvéniens d'accrocher dans la marche les corps saillans qui peuvent se rencontrer; 2°. de recevoir le moignon de la jambe coupée, et d'éviter l'inconvénient de le replier en arrière, en la fléchissant sur la cuisse; 3°. de ménager les points d'appui de façon à ce que le corps ne porte pas sur l'extrémité amputée; 4°. d'exécuter le mouvement de flexion de la jambe sur la cuisse à volonté; et 5°. de conserver une légèreté qui en rende l'usage le moins incommode possible. La description de cette jambe artificielle, et des moyens mécaniques employés par M. Oudet, se trouve dans le *Journal des Inventions et Découvertes*, t. I, p. 21.

En 1795, il fut fait, au Lycée des arts à Paris, un rapport sur des jambes artificielles mécaniques, de l'invention de M. Sannec. Leur construction était de deux espèces; l'une destinée pour ceux qui n'ont que la jambe emportée; l'autre, pour ceux qui ont eu la cuisse coupée; la première a paru d'une exécution supérieure, et remplir parfaitement le but proposé; la seconde a été regardée comme susceptible de perfection. On trouvera ce rapport intéressant dans le *Journal du Lycée des Arts*, septembre 1795, p. 96. Le Lycée, à cause des divers perfectionnemens de ces jambes mécaniques, dont les mouvemens du pied et du genou sont aussi faciles et aussi sûrs que ceux des jambes naturelles, lui a accordé une médaille le 29 thermidor an 6.

Vers la fin de 1793, le Lycée des arts a parlé avec éloge des travaux de M. Koch, serrurier, auteur d'une machine au moyen de laquelle une jambe cassée peut être assurée sans éclisse et sans bandage; ce qui diminue beaucoup les douleurs et l'incommodité de ce fâcheux accident.

JARDINS. Les Hollandais regardent dans leurs jardins comme un très-bel ornement, des ifs, buis, ou autres arbrisseaux, taillés en forme d'animaux; ils y mettent quelquefois des yeux d'émail. La nature se prête difficilement à ces bisarreries, qui ne peuvent jamais être d'une grande élégance. Les personnes pour lesquelles ces singularités ont quelqu'agrément, peuvent placer dans leur parterre des formes d'animaux ou de fruits, faits en fil de fer; on remplit ces moules de terre, et on sème à travers les fils des graines; la plante levée imite assez ce qu'on a voulu représenter. Le persil, par exemple, peut être employé avantageusement pour cet effet.

On tient toujours au lieu dont on vient, dit Lafontaine. Un cuisinier du premier ordre, s'il faut en croire Pope, avait embelli sa campagne d'un dîner tel qu'on en sert à la cérémonie d'un couronnement. Ce philosophe célèbre critique vivement ce goût singulier qui paraît s'éloigner de la nature, et par zèle pour ceux qui sont curieux de cette sorte de merveilles, il en fait un catalogue très-plaisant : on voit entre autres l'arche de Noé en houx, dont les côtés sont en assez mauvais état faute d'eau ; un Saint-Georges en buis, dont le bras n'est pas tout-à-fait assez long, mais qui pourra tuer le dragon au mois d'avril prochain ; une reine Elisabeth en tilleul, tirant un peu sur les pâles couleurs, mais à cela près croissant à merveille ; une vieille fille d'honneur en bois vermoulu ; plusieurs grands poëtes modernes un peu gâtés ; un cochon de haie vive, devenu porc épic pour avoir été laissé à la pluie pendant une semaine ; un verrat de lavande, avec de la sauge qui pousse dans son ventre ; deux vierges en sapins prodigieusement avancées, etc.

Au reste, il est cependant des imitations auxquelles l'art peut atteindre sans paraître ridicule. Nous avons vu des morceaux d'architecture, des théâtres exécutés en charmille avec le plus grand succès, et dont le coup-d'œil faisait un très-bel effet.

Nous ne parlerons des *jardins anglais*, que pour insérer ici des réflexions très-judicieuses de M. Sarrazin de Montferrier, ingénieur :

« L'architecture rurale, dit-il, paraît avoir perdu beaucoup de son ancien lustre, depuis qu'on a exclusivement adopté le système des jardins anglais. Ce système agréable dans son origine, est bien dégénéré entre les mains de nos jardiniers. Ils ont cru assimiler l'art de la plantation à celui de la peinture, en faisant de grands tableaux sur de petits espaces. Peu versés dans la perspective, ils ont imaginé que l'illusion de 20 lieues de pays, produite sur une toile de 20 pouces, pouvait également se risquer sur un terrein de 20 toises, et ils ont construit le *monde en raccourci*, mais tellement en raccourci et si mal ordonné, qu'il ressemble plutôt aux ruines et aux égoûts d'un petit coin du monde, qu'à un tableau agréable et riant de la campagne. Cette vérité devient transcendante à l'aspect de nos jardins modernes. On n'y voit par-tout que des petits *sentiers tortueux*, coupés par des *ravins inutiles*, creusés simplement pour avoir occasion d'y jeter un *pont de bois* ; des *ruines factices* dans des lieux où l'on ne peut pas même supposer qu'il ait existé des monumens ; des *grottes*, des *mazures*, des *buissons*, des *puits*, des *trappes*, des *casse-cols* entassés sans ordre, sans nécessité, sans utilité ; assemblage informe, bien plus dangereux qu'agréable à la vue.

4

Tout le monde a su la funeste aventure de milord d'Harcourt, qui, voulant retirer sa petite chienne d'un de ces puits inutiles de son jardin, y tomba la tête la première et y fut trouvé mort quelques jours après. »

M. de Montferrier propose d'unir la noblesse des chefs-d'œuvre de Le Notre, au goût bizarre et pittoresque des Anglais.

C'est sans doute une idée heureuse, que de rassembler dans un jardin les diverses situations de la belle nature, pour la présenter *simple*, *agreste*, *riche*, *sombre*, *mystérieuse*, *inquiétante*, *curieuse*, *amusante*, *instructive*, *voluptueuse* ou *tranquille*; mais nous dirons toujours qu'il faut de l'espace, et que sans espace les objets de perspective, entassés les uns sur les autres, quelqu'agréables que puissent être les détails, ne présentent que désordre et confusion, jouissance trop facile et prompte satiété.

Que ne puis-je faire ici la description du jardin de mon ami Macquer, à Gressy, jardin tracé par nous, et où l'art était si bien secondé par la nature? Un terrein frais et fertilisé par des eaux vives et bien conduites; un labyrinthe planté d'arbres étrangers les plus curieux, et offrant des lieux de repos variés et intéressans; des bosquets plus agréables encore, embellis par une cascade, se faisant jour à travers un rocher couvert de coquilles précieuses; une île d'amour semée de violette et de pensées, rafraichie par le cours sinueux d'une eau limpide coulant paisiblement dans un lit bordé de gazons verds; des poissons rouges et dorés animant ces eaux tranquilles; une belle et grande prairie, qui tous les jours de l'année offrait dans l'après-midi le spectacle d'un troupeau nombreux paissant paisiblement jusqu'auprès du jardin, défendu seulement par une petite rivière; la perspective d'une chûte d'eau, qui, après avoir mis en mouvement un moulin, venait en nappe à travers cette prairie, se marier aux eaux de la petite rivière... Ah, mon ami, quel tendre souvenir! Qu'ils sont profondément gravés dans ma mémoire, ces momens délicieux où, guidés par les mêmes goûts, par ce penchant irrésistible vers l'étude de la nature, nous observions ensemble, tantôt l'industrie des insectes, les habitudes de certains animaux, la vie errante de quelques poissons arrêtés souvent à un point fixe, le retour périodique de plusieurs oiseaux, l'immense variété des plantes, leur caractère, ce que l'art et la culture pouvait y apporter de changement. Tantôt levant les yeux au ciel, nous admirions les feux du soleil couchant, l'ascension majestueuse de l'astre de la nuit, l'espace immense de l'univers, mesuré par un nombre prodigieux de globes lumineux; les vapeurs de notre atmosphère roulantes au-dessus de nos têtes, en forme de nuages, inspirant quelquefois la terreur par les éclats bruyans du tonnerre, et les funestes effets de l'électricité, mais le plus souvent destinés à porter la fécondité sur nos terres cultivées.

Non, mon tendre ami, je n'oublierai jamais que nos méditations sur ce spectacle sublime et ravissant, après avoir élevé nos ames vers l'Eternel, se terminaient par les épanchemens d'une douce amitié.

Je demande pardon à mes lecteurs d'une digression qui doit leur être indifférente ; mais je n'ai pu résister à l'impulsion d'un sentiment qui ne s'éteindra qu'avec ma vie.

§ Ier. *Décoration des parterres.*

L'on a beau vanter l'agrément des parterres en broderie ; les plates-bandes garnies de fleurs sont toujours exposées à être nues, sur-tout dans l'arrière saison. Nous avons vu chez un curieux, un parterre qui nous semble devoir plaire en tout temps, et être aussi agréable en hiver que dans le fort de l'été, dans les lieux où on ne manque pas d'eau. C'est un genre de parterre à l'anglaise, formé et nué à grandes parties en gazons de diverses couleurs, à-peu-près comme nos boîtes de différens ors. Une fleur de lys découpée formait ce parterre ; elle était composée de quatre grandes pièces, dont l'une était en reygrass, l'autre en petit gramen d'Espagne ; et on sait qu'il y a deux cens espèces de graminées qui fournissent abondamment de quoi choisir pour varier ces nuances de verd, dont l'une dif-

fère de l'autre très-sensiblement. Cette variété, qui est très-agréable à l'œil, jointe aux sables colorés, fait un plus joli effet que les buis, toujours sales et sujets à trop d'entretien. En général, les gazons sans simétrie apparente, mais semés de fleurs qu'on renouvelle et d'arbustes, sont certainement la décoration la plus douce à l'œil, et ils sont d'autant plus agréables, qu'ils imitent la nature qui plaît toujours.

§ II. *Manière de les dessiner.*

Voici une méthode facile pour tracer sur le plan même, et dessiner toutes sortes de parterres. On trace d'abord sur un papier le dessin d'un parterre, tel qu'on veut l'avoir ; on met au bas de son dessin une échelle de proportion, ensuite on divise le dessin que l'on a fait par mailles, avec des lignes tirées au crayon, et qui en se croisant formeront des carreaux de telle dimension que l'on voudra choisir, à raison de l'emploi du terrein.

On trace ensuite, avec le cordeau, sur le terrein, autant de lignes et de carreaux qu'on en a sur son dessin ; et dans chaque maille les même traits qui sont marqués dans la maille du dessin.

§ III. *Des fleurs d'un parterre.*

Un parterre peut plaire infiniment par ses dessins et les formes qu'on lui a données ; mais ce sont les fleurs qui font principal ornement des jardins. Si le printemps est la saison la plus riche en fleurs, il n'est pas pourtant impossible d'en avoir toute l'année. Pour procurer cet avantage aux amateurs du jardinage, nous joindrons ici le tableau des fleurs qui chaque mois contribuent à la décoration des parterres; et pour le rendre plus sensible et plus utile, nous mettrons sur une colonne séparée la couleur de chaque fleur, afin qu'un homme intelligent puisse, dans le temps où les fleurs abondent, donner, par une heureuse disposition, plus d'éclat à ses plates-bandes, en mettant une couleur à côté d'une autre qui la fasse valoir.

JANVIER.

Fleurs.	Couleurs.
Aconit d'hiver,	bleu.
Anemones simples,	incarnat, couleur de feu, blanches, nuancées.
Anemones plantées au commencement de septembre,	violette à peluche rouge.
Cyclamen d'hiver, ou pain de pourceau,	purpurine.
Ellébore noir,	purpurine et verdâtre.
Jacinthes brumales,	blanches.
Narcisses du Levant à bouquet,	blancs.
Primevères simples,	jaunes pâles.

FÉVRIER.

Fleurs.	Couleurs.
Aconit d'hiver,	bleu.
Anemones simples,	incarnat, couleur de feu, blanches, nuancées.
Anemones à peluches hâtives,	violette à peluche rouge.
Crocus du printemps, ou safran,	gris-de-lin.
Ellébore noir,	purpurine et verdâtre.
Hépatiques simples,	bleues, couleur de chair, ou blanche.
Iris de Perse,	violette ou purpurine avec des veines blanches.
Perce neige,	blanchâtre avec une tache verdâtre.
Leucoyon hexaphyllon,	jaune.
Giroflée à grandes fleurs,	jaune.

MARS.

Fleurs.	Couleurs.
Aconit d'hiver,	bleu.
Anémones,	incarnat, couleur de feu, blanches, nuancées.
Chamædris, germandrée,	purpurine.
Chelidoine (petite) à fleurs doubles,	couleur dorée, éclatante.
Cyclamen du printemps, ou pain de pourceau,	purpurine.
Crocus du printemps, ou safran,	gris-de-lin.
Ellébore noir,	purpurine et verdâtre.
Fritillaire,	émaillée d'incarnat, et tachetée en façon de damier.
Fumeterre bulbeuse,	purpurine ou blanche.

Ciroflée d'Alle- magne,	jaune.
Hépatiques,	bleues, couleur de chair ou blan- ches.
Jacinthes bruma- les,	blanches.
Jacinthes étoilées d'Allemagne,	bleues.
Jacinthes Orien- tales,	couleur de rose.
Jacinthes zumbu- lines,	rouges.
Jonquille d'Es - pagne,	jaune.
Iris de Perse,	violette ou purpu- rine, avec des veines blanches.
Iris tubéreux, ou hermodacte,	couleur cendrée, verdatre.
Leucoyon hexa- phyllon,	jaune.
Leucoyon triphyl- lon, ou perce- neige,	blanchatre, avec une tache ver- datre.
Narcisse,	jaunes ou blancs.
Oreille d'ours hâ- tive,	rouge, cramoisie, violet, pourpre, etc.
Primevères,	jaunes, rouges, etc.
Tulipes précoces,	jaunes, purpuri- nes, rouges, blanches ou va- riées.

A V R I L.

Fleurs.	Couleurs.
Anemones,	incarnat, couleur de feu, blanches, nuancées.
Chamædris, ou germandrée,	purpurine.
Chevre-feuille,	rouge et blanc.
Couronne impé- riale,	purpurine tirant sur le jaune.
Cyclamen de prin- temps, ou pain de pourceau,	purpurine.
Dens caninus, dent de chien,	marbrée.
Fritillaire,	émaillée d'incar- nat, et tachetée en façon de da- mier.

Giroflée,	rouge, marbrée, panachée.
Hépatique double,	bleue, couleur de chair, ou blanche.
Jacinthes étoilées d'Allemagne, Jacinthes d'An- gleterre, Jacinthes grap- pues, Jacinthes Orien- tales tardives,	bleues ou blan- ches.
Jonquille,	jaune.
Iris de Florence,	blanc de lait.
Marguerites,	blanches, variées de rouge et de blanc.
Muscari,	purpurine ou ver- te, blanchatre ou bleuatre.
Narcisses,	bleus ou jaunes.
Oreilles d'ours,	rouge, cramoisi, violet, pourpre.
Pensées,	pourpre ou bleu, mêlé de jaune et de blanc.
Primevères,	jaunes, rouges de différentes nuan- ces.
Pulsatile ou co- quelourde,	violette ou pour- pre clair.
Renoncule de tri- poli,	rouge ou de cou- leur mêlée.
Tulipes,	jaunes purpuri- nes, rouges, blanches ou va- riées.
Violette,	violette.

M A I.

Fleurs.	Couleurs.
Ancolie,	bleue, rouge, cou- leur de chair, verte, panachée.
Aubifoin,	blanche, couleur de chair, pur- purine, bleue, panachée.
Chamædris à feuilles étroites,	purpurine.
Cotiledon, nom- bril de Vénus,	jaune.
Digitale,	purpurine.

Fraxinelle, dic- purpurine,
tame blanc,
Gladiole, glayeul, rougeatre, blanche
     ou bleuatre.
Giroflées, jaunes, rouges,
     marbrées, pana-
     chées.
Géraniums, purpurines, roses
     et de différentes
     nuances.
Horminum de crè- purpurines et blan-
te, ches.
Hémérocale, jaune.
Jacée double, blanche et rouge.
Jacinthe, panachée.
Iris bulbeux hâtif violette, purpuri-
     ne à veines blan-
     ches.
Lis asphodèle, jaune.
Lis hâtif, orangé.
Marguerites, blanches, et va-
     riées de rouge
     et de blanc.
Millefeuille, jaune.
Moly, blanc.
Moly, jaune.
Muguet des bois, blanc.
Œillet de mon- blanc piqueté de
tagne, rouge.
Œillet de Poëte, rouge vif.
Pensées, pourpre ou bleu
     mêlé de jaune et
     de blanc.
Phalangium des pale, ou de cou-
Alpes, leur herbeuse.
Pivoines, rouge éclatant.
Renoncules, rouges ou de cou-
     leurs mêlées.
Rose, rose.
Sauge, purpurine.
Sedum serratum, jaune, blanchatres.
joubarbe,
Sisymbrium doub. jaune,
herbe de Sainte-
Barbe,
Talictrum, pourpre.
Tulipes tardives, jaunes, purpuri-
     nes, rouges,
     blanches ou va-
     riées.
Valeriane, blanchatre tirant
     sur le purpurin.
Véronique grande bleu, ou bleuatre.
et petite,

JUIN.

Fleurs.	Couleurs.
Antirrhinon, mu-	couleur de chair.
fle de veau,	
Argemone, pavôt	jaune.
épineux,	
Capucine,	jaune, veinée de rouge.
Clematites,	bleues, blanches, incarnat.
Cianus-aubifoin,	blanche, couleur
bluet,	de chair, bleue, purpurine, pa- nachée.
Digitale,	purpurine.
Filipendule,	blanche.
Geraniums,	purpurines, roses, et de différentes nuances
Giroflées,	jaunes, rouges, marbrées, pana- chées.
Hieracium,	jaune.
Horminum de crè-	purpurine et blan-
te,	che.
Jacée double,	blanche et rouge.
Iris bulbeux,	violet, purpurin, à veines blan- ches.
Iris maritime,	pourpre.
Iris d'Angleterre,	jaune varié.
Lychnis alsine-	blanc ou rouge.
foliis,	
Martagon,	jaune, blanc, o- raugé, pourpre.
Millefeuille,	jaune.
Œillets,	rouges, blancs, pourpres, mar- brés, panachés.
Ornithogalon à	verdatre en – de-
épi,	hors, blanche en dedans.
Pensées,	pourpr ou bleues, mêlé de jaune et de blanc.
Phalangium de	pale, ou de cou-
Virginie,	leur herbeuse.
Pied d'alouette	panaché de bleu,
hâtif,	de blanc et de rouge.
Piloselle (grande)	jaune.
Rosier,	rose.

Satirions, orchis, purpurines, ou de couleurs variées.
Sauge,   blanche.
Thlaspi de Candie blanche.
Tubéreuse,   blanche.
Véronique,grande bleue et bleuatre.
et petite,

JUILLET.

Fleurs.	*Couleurs.*
Acanthe,	couleur de chair.
Ambrette,	jaune doré.
Basilic,	purpurine, et de différentes nuances.
Campanelle,	bleue, violette ou blanche.
Capucine,	jaune, veinée de rouge.
Clématites,	bleues, blanches, incarnat.
Cyclamen de Véronne,	purpurine.
Cyclamen odoriférant,	pourpré.
Digitale d'Espagne,	ferruginée.
Eryngion planum, chardons,	couleur d'améthyste.
Géranium triste	violet terne.
Géranium de Crète	rouge, et varié.
Giroflée,	jaune, rouge, marbrée, panachée.
Jacée double,	blanche.
Linaire de Crète,	jaune.
Lychnis calcedonica,	rouge et blanc.
Marguerites,	pourpres, violettes, blanches et rouge.
Millefeuilles,	jaunes.
Œillets,	rouges, blancs, panachés.
Pensées,	pourpre ou bleu, mêlé de jaune et de blanc.
Pied d'alouette,	panaché de bleu, de blanc et de rouge.
Pois d'Inde,	nacarat.
Rose muscade,	blanche.

Rose d'outre mer, rouge, incarnat mêlé de blanc.
Souci double, jaune.
Thlaspy de Candie, blanc.
Tubéreuse, blanche.
Véronique,grande bleue et bleuatre.
et petite,

AOUT.

Fleurs.	*Couleurs.*
Amaranthe,	cramoisie, pourpre, ou jaune doré.
Ambrette,	jaune doré.
Anagalis lusitanica,	bleu ou rouge.
Aster, œil de christ,	bleu ou violette.
Basilic,	purpurine, et de différentes nuances.
Campanelle,	bleue et blanche.
Capucine,	jaune, veinée de rouge.
Carline,	blanche.
Clématites,	bleues, blanches, incarnat.
Cyclamen de Véronne,	purpurine.
Cyclamen odoriférant,	pourpré.
Cyclamen bysantin,	rouge.
Datura de Turquie, pomme épineuse,	blanche.
Eryngium planum,	couleur d'améthyste.
Géranium de Crète	rouge et varié.
Géranium triste,	violet terne.
Giroflier,	jaune.
Grenadille, ou Fleur de la passion,	blanche.
Hyeracium (petit) des Alpes,	jaune.
Jacée double,	blanche.
Jasmin d'Espagne,	blanc.
Jasmin odoriférant des Indes,	jaune.

Linaire de Crète, jaune.
Merveille du Pérou, belle-de-nuit, rouge, jaune mêlé de blanc,
Millefeuille, jaune.
Œillets d'Inde, jaunes.
Pensée de montagne, jaune.
Pied d'alouette, panaché de bleu, de blanc et de rouge.
Pois d'Inde, nacarat.
Rose muscade, blanche.
Rose d'outre mer, rouge, incarnat mêlé de blanc.
Soucy double, jaune.
Staticé, blanche.
Thlaspy de Candie, semé en mars ou avril, blanc.
Tubéreuse, blanche.
Véronique, bleue et bleuâtre.

SEPTEMBRE.

Fleurs. **Couleurs.**

Amaranthe tricolor, cramoisie, pourpre, jaune doré.
Ambrette semée au printemps, jaune doré.
Anagalis de Portugal, bleu ou rouge.
Antirrhinon, mufle de veau, couleur de chair.
Basilic, purpurin et de différentes nuances.
Campanelle, blanche et bleue.
Capucine, jaune, veinée de rouge.
Carline, blanche et noire.
Colchiques, purpurine, ou blanchâtre.
Cyclamen d'automne, rouge.
Chrysanthemum à feuilles menues, marguerite, jaune doré.
Eupatorium du Canada, jaune.
Fleur du soleil, jaune.
Fleur de la passion, ou grenadille, blanche.
iroflier, jaune.

Géranium de Crète, rouge et varié.
Géranium triste, violet terne.
Jasmin d'Espagne, blanc.
Jasmin des Indes odoriférant, jaune.
Linaire de Crète, jaune.
Lychnis double, blanc et rouge.
Lys narcisse des Indes, jaune.
Melongène, blanche ou purpurine.
Merveille du Pérou, ou belle-de-nuit, rouge, jaune mêlé de blanc.
Millefeuille, jaune.
Narcisse de Perse, blanc.
Œillets d'Inde, jaune velouté.
Pensées, pourpre ou bleu, mêlé de jaune et de blanc.
Phalangion de Virginie, pâle ou de couleur herbeuse.
Pomme dorée, ou pomme d'amour, jaunes.
Pomme épineuse, dite datura, blanche.
Pois des Indes, nacarat.
Poivrier d'Inde, blanche, à fruits rouges.
Piloselle (grande), jaune.
Renoncule de Portugal, rouge, et de différentes couleurs.
Rose muscade, blanche.
Rose de tous les mois, rose.
Soucy double, jaune.
Staticé, blanche.
Thlaspy de Candie, semé au printemps, blanc.
Tubéreuse, blanche.
Véronique, bleue et bleuâtre.
Violette, violette.
Zinnia, rouge.

OCTOBRE.

Fleurs. **Couleurs.**

Amaranthe tricolor, cramoisie, pourpre, jaune doré.
Aster, ou œil de christ, bleue ou violette.
Amomum, bl., à fruits roug.

Antirrhinon, mu-	couleur de chair.
fle de veau,	
Basilic,	purpurin, et de dif-
	férentes nuances.
Campanelle,	bleue et blanche.
Capucine,	jaune, veinée de
	rouge.
Colchiques,	purpurine, ou
	blanchatre.
Cyclamen,	rouge.
Fleur de la pas-	blanche.
sion,	
Fleur du soleil,	jaune.
Giroflier,	jaune et veiné.
Géranium triste,	violet terne.
Jasmin d'Espa-	blanc.
gne,	
Jasmin des Indes,	jaune.
Lychnis double,	blanc et rouge.
Melongène,	blanche ou purpu-
	rine.
Merveille du Pé-	rouge, jaune mêlé
rou, ou belle-	de blanc.
de-nuit,	
Millefeuille,	jaune.
Marguerites,	rouges, violettes,
	blanche et va-
	riées.
Narcisse d'au-	blanc.
tomne,	
Narcisse d'Alep,	jaune.
Narcisse de Perse,	blanc.
Narcisse sphéri-	blanc.
que,	
Œillets d'Inde,	jaune velouté.
Pensées semées en	pourpre ou bleu,
août,	mêlé de jaune et
	de blanc.
Pomme dorée, ou	jaune.
pomme d'amour,	
Pomme épineuse,	blanche.
Poivre d'Inde,	blanc, à fruits rou-
	ges.
Phalangium de	pâle, ou de cou-
Virginie,	leur herbeuse.
Piloselle (grande)	jaune.
Renoncule de Por-	rouge, et de diffé-
tugal,	rentes couleurs.
Rose muscade,	blanche.
Rose d'outre—mer	rouge, incarnat
semée au prin-	mêlé de blanc.
temps,	
Soucy double,	jaune.
Staticé,	blanche.
Tubéreuse,	blanche
Véronique,	bleue et bleuatre.

Violette,	violette.
Zinnia,	rouge.

NOVEMBRE.

Fleurs.	Couleurs.
Anemones sim-	incarnat, couleur
ples,	de feu, blanches,
	nuancées.
Antirrhinum, mu-	couleur de chair.
fle de veau,	
Campanelle,	bleue et blanche.
Cyclamen de Perse	rouge.
L'Ellébore noir hâ-	purpurine et ver-
tif,	dâtre.
Giroflier,	jaune.
Jasmin d'Espa-	blanc.
gne,	
Marguerites,	rouges, violettes,
	blanches et va-
	riées.
Œillets,	panachés de rouge
	et de blanc.
Pensée,	pourpre ou bleue,
	mêlé de jaune ou
	de blanc.
Rose muscade,	blanche.
Véronique,	bleue et bleuâtre.
Violette double,	violette.

DÉCEMBRE.

Fleurs.	Couleurs.
Anemones sim-	incarnat, couleur
ples,	de feu, blan-
	ches, nuancées.
Anemones pelu-	violettes à pelu-
chées, hâtives,	che rouge.
Anthirrinon, mu-	couleur de chair.
fle de veau,	
Cyclamen de Per-	rouge.
se,	
Cyclamen d'hiver,	purpurine.
Girofliers,	jaunes.
Iris Clufii,	bleue.
Œillets,	panachés de rouge
	et de blanc.
Primevère,	jaune pale.
Soucy double,	jaune foncé.

§ IV. *Bordures pour les plates-
bandes.*

Assez ordinairement on emploie le buis pour border les
parterres : il a l'avantage de dessiner parfaitement le plan, sur-
tout lorsqu'on a soin de le tailler : mais le buis ne réussit pas
également par-tout, et l'on est
obligé d'y suppléer. Les espèces
qu'on peut substituer sont :

le fraisier,	le myrthe,
la joubarbe,	la sauge,
la nompareille, ou	le staticé,
petit œillet des	la violette de mars
Alpes,	la petite margue-
le thym,	rite.
l'hyssope ;	

§ V. *Méthode pour nétoyer les
allées sablées sujettes à engendrer de la mousse.*

Cette méthode consiste, dit-
on, à arroser les allées avec une
saumure noyée dans trois parties d'eau douce, savoir, en automne et au printemps, pendant
une semaine entière, et de temps
en temps pendant l'été, suivant
que le cas l'exige. Cette méthode a encore un autre avantage, c'est de détruire les vers
qui sillonnent la terre, et d'empêcher la crue des mauvaises
herbes. 1°. Il faut considérer
qu'un tel procédé ne serait pas
praticable dans un pays où le
sel serait cher ; 2°. s'il est
vrai que les substances salines
contribuent à hâter la végétation, il nous semble qu'au lieu
de détruire les mauvaises herbes, elles ne feraient que croître

en plus grande abondance C'est
à l'expérience à en décider.
(*Voyez* l'article *Engrais*).

§ VI. *Allées couvertes.*

Les arbres qui donnent beaucoup d'ombre sont recherchés
avec empressement dans les
chaleurs de l'été ; aussi, dans
nos jardins, ont-ils la préférence.
Mais pour former des allées, il
est à propos de choisir des arbres qui aient un beau feuillage,
qui soient les moins exposés à
être dévorés par les insectes,
ceux qui souffrent le croissant
et les ciseaux pour prendre la
forme qui paraît la plus agréable, et ceux qui portent des
belles fleurs, et éviter d'employer des arbres de trop grande
taille, qui occupent trop de terrein, ou dont les racines produisent beaucoup de rejets qui
rendent la promenade incommode.

Le marronnier d'Inde a une
très-belle feuille ; ses fleurs sont
des plus agréables ; il forme un
ombrage tellement épais, qu'il
ne peut être pénétré par le soleil, même en plein midi ; il ne
produit point de rejets ; il souffre admirablement bien le croissant et les ciseaux ; il est, dans
le printemps, le plus bel arbre
qu'on puisse desirer ; mais ses
feuilles sont très-souvent dévorées par les hannetons et les chenilles. Comme elles sont grandes et minces, le vent les fatigue
beaucoup, le soleil les brûle,
et cet arbre, qui charmait pendant le printemps, devient en
automne un des plus désagréables,

bles. Les feuilles qui tombent salissent les allées, et la chûte de son fruit incommode beaucoup les personnes qui se promènent.

Le faux acacia a des feuilles assez petites, d'un verd gai, qui ne sont point sujettes à être attaquées par les insectes, et des fleurs très-belles qui répandent une odeur agréable; mais si on le laisse venir à une grande hauteur, le vent éclate ses branches; elles se fendent depuis l'enfourchure jusqu'aux racines. Si on l'étête, dans la vue d'éviter cet inconvénient, on a des têtards pareils à ceux de saules, et qui ont même encore une forme plus désagréable : si on veut le conduire avec le ciseau et le croissant, il s'y refuse, et pousse de toutes parts de longues baguettes qui en défigurent la forme. Ses racines poussent assez souvent des rejets d'autant plus incommodes, qu'ils sont chargés d'épines. C'est apparemment pour cela qu'il a été banni des jardins. Néanmoins, à cause de la couleur de son feuillage et de la bonne odeur que répand sa fleur, on pourrait en planter quelques salles dans les parcs et dans les grands jardins.

Le sicomore et l'érable, à feuilles de platane, font de fort beaux arbres dans les endroits où ils se plaisent ; mais leurs feuilles sont tellement exposées à être mangées par les hannetons et par les chenilles, ou à être meurtries par le vent, qu'ils ne pourraient faire qu'un mauvais effet dans les jardins : on pourrait seulement en former

quelques bosquets dans les grands parcs, pour éviter l'uniformité, qui devient toujours fort désagréable : et en ce cas quelques érables du Canada pourraient mériter la préférence sur ceux de France.

Le frêne forme une très-belle tige ; ses branches se soutiennent bien, elles prennent une belle forme sans le secours de l'art : ses feuilles sont d'un beau verd, mais presque toutes les années ils sont entièrement dépouillés par les cantharides, qui répandent une odeur de souris, forte et désagréable. Le frêne à fleurs serait préférable pour former des allées, quoique le verd de sa feuille, qui tire un peu sur le rouge, soit moins brillant, parce qu'il n'est presque point endommagé par les cantharides, et que cet arbre est fort beau, sur-tout dans le temps de sa fleur.

Le merisier a une très-belle tige ; ses branches prennent d'elles-mêmes une forme agréable; ses feuilles sont belles et grandes, quelquefois attaquées par les hannetons, mais beaucoup moins que le marronnier d'Inde et l'érable : elles subsistent fort avant dans l'automne, et alors elles rougissent ; mais ce rouge est éclatant, et n'a rien de déplaisant. Si pour une pareille plantation on se sert de merisier à fleur double, on aura pendant quinze jours ou trois semaines du printemps, le plaisir de voir ces arbres se charger de belles guirlandes de fleurs qui ressemblent à des semi-doubles. Malheureusement cet

Tome III.   X

arbre est quelquefois sujet à être pris de la gomme, surtout dans les bons terrains, et l'on voit les plus beaux pieds perdre subitement leurs branches ; mais aussi ils ont l'avantage de subsister dans les mauvaises terres, et d'y être moins attaqués de cette maladie que dans les terres substantielles.

Le micocoulier, le grand cytise des Alpes, les sorbiers cultivés, ou encore mieux celui qu'on appelle le *sorbier des oiseleurs*, et que dans le Hainault on nomme *correttier*, et aux environs de Paris *cochéne*, peuvent être destinés pour les petites allées : ils ont une belle tige ; leur tête prend une belle forme, leur feuillage est agréable ; et celui des oiseleurs a encore un agrément de plus, il se charge en automne de fruits rouges qui le rendent singulièrement beau, et dont les grives sont très-friandes.

L'orme souffre très-bien le ciseau et le croissant : on peut tondre celui à petites feuilles en boule d'oranger et palissades basses, et en tapis de verdure. Mais quand on le laisse venir trop grand, les racines s'étendent et dégradent entièrement un jardin ; il est donc plus à propos de placer cet arbre, ainsi que le chêne, le hêtre et le châtaignier aux extrémités des grands parcs, ou aux avenues.

Les platanes d'Orient et d'Occident peuvent faire des salles superbes dans les terreins qui sont humides, sans cependant être aquatiques. Ces arbres ont de belles tiges, des têtes bien formées, extrêmement chargées de feuilles, qui ne sont jamais endommagées par les insectes ; mais ils ne peuvent convenir que dans les grandes pièces, parce qu'ils sont de très-grande taille.

Les mûriers blancs ont des feuilles brillantes et d'un très-beau verd ; ils souffrent très-bien le ciseau et le croissant ; mais leur fruit qui tombe, quand il est en maturité, tache le linge et gâte les habits.

Le tilleul de Hollande est aujourd'hui presque le seul arbre qu'on mette dans les jardins : on en forme des cloîtres, des quinconces. La tige de cet arbre vient ordinairement bien droite ; ses branches forment d'elles-mêmes une belle tête, et se prêtent au ciseau et au croissant pour prendre les formes qu'on veut leur donner ; le feuillage en est agréable, et beaucoup moins sujet que d'autres à être endommagé par le vent et les insectes ; il ne pousse point de rejets ; sa fleur répand une odeur douce et gracieuse ; mais dans les terreins secs, il se dépouille de fort bonne heure. Les deux espèces de tilleul venues du Canada, que l'on multiplie actuellement en France, dont les feuilles sont extrêmement larges, d'un verd gai dans l'une, avec les nervures de la même couleur ; et dans l'autre, d'un verd plus foncé, dont les nervures prennent un peu de rouge, pourront servir par la suite à la décoration des jardins de propreté.

Les peupliers de Virginie

portent de très-grandes et très-belles feuilles.

Ceux de Lombardie forment, sans le secours du croissant, l'effet des plus belles palissades.

Les peupliers blancs croissent avec une vivacité étonnante, et deviennent fort grands.

L'aune, quand il est élagué avec intelligence, fait un bel effet.

Le saule, élevé de graine, forme une belle pyramide, quand, au lieu de l'étêter, on se contente de l'élaguer. Cet arbre peut, ainsi que l'aune et les peupliers, remplir les endroits trop humides qui se rencontrent dans les parcs ou dans les allées que l'on veut prolonger hors les jardins pour former des points de vue.

Les parties éloignées des grands parcs peuvent être plantées avec les mêmes arbres dont on fait les avenues, et les massifs avec ceux dont on fait les grands bois.

§ VII. *Décoration des bosquets.*

La verdure qui, au retour du printemps, flatte si agréablement la vue, plaît moins vivement quand nos yeux sont habitués à la voir ; et l'on s'arrête avec plaisir dans un bosquet dont les arbres joignent aux feuillages touffus le coup-d'œil riant des fleurs et des fruits. Lors donc qu'on veut former des bosquets charmans, on doit principalement s'attacher, dans le choix des arbres, à ceux qui donnent des fleurs dans certains temps de l'année, et les dispo-

ser même de manière que tous les mois un bosquet se trouve orné de fleurs nouvelles. On n'est jamais embarrassé dans le printemps, c'est la saison la plus riche ; mais il faut avoir soin d'étudier les arbres qui donnent des fleurs plus tard, afin que l'œil soit toujours récréé par quelque objet nouveau. Dans l'automne, il y a des arbres dont les fruits colorés forment le spectacle le plus agréable. Dans l'hiver, on est trop heureux de trouver la verdure. Le tableau qui suit indiquera les différens temps de l'année où les arbres, arbrisseaux et arbustes, qui forment les bosquets, se couvrent de fleurs. Ce tableau sera, comme le précédent, divisé en deux colonnes ; la seconde indiquera la couleur des fleurs et celle des fruits. Lorsque les fruits ne sont pas indiqués, c'est que leur aspect ne fait aucune sensation. Nous terminerons ce tableau par les arbres, arbrisseaux et arbustes toujours verts, destinés à former les bosquets d'hiver et garnir les espaliers.

Fin de MARS *et commencement d'*AVRIL.

Cornouiller,	jaune, à fruits rouges.
Bois-gentil,	blanche et rouge.
Amandier nain,	couleur de rose.

*Fin d'*AVRIL.

Mahaleb,	blanche, à fruits rouges.
Pêcher,	rose.
Poirier,	blanche double.

2

Pêcher nain, rose.
Grande Pervenche bleue.
Petite Pervenche, bleue et blanche.

Commencement de MAI.

Cerisier,	blanche, à fruits rouges.
Merisier à fleurs doubles,	blanche.
Padus,	blanche, à fruits rouges.
Laurier cerise,	blanche, à fruits rouges.
Caragagnia,	jaune.
Ragouminer,	blanche, à fruits rouges.
Lilas,	bleue et blanche.
Amelanchier,	blanche.
Azerolier,	blanche, à fruits rouges.
Buisson ardent,	blanche, à fruits rouges.
Obier à fleurs doubles,	blanche.
Spiræa à feuilles d'obier,	blanche.
Grand Cytise,	jaune.
Gaînier, arbre de Judée,	pourpre, à gousses purpurines.
Epine,	blanche, à fruits rouges.

Arbrisseaux et arbustes.

Emerus,	jaune, tacheté de rouge.
Petit Cytise,	jaune.
Spartiumpurgans	jaune.
Pentaphylloïdes, ou quintefeuille en arbrisseau,	jaune.
Millepertuis,	jaune.
Butneria,	purpurine.
Spiræa,	blanche.

Fin de MAI.

Maronier d'Inde,	blanche piquetée de rouge, fruit vert épineux.
Frêne à fleurs,	blanche, un peu jaunatre.
Mélèse,	cônes rouges.

Faux acacia,	blanche.
Pavia,	rouge.
Bonduc du Canada,	blauche.

Arbrisseaux et arbustes.

Styrax,	blanche.
Siaphylodendron	blanche.
Syringa,	blanche.
Colutea,	jaune ou rouge.
Tamarisc,	rouge.
Diervilla,	jaune.
Troêne,	blanche.
Xilosteon,	blanche.
Jasminoides,	blanchatre, purpurine, rouge, et fruit rouge.

JUIN.

Arbustes.

Amorpha,	pourpre, semé de paillettes d'or.
Sanguin,	blanche.
Elœagnus,	jaune pale.
Grewia,	violette.
Grenadier,	rouges.
Sureau,	blauche.
Spiræa,	blanche.
Laurier thym,	blanchatres, fruits noirs, bleuatres et luisans.
Rosier,	rose, à fruits rouges.
Caprier,	blanche.
Chevrefeuille,	mêlé de blanc, de rouge et de jaune.
Periclymenum,	d'un beau rouge vif.
Jasmin,	blanche et jaune.
Clématite,	bleue, ou pourpre, ou verte, ou blanche.
Phaseoloïdes,	bleu.
Chamærodendron	jaune.
Chionanthus,	en grappes blanches.
Genêt,	jaune.
Sparthe genêt,	jaune.
Romarin,	bleue.
Sauge,	bleue.
Santoline,	bleue.

Spartium, — jaune.
Millepertuis, — jaune.
Toutesaine, — jaune, à fruits noirs.
Lavande, — bleue.
Stœchas, — pourpre foncé.
Hysope, — blanche, bleue, rouge.
Thym, — purpurine.
Chamœcerasus, — blanche, fruit rouge ou noir.
Xilosteon, — blanche, fruit rouge.
Anonis, — purpurine.
Grenadille, — bleue, blanche et purpurine.

J U I L L E T.

Bignonia, — rouge, blanche, tiquetée de violet.
Catalpa, — purpurine.
Caprier, — blanche.
Clématite, — bleue, blanche, verdatre.
Clématite à fleurs doubles, — pourpre, foncé et un peu terne.
Clethra, — blanche et en épis.
Hydrangea, — en ombelle branchue, ou en grappe, qui s'épanouit en parasol.
Jasmin, — blanche.
Chevrefeuille, — rouge, mêlangée de blanc.
Periclymenum, — d'un beau rouge vif.
Phaseoloïdes, — de couleur purpurine ou bleue.
Dulcamara, — bleue, fruit rouge.

A O U T.

Bignonia, — rouge, blanche, tiquetée de violet.
Caprier, — blanche.
Hydrangœa, — en ombelle branchue, ou en grappe qui s'épanouit en parasol.
Ronce, à fleurs doubles, — blanche.
Rosier de tous les mois, — blanche, jaune, rouge, de diverses nuances

Laurier thym, — blanche,
Periclymenum, — d'un beau rouge vif.
Dulcamara, — bleue.

S E P T E M B R E.

Bignonia, — rouge, blanche, tiquetée de violet.
Caprier, — blanche.
Hamamelis, — fleurs jaunes et en bouquets.
Ketmia, — rouge, blanche, violet, pourpre, panachée de bl. et de jaune.
Rose à fleur double, — blanche.
Rosier de tous les mois, — rouge.
Evonimoïdes, — bleue, fruit rouge.
Laurier thym, — blanche.
Buisson ardent, — blanche, fruit rouge.
Agnus castus, — blanche, bleue, en pyramide ou épis.
Troëne, — blanche, fruit noir.
Periclymenum, — fleurs, d'un beau rouge vif.
Evonymus, — blanche, fruit rouge.
Dulcamara, — bleue.
Jasminoïdes, — blanchatre, purpurine, rouge, fruit rouge.

O C T O B R E.

Aralia épineux, — blanche, en bouquets.
Caprier, — blanche.
Hamamelis, — blanches et en bouquet.
Agnus castus, — blanche, bleue, en pyramide ou épis.
Bignonia, — rouge, blanche, tiquetée de violet.
Periclymenum, — d'un beau rouge vif.
Dulcamara, — bleue, fruit rouge.
Troëne, — blanche, fruit noir.
Buisson ardent, — blanche, fruit rouge.
Evonymus, — blanche, fruit rouge.

3

Evonimoïdes ,	blanche, fruit rouge.
Jasminoïdes,	blanche , purpurine, rouge, fruit rouge.

Arbres et arbrisseaux toujours verds pour former des bosquets d'hiver ou garnir des espaliers.

Cedre du Liban.	*Pyracantha.*
Pin.	*Romarin.*
Sapin.	*Sezeli d'Ethiopie.*
Epicea.	*Sabinier.*
Cyprès.	*Laurier Alexandrin.*
Thuya.	
Chene-verd.	*Myrthe.*
Houx.	*Troëne.*
Liége.	*Oreille Maritime.*
Phillirea.	*Baccaris.*
Tamarisc.	*Gale.*
Grewia.	*Rue.*
Jasmin.	*Asperge.*
Alaterne.	*Chamœrodendros.*
Buis.	*Kalmia.*
Citronier.	*Phlomis.*
Arbousier.	*Ciste.*
Chamelœa Italica	*Sauge.*
Sassafras.	*Santoline.*
Cytisus Moranthœ.	*Aurone.*
	Absynthe.
Chevrefeuille semper virens.	*Lavande.*
	Stœchas.
Figuier d'Inde.	*Germandrée.*
Genevrier.	*Tithymale.*
Benjoin.	*Millepertuis.*
Bupleurum.	*Toute-saine.*
Halimus.	*Ascirum.*
If.	*Smilax.*
Laurier rose.	*Gualteria.*
Lierre.	*Chenopodium.*
Kermès.	*Raisin de mer.*
Laurier.	*Pervenche.*
Laurier thym.	*Airelle , ou myrtile.*
Laureole , ou Garou.	
	Busserolle , ou raisin d'ours.
Olivier.	
Oranger.	*Thym.*

§ VIII. *Palissades.*

Les palissades different des espaliers, en ce que ceux-ci sont toujours épaulés d'un mur : celles-là font face des deux côtés, et tiennent lieu de mur. Plusieurs arbres et arbrisseaux peuvent être employés à former des palissades. L'ormeau à petites feuilles, dont les branches se ploient autant qu'on le veut, et qui produisent quantité de rameaux, sert dans les jardins de propreté à faire des palissades hautes et basses, des tapis ronds à deux pieds de hauteur, qui font un très-bel effet sous les grands arbres. On le taille en boule d'oranger : il sert encore à garnir les tonnelles ou cabinets de verdure : le tilleul et le mûrier blanc se prêtent également à ces différens usages.

On fait des palissades hautes, d'autres moyennes, d'autres basses. Elles doivent former un plan vertical de verdure, bien fourré et bien garni, sur-tout vers le pied : les moins épaisses sont les plus parfaites. Dans les terreins secs et maigres, on ne doit point se proposer d'avoir des palissades fort élevées.

On borde les massifs avec des palissades de moyenne hauteur : on en forme des étoiles, des pates d'oyes, et d'autres compartimens. Dans les jardins très-recherchés, on y pratique des niches, des enfoncemens, des arcades, des portiques.

Les palissades basses, ou à hauteur d'appui, forment ordinairement des banquettes entre des arbres de haute tige : quelquefois on décore ces banquettes par des bouquets échappés qu'on tond en boule ou en pyramide.

Quoique l'on puisse faire les

palissades avec toutes sortes d'arbres et arbustes, on doit néanmoins choisir les arbres qui élèvent leurs tiges droites, qui poussent beaucoup de branches sur les côtés, et que les feuilles en soient médiocrement grandes, parce qu'il serait désagréable de voir une grande feuille coupée en deux.

Les arbres que l'on destine principalement à cet usage, sont l'ormille, l'érable, le hêtre, le charme, dont les feuilles sont d'un beau vert, et qui restent pendant tout l'hiver sur l'arbre, quoique jaunes et desséchées.

On peut faire de jolies palissades avec les mûriers blancs, dont les feuilles luisantes font un bel effet; avec le mahaleb, qui branche beaucoup, dont les feuilles sont d'un beau verd, et dont les fleurs répandent une odeur agréable; avec l'azerollier et l'épine-blanche, sur-tout celle à fleurs doubles.

Le chamæcerasus, le cornouiller mâle, le troëne, peuvent encore servir à faire des palissades à hauteur d'appui. Dans les bosquets verds, l'on en fait avec l'if, le phillirea, l'alaterne, le buis. On peut faire, dans les terreins humides, des palissades de sapin. On le sème clair dans un sillon de deux travers de doigt, et on recouvre la graine de mousse. Après trois ans, on coupe le sapin et on l'éclaircit, de sorte qu'il y ait entre chaque plant deux pieds de distance. Ces palissades sont d'usage en Suède. (Voyez *Collection Acad.*, part. *étrangère*, tom. XI, p. 358.) Peut-être pourrait-on essayer en France ce procédé.

§ IX. *Espaliers, tonnelles et berceaux.*

Nous avons dit plus haut la différence qu'il y avait entre les palissades et les *espaliers* : ceux-ci ont été imaginés pour dérober à la vue l'aspect d'un mur qui sert de clôture aux jardins, et dont le coup-d'œil n'est rien moins que satisfaisant. Les *tonnelles* sont admises dans les bosquets, autant pour les décorer par leur forme circulaire, que pour ménager une surprise en cachant la sortie d'un labyrinthe, ou la vue d'un bosquet de fleurs. Les berceaux forment une heureuse variété dans les jardins, et donnent, lorsqu'ils sont bien couverts, une ombre fraîche et délicieuse. Il y a bien des manières de garnir les espaliers, tonnelles et berceaux. Les longues pousses du jasmin ordinaire prennent toutes sortes de formes, et la bonne odeur de sa fleur augmente son mérite. Le chevre-feuille a le même avantage; mais il a l'inconvénient d'être dévoré par les cantharides et les pucerons. Le *bignonia*, sur-tout celui à feuilles de frêne, garnit très-bien le haut des tonnelles; sa verdure est brillante, ses fleurs rouges sont assez belles; mais il est sujet à se dégarnir du pied: ce qui oblige d'y suppléer avec les jasmins jaunes, les lilas de Perse, les rosiers, les *chamæcerasus*, etc. Plusieurs espèces de clématite, ainsi que la ronce à fleurs dou-

4

bles, peuvent encore servir à garnir les tonnelles.

On peut aussi employer avec succès le caprier, le charme, le coignassier, le coudrier, le trèfle en arbrisseau ; le *sicuridaca*, le grenadier, le lilas, le pistachier, le rosier, le séringa, le verjus, le troêne, la vigne de Judée ; le *periclimenum*, la grenadille, le *phaseoloïdes*, l'*évonimoïdes*, la *dulcamara*, le *menispernum*.

Parmi ces différens arbrisseaux et plantes grimpantes, il y en a de toujours verds et propres à former des bosquets d'hiver.

§ X. *Eau de végétation pour les jardins.*

L'efficacité de cette eau est démontrée par l'expérience. Les plantes et légumes qui en sont arrosés grossissent prodigieusement et ont un goût excellent ; il en est de même des fruits, qui viennent aussi en plus grande quantité, et le bled se multiplie considérablement. On peut encore y faire tremper les semences avant de les semer ou planter, jusqu'à ce qu'elles y gonflent. Cette expérience, aussi facile que curieuse, est toujours suivie d'un heureux succès. Voici le procédé :

Prenez une partie de nitre ou salpêtre, c'est-à-dire une demi-livre, une livre, deux livres, ce que l'on voudra, et deux parties de sel commun, c'est-à-dire le double ; mettez-les dans un creuset, et les faites fondre ensemble. Quand ils seront fon-

dus, retirez-les du feu, laissez-les refroidir, et sur une livre de cette matière, versez-y dix pintes d'eau. Les sels s'y dissoudront, et alors vous en arroserez vos arbres et vos plantes, et vous y ferez tremper vos semences.

Il y a lieu de penser que la fécondité que cette eau donne aux plantes et aux semences, est l'effet de la réunion des deux sels de mer et de terre. Les plantes qui en sont arrosées attirent une rosée abandante dans les nuits les plus sèches, et lors même que les plantes voisines ne paraissent pas avoir été humectées.

§ XI. *Jardins de botanique.*

Plusieurs amateurs de la belle nature se font un plaisir de réunir dans leurs jardins des plantes de divers climats ; toutes ces richesses éparses, non-seulement présentent un très-beau coup-d'œil lorsqu'elles sont rassemblées, mais procurent la satisfaction la plus délicieuse, lorsqu'on réfléchit à l'utilité dont sont plusieurs de ces plantes dans la médecine, dans la teinture, dans les arts, pour notre nourriture et pour l'embellissement de notre demeure.

Ce que les maîtres de l'art du jardinage ont dit sur la culture des végétaux, se réduit à bien peu de chose ; ils apprennent la manière de cultiver les légumes, les fleurs les plus communes, de les multiplier, de les rendre plus grandes, de les faire croître plus vite ; mais comme ils n'ont reçu eux-mêmes les leçons qu'ils donnent que de la pratique, cette pratique étant destituée des lumières de la physique, ces connaissances ne sont point suffisantes pour gouverner avec succès un jardin de botanique. L'illustre Linnée fait sur cet objet, dans sa dissertation intitulée *Horticultura Academica*, t. IV des *Amœnitates academicæ*, les plus belles réflexions d'après l'observation, et donne pour preuves les expériences qu'il a faites.

Le grand art pour la culture des plantes dans les jardins de botanique, est d'imiter la nature et de procurer à chaque plante les avantages qu'elle retirait du climat dans lequel elle croît naturellement. Lorsqu'on transplante un végétal, il faut l'étudier dans son état naturel pour lui donner, par le moyen de l'art, un climat artificiel qui lui rende ce qu'il perd du côté de la nature; c'est-à-dire, qu'il faut lui procurer une terre, une chaleur, un air, une qualité et une quantité d'eau analogues, autant qu'il est possible, à celles dont il jouissait dans son climat natal; car ce sont là les principes dont les plantes reçoivent la vie.

Les observations générales et intéressantes que nous allons présenter ici, vont en donner des preuves complètes, en offrant un beau tableau de quelques phénomènes de la végétation.

Les diverses espèces de terre peuvent se rapporter aux six qui suivent, la terre noire formée du débris des végétaux, mais très-légère; la limoneuse, formée aussi des débris des végétaux, mais qui est plus liante; celles-là sont les plus propres à la végétation; la sableuse, dans laquelle croissent quelques plantes; la terre marneuse; la marécageuse mêlée d'un sel trop âcre pour les végétaux; le terrein de craie qui, quoique très-rigide, a néanmoins des plantes qui lui sont affectées. (*Voyez* l'article *Végétation.*)

L'air qui est le second élément, est différent suivant les climats, sur les montagnes, dans les vallées, dans les plaines. L'air et la lumière sont si nécessaires pour la végétation, qu'on voit les plantes des serres se tourner vers les fenêtres. Les plantes que l'on élève dans les serres y deviennent plus menues et plus effilées; et avant de les remettre à l'air, il faut les y accoutumer petit-à-petit, car quelquefois le changement subit les ferait périr. Rien ne prouve mieux les différens effets que produit l'air sur les végétaux, que les diverses heures, po... ussi dire, de la journée à l... quelle certaines plantes fleurissent. On pourrait peut-être, par des observations suivies, se procurer dans son jardin comme des espèces de *méridiens de fleurs*, ainsi que nous l'avons dit au mot *Horloge végétale.*

On voit croître sur les plus hautes montagnes du Midi, au milieu des neiges, les mêmes plantes que dans les pays froids; ce qui prouve que ces plantes viennent dans les mêmes températures, quoique sous des zones tout-à-fait différentes. Tournefort, par exemple, a trouvé sur le mont Ararat, à mesure qu'il montait, des plantes qui se trouvent en Arménie, en Suède, en Suisse, à la Laponie.

Dans les Antilles, à Surinam, en Égypte, les plantes y soutiennent une pluie de six mois, et s'en passent ensuite aussi longtemps. Celles qui croissent sur les rochers, où l'eau ne peut séjourner, ne demandent que peu d'humidité, et pourrissent lorsqu'on les humecte au-delà de leurs besoins. On doit donc observer, lorsqu'on transplante ces végétaux, de les nourrir avec une eau semblable et dans la même quantité que celle qui leur a donné naissance.

C'est la chaleur qui fait monter dans les tiges des plantes l'humidité que pompent les racines; mais toutes cependant ne demandent pas le même degré de chaleur, ni pendant le même temps. Celles, par exemple, qui croissent à Spitzberg ne sauraient croître sous la ligne, et celles de ce pays-là ne sauraient réussir au Spitzberg.

Il résulte de ces observations, que dans un jardin de botanique il doit y avoir 3 serres différentes. La chaleur de la première, destinée aux plantes de la zone torride, doit aller de 56 jusqu'à 70 degrés; elle doit être formée avec de bonnes couches de fumier et de bonne terre. On peut y mettre des plantes de Surinam, du Brésil, du Pérou, de la Jamaïque, de la Martinique, de Buénos-aires, des Barbades, de Saint-Domingue, d'Amboine, de Malabar, de Ceylan, de Curaçao, d'Égypte, d'Arabie.

La seconde serre, destinée à élever les plantes de la zone tempérée, voisine de la torride, ne demande qu'une chaleur de 35 à 40 degrés. On doit mettre dans cette serre les plantes d'Espagne, de Sicile, d'Italie, de Barbarie, de Grèce, du Cap de Bonne-Espérance, de la Virginie australe, du Japon, de la Chine méridionale.

La troisième serre, où l'on conserve les plantes de la zone tempérée septentrionale, n'a pas besoin de chaleur; elle ne sert qu'à les garantir d'une gelée trop rude.

Il faut cependant excepter celles qui viennent de la zone torride et des environs, qu'on ne peut élever ici que sur une couche et dans des serres.

C'est d'après ces observations que M. Linnée est parvenu à faire fleurir dans les serres de Cliffort le *musa* ou le *bananier*, la plus belle des plantes qui soient dans la nature, et que l'on avait eu depuis près de cent ans dans les jardins de la Hollande sans avoir pu parvenir à la faire fleurir.

M. Linnée observa que dans les pays d'où elle est originaire, sur-tout à Surinam, elle croît dans une bonne terre; que dans cette contrée il pleut ordinairement pendant six mois consécutifs, et que pendant les six autres mois de l'année il n'y tombe presque pas de pluie, et même quelquefois point du tout; qu'enfin cette plante commence à fleurir sitôt qu'elle reçoit de la pluie après une grande sécheresse: il tâcha donc d'imiter la nature dans sa marche; dans l'automne de 1736, il fit mettre cette plante dans une bonne terre, dans la serre du jardin; il fut très-long-temps sans la faire arroser, et ensuite il lui fit donner de l'eau en grande abondance, et eut soin de faire conserver dans la serre une chaleur semblable à celle qui règne dans ces climats, et il eut enfin le plaisir de voir fleurir cette belle plante au commencement de l'année, et rapporter des fruits. En prenant les mêmes attentions, on s'est procuré, les années suivantes, le même plaisir à Leyde en Hollande et en Angleterre.

Cette expérience peut donner lieu à d'autres, et prouve que lorsque des personnes éclairées auront examiné quelles sont les précautions qu'exige chaque plante en particulier, et qu'elles tâcheront de les leur procurer par une imitation prudente, leurs soins ne seront jamais sans succès; les lois physiques démontrent que ce sont là les vrais principes de l'agriculture.

Il est bon d'observer que les plantes que l'on transporte d'un climat dans un autre, lorsque ces climats ne sont pas d'une température tout-à-fait opposée, s'y naturalisent, pour ainsi dire, petit-à-petit. Des plantes, par exemple, des pays méridionaux apportées en Suède, y mûrissent plus tard la première année, et par la force de l'habitude elles croissent plus vite l'année suivante. On pourrait même essayer à amener une plante d'un climat à un autre opposé, en la faisant passer par divers climats d'une température moyenne, et lui donnant le temps de s'y naturaliser; c'est ainsi qu'on pourrait peut-être parvenir à élever l'arbre de cire dans nos provinces méridionales.

Ce n'est pas assez de donner aux plantes la chaleur qui leur est nécessaire; il faut encore faire attention au temps où elles doivent fleurir. Quand nous avons l'hiver chez nous, dit M. Linnée, on est en été au Cap de Bonne-Espérance, et l'hiver y règne lorsque nous sommes en été: que la plante appelée *hæmanthus africanus*, reste pendant toute l'année dans la terre, ou qu'elle soit plantée au printemps ou en automne, elle ne fleurit jamais ni plutôt ni plus tard que vers Noël, temps le plus beau dans le pays de sa naissance. On a remarqué que cette plante même, au bout de cinquante ans qu'elle a été dans nos pays, n'a pas changé de cette habitude, et l'on voit que la même chose arrive à la plupart de celles que l'on a apportées du Cap.

Outre les serres, on a encore d'autres moyens pour élever les plantes. *Voyez* au mot *Couches*, la manière dont on construit des couches qui sont échauffées par la vapeur de l'eau bouillante. On peut encore recourir au mot *Plantes*, § II, III, IV.

JAUGEAGE. On peut voir dans la *Collection Académique, partie franç.*, t. XII, p. 454, la description d'un instrument propre à déterminer commodément la continence des tonneaux, par le sieur Châtelain. Cet instrument, composé de deux parties principales embrassées par un anneau qui sert d'index, savoir, d'une tringle carrée appelée *bâton de jauge*, dont une face est divisée en pouces, et d'un *curseur* divisé en parties inégales, jusqu'au nombre de 120. Cet instrument, disons-nous, a paru commode pour jauger avec précision les tonneaux, sans faire d'autres calculs que ceux nécessaires pour trouver le diamètre moyen et la longueur de l'intérieur du tonneau. Le *curseur* sur-tout a paru à l'Académie nouveau dans son genre.

En 1726, M. de Gamache avait fait part à l'Académie des sciences d'une méthode facile pour calculer le jaugeage des tonneaux. (Voy. *Collect. Acad.*, *partie franç.*, t. V, p. 443).

L'*Encyclopédie Méthodique*, tom. VIII *des Arts et Métiers*, p. 345, contient des détails sur le *veltage* ou l'art de jauger.

JAUNE. Nous ne manquons pas de substances colorantes qui donnent une couleur jaune (Voy. l'article *Couleurs*, *Teinture*, § 7, n°. 3).

Parmi les espèces de champignons dont on peut retirer des couleurs plus ou moins vives ou tenaces, le citoyen Lasteyrie a remarqué, en 1797, le *boletus hirsutus*, de Bulliard, dont il a extrait une couleur jaune éclatante et d'un teint très-solide.

Ce champignon, assez gros, croît communément sur les noyers et les pommiers. Sa matière colorante se trouve non-seulement en abondance dans la partie tubulée, mais souvent même dans le parenchyme du corps du champignon. Pour l'extraire, on pile le bolet dans un mortier, et on en fait bouillir la pulpe dans l'eau pendant un quart-d'heure. Toutes les étoffes reçoivent et conservent très-bien la couleur jaune qu'il leur communique; mais l'éclat en est moins vif sur le coton et le fil. Cette couleur peut être agréablement variée par les mordans.

La soie est la substance qui reçoit le plus d'éclat. Lorsque cette substance, étant teinte, est passée au savon noir, elle acquiert une couleur d'un jaune d'or éclatant, absolument semblable à celle de la soie dont on se sert pour imiter l'or en broderie, et qui est teinte par une méthode inconnue jusqu'ici. Elle est tirée de la Chine et se vend très-cher. Ce champignon offre un moyen de l'obtenir à peu de frais. La couleur jaune que l'on en retire peut encore être employée avantageusement dans la peinture au lavis, et même dans celle à l'huile. (*Bull. de la Société Philom.*, n°. 3, an 5, p. 22).

§ Ier. *Jaune de Naples, ou gialollino.*

Avant la découverte que M. de Fougeroux, de l'Académie

des sciences, a faite sur le jaune de Naples, la composition de cette couleur était un secret possédé par une seule personne déjà avancée en âge. Comme ce jaune s'emploie dans tous les genres de peinture, et qu'il est particulièrement d'un très-grand usage dans la peinture sur l'émail et sur la porcelaine, pour laquelle on ne peut absolument s'en passer, M. de Fougeroux a rendu un service important aux arts en travaillant sur cet objet. Son procédé, qui a été exécuté avec un plein succès à la manufacture royale des porcelaines de France, prouve de plus en plus combien la chimie peut contribuer aux progrès et à la perfection des arts. Voici ce procédé :

On prend douze onces de belle céruse, deux onces d'antimoine diaphorétique, une demi-once d'alun calciné, et une once de sel ammoniac bien pur. On pile et on mêle bien exactement ensemble toutes ces matières dans un mortier de marbre ; on met ce mélange dans une capsule de terre à creuset, que l'on couvre d'un couvercle de même matière : on calcine le tout à un feu modéré, qui doit être d'abord très-doux et qu'on augmente peu-à-peu ; en sorte cependant que la capsule ne devienne que d'un rouge obscur. Cette calcination dure environ trois heures, après lesquelles on trouve la matière convertie en jaune de Naples.

Il faut observer que les doses des ingrédiens, indiqués ci-dessus, ne sont pas tellement précises, qu'on ne puisse les changer ; on le doit même lorsqu'on veut donner certaines qualités à cette couleur. Par exemple, si l'on veut que ce jaune soit plus doré, il faut augmenter la proportion de l'antimoine diaphorétique et du sel ammoniac : de même lorsqu'on a intention qu'il soit moins fusible, on lui donne cette qualité en augmentant la quantité de l'antimoine diaphorétique et de l'alun.

Il est à observer que cette composition, découverte par M. Fougeroux, et dont on fait usage à la manufacture de Sève, donne un jaune plus doré que celui de Naples, et plus facile à employer. (*Collect. Acad.*, *part. fr.*, t. XIV, p. 207.)

Voici la méthode qu'on emploie à Naples pour le faire, et que M. de la Lande a sue de M. le prince de San-Severo :

On prend du plomb bien calciné et passé au tamis, avec un tiers de son poids d'antimoine pilé et tamisé ; on mêle exactement ces deux matières, et on les passe de nouveau par le tamis de soie ; on prend ensuite de grandes assiettes plattes de terre cuite non vernissée ; on les couvre d'un papier blanc, où l'on étend la poudre sur une épaisseur d'environ deux pouces ; on place ces assiettes dans un fourneau à fayance, mais seulement à la partie supérieure du fourneau, pour qu'elles ne reçoivent pas un feu trop violent ; la réflexion de la flamme ou le reverbère leur suffit. On retire ces matières en même-temps que la fayance; on y trouve alors une substance dure et jaune (c'est le vrai jaune de Naples) que l'on broie sur le porphyre avec de l'eau, et que l'on fait ensuite sécher pour s'en servir au besoin.

§ II. *Du stile de grain.*

Il y a un autre jaune qu'on appelle *stile de grain*. Cette préparation est due au suc d'un fruit qu'on nomme rhamnus ou graine d'Avignon. Les Hollandais retirent le jaune de cette graine, en la faisant bouillir dans l'eau avec un peu d'alun ; ils passent ensuite cette décoction sur de la craie qui retient les parties colorantes; c'est ce qu'on nomme stile de grain. (V. *Graine d'Avignon.*) M. Sage propose de faire un jaune avec un vitriol martial, dont la partie colorante en jaune est précipitée par l'acide du sucre. Ce jaune, qui peut être employé à l'huile comme en détrempe, est plus agréable et plus solide. (*Coll. Acad., part. franç.*, t. XVI, p. 378.)

Notre ochre jaune est une terre tendre, assez vive en couleur, qui s'infuse facilement: il y en a de grasse, d'autre sablonneuse; pour être bonne, elle doit tenir le milieu ; dans les ouvrages grossiers à détrempe, on l'emploie sans être broyée; dans les ouvrages à l'huile, il faut la broyer à l'huile. Mais il faut toujours y procéder fort proprement; elle tient le milieu entre les jaunes clairs et les bruns.

JCONOSTROPHE. C'est le nom que M. Bachelier donne à un instrument qui a la propriété de présenter à la vue les objets renversés. C'est un prisme, dont deux des surfaces, savoir, celle qui se tourne vers l'objet, et celle par où l'œil regarde, peuvent faire entr'elles un angle depuis 72 jusqu'à 90 degrés, suivant la nature de l'œil qui s'en sert. M. Bachelier a logé ce prisme dans un tuyau conique, ajusté sur une monture de besicles, en sorte qu'on peut le porter sur le nez comme les lunettes ordinaires. Il n'empêche pas d'y mettre en même-temps celles-ci, et l'on peut se servir alternativement de l'un et de l'autre de ces instrumens sans les déranger.

La propriété qu'a le prisme de renverser les objets à la vue, quand on les regarde au travers des surfaces indiquées plus haut, est connue depuis long-temps. Elle est due à ce que le rayon de lumière, pénétrant la substance du prisme, plus dense que l'œil, va gagner la surface postérieure; mais en la franchissant, il rencontre la surface de l'air sous un angle de 45 degrés; et l'on sait que dans ce cas ses rayons, loin de pénétrer l'air, rentrent dans le prisme pour ressortir par sa troisième face. En rentrant dans le prisme, ses rayons se croisent, et l'œil qui les reçoit, voit, comme on se le figure aisément, les objets renversés; cette disposition du prisme lui donne d'ailleurs l'avantage de n'offrir aucune espèce d'iris.

M. Bachelier s'est proposé, en inventant cet instrument, d'aider les graveurs et les dessinateurs qui sont obligés de faire des copies à contre-sens de l'original qu'ils ont sous les yeux, et qu'ils peuvent voir au moyen de l'jconostrophe dans le sens de leur travail, quelque position qu'ils veuillent lui donner : car le tuyau qui porte le prisme étant mobile sur son centre, en le faisant tourner, on peut amener en apparence les objets dans la position qu'on desire. Les miroirs produisent, il est vrai, les mêmes effets, et les graveurs en font ordinairement usage pour les obtenir; mais ils ne rendent pas les objets aussi nettement qu'on les voit à travers un prisme de crystal. Ils doublent les distances de l'image de l'objet à l'œil, et ils sont bien plus embarrassans à disposer, s'il s'agissait sur-tout de faire souvent changer en apparence l'objet de position. (*Bulletin de la Société Philomatique*, ventôse et germinal an 2).

JCTHIOCOLLE. (V. *Colle de poisson.*)

JET D'EAU. Les eaux jaillissantes, et même les eaux plattes, ont toujours été regardées comme le plus bel ornement des jardins. La disposition des lieux ne permettant pas toujours de se procurer naturellement l'avantage et les agrémens d'une cascade ou d'un jet d'eau, on peut implorer le secours de l'art pour corriger la nature. Le *Journal des Savans*, 1676, pag. 98, 1re. édit., et p. 55 de la 2e., donne la description d'une machine pour faire un jet d'eau qui soit perpétuel. Le même *Journal*, 1676, p. 102 et 57, parle d'une autre machine pour faire un jet d'eau au milieu d'une eau dormante, ou même au milieu d'une riviere; et enfin en 1682, p. 229 et 150, d'une invention pour former des jets d'eau de la dernière hauteur, sans avoir besoin de réservoirs élevés. Rien n'est plus facile, suivant M. Pingeron, en employant pour cet effet la machine la plus connue, c'est-à-dire, la pompe foulante; mais il faut en corriger la forme, et l'adapter à ce nouvel usage, en observant toutefois de la faire mettre en jeu par l'eau même de la source.

Il distingue deux cas; le premier, où l'on veut des eaux jaillissantes à la plus grande hauteur; et le second, où l'on ne veut que prolonger prodigieusement le paramètre de la parabole qu'elles décrivent en tombant par un trou pratiqué dans le côté du réservoir.

Je suppose, dit-il, ma source peu élevée, et je veux en élever l'eau bien au-delà de la racine carrée de la hauteur qui est la loi imposée par la nature. On fera couler l'eau de la source sur une roue à seaux, enarbrée sur un cylindre garni, à chacune de ses deux extrémités, de deux demi-cercles de fer dentés et placés à contre-sens. Pour me faire entendre sans le secours d'une figure, je dirai qu'en supposant que la partie de ce cylindre comprise entre ces demi-cercles est anéantie, ces der-

niers formeraient la circonférence d'un cercle entier. Des
étriers ou cadres de fer adaptés
aux extrémités des verges des
pistons de deux pompes placées
horizontalement, sont enfilés
par le cylindre, et répondent
aux demi - cercles dentés, qui
ont une certaine épaisseur.

Ces étriers ou cadres sont
des parallélogrammes rectangles, dont chacun des longs côtés
est divisé en deux parties égales,
dont il n'y en a qu'une qui soit
dentée. Ces parties sont opposées
diagonalement, c'est-à-dire,
que les dents ne sont point vis-
à-vis les unes des autres ; ces
étriers se meuvent dans un plan
vertical et dans une rainure
pratiquée dans la maçonnerie
ou la taille qui sert d'appui à
cette petite mécanique Il est évident que la forme de cet étrier
et celle des demi-cercles contribuent à faire avancer et reculer le piston par le seul mouvement du cylindre autour de
son axe. Deux pompes, dont les
corps sont carrés extérieurement et percés d'un trou circulaire, sont placées sous le canal
qui porte l'eau sur la roue motrice : comme il n'est pas possible que ces pompes le touchent, vu la longueur du rayon
de la roue qui est toujours entre
ces deux parties ; savoir : la
pompe et le canal, je fais mettre deux petits tuyaux par où
l'eau descend du grand canal
jusques sur les corps de pompes.
Je place dans cet endroit de la
pompe un clapet qui s'ouvre de
haut en bas, et qui empêche que
l'eau ne refoule vers le canal

quand elle est pressée par le piston. Si l'on veut que l'eau jaillisse, on coudera les tuyaux
par où l'eau s'écoulera des deux
pompes, après avoir réuni ces
tuyaux en un seul, et on le pro-
longera jusques sous le bassin,
du centre duquel on veut faire
sortir la cascade.

Si l'on ne veut prolonger que
le paramètre de la parabole formée par les eaux qui s'écoulent
par le côté du réservoir, on se
contentera de réunir les tuyaux
sortans des pompes en un seul,
dont le bout ira se terminer au
mascaron ou au mufle par où
l'on veut que l'eau s'écoule.
Comme il y a deux corps de
pompes, et par conséquent deux
pistons toujours en action, l'eau
s'écoulera sans intermittence,
sur-tout si l'on met un réservoir
pour l'air comprimé, ce qui
donnera plus de force et annul-
lera toute interruption. Ce procédé est en usage dans les pompes
foulantes et aspirantes, que l'on
appelle *pompes pour les incendies.*

§ Ier. *Méthode générale pour les
ajutages.*

On entend par *ajutage*, un
robinet ou une espèce de tube
adapté au bout d'un tuyau, qui
communique au réservoir. Il
est important de pouvoir déterminer la dépense d'eau faite par
l'ajutage, à raison de son ouverture et de la hauteur de l'eau
dans le réservoir. Les tables
suivantes, dressées par M. Mariotte, peuvent servir de guide
à

à ceux qui voudraient travailler en ce genre, et construire des jets d'eau.

Ire. Table, relative au diamètre de l'ajutage.

Diamètre de l'ajutage. Lignes,	Hauteur du réservoir 13 pieds.	Dépen. d'eau par minute. Pintes.
1.		1 10/18
2.		6 2/9
3.		14
4.		25
5.		39
6.		56
7.		76 1/4
8.		110 2/3
9.		126
12.		224

IIe. Table, relative à la hauteur du réservoir.

Hauteur du réservoir. Pieds.	Ajutage de 3 lignes de diamètre.	Dépense d'eau par minutes.
6.		10
8.		11 1/2
9.		12 1/6
10.		12 5/6
12.		14
15.		15 2/3
18.		17
20.		18 1/2
25.		20 1/6
30.		22 1/6
35.		24
40.		25 2/3
45.		27 1/6
48.		28

En combinant ces deux tables, on pourra connaître les proportions qu'on doit donner

Tome III.

aux différens ajutages, à raison du volume d'eau qu'on aura à dépenser, en observant cependant que plus l'ouverture de l'ajutage sera large, plus les jets s'élèveront, toutes choses égales d'ailleurs On conçoit qu'un jet plus gros, éprouvant moins de frottement à son passage, oppose une résistance plus forte à l'air, qui tend à le diviser en pluie. Cependant cet avantage a ses bornes, et l'ouverture de l'ajutage doit toujous être moindre que le diamètre des tuyaux. Voici la table que donne M. Mariotte, pour connaître ces différences.

Table des largeurs des tuyaux et des différens ajutages, selon la hauteur des réservoirs.

Haut. des réserv. Pieds.	Largeur des ajutages. Lignes.	Largeur des tuyaux.
5	3, 4, 5 ou 6.	22 lignes.
10	4, 5, ou 6.	25
15	5 ou 6.	2 pouc. 1/4.
20	6	2 p. 1/2.
25	6	2 p. 3/4.
30	6	3 p.
40	7 ou 8.	4 p. 1/4.
50	8 ou 10.	5 p. 1/2.
60	10 ou 12.	5 p. 3/4 ou 6.
80	12 ou 14.	6 p. 1/2 ou 7.
100	12, 14 ou 15.	7 ou 8 p.

Y

*Table des différentes hauteurs
des jets.*

Hauteur des réservoirs.		Hauteur des jets.
Pieds.	Pouces.	Pieds.
5	1.	5
10	4.	10
15	9.	15
21	4.	20
22	1.	25
33	. . . . .	30
39	1.	35
45	4.	40
51	9.	45
58	4.	50
65	1.	55
72	. . . . .	60
79	1.	65
86	4.	70
93	9.	75
101	4.	80
109	1.	85
117	. . . . .	90
125	1.	95
135	4.	100

Il faut observer de ne pas donner une forme conique aux ajutages, lorsque le jet doit s'élever à une grande hauteur. Cette forme est désavantageuse par rapport au frottement considérable que le jet éprouve en passant par ces sortes de lumières. Celles que l'on pratique sur des lames de métal, qu'on applique sur les extrémités des tuyaux, laissent passer des jets réguliers qui éprouvent le moindre frottement. L'épaisseur qu'il faut donner à ces lames, doit être d'un 20e. de pouce pour un jet de 20 pieds de hauteur; d'un 10e. pour un jet de 35. Cette épaisseur peut être portée jusqu'à un 5e. de pouce pour les jets depuis 35 jusqu'à 100 pieds.

A Nancy, le nommé Despois, Md. fondeur, à la porte Saint-Nicolas, a fait annoncer dans les papiers publics, en 1779, qu'il avait inventé des ajutages, au moyen desquels on se procurait, avec une petite quantité d'eau, une nappe ou cloche qui variait à volonté pour la hauteur ou l'étendue. On pouvait donner à cette nappe une forme octogône, évasée ou cylindrique.

§ II. *Jet d'eau sur lequel une figure ou une boule monte, descend, et se soutient en équilibre.*

Un jet d'eau vertical, dit M. Mariotte, choquant directement un corps pesant suspendu à un fil, ne le soutient, le fil étant coupé, que dans le seul cas où la vîtesse des premières parties du jet surpasse autant la première vîtesse dont le corps tend à tomber, que sa pesauteur surpasse celle des gouttes d'eau qui font les premières parties du jet. (*Collect. Acad., part. franç.*, t. III, p. 37.)

Il faut avoir une petite figure de liège, que l'on peint ou que l'on habille d'une étoffe légère, comme on juge à propos, et dans l'intérieur de laquelle on ajuste un cône creux et renversé, fait avec une feuille de laiton bien mince, en sorte que la figure semble être assise sur ce cône. Lorsque le cône est posé au-dessus d'un filet ou jet d'eau qui s'élève perpendiculairement, elle reste suspendue en équilibre sur l'eau, et tourne en faisant divers mouvemens. Si l'on pose sur un pareil jet d'eau une boule de cuivre creuse, d'un pouce de diamètre, très-mince et fort légère, elle y reste en équilibre, et tourne sur son centre en répandant l'eau autour de sa surface.

Un voyageur nous a rapporté avoir vu dans le jardin du palais de Monte-Cavallo, à Rome, une espèce de tuyau ou le vent soufflait de façon qu'il faisait voltiger une boule en l'air, et l'y tenait suspendue.

M. Brussel, dans son livre intitulé *Promenade de deux Parisiens*, p. 321, dit avoir remarqué la même chose à Frascati, dans la maison de plaisance appelée *Vigne Pamphile*. Au milieu du salon, dit-il, se voyait une boule mobile suspendue à un pied et demi environ de terre. En approchant, on découvre qu'un souffle de vent, ménagé dans le plancher, forme cette illusion. Il est facile de prendre la boule et de la replacer tant que l'on veut, comme cela s'exécute avec un œuf vuidé, sur le rayon d'un jet d'eau de force médiocre.

Voyez au mot *Appartement*, la manière d'y introduire un air rafraîchissant.

Voyez aux mots *Globe hydraulique, Champignon hydraulique, Soleil hydraulique*, les différentes manières de varier les jets d'eau.

On peut encore voir à l'article *Fontaine*, § V et VI, le moyen de former un jet d'eau par la compression de l'air ; *voyez* aussi l'article *Machines*, § XI, nᵒ. 8.

JEUX. Ce n'est pas un petit talent que celui d'amuser la société : le jeu, l'on en convient, est la plus grande ressource contre la médisance et la calomnie ; mais le jeu a ses inconvéniens ; il dégénère en passion ; de là naissent l'avidité du gain, les regrets de la perte, l'humeur, les emportemens, les fureurs et quelquefois la ruine de toute une famille. Il serait à souhaiter que l'on se bornât toujours à des récréations de l'espèce de celles dont nous allons parler. Ces sortes de récréations ne compromettent pas la fortune, et deviennent amusantes, parce qu'elles offrent quelque chose d'extraordinaire aux yeux de ceux qui ne connaissent pas les moyens ni la cause. Nous rangerons ces récréations sous les articles ci-après indiqués.

§ Iᵉʳ. *Jeux arithmétiques et de calcul.*

La science des nombres n'est pas toujours aussi sèche qu'elle paraît l'être au premier abord. Il y a beaucoup d'opérations très-récréatives, et nous devons savoir gré aux mathématiciens d'avoir cherché à égayer cette étude, et même à en inspirer le goût à la jeunesse, en lui présentant des problèmes propres à exciter sa curiosité.

Tout le monde connaît ce trait de Sissa, rapporté dans les *Mémoires de l'Académie des inscriptions*, tom. V, pag. 254. Ce

2

bramine mathématicien, après une leçon du jeu d'échecs, demanda, pour récompense, au jeune roi des Indes, autant de grains de bled qu'en pouvait produire le nombre des cases de l'échiquier, en doublant toujours depuis la première jusqu'à la 64e., ce qui lui fut accordé sur-le-champ, sans examen ; mais il se trouva, par ce calcul, que tous les trésors et les vastes états du prince n'auraient pas suffi pour remplir l'engagement. Ne devrait-on pas avoir devant les yeux et rappeler à sa mémoire ce trait d'histoire toutes les fois qu'il s'agit de défis, de gageures, de marchés, de coteries, pour ne les point accepter sans en avoir auparavant calculé les résultats ?

Nous n'avons pas fait entrer dans cet ouvrage toutes les combinaisons amusantes qu'on peut faire avec les chiffres. On en trouve un grand nombre dans l'*Encyclopédie*, *Méthodique*, *amusement des sciences*, p. 212 et 716. Pour nous mettre à la portée des personnes qui n'ont pas l'habitude du calcul, nous nous sommes bornés aux plus faciles.

N°. 1. *Les trois bijoux.*

On présente à trois personnes différentes trois bijoux en leur laissant la liberté d'en choisir chacune un secrètement, à leur volonté, et on leur annonce qu'après quelques opérations, on devinera celui que chacune a caché. Par exemple, mettez sur le tapis une bague, une taba-

tière et un étui ; désignez-les mentalement par *A*, *E*, *I*, de même que les trois personnes. Ayez 24 jettons ; donnez-en un à la première personne *A*, deux à la deuxième personne *E*, trois à la troisième personne *I*, et mettez sur la table les 18 jettons qui vous restent : vous étant caché à l'écart, proposez que celui qui a la bague prenne autant de jettons qu'il en a ; que celui qui a la tabatière prenne le double de ce qu'il a de jettons ; et enfin que celui qui a pris l'étui en prenne le quadruple. Paraissez ensuite, et jetant un coup-d'œil sur les jettons qui restent sur la table, remarquez-en le nombre ; il n'en doit rester que 1, 2, 3, 5, 6 ou 7, qu'il faut rapporter aux syllabes du vers qui suit :

$$\overset{1}{\overbrace{Par\ fer}}\ \overset{2}{\overbrace{César}}\ \overset{3}{\overbrace{Jadis}}\ \overset{5}{\overbrace{devint}}$$

$$\overset{6}{\overbrace{si\ grand}}\ \overset{7}{\overbrace{prince,}}$$

Il faut ensuite faire attention que s'il n'est resté qu'un jetton, les deux syllabes *par fer* renfermant les lettres *A*, *E*, désignent que la première personne a la bague, à laquelle on a adapté la lettre *A* ; et la seconde, la tabatière, où l'on a adapté la lettre *E* ; et par conséquent la troisième a l'étui. De même s'il reste 6, les deux syllabes *si grand* désignent que la première personne a l'étui, auquel on a adapté la lettre *I*, et la seconde la bague, où a été adaptée la lettre *A*, etc. Les trois bijoux ne pouvant être partagés que de six différentes manières, et chacune d'elles changeant aussi le nombre des jettons qui doivent être pris par ces trois personnes, il résulte que les quantités qui restent sur la table doivent être aussi de six différens nombres. Le vers indiqué, et les lettres qui désignent les personnes, ne servent que pour soulager la mémoire et faciliter à deviner promptement qui sont ceux qui ont caché ces trois objets.

Voyez dans l'*Encycl. Méthod.*, *amusement des sciences*, p. 275, une autre manière d'exécuter ce tour.

N°. 2. *Addition prévue.*

Un maître d'arithmétique, pour récréer ses élèves, leur donne une addition, en les prévenant qu'elle est le total de six rangées de 4 chiffres chacune, dont ils poseront trois à leur volonté. Pour cet effet, il multiplie secrètement 9999 par 3, ce qui produit la somme de 29997, qu'il fait voir à ses élèves, en leur disant de former à leur gré trois rangées de 4 chiffres chacune.

$$
\text{Supposons ces chiffres choisis par les élèves,}
\begin{cases}
4324 \\
7099 \\
6515
\end{cases}
$$

$$
\text{Le maître ajoutera}
\begin{cases}
5675 \\
2900 \\
3484
\end{cases}
$$

$$
\underline{} \\
29997
$$

Si les trois rangées posées par les élèves eussent été toutes composées de 9, l'addition était faite, et le maître n'eût eu que des zéros à mettre pour remplir les trois rangées qu'il s'était réservées. Il est aisé de voir que les chiffres ajoutés par le maître n'étant que les complémens de 9, eu égard à ceux choisis par les élèves, le montant de cette addition doit être le même que le produit de 9999 multiplié par 3. On pourrait étendre cette addition beaucoup plus, en proposant aux élèves de mettre un plus grand nombre de rangées de chiffres; mais alors il faut avoir multiplié 9999 par la quantité des rangées de chiffres laissées à la discrétion des élèves. Si l'on voulait opérer sur d'autres nombres que sur des 9; par exemple, 6666, 7777, 8888, il faudrait prévenir les élèves de ne pas employer de plus grands chiffres que 6, 7 et 8, le reste de l'opération serait la même que ci-dessus. (*Voyez* l'article *Rapporteur numérique*).

N°. 3. *Soustraction plaisante.*

Voici encore deux autres jeux de société qui peuvent amuser un certain nombre de personnes. On apporte douze bouquets au milieu d'une compagnie de 13 dames; le maître de la maison, quoique décidé dans le choix de celle à qui il ne veut pas en donner, veut cependant paraître remettre la chose au hasard. Pour cet effet, il prie ces dames de former un rond, en leur laissant

3

la liberté de se placer à leur volonté. Il compte ensuite depuis un jusqu'à neuf, en partant de la 3e. au-dessus de la personne qu'il veut exclure. Il fait sortir du cercle cette neuvième, en lui donnant un bouquet, et continue le cercle toujours en comptant depuis un jusqu'à neuf, et donnant un bouquet à chaque neuvième qui sort. S'il n'y avait que 12 dames auxquelles on voulût distribuer 11 bouquets, il faudrait alors commencer par la dame qui précède celle qu'on veut exclure. On peut appliquer ce jeu à nombre de circonstances.

Trente personnes réunies en société veulent faire une partie de plaisir sur l'eau, mais le batelet n'en peut contenir que 15. Le maître de la maison propose de faire ranger en ligne les 29 personnes, et de faire décider par le hasard celles qui resteront, en les comptant l'une après l'autre, et rejettant toujours la neuvième : en conséquence, il range les personnes suivant le choix qu'il a fait pour lui tenir compagnie : il en dispose d'abord quatre de suite de celles qui doivent aller sur l'eau; ensuite cinq de celle qui doivent rester, et ainsi de suite alternativement, selon les chiffres que lui indique chaque voyelle du vers suivant, qu'il doit savoir par cœur :

Populeam virgam mater Reginâ
4 5 2 1 3 1   1 2   2 3 1
ferebat.
2 2 1

N°. 4. *Des permutations.*

On entend par permutation une espèce de combinaison, dont il résulte non-seulement combien de fois plusieurs choses peuvent se combiner, mais encore le nombre de changemens que ces choses peuvent avoir, eu égard à leur position respective. Voyez ce que nous avons dit à ce sujet au mot *Anagramme.* Comme les permutations sont d'un secours infini dans nombre de récréations mathématiques, nous donnerons ici plusieurs tables de permutations, dont on pourra faire usage en différentes occasions.

N°. 5. *Table de permutation.*

Supposons dix cartes blanches, sur chacune desquelles on aura écrit un des chiffres 1, 2, 3, 4, 5, 6, 7, 8, 9 et 0; on prendra ces 10 cartes dans la main gauche; de même que lorsqu'on mêle les cartes, on ôtera avec la main droite les deux premières cartes 1 et 2 sans les déranger; on met au-dessus d'elles les deux suivantes 3 et 4, et sous ces quatre cartes les trois suivantes 5, 6 et 7, et au-dessus du jeu les cartes 8 et 9, et au-dessous la carte 0. On peut recommencer à mêler de la même manière à plusieurs reprises : à chaque nouveau mêlange on aura un ordre différent, lequel néanmoins, après un certain nombre se trouvera le même qu'il était avant que de mêler.

comme on le voit par la table suivante, où l'ordre se trouve semblable après le septième mélange.

1er. ordre.	1 2 3 4 5 6 7 8 9 0
1er. mélange.	8 9 5 4 1 2 5 6 7 0
2	6 7 3 4 8 9 1 2 5 0
3	2 5 3 4 6 7 8 9 1 0
4	9 1 3 4 2 5 6 7 8 0
5	7 8 3 4 9 1 2 5 6 0
6	5 6 3 4 7 8 9 1 2 0
7	1 2 3 4 5 6 7 8 9 0

Il est à remarquer qu'avec dix nombres, le premier nombre est rétabli à la 7e. mutation. Cette propriété n'a pas lieu pour tous les différens mélanges et pour tous les nombres. Il en est qui reviennent avant un nombre de permutation égal à celui des cartes mélangées, et d'autres après un nombre plus fort. Il ne serait peut-être pas impossible de trouver des nombres auxquels on pût adapter des mélanges qui en produisent toutes les permutations ; ce qui pourrait avoir son agrément pour chercher facilement des anagrammes. Mais comme cette recherche serait non-seulement longue, mais déterminée pour certains nombres, cet objet, ennuyeux d'ailleurs, ne mérite pas la peine de s'y appliquer.

Table de permutations sur 24 nombres, suivant les préceptes ci-dessus.

	PERMUTATIONS.		
Ordre avant de mêler.	Au premier mélange.	Au second.	Au troisième.
1	23	21	17
2	24	22	20
3	18	12	2
4	19	15	7
5	13	5	13
6	14	6	14
7	8	9	3
8	9	3	18
9	3	18	12
10	4	19	15
11	1	23	21
12	2	24	22
13	5	13	5
14	6	14	6
15	7	8	9
16	10	4	19
17	11	1	23
18	12	2	24
19	15	7	8
20	16	10	4
21	17	11	1
22	20	16	10
23	21	17	11
24	22	20	16

Dans cette table, le premier ordre des cartes se rétablit à la 30e. permutation.

4

Table sur 25, 26 et 27 *nombres.*

1	23	21	17
2	24	22	20
3	18	12	2
4	19	15	7
5	13	5	13
6	14	6	14
7	8	9	3
8	9	3	18
9	3	18	12
10	4	19	15
11	1	23	21
12	2	24	22
13	5	13	5
14	6	14	6
15	7	8	9
16	10	4	19
17	11	1	23
18	12	2	24
19	15	7	8
20	16	10	4
21	17	11	1
22	20	16	10
23	21	17	11
24	22	20	16
25	25	25	25
26	26	26	26
27	27	27	27

Dans cette table, le premier ordre des cartes se rétablit à la 29ᵉ. permutation.

JEU

Table sur 32 *nombres.*

PERMUTATIONS.

Ordre avant de mêler.	Au premier mêlange.	Au second.	Au troisième.
1	28	26	22
2	29	27	25
3	23	17	7
4	24	20	12
5	18	10	9
6	19	11	3
7	13	1	28
8	14	2	29
9	8	14	2
10	9	8	14
11	3	23	17
12	4	24	20
13	1	28	26
14	2	29	27
15	5	18	10
16	6	19	11
17	7	13	1
18	10	9	8
19	11	3	23
20	12	4	24
21	15	5	18
22	16	6	19
23	17	7	13
24	20	12	4
25	21	15	5
26	22	16	6
27	25	21	15
28	26	22	16
29	27	25	21
30	30	30	30
31	31	31	31
32	32	32	32

Telles sont les trois permutations différentes qui arrivent avec un jeu de cartes, lorsqu'on les mêle comme nous l'avons précédemment indiqué, c'est-à-dire, lorsqu'après avoir mis les deux premières du jeu sous les deux qui suivent, on met alternativement trois cartes dessous et deux dessus; mais il faut se faire une habitude de mêler exactement et promptement les cartes, ce qui est assez facile. Ces tables de permutations sont infinies pour exécuter différentes récréations, plus amusantes les unes que les autres : d'ailleurs, chacun peut en construire à son gré, eu égard aux amusemens qu'il voudra imaginer. Par exemple, on peut avec 10, 24, 25, 27 ou 52 lettres écrites sur des cartes, et ne présentant aucun sens, leur en faire trouver un après les avoir mêlées à plusieurs reprises, lequel sert de réponse à une question choisie, et ainsi d'autres.

N°. 6. *Tour du cadran.*

Tous les hommes sont naturellement portés à courir après le merveilleux, et lorsqu'on leur présente un effet dont ils ne peuvent trop voir la cause, l'on est assuré de ravir leurs applaudissemens ; souvent ces effets tiennent à des moyens très-simples, et si simples qu'on est honteux d'avoir paru étonné lorsqu'on vient à les reconnaître. Par exemple , qu'on annonce dans une compagnie à une jeune personne que l'on sait un secret pour deviner l'heure à laquelle elle aura projeté de se lever le lendemain , la curiosité se pique ; elle voudra s'assurer si cela est vrai. Le moyen est très-simple et facile ; tirez votre montre ; ajoutez en vous-même le nombre 12 à l'heure qu'il est dans le moment; l'addition faite, vous lui direz de compter ce total , à commencer de l'heure qu'elle a déterminé de se lever, mais en rétrogradant, c'est-à-dire en prenant à rebours toutes les heures du cadran ; et en partant de l'heure secrètement projetée , il faudra qu'elle commence non par un, mais par le nombre de l'heure actuellement marquée par le cadran : par exemple, supposons que l'aiguille de la montre soit à 4 heures, et que la jeune personne veuille se lever à 8, vous ajouterez intérieurement 12 à 4, qui est le nombre des heures marquées par la montre, ce qui vous donnera 16; vous direz à la jeune personne de compter jusqu'à 16 , en commençant par 4, nombre des heures que la montre indique, et en partant de l'heure que suit celle à laquelle elle veut se lever. Ainsi dans la récréation proposée, il faudrait commencer par 7 heures à dire 5 , 6, etc. le dernier nombre tombera alors juste sur 8 heures. Avec un peu de réflexion, l'on voit que cette récréation est toute simple, c'est la personne elle-même qui indique l'heure à laquelle elle veut se lever : car c'est comme si vous lui aviez dit comptez 12, à commencer de l'heure à laquelle vous voulez vous lever, et vous aurez cette même heure : comme il n'y a que 12 heures au cadran, il faut nécessairement qu'elle arrive à l'heure projettée d'où elle est partie. Il est sensible que l'addition n'est que pour déguiser cette grande finesse, puisqu'ayant déduit de l'addition le nombre de l'heure qu'il est, il ne peut jamais rester que 12 à compter par la personne.

§ II. *Jeux de cartes.*

Nous avions, dans l'édition de 1775, réuni plusieurs tours de cartes amusans ; mais depuis cette époque, ces sortes de tours se sont prodigieusement multipliés ; et comme ce dictionnaire est consacré plus particulièrement aux inventions d'une industrie utile qu'à des objets de pur agrément, nous avons pensé qu'il était plus convenable de sacrifier des détails frivoles et devenus volumineux, à des procédés plus intéressans, et d'une toute autre importance. Ceux qui pourraient regretter le sacrifice que nous sommes obligés de faire, trouveront dans l'*Encyclopédie Méthodique*, *Amusement des sciences*, au mot *Cartes*; dans les *Recréations Mathématiques d'Ozanam ;* dans les *Recréations Physiques et Mathématiques de Guyot*, et autres ouvrages de ce genre, de quoi amuser leurs loisirs. Nous nous contenterons de dire un mot sur l'art de tirer les cartes, pour guérir, s'il est possible, la manie de quelques personnes superstitieuses, qui mettent une certaine confiance dans cette espèce de divination.

Nº. 1. *Art de tirer les cartes.*

De tout temps les hommes ont été avides de connaître l'avenir. Les Hébreux avaient leurs prophètes, les Grecs leurs oracles, les Romains leurs aruspices et leurs augures ; toutes les nations de l'univers sont plus ou moins livrées à la crédulité de leurs devins. Nous avons eu notre astrologie judiciaire, nous avons encore nos diseuses de bonne aventure. Nous nous vantons d'être philosophes, et nous faisons tirer les cartes pour savoir ce qui doit nous arriver. Il y a même tels de nos sages qui ont l'air de tourner en ridicule nos préjugés, et qui cependant ne sont pas exempts de faiblesse sur cet article. J'en connais un maintenant agité de la crainte du genre de mort violente qui lui a été prédit dans sa jeunesse. Newton n'at-il pas commenté l'apocalypse? D'autres font des almanachs, et prétendent prédire la pluie et le beau temps.

Nous donnerons ici, d'après M. Court de Gibelin, une idée de la manière dont les diseurs de bonne aventure tirent les cartes, et des pronostics qu'ils y attachent. Nous les proposons, non comme un moyen de lire dans l'avenir, mais comme un jeu de société propre à développer l'imagination de la jeunesse. Ce sera une occasion d'exercer et cultiver ses talens et ses dispositions pour l'invention. Ce jeu pourrait fournir les histoires les plus amusantes et les plus agréables.

On se sert d'un jeu de piquet qu'on mêle, et l'on fait couper par la personne intéressée.

On tire une carte qu'on nomme *as*, la seconde *sept*, et ainsi en remontant jusqu'au roi. On met à part toutes les cartes qui arrivent dans l'ordre du calcul qu'on vient d'établir, c'est-à-dire, que si en nommant *As*, *sept* ou telle autre, il arrive un as, un sept ou celle qui a été nommée, c'est celle qu'il faut mettre à part. On recommence toujours jusqu'à ce qu'on ait épuisé le jeu, et si sur la fin il ne reste pas assez de cartes pour aller jusqu'au roi inclusivement, on reprend des cartes sans les mêler ni couper, pour achever le calcul jusqu'au roi.

Cette opération du jeu entier se fait trois fois de la même manière ; il faut avoir le plus grand soin d'arranger les cartes qui sortent du jeu dans l'ordre qu'elles arrivent, et sur la même ligne, ce qui produit une phrase hyéroglyphique, et voici le moyen de la lire.

Toutes les peintures représentent les personnages dont il peut être question ; la première qui arrive est toujours celle dont il s'agit. Les rois sont l'image des souverains, des parens, des généraux, des magistrats, des vieillards.

Les dames ont les mêmes caractères dans leurs genres, relativement aux circonstances, soit dans l'ordre politique, grave ou joyeux. Tantôt elles sont puissantes, adroites, intrigantes, fidèles ou légères, passionnées ou indifférentes, quelquefois rivales, complaisantes, confidentes, perfides, etc. S'il arrive deux cartes du même genre, ce sont les secondes qui jouent les seconds rôles.

Les valets sont des jeunes gens, des guerriers, des amoureux, des petits-maîtres, des rivaux, etc.

Les figures renversées annoncent traverse, difficulté ; les sept et les huit sont des demoiselles de tous les genres ; le neuf de cœur se nomme par excellence la carte du Soleil, parce qu'il annonce toujours des choses brillantes, agréables, des succès, sur-tout s'il est réuni avec le neuf de trèfle, qui est aussi une carte de merveilleuse augure ; le neuf de carreau désigne le retard en bien ou en mal ; le neuf de pique est la plus mauvaise carte, il ne présage que des ruines, la maladie, la mort.

Le dix de cœur désigne la ville, celui de carreau, la campagne ; le dix de trèfle fortune, argent, celui de pique des peines et des chagrins.

Les as annoncent des lettres, des nouvelles.

Si les quatre dames arrivent ensemble, cela signifie babil, querelles.

Plusieurs valets ensemble annoncent rivalité, dispute et combats.

Les quatre trèfles en général, s'ils sortent ensemble, annoncent succès, avantage, fortune, argent.

Les carreaux, campagne, indifférence.

Les cœurs, contentement, bonheur.

Les piques, pénurie, soucis, chagrins, la mort.

Il faut avoir soin d'arranger les cartes dans le même ordre qu'elles sortent, et sur la même ligne, pour ne pas déranger la phrase, et la lire plus facilement.

Les évènemes prédits en bien ou en mal peuvent être plus ou moins avantageux ou malheureux, suivant que la carte principale qui les annonce est accompagnée. Les piques, par exemple, accompagnés de trèfle, sur-tout s'ils arrivent entre deux trèfles,

sont moins dangereux, comme le trèfle entre deux piques, ou accolé d'un pique, est moins fortuné.

Quelquefois le commencement annonce des accidens funestes, mais la fin des cartes est favorable, s'il y a beaucoup de trèfles; on les regarde comme amoindris, plus ou moins, suivant la quantité; s'ils sont suivis du neuf, de l'as ou du dix, cela prouve qu'on a couru de grands dangers, mais qu'ils sont passés, et que la fortune change de face.

Les as.	As de carreau, 8 de cœur,	*bonne nouvelle.*
	As de cœur, dame de pique,	*visite de femme.*
	As de cœur, valet de cœur,	*victoire.*
	As, 9 et valet de cœur,	*amant heureux.*
	As de pique, 8 de cœur,	*victoire.*
	As, 10 et 8 de pique,	*malheur.*
	As de trèfle, valet de pique,	*amitié.*
Les sept.	7 et 10 de cœur,	*amitié de demoiselle.*
	7 de cœur, dame de carreau,	*amitié de femme.*
	7 de carreau, roi de cœur,	*retard.*
Les neufs.	Trois neufs ou trois dix,	*réussite.*
Les dix.	10 de trèfle, roi de pique,	*présent.*
	10 de trèfle, valet de trèfle,	*un amoureux.*
	10 de pique, valet de carreau,	*inquiétude.*
	10 de cœur, roi de trèfle,	*amitié sincère.*

(Voyez *Monde primitif*, tom. VIII, p. 408.)

On sent combien tous ces signes de convention sont équivoques pour prédire l'avenir, puisqu'on pouvait aussi bien leur faire signifier toute autre chose; nous n'entrerons pas dans plus de détails. Nous en avons dit assez pour mettre sur la voie ceux qui voudront en faire une récréation, et trop pour les gens assez simples et assez crédules

pour ajouter foi à des prédictions tirées d'une combinaison du hasard, et d'une interprétation totalement arbitraire. Nous renvoyons ces derniers à la bibliothèque bleue, où nous ne doutons pas qu'ils ne trouvent l'art de tirer les cartes, et autres livres de nécromancie, traités avec assez d'étendue pour satisfaire leur stupide crédulité. Il a été publié, en 1773, un petit ouvrage intitulé :

Eteilla, ou *l'Art de tirer les cartes*.

§ III. *Jeux de dés.*

*V*oyez le paragraphe suivant, nᵒˢ. 3 et 4.

§ IV. *Jeux de hasard.*

On doit regarder, dit M. de Buffon, comme presque nulle, une crainte ou une espérance qui n'aurait qu'un millième de probabilité. L'homme le plus faible pourrait tirer au sort sans aucune émotion, si le billet de mort était mêlé avec 10,000 billets de vie; et l'homme ferme doit tirer sans crainte, si ce billet est tiré sur mille. Il est donc de la sagesse de rejeter comme fausses, quoique démontrées par le calcul, toutes les propositions où la très-grande quantité d'argent semble compenser la très-petite probabilité, qui n'est que trop souvent enflée par le ressort de la cupidité; car on n'hésite point de sacrifier un petit argent dont on peut se défaire pour l'appât d'un produit idéal, et l'espérance, quoique très-petite, semble participer de la grandeur de ce produit, grossi par l'imagination. Il faut donc, avant de risquer de l'argent au hasard, se faire à soi-même le calcul des probabilités; et quand la probabilité est au-dessous d'un millième, l'espérance devient nulle, quelque grande que soit la somme promise, puisque toute chose, quelque grande qu'elle soit, se réduit à rien dès qu'elle est multipliée par rien, comme l'est ici la grosse somme d'argent multipliée par la probabilité nulle, et comme l'est en général tout nombre qui, multiplié par zéro, est zéro.

Nᵒ. 1. *Jeu du franc-carreau.*

M. de Buffon n'a pas dédaigné de jeter un regard attentif et réfléchi sur ce jeu populaire, qui, en apparence, semble n'intéresser que les joueurs; et considérant, en mathématicien, les rapports du hasard, il a appliqué les règles de la géométrie au calcul des probabilités.

Dans une chambre parquetée ou pavée de carreaux égaux, d'une figure quelconque, dit-il, on jette en l'air un écu. L'un des joueurs parie que cet écu, après sa chûte, se trouvera à franc-carreau, c'est-à-dire, sur un seul carreau; le second parie que cet écu se trouvera sur deux carreaux, c'est-à-dire, qu'il couvrira un des joints qui les séparent; un troisième joueur parie que l'écu se trouvera sur deux joints; un quatrième parie que l'écu se trouvera sur trois, quatre ou six joints. Quel sera le sort de chacun de ces joueurs? Je cherche d'abord le sort du premier joueur et du second: pour le trouver, je tire des lignes parallèles au bord d'un des carreaux, observant de laisser entre ce bord et ces lignes un espace du demi - diamètre de l'écu. Tant que le centre de l'écu est dans la figure inscrite, cet écu ne peut être que sur un seul carreau, puisque cette frgure inscrite est par-tout éloignée du contour du carreau d'une distance égale au rayon de l'écu. Au contraire, dès que le centre de l'écu tombe au-dehors de la figure inscrite, l'écu est nécessairement sur deux ou plusieurs carreaux, puisqu'alors son rayon est plus grand que la distance du contour de cette figure inscrite au contour du carreau ; ainsi, pour rendre égal le sort de ces deux joueurs, il faut que la superficie de la figure inscrite soit égale à celle de la couronne, ou, ce qui est la même chose, qu'elle soit la moitié de la surface totale du carreau. Suivant les calculs de M. de Buffon, il faut, pour jouer à jeu égal sur des carreaux carrés, que le côté du carreau soit trois fois et demie plus grand que le diamètre de l'écu. Pour jouer sur des carreaux triangulaires équilatéraux, le côté du carreau doit être presque six fois plus grand que le diamètre de la pièce. Sur des carreaux en losange, le côté du carreau doit être presque quatre fois plus grand, et sur des carreaux hexagônes, presque double. Cependant, comme les joints des carreaux ont quelque largeur, et qu'ils donnent de l'avantage au joueur qui parie pour ce joint, on fera bien, pour rendre le jeu plus égal, de donner aux carreaux carrés un peu plus de trois fois et demie ; aux triangulaires, six fois : aux losanges, quatre fois, et aux hexagônes, deux fois la longueur du diamètre de la pièce avec laquelle on joue.

Pour connaître le sort du troisième joueur, qui parie que l'écu se trouvera sur deux joints, M. de Buffon a opéré de même, c'est-à-dire, qu'il a inscrit dans l'un des carreaux une figure semblable dont il a prolongé les lignes parallèles jusqu'à ce qu'elles rencontrassent les bords du carreau. Le sort de ce troisième joueur sera à celui de son adversaire comme le sol des espaces compris entre le prolongement de ces lignes et les côtés du carreau, est au reste de la surface du carreau. Ainsi, pour jouer à jeu égal sur des carreaux carrés, il faut que le côté du carreau soit plus grand d'un peu moins d'un tiers que le diamètre de l'écu : sur des carreaux triangulaires équilatéraux, le côté du carreau doit être double du diamètre de la pièce : sur des carreaux en losange, plus grand d'environ des deux cinquièmes ; et sur des carreaux hexagônes, plus grand d'un demi-quart.

Le quatrième joueur a parié que sur des carreaux triangulaires équilatéraux, l'écu se trouvera sur six joints ; que sur des carreaux carrés ou en losange, il se trouvera sur quatre joints ; et sur des carreaux hexagônes, il se trouvera sur trois joints. Pour déterminer son sort, M. de Buffon a décrit de la pointe d'un angle du carreau, un cercle égal à l'écu, et il en conclut que sur des carreaux triangulaires équilatéraux, son sort sera à celui de son adversaire, comme la moitié de la superficie de ce cercle est à celle du reste du carreau; que sur des carreaux carrés ou en losange, son sort sera à celui de l'autre comme la superficie entière du cercle est à celle du reste du carreau, et que sur des carreaux hexagônes, son sort sera à celui de son adversaire, comme le double de cette superficie du cercle est au reste du carreau. Ainsi, pour jouer à jeu égal sur des carreaux triangulaires équilatéraux, et sur des carreaux en losange, le côté du carreau doit être plus grand d'un peu plus d'un quart que le diamètre de l'écu : sur des carreaux carrés, le côté du carreau doit être plus grand d'environ un cinquième, et sur des carreaux hexagônes, plus grand d'environ un treizième : c'est d'après ces principes qu'on doit se régler pour les paris.

Si on jouait avec une pièce carrée, au lieu de jouer avec une pièce ronde, les calculs seraient tous différens. On peut voir tous ces détails dans le tom. VII du supplément des *Œuvres de M. de Buffon*, p. 140 et suivantes.

N°. 2. *Jeu de pair ou non.*

Il n'y a guère de jeu qui paraisse plus égal que celui de pair ou non ; cependant, si les pièces que présente celui qui donne à deviner ne sont pas en certaine quantité et prises dans un tas un peu considérable, il est certainement plus avantageux de dire *non pair ;* car dans trois il y a deux impairs contre un pair ; dans cinq, trois impairs contre deux pairs ; dans sept, quatre impairs contre trois pairs ; dans neuf, cinq impairs contre quatre pairs ; au-delà le jeu devient égal. Il faudrait donc convenir que l'on prendra dans la main plus de dix pièces, autrement celui qui devine serait obligé de faire à celui qui présente, un avantage égal à l'excès des impairs sur les pairs, dans le nombre des pièces sur lesquelles on aurait à choisir. M. de Mairan a fait imprimer un mémoire sur ce sujet. (*Mémoires de l'Académie* , année 1728 ; *Journal des Savans*, 1731, p. 105).

N°. 3. *Jeux de dés.*

Beaucoup de personnes jouent aux dés, et peu en connaissent la combinaison, qu'il est cependant très-essentiel de savoir pour éviter d'accepter des parties désavantageuses ; ce qui n'arrive que trop fréquemment à ceux qui ne font pas réflexion que le hasard est néanmoins en quelque sorte soumis au calcul.

Lorsqu'on joue avec deux dés, ils peuvent, pris ensemble, former 21 nombres, ou bien, considérés séparément, former 36 combinaisons différentes. Il est aisé de voir que des 21 coups qu'on peut amener avec deux dés, il y en a d'abord 6 qui sont les rafles, qui ne peuvent arriver que d'une façon ; tels sont les deux 6, les deux 5, les deux 4, les deux 3, etc. Les 15 autres coups, au contraire, ont chacun deux combinaisons, ce qui provient de ce qu'il n'y a qu'une face sur chacun des deux dés qui puisse amener 3 et 3, et qu'il y en a deux sur chacun de ces mêmes dés pour amener 5 et 4; savoir, 5 sur le premier dé, et 4 sur le second, ou 4 sur le premier et 5 sur le second. Tous ces hasards étant au nombre de 36, il y a dès-lors à jeu égal un contre 35 à parier qu'on amènera une rafle déterminée, et un contre cinq qu'on amènera une rafle quelconque. On peut

aussi, à jeu égal, parier un contre 17 qu'on amènera, par exemple, 6 et 4, attendu que ce point a pour lui deux hasards contre trente-quatre.

Il n'en est pas de même du nombre des points des deux dés joints ensemble; la combinaison de leurs hasards est en proportion de la multitude des différentes faces qui peuvent produire ces nombres, comme on le voit ci-après.

Nombres.

2	.	.	.	1 1										
3	.	.	.	2 1	1 2									
4	.	.	.	2 2	3 1	1 3								
5	.	.	.	4 1	1 4	2 3	3 2							
6	.	.	.	3 3	5 1	1 5	4 2	2 4						
7	.	.	.	6 1	1 6	5 2	2 5	4 3	3 4					
8	.	.	.	4 4	6 2	2 6	5 3	3 5						
9	.	.	.	6 3	3 6	5 4	4 5							
10	.	.	.	5 5	6 4	4 6								
11	.	.	.	6 5	5 6									
12	.	.	.	6 6										

Si donc on veut parier au pair qu'on amènera 11 du premier coup avec deux dés, il faut mettre au jeu 2 contre 34; et si l'on parie qu'on amènera 7, il faut alors mettre au jeu 6 contre 30, ou, ce qui est la même chose, 1 contre 5. On doit aussi remarquer que des onze nombres différens qu'on peut amener avec deux dés, 7, qui est le moyen proportionnel entre 2 et 12, a plus de hasards que les autres, qui de leur côté en ont d'autant moins, qu'ils s'approchent davantage des deux extrêmes 2 et 12. Cette différence de la mul-

titude des hasards que produisent les nombres moyens comparés aux extrêmes, augmente considérablement à mesure que l'on se sert d'un plus grand nombre de dés : elle est telle que si l'on se sert de sept dés, qui produisent des points depuis 7 jusqu'à 42, on amène presque toujours les points moyens 24 et 25, ou ceux qui en sont les plus proches, tels que 22, 23, 26, 27; et si, au lieu de sept dés, on se servait de vingt-cinq dés, qui peuvent amener des points depuis 25 jusqu'à 150, on pourrait presque parier au pair qu'on qu'on amènerait les nombres 86 et 87.

Cette remarque est essentielle pour faire connaître l'abus de ces loteries insidieuses proscrites par le gouvernement, qui sont composées de sept dés; ceux qui les tiennent leur attribuent des lots qui dans les termes moyens offrent des vétilles bien inférieures à la mise, et un appas de quelques meilleurs lots pour ceux qui amènent des nombres extrêmes ou des rafles; ce qui néanmoins n'arrive presque jamais, attendu qu'il y a plus de 40 mille contre un à parier qu'on n'amènera pas avec sept dés une rafle quelconque, et que la valeur du lot offert n'est souvent pas la 60e partie de celle de la mise. (Voy. *Loteries*, § II).

Pour trouver le nombre des différens coups que peuvent produire trois dés, il faut multiplier par 6 le nombre des hasards 36 que produisent 2 dés, et le produit 216 sera le nombre de ceux que peuvent produire trois dés. On multipliera de même 216 par 6, pour avoir le nombre des hasards que peuvent produire tous les différens points qu'on peut amener avec quatre dés, et ainsi de suite.

No. 4. *Jeu de dés harmoniques.*

On a annoncé dans l'*Année Littéraire*, 1758, t. VI, p. 64, un ouvrage assez curieux, intitulé : *Ludus melothedicus*, ou *le Jeu de dés harmoniques*, contenant plusieurs calculs par lesquels toute personne composera différens menuets avec l'accom-

Tome III.

pagnement de la basse, *même sans savoir la musique. A Lyon, chez les frères Legoux, place des Cordeliers ; à Paris, chez M. de la Chevardière, éditeur, rue du Roule, à la Croix-d'Or.* On joue avec deux dés que l'on roule dans un cornet, comme au jeu de *trictrac*. C'est le produit de ces dés qui forme des combinaisons telles que le chant du menuet et la basse se trouvent faits selon les règles de l'harmonie, en suivant exactement la méthode expliquée dans ce livre, accompagné de tables et d'exemples qui facilitent beaucoup cette sorte de composition.

No. 5. *Calcul des probabilités du hasard, combiné avec l'adresse du joueur.*

L'incertitude et l'évènement des jeux de hasard, comme de ceux qui dépendent de l'habileté des joueurs, ont quelquefois occupé de célèbres mathématiciens; mais les peines qu'ils se sont données à cet égard, ont eu peu d'utilité, et leurs résultats sont souvent démentis par l'expérience; la raison en est, que pour établir leurs calculs, ils ont été obligés de prendre pour base, comme certitudes, des choses qui ne sont que des suppositions. Cependant il ne faut pas rejeter toutes leurs conséquences; il y en a quelques-unes qui sont établies sur des faits réels. Par exemple, de deux joueurs qui font une partie de piquet, l'un a plus de probabilité de gagner, parce qu'il connaît mieux les combinaisons du

Z

jeu. On demande, lorsque les joueurs continuent de jouer un certain nombre de parties, si le joueur supérieur a toujours le même avantage, ou si son avantage augmente. Après beaucoup de calculs, M. Nicole a trouvé que si l'inégalité de force des joueurs est comme de 4 à 5, l'avantage du plus fort n'est que le neuvième de ce qui est au jeu dans une partie ; mais que si on en fait 24 ou 12 rois, cet avantage devient un peu plus des deux tiers.

Quoique cette solution soit le résultat d'un grand nombre de calculs faits par un habile homme, cependant je ne crois pas qu'un joueur qui n'aurait qu'un cinquième d'habileté de plus qu'un autre, voulût, pour rendre la partie égale, lui faire l'avantage des deux tiers. Des joueurs, en pareille circonstance, calculeraient d'après leur fortune habituelle, indépendamment du calcul de l'un des deux ; mais s'il s'agissait de jouer ce que l'on appelle en parties liées, le calcul alors est plus certain. Le nombre pair sera plus avantageux pour le joueur habile que le nombre impair ; ainsi, si c'est en trois ou en cinq parties, celui qui gagne n'ayant qu'une partie de plus à prendre que l'autre, peut y arriver plus aisément, pour peu que la fortune le favorise ; au lieu que si c'est en quatre ou six parties, il faut, pour gagner, que l'un des deux ait trois ou quatre parties contre l'autre une ou deux, ce qui fait un avantage considérable pour celui qui joue le mieux,

attendu que son calcul est toujours le même pendant toute la partie, et que les chances du hasard se soutiennent rarement long-temps en faveur de la même personne.

Au reste, quoique l'on ne puisse mathématiquement fixer les choses pour lesquelles le hasard entre pour le tout ou même pour partie, cependant il est certain qu'entre deux joueurs de force inégale, l'inégalité de la partie augmente en raison de sa durée. (*Journal des savans*, 1733, p. 281).
Voyez *Loteries*.

§ V. *Jeux de l'aimant*.

Nous avons fait connaître au mot *Aimant* de cet ouvrage, quelles en sont les propriétés, dont les principales, telles que l'attraction, la direction et l'opposition des poles, font la base de ces sortes de jeux. Ces effets, déjà magiques par eux-mêmes lorsqu'ils sont appliqués à quelques préparations mécaniques, et que la cause en est voilée et déguisée avec art, offrent à l'œil du spectateur des choses merveilleuses et surnaturelles qui captivent son attention et excitent sa curiosité. Il est nécessaire d'observer avant tout, que les corps les plus compacts, tels que l'or et l'argent, mis entre le fer et l'aimant, n'interceptent point l'action magnétique, et qu'elle est suspendue par la seule terre qui enveloppe la mine.

Nᵒ. 1. *Baguette magnétique.*

C'est une petite baguette de bois d'ébène ou autre, de la longueur d'environ neuf à dix pouces, et de quatre à cinq lignes de grosseur. Elle est percée dans toute sa longueur d'un trou de deux à trois lignes de diamètre, propre à recevoir une petite verge d'acier d'Angleterre très-fin, et fortement aimantée. Cette petite baguette est fermée par ses deux extrémités avec deux petits boutons d'ivoire qui doivent y entrer à vis, et très-différemment configurés, afin de pouvoir reconnaître aisément de quel côté sont les poles du barreau d'acier renfermé.

Lorsque vous présenterez le pole septentrional de cette baguette à un corps léger, nageant et se soutenant librement sur l'eau, et dans lequel vous aurez inséré un petit barreau d'acier aimanté, ce corps s'approchera alors de cette baguette et lui présentera le pole sud.

On peut avec cette baguette varier les récréations, et surprendre ceux qui les voient pour la première fois.

Nᵒ. 2. *Boîte aux métaux.*

Au nombre des récréations physiques que montrait le sieur Comus, celle qui s'exécute avec la boîte aux métaux, la première fois surprit bien du monde. Aujourd'hui personne n'ignore que tout le mystère consiste dans l'aimant. Mais bien des gens seraient fort embarrassés de dire la manière de s'y prendre pour obtenir le même effet.

D'abord il faut avoir une *lunette magnétique* pareille à celle que nous avons décrite (*voyez* ce mot). On fait construire ensuite une boîte de bois mince, d'environ un pied de long, sur sept à huit pouces de large, et six à sept lignes de profondeur. On met à demeure, au fond de cette boîte, une planchette de même dimension, et de deux à trois lignes d'épaisseur, qu'on découpe à jour pour y placer six petites tablettes d'environ sept lignes d'épaisseur, qui puissent entrer librement dans les ouvertures faites à la planchette. Ces six tablettes sont taillées, savoir deux en triangle, deux en cône, et deux en ovale : les ouvertures faites à la planchette pour les recevoir, doivent être taillées de même, en observant néanmoins que les deux ouvertures semblables soient faites en sens contraire. Dans chaque tablette est inséré un barreau aimanté, et par-dessus l'on attache à demeure six pièces de monnaie d'or, d'argent, de cuivre, de fer, d'étain et de plomb, dont on connaît l'ordre et la disposition : par exemple, tous les métaux, avant de présenter la boîte aux curieux, sont placés de façon que le nord des barreaux contenus dans les six tablettes, est du côté de la charnière. On propose à quelqu'un de la compagnie ou d'ôter un des métaux qui y sont contenus, ou de les changer de place à sa volonté. Elle ne peut néanmoins changer chaque métal que d'une seule place, comme on peut en juger par la forme des ouvertures. Il est aisé de sentir qu'en regardant par-dessus la boîte fermée avec la lunette magnétique, son aiguille aimantée restera sans mouvement au-dessus de la case dont on a ôté le métal, et qu'elle changera la direction relativement à la situation de la tablette déplacée. Il faut avoir encore, en outre, six petites boîtes de même grandeur, et que chacune puisse contenir l'une ou l'autre de ces six tablettes ; en sorte qu'en proposant à la personne d'ôter un des métaux de la grande boîte, et de le placer dans une des six petites, on sera en état de lui dire avec la lunette, non-seulement le métal qui a été ôté, mais encore celle des six petites boîtes où il a été mis.

Cette récréation deviendra plus surprenante, si les tablettes étant de mêmes forme et grandeur, peuvent se mettre indistinctement l'une à la place de l'autre. Ces six tablettes seront taillées en triangles isocèles, et faites avec des morceaux de glace de miroir ; en sorte qu'on ne pourra soupçonner qu'il y ait aucune pièce aimantée cachée dans les tablettes. Elles seront garnies à l'entour d'une bordure de cuivre mince qui les recouvrira de deux lignes. Avant de garnir ces tablettes de leur bordure, on inserrera, entre un des trois côtés de la glace et sa bordure, un petit barreau d'acier fin bien trempé et bien ai-

manté. Comme nécessairement dans deux de ces tablettes le barreau sera inséré dans la même face de l'angle, pour aider à les reconnaître, on changera la direction de l'aimant ; en sorte que ce qui sera polé nord dans l'une, soit polé sud dans l'autre. Il faudra avoir attention de couvrir le barreau aimanté du côté de la glace d'une petite bande de papier doré, afin qu'on ne puisse l'appercevoir. On pose et on colle sur chacune de ces tablettes les six métaux or, argent, cuivre, fer, étain, et plomb, composés de petites plaques minces découpées suivant les figures qu'on est en usage d'appliquer aux tablettes qui les désignent. Il est aisé de concevoir que si l'on déplace quelques-unes des tablettes de leurs cases (qui sont pareillement taillées en triangle), il ne s'en suivra aucun changement dans la direction, et qu'avec la lunette magnétique, on pourra découvrir le changement ou la transposition faite d'une tablette dans une autre. Il suffira, pour reconnaître ce changement, de se souvenir de l'ordre dans lequel les métaux sont arrangés dans la grande boîte, et quelle est la direction des barreaux qui y sont insérés. Il en sera de même à l'égard des six petites boîtes. On peut avec cette nouvelle construction exécuter les récréations précédentes, et d'autres encore ; par exemple, on proposera à une personne d'ôter un ou plusieurs métaux de la grande boîte, et de les insérer secrétement dans celle des petites boîtes qu'elle jugera à propos. Alors sans regarder à travers la grande boîte quel est le métal ôté, on examinera avec la lunette les petites boîtes, et on annoncera quel est le métal ôté, et dans quelle boîte il est renfermé ; ce que l'on pourra facilement découvrir par la direction de leurs barreaux qui sera la même, eu égard aux côtés de ces petites boîtes, qu'elle est à l'égard de ceux de la grande. On peut proposer encore à une autre personne d'ôter plusieurs métaux de la boîte, d'en insérer ceux qu'elle jugera à propos dans les petites, et de mettre les autres dans la poche, et on lui dira par le moyen de la lunette quels sont les métaux ôtés de la boîte, quels sont ceux insérés dans la petite boîte, et quels sont ceux mis en poche.

Mais voici une autre manière de rendre cette récréation plus surprenante. La boîte sera comme celle dont nous avons parlé au commencement de cet article, avec cette différence que les six tablettes seront en losange et de même grandeur, garnies chacune d'un petit barreau aimanté ; deux de ces barreaux partageront le losange en deux par les deux angles ; les quatre autres barreaux les partageront en deux, mais par les faces et en sens différens, savoir deux à droite et deux à gauche ; chaque barreau aura une direction différente de celui qui, dans un des losanges, a une disposition semblable ; et ces barreaux aimantés seront recouverts d'une plaque d'un des métaux : ici la

lunette magnétique mérite plus d'attention ; au fond de cette lunette est un cadran divisé en six parties égales, et chacune des divisions, portant la première lettre du nom de chaque métal, correspond à la direction que prendra l'aiguille aimantée au-dessus de chaque case ; en-dedans de ce cadran est un autre petit cadran contenant les mêmes divisions, avec cette différence, que les premières lettres qui désignent les métaux sont toutes opposées. En voici la figure.

Il est aisé de sentir que le cadran intérieur sert à désigner les renversemens, puisque dans ce cas les poles sont dans un ordre différent. On donnera la boîte à une personne, en lui laissant la liberté d'en disposer toutes les tablettes comme elle jugera à propos, soit en les changeant de place, en ôtant une d'elles et la mettant dans sa poche, soit en la renversant sans dessus dessous dans la case ou dans une autre, et la lunette indique tous les changemens faits, sans qu'il soit besoin de connaître de quel côté la boîte est tournée ; car si l'on ôte une des tablettes, l'aiguille ne prendra aucune direction fixe; si la tablette se trouve renversée, l'aiguille se dirigera avec moins de vivacité à cause de l'éloignement du barreau aimanté, l'or et l'argent donneront la même direction, et les quatre autres métaux seront désignés par les lettres placées dans le cadran intérieur.

N°. 3. *Mouvement perpétuel.*

Le mouvement perpétuel, la quadrature du cercle, la pierre philosophale, sont des écueils où vient échouer l'ambition du chimiste, du géomètre et du mécanicien.

Nous ne parlerons point ici du projet de machine à mouvement perpétuel dont il est question dans la *Collection. Acad.*, *part. fr.*, tom. VIII, p. 437, et reconnu faux par M. Camus; ni des inventions du père Tertio de Lanis, jésuite italien, dans son traité intitulé *Magisterium Naturæ et Artis*, etc.; nous donnerons seulement, par forme de récréation, l'idée d'un mouvement perpétuel, ou plutôt perpétué, que l'on croit, d'après l'apparence, opéré par la seule force attractive de l'aimant. D'abord, pour nous mieux faire entendre, si l'on dispose autour d'un guéridon cinq ou six petites consoles, portant chacune un pivot et une aiguille aimantée, on verra toutes ces aiguilles se diriger du même sens, c'est-à-dire du nord au sud tant qu'elles seront libres. Si vous présentez au milieu

d'elles un aimant, ou une verge de fer aimantée, tantôt par un pole, et tantôt par l'autre, on verra que ces aiguilles lui présenteront toujours un de leurs poles, qui sera différent de celui de l'aimant. C'est d'après cette théorie qu'on a présenté, comme mouvement perpétuel, la pièce que nous allons décrire. On place en rond un certain nombre d'aiguilles aimantées, fixées d'une manière immobile et offrant toutes le pole du nord; dans le centre s'élève un pivot, sur lequel peut librement tourner, à la même hauteur que les aiguilles ci-dessus, une aiguille aimantée, de manière que les deux poles soient nord; chaque pole de cette aiguille, fuyant le pole qui lui est opposé, tourne sans cesse: ce mouvement circulaire subsistera, dit-on, tant que la cause durera; mais cette cause serait de peu de durée, parce qu'il n'est pas possible de conserver à un même barreau les poles du même nom. Au reste, cette récréation n'est qu'une illusion, dont le jeu dépend d'un mouvement d'horlogerie caché, qui fait tourner un barreau aimanté placé sous le pivot.

Le *Journal des Savans*, 1699, p. 416 de la première édition, et p. 366 de la seconde, fait mention d'une machine du sieur Moitrel, toujours en mouvement, sans qu'on y touche jamais.

C'est par le moyen d'un aimant intermittent qu'on a proposé de faire un pendule perpétuel, dont on trouvera la description dans le XIIe tome de la *Traduction de Pline*, par Poinsinet de Sivry, page 492.

L'*Encyclopédie Méthodique, Amusement des Sciences*, p. 689 et 706, contient quelques détails sur les tentatives faites pour trouver le mouvement perpétuel.

N°. 4. *Sirène savante.*

Voici une autre récréation, qui n'est pas une des moins ingénieuses ; mais elle demande des préparations que nous allons décrire le plus exactement qu'il nous sera possible. Pour mieux entendre cette description, il faut savoir que la sirène est une figure de bois très-léger ou de liège, afin qu'elle puisse flotter sur l'eau ; elle est garnie d'un petit barreau d'acier, dont le sud est placé du côté qu'elle doit avancer. On pourrait y substituer un petit poisson de cuivre creux, et très-mince, un cygne d'émail, un petit navire ou tout autre objet. Cette figure est mise en mouvement par un barreau aimanté, dirigé lui-même par une personne placée derrière une cloison voisine, au moyen d'une corde roulée sur des poulies de renvoi, comme on le verra dans un moment. Cela suffit pour l'intelligence de la description qui va suivre. Entrons dans le détail. On fait faire par un ouvrier une table de cinq pieds de longueur sur deux pieds et demi de large ; le dessus ne doit avoir que six lignes d'épaisseur, excepté à sa bordure, qui doit avoir un pouce et demi, et saillir en-dehors du pied de la

table d'environ un pouce ; à cette table, on ajoutera un double fond à un pouce et demi de distance du dessus : c'est dans ce double fond que sont attachés tous les ressorts magnétiques qui font mouvoir la sirène : les quatre pieds sur lesquels pose cette table avec son fond, ainsi que les deux traverses qui les joignent des deux côtés vers le bas, doivent être creux, d'un demi-pouce d'épaisseur et de deux pouces de large, afin que le vuide qui se trouvera dans ces pieds soit d'un pouce carré. Entre la table et la cloison, on élevera un petit marche-pied d'un pied et demi de large, élevé de terre de 4 à 5 pouces, fixé et adhérent aux deux pieds de la table. C'est par-dessous ce marche-pied que se fait la communication entre les ressorts placés dans le double fond de la table et le moteur caché derrière la cloison. Cette table, ainsi préparée, on la garnira de drap dans son intérieur ; on y mettra ensuite les différentes pièces ci-après. Au milieu, sur le double fond, et directement au-dessous du bassin plein d'eau, sur lequel flotte la figure, fixez à demeure une pièce composée d'une poulie de bois de six pouces de diamètre et de quatre lignes d'épaisseur, sur l'axe de laquelle sera posée une tringle de cuivre, qui doit d'un côté soutenir deux barreaux de sept à huit pouces de long, liés ensemble avec quatre anneaux de cuivre ou un seul barreau d'acier armé et fortement aimanté ; que ces barreaux, aux-

4

quels on peut substituer un aimant artificiel fait en fer à cheval, soient percés, pour qu'on puisse les diriger comme il sera convenable, et les fixer sur une tringle de cuivre au moyen d'une vis. Dessous cette poulie et sur le même axe, on place à demeure un barillet de cuivre de cinq à six lignes de hauteur, et d'un pouce et demi de diamètre ; on y renferme un ressort de pendule. Réservez à l'extrémité du pivot, du côté du barillet, un trou carré qui doit passer en-dessous et à fleur de la table ; et sur lequel doit être placé un rochet avec son cliquet et ressort, afin de pouvoir plus ou moins tendre le ressort de ce pendule. Attachez à la poulie un petit cordeau de fil natté comme les lacets, parce qu'il est moins sujet à s'alonger ou se raccourcir. Faites-le passer d'abord sur une petite poulie placée dans l'intérieur de cette table à l'ouverture d'un de ses pieds, et ensuite sur une seconde poulie placée au bas de ce même pied, et vis-à-vis la communication qu'il a avec la traverse du marche-pied, afin qu'il puisse sortir par derrière la cloison ; derrière cette cloison, et à l'endroit par où sort le cordeau, placez verticalement une planchette ou tableau de 2 pieds de long sur 6 pouces de large, à une hauteur convenable. Voyez ensuite quelle est la longueur que parcourt le cordeau, en faisant faire un tour entier à la grande poulie dont l'axe porte le barreau aimanté. C'est d'après cette observation

que vous établirez sur cette planchette vos divisions dont nous parlerons après avoir dit un mot du bassin d'eau et des cadrans qui l'entourent. Ce bassin doit être de cuivre mince, d'un pied de diamètre et de 15 lignes de profondeur, avec deux anses pour l'enlever aisément de dessus la table sans répandre l'eau. Autour de ce bassin, seront disposés trois cadrans différens, l'un divisé en vingt-quatre parties contenant les 24 lettres de l'alphabet ; l'autre, en 32 parties, contenant les 32 cartes d'un jeu de piquet ; et le troisième en 18, contenant les nombres depuis un jusqu'à 15 ; et dans les trois cases restantes, on y transcrit un quart, une demie et trois quarts. Revenons à la planchette qui est derrière la cloison ; elle est divisée en trois colonnes ; la première contient les 24 lettres de l'alphabet ; la seconde, les noms des cartes d'un jeu de piquet, et la troisième, les nombres portés sur le troisième cadran : au haut de la planchette, est une poulie sur laquelle on fait passer le cordeau, à l'extrémité duquel est suspendu un poids suffisant pour la tenir tendue, sans cependant être assez pesant pour faire mouvoir la poulie enfermée dans la table, dont le mouvement doit se trouver suffisamment retenu par le ressort enfermé dans le barillet : sur la longueur du cordeau, on fixe une aiguille qui le traverse à angle droit. Cette aiguille, portée sur un petit tuyau de cuivre dans lequel le cordeau puisse couler librement, doit être arrêtée au moyen d'une vis, et ne doit être mobile que pour remédier au raccourcissement ou à l'alongement inévitable occasionné par la sécheresse ou l'humidité de l'air, laquelle, sans cette précaution, dérangerait le rapport des divisions de la planchette et du cercle que cette aiguille doit indiquer à celui qui est caché derrière la cloison. Tout étant ainsi préparé, il est sensible que si la personne cachée derrière la cloison conduit l'aiguille fixée sur le cordeau, sur une des lettres, cartes ou chiffres indiqués et transcrits sur la planchette, la pièce aimantée cachée dans l'intérieur de la table, se dirigera vis-à-vis la même lettre, carte ou chiffre désignés autour du cercle dans lequel est renfermé le bassin : si l'on y met alors la sirène, elle ira se placer dans la direction de ce fer à cheval ou barreau aimanté, attendu que le petit barreau contenu dans la figure, sera attiré par cette pièce aimantée. Si, avant de fixer l'aiguille sur la planchette, la personne cachée fait faire quelque mouvement au cordeau, et conséquemment à la pièce aimantée, cette sirène fera aussi divers mouvemens, semblera être incertaine de l'endroit où elle veut s'arrêter, et ne s'arrêtera que lorsqu'on aura fixé l'aiguille. Il y a diverses manières de placer le fer à cheval ou barreau qui fait mouvoir la sirène ; on peut même le placer dans une situation verticale; cela dépend de la place qu'on a réservée dans l'intérieur de la table. Il ne sera pas mal de mettre sous le marche-pied de la table une petite bascule cachée, dont le mouvement ne puisse être apperçu que par la personne placée derrière la cloison.

Si l'on veut, par exemple, faire indiquer par la sirène l'heure précise qu'il est à une montre, on appuie le pied sur la bascule autant de fois qu'elle marque ; la personne cachée derrière la cloison, attentive au signal, conduit l'aiguille fixée au cordeau sur le nombre indiqué porté sur la planchette, ce qui fait mouvoir l'aiguille de la table ; et après que la sirène a indiqué sur le cadran le nombre des heures, on répète le même signal pour les quarts.

Pour faire indiquer par la sirène une carte, on en fait tirer une dans un jeu de piquet dont on sera convenu d'avance avec la personne cachée derrière la cloison, laquelle conduira l'aiguille du cordeau sur le nom de la carte indiquée dans la seconde colonne de la planchette : alors la sirène, dirigée par l'aiguille aimantée de la table, ira se placer devant la carte choisie et l'une des 32 du cadran qui est autour du bassin.

On fait nommer par la sirène toutes les lettres qui composent un mot librement choisi. Pour cet effet, il faut avoir trois cartes qui portent chacune un nom d'homme ou de ville ; qu'une de ces cartes soit de grandeur ordinaire, l'autre de même longueur, mais un peu plus large ; la troisième de même largeur, mais un peu plus longue. On donne ces trois cartes ainsi préparées à une personne ; on lui laisse entièrement la liberté de choisir à son gré celle qu'elle jugera à propos, en lui recommandant de ne pas la faire voir : on reprend alors les deux autres cartes ; on juge facilement au tact quelle est la carte choisie ; on convient d'avance avec la personne cachée derrière la cloison des trois phrases suivantes, pour indiquer chacune de ces cartes. Pour la première, on dira : *il faut que la sirène indique*, etc. ; pour la seconde, *la sirène va aller chercher*, etc. ; et pour la troisième, *elle va nommer*, etc. : alors la personne avec qui l'on est d'intelligence, fixe l'aiguille du cordeau successivement sur toutes les lettres qui composent le mot choisi, et la sirène se présentera par conséquent devant chacune de ces lettres. Il serait peut-être plus court d'employer le mouvement de la bascule au lieu des différentes tournures de phrases qui peuvent jeter dans l'erreur.

La sirène peut encore désigner trois nombres choisis par trois personnes différentes. Il faut avoir un petit sac dont l'intérieur soit divisé en quatre parties : dans la première, on mettra les nombres depuis 1 jusqu'à 15, et dans les trois autres, un nombre différent, mais répété quinze fois. En tirant du sac les nombres contenus dans la première division, on fera voir qu'elle contient les nombres depuis 1 jusqu'à 15 ; les remettant ensuite dans le sac, on fera

tirer successivement un nombre dans chacune des trois autres divisions, et on les fera indiquer par la sirène ; il suffit pour cela d'avoir prévenu la personne cachée derrière la cloison de ces trois nombres, et de l'ordre dans lequel elle doit les faire indiquer par la sirène, au moyen de l'aiguille qu'elle doit conduire sur la planchette, comme il a été dit.

On peut aussi, après avoir fait tirer ces trois nombres, demander si l'on veut que la sirène indique séparément les trois nombres ou leur total en une seule fois : alors si l'on a fait tirer, par exemple, trois, sept et onze qui forment vingt-un, on fera présenter la sirène devant le nombre deux du cadran, et ensuite devant un. On peut aussi faire tirer deux ou trois nombres, et demander si l'on veut que la sirène indique séparément les trois nombres ou leur total, ou même leur produit, étant multipliés l'un par l'autre, ou telle autre chose qu'on voudra pour varier cette récréation.

Lorsqu'un mot latin ou français est, par le changement de lettres, susceptible de sens différens, comme on peut le voir au mot *Anagramme*, on adapte à chacun de ces mots des questions qui leur soient analogues, et alors les lettres d'un même mot peuvent servir de réponse à toutes ces questions. On voit que de cette manière, il sera aisé de faire répondre la sirène à une question choisie librement par quelqu'un de la compagnie, sans que celui qui fait la récréation ait pu savoir en aucune façon quelle est cette question. On écrit sur des cartes toutes les questions que présentent les différentes permutations de lettres d'un même mot; on les remet à une personne, en la prévenant d'en choisir secrètement une, de cacher et de garder par-devers elle les autres. Quel que soit la question choisie, il suffit que la personne cachée fasse successivement indiquer par la sirène les lettres du mot susceptible de permutation; il faut en outre observer d'écrire avec un crayon et sur six cartes, les lettres indiquées par la sirène, afin de la remettre à la personne qui a choisi la question, en l'assurant qu'en les assemblant elles doivent alors former la réponse à la question secrètement choisie. Cette récréation, facile à exécuter, cause une surprise des plus agréables.

Il y a encore une multitude d'autres récréations plus ou moins ingénieuses qu'on peut faire avec la sirène.

Nº. 5. *Mouche savante.*

Nous avons dit qu'on pouvait substituer à la sirène toute autre figure. On voyait, en 1768, sur les boulevards, dans le cabinet de la Hollandaise, une mouche vivante qui allait chercher une réponse à une question proposée. La mécanique de cette récréation, consiste dans une boîte carrée de six à sept pouces, et d'un pouce de profondeur, au centre de laquelle est un pivot portant un barreau, terminé d'un bout par un petit fil d'acier très-fin et recourbé, qui soit même d'une seule pièce avec le barreau, et dont la pointe soit comme celle d'un hameçon, pour pouvoir y attacher une mouche vivante; que ce barreau soit un peu plus pesant d'un côté, afin qu'il soit en équilibre lorsque la mouche y est attachée; le dessus de la boîte est couvert d'un carton carré, sur lequel est tracé un cadran de trois pouces et demi de diamètre en-dedans, et découpé à jour dans son intérieur. Il vaudrait mieux cependant que ce cadran ne fût qu'à quatre ou cinq lignes de distance du fond de la boîte; il sera divisé en dix parties égales, contenant ou dix cartes prises à volonté, ou les dix premiers nombres de l'arithmétique, ou les lettres $a, e, i, o, u, c, l, n, r, t$, ou d'autres lettres, si on en trouve qui produisent une combinaison de mots plus étendue.

On pose sur cette boîte un verre élevé de cinq à six lignes au-dessus du cadran; l'on couvre ce verre en-dessus d'un cercle de papier, de grandeur suffisante pour cacher l'aiguille aimantée, et n'en laisser appercevoir que l'extrémité où est attachée la mouche. Il faut même joindre quelque chose d'allégorique sur ce papier, afin de ne pas donner à penser qu'il est mis pour cacher l'aiguille aimantée contenue dans la boîte. Avec cet appareil et l'intelligence de la personne cachée derrière la cloison, l'on fait une partie des récréations que nous venons d'indiquer pour la sirène. Au lieu d'une mouche vivante, on pourrait en avoir une d'émail bien ressemblante, ce qui serait plus commode et plus sûr.

L'*Encyclop. Méthod.*, *Amusement des Sciences*, p. 31 et suivantes, contient un grand nombre d'autres récréations physiques, qui peuvent s'exécuter par le moyen de l'aimant.

On peut y voir encore, page 324, les différens tours de cartes qui peuvent s'exécuter par le moyen de l'aimant sous le titre de *Cartes magnétiques*.

§ VI. *Jeux de l'équilibre.*

Aux yeux d'un observateur, tout est matière d'instruction, d'étude, d'admiration : il se présente journellement à nos regards des effets auxquels nous ne donnons pas la plus légère attention, soit par l'habitude que nous avons de les voir, soit par une indifférence impardonnable qui éteint le desir d'étudier les causes et les moyens. N'est-ce pas un phénomène perpétuel, par exemple, que l'équilibre dans lequel la masse de notre corps est sans cesse soutenue sur deux points, lorsque nous restons debout alternativement; sur un point, quand nous courons ou que nous marchons ? Quand cet équilibre est rompu, soit par un faux pas, soit par quelque cause étrangère, qui nous a appris à avancer un bras, à étendre une jambe pour pré-

venir une chûte? Un enfant, qui n'a reçu d'autres leçons que celles de la nature, est tout aussi habile dans l'exécution de ces mouvemens que le vieillard qui, connaissant toutes les loix de l'équilibre, emprunte le secours d'une canne comme d'une troisième jambe pour soutenir le poids de son corps courbé par le fardeau des années. C'est sur-tout dans une comparaison réfléchie de l'attitude naturelle de l'homme et des animaux, qu'éclate la suprême intelligence du Créateur. Cette attitude est variée à l'infini dans toutes les actions de l'homme, dans tous ses mouvemens; elle est variée à l'infini dans chaque individu animal. Les quadrupèdes, les oiseaux, les poissons, les reptiles, les insectes, chaque être, chaque corps a son équilibre; et si nous y faisions bien attention, nous retrouverions cet équilibre jusques dans les masses inanimées du règne minéral et du règne végétal. Cependant une même loi, un même principe, explique les causes et les différences. Ce principe mécanique réside singulièrement dans le concours du centre de gravité combiné avec le mouvement, la ligne de direction et le point d'appui. C'est dans les ouvrages des savans, qu'on trouvera des connaissances approfondies sur cette matière intéressante. Nous invitons à lire les observations de M. Winslow, sur l'action des muscles et les mouvemens de l'épaule, insérées dans la *Collect. Acadèm., partie franç.*, tom.

IV, p. 499, 504 et 509, et l'ouvrage intéressant du docteur Barthez, intitulé : *Nouvelle mécanique des mouvemens de l'homme et des animaux*, imprimé en 1798. Quant à nous, nous nous bornerons à rapporter ici quelques récréations qui tiennent particulièrement à l'industrie humaine.

N°. 1. *Funambules ou danseurs de corde.*

Cet art périlleux, plus effayant qu'agréable, est très-ancien ; il a été cultivé chez les Grecs, et même à Rome, où l'on a vu jusqu'à des éléphans funambules. Il paraît que les orientaux et les peuples du midi ont plus que les autres excellé dans ce genre, qui demande au moins autant de souplesse, que de force et de hardiesse.

Il nous reste des pierres antiques gravées, et une médaille de Caracalla, sur lesquelles on voit différens exercices de danseurs. Un des plus communs était de monter le long d'une corde plus ou moins inclinée. On doit juger par les monumens et par ce qu'en ont écrit Cardan, Wecker, et sur-tout M. Grodeck, allemand, dont l'ouvrage a été imprimé à Dantzig en 1702, que les modernes que nous admirons sont loin d'égaler la hardiesse des anciens, à qui, à la vérité, il paraît qu'il arrivait souvent des accidens, ce qui fut cause que le bon empereur Marc-Aurèle, ayant assisté une fois à un de ces jeux, fit mettre des matelas pour retenir ceux qui tombraient ; on y substitua ensuite des filets ; mais le péril faisant, aux yeux du peuple, le mérite de ce spectacle, on retrancha les filets et les matelas, pour laisser les funambules courir tout le danger auquel ils voulaient s'exposer.

On faisait entrer cet exercice dans la gymnastique trop négligée parmi nous, et en effet, rien n'est plus propre à donner de la souplesse à toutes les parties du corps, et de l'assurance dans la marche.

Il paraît qu'un des principaux moyens dont se servent ceux qui marchent ou voltigent sur la corde tendue, est de tenir toujours le regard fixé sur un des points de la corde, qui est ordinairement l'extrémité; mais pour garder l'équilibre ils ont besoin d'avoir, dans les mains, un balancier ou quelque chose qui y supplée, comme des drapeaux. Nos bateleurs se servent ordinairement d'une perche longue de 12 a 15 pieds, et garnie aux deux extrémitées de plomb, ce qui leur sert à être plus fortement appuyés sur la corde, et en cas de besoin à reprendre l'équilibre en alongeant la perche d'un côté ou de l'autre. On se procurerait le même effet en tenant dans les mains des poids de 15 à 20 livres.

On trouve dans le *Journal des Savans*, 1672, p. 221 1re. édit., et 138 de la 2e., l'extrait d'une dissertation de M. l'abbé de Camps, sur les funambules; elle contient des choses tout-à-fait curieuses.

Il serait trop long de rapporter ici ce qu'on lit dans les *Secrets et Merveilles de la Nature*, par Wecker, qui a copié littéralement ce qu'a écrit sur les danseurs de corde, Cardan, médecin milanais, du 16e. siècle, dans son ouvrage *de Subtilitate*, lib. 18. Voici seulement quelques-uns des tours de force rapportés par le P. Schott, dans sa *Magie Universelle*, lib. *de Magia Centrobarycâ*. On y reconnaîtra plusieurs de ceux vus de nos jours au spectacle de Nicollet, à Paris; rien de plus ordinaire que de voir courir très-agilement sur la corde, sans balancier, s'élever en l'air, retomber assis de côté, s'élancer de nouveau, retomber les deux jambes ouvertes, s'enlever encore et tomber debout, et sur les pieds, cent fois de suite, sans relâche. Mais ce qui est bien extraordinaire, c'est de voir un danseur ne tenir à la corde que par le bout du pied ou par le talon, un autre se laisser tomber exprès, après avoir long-temps promené et sauté sur la corde, s'y tenir suspendu par l'occiput, les bras serrés le long du corps; un autre debout sur la corde, sauter plusieurs fois à travers un cerceau étroit; un autre porter sur sa tête, sur son front, d'un bout à l'autre de la corde, un verre plein de vin, sans en répandre une goutte; un autre faire tendre deux cordes horizontalement, l'une au-dessous de l'autre, et après avoir dansé long-temps sur la corde supérieure, terminer son jeu par un saut,

et se trouver droit et debout sur la corde inférieure; un autre attacher sous la plante de ses pieds des œufs qu'on lui présentait, et marcher sur la corde sans les casser; un autre se précipiter de la corde en criant comme s'il tombait réellement, s'y retenir par le bout du pied, et après y être resté quelque temps suspendu, retomber à terre droit sur ses pieds. On a vu à Paris un turc tendre une corde du comble d'une maison jusqu'à terre, attacher à ses pieds des épées dont les pointes étaient tournées l'une contre l'autre, prendre un homme sur ses épaules, et monter le long de la corde en écartant prodigieusement les jambes de peur de se blesser avec les épées: le même danseur posait des rouleaux sur une corde tendue horizontalement; sur ces rouleaux il mettait une table sur laquelle il s'asseyait et se balançait jusqu'à ce que les rouleaux s'échappant de dessous, il restait assis sur la table seul. Le P. Schott, en rapportant ces différens tours, observe, à l'égard de celui qui marchait sur la corde avec des œufs sous la plante des pieds, que les assistans observèrent qu'il ne marchait que sur l'extrémité des doigts du pied: aussi les œufs étaient-ils renfermés dans un mouchoir qui servait encore à cacher son jeu. Mais en voilà plus qu'il n'en faut pour faire connaître ce genre d'exercice, pour prouver que la grande habitude, l'adresse, la patience, l'agilité, l'exemple, l'émulation et la témérité, peuvent aller jus qu'à faire exécuter des choses surnaturelles. Nous terminerons cet article par une réflexion de Cardan sur les circonstances qui concourent à faire tomber un danseur de corde; c'est, dit-il, lorsque la corde n'est pas exactement tendue, si le danseur a peur, si son corps et ses membres ne sont pas bien assurés et d'à-plomb, s'il est excédé de fatigue, et s'il ne sait pas faire usage à-propos de ses bras comme du balancier.

Nº. 2. *Funambules de bois.*

Nous voulons parler ici de ces petites figures de bois dont on voit l'image dans presque tous les livres élémentaires de physique et de mécanique; elles représentent un danseur de corde se tenant sur un pied. Le corps est traversé par un axe de fer que l'on courbe également des deux côtés, et aux extrémités duquel on fixe une balle de plomb de même volume et de même poids, ce qui imite assez bien le balancier des danseurs de corde : cette figure posée droite sur un pivot, reçoit tous les mouvemens qu'on lui donne, et tend toujours à reprendre son équilibre de quelque sens qu'on la fasse mouvoir et tourner.

On lit dans la *Magie Universelle* du P. Schott, *Lib. de Magiâ Centrobarycâ*, que des baladins et des charlatans amusèrent le public de cette manière; ils attachaient une corde à une fenêtre, et la tendaient à angle droit jusqu'à terre où ils avaient

soin de la fixer. Cela fait, ils mettaient une figure toute pareille à celle ci-dessus décrite au haut de la corde. Cette figure descendait par son propre poids sans pencher d'un côté ni de l'autre; mais le pied de la figure au lieu de se terminer en pointe comme dans celles qui se vendent aujourd'hui dans les foires, était échancré de manière à pouvoir embrasser la corde dans sa rainure.

Nº. 3. *Différens tours d'équilibre.*

J'ai vu très-souvent, en Sicile, dit le P. Schott, les jeunes gens et les hommes robustes s'essayer dans l'exercice qui suit. Ils prennent une longue perche de dix coudées, grosse comme le bras, au haut de laquelle est un ample et pesant drapeau étendu sur une autre perche plus courte, attachée transversalement. Pour faire preuve de leur force, un d'entr'eux, à l'aide de ses camarades, élève perpendiculairement cette perche, la porte d'abord dans le paume de la main, le bras tendu, la fait passer sur l'autre main, de-là sur son front, sur son menton, sur ses dents, ayant grand soin d'avancer ou de reculer suivant l'inclinaison que donnent à la perche ou son propre poids, ou les mouvemens que fait celui qui la porte. Cet exercice dure jusqu'à ce que l'équilibre étant rompu, la perche tombe d'elle-même. Celui qui soutient cet exercice le plus long-temps, passe pour être le plus robuste.

Ce que rapporte le P. Schott s'est nombre de fois présenté ici à nos regards. Tout le monde a vu à Paris des bateleurs porter en équilibre des échelles surchargées de différens meubles par le haut, même de grandes roues de carrosse, et faire d'autres tours d'équilibre de cette espèce.

S'il faut de la force pour exécuter ces tours avec des corps pesans, il faut bien de l'adresse pour faire ces mêmes tours avec des corps qui n'ont pas un grand poids, tels qu'une longue paille, etc. Il doit être, par exemple, assez difficile, si la chose est possible, de faire tourner une boule de bois sur la pointe d'un couteau ou d'un carrelet qu'on tient à la main gauche, en donnant de la main droite à la boule une forte impulsion circulaire. Les deux tours qui suivent paraissent bien plus praticables.

Le premier consiste à fixer et faire entrer la pointe de deux couteaux au haut d'une baguette, de manière qu'ils soient en opposition l'un à l'autre ; que le bout de leurs manches, également distans de la baguette, forment avec elle deux angles égaux. Il faut encore observer que les deux couteaux pèsent, à peu de chose près, autant l'un que l'autre, parce que la petite différence du poids pourra se corriger par l'ouverture respective des angles. On pose ce petit appareil sur l'ongle ou toute autre surface polie, et en lui donnant une légère impulsion, il tournera en rond sans tomber.

Le second consiste à prendre trois couteaux et à faire entrer d'équerre la pointe d'un couteau dans le manche de l'autre, en sorte que celui du milieu, dont le tranchant sera en-dessus et et le dos en-dessous, porte les deux autres suspendus à ses deux extrémités. On fait poser le couteau du milieu sur la pointe d'une petite verge de fer, de manière qu'il y ait équilibre et que les deux autres couteaux représentent les deux plateaux d'une balance. Le souffle seul suffira pour mettre en mouvement et faire tourner les trois couteaux.

Il n'est peut-être pas de tour d'équilibre plus surprenant et qui prête plus à la réflexion, que celui-ci. Il ne faut ni adresse ni intelligence pour le faire, et l'homme le plus gauche réussit comme le plus adroit. On pose une paire de pincettes sur une clef, de manière que la partie de la clef qui entre dans la serrure, la retienne comme un crochet, et tout au bord de la cheminée on pose l'anneau de la clef, qui n'y touche que par un seul point : c'est par ce seul point de contact que la pincette et la clef restent en équilibre sur le bord de la cheminée. On peut varier ce tour, soit en faisant entrer la pointe d'un couteau au haut du manche d'une cuiller de bois dont l'autre extrémité reposerait sur une table, soit en attachant un pot à anse à la lame d'un couteau dont le manche reposerait aussi sur la table. Mais il ne faut pas croire aux merveilles de ce genre débitées

par

par les anciens auteurs, qui ont beaucoup exagéré les effets de l'équilibre. *Voyez* ce que dit à cet égard Ozanam, dans ses *Récréations mathématiques*, t. II, p. 535 ; et le P. Schott., dans sa *Magie Naturelle*, tom. III, p. 48.

L'*Encyclop. Méthod.*, *amusement des sciences*, p. 479 et 674, rapporte une expérience du même genre, expliquée par des figures.

Tout ce que nous venons de dire sur les jeux dont il s'agit, s'explique par le principe général et constant qu'il y a équilibre toutes les fois que la ligne de direction passe par le centre de gravité et par le point d'appui. (*Voy. Sauteurs chinois*)

N°. 4. *Trouver le centre de gravité d'un corps irrégulier.*

On veut soutenir sur une pointe un corps irrégulier : prenez pour exemple une planche irrégulière ; on fait un trou dans la planche ; on y passe un poinçon ; on suspend à ce poinçon un fil à-plomb ; on trace cette ligne ; ensuite on perce à un autre endroit de la planche, pourvu que ce ne soit pas sur la même ligne, un autre trou ; on y passe de même un fil à-plomb ; le point d'intersection de ces deux lignes, est celui de centre de gravité, celui sur lequel on peut soutenir le corps en équilibre.

§ VII. *Jeux d'optique.*

Nous avons, au mot *Optique*, parlé des illusions naturelles de

Tome III.

l'optique ; nous traiterons ici des illusions que l'art a enfantées pour notre amusement. On sait que, suivant les lois de la nature, les rayons de lumière sont ou directs, ou réfléchis, ou réfractés, suivant les corps sur lesquels ils tombent : c'est de ces principes que dérivent tous les phénomènes merveilleux et intéressans que nous allons présenter, phénomènes qui semblent tenir de la magie. On ne croirait jamais qu'un miroir et des verres concaves ou convexes, qui séparément n'offrent que peu de singularités, produisissent par les combinaisons des effets aussi surprenans ; tantôt on voit des horizons immenses à perte de vue, des ciels, des nuages, des bois, des montagnes, des rivières, des mers aussi vrais que la nature ; tantôt ce sont des palais enchantés, des galeries de la plus belle architecture, des illuminations brillantes par leur éclat et charmantes par la beauté du dessin. Passons aux procédés.

N°. 1. *Manière de faire paraître un appartement semé de rubis, de topazes et d'émeraudes.*

Le père Kirker, jésuite de Fulde, nous apprend, dans son ouvrage intitulé *Arsmagna lucis et umbræ*, un moyen ingénieux pour faire paraître les murs d'une chambre obscure couverts de pierres précieuses. Comme ce spectacle est frappant, et qu'il peut fournir un objet d'amusement à la campagne, nous allons indiquer son procédé.

A a

Après avoir fermé tous les volets d'une chambre exposée au grand soleil, le P. Kirker ouvre un petit espace triangulaire par où entrent les rayons de lumière ; ceux-ci sont reçus par une suite de prismes de crystal placés les uns sur les autres dans le même plan vertical, et entretenus dans cette position par une espèce de cadre : on fait ensuite passer ces rayons, qui éprouvent alors une réfraction, par plusieurs lentilles de crystal taillées à facette, et placées au nombre de six autour d'une septième de même diamètre.

Ces facettes, qui doivent être toutes différentes pour opérer une plus grande variété dans le spectacle, dispersent ou réfléchissent les rayons colorés en forme de taches sur le pavé et sur les murs de la chambre ; on les croirait alors semés de rubis, de topazes, de saphirs et d'améthystes : on ne peut rien imaginer de plus riche dans la nature. Le nombre des prismes et le diamètre des lentilles à facettes doit être proportionné à la grandeur de la pièce où l'on veut se procurer ce petit amusement, et à la quantité de pierres précieuses dont on veut que les murs paraissent semés. On peut, en variant ce procédé, se procurer une forme d'arc-en-ciel avec toute la variété de ses couleurs.

No. 2. Boîtes d'optique.

On donne communément ce nom à certaines boîtes dans lesquelles des objets convenable-

ment éclairés se font voir sous des images amplifiées et dans l'éloignement. Les unes font leur effet sans verre ni miroir, tels que les optiques transparens ; dans d'autres, on regarde à travers un verre convexe l'image réfléchie dans un miroir plan ; dans d'autres enfin, la seule réflexion du miroir concave suffit pour faire paraître les objets dans leur grandeur naturelle. Parlons d'abord des optiques transparens qui sont du ressort de l'optique proprement dit.

Il y a deux choses à considérer dans l'exécution, la construction de la boîte et la préparation des objets d'optique. La boîte doit être d'environ un pied carré, à-peu-près comme une lanterne dont tous les côtés seraient bien fermés, et qui ne serait ouverte que par-devant. Cette ouverture, plus petite que l'estampe qui doit être placée dans la boîte, sera garnie d'un verre ; l'espace intérieur entre le verre et l'estampe sera peint en noir ; et cet espace doit être de deux ou trois pouces de profondeur ; le fond de la boîte qui se trouve derrière l'estampe, auquel on peut donner environ quatre ou cinq pouces de profondeur, sera couvert de ferblanc, et il y aura quatre ou cinq petites bobêches pour y mettre des bougies. Reste à parler maintenant de la préparation des estampes. L'on fait imprimer sur du papier très-blanc et très-fin une estampe de celles dont on se sert pour mettre dans les optiques ordinaires, ayant attention de faire choix de celles qui font le plus grand effet, quant à la manière dont les objets sont mis en perspective; collez-la par ses bords sur un chassis de même grandeur, et la lavez avec soin en vous servant des couleurs les plus légères, et aucunement terrestres. On peut employer pour le lavis de ces estampes le bleu de Prusse liquide, l'encre de la Chine, le carmin, la gomme-gutte, le safran, le vert d'eau et de vessie, la suie, etc.; observez de coucher les couleurs à plusieurs reprises dans les endroits où les ombres de la gravure sont les plus fortes, et à en bien dégrader les teintes, sur-tout dans les lointains. Pour la colorer, il faut la poser sur un verre, et la tenir élevée devant soi, afin de pouvoir l'éclairer par la lumière du soleil : on peut aussi mettre la couleur des deux côtés de l'estampe : gardez-vous de la vernir; au lieu de la rendre plus transparente, on n'appercevrait plus la dégradation des couleurs. Cette estampe ainsi préparée et montée sur son chassis, doit entrer à coulisse et de côté dans la boîte, entre les bougies allumées et l'ouverture du devant de la boîte. Lorsqu'il n'y aura pas de lumière dans la chambre, l'effet de cet optique sera très-agréable à voir, sur-tout si les bougies sont bien espacées entre elles, et point trop fortes, en sorte qu'elles ne fassent pas de taches sur l'estampe. Il est bon d'avoir deux coulisses, afin de pouvoir placer un second sujet avant de retirer le premier, et

qu'on n'apperçoive pas les lumières qui sont au fond de la boîte. Un autre moyen d'augmenter encore l'illusion, c'est d'avoir d'abord une boîte plus profonde, et d'y faire entrer deux chassis; le premier, garni d'un verre, porterait le sujet de l'estampe dont on aurait découpé le ciel; et le second, placé à un pouce de distance de ce premier, porterait un ciel transparent : un même ciel peut servir pour plusieurs sujets, n'y ayant que le chassis de devant à changer. Le lever ou coucher du soleil font un effet très-pittoresque, et les estampes qui représentent des incendies font également un très-bel effet.

Passons maintenant aux boîtes de catoptrique, qui font leur effet ou avec des miroirs concaves, ou avec des miroirs plans. Commençons par celles à miroirs concaves. On construit une boîte d'environ deux pieds de long sur quinze pouces de large; au fond de la boîte sera dressé perpendiculairement un miroir concave, dont le foyer soit d'un pied et demi environ; à l'autre extrémité de la boîte, et en face du miroir, on pratique un trou pour que l'œil puisse regarder dans l'intérieur; la moitié de la boîte, du côté du miroir, est couverte en-dessus d'une planche, afin que le miroir concave se trouve entièrement dans l'obscurité; l'autre moitié doit être fermée avec un verre couvert intérieurement d'une gaze, dont l'effet est de cacher l'intérieur de la boîte; dans l'intérieur et au milieu de la boîte, doit être

2

placé un chassis de carton noirci, qui fait l'effet d'un diaphragme : il ne reste plus qu'à placer en face du miroir et au-dessous de la petite ouverture, les paysages, les vues et autres estampes qu'on veut exposer à la curiosité des spectateurs. Il est important que ces objets soient fortement éclairés par la lumière du soleil ou par des bougies placées en dessus. Parmi les miroirs concaves, ceux qui sont de glace étamée méritent la préférence, parce qu'ils ne sont pas sujets à se ternir. Il faut que ces boîtes d'optique soient d'une certaine grandeur, afin de n'être pas obligé d'employer des miroirs dont le foyer soit trop court, sans quoi les lignes droites qui sont vers les bords du tableau paraîtraient courbes dans le miroir, ce qui ferait une défectuosité inévitable et désagréable à la vue.

Les optiques à miroir plan incliné et verre convexe sont suffisamment connus, et dans la main de tout le monde. Nous nous contenterons de dire que ces sortes de boîtes sont susceptibles de toutes les formes ; les unes sont carrées, les autres oblongues, les autres pyramidales ; il suffit que l'image réfléchie par le miroir incliné vienne se peindre à l'œil, après avoir passé par un verre convexe. Il est sensible que l'effet est ici le même que dans l'expérience précédente ; l'un agit par réflection, et l'autre par réfraction, et néanmoins la direction des rayons lumineux est toujours la même. Ces optiques ont l'agrément de faire voir les objets dans leur grandeur naturelle ; ce sont des points de vues, des espaces immenses, des mers, des profondeurs placés dans la perspective la plus vaste et la plus étendue ; on se croit trasporté dans les lieux mêmes.

N°. 3. *Galerie perpétuelle.*

Les effets magiques que produisent les boîtes de catoptrique, dont nous allons indiquer la construction, se réduisent à des principes et à une combinaison si simples, qu'il n'est personne qui ne puisse entendre les détails dans lesquels nous allons entrer.

Il faut avoir une boîte d'environ un pied de long sur huit pouces de large, et six pouces de haut : telle autre dimension pourra convenir, pourvu qu'on ne s'écarte pas beaucoup de ces proportions. En dedans de la boîte, et sur chacune des faces opposées qui n'ont que huit pouces de large, on applique perpendiculairement deux miroirs plans de même grandeur ; on fera au milieu d'une de ces deux faces une ouverture d'environ un pouce de diamètre, et à cet endroit l'on ôtera le teint du miroir, afin qu'on puisse regarder facilement dans l'intérieur de la boîte ; on couvrira le dessus de cette boîte d'un chassis à coulisse, dans lequel soit encadré un verre transparent ; on étendra un morceau de gaze en dedans au-dessous de ce verre, afin que la lumière puisse en éclairer l'intérieur sans que l'œil puisse y rien appercevoir ;

à trois pouces de distance de chacune des faces, on placera une petite coulisse propre à recevoir un carton découpé en forme de bordure, et peint des deux côtés, représentant une partie de forêts, de jardins, de berceaux, de colonnades, et sur les deux miroirs opposés, on collera un carton pareillement découpé, peint d'un seul côté, et représentant les mêmes objets, en observant toutefois, à l'égard du miroir du fond, que l'endroit où l'ouverture qui sert d'oculaire pourrait se réfléchir, soit masqué par quelque peinture analogue au sujet. Lorsqu'on regarde dans l'intérieur de la boîte, les objets se réfléchissant successivement d'un miroir sur l'autre, une galerie composée de colonnes, une allée d'arbres, se prolongent à perte de vue.

A l'imitation de ces optiques, on pourrait construire des cabinets revêtus de glaces, dont l'effet remplirait les spectateurs d'admiration ; ce serait un ouvrage superbe, et qui mériterait l'attention des curieux. Il faudrait, au-dessus de ces glaces, laisser des ouvertures qu'on fermerait de carreaux de verre, pour donner du jour dans ces cabinets.

N°. 4. *Illuminations.*

Les illuminations qui font partie des réjouissances publiques, sont composées de lampions et de terrines, dont l'ordre symétrique offre le spectacle le plus brillant : on en forme différens dessins de vases, d'architecture, etc. Elles ont cependant un inconvénient, c'est d'être trop coûteuses et de fatiguer la vue lorsqu'on les regarde de trop près. Nous allons indiquer le moyen de se procurer de belles illuminations à peu de frais et sans fatigue. Il faut commencer par peindre (sur un double papier très-fort que l'on aura noirci par derrière avec du noir de fumée détrempé dans de l'eau-de-vie, et mêlé avec un peu de gomme arabique) le modèle de l'illumination que l'on veut imiter et exécuter en petit, et y indiquer bien exactement la place de toutes les terrines et lampions dont elle doit être composée ; on prendra ensuite des emporte-pièces de différentes grosseurs, qui puissent découper ce double papier de la figure que produit la flamme d'une lumière, et on s'en servira pour découper tous les endroits où l'on aura indiqué la place de ces lampions. On observera que si le sujet est supposé sur une seule façade, il faut alors se servir d'un même emporte-pièce pour les lampions, et d'un autre deux fois plus grand pour désigner les terrines ; et que si l'illumination dont on veut rendre exactement l'effet est supposée sur plusieurs plans, il faut, pour ceux qui sont les plus éloignés, se servir d'emporte-pièces plus petits, et que les trous soient plus près dans les lointains, à proportion de l'éloignement. S'il y a des objets qui soient sur des façades perpendiculaires au point de vue

d'où on est supposé les appercevoir, il faut se servir d'emporte-pièces insensiblement plus
petits à mesure que les extrémités de ces façades s'éloignent,
et serrer davantage les trous,
sans s'embarrasser s'ils sont presque les uns sur les autres, en
observant néanmoins l'effet de
la perspective. Lorsqu'on aura
découpé le tout, on collera derrière ce double papier du papier
de serpente très-fin; on aura attention à colorer, avec un peu
d'eau de carmin, les endroits
qui sur le sujet doivent paraître
les plus éloignés. Cette observation est essentielle, attendu que
plus les illuminations naturelles
sont éloignées, plus le feu paraît rougeâtre. Cette illumination étant finie, on l'enfermera
dans une boîte, et on l'éclai-
rera fortement par derrière avec
plusieurs lumières ou bougies
également espacées entr'elles,
afin d'éviter qu'il n'y ait des
endroits plus éclairés et d'autres
plus sombres, ce qui empêcherait que l'illusion ne fût aussi
complette qu'elle doit l'être. Il
ne faut pas non plus que les lumières soient trop près du transparent; il vaut mieux les placer
à cinq ou six pouces de distance,
et en employer davantage. Il
faut aussi garnir les boîtes de fer-
blanc, afin que la lumière se
réfléchissant de tous côtés, elle
se trouve répandue avec plus
d'égalité sur le transparent. Il
faut encore éclairer légèrement
le devant du carton, c'est-à-dire
le côté où il est peint, en employant à cet effet quelques lumières que l'on placera à une

distance assez éloignée pour
qu'on puisse appercevoir faiblement le morceau d'architecture
sur lequel est découpée cette illumination. On peut découper,
suivant cette méthode, des estampes gravées qui représentent ces sortes de sujets, et les
placer ensuite dans des optiques,
pourvu qu'on ne se serve pas
des boîtes d'optique où l'on met
des miroirs inclinés, attendu
qu'alors l'estampe découpée
étant de nécessité dans une situation horizontale, il serait
fort difficile de l'éclairer assez
fortement pour lui faire produire son effet. Si l'on veut exécuter ces sortes d'illuminations
sur des estampes qui soient placées horizontalement, on les
découpera de même qu'il a été
dit, et au lieu de les couvrir par
derrière d'un papier transparent,
on y appliquera du papier doré,
qui se verra au travers de la dé-
coupure. Cette estampe, bien
éclairée, imitera assez bien l'illumination. L'optique de Zaller,
qui a plu beaucoup à Paris il y
a quelques années, était, pour
la plus grande partie, composé
de pièces préparées de cette
manière. (Voy. *Transparens*).

Ce procédé a, comme on voit,
l'avantage de procurer à peu de
frais un spectacle très-amusant,
sur-tout lorsqu'il réunit la variété des dessins, la symétrie
des formes et l'ensemble des proportions que l'œil peut détail-
ler, sans en être ébloui ni fatigué.

C'est avec le procédé dont
nous venons de donner le détail, qu'on imite les feux d'artifice les plus variés en couleurs,

soit par le mouvement des lumières, soit en faisant passer successivement des papiers diversement colorés. (Voy. *Feux d'artifice par imitation*, § V).

N°. 5. *Miroirs magiques.*

Avec deux, trois et quatre miroirs différemment disposés, on peut faire les récréations les plus curieuses et les plus propres en même-temps à satisfaire les amateurs de la physique, en leur offrant des objets de recherche et de discussion. Commençons par les expériences les plus simples.

Dans un miroir placé perpendiculairement au - dessus d'un autre, le visage paraît difforme. Si ces miroirs forment dans leur position relative un angle de 80 degrés, on ne verra plus ni le nez, ni le front ; à 60 degrés, on se voit avec trois nez et six yeux, et la difformité apparente varie progressivement à chaque degré d'inclinaison ; mais à l'angle de 45 degrés, on ne se voit plus dans le miroir.

Lorsque les deux miroirs, au lieu d'être placés perpendiculairement l'un sur l'autre, sont élevés l'un à côté de l'autre verticalement, les différentes ouvertures de l'angle varient également la représentation des objets qu'on leur présente.

Mais comme, dans ces deux premières expériences, il n'est pas possible de cacher la jonction des miroirs, on est moins surpris de leurs effets singuliers. Passons donc à des procédés qui surprennent agréablement les spectateurs en leur laissant ignorer la cause, et commençons par ceux où l'on n'emploie que deux miroirs plans.

N°. 6. *Les deux miroirs magiques.*

Il faut avoir une boîte de forme cubique et d'environ 15 pouces de dimension en tous sens, portée sur un pied, de manière qu'on puisse la placer à la hauteur ordinaire de la tête d'une personne. Aux quatre faces de cette boîte, on pratique une ouverture ovale, de 10 pouces de haut sur 7 de large ; on les garnit d'un cadre propre à recevoir une glace non étamée. Dans l'intérieur de la boîte, on dispose verticalement et diagonalement deux miroirs adossés l'un à l'autre ; quatre personnes placées en face, et à distances égales de chacune des ouvertures faites au côté de cette pièce de catoptrique, au lieu d'y voir leur propre figure, y apperçoivent celle d'une des personnes qui se trouvent à côté d'elles, qu'elles imaginent être placées vis - à - vis d'elles ; et comme ceux qui regardent ne se doutent pas que la boîte est coupée diagonalement par des miroirs, sur - tout si l'on a eu soin d'en bien masquer les bords, le déplacement apparent leur paraîtra on ne peut pas plus extraordinaire.

On peut varier l'illusion de cette expérience de manière qu'une personne croyant se regarder dans un miroir, voie une autre personne placée en face

4

d'un autre miroir à côté. Le jeu consiste à pratiquer dans une même cloison deux ouvertures éloignées d'un pied l'une de l'autre, et chacune haute d'un pied sur 10 pouces de large : ces deux ouvertures seront garnies d'une glace non étamée ; derrière ces ouvertures, sont deux miroirs dressés verticalement, inclinés à 45 degrés sur la cloison, et ayant chacun 18 pouces en carré ; ils seront enfermés par des planches ou du carton, et tout cet intérieur bien clos sera noirci en-dedans ; il faudra mettre deux bougies allumées à côté de chacune des ouvertures, afin d'éclairer le visage des personnes qui se placeront vis-à-vis des miroirs. Sans cette précaution, cette récréation ne ferait pas un grand effet.

N°. 7. Les trois miroirs magiques.

Il s'agit ici de faire en sorte qu'une personne ne se voie jamais que de profil, quoiqu'elle se regarde en face. Pour cet effet, on garnit intérieurement chacun des trois côtés perpendiculaires d'une boîte carrée, d'un miroir plan dressé verticalement ; le dessus de la boîte et le fond sont échancrés, afin que cette boîte puisse se fermer par-devant avec deux cartons faisant angle, qui, masquant le miroir du fond, ne laisseront appercevoir, par les ouvertures qui y seront pratiquées, que les deux miroirs de côté. De cette manière, une personne placée bien en face de ces ouvertures, ne se verra que de profil.

Voici encore une autre manière de disposer trois miroirs plans de façon à leur faire produire des effets singuliers. On construira une boîte triangulaire, dont les côtés soient égaux, chacun d'environ 15 pouces de large sur 8 de haut. Cette boîte sera couverte d'un chassis de verre transparent, garni d'une gaze intérieurement, et sur chacun des trois côtés l'on dressera un miroir plan, dont on ôtera l'étain à l'endroit des ouvertures ménagées aux trois côtés de la boîte, pour regarder dedans. Il faut ensuite avoir trois cartons très-minces, de la hauteur de la boîte, et d'une largeur égale et convenable à couper chaque angle parallèlement à leur base, de manière que les ouvertures restent libres : ces cartons, peints des deux côtés, et représentant tel sujet qu'on voudra, seront collés par les bords sur les miroirs mêmes. Il faut avoir attention que ces sujets soient d'un dessin qui puisse être découpé très-à-jour, afin que l'image puisse se répéter agréablement par la réflexion mutuelle des trois miroirs. Si les sujets peints sur ces cartons sont différens, en regardant par chacune des trois ouvertures de la boîte, on appercevra un nouveau spectacle d'autant plus curieux que l'espace paraît immense.

N°. 8. Les quatre miroirs magiques.

Ce sont quatre miroirs plans, dressés verticalement sur les

quatre côtés intérieurs d'une boîte carrée dans la proportion de 10 pouces de long sur 12 de haut ; sur le fond intérieur de la boîte, on disposera des objets en relief, tels qu'une partie de fortifications, des tentes, des soldats, ou tout autre sujet qui, répétés plusieurs fois par les miroirs, produiront un bel effet. Le dessus de la boîte sera couvert d'une châsse de verre en forme de pyramide tronquée, élevée de 4 à 5 pouces au-dessus de la boîte. Cette châsse sera doublée d'une gaze, à l'exception de la glace de dessus, qui, ayant 6 pouces en carré, servira d'ouverture pour regarder dans l'intérieur de la boîte : plus cette ouverture sera rapprochée, plus l'étendue paraîtra grande. Il en sera de même si les quatre miroirs sont plus élevés ; l'objet, par l'une ou l'autre de ces dispositions, peut paraître répété neuf, vingt-cinq, quarante-neuf fois, en prenant toujours le carré des nombres impairs de la progression arithmétique 3, 5, 7, etc. ce qu'il est très-facile de concevoir, si l'on fait attention que le sujet qui est renfermé dans la boîte se trouve toujours au centre d'un carré composé de plusieurs autres égaux à celui qui forme le fond de la boîte. Rien de plus agréable que l'effet de ces boîtes de catoptrique : on peut en varier la construction en formes triangulaires, pentagônes, hexagônes, etc. Ces différentes dispositions bien entendues, quant à l'ordre donné et au choix des objets renfermés entre les mi-roirs, produiront toujours les plus belles illusions et des effets très-extraordinaires. Si, au lieu de placer les miroirs perpendiculairement, ils étaient inclinés également, et dans le sens d'une pyramide renversée, l'objet prendrait alors la figure d'un globe ou polyèdre très-étendu.

N°. 9. *Palais magique.*

Rien de plus curieux que cette pièce de catoptrique, par la diversité des objets que ses différentes faces présentent au spectateur surpris. Voici la manière de la construire. Prenez pour base un plan hexagône ; du point central aux angles tirez six demi-diamètres ; élevez perpendiculairement sur chacun d'eux deux miroirs plans, qui seront arrêtés et soutenus à l'extrémité des angles par des colonnes, dans lesquelles on aura ménagé des rainures pour recevoir ces miroirs ; ces colonnes, qui serviront en même-tumps d'ornement extérieur, seront ornées de leur entablement, et porteront un petit dôme, tel qu'on jugera à propos ; disposez dans chacun des six espaces triangulaires, compris entre deux de ces miroirs, des petits objets de carton en relief, représentant divers sujets qui puissent, en prenant une forme hexagône, produire un effet agréable ; ajoutez-y de petites figures d'émail, et ayez soin de masquer par quelque objet qui ait rapport au sujet, le point de réunion des miroirs au centre de la pièce. Lorsqu'on regardera par l'une ou l'autre des six ouvertures de ce palais magique, comprises entre deux de ces colonnes, le sujet qui aura été placé dans chacun de ces espaces, étant répété six fois, paraîtra remplir entièrement la totalité de cette pièce ; ce qui produira une illusion fort extraordinaire, particulièrement si les sujets choisis sont convenables à l'effet que produit la disposition des miroirs. Par exemple, si l'on place entre deux de ces miroirs une partie de fortification, telle qu'une courtine et deux demi-bastions, l'on croira voir une citadelle entière avec ses six bastions. Une portion de salle de bal ornée de lustres et de personnages en émail, produira le plus grand effet et le plus agréable. Le palais magique a, par-dessus les optiques ordinaires, l'avantage d'amuser un plus grand nombre de personnes à-la-fois ; l'illusion en est d'autant plus agréable, qu'elle n'exige ni mystère, ni préparatifs ; et si l'on voulait surprendre un spectateur curieux, et prolonger son amusement, on pourrait le faire ainsi promener de nouveaux objets en nouveaux objets sans qu'il s'en apperçût, en changeant les perspectives de chaque angle pendant que son œil serait occupé à contempler la décoration de l'angle opposé.

N°. 10. *Pendule magique.*

Ce phénomène d'industrie est on ne peut pas plus curieux, et paraît très-surprenant aux yeux de ceux qui n'en connaissent pas

la cause : en effet, on présente à une personne un cadran ; on lui dit de diriger l'aiguille à telle heure qu'elle voudra, et la pendule magique présente, un instant après, la même heure. Cet effet singulier n'est autre chose qu'un jeu combiné de l'aimant et du miroir de réflexion. Il faut avoir une boîte de pendule de même grandeur que celles qu'on appelle *porte-montres*, sans cadran ni monture ; dans le haut de la boîte et au-dedans est un miroir incliné, propre à réfléchir un cadran qui sera couché au fond de la boîte, dont les heures seront transcrites à rebours, la douzième tournée vers le devant de la boîte, et au centre duquel sera ajusté un pivot qui supportera une aiguille aimantée. Telle sera la construction de cette boîte, dont les côtés et le devant, à l'exception de la place ordinaire du cadran, seront garnis de verre, couvert en-dedans d'une gaze, afin que la lumière pénétrant jusqu'au fond de la boîte, éclaire suffisamment, sans le laisser voir, le cadran qui doit être réfléchi dans le miroir. Pour empêcher qu'on n'apperçoive ce miroir par l'ouverture circulaire où se place le cadran dans les pendules ordinaires, on bordera cette ouverture d'un carton qui, rentrant en-dedans, masquera les extrémités du miroir.

Voyons maintenant la manière de mettre en mouvement l'aiguille aimantée ci-dessus. La boîte dont on vient de parler sera placée sur un piédestal, ou sur une table, dans laquelle sera pratiqué un tiroir propre à recevoir un cadran garni d'une aiguille non aimantée; c'est ce cadran que l'on présente à la compagnie, pour diriger l'aiguille sur telle heure qu'on juge à propos: cela fait, on place ce cadran dans le tiroir, de manière que l'heure de midi soit tournée du côté du boulon; alors l'aiguille aimantée du cadran placé au fond de la boîte, et directement au-dessus de celui du tiroir, se dirige sur la même heure, en sorte que le spectateur qui ne regarde que la pendule, est surpris de la voir à l'heure qu'il a lui-même indiquée.

Si l'on a attention de placer la pendule sur la table, de façon que l'aiguille du cadran caché qui se dirige d'elle-même vers le nord, lorsque le second cadran n'est pas placé au-dessous, se place sur l'heure qu'il est au moment où l'on fait cette récréation, elle paraîtra plus extraordinaire, attendu qu'en retirant le tiroir, le cadran indiquera l'heure actuelle, ce qui masquera encore davantage la cause qui produit cette illusion.

No. 11. *Portrait magique.*

Il faut choisir un miroir rond et convexe d'environ trois pouces de diamètre, et propre à diminuer de beaucoup les objets. Avant de le faire mettre au teint, l'on y colle une tête peinte, dont la partie du visage, ainsi que ce qui fait le fond du tableau, soit découpée à jour, de façon qu'il ne paraisse derrière la glace autre chose que la coëf-

fure et la partie de draperie qui forme le buste de cette figure. Cette préparation étant faite, l'on fera étamer ce miroir du même côté qu'on a mis la peinture, et on le place dans son cadre. Lorsqu'une personne se regardera dans ce miroir à la distance convenable, afin que la représentation de son visage paraisse de la même grandeur, et remplisse entièrement l'ouverture faite au papier peint et découpé, elle verra son portrait en miniature et au naturel différemment coëffé et habillé; et si l'on a plusieurs petits miroirs de ce genre avec différentes coëffures d'hommes et de femmes, on s'amusera agréablement en examinant l'air qu'on peut avoir sous ces divers déguisemens qui peuvent produire beaucoup de variétés; par exemple une jeune dame verra si l'habillement d'un cavalier lui sied bien, une personne âgée si les ajustemens de la jeunesse ne pourraient pas retrancher en apparence quelques-unes de ses années, un petit maître s'il ne serait pas encore plus adorable sous la figure d'une courtisane. Une coquette qui aurait une quantité suffisante de ces tableaux magiques représentant les différentes coëffures dont la mode change si souvent, pourrait se faire apporter le matin à sa toilette cette agréable collection, afin de se déterminer plus promptement sur le genre de coëffure qui lui convient ce jour-là.

Nous possédons en ce genre un objet de curiosité qui, s'il

était perfectionné et plus étendu, pourrait devenir très-intéressant. La pièce principale est
le portrait d'une femme assez
belle et assez bien peinte ; dans
la même boîte, sont plusieurs
feuilles de talc de la grandeur
du portrait. Sur chacune de ces
feuilles sont peints différens habillemens, tant d'hommes que
de femmes, la plupart étrangers,
et différentes coëffures et ajustemens : chaque feuille s'applique
l'une après l'autre sur la pièce
principale, et fait voir la même
personne sous différens déguisemens. Une suite variée d'habillemens de toute espèce qui donnerait le tableau des différens
costumes de tous les pays du
monde, et de toutes les professions, serait certainement très-
précieuse. De pareilles feuilles
de talc pourraient s'appliquer
sur le portrait d'une personne
qui, chaque jour, aurait la curiosité de se voir sous un habillement nouveau, pourvu néanmoins que ce portrait fût fait
avec les proportions propres à
recevoir ces différens déguisemens.

Ceci nous donne occasion de
parler d'une récréation magnétique assez amusante, connue
sous le nom de *puits enchanté.*
La manière de la préparer est
au fond la même que nous avons
indiquée dans l'article *tableau
magique*, qu'il ne sera pas mal
de lire pour encore mieux entendre ce que nous allons dire.
Faites construire un puits de
carton ou de fer blanc de 10 à
12 pouces de hauteur porté sur
un degré ou socle carré. Mé-

nagez à un des côtés de ce socle
une ouverture dans laquelle
puisse entrer un tiroir d'environ quatre pouces carré, et de
cinq à six lignes de profondeur ;
que l'ouverture extérieure de ce
puits ait quatre pouces et demi
de diamètre, et qu'elle aille en
diminuant vers le fond qui ne
doit avoir que deux pouces. Au-
dessus du socle, et à un pouce
au-dessous du fond intérieur de
ce puits, placez un petit miroir
convexe posé sur le dessus de la
base du puits ; que ce miroir
soit d'une sphéricité suffisante,
pour qu'en s'y regardant à la
distance de quinze à dix-huit
pouces, la tête et le buste ne
paraissent alors avoir que deux
pouces et demi de grandeur. Sur
ce même socle, sur la même
ligne, et à peu de distance du
miroir, placez un pivot de six
lignes de haut, sur lequel vous
poserez une aiguille aimantée
renfermée dans un cercle de carton très-léger, de cinq pouces
de diamètre ; divisez-le en quatre parties égales : tracez-y
quatre petits cercles dans trois
desquels doivent être peintes
différentes figures de tête dont
la coëffure soit variée, par
exemple, l'une un turban, l'autre un chapeau, et l'autre une
coëffure de femme ; que la place
de la tête soit découpée à jour,
et que le quatrième cercle soit
entièrement découpé à jour. Un
peu de réflexion indiquera comment il faut disposer ces dessins
pour que le cercle en tournant
les offre toujours dans un sens
droit et naturel, de manière
qu'on ne soit pas obligé de se

déplacer pour aller chercher le véritable sens du dessin. Ayez ensuite quatre petits tableaux de quatre pouces carrés, qui, chacun séparément, puissent entrer dans le miroir, et soient garnis de leurs bordures et de leurs verres, comme des tableaux ordinaires; que sur trois de ces tableaux, il soit peint une tête dont la coëffure soit semblable à chacune de celles qui sont découpées sur le cercle du carton mobile ci-dessus; placez derrière chacun des quatre tableaux un barreau aimanté qui les traverse diagonalement, savoir deux de gauche à droite, et deux de droite à gauche, mais de manière que les poles soient disposés en sens contraire. Couvrez le derrière de ces tableaux d'un carton, afin qu'on ne s'apperçoive de rien; le quatrième tableau ne contient aucune peinture. Si l'on veut que cette récréation paraisse encore plus extraordinaire, on fait l'intérieur du puits en fer-blanc: on met au fond un verre blanc bien mastiqué, de manière que l'eau ne puisse pénétrer par les fentes. Pour exécuter cette récréation, il faut commencer par mettre dans le tiroir le tableau où il n'y a rien de peint; alors l'aiguille du carton mobile qui se dirige sur le barreau aimanté renfermé dans ce tableau de dessous, amène le petit cercle sur lequel il n'a point été peint de coëffure, et en se regardant dans le puits, on ne voit autre chose que le miroir et la figure au naturel. On verse ensuite un peu d'eau dans le puits: on pro-pose à une personne ou même à plusieurs de s'y regarder : on leur demande si elles s'y voient telles qu'elles sont; on retire le tableau contenu dans ce tiroir ; on remet les trois autres entre les mains de quelqu'un de la compagnie, en lui disant de choisir celui dans l'ajustement duquel elle desire paraître. On place ensuite le tableau choisi dans le tiroir que l'on ferme, et un instant après on dit à cette personne de se regarder dans le puits; elle y voit alors son portrait véritable, coëffé d'une toute autre manière, et conforme au choix qu'elle a fait. Cette pièce de récréation bien exécutée fait un effet très-agréable. Le cercle de carton ne pouvant porter que trois différentes coëffures, on peut s'en pourvoir de plusieurs autres pour avoir d'autres changemens, on observant qu'il faut alors avoir d'autres tableaux, et que ce puits puisse se séparer de son socle, afin de pouvoir préparer secrètement ces divers changemens.

N°. 12. *Boîte de catoptrique, dans laquelle une boule paraît monter, tandis qu'elle descend.*

Tous les corps, par leur pesanteur, tendent à descendre, parce qu'ils sont entraînés par leur poids. C'est une chose assez curieuse et plaisante de voir une bille jetée par un trou de cette boîte, remonter verticalement pour sortir par un autre; c'est une illusion occasionnée par l'effet d'un miroir de réflexion, dans lequel va se peindre l'image de la bille pendant qu'elle parcourt l'espace entre les deux trous.

On sait que si un miroir plan est incliné de 45 degrés à l'horizon, les objets verticaux y paraissent horizontaux, et les objets horizontaux verticaux.

Ainsi donc, en disposant dans la boîte un miroir à un angle de 45 degrés sur l'horizon, et faisant descendre la bille sur un plan un peu incliné, elle paraîtra dans le miroir s'élever presque verticalement.

Si l'on veut que le plan paraisse exactement vertical, il faut que le miroir fasse avec l'horizon un angle un peu plus grand que 45 degrés. Par exemple, si le plan sur lequel ce corps descend, fait avec l'horizon un angle de 30 degrés, il faudra que le miroir soit incliné de 45 degrés, plus la moitié de 30 degrés. Si le plan fait un angle de 5 degrés, il faudra que le miroir fasse un angle de 45 degrés, plus la moitié de 5 degrés, et ainsi du reste. (Voyez le *Dictionnaire de Physique de Brisson*, t. II, p. 152.)

On peut voir encore les mots *Lanterne magique*, *Miroirs cylindriques, concaves, convexes, elliptiques, prismatiques, pyramidaux*, etc., *Anamorphoses*.

§ VIII. *Jeux du parquet ou des carreaux.*

Dans les arts comme dans la nature, des effets surprenans sont dus souvent à des moyens très-simples. En voici un exemple assez singulier. Deux car-

reaux de forme carrée, mi-parties de deux couleurs par une diagonale, sont susceptibles déjà de 32 combinaisons ; mais c'est une chose digne d'attention, que la quantité de dessins curieux, agréables et variés qu'on peut faire avec ces mêmes carreaux répétés un certain nombre de fois. Il suffit de jeter un coup-d'œil sur la planche ci-jointe, pour s'en former une idée. Si l'on y joint encore la nuance des couleurs, c'est-à-dire, que dans l'un des carreaux la couleur soit plus foncée, l'autre plus claire ; deux de ces carreaux seulement fourniront jusqu'à 64 combinaisons, comme l'indique le premier tableau. Le père Sébastien Cruchet, religieux carme, de l'Académie royale des Sciences, dans un voyage qu'il fit au canal d'Orléans, trouva, dans un château voisin, de semblables carreaux destinés à carreler une chapelle et des appartemens. Il fit des essais en ce genre, dont il donna une esquisse dans les *Mémoires de l'Académie*, année 1704, p. 363 ; depuis, le père Douat, aussi religieux carme, fit de cet objet une étude particulière, et donna, en 1722, une méthode pour faire une infinité de dessins différens avec des carreaux mi-parties de deux couleurs, par une ligne diagonale. Il est démontré que trois carreaux forment entr'eux 128 dessins, que quatre en forment 256 ; et que serait-ce, si l'on employait dans les compartimens la diversité des couleurs ? Cette découverte ne doit pas être mise au rang de ces inventions stériles, uniquement propres à recréer l'imagination sans aucun autre objet d'utilité. On en a fait une application assez heureuse sur les meubles de marqueterie, qui offrent à la vue des compartimens plus agréables les uns que les autres. L'architecture peut y trouver de très-grandes ressources pour la décoration des édifices publics, des palais, des châteaux, et même des maisons particulières, que le goût et l'élégance se plaisent à embellir.

Rien ne peut donner plus de facilité pour trouver tous les dessins qu'il est possible d'exécuter de cette manière, que les tables qui se vendent chez les tabletiers, sous le nom de *Jeu du parquet*. Ces tables, garnies d'un rebord, sont capables de recevoir 64 ou 100 petits carrés miparties ; on peut les placer et déplacer à volonté ; et tout en s'amusant, on voit naître sous la main tous les compartimens que l'on peut desirer. Nous pensons même que ce jeu pourrait fournir, soit par son application directe, soit par analogie, des idées heureuses dont les arts pourraient profiter.

La première figure est composée avec la seconde combinaison, répétée de suite et recommencée à chaque rang.

La seconde est composée en faisant une première rangée entière avec la seconde combinaison, puis une deuxième rangée avec la quatrième ; ces deux rangées répétées alternativement font tout le dessin.

La troisième est composée en formant alternativement une première rangée avec la douzième combinaison, et une seconde avec la dixième.

La quatrième est composée alternativement d'une première rangée de la sixième combinaison, répétée de suite, et d'une seconde rangée de la quarantième, répétée de même.

La cinquième est composée en faisant un premier rang avec les deux combinaisons 24 et 14, mises alternativement ; un second rang avec la 22 et la 16e., aussi alternées ; un troisième rang avec la 14 et la 24e. alternativement, et le 4e. rang avec la 16 et la 22e. alternées.

La sixième est composée en mettant alternativement au premier rang la 24e. combinaison, répétée de suite, et au second rang la 16e., répétée de même.

La septième est composée en faisant le premier rang avec la 42e. combinaison ; le second et le troisième avec la 10e. combinaison, et le quatrième comme le premier.

La huitième est composée avec les combinaisons 28, 26 et 50, mises de suite dans le premier rang ; avec les 26, 50 et 28, mises de même dans le second, et avec les 50, 28 et 26, mises de suite dans le troisième.

La neuvième est composée avec les deux combinaisons 10 et 12, mises de suite dans le premier rang, et avec les 12 et 10, mises aussi de suite dans les deuxième et troisième rangs.

La dixième est composée avec la 14e. combinaison, répétée de suite dans le premier rang; avec les deux combinaisons 40 et 8, mises de suite dans le second; avec les 38 et 6, mises aussi de suite dans le troisième, et avec la 22, répétée de suite dans le quatrième.

La onzième est composée avec les combinaisons 6 et 38, mises ensemble et de suite dans le premier rang; avec la 40 et la 8, mises de même dans le second; avec la 38 et la 6e. rangées, de même dans le troisième, et avec la 8 et la 40, dans le quatrième rang.

La douzième est composée avec la combinaison 24, répétée de suite dans le premier rang, et avec la 22, répétée de même dans le second.

La treizième est composée avec la 14e. combinaison, répétée de suite à chaque rang.

La quatorzième figure est composée avec la 14 et la 24e. combinaison, mises ensemble, et répétées de suite dans chaque rang.

La quinzième est composée avec la 28 et la 12, mises ensemble, et répétées de suite dans chaque rang.

La seizième est composée avec les deux combinaisons 14 et 24, mises ensemble, et répétées de suite dans le premier rang, et avec la 24 et la 14 dans le second.

La dix-septième est composée avec la 50 et la 2, mises ensemble et répétées de suite dans le premier rang, et avec la 18 et la 34, mises de même dans le second.

La dix-huitième est composée

avec la 24e. combinaison, répétée de suite dans le premier rang, et avec la 14, répétée de même dans le second.

La dix-neuvième est composée avec les 28 et 10e. combinaisons, mises ensemble dans le premier rang; avec les 26 et 12 dans le second; avec les 12 et 26 dans le troisième, et avec les 10 et 28 dans le quatrième.

La vingtième est composée avec les 28 et 12, mises de suite dans le premier rang; avec la 14 et la 22 dans le second; avec la 12 et la 28 dans le troisième, et avec la 22 et la 14 dans le quatrième.

La vingt-unième est composée avec les 10, 14, 10 et 6, mises de suite au premier rang; avec les 16, 12, 8 et 12 au second; avec les 14, 10, 6 et 10 au troisième; avec les 12, 8, 12 et 16 au quatrième; avec les 10, 6, 10 et 14 au cinquième; avec les 8, 12, 16 et 8 au sixième; avec les 6, 10, 14 et 10 au septième, et avec les 12, 16, 12 et 8 au huitième.

La vingt-deuxième figure est composée avec les 10, 14 et 12, répétées de suite au premier rang; avec les 22, 34 et 2 au second; avec les 14, 12 et 10 au troisième; avec les 34, 2 et 22 au quatrième; avec les 12, 10 et 14 au cinquième, et avec les 2, 22 et 34 au sixième.

La vingt-troisième est composée avec les 28 et 12, mises de suite au premier rang; avec les 26 et 10 au second; avec les 10 et 26 au troisième, et avec les 12 et 28 au quatrième.

La vingt-quatrième est composée

posée avec les 28 et 10, mises de suite au premier rang; avec les 26 et 12 au second; avec les 12 et 26 au troisième, et avec les 10 et 28 au quatrième.

La vingt-cinquième est composée en répétant deux fois de suite la 12e. combinaison, et autant de fois la 28e. alternativement pour le premier et le septième rang; en répétant deux fois de suite alternativement les 28 et 12 pour le second et le quatrième; en répétant de même la 26 et la 10 pour le troisième et le cinquième rang; en répétant de même deux fois alternativement les 10 et 26 pour le sixième et le huitième rang.

La vingt-sixième est composée en mettant au premier rang une fois la 14e. combinaison, une fois la 22, et deux fois de suite la 14, et ainsi de suite; le second rang se fait avec les 12, 16 et 28, mises de suite, et répétées dans le même ordre; le troisième rang avec les 10, 24 et 26, mises et répétées de même; le quatrième avec les 26, 16 et 10, répétées comme aux autres rangs; le cinquième avec les 28, 24 et 12, mises de même; et le sixième, en mettant d'abord une fois la 22 et la 14, et deux fois de suite la 22.

La vingt-septième est composée, en mettant la combinaison 28 une fois, la 12 deux fois de suite, la 22 une fois, et la 28 une fois, et ainsi de suite pour le premier rang; le deuxième rang se fait avec la 26 une fois, la 10 deux fois, la 22 et la 26 chacune une fois; le troisième rang, avec la 18, la 34, la 12, la 16 et la 28

chacune une fois; le quatrième avec la 28, la 12, la 10, la 22 et la 26 chacune une fois; le cinquième avec la 12, la 28, la 26, la 14 et la 10 une fois chacune; le sixième avec la 2, la 50, la 28, la 24 et la 12 chacune une fois; le septième avec la 10 une fois, la 26 deux fois, la 14 et la 10 une fois chacune; le huitième avec la 12 une fois, la 28 deux fois, la 14 et la 12 une fois chacune; le neuvième, avec la 10, la 26, la 50, la 24 et la 2 une fois chacune; et le dixième, avec les combinaisons 26, 10, 34, 16 et 18, mises chacune une fois.

La vingt-huitième est composée, en mettant dans le premier rang la combinaison 24 deux fois de suite, la 12, la 14 et la 28 chacune une fois; le deuxième rang se fait avec la 14 mise deux fois, la 10, la 22 et la 26 chacune une fois; le troisième, en mettant deux fois la 24, puis la 12, la 16 et la 28 une fois chacune; le quatrième, avec la 8, la 40, la 28, la 24 et la 12 chacune une fois; le cinquième, avec la 6, la 38, la 12, la 16 et la 28, chacune une fois; le sixième, avec la 16 mise deux fois, la 28, la 24 et la 12 chacune une fois; le septième, avec la 22 répétée deux fois, la 26, la 14 et la 10 chacune une fois; le huitième, avec la 16 mise deux fois, la 28, la 22 et la 12 chacune une fois, le neuvième, en mettant la 22 deux fois, et la 14 trois fois de suite; et enfin le dixième rang, avec la 14 mise deux fois, et la 22 mise trois fois de suite.

La vingt-neuvième est composée avec les combinaisons 26, 22 et 10, mises de suite une fois chacune dans le premier rang ; avec la 28, la 16 et la 12 dans le deuxième ; avec la 12, la 14 et la 28 dans le troisième ; avec la 28, la 22 et la 12 dans le quatrième ; avec la 12, la 24 et la 28 dans le cinquième ; et avec la 10, la 14 et la 26 dans le sixième.

La trentième est composée en mettant les combinaisons 16 et 8 chacune une fois ; la 22 deux fois, la 40 et la 16 une fois chacune pour le premier rang ; le second se fait avec la 34, la 6, la 50, la 2, la 38, et la 18, chacune une fois ; le troisième se fait avec la 12, la 8, la 26, la 10, la 40 et la 28, une fois ; le quatrième, avec la 28, la 6, la 10, la 26 la 38 et la 12, chacune une fois ; le cinquième, avec la 50, la 8, la 34, la 18, la 40 et la 2, une fois chacune ; le sixième, avec la 24 et la 32, chacune une fois, la 14 deux fois de suite, la 28 et la 24 chacune une fois ; le septième, avec la 22, la 40 chacune une fois, la 16 deux fois de suite ; la 8 et la 22 une fois chacune ; le huitième, avec la 2, la 38, la 18, la 34, la 6 et la 50, chacune une fois ; le neuvième, avec la 10, la 40, la 28, la 12, la 8 et la 26, chacune une fois ; le dixième, avec la 26, la 38, la 12, la 28, la 6 et la 10, mises de suite ; le onzième, avec la 18, la 40, la 2, la 50, la 8 et la 34, chacune une fois ; et le douzième rang, avec la 14 et la 38 une fois chacune, la 24 deux fois de suite, la 6 et la 14 chacune une fois.

Voyez à ce sujet le mémoire du P. Sébastien Truchet, dans les *Mémoires de l'Académie des Sciences* de 1704 et 1721. Le P. Donat, carme, a fait imprimer cette méthode avec des observations. (*Voyez* le *Journal des Savans*, 1707, p. 146, 1re. édit., et pag. 131 de la 2e., et 1722, p. 331 ; 1725, p. 37).

§ IX. *Jeux électriques.*

L'électricité est une des découvertes les plus curieuses que l'esprit humain ait faites: ce phénomène tient à la nature entière : l'homme est devenu, en quelque sorte, un nouveau Prométhée qui a ravi le feu céleste.

En effet, les pointes isolées et dressées en l'air s'électrisent à l'approche des nuages, ou même simplement dans de certains temps ; on en tire alors des étincelles, ainsi que des *machines électriques* qu'on a imaginées.

Il y a donc deux manières de se procurer les phénomènes électriques, soit en se servant de l'électricité répandue dans l'atmosphère, ce qu'on appelle communément électricité naturelle (voyez *Cerf-volant électrique*, *Tonnerre*, *Paratonnerre*, *Électromètre*), soit par le frottement de certains corps, et quelques préparations particulières que le hasard, l'étude et l'expérience nous ont fait connaître, et que nous allons décrire.

Nous nous attacherons ici à observer les principaux phénomênes de l'électricité qu'on appelle artificielle, et les lois que la nature paraît suivre en les produisant. D'après la connaissance de ces lois, on peut faire préparer une multitude différente de jeux électriques qui présentent un spectacle plein de phénomènes curieux, amusans, intéressans et modifiés de mille manières, et developpant à nos yeux une partie du feu répandu dans tous les corps de la nature.

Comme on ne connaît point encore l'essence de la matière électrique, il est impossible de la définir autrement que par ses principales propriétés; celle d'attirer et de repousser les corps légers, est une des plus remarquables, et qui pourrait d'autant mieux servir à caractériser la matière électrique, qu'elle est jointe à presque tous ses effets, et qu'elle en fait aisément reconnaitre la présence, même dans les corps qui en contiennent la plus petite quantité.

On trouve dans les plus anciens monumens de la physique, que les naturalistes ont connu de tout temps au succin la propriété d'attirer les corps légers; on s'est apperçu par la suite que le soufre, le jayet, la cire, le verre, les pierres précieuses, la soie, la laine, le crin, et presque tous les poils des animaux, avaient la même vertu; qu'il suffit de bien sécher chacun de ces corps et de les frotter un peu pour voir voler vers eux tous les corps légers qu'on leur présente. En

poussant plus loin l'examen, frottant plus vivement, on est parvenu à s'assurer qu'un grand nombre de corps dans la nature peuvent devenir électriques, pourvu qu'ils soient auparavant parfaitement séchés et frottés. (Voyez *Attraction électrique*).

Les métaux rougis, frottés, battus, limés, se sont constamment soustraits à cette épreuve, ainsi que l'eau et toutes les liqueurs qu'il est impossible de soumettre au frottement.

On descend par une infinité de nuances depuis les corps qui s'électrisent le plus facilement par le frottement, jusqu'à ceux dont la vertu électrique se rend à peine sensible, et l'on parvient aux métaux sur lesquels le frottement n'a aucun effet.

On a partagé en deux classes générales tous les corps de la nature, suivant qu'ils sont plus ou moins susceptibles d'électricité. On a compris dans la première classe ceux qui s'électrisent très-facilement, après avoir été un peu chauffés et frottés : on les appelle simplement *corps électriques;* tels sont,

1º. Les diamans blancs et colorés de toute espèce.

2º. Le verre et tous les corps vitrifiés, même les verres de métaux.

3º. Les résines de toute espèce.

4º. Les bitumes, le soufre, le succin, le jayet.

5º. Certains produits d'animaux, tels que la soie, les plumes, le crin, la laine, les cheveux et tous les poils des animaux morts ou vivans.

2.

La seconde classe contient les corps qui ne s'électrisent point du tout par le frottement, ou du moins très-peu, et que l'on nomme, pour cet effet, *non électriques*; savoir,

1°. L'eau et toutes les liqueurs aqueuses et spiritueuses qui sont incapables de s'épaissir et d'être frottées.

2°. Tous les métaux parfaits et imparfaits, et la plupart des minéraux.

3°. Tous les animaux vivans, à l'exception de leurs poils. Il résulterait de là que les hommes qui peuvent paraître les plus électriques sont ceux qui ont beaucoup de poil, et que les femmes ne doivent l'être que très-peu.

4°. On peut y joindre aussi la plupart de leurs produits; savoir, le cuir, le parchemin, les os, l'ivoire, la corne, les dents, l'écaille, les coquilles, etc.

5°. Enfin, les arbres et toutes les plantes vivantes, et la plupart des choses qui en dépendent, tels que le fil, la toile, la corde, le papier, etc.

Les corps qui ne sont que très-peu susceptibles d'électricité par le frottement, le deviennent par communication; mais la précaution qu'on doit prendre pour leur conserver cette vertu et la fixer, c'est de les poser sur des corps électriqués un peu élevés, et de les éloigner suffisamment de ceux qui pourraient leur enlever la matière électrique qu'on veut leur communiquer.

Ainsi une barre de fer de-viendra électrique par l'approche d'un tube de verre frotté, si elle est soutenue horizontalement par deux autres tuyaux de verre bien secs, ou suspendue par des cordons de soie, ou enfin posée sur un pain de résine de quelques pouces d'épaisseur.

Quoiqu'il soit certain que le frottement est nécessaire pour procurer une électricité vive et abondante, on a l'expérience qu'un gros morceau de succin, un cône de soufre fondu dans un verre à boire bien sec, ont une vertu électrique d'attraction et de répulsion sur un cheveu, pendant plusieurs années, sans le secours du frottement. La pierre plate orbiculaire de Ceylan (qui est apparemment la *tourmaline*) a ces mêmes effets.

Il est nécessaire que tous les corps qu'on veut électriser par frottement, soient exempts de toute humidité; la vertu électrique n'est jamais plus apparente dans un corps, que lorsque l'air est bien sec et bien serein, sur-tout s'il souffle un vent frais du nord ou du nord-est: au contraire, lorsque le vent est du sud ou de l'ouest, et que l'air se trouve chargé de vapeurs humides, les effets de l'électricité sont à peine sensibles; c'est sans doute parce que les grandes chaleurs sont toujours accompagnées d'humidité, que les expériences sur l'électricité réussissent bien moins en été qu'en hiver.

Ce n'est que par degré que les inventions se perfectionnent. On n'employa d'abord que des tubes de verre frottés; mais ils ne procuraient qu'une électricité très-faible, et demandaient à être frottés très-long-temps. On imagina ensuite les globes, les cylindres de verre, que l'on faisait mouvoir rapidement à l'aide d'une grande roue; ces globes venant quelquefois à éclater, pouvaient blesser, ce qui était propre à dégoûter de ces sortes d'expériences. On y a substitué des plateaux de crystal ou de glace d'un pied ou plus de diamètre, taillés en rond, enarbrés sur un axe qui fait sa révolution dans un chassis, à l'aide d'une manivelle. Ce plateau est frotté entre quatre coussinets de cuir remplis de crin, qui pressent le verre plus ou moins fortement, à l'aide de deux vis de pression. (V. au mot *Amalgame électrique*, les préparations nécessaires pour augmenter par le frottement la force de l'électricité.

On place vis-à-vis de ce plateau un cylindre de cuivre, dont une des extrémités est terminée par un arc aussi de cuivre; au bout de chaque extrémité de l'arc est une espèce de calotte de cuivre, dans l'intérieur de chacune desquelles sont adaptés deux morceaux de laiton en croix recourbés, qui forment quatre pointes, dont la propriété est de recevoir toute la matière électrique du plateau mis en mouvement. Ce cylindre est terminé à son autre extrémité en forme de boule, et il est soutenu et isolé sur un tube de verre établi sur un pied, afin que la matière électrique ne se dissipe point et se trouve entière-ment réunie dans le cylindre de cuivre. (Voy. *Coll. Acad.*, *part. fr.*, t. XV, p. 20 ; *voyez aussi Machine électrique*).

Nous allons présenter ici le tableau des expériences que l'on peut faire, 1°. avec cette machine seule ; 2°. en y adaptant quelques instrumens, tels que le gâteau ou le tabouret qui sert à isoler et à empêcher que l'électricité ne se perde en communiquant avec le sol sur lequel on est placé ; et 3°. les expériences pour lesquelles on emploie ces machines, avec les bouteilles, jarres, carreaux de verre, etc. Dans celles-ci, la matière électrique y est retenue, et y est en quelque sorte concentrée; aussi les effets en sont-ils très-violens, très-actifs, et ces dernières expériences demandent-elles beaucoup de prudence et de ménagement.

Avant de faire les expériences d'électricité avec la machine, on peut voir le premier degré de ses effets avec un simple tube de verre.

N°. 1. *Expérience avec le tube de verre.*

Il faut le choisir assez gros pour pouvoir le tenir à pleine main. Pour parvenir à le bien électriser, comme la main nue a toujours un peu d'humidité, il faut prendre un morceau de papier gris frotté avec un peu de cire de bougie, et encore mieux un morceau de taffetas ciré, que l'on saupoudre légèrement avec de la craie ou du tripoli en poudre. De la peau de chien, dont on fait des gants

5.

à Strasbourg, cirée du côté de la main, et frottée avec du tripoli ou de la craie par l'endroit qui touche le verre, produit encore un bon effet.

La main ainsi garnie, on frotte le tube fortement et longtemps, et on le présente très-promptement à une petite distance du visage; alors on éprouve des attouchemens semblables à ceux des fils d'araignée que l'on rencontre flottans en l'air.

Si l'on fait glisser sa main, selon la longueur du tube et fort près de lui sans le toucher, on entend un pétillement assez semblable au bruit que fait un peigne fin, sur les dents duquel on traîne le bout du doigt; ces effets sont les mêmes que ceux que va nous présenter la machine; mais dans l'expérience précédente, ils sont à peine sensibles.

Nº. 2. *Expériences que l'on peut faire avec la machine électrique seule, ou en y adaptant quelques instrumens.*

Iʳᵉ. EXPÉRIENCE.

Aigrettes électriques.

Pour mettre la machine électrique en état de bien produire ses effets, si le temps n'est pas au froid, ni l'air aussi sec qu'on le désire, il faut approcher le cylindre avec son support auprès du feu pour le faire bien sécher, frotter le plateau avec des linges chauds, en approcher même, si l'on veut, un réchaud allumé, mettre sur les coussinets de la poudre grise, espèce d'amalgame que l'on fait avec du mercure et de l'étain, auquel on ajoute un peu de craie.

La machine ainsi préparée, lorsqu'on tourne le plateau avec rapidité, il devient électrique; mais sur-tout le cylindre de cuivre, qui s'imbibe en quelque sorte, si l'on peut s'exprimer ainsi, de la matière électrique.

La répulsion étant le seul moyen sûr et général dont on puisse se servir pour mesurer la force électrique, on a imaginé plusieurs machines pour mesurer le degré de force électrique. (*Voyez* au mot *Electromètre* pour l'*Electricité artificielle.*)

La machine électrique préparée, ainsi que nous venons de le dire, si on approche alors la main du cylindre, et qu'on continue toujours de tourner, on éprouve sur la peau une légère impression semblable à celle que pourrait faire de la laine ou du coton bien cardé.

Si on fait l'expérience dans l'obscurité, et qu'on approche le doigt, on apperçoit une aigrette lumineuse; en continuant d'approcher le doigt plus près, on voit une étincelle très-brillante, et l'on éprouve une légère piquure accompagnée de pétillement; et en approchant le visage de cinq ou six pouces de distance, on sent une odeur qu'on peut comparer à celle du phosphore d'urine. Vinkler prétend que les étincelles ne s'élancent jamais avec plus de force, que lorsqu'on frotte avec du phosphore les endroits d'où elles partent. La lumière que le phosphore répand en se dissipant, augmente, dit-il, celle de la matière électrique, et il assure en avoir fait naître par ce procédé, qui avaient jusqu'à six à sept pouces de longueur. M. Sigaud de la Fond dit cependant que cette expérience lui a toujours assez mal réussi.

Les aigrettes représentent assez bien des cônes de lumière, formés de plusieurs rayons divergens qui tiennent par la pointe du cône à l'extrémité du cylindre ou conducteur où ils commencent à paraître; c'est principalement sur les pointes saillantes que se font remarquer les aigrettes. Lorsque les aigrettes se manifestent trop faiblement, et qu'on veut les rendre plus sensibles et plus belles, il suffit d'approcher un corps susceptible de s'électriser par communication; la paume de la main, le bout du doigt, l'anneau d'une clef, suffisent pour augmenter prodigieusement un écoulement électrique.

Il est bon d'observer que le conducteur, ou tel corps qu'on électrise, ne peut s'imbiber de matière électrique que jusqu'à un certain point: lorsque la matière électrique qu'il contient est trop abondante, on la voit s'échapper d'elle-même en forme d'aigrettes, former des étincelles accompagnées de bruit, sans qu'il soit nécessaire d'y approcher aucun corps électrisable par communication.

La matière électrique qui s'élance sous la forme d'aigrette, n'est pas d'une nature différente de celle que nous voyons éclater sous la forme d'étincelles vives et piquantes; et si l'effet des premières n'est pas aussi frappant, lorsqu'on en approche le doigt, et qu'on s'expose à leur contact, cela vient de ce que les parties de la matière électrique sont trop écartées les unes des autres, et éprouvent trop de résistance de la part de l'air qu'elles sont obligées de traverser, pour frapper vigoureusement les corps étrangers qu'elles rencontrent à une certaine distance du corps électrisé.

En effet, on observe qu'en approchant le doigt beaucoup plus près de l'endroit d'où s'élance une aigrette, elle se change alors en un petit cylindre lumineux qui éclate contre le doigt, et qui le frappe de la même manière qu'une étincelle qui part d'un conducteur chargé d'électricité.

La machine de Van Marum, dont nous donnons la description au mot *Machine électrique*, est d'une telle force, que l'étincelle sortant du premier conducteur, atteint une boule de métal non isolée, à la distance de 24 pouces. La longueur de cette étincelle a permis d'en observer la forme, qui n'est pas exactement semblable à une ligne rompue à angles saillans et rentrans, mais ressemble plutôt à un rameau tortueux, des inflexions duquel il sort de petites branches colla-

4

térales qui, dans le trajet, se perdent dans l'atmosphère.

Les pointes d'acier les plus fines en tirent constamment des étincelles d'un demi-pouce de long, tandis que la belle machine de Nairne n'en a jamais donné, de plus longue qu'un 20e. de pouce. Si l'on approche la main de la boule qui reçoit l'étincelle du premier conducteur, on éprouve une commotion pareille à celle que produit la décharge d'une bouteille de Leyde d'un pied carré de surface.

IIe. EXPÉRIENCE.

Moulinet à aigrettes électriques.

On peut multiplier le nombre des aigrettes, les faire voir en mouvement, et procurer par là un spectacle des plus curieux et des plus agréables.

On place vers le bout du conducteur de cuivre, qui est de forme cylindrique, et terminé par une pomme ronde, afin qu'il laisse échapper le moins possible la matière électrique, qui, comme nous l'avons dit, tend toujours à s'échapper par les pointes; on place, disons-nous, à l'extrémité, dans un trou pratiqué exprès, une verge de métal en pointe, qui sert de pivot, sur laquelle on met un moulinet de cuivre, composé de deux tiges recourbées par les extrémités, et dont on augmente le nombre quand on veut pour en former une étoile.

Dès qu'on a tourné la manivelle de la machine, la matière électrique cherchant à s'échapper par les pointes, fait tourner le moulin sur son pivot; il va avec tant de rapidité, que les aigrettes électriques, qui sortent par les pointes, font l'effet d'un cercle de feu. Lorsqu'on en forme une étoile, il tourne moins rapidement; mais la matière électrique sortant par un grand nombre de pointes, présente aussi le même spectacle.

Il est essentiel d'observer que lorsqu'on veut faire naître de belles aigrettes, il faut émousser les pointes des branches du moulinet; car on a remarqué que quoique la matière électrique cherche toujours à s'échapper par les pointes, et qu'elle y forme de très-belles aigrettes, cependant on n'apperçoit que des points lumineux, qui s'élancent trop peu au-delà de la pointe, pour que la divergence de leurs rayons devienne sensible. On prétend qu'on rend les aigrettes plus brillantes, en trempant l'extrémité des aiguilles du moulinet dans du soufre fondu. On peut aussi rendre le cercle lumineux plus large, en tenant l'un des côtés de l'aiguille plus court que l'autre, sans préjudice à l'équilibre dans lequel il est nécessaire de maintenir le moulinet; car alors les révolutions des aigrettes se faisant concentriquement l'une à côté de l'autre, les apparences de leur lumière seront du double plus larges.

IIIᶜ. EXPÉRIENCE.

Course de chevaux électriques.

En attachant sur un appareil à-peu-près semblable à celui du moulinet électrique, des figures de chevaux ou autres sur les bouts des fils-de-fer, en tournant en même-temps ils paraîtront se poursuivre les uns les autres, et former une course. Si l'on augmente le nombre des fils de fer partant du même centre, et qu'on place sur eux différentes figures, la course sera plus composée et plus divertissante. Si du centre de ce fil de fer qui porte les figures, s'élève un autre fil de fer fort pointu, on pourra faire tourner un autre assortiment de fils de fer garnis d'autres figures au-dessus du précédent, soit dans la même direction ou dans une direction contraire, comme on voudra.

Comme on apperçoit dans l'obscurité une petite aigrette lumineuse à chaque pointe de fil de fer courbée, il est de l'adresse de celui qui prépare ce petit jeu, de disposer les pointes de manière à faire sortir des aigrettes de feu, des naseaux des chevaux, de leur faire paraître la queue toute en feu, et de faire sortir des aigrettes de dessus la tête des cavaliers, et par conséquent modifier ce petit spectacle de mille manières différentes.

IVᵉ. EXPÉRIENCE.

Girouette et tournebroche électriques.

Le fluide électrique se portant avec abondance dans le métal, fera tourner des petites girouettes : on peut les faire de papier doré ou de clinquant, chacune d'environ deux pouces de longueur et un de largeur : on les attache à un morceau de liège qu'on peut suspendre à un aimant par le moyen d'une aiguille ; alors en les présentant de côté, à peu de distance du bout d'un fil de fer pointu, qui reçoit la matière électrique du conducteur, elles tournent avec beaucoup de rapidité, emportées par le torrent du fluide électrique. Si on porte les girouettes de l'autre côté de la pointe, le mouvement s'arrête aussi-tôt, et recommence avec la même rapidité dans une direction contraire ; de cette manière on peut en changer le mouvement à volonté.

Cette expérience peut se diversifier, en taillant les girouettes sous la forme de celle d'un *tourne-broche à fumée* : alors si on les tient au-dessus de l'extrémité d'un fil de fer pointu, tourné en en haut et électrisé, elles tournent avec beaucoup de vitesse ; si on les tient sous la pointe qui est tournée en en bas, elles tournent dans le sens contraire.

Vᵉ. EXPERIENCE.

Pyramides électriques.

Au lieu de disposer les ai-guilles du moulinet en étoile, si on a une tige droite à laquelle on adapte plusieurs aiguilles en forme pyramidale, elles tour-neront sur elles-mêmes, et cet assemblage électrisé dans un lieu obscur, fera voir une py-ramide composée de plusieurs cercles lumineux, parallèles entre eux, et terminés par une aigrette qui sortira de l'extré-mité de la tige, sur-tout si elle est soufrée. (Voyez *Coll. Acad.*, *part. franç.*, t. XIV, p. 5).

VIᵉ. EXPÉRIENCE.

Bouquet électrique.

Il faut mettre ensemble sept ou huit fils de fer dont la gros-seur surpasse un peu celle d'une épingle, et qui aient à-peu-près six à sept pouces de longueur, en former un faisceau qu'on lie avec du fil jusqu'à la moitié de sa hauteur, l'établir sur une petite plaque de plomb qui lui serve de pied; écarter ces fils par en haut, de manière qu'ils forment autant de branches, que l'on coupera plus courtes les unes que les autres, et qu'on limera en pointes un peu mous-ses; attachez y des fleurs natu-relles ou artificielles; ayez atten-tion que les pointes de métal les dépassent de quelques lignes En électrisant ce bouquet dans l'obs-curité, vous le verrez parsemé d'aigrettes lumineuses; et ces feux seront encore plus écla-tans, si vous avez trempé les pointes de fer dans du soufre fondu.

VIIᵉ. EXPÉRIENCE.

Fil de laiton à aigrette.

On peut produire des aigret-tes qui aient jusqu'à dix-huit lignes d'élévation; en prenant un morceau de laiton suffisam-ment gros pour pouvoir y creu-ser une petite cavité sur un de ses bouts, et le plaçant sur l'ex-trémité du conducteur, on voit partir de cette cavité ces belles aigrettes.

VIIIᵉ. EXPÉRIENCE.

Drap à aigrettes électriques.

Ce spectacle d'aigrettes est très-curieux à voir; il fut dé-couvert par hazard par M. Vi-lette, célèbre opticien de Liège, en faisant des expériences avec un morceau de drap qu'il vou-lait électriser.

Mettez sur un conducteur qu'on électrise un morceau de drap, de la grandeur d'un car-ré de papier à lettre; présentez à huit ou dix pouces au-dessus un fil de fer pointu, et vous ob-serverez alors un espace de plu-sieurs pouces, tout hérissé d'ai-grettes lumineuses. On peut, au lieu d'une pointe, présenter, à deux pouces de distance, l'an-neau d'une clef, le bord d'une carte à jouer, etc. Mais une observation indispensable et très-curieuse, c'est que toutes sortes de draps ne sont point propres à produire ce phénomène ; il faut en essayer plusieurs, jusqu'à ce que l'expérience nous ait appris par la suite à quoi tient cette petite difficulté, et qu'on puisse déterminer à coup sûr les qualités nécessaires dans le drap pour produire ces aigrettes.

IXe. EXPÉRIENCE.

Soleil lumineux.

On assemble plusieurs petits tubes de verre privés d'air, que l'on monte sur une espèce de roue de métal ; on embrasse l'extrémité extérieure des tubes avec un fil de fer ; on fait tourner sur elle-même cette roue ainsi montée ; on en approche alors un conducteur chargé d'électricité, et l'on jouit du spectacle brillant d'un soleil lumineux.

On voit qu'il est possible de varier ces formes, d'imiter les serpentaux, et de présenter ainsi des spectacles très-variés et très-brillans.

Xe. EXPÉRIENCE.

Pluie de feu électrique, serpentaux et éclairs.

Il faut avoir un vaisseau de verre traversé presque jusque dans son milieu par une tige de métal, et construit de manière qu'il ait une virole munie de son robinet, afin de le placer sur la machine pneumatique

pour y faire le vuide. Lorsqu'on y a fait le vuide le plus exact qu'il a été possible, on suspend ce vaisseau de verre, par son anneau de fer, au conducteur ; on tourne la manivelle, le vase s'électrise ; et si l'électricité est un peu forte, on voit couler de la pointe du fil de fer de gros rayons de matière lumineuse, qui s'alongent jusqu'à la surface intérieure du vaisseau ; ces flammes se multiplient, lorsqu'on approche les mains à quelque distance de la surface extérieure du récipient : l'atmosphère électrique qui se décèle alors extérieurement devient si sensible, qu'il semble qu'on touche de la laine cardée, lorsqu'on approche la main ou le visage de quelques parties du vase : le robinet, les garnitures de cuivre font voir par leurs bords et leurs parties saillantes, des aigrettes lumineuses, qui ont quelquefois plus de deux pouces de longueur, et qui bruissent à se faire entendre d'un bout de la chambre à l'autre : ajoutez à cela que l'odeur des émanations électriques est des plus fortes et des plus sensibles.

Ces effets merveilleux sont des preuves de la facilité avec laquelle la matière électrique se meut et s'enflamme dans le vuide.

On peut, comme nous l'avons dit, approcher les mains de ce vase, et le fluide électrique y devient alors plus abondant ; mais comme il contient une quantité prodigieuse de matière électrique, si on le tenait d'une main, et qu'ensuite on approchât l'autre du vase, on recevrait une commotion très-violente, qui se ferait sentir de la tête aux pieds.

Si, au lieu du vase qu'on a employé dans l'expérience précédente, et dans l'intérieur duquel passe une tige de métal, on prend un matras ordinaire, qu'on y adapte une virole ou un robinet pour y faire le vuide ; lorsque cette dernière opération sera finie, qu'on fasse fondre la queue de ce matras à quelque distance de sa boule, et qu'on le ferme hermétiquement; qu'on mastique alors sur l'extrémité de cette queue une virole de fer blanc, munie d'un crochet, et qu'on le suspende au conducteur de la machine électrique; si l'électricité est un peu forte, tant qu'elle durera, on observera des jets de feu électriques très-brillans, couler continuellement dans l'intérieur, et d'un bout à l'autre du vaisseau.

Si vous présentez le doigt à la partie qui est directement opposée au col, vous ferez naître un nouveau jet, qui ira au-devant de ceux qui se sont formés d'abord ; et si vous tirez des étincelles du canon ou tuyau qui sert de conducteur, tout l'intérieur du matras se remplira de lumière diffuse et momentanée, tout-à-fait semblable à celle des éclairs.

Prenez, dit M. l'abbé Nollet, un récipient qui ait pour le moins un pied de hauteur, terminé par un goulot comme une bouteille; faites passer dans ce goulot un petit matras, de façon que la boule se trouve dans le récipient aux trois quarts de sa hauteur : arrêtez le col du matras dans le goulot du récipient avec du mastic, et faites la jonction telle que l'air ne puisse y passer. Placez le récipient sur la platine de la machine pneumatique, en interposant, non des cuirs mouillés, comme on fait ordinairement, mais un cordon de cire molle, afin d'éviter toute humidité. Versez de l'eau dans la boule du matras jusqu'aux trois quarts ou environ de sa capacité, et conduisez l'électricité par le moyen d'un fil de fer. Quand vous aurez épuisé l'air du récipient, si cette expérience se fait dans un lieu obscur, ou pendant la nuit, on observera ce qui suit :

1°. Le récipient se remplit d'une grande quantité de jets de feu, qui se meuvent *en serpentant* avec une rapidité étonnante, et cet effet dure autant de temps qu'on veut soutenir l'électrisation.

2°. Presque tous ces jets de matière enflammée ou lumineuse ont une direction marquée du haut en bas. Cependant, si l'électricité est forte, on en voit aussi qui s'élancent de la platine de métal, sur laquelle le récipient est appliqué.

3°. En examinant attentivement ces jets de feu, on en remarque qui coulent de l'endroit où le col du matras est joint au goulot du récipient, ou du mastic qui sert à cimenter cette jonction, et d'autres qui partent visiblement de la boule du matras. Ces derniers paraissent formés d'une infinité de petits rayons qui se tamisent à travers l'épaisseur du verre, et qui se réunissent à une petite distance, comme dans un foyer commun, formant un jet total, qui prend sa direction de haut en bas, et qui s'affaiblit à mesure qu'il s'éloigne de son origine.

4°. Si on cesse d'électriser le conducteur, et que l'on pince pendant quelques instans avec les doigts le fil de fer qui est plongé dans le matras, celui-ci devient tout lumineux intérieurement; et en même-temps sa surface extérieure devient toute hérissée de petits filets de lumière divergens entre eux, et qui s'affaiblissent peu-à-peu jusqu'à ce qu'ils soient entièrement éteints.

5°. On voit renaître cet effet, quoiqu'avec moins de force et d'éclat, lorsqu'ayant cessé un moment de pincer le fil de fer, on applique de nouveau le doigt ou quelque morceau de métal.

6°. Enfin le récipient lui-même et toute la machine pneumatique s'électrisent au point de faire ressentir la plus rude commotion à quiconque, par inadvertance ou autrement, toucherait d'une part le vaisseau de verre, et de l'autre la platine de métal sur laquelle il est attaché.

M. Sigaud de la Fond observe au sujet de ce dernier article, d'après l'expérience réitérée nombre de fois avec tout le soin imaginable, que la machine pneumatique ne s'électrise point, à proprement parler, dans cette expérience. Si quelqu'un, à la vérité, tenait le doigt ou la main sur la platine de cette machine, tandis qu'on électrise l'appareil, il ressentirait de petites piquures à chaque fois que les lames de feu tomberaient sur la platine : mais les lames qui portent la matière électrique de l'extérieur du matras sur la platine, ne s'accumulent point dans la machine pneumatique, et cette dernière ne devient point électrique.

Quant à la commotion, on ne la sent nullement, comme le dit M. Nollet, en touchant d'une part à la platine, et d'autre part au récipient qui y est adapté : mais on l'éprouve très-bien en touchant d'une main à cette platine, et de l'autre au fil de fer conducteur, qui plonge dans l'eau du matras.

XIe. EXPÉRIENCE.

Cascade électrique.

Cette expérience présente un spectacle électrique des plus curieux : pour l'exécuter, on prend un récipient ouvert par le haut, d'environ deux pieds de hauteur, et de trois ou quatre pouces de diamètre ; on fait entrer par le goulot de ce récipient un tube de baromètre rempli de mercure que l'on fait descendre dans l'intérieur de ce vase jusqu'à deux pouces près du fond. On mastique exactement le tube au goulot, afin que l'air ne puisse point s'y introduire. On place sur la longueur du tube, dans sa partie qui est renfermée dans le récipient, des tranches de liège à quinze ou dix-huit lignes de distance les unes des autres, et on remplit le tube de mercure.

Le tout étant ainsi construit, établissez solidement le récipient sur la platine de la machinepneumatique, à l'aide d'un cordon de cire molle. Faites plonger dans le tube un fil de fer qui communique avec le conducteur, et faites le vuide. Si vous électrisez avec le conducteur, et par son moyen, le mercure avec lequel il communique, vous observerez une flamme violette et très-vive, qui parcourra toute la longueur du tube, et quantité de petites flammes électriques, qui tomberont de lièges en lièges sous la forme de *cascade*.

Tous ces effets sont encore plus brillans et plus beaux, si, l'appareil étant bien électrisé, vous touchez d'une main la platine de la machine pneumatique, et de l'autre le fil de métal qui plonge dans le mercure; mais alors on doit recevoir une commotion électrique assez vive.

XIIᵉ. EXPÉRIENCE.

Arrosoir électrique ou pluie lumineuse.

Il est certain que la matière électrique accélère prodigieusement l'écoulement des liqueurs, et dans l'obscurité présente un effet admirable.

Que l'on suspende au bout d'un conducteur un de ces vases de fer-blanc, terminés en pointe, dont on se sert pour arroser les planchers avant que de les balayer : si l'eau, en s'écoulant par son propre poids, ne forme qu'un jet de la grosseur d'une petite plume à écrire, lorsqu'elle sera électrisée, elle se divisera en une infinité de jets divergens, tous électriques et capables d'étinceler ; et à l'endroit de leurs divisions on verra briller huit ou dix aigrettes de matières enflammées, arrangées autour de la colonne d'eau, et formant une espèce de goupillon de lumière.

Au défaut de ce petit arrosoir, on peut suspendre au conducteur, avec un fil de fer, une coque d'œuf qu'on remplit d'eau, et à l'extrémité inférieure de laquelle on adapte plusieurs bouts de tubes capillaires avec un peu de cire d'Espagne. Aussitôt que le conducteur et l'œuf deviennent électriques, on voit les écoulemens, qui n'allaient que goutte à goutte, s'accélérer, et chacun d'eux se diviser en plusieurs petits jets divergens et formant des aigrettes d'eau lumineuse.

Si l'on a un petit arrosoir percé tout autour vers le fond de petits trous, que le tenant à la main on le présente vis-à-vis du conducteur électrisé, on verra l'écoulement s'accélérer, former plusieurs petits jets divergens du côté où on l'aura présenté, tandis que du côté opposé l'arrosoir ne laissera couler l'eau que goutte à goutte. (*Voyez Pluie, Grêle, Givre, Neige artificielle.*)

XIIIᵉ. Expérience.

Gerbe électrique.

Si l'on électrise dans l'obscurité un conducteur ou une barre de fer, et qu'on les parsème de petites gouttes d'eau ; en promenant la main d'un bout à l'autre du conducteur, et à quelques pouces de distance de sa surface, on voit sortir de toutes les gouttes d'eau autant d'aigrettes bien enflammées et bien épanouies, qui font sur la peau l'impression d'un vent frais et humide.

Après avoir bien essuyé et bien séché la barre de fer, ou le conducteur de l'expérience précédente, que l'on arrange sur toute sa longueur plusieurs petits tas de son, de farine, ou de cette rapure de bois qu'on met sur l'écriture. Dès que cette barre deviendra électrique, tout ce qui a été mis dessus sera enlevé, et l'on remarquera que les poussières forment toujours en s'élevant une espèce de gerbe qui indique visiblement que la matière invisible qui les chasse s'épanouit de la même manière.

XIVᵉ. Expérience.

Cheveux électrisés.

Le fluide électrique traverse les corps animés exposés à son action ; son cours devient sensible même par la direction des substances légères qui font partie de ce corps. Qu'on électrise fortement un homme isolé sur le tabouret ; si cet homme porte ses cheveux ou une perruque sans pommade, à mesure qu'il s'électrisera, on verra ses cheveux se dresser en l'air en se tenant écartés les uns des autres ; et cet effet deviendra plus sensible encore, si quelqu'un des spectateurs tient la main étendue, ou une plaque de métal à sept ou huit pouces de distance au-dessus de lui. On peut suppléer aux cheveux par une poignée de filasse qu'on lui placera sur la tête, ou qu'on lui attachera sur l'épaule ou ailleurs.

XVᵉ. Expérience.

Panache électrisé.

Si l'on attache une plume de panache droite sur l'extrémité du conducteur, ou sur un guéridon électrisé, ou qu'une personne électrisée la tienne dans sa main, on remarquera avec plaisir combien elle se gonfle, ses barbes s'étendant dans toutes les directions autour de sa tige ; et comment elle se retire de même que la sensitive, quand quelque corps non électrisé y touche, ou qu'on présente, soit au panache, soit au conducteur, la pointe d'une épingle ou d'une aiguille.

XVIᵉ. Expérience.

Jet-d'eau électrique et lumineux.

Si l'on isole une fontaine de compression, dans laquelle on ait condensé l'air, le jet-d'eau qui en sortira se divisera en mille autres, et se dispersera sur un grand espace dès que la fontaine sera électrisée : alors en appliquant simplement un doigt sur le conducteur, le retirant ensuite, on peut à volonté faire couler un seul jet ou plusieurs, qui dans l'obscurité paraîtront tout lumineux.

XVIIᵉ. Expérience.

Bougie allumée par l'étincelle électrique.

L'étincelle électrique a la propriété de pouvoir enflammer les vapeurs de nature inflammable : si l'on vient d'éteindre une bougie, et qu'elle fume encore, en l'approchant du conducteur, de manière qu'on puisse en tirer une étincelle à travers la fumée qui doit être dirigée entre le conducteur et le doigt, cette étincelle allumera la mèche.

XVIIIᵉ. Expérience.

Aurore boréale électrique.

Une des plus belles expériences qu'on puisse faire par le moyen de la lumière électrique, est l'*aurore boréale* de M. Canton.

On prend un grand tube de verre, de 3 pieds de longueur; on y fait le vuide avec la machine pneumatique; on le scelle ensuite hermétiquement, afin qu'il soit toujours en état de servir. Tenez ce tube à votre main par un bout, et appliquez l'autre au conducteur; sur-le-champ le tube sera illuminé d'un bout à l'autre; et quand on l'aura ôté du conducteur, il continuera d'être lumineux sans interruption pendant un temps considérable, souvent plus d'un quart-d'heure. Si après cela on le frotte avec la main dans un sens ou dans l'autre, la lumière sera extrêmement vive et sans la moindre interruption, même dans toute sa longeur. Après cette opération, qui le décharge en grande partie, il jette encore des éclats par intervalle, quoiqu'il ne soit tenu que par un bout, et tout-à-fait tranquille. Mais si alors on l'empoigne avec l'autre main dans quelque partie de sa longueur, il ne manquera guère d'élancer d'une extrémité à l'autre de vifs éclats de lumière, et cela continuera pendant 24 heures, et peut-être plus long-temps, sans une nouvelle électrisation.

Des tubes de verre, minces et longs, vuidés d'air et courbés d'une manière irrégulière, et sous toutes sortes d'angles, étant convenablement électrisés dans l'obscurité, donneront l'apparence de très-beaux éclairs.

Ne pourrait-on pas se servir d'un pareil tube pour s'éclairer la nuit, sans le secours d'une lampe, lorsqu'on le jugerait à propos, et sans danger pour le feu? Mais ces tubes sont coûteux, à cause de leurs dimensions, et embarrassans, tant par leur longueur que par les préparatifs qu'il convient de leur donner avec une machine électrique. A la fin de l'année 1779, le sieur Mossy, connu par ses instrumens de physique en verre,

verre, vendait de petits tubes de verre, de 6 pouces de longueur et d'un pouce de diamètre. Purgé d'air et scellé hermétiquement, ce tube étant frotté avec la main nue bien sèche, ou mieux encore avec une petite bande de parchemin, devenait lumineux au point de voir l'heure à une montre, et même de pouvoir lire des caractères d'environ deux lignes de hauteur. En général, ce tube devient lumineux avec quelque matière qu'on le frotte, même du verre, dont l'électricité est négative; mais c'est le parchemin passé au blanc d'Espagne, qui paraît le plus propre à lui faire faire le plus grand effet. Il doit être très-sec pour l'expérience, ainsi que la matière avec laquelle on le frotte.

XIXᵉ. EXPERIENCE.

Direction que suit la matière électrique.

Il faut isoler en une situation horizontale un tuyau de fer-blanc, ou de carton couvert de papier doré, qui ait 3 ou 4 pouces de diamètre, ou davantage si l'on veut, et environ 6 pieds de longueur; que l'on attache sur toute la surface extérieure de ce tuyau des petites houppes de filasse ou de fil très-fin, en si grand nombre qu'on voudra, et longues de 4 ou 5 pouces; que l'on fasse passer ce conducteur, ainsi préparé, par le centre d'un cercle de fer non isolé, de deux pieds ou environ de diamètre, et garni dans

Tome III.

toute sa circonférence de houppes semblables, espacées de 3 pouces en 3 pouces.

Si l'on électrise le tuyau, on verra 1°. toutes ces houppes se dresser autour de lui et sur toute sa longueur, et former autant d'aigrettes épanouies et semblables par la figure à celle que nous fait voir la matière électrique quand elle devient lumineuse; 2°. en même temps toutes les houppes du cercle de fer se dirigeront vers le tuyau électisé comme vers leur centre commun.

Ces deux effets, dit M. l'abbé Nollet, auront toujours lieu, quoiqu'on fasse changer de place au cercle, en le faisant aller et venir, suivant toute la longueur du tuyau.

Si les attractions apparentes et les répulsions par lesquelles on voit toutes ces houppes de part et d'autre se diriger les unes vers le tuyau, les autres vers le cercle, sont des indices suffisans d'une matière invisible qui les entraîne, il faut convenir, à l'inspection de ces effets, que cette matière est partagée en deux courans qui se meuvent en même-temps en sens contraire; je dis en même-temps; car si elle ne faisait que sortir du conducteur pour y rentrer, les houppes ou les filamens qu'elle dirige en les enfilant, se ressentiraient nécessairement de ces allées et de ces retours; nous les verrions alternativement se dresser dans un sens et dans l'autre; leur tendance ne serait pas constante comme elle l'est.

C c

Le tableau que forment les houppes du cercle avec celles du tuyau électrique, représente assez bien aux yeux, ajoute M. l'abbé Nollet, l'idée que je me suis faite des atmosphères électriques : après avoir bien réfléchi sur les phénomènes, je crois qu'elles sont composées de rayons dirigés en sens contraire, et que chacun d'eux est véritablement animé d'un mouvement de translation, comme un jet de liqueur qu'on fait sortir avec précipitation par un trou fort étroit, ou qui traverse un milieu assez perméable pour le laisser jouir d'une grande vitesse.

XXe. EXPÉRIENCE.

Rubans colorés électrisés.

Que l'on dispose horizontalement un tube de verre entre deux supports de bois, portés sur un pied, et qu'on attache sur la longueur du tube des rubans de même longueur et de même largeur, afin qu'ils posent tous également, autant qu'il est possible. Si ces rubans sont de différentes couleurs, dès qu'on présentera parallèlement au plan qu'ils forment, et à une distance convenable, un tube de verre récemment frotté, ou qu'on les approche d'un conducteur électrique, on observe à l'instant qu'ils sont attirés et repoussés, mais plus ou moins, suivant leurs couleurs : ceux qui sont teints en noir, sont plus fortement attirés et repoussés que les autres, et les blancs sont

ceux de tous qui cèdent le moins à l'impression de la matière électrique.

La première idée a été d'attribuer ces différences d'effets à la différence des couleurs, en tant que couleurs ; mais une expérience très-curieuse de M. Dufay démontre que ce n'est pas là la véritable cause.

Ce célèbre académicien imagina de décomposer un faisceau de rayons solaires, et d'imprimer par ce moyen différentes couleurs à un même corps. Il observa alors que ce corps demeurait également propre à suivre les impressions de la matière électrique, sous quelque couleur qu'il le soumit à cette épreuve.

Une autre expérience de M. l'abbé Nollet démontre que la couleur, demeurant la même, on fait perdre à un corps la faculté qu'il a de se prêter plus aisément qu'un autre à l'action de l'électricité, et qu'il ne s'agit pour cela que de mouiller ce corps, et de le faire sécher ensuite.

En employant ce procédé, on rend plus susceptible des impressions de la vertu électrique celui qui paraît y résister davantage.

D'où il y a lieu de penser que cette propriété des rubans colorés d'être attirés ou repoussés diversement, ne dépend point de la couleur en elle-même, mais des ingrédiens qui ont servi à les colorer ; car il paraît que c'est de l'assemblage plus ou moins serré des parties d'un corps que dépendent ses propriétés attractives et répulsives plus ou moins considérables.

XXIᵉ. EXPÉRIENCE.

Planétaire ou orrerie électrique.

En profitant de l'attraction et de la répulsion électrique, on peut parvenir à faire un planétaire électrique qui présente un spectacle très-agréable et très-curieux.

On électrise un cerceau de métal suspendu au conducteur (ou soutenu par de petits morceaux de cire à cacheter), environ un demi-pouce au-dessus d'une plaque de métal, et parallèlement à elle. On place ensuite une boule de verre soufflée bien légère sur la plaque auprès du cerceau ; elle en sera attirée sur-le-champ.

En conséquence de cette disposition, la partie de la boule qui touchera le cerceau acquérera un peu de vertu électrique, et sera poussée ; et l'électricité n'étant pas répandue dans toute la surface du verre, une autre partie de sa surface sera attirée, tandis que la première ira décharger son électricité sur la plaque.

Cela produira une révolution de la boule autour du cerceau aussi long-temps que l'on continuera l'électrisation, et cette révolution se fera d'un ou d'autre côté, selon qu'elle aura commencé d'abord, ou que celui qui opère l'y aura déterminé. Si l'on rend la chambre obscure, la boule de verre sera très-agréablement illuminée.

On peut faire tourner deux boules autour du même cerceau, l'une en-dedans et l'autre en-dehors, soit dans le même sens, soit dans des directions contraires. Si l'on emploie plusieurs cerceaux à-la-fois, on pourra faire tourner un plus grand nombre de boules.

De cette façon on peut construire une espèce de *planétaire* ou *orrerie* dans lequel une balle suspendue au centre de tous les cerceaux, servirait à représenter le soleil au centre du système, ou bien on pourrait faire les cerceaux elliptiques, et placer le soleil dans un des foyers.

Il est bon d'observer qu'une cloche ou tout autre vase de métal renversé peut tenir lieu d'un seul cerceau. (*Voyez* la 29ᵉ. expérience).

XXIIᵉ. EXPÉRIENCE.

Balance électrisée.

Un phénomène d'électricité très-curieux, est celui que décrit le célèbre Winkler; il nous apprend que si l'on met un poids dans l'un des bassins d'une balance, qu'on le tienne en équilibre avec un contre-poids placé dans le bassin opposé de la même balance, et que l'on approche ensuite l'un des bassins de cette balance d'un conducteur chargé d'électricité, ce bassin cédera à l'impression de la matière électrique, de façon que s'il est placé au-dessus du conducteur, il descendra et il remontera après s'être approché de ce conducteur; ou s'il est

2

placé au-dessous du conducteur, il en sera attiré, et conséquemment il montera pour descendre ensuite tant que l'électricité se soutiendra dans le conducteur.

XXIIIe. EXPÉRIENCE.

Pantins et autres matières électrisées.

Pour faire cette expérience, qui tient à l'attraction et à la répulsion électrique, il faut se procurer une petite machine simple, qui consiste en une tige droite, supportée sur un pied; dans la longueur de cette tige, on fixe horizontalement à la partie supérieure un tube de verre auquel est attachée, aussi horizontalement, une platine de métal, vers la partie inférieure de la tige; on place encore sur une tige de métal une autre platine de métal aussi horizontale, qui glisse dans une espèce de douille de bas en haut, afin de la pouvoir hausser ou baisser à volonté.

A l'aide d'un fil de métal qui communique au conducteur, on transmet la vertu électrique à la platine de métal supérieure qui est isolée par un tube de verre auquel elle est fixée, ainsi que nous l'avons dit : à l'instant elle élève et attire les petits pantins qu'on voit couchés sur la platine de métal inférieure, et ils sont aussi-tôt repoussés vers la platine inférieure, contre laquelle ils se dépouillent de la vertu électrique qu'ils avaient reçue de la platine supérieure; de sorte que cette action se ré-

pétant continuellement, on les voit voltiger entre ces deux platines.

Il arrive quelquefois que quelques-unes de ces figures demeurent suspendues et comme immobiles entre les deux platines. Dans ce cas, la figure suspendue fait l'office de conducteur, qui transmet continuellement la matière électrique de la platine supérieure à la platine inférieure.

Avec des platines ainsi disposées, on peut varier infiniment ce spectacle d'attraction et de répulsion.

Warson dit que rien n'est plus agréable à voir que les mouvemens qu'on imprime de cette manière à des fils de verre filés d'un pouce de longueur, ou à de semblables fils de métal, ou à de petites boules de liège. Muschembroeck vante pareillement de petites boules de verre soufflées, dont on fait usage de la même manière.

Si l'on présente beaucoup de graines, de quelques espèces qu'elles soient, comme des grains de sable, de la limaille de cuivre ou d'autres substances légères, dans une assiette de métal, ou plutôt dans un vase cylindrique de verre porté sur une plaque de métal, à une autre plaque suspendue au conducteur, les corps légers seront attirés et repoussés avec une rapidité inconcevable, de façon à représenter une pluie qui, dans l'obscurité, paraît toute lumineuse.

Si on met entre les deux plaques un duvet de plume ou un

duvet de chardon, il sera attiré et repoussé avec une vîtesse si surprenante, que l'on ne pourra plus distinguer ni la forme ni le mouvement; la seule chose que l'on appercevra, sera sa couleur; qui remplira uniformément l'espace dans lequel il fera des vibrations.

C'est sans doute par une suite des mêmes effets qu'une aiguille placée sur plan incliné, monte en tournant sur la hauteur du plan par l'impression attractive de l'électricité. (Voy. *Collect. Acad., partie franç.*, t. XIV, p. 6 et 89).

XXIVᵉ. EXPÉRIENCE.

Poisson d'or électrique.

Si l'on découpe un morceau de feuille d'or, ayant un assez grand angle à une extrémité et un fort aigu à l'autre, il demeurera suspendu par son grand angle à une petite distance du conducteur, et par le mouvement d'ondulation de son extrémité inférieure, il aura l'apparence de quelque chose d'animé qui mord et ronge le conducteur.

XXVᵉ. EXPÉRIENCE.

Carillon électrique.

Les attractions et répulsions électriques, découvertes par *Otto de Guerike*, donnèrent naissance à l'expérience du *carillon électrique*, qui sert à prouver qu'un corps, sans être directement électrisé, est susceptible d'attraction et de répulsion, et donne des signes d'électricité.

On suspend à cet effet, avec un fil de soie, une grosse aiguille à coudre entre deux timbres de métal, dont l'un soit électrisé par communication, et l'autre isolé : on voit l'aiguille aller perpétuellement de l'un à l'autre timbre, comme si elle était également attirée et repoussée par les deux ; de sorte que si l'on ne le sait pas d'ailleurs, on aura peine à deviner, par la seule inspection, lequel des deux reçoit l'électricité. Cette aiguille, ainsi supendue entre les deux timbres, produit un petit carillon qui dure autant que l'électrisation par laquelle elle est mise en jeu. Il est aisé de voir qu'en multipliant les timbres, et en variant à propos leurs dimensions, un curieux qui prendra goût à cet amusement, en pourra faire raisonner un grand nombre avec la même machine, plusieurs à-la-fois, si cela entre dans ses vues, ou les uns après les autres, en interrompant, par des attouchemens bien ménagés, l'électricité de ceux qu'il voudra tenir en silence ; telle a été l'origine du *clavecin électrique* imaginé par le P. Laborde. Quelques physiciens avaient prétendu se servir du clavecin électrique pour juger de l'intensité de la matière électrique ; mais cela n'est point exact, et l'application la plus utile qu'on puisse en faire, est celle que fit, il y a quelques années, le célèbre M. de Buffon, pour juger de l'élec-

3

tricité naturelle, ainsi que nous l'avons indiqué dans l'article *Electromètre*. (*Voyez* ce mot ; *voyez* aussi la 27e. et la 29e. expériences ci-après).

XXVIe. EXPÉRIENCE.

Araignée électrique.

Si l'on taille un morceau de liège brûlé, de la grosseur d'un pois, sous la forme d'un araignée, qu'on lui fasse les pattes de fil de lin; qu'on mette dans le liège un ou deux grains de plomb pour lui donner plus de poids, et qu'on le suspende par un fil de soie bien délié, entre un corps électrisé et un corps qui ne le sera pas, ou entre deux corps doués d'électricités différentes, il ira et viendra entre ces deux corps comme un battant entre deux timbres; on appercevra le mouvement des pattes comme si c'était une araignée vivante. En disposant les choses avec un peu d'art, on étonnera ceux qui n'en connaîtront pas la construction.

XXVIIe. EXPÉRIENCE.

Clavecin électrique.

La matière électrique était l'ame de cet instrument, sur lequel le P. de Laborde jouait, avec assez de précision, quantité de petits airs. La construction de cette machine est fort simple ; la voici telle que l'auteur nous l'a donnée lui-même. Une règle de fer isolée sur des cordons de soie, porte des tim-bres de différentes grosseurs, pour les différens tons : il faut deux timbres pour un seul ton, parce que chaque battant frappant alternativement sur deux timbres, produirait deux tons différens, s'ils n'étaient pas absolument semblables. L'un des deux timbres est suspendu à la règle par un fil d'archal, et l'autre par un cordon de soie. Le battant, suspendu par un fil de soie, tombe entre deux. Du timbre soutenu par un cordon de soie, descend un fil d'archal, dont l'extrémité est fixée en bas par un autre cordon, et se termine en un anneau, pour recevoir un petit levier de fer, lequel repose sur une règle de fer isolée. Cela étant ainsi, le timbre suspendu par un fil d'archal est électrisé par la règle de fer qui le porte, et l'autre, qui est suspendu à cette règle par un cordon de soie, est électrisé par la verge de fer, sur laquelle repose le petit levier.

En abaissant une touche, on élève le levier, et on le fait toucher à la verge non isolée. Dans le même instant le battant se met en mouvement et frappe les deux timbres avec tant de vitesse, qu'il n'en résulte qu'un son ondulé, et qui imite à-peu-près l'effet du tremblant fort de l'orgue : aussi-tôt que le levier tombe sur la règle électrisée, le battant s'arrête : ainsi chaque touche répond à son levier, et chaque levier à son timbre, et on peut jouer tous les airs comme sur un clavecin.

XXVIIIᵉ. Experience.

Tournebroche électrique.

D'après les principes connus que les fils de fer des bouteilles chargées différemment, attireront et repousseront, on peut construire une roue ou tournebroche électrique, ainsi nommé par le docteur Franklin, qui en donne la description suivante, insérée dans l'*Histoire de l'électricité* par Priestley ; une petite flèche de bois passe à angles droits à travers une planche ronde et mince d'environ un pied de diamètre, et tourne sur une pointe fine de fer fixée à son extrémité inférieure, tandis qu'un gros fil de fer fixé à son extrémité supérieure, passant par un petit trou pratiqué dans une platine de cuivre mince, contient la flèche bien verticale ; trente rayons ou environ d'égale longueur, faits de verre à vitre, taillés en bandes étroites, sortent horizontalement de la circonférence de la planche ; de sorte que leurs extrémités les plus éloignées du centre, sont à environ quatre pouces les unes des autres ; à l'extrémité de chacun est fixé un dé de cuivre.

Dans cet état, si on place auprès de la circonférence de cette roue, le fil de fer d'une bouteille électrisé à la façon ordinaire, il attire le dé le plus proche, et met ainsi la roue en mouvement. Ce dé reçoit une étincelle en passant, et par ce moyen en étant électrisé, il est repoussé et chassé en avant ;

tandis qu'un second étant attiré, approche du fil de fer, reçoit une étincelle et est chassé comme le premier, et ainsi de suite, jusqu'à ce que la roue ait fait un tour ; alors les dés ci-devant électrisés, approchant du fil de fer, au lieu d'en être attirés comme ils l'étaient d'abord, sont repoussés, et le mouvement cesse sur-le-champ.

Mais si l'on place près de la même roue une autre bouteille qui ait été chargée par l'enveloppe extérieure, son fil de fer attire les dés repoussés par la première, et par ce moyen double la force qui fait tourner la roue. Les dés, au lieu d'être repoussés quand ils reviennent vers la première bouteille, en sont plus fortement attirés ; de sorte que la vîtesse de la roue s'accélère jusqu'à ce qu'elle tourne avec une grande rapidité, et fasse environ douze ou quinze tours en une minute, et avec tant de force, que la pesanteur de cent dollars d'Espagne, dont on la chargerait, ne pourrait retarder sa vîtesse. Si on embrochait une grosse volaille sur la partie supérieure de la flèche, la roue la ferait tourner devant le feu avec un mouvement convenable pour la faire rôtir.

Cette roue, de même que celles qui sont poussées par le vent, se meut par une force étrangère, savoir, celle des bouteilles. Mais on en peut faire qui se meuvent d'elles-mêmes, et qui, quoique construites sur les mêmes principes, paraissent plus surprenantes.

4

XXIXe. EXPERIENCE.

Roue électrique tournant d'elle-même.

Elle est faite d'une platine de verre à vîtres, ronde et mince, de dix-sept pouces de diamètre, bien dorée des deux côtés, excepté deux pouces de bord tout autour ; deux petites hémisphères de bois sont fixées avec du ciment au milieu de chacun des deux côtés de dessus et de dessous, et opposés par leur centre, et dans chacun est un fil de fer gros et fort, d'environ huit ou dix pouces de longueur, qui forment ensemble l'axe de la roue ; elle tourne horizontalement sur une pointe fixée à l'extrémité inférieure de son axe, lequel est posé sur un morceau de cuivre cimenté dans une salière de verre. Le bout supérieur de l'axe passe par un trou pratiqué dans une platine de cuivre mince, cimentée à une pièce de verre longue et forte, qui la tient à six ou huit pouces de distance de tout corps non électrique, et a à son sommet une petite boule de cire ou de métal pour retenir le feu électrique.

Sur la table qui porte la roue sont fixés circulairement douze petits piliers de verre à environ onze pouces de distance du centre, qui ont chacun un dé à leur sommet. Sur le bord de la roue est une petite balle de plomb qui communique par un fil de fer avec la dorure de la surface supérieure de la roue ; et à environ six pouces de là est une autre balle qui communique pareillement avec la surface inférieure ; quand il est question de charger la roue par la surface supérieure, il faut établir une communication de la surface inférieure à la table.

Quand elle est bien chargée, elle commence à se mouvoir. La boule de plomb la plus proche d'un des piliers se meut vers le dé de ce pilier, et en passant l'électrise, ensuite elle s'en écarte. La balle suivante qui communique avec l'autre surface du verre, attire plus fortement ce dé, parce qu'il a été auparavant électrisé par l'autre balle : et ainsi le mouvement de la roue augmente, jusqu'à ce que la résistance de l'air lui ait fait prendre un mouvement uniforme ; elle tourne une demi-heure, et fait communément vingt tours par minute, ce qui forme six cens tours en tout. La balle de la surface supérieure donnant à chaque tour douze étincelles au dé, ce qui fait sept mille deux cens étincelles, et la balle de la surface inférieure en recevant autant des dés, ces balles parcoureront dans cet espace de temps près de deux mille cinq cens pieds. Les dés sont fixés solidement et bien circulairement, afin que les balles puissent passer à une fort petite distance de chacun d'eux.

Si au lieu de deux balles, vous en mettez huit, quatre qui communiquent avec la surface supérieure, et quatre avec la surface inférieure, placées alternativement (lesqu'elles huit, à environ six pouces de distance les unes des autres, complètent la circonférence), vous augmenterez considérablement la force et la vîtesse, car la roue fera alors cinquante tours par minute ; mais aussi elle ne tournera pas si long-temps.

D'après les essais qu'a fait M. le marquis de Courtenvaux pour imiter cette roue électrique, qu'il regarde comme propre à expliquer seule et en entier le système de M. Francklin, il a reconnu que pour réussir dans sa construction, il y avait trois choses essentielles à observer ; la première de bien centrer la roue ; la seconde de mettre les balles excédant de moitié de leur diamètre celui de la roue ; la troisième de mettre des boules de quinze lignes sur des piliers de verre, quand le diamètre de la roue sera de dix-sept pouces.

Une observation importante est de communiquer d'abord à la roue le moins d'électricité possible, pour qu'elle puisse se mettre en mouvement; car il arrive que, lorsqu'on la charge trop d'abord, l'électricité étant trop abondante, les balles s'arrêtent vis-à-vis des piliers, et restent immobiles, ou bien la roue détourne toute seule.

Ces roues pourraient peut-être s'appliquer aux carillons, et, par leurs lumières mobiles, représenter des *orreries* ou *planétaires*. (*Voyez* la 21ᵉ. et la 25ᵉ. expérience.)

XXXᵉ. EXPÉRIENCE.

Manière d'isoler les corps pour leur communiquer une plus grande quantité de matière électrique.

L'expérience a démontré que les corps qui s'électrisent par frottement, peuvent aussi acquérir la vertu électrique par communication, mais qu'ils ne peuvent transmettre à d'autres corps qui leur sont contigus, l'électricité qu'ils acquièrent par ce nouveau procédé; tandis que ceux qui ne s'électrisent que par communication, sont très-propres à transmettre cette vertu, et sont d'excellens conducteurs pour la communiquer à d'autres corps.

D'après ces observations, lorsqu'on veut accumuler la vertu électrique dans des corps propres à la recevoir par communication, il faut que ces corps soient disposés de manière à ne pouvoir perdre cette vertu à proportion qu'on la leur communique ; conséquemment il faut les poser ou les suspendre à des corps qui ne puissent point la transmettre à d'autres.

Cette manière de disposer les corps qu'on veut électriser par communication, s'appelle *isoler*. Ainsi isoler un corps, c'est le placer sur un autre susceptible d'être électrisé par frottement, ou le suspendre à un corps de cette dernière espèce. De là les supports de résine, de poix, de cire, sur lesquels on a imaginé d'établir les corps qu'on veut *isoler* ; de là les cordons de soie, de crin, de laine auxquels on les suspend ; de là les supports de verre.

Quoique tous les corps susceptibles de s'électriser par frottement, soient propres à isoler, ils ne le sont pas tous également. Les corps qu'on isole par les gateaux de résines ne sont que faiblement isolés ; ils perdent en grande partie la vertu électrique qu'on leur communique, et ils n'en conservent qu'une très-petite quantité ; il est vrai que si on les garde quelques mois à l'abri de la poussière, ils deviennent très-propres à cet usage.

La meilleure manière d'*isoler* une personne, est de la faire monter sur un tabouret fait d'une planche de bois, soutenue par des colonnes de verre : quoique le bois soit moins propre que le métal à dissiper la matière électrique qui y abonde, comme il s'en perd par les angles, il est bon de donner à ce tabouret ou autres supports la forme d'un parallélogramme. Ces tabourets sont d'autant plus propres à isoler, qu'on a soin de les faire cirer de temps en temps. Ce n'est pas, à ce que je pense, dit M. Sigaud de Lafond, parce que la cire étant susceptible de s'électriser par frottement, contribue encore à isoler les corps qui sont posés dessus : l'épaisseur qu'on lui donne alors ne peut la rendre propre à cet usage ; mais bien parce qu'elle unit la surface des bois en bouchant leur cavité, et empêche que la matière électrique ne se dissipe par les par-

ties saillantes et anguleuses.

Les cordons de soie sont préférables à ceux de laine et de crin pour isoler, mais la couleur en est assez indifférente, quoique Muschembroeck recommande spécialement les cordons teints en bleu. Si les corps auxquels on veut communiquer la vertu électrique ne sont point d'un trop grand volume, on peut les placer sur un petit plateau de verre, de l'espèce de ceux qu'on emploie pour les desserts.

XXXIᵉ. EXPERIENCE.

Poudre à canon enflammée.

Comme la poudre à canon s'échappe et fuit sous le doigt que lui présente une personne électrisée, il faut avoir recours à un moyen pour la retenir et l'empêcher de se dissiper à l'approche du doigt.

C'est de la broyer avec un peu de camphre ou avec quelques gouttes d'huiles inflammables ; on la fait ensuite chauffer dans une cuiller, les étincelles électriques allument les exhalaisons, qui enflamment elles-mêmes la poudre.

Cet effet est si prompt, qu'il faut prendre ses précautions pour n'être point exposé à l'explosion : ceux qui ne sont point habitués à faire des expériences, feront sagement de s'en tenir à l'inflammation de l'esprit-de-vin.

XXXIIe. Expérience.

Esprit-de-vin enflammé avec le bout du doigt ou avec un glaçon.

L'électricité produit ici l'effet que ne produiraient pas les rayons solaires rassemblés, soit par réflexion, soit par réfraction. (V. *Verres lenticulaires.*)

Si l'on présente à une personne électrisée une cuiller dans laquelle il y ait de l'esprit-de-vin, en approchant son doigt elle l'allumera ; et la même chose arrivera, si elle tient elle-même la cuiller dans laquelle est l'esprit-de-vin, et qu'une autre personne y approche le bout du doigt.

Il est bon d'observer, pour la réussite de cette expérience, qu'il est nécessaire que l'esprit-de-vin soit un peu chaud ; pour cet effet, on allume l'esprit-de-vin qui est dans la cuiller avec du papier ; on le laisse brûler un instant, on l'éteint ensuite ; et au même instant l'une des deux personnes qui font l'expérience tient la cuiller, et l'autre plonge brusquement et perpendiculairement le doigt près la surface de la liqueur ; il sort une étincelle, et la liqueur s'allume.

L'inflammation aurait lieu de même en tirant l'étincelle avec un glaçon ; car l'eau, comme l'on sait, est un conducteur de la matière électrique, et étant devenue solide, elle doit enflammer l'esprit-de-vin, quoique l'eau ne le puisse point

enflammer lorsqu'elle tombe par goutte.

Cependant, pour réussir à enflammer l'esprit-de-vin avec des gouttes d'eau, M. Watson fit une espèce de mucilage avec de la graine de l'herbe aux puces : après avoir pressé, dit-il, une éponge humide, je la fis imbiber de cette espèce de mucilage, et je la fis tenir par un homme électrisé ; les gouttes que l'électricité en faisait sortir, restaient suspendues par la tenacité de la liqueur à quelque distance de l'éponge, et je mis le feu avec une pareille goutte à l'esprit-de-vin.

XXXIIIe. Expérience.

Tirer des étincelles électriques d'une personne.

Si une personne monte sur le tabouret, et qu'elle pose une main sur le conducteur, ou qu'elle tienne une chaîne qui y communique, dès qu'on a donné quelques tours de roue à la machine de rotation, à l'instant elle deviendra électrique dans toutes les parties du corps. 1°. Si elle présente verticalement, dit M. Nollet, la main opposée à celle qui tient le conducteur, et qu'une autre personne, qui n'est point isolée de même, mais simplement debout sur le plancher, étendant les bras horizontalement, présente un doigt vis-à-vis cette main, à une distance de sept à huit pouces, il sort de son doigt une matière invisible, qui fait contre la main électrisée un souffle très-sensible, et tout-à-fait semblable à celui qu'on a coutume de sentir au-delà des aigrettes lumineuses d'une barre de fer qu'on électrise.

2°. Si elle approche le doigt plus près de la main de la personne électrisée, comme à la distance de trois pouces ou un peu moins, cette matière invisible, qui ne faisait qu'un souffle, s'enflamme alors avec une sorte de bruissement, et se fait appercevoir sous la forme d'une belle aigrette, qui ne diffère point de celle qu'on voit briller au bout de la barre de fer qu'on électrise, si ce n'est qu'elle souffre ordinairement quelques intermittences, et que ses éruptions sont accompagnées d'un plus grand bruit.

3°. En approchant le doigt encore plus près de la main électrisée, on voit l'aigrette lumineuse se resserrer et former un trait de feu très-vif, qui éclate avec bruit et douleur de part et d'autre, comme il arrive en toute autre occasion quand on s'approche pour toucher un corps fortement électrisé.

On augmente sensiblement l'effet de l'électricité dans cette expérience, dit M. Sigaud de la Fond, c'est-à-dire, qu'on rend le bruit, l'étincelle et la piquure plus forts, lorsque la personne électrisée, ainsi que celle qui ne l'est pas, se touchent par des parties solides plutôt que par des parties molles. Si donc, au lieu de se présenter l'un à l'autre l'extrémité du doigt, elles ploient chacune le doigt, de façon qu'elles se tou-

chent par la phalange qui se trouve vers le milieu de chacun de leurs doigts, les effets qu'on vient d'indiquer sont manifestement plus sensibles.

XXXIVᵉ. EXPERIENCE.

Eau électrisée.

Lorsqu'une personne est montée sur le tabouret, ayant une main au conducteur, tout ce qu'elle tient à la main ou qu'elle porte sur elle, et qui est susceptible de recevoir la vertu électrique par communication, s'électrise avec elle.

Qu'elle tienne, par exemple, à la main un vase ou un plat de métal dans lequel il y ait de l'eau, cette eau s'électrisera très-fortement; de sorte que si une personne non isolée vient à approcher le bout du doigt perpendiculairement au-dessus de la surface de ce fluide, elle observera, lorsqu'elle sera très-proche de cette surface, une petite monticule d'eau qui s'élèvera au-dessus du niveau, et dont il partira avec bruit une étincelle qui ira frapper le doigt qu'elle lui présentera.

Les molécules de l'eau, ainsi que celles de tout autre fluide, n'ayant qu'une faible adhérence les unes avec les autres, elles sont jusqu'à un certain point, par rapport au doigt qu'on leur présente, comme des corps légers qui seraient électrisés, et auxquels on présenterait pareillement le doigt : elles font donc effort pour se détacher de la masse totale qu'elles concourent à former, et pour s'élancer vers le doigt qui n'est point électrisé.

L'eau sert de conducteur à l'électricité. (Voyez le fait consigné dans la *Collect. Acad. part. franç.*, t. XII, p. 76.)

XXXVe. EXPERIENCE.

Œufs électrisés et lumineux.

Prenez un œuf frais dont la coquille soit très-mince, et le tenant entre vos doigts, présentez-le par un de ses bouts au conducteur de la machine électrique. Pendant tout le temps qu'on électrisera le conducteur, les étincelles qui en sortiront, s'élanceront continuellement sur la pointe de cet œuf, et pénétrant dans tout son intérieur, elles le feront paraître entièrement lumineux. Cette récréation se doit faire dans l'obscurité. Il en sera de même si une personne isolée le tient dans sa main, et qu'une autre, placée sur le plancher, en tire l'étincelle, ou si la personne qui n'est pas isolée le présente au doigt de celle qui est isolée.

XXXVIe. EXPERIENCE.

Baiser électrique.

On sait que, lorsqu'une personne est isolée sur le gâteau, l'on peut tirer des étincelles de toutes les parties de son corps; ce qui peut donner occasion à quelques plaisanteries innocentes, et propres à amuser les spectateurs. On place, par exemple, une jeune demoiselle sur le tabouret, un jeune homme va pour l'embrasser, il est puni de sa témérité par l'étincelle piquante qui frappe ses lèvres. On doit sur-tout avoir attention que le jeune homme, en approchant, ne touche en aucune manière aux vêtemens de la demoiselle.

Lorsqu'un mari veut embrasser sa femme placée sur le gâteau, il est aisé de lui faire éprouver à lui seul les étincelles électriques, tandis que tous les autres spectateurs qui embrasseront sa femme, n'éprouveront aucune sensation désagréable. Ou si l'on veut que les feux électriques soient l'emblême des feux de l'amour, le mari seul embrassera sa femme sans tirer d'étincelles, et tous les autres spectateurs, au contraire, donneront des baisers enflammés. Ce petit jeu consiste à détourner, sans qu'on s'en apperçoive, le fluide électrique avant qu'il parvienne jusqu'à la personne isolée; pour cet effet, il suffit de mettre la main sur le conducteur.

XXXVIIe. EXPERIENCE.

Commotion électrique, ou expérience de Leyde.

Cette expérience a eu pour premier auteur M. Kleist, qui en a fait des essais en octobre 1745; elle présente des phénomènes bien étonnans; on peut la regarder comme la plus glorieuse époque de l'électricité, eu égard au grand nombre d'autres découvertes auxquelles elle a donné lieu ; mais on ne saurait apporter trop de prudence ou de précaution lorsqu'on veut la faire ; car les commotions trop vives qu'elle occasionne, lorsqu'elle n'est pas bien ménagée, ou en touchant imprudemment des bouteilles ou des jarres trop chargées, peuvent quelquefois devenir dangereuses, ou dans certaines personnes occasionner des impressions désagréables sur le genre nerveux, et dont l'effet se fait ressentir pendant très-long-temps. (Voyez *Collection Académique, partie française*, t. X, pag. 1, et t. XI, pages 67, 114 et 117.)

Pour faire cette expérience, on met dans une fiole à médecine du petit plomb, un peu plus que la moitié; on la bouche avec un bouchon de liège, à travers lequel passe un fil de fer, terminé à sa partie supérieure par un crochet, et ce fil plonge par son extrémité inférieure dans le plomb.

Nous désignerons très-souvent par la suite ce fil de fer qui sert à transmettre la vertu électrique à la bouteille dans laquelle il plonge, sous le nom de crochet : ainsi, au lieu de dire le fil de fer qui plonge dans une bouteille, nous dirons, le crochet de cette bouteille.

On suspend la bouteille par son crochet au conducteur; on donne quelques tours de roue plus ou moins, suivant que l'électricité est plus ou moins forte : on ôte ensuite la bouteille avec une main, et l'on n'éprouve rien ; mais la tenant dans sa main, et approchant l'autre main du crochet, on éprouve alors une commotion plus ou moins forte, suivant que la bouteille est plus ou moins chargée, mais toujours assez faible pour n'en être point incommodé.

Cette commotion que l'on éprouve ainsi seul, peut l'être par un grand nombre de personnes, dans le même instant, et tous l'éprouvent avec la même intensité de force, qui devient cependant plus ou moins sensible, à raison de la sensibilité plus ou moins grande du genre nerveux des personnes qui la ressentent. Pour cet effet il faut que toutes les personnes se tiennent par la main; que la première qui forme la chaîne tienne la bouteille électrisée, et que la dernière de la chaîne touche avec le doigt au crochet de cette bouteille : il en part une étincelle, et toutes les personnes de la chaîne ressentent en même-temps la commotion dans les bras.

La même expérience réussirait également, lors même que chaque personne qui ferait partie de la chaîne, serait séparée de celle qui l'avoisine des deux côtés par un corps intermédiaire, en supposant toutefois que ce corps fût propre à transmettre la matière électrique, telle qu'une barre de fer par exemple.

Comme cette chaîne peut-être plus ou moins longue à volonté, plus ou moins étendue, et que la communication n'en est pas moins rapide, on a cru pouvoir appliquer l'électricité à la télégraphie, et établir par elle une sorte de correspondance électrique, mais il paraît qu'un télégraphe de ce genre serait fort coûteux et peu sûr, à raison de la fragilité et de l'altération des conducteurs, et ne méritera jamais la préférence sur le télégraphe visuel. (*Voyez* ce qui est dit à ce sujet dans le *Magazin Encyclopédique*, an 2, t. V, p. 455).

XXXVIIIe. EXPERIENCE.

Moyen d'appercevoir l'effet qui arrive intérieurement.

Si les personnes qui forment la chaîne, au lieu de se tenir par les mains se tiennent par des tubes de verre remplis d'eau, on verra les tubes qui les unissent, briller d'un éclat de lumière aussi subit et d'aussi peu de durée, que le coup qui saisit les deux personnes appliquées à cette épreuve ; d'où il suit que si nos corps étaient diaphanes, on appercevrait une lumière qui coule rapidement dans leur intérieur, à l'instant où l'on reçoit la commotion électrique.

XXXIXe. EXPERIENCE.

Moyen d'augmenter l'intensité de la matière électrique.

La matière électrique s'accumule sur le verre de la bouteille, en d'autant plus grande quantité, que les matières qu'elle contient sont plus denses et s'appliquent plus exactement sur les surfaces du verre : on peut donc mettre dans la bouteille de l'eau, de la limaille de fer, du mercure. Une bouteille chargée avec le mercure donne une commotion sensiblement plus forte que celle qui n'est chargée qu'avec de l'eau.

On augmente prodigieusement la commotion, si ayant versé de l'eau dans un bassin de métal, on y place la bouteille destinée à l'expérience de Leyde, de façon qu'elle y plonge jusqu'à un travers de doigt au-dessous de son col ; communiquez l'électricité au fil de fer de cette bouteille, qu'on suppose remplie d'eau jusqu'à la même hauteur à laquelle ce liquide la mouille extérieurement. Si quelqu'un plonge une main dans l'eau du bassin, ou s'il saisit le bassin même d'une main, et qu'il tire de l'autre une étincelle du fil de fer conducteur de la bouteille, il éprouvera une commotion beaucoup plus forte, toutes choses égales d'ailleurs, que celle qu'il éprouverait en répétant cette expérience selon la méthode ordinaire.

Lorsqu'on emploie de l'eau chaude, l'électricité est beaucoup plus forte, et lorsque l'électricité est très-vive, elle fait quelquefois fêler les bouteilles, ou même lancer un petit éclat de la bouteille à quatre ou cinq pieds de distance.

La commotion électrique s'éprouve d'autant plus vivement, que la personne qui tient la bouteille en touche la partie extérieure avec sa main, selon une plus grande étendue de sa surface. Si elle ne touche la bouteille que d'un doigt, la commotion sera très-faible ; plus forte, si elle la touche de deux doigts ; plus encore, si elle la touche de trois doigts, et très-forte enfin si elle embrasse la bouteîlle avec la paume de la main et les doigts.

Une feuille d'étain appliquée dans un bocal, produit, pour transmettre l'électricité, l'effet de l'eau, de la limaille de fer, etc. Les lames s'attachent aisément à la surface des vases avec de la colle ordinaire ; il faut seulement avoir soin de n'en mettre que très-peu, et d'en ôter toute la quantité qui pourrait être superflue ; ce qui s'exécute en appuyant fortement avec un linge sur la surface de l'étain, lorsqu'on l'applique au bocal.

Ces bocaux ainsi arrangés se nomment *jarres*, ils sont très-commodes pour les expériences, parce qu'en laissant pendre simplement du conducteur une chaîne dans ces jarres, elles se chargent d'électricité, sont toujours prêtes, et ne sont point chargées d'eau, qui les mettrait souvent en danger d'être cassées.

On est dans l'opinion qu'il est impossible de charger un bocal fêlé ; cependant rien de plus facile que de le mettre en état de détonner. Tout l'art consiste, dit le trop fameux Marat, à emporter la doublure externe deux doigts autour de la fêlure, et d'emporter pareillement la doublure interne si on veut lui rendre sa première force.

XLe. EXPERIENCE.

Batterie électrique.

On augmente prodigieusement l'effet de l'électricité, on imite la vivacité de l'éclair, et l'on obtient une explosion terrible, en formant des *batteries électriques*. On les prépare avec une grande boîte de bois, garnie intérieurement d'une plaque de métal ; on remplit cette boîte de jarres, qui communiquent toutes les unes aux autres avec des fils de métal ; on en peut mettre ainsi jusqu'au nombre de soixante et plus. La batterie de Van Marum, dont la machine est décrite à l'article *Machine Electrique*, est composée de 135 jarres. Une étincelle d'une semblable batterie tuerait à l'instant l'animal le plus fort ; aussi lorsqu'il s'agit de tirer l'étincelle, doit-on employer toute la prudence et toute la précaution nécessaires.

On a imprimé, en 1786, la vie et les mémoires de M. Pilâtre de Rozier. Le sixième de ces mémoires indique une expérience dans laquelle on réduit le verre en poudre par une décharge. L'auteur y décrit l'appareil nécessaire pour cette expérience, à laquelle il a joint des réflexions sur la cause de la foudre. Cet ouvrage se trouve chez Bailly, libraire, Barrière des Sergens.

XLIe.

XLIᵉ. EXPERIENCE.

Sonnette électrique.

On peut produire un effet singulier, bien propre à surprendre et à étonner des personnes qui ne seraient point instruites de la cause, et à leur faire voir du sortilège où il n'y a que des effets physiques.

Si dans l'appareil électrique dont nous venons de parler, on conduit un fil de métal sous un paillasson placé sur le paillier de la porte, et que l'on dispose un autre fil qui, ainsi que le premier, parte du conducteur, ce dernier fil communique avec le cordon de la sonnette, qui doit être de toute autre matière que de soie; dès qu'on voit arriver la personne sur laquelle on veut faire l'expérience, on met la machine électrique en mouvement; dès qu'elle a mis le pied sur le paillasson, et qu'elle pose la main à la sonnette, à l'instant elle reçoit dans tout son corps la commotion électrique. On ne saurait trop recommander de faire cette expérience avec prudence, et de ne la pas faire indistinctement sur toutes sortes de personnes; car il y en a de si sensibles, qu'elles pourraient être affectées trop vivement.

XLIIᵉ. EXPERIENCE.

Mine électrique.

On peut disposer des machines électriques de manière

Tome III.

qu'une personne en tirant seulement une étincelle électrique, soit frappée sous ses pieds, et reçoive une commotion dans tout son corps; mais on ne doit faire cette expérience qu'avec beaucoup de prudence.

On met dans l'un des coins de la chambre, où est la machine électrique, deux bouteilles préparées comme pour l'expérience de Leyde, ou une jarre, que l'on cache avec quelque chose qui n'y touche pas; un fil de fer communique du conducteur aux bouteilles; du fond de chacune de ces bouteilles part un petit crochet de fer, auquel est attaché un fil de fer. Il faut avoir soin de recouvrir ce fil de fer d'un paillasson, d'une planche très-mince, et non d'un autre corps qui ne serait point propre à transmettre la vertu électrique, tel qu'un tapis.

Dès qu'une personne, marchant sur le paillasson, vient à tirer une étincelle du conducteur, à l'instant la mine fait son effet, et elle reçoit une commotion violente qui ébranle tout le corps. On doit avoir grand soin de ne communiquer aux bouteilles qu'une électricité faible, de peur que la commotion ne soit trop vive.

XLIIIᵉ. EXPÉRIENCE.

Tableau magique, ou l'expérience des conjurés.

La commotion électrique peut se varier, et M. Franklin a déguisé cette expérience d'une manière aussi ingénieuse qu'a

D d

musante, connue sous le nom de *Tableau magique*. Prenez un cadre, une glace, et une estampe représentant, par exemple, le portrait du grand Mogol; coupez de cette estampe une bande, à la distance d'environ deux pouces du cadre, tout autour; quand la coupure prendrait sur le portrait, il n'y aurait pas d'inconvénient : avec de la colle légère, ou de l'eau gommée, fixez sur le revers de la glace la bande du portrait séparée du reste, en la serrant et l'unissant bien; alors remplissez l'espace vuide (par l'absence du portrait), en dorant la glace avec de l'or ou du cuivre en feuille; dorez pareillement le bord intérieur du derrière du cadre tout autour, excepté le haut, et établissez une communication entre cette dorure et la dorure du derrière de la glace; remettez la planche ou le carton sur la glace, et ce côté est fini. Retournez la glace, et dorez exactement le côté antérieur sur la dorure de derrière; et lorsqu'elle sera sèche, couvrez-la en collant dessus le milieu de l'estampe qui avait été séparé de la bande, observant de rapporter les parties correspondantes de ce portrait : par ce moyen, le portrait paraîtra tout d'une pièce comme auparavant; seulement une partie est derrière la glace, et l'autre par-devant. Tenez le portrait horizontalement par le haut, et posez sur la tête une petite couronne dorée et mobile. Maintenant, si le portrait est électrisé modérément, et qu'une autre

personne empoigne le cadre d'une main, de sorte que ses doigts touchent toute la dorure postérieure, et que de l'autre main elle tâche d'enlever la couronne, elle recevra une commotion épouvantable, et elle manquera son coup.

La personne qui fait faire l'expérience, et qui tient ce portrait par l'extrémité supérieure où l'intérieur du cadre n'est pas doré, à dessein d'empêcher la chûte du portrait, ne sent rien du coup, et peut toucher le visage du portrait sans aucun danger, ce qu'il donne comme un témoignage de sa fidélité. Si plusieurs personnes en cercle reçoivent le coup, M. Franklin nomme cette expérience l'*Expérience des conjurés*. (*Collect. Acad.*, part. *franç.*, tom. XI, p. 68).

XLIVe. EXPÉRIENCE.

Former avec des feux électriques tels dessins qu'on voudra, et les faire subsister de manière qu'on ait le temps de les bien distinguer et de les reconnaître dans toute leur étendue.

Les moyens de parvenir à cet effet, dit M. Nollet dans un mémoire très-intéressant, dépendent de certains phénomènes connus de l'électricité, qui doivent servir de règle à quiconque veut exécuter de ces sortes de tableaux.

Ces phénomènes sont, 1°. que la matière électrique suit indifféremment toutes sortes de directions; que le conducteur soit droit ou courbe, qu'il soit replié faisant des angles, ou qu'il forme des sinuosités arrondies, elle le parcourt également d'un bout à l'autre, sans qu'on apperçoive aucun déchet dans sa quantité, ni aucun ralentissement dans sa vitesse, et son mouvement est si prompt, que sur une étendue de plusieurs pieds, les apparences qu'elle produit sont sensiblement simultanées, de sorte que l'on peut les saisir d'un même coup-d'œil.

2°. Qu'un corps non isolé, de la nature de ceux que nous appelons conducteurs, lorsqu'il s'approche fort près d'un pareil corps, à qui l'on communique l'électricité, fait naître des étincelles très - brillantes; que ces feux éclatent dans le petit intervalle qui sépare ces deux corps; de sorte que si cet endroit n'est couvert par rien d'opaque, on les peut voir de tous côtés, et cet effet se répète plusieurs fois coup sur coup pendant un certain temps, pourvu que l'électrisation soit soutenue.

3°. Que si ayant mis bout à bout les uns des autres plusieurs corps, sans cependant qu'ils se touchent, on fait étinceler le premier; il paraîtra en même-temps de pareils feux dans tous les petits intervalles qui séparent ces corps, sur-tout si l'on présente à l'extrémité opposée la main, ou quelque grosse masse non isolée, d'une matière électrisable par communication.

4°. Que toutes ces étincelles sont plus fortes et plus apparentes, si les corps sont posés ou attachés sur du verre, sur une ardoise, sur une tablette de marbre ou de pierre dure.

5°. Que la matière électrique, quand on lui laisse plusieurs routes à choisir, prend toujours celle qui est la plus courte pour arriver au corps qui peut la faire étinceler, et si on lui en offre deux qui ne soient pas plus longues l'une que l'autre, il arrivera très - rarement qu'elle se distribue dans toutes les deux, ou si cela arrive, ce ne sera que dans le cas d'une électricité excessivement forte.

Ces observations sont absolument importantes pour conduire les feux électriques avec un succès assuré.

Ayant donc égard à tous ces faits, et les prenant pour règles dans l'exécution, on pourra former son dessin sur un carreau de verre avec de petites lames de métal, qu'on collera avec de la gomme fondue, ou, encore mieux, avec de la colle de poisson. Le métal le plus propre à cet usage, sont les feuilles d'étain battu dont les miroitiers se servent pour mettre les glaces au teint; elles coûtent peu, 45 ou 48 s. la livre: elles se coupent facilement avec un canif ou avec des ciseaux, et elles sont si souples, qu'elles restent très - bien appliquées sur le verre lorsqu'on les a arrangées et qu'on a un peu appuyé dessus avec une carte à jouer.

Comme il est important que les points de lumière se rangent précisément sur les lignes qui composent le dessin, il ne faut pas que les pièces de métal se

2

présentent les unes aux autres avec des bords d'une certaine étendue. On déterminera la place des étincelles en opposant ces petites lames par des angles; cela se fera facilement, si l'on taille les feuilles d'étain en petits carrés semblables aux notes du plain - chant ; et pour faire naître commodément les feux électriques , on place devant le premier carré une lame de métal qui s'étendra jusqu'au bord du verre en l'embrassant , et une autre lame sur laquelle on tiendra le doigt appliqué quand on approchera la première du conducteur électrisé.

Quoiqu'une tablette de marbre, de pierre dure ou d'ardoise ait, comme le verre, la propriété d'augmenter l'éclat des feux électriques, cependant, pour les tableaux dont il s'agit ici, il est à propos de préférer les carreaux de vitres ou de glaces.

Les lignes du dessin sont tracées par des points de lumière qui se feront voir entre les angles des petits carrés d'étain arrangés sur le verre. Si ces angles se touchaient absolument, la matière électrique , à l'aide d'une telle continuité, pourrait passer d'une pièce à l'autre, et ainsi de suite , sans étinceler ailleurs qu'à l'endroit où la première se présente au conducteur isolé. Ces feux multipliés, d'où dépend tout le succès, n'auraient lieu que dans le cas d'une très-forte électricité, encore ne paraîtraient-ils qu'en certains endroits. Si l'on veut donc avoir des lignes bien pleines, et que

le dessin ne souffre point d'interruption, le premier soin qu'il faut avoir, c'est d'observer entre les angles contigus un petit intervalle bien décidé, mais qui n'excède pas un quart de ligne ; plus de distance, avec des pièces de métal si petites, serait nuisible.

Les lignes seront d'autant plus pleines, et marqueront d'autant mieux, que les points de lumière seront plus près les uns des autres, qu'ils auront plus d'éclat, et que leur scintillation sera plus fréquente. La distance d'une étincelle à l'autre étant mesurée par la diagonale du carré d'étain qui les fait naître et qui les sépare, il est évident que le nombre de ces feux sera plus grand, si l'on fait les carrés plus petits, puisqu'alors il y en aura davantage sur une longueur donnée. On les coupe de manière que chacun de leurs côtés a tout au plus une ligne de longueur, ce qui fait paraître les points lumineux à-peu-près à une ligne et demie de distance les uns des autres, et alors ils sont assez près.

L'éclat de ces lumières dépend du degré de force de la vertu électrique ; elles ne sont jamais plus belles à voir que quand on présente la partie du tableau qui doit les exciter à l'extrémité et à l'un des angles d'une barre de fer , qu'on électrise par un temps favorable : on peut l'y tenir plus d'une minute de suite, et, pendant cet intervalle de temps, les étincelles se répètent avec tant de fréquence, que l'œil embrasse aisément tout le dessin, et que l'illumination paraît continue.

Mais après une minute ou deux, et même plutôt, si le verre est bien mince, la matière électrique se répand à travers son épaisseur, ou se dissipe sur sa surface en forme de frange lumineuse, au lieu de se contenir dans le métal, comme il faudrait qu'elle fît pour continuer de le faire étinceler. Cet effet arrive encore plutôt quand on n'a pas soin de tenir le verre bien net : s'il est resté de la colle autour des pièces d'étain, ou bien si en maniant le tableau, ou en respirant dessus, on lui a fait contracter quelque humidité, on aura peine à faire briller toutes les parties du dessin, ou ce ne sera que pour quelques instans.

Quand on s'apperçoit que la matière électrique ne suit plus la route qu'on lui a tracée avec les petites pièces de métal, et qu'elle se dissipe en gagnant les bords du verre, il faut mettre le tableau à l'écart pendant quelques minutes, après quoi, s'il est bien essuyé et présenté au feu pendant quelques instans, il fera de nouveau son effet.

Quelque dessin que ce puisse être, on le formera ou avec des lignes droites, ou avec des lignes courbes, ou par la combinaison des unes avec les autres; mais puisque la matière électrique suit indifféremment toutes sortes de directions, on pourra, par les moyens indiqués ci-dessus, faire naître une ou plusieurs suites de points lumineux, qui s'arrangeront confor-

mément aux figures qu'on aura intention de faire paraître. (V. *Coll. Acad.*, *part. fr.*, t. XIV, p. 1, 89).

XLVe. EXPERIENCE.

Imiter les traits fulminans qu'on voit serpenter en l'air lorsqu'il tonne fortement.

On trace sur une feuille de papier des zigzags qui aient la forme que prend la foudre lorsqu'on la voit serpenter ; on applique sur le papier une bande de verre que l'on y attache par les quatre coins avec un peu de cire molle, ou autrement ; on colle sur le verre des carrés d'étain, en suivant ce qui est marqué sur le papier, et de manière que les angles extérieurs de ces petites pièces soient directement opposés les uns aux autres, en laissant entr'eux la distance d'un quart de ligne tout au plus ; on ajoute ensuite aux deux extrémités du trait ainsi marqué deux lames de métal qui excèdent un peu les bords du verre, ou bien que l'on replie en dessus.

Il faut seulement employer un peu d'art dans l'arrangement des petits carrés, pour rendre exactement les dessins par les points de lumière qui doivent paraître entr'eux. La pointe d'un angle, par exemple, à moins qu'il ne fût très-obtus, ne serait point marquée, si l'on plaçait exactement la diagonale de chaque carré sur les deux lignes qui vont s'y joindre ; cela n'arrivera point, si, au lieu de placer la diagonale de la pièce, on y présente un de ses côtés.

Dans le cas d'un angle fort aigu, on supprime la moitié de chacun des deux derniers carrés, on n'emploiera que des triangles rectangles, et on sera sûr que les étincelles électriques se communiqueront ainsi sans aucune interruption.

Le verre étant ainsi préparé et bien essuyé; si le tenant avec les doigts nus par une extrémité où est une des lames de métal, et que l'on présente l'autre extrémité où est l'autre lame au conducteur lorsqu'on tourne le plateau, on voit des zigzags marqués par une scintillation répétée deux ou trois fois par chaque seconde de temps, et qui pourra durer plusieurs minutes, suivant le degré d'électricité du conducteur, et le peu de facilité avec lequel le morceau de verre s'électrisera; car dès que la matière électrique se fraie des routes dans son épaisseur ou sur sa surface, elle se dissipe par-là; la lame d'étain qui est auprès du conducteur s'électrise elle-même, jette des aigrettes vers lui, et les étincelles manquent en tout ou en partie entre les petits carrés de métal où elles doivent paraître.

Les zigzags du feu électrique, lorsqu'on augmente leur activité et leur éclat par le moyen de l'expérience de Leyde, représentent on ne peut pas mieux ces éclairs tortueux qui annoncent la chûte du tonnerre, ou qui sont la foudre elle-même; il ne faut pour cela qu'appliquer une des lames placée à

l'extrémité contre la partie de la bouteille, et porter la lame de l'autre extrémité au conducteur pour exciter l'étincelle foudroyante; à l'instant il semblera voir ces traits fulminans qui serpentent dans les airs lorsqu'il tonne fortement.

Cette expérience prouve que les points de lumière électrique peuvent fournir des suites non interrompues en lignes droites, et que ces lignes peuvent aussi changer de direction, et former des angles à volonté.

On peut donc parvenir à imiter en feu électrique des ondes, des festons, des pyramides, des illuminations, faire des inscriptions. Il faut observer que si la ligne courbe, sur laquelle on veut faire paraître l'illumination, rentre sur elle-même tels que le cercle, l'ovale, la spirale même, dont les circonvolutions seraient peu distantes les unes des autres, comme la matière électrique va toujours par le plus court chemin, au lieu de parcourir, par exemple, le cercle entier, elle ne fait étinceler que l'une des deux demi-circonférences. Il en est de même des polygônes, et généralement de toutes les figures composées de lignes droites ou courbes, qui après avoir formé des angles rentrans ou saillans, viennent aboutir au même point où elles ont commencé, tels que les étoiles, les fleurs-de-lis.

La transparence du verre, de la glace et des feuilles de talc qui peuvent servir de fond à ces tableaux, offre un moyen simple et facile pour lever cette difficulté ; la partie du dessin que l'on ne pourra point mettre sur l'une des deux surfaces, on la placera sur l'autre ; quand l'illumination paraîtra, l'œil le plus attentif n'appercevra jamais que tout n'est pas sur le même plan.

On tire encore de la transparence du verre et du talc un autre avantage ; car le spectateur qui est placé derrière le tableau en peut jouir comme celui qui le regarde par devant ; et c'est par cette raison qu'on doit préférer le verre à l'ardoise, ou aux tablettes de pierre dure, qui ont la propriété de rendre les feux électriques plus forts et plus éclatans, mais qui ne peuvent se voir du même coup-d'œil que par un côté.

Pour faire passer la matière électrique d'une surface du verre à l'autre, en parcourant toutes les pièces qui forment le dessin, il faut établir une communication par le moyen d'une lame d'étain qui, après avoir embrassé le bord du verre, s'applique en-dessous, et fait étinceler la partie du dessin qui se trouve placé du même côté ; une autre lame aboutissant à l'autre partie du dessin placé sous l'autre face du verre, et qui étant touché par une personne non isolée, produira sur l'autre demi-circonférence une illumination semblable à l'autre portion du cercle.

On peut, par ces procédés, faire voir aux spectateurs leurs noms écrits en lettres de feu. *Voyez*, au mot *Electricité natu-*relle, l'abus que pourraient en faire certains charlatans pour effrayer des personnes simples et peu instruites des lois de la physique.

XLVIe. EXPERIENCE.

Maison du tonnerre.

Cette machine de physique, d'une invention ingénieuse, est du docteur Lind ; elle met sous les yeux l'effet de la foudre qui tombe sur un bâtiment, et l'efficacité des conducteurs métalliques pour les préserver.

C'est une maisonnette, dont les quatre murs attachés au parquet par des charnières très-mobiles, s'élèvent verticalement, et sont retenus en situation par le comble, qu'on appuie dessus, et qui les reçoit dans une feuillure ménagée à cet effet. Sur ce comble s'élève une cheminée traversée par un fil de métal, qui se termine extérieurement par une boule de même matière, et qui revient s'appuyer sur une lame de cuivre qui communique avec une cartouche bien chargée de poudre. Cette cartouche est placée sur deux piliers, dont l'un fait de métal, se continue sous le parquet de la maison, et vient communiquer, par l'intermède d'une chaîne, à l'extérieur d'un bocal qu'on charge intérieurement d'électricité.

Tout l'appareil est disposé de manière que le bocal étant suffisamment chargé, il détonne spontanément, et sa détonnation, conduite sur la boule de

4

métal dont nous avons parlé ci-dessus, pénètre l'intérieur de la maison, allume la poudre, et produit une explosion qui détruit cette maison, en soulevant le toit, et en renversant les murs; effet parfaitement analogue à ceux que le tonnerre produit lorsqu'il tombe sur un édifice ordinaire, où il ne rencontre rien qui change sa direction, et qui l'éloigne du corps du bâtiment.

Veut-on garantir la petite maisonnette d'un pareil accident, et laisser tomber impunément sur la boule une semblable décharge d'électricité? Il ne s'agit que de la rétablir dans son premier état, d'y remettre une nouvelle cartouche chargée de poudre, et semblablement disposée; mais d'ajouter au précédent appareil une petite chaîne attachée au-dessus de la cheminée, au pied de la tige de métal qui la pénètre, et d'amener cette chaîne à la surface extérieure du bocal. Ainsi armée, la maison est à l'abri de tout accident, la décharge du bocal se porte également sur la boule qui la domine: mais la matière foudroyante est conduite à l'extérieur du bocal, par la chaîne dont nous venons de parler, sans passer dans l'intérieur de la maisonnette.

L'analogie du tonnerre et de la matière électrique est si bien démontrée, qu'on peut regarder cette expérience comme une preuve non équivoque qu'on peut, à l'aide d'une barre de fer élevée sur une maison, et armée d'un conducteur qui dirige la matière de la foudre et la porte dans la terre, le réservoir commun de la matière électrique, conserver cette maison et la garantir des accidens qui pourraient lui arriver dans des temps d'orage et de tonnerre.

Voyez *Paratonnerre*.

XLVIIᵉ. EXPÉRIENCE.

Détonnation de l'air atmosphérique, par le moyen d'une étincelle électrique.

M. de Volta, si connu par les diverses machines ingénieuses de physique qu'il a imaginées, a trouvé un moyen curieux de faire détonner l'air atmosphérique. Voici son procédé :

On prend un tube de deux lignes de diamètre, ouvert à ses deux extrémités; on le plonge dans un flacon qui contient de l'éther, jusqu'à ce qu'il descende de trois lignes de profondeur dans la liqueur; alors on bouche avec le doigt l'ouverture supérieure du tube; la liqueur qui y est entrée y reste suspendue, et on l'enlève pour la mettre dans une boule en forme de poire, composée de résine élastique. Cette poire est d'environ deux pouces de diamètre. On débouche l'ouverture du tube, et l'éther tombe dans la boule. On retire le tube, que l'on met alors de côté. Il faut avoir sous la main un petit vaisseau de fer-blanc, de deux pouces et demi de hauteur, et à-peu-près de même diamètre, dont l'ouverture est de sept à huit lignes. Une tige de métal, scellée dans un tube de verre, traverse l'intérieur jusqu'au parois opposé, sans y toucher.

Quand on veut faire l'expérience, on porte le bec de la boule dans le col du vaisseau; on presse, une fois seulement, le corps de la boule élastique, pour pousser dans le vaisseau de métal l'éther combiné avec l'air atmosphérique contenu dans la boule; on bouche aussi-tôt le vaisseau de métal avec un bouchon de liège, qui y entre avec force.

Cela fait, on se procure une étincelle électrique, soit avec une *bouteille de Leyde* (*voyez* page 405), soit avec un *électrophore à plateau* (voyez *Electrophore*), soit avec la *baguette de M. de Volta* (*voyez* page 382), frottée sur un taffetas ciré; on met, à l'aide d'une petite chaîne, le corps du vaisseau de fer-blanc en communication avec le corps qui doit fournir l'étincelle électrique. A l'instant du contact sur une tige de métal isolée et mastiquée, dans un tube qui traverse l'épaisseur du vaisseau de fer-blanc, part une étincelle électrique qui traverse le vase, et se produit dans son intérieur entre la tige et le corps du vaisseau; la vapeur s'enflamme brusquement et fait sauter le bouchon avec détonnation. Les petits vaisseaux de fer-blanc, imaginés par M. de Volta, sont de la même construction, à-peu-près, que les instrumens imaginés par le même auteur, soit en cuivre, soit en verre, pour la détonna-tion de l'air inflammable, et connus sous le nom de *Canons de Volta.*

XLVIIIᵉ. EXPERIENCE.

Tableaux et figures lumineux.

Comme les étincelles qui éclatent entre les carrés d'étain jettent assez de lumière pour éclairer les deux faces du verre, j'ai imaginé, dit M. Nollet, qu'elles feraient voir une figure peinte avec des couleurs opaques, pourvu qu'elle fût à jour vis-à-vis des endroits où ces petits feux doivent paraître. Pour en faire l'essai, je pris une image de papier mince, représentant une femme, et je n'en gardai que le buste, afin de pouvoir le coller sur un carré de verre d'environ huit pouces; avant de l'y appliquer, je perçai le papier avec un petit poinçon de fer rougi au feu, dans tous les endroits où je projettais de faire paraître le feu électrique. Les petits trous n'avaient point de bavure comme ils en auraient eu infailliblement si je les avais percé à froid: quand l'image fut collée et séchée, j'arrangeai sur l'autre face du verre des petites lames d'étain, de manière que le feu électrique, partant du conducteur bien électrisé, pût éclater vis-à-vis de tous les trous faits au papier. Quand je mis ce tableau à l'épreuve dans l'obscurité, cette tête de femme parut avec des points lumineux dans les yeux, à la bouche, aux oreilles, ayant une aigrette de pareille lumière dans les cheveux, le contour de sa coiffure et celui de sa collerette ornés de même, ce qui prouve qu'avec un peu d'imagination, du loisir et de la patience, on pourrait, en joignant l'illumination à l'enluminure, étendre et varier beaucoup cette nouvelle espèce d'amusement.

XLIXᵉ. EXPERIENCE.

L'électricité appliquée à la minéralogie et à la chimie.

On trouve dans les écrits des chimistes plusieurs procédés par lesquels il paraît qu'ils étaient venus à bout de changer l'or en une couleur pourpre : les uns y sont parvenus par des dissolutions, des distillations et des cohobations répétées ; d'autres, et Langelot nommément, par une longue trituration : il y en a qui ont obtenu la même couleur par la vitrification ; et enfin, en exposant l'or au foyer du miroir ardent : mais le procédé le plus connu, le plus commun, et qui est le plus en usage dans les laboratoires et chez les artistes, est celui de Cassius. Il consiste, comme l'on sait, à précipiter une dissolution d'or par l'étain.

Le sieur Comus, en 1773, soumit différentes substances métalliques au coup ou à l'étincelle électrique dans un temps propre, et lorsque la batterie se chargeait bien : il fit voir qu'un seul coup même suffisait pour convertir une feuille d'or en une poudre de couleur violette, plus ou moins foncée ; l'argent

en une chaux ou poudre d'un brun tirant sur le noir ; le cuivre en une chaux encore plus noire, et l'étain aussi en une chaux d'un blanc grisâtre et cendré. Le sieur Comus ne fit que placer les métaux en feuilles entre deux cartes dans une presse, pour leur appliquer l'étincelle électrique. On peut recharger les mêmes cartes à plusieurs reprises, et y forcer davantage cette couleur.

On voulut savoir si la poudre violette que donne instantanément l'or par ce nouveau procédé était la même chose que le précipité de Cassius ; on fit faire les essais nécessaires par les sieurs Rouelle et d'Arcet, qui avaient aussi été témoins du procédé du sieur Comus : ils appliquèrent de cet or en poudre avec un fondant approprié sur différentes porcelaines : on mit également du précipité de Cassius pour servir de comparaison ; l'or qui avait subi la commotion électrique, donna au feu une couleur pourpre comme l'autre ; l'argent qu'on traita de même fit un beau jaune ; le cuivre un verd brillant, et l'étain une espèce d'émail blanc. On brûla en même-temps des cartes qui contenaient de cette poudre violette d'or ; on en fondit les cendres avec de la litharge et du charbon, et le culot qu'on en obtint par la fonte, ayant passé à la coupelle, donna un bouton d'or.

Le sieur Comus a encore soumis au coup électrique plusieurs portions de platine qui lui ont été fournies par différentes personnes, après les avoir débarrassées par un fort aimant de tout ce qu'elles pouvaient contenir des parties ferrugineuses, et il a constamment observé que la platine qui n'était point attirable, acquérait sur-le-champ cette propriété, après avoir subi l'étincelle électrique. On lui a donné de la platine qui avait été dépouillée de son fer par l'acide du sel. On lui en a donné qui avait passé au feu de porcelaine à trois reprises différentes, où elle avait perdu la propriété d'être attirable, et après s'en être assuré en lui présentant le plus fort aimant, il a trouvé que toutes, sans exception, redeviennent attirables par l'électricité, après la leur avoir appliquée plusieurs fois. Il a trouvé de la platine, d'ailleurs, très-pure, que l'étincelle électrique a couverte d'un enduit gras et brillant, comme si elle eût été frottée de mercure. C'est en effet de véritable mercure coulant qui prend sur l'or, et le blanchit rapidement. Ce mercure, qui paraît avoir transsudé sur toute la surface, est sensible aux yeux. La platine qui avait passé au feu ne lui avait pas donné auparavant ce phénomène. M. Margraff avait déjà retiré du mercure de cette substance métallique par la voie des menstrues; mais tout cela ne nous éclaire pas encore beaucoup sur son origine. La platine soumise à de fortes commotions électriques, et passée au feu, donne, par une légère trituration, une poudre ou chaux noirâtre qui, étant appliquée sur la porcelaine, fournit une couleur olive foncée. On obtient donc, par le secours de l'électricité, le même résultat que M. d'Arcet avait déjà obtenu par le moyen d'un grand feu. On trouve dans son premier mémoire, lu à l'Académie en 1766, qu'il était venu à bout de calciner une portion de platine, en l'exposant au grand feu, et d'en séparer cette chaux par la trituration.

Le sieur Comus a procédé de même sur la mine et sur différens régules de cobalt, et les résultats qu'il a obtenus semblent annoncer que le fer est la partie essentiellement constituante de ce demi-métal: il a observé que la mine n'est pas attirable à l'aimant, mais qu'elle le devient par la calcination. Tel est le saffre: le régule de cobalt réduit de sa mine, est aussi attirable par l'aimant. Il a cependant trouvé plusieurs régules qui ne l'étaient pas, et qui ne le sont devenus qu'après avoir reçu la commotion électrique. L'électricité fond la partie métallique du cobalt qui échappe à la calcination, et écarte en tourbillon la partie ferrugineuse noire réduite en chaux; celle-ci fait un atmosphère autour du lingot, qui dès-lors paraît visiblement fondu. Cette poussière ou chaux ferrugineuse du cobalt, appliquée avec un fondant sur la porcelaine, donne un émail brun foncé, tandis que la partie réguline qui reste fait du bleu.

En décembre 1786, le sieur Proschka, physicien à Francfort, a trouvé le secret de mettre sur-le-champ en fusion, par le feu électrique, les métaux, en les parsemant d'une poudre de sa composition qu'on ne fait pas connaître.

L'étincelle électrique rougit le syrop de violette.

On obtient un sel neutre, en introduisant l'étincelle électrique dans un vase rempli de sel alkali.

Lᶜ. E X P E R I E N C E

Qui présente les effets du tonnerre.

L'analogie entre la matière électrique et celle du tonnerre, est très-marquée (voyez *Collect. Acad.*, part. *fr.*, t. XI, p. 47 et 117; t. XIII, p. 94, et tome XIV, p. 84.) ; aussi, est-ce dans les expériences mêmes d'électricité qu'il faut chercher la manière d'imiter ce météore effrayant. Ses terribles effets s'annoncent par l'expérience de Leyde, si connue sur les animaux. Si l'on suspend verticalement et parallèlement deux planches de bois couvertes de fer-blanc, à quelques pouces de distance l'une de l'autre, et qu'on électrise une de ces planches; en touchant d'une main l'autre planche, et portant l'autre main à la planche électrisée, on reçoit une commotion électrique pareille à celle de l'expérience de Leyde; ce qui démontre que la plaque d'air (si on peut l'appeler ainsi), qui est entre les deux planches, est chargée, c'est que quelquefois l'électricité se décharge par une

forte étincelle entre les deux, et qu'en mettant le doigt entre elles, on facilite la décharge, et on y sent une commotion. L'état de ces deux plaques présente la position des nuages et de la terre; la masse d'air qui est entre eux, fait l'office de la petite plaque d'air entre les planches ou de la plaque de verre entre les deux enveloppes de métal dans l'expérience de Leyde. Le phénomène du tonnerre est la rupture de la plaque d'air par une décharge spontanée. L'expérience de la glace étamée sur des cordons de soie, est une imitation parfaite d'un ciel en feu. Prenez une glace de vingt-cinq pouces de long sur dix-huit de large, bien polie, étamée dans le milieu de chaque face avec une feuille d'or ou d'argent, et laissant une bordure un peu large; mettez-la sur un support garni de cordon de soie posé sur un guéridon; établissez une communication de la surface inférieure de cette glace avec le plancher, par le moyen d'un fil de fer qui touchera cette surface d'une part, et que vous attacherez de l'autre au support, et faites venir sur la surface supérieure une chaîne qui partira du conducteur; après plusieurs tours de roues, vous appercevrez une suite d'étincelles qui se répandront sur les bords de l'étamure qui couvre la glace, en augmentant en force et en quantité, à mesure que l'électricité se continuera; et l'expérience se terminera par une étincelle brillante, accompagnée d'une forte explosion. L'expérience faite, on voit sur la glace, à l'endroit où s'est faite l'explosion, une trace blanchâtre en zigzag; si on y passe le doigt, on trouve la glace raboteuse, et si on en approche le nez, on sent une odeur de soufre qui se répand dans la chambre quand on répète l'expérience trois ou quatre fois de suite; mais avant de retirer cette glace de dessus le support, il faut avoir la précaution de la décharger en établissant une communication d'une surface à l'autre avec le fil de fer pour en tirer les étincelles; autrement, on recevrait une commotion dangereuse.

LIe. EXPERIENCE.

Repas électrique.

En 1748, M. Franklin, avec ses amis, voyant approcher le temps chaud, saison où les expériences électriques ne sont plus si belles, voulut terminer le travail qu'il avait fait cette année sur l'électricité par une partie de plaisir sur les bords du Skuylkil.

D'abord ils allumèrent des substances spiritueuses avec une étincelle transmise d'un bord de la rivière à l'autre, sans autre conducteur que l'eau.

Pour leur dîner, ils tuèrent un dindon par la commotion électrique, le firent rôtir, avec un tourne-broche électrique, devant un feu allumé par la bouteille électrique; ensuite ils burent à la santé de tous les électriciens célèbres d'Angleterre, de Hollande, de France et d'Al-

lemagne, dans des verres électrisés, et au bruit d'une décharge d'une batterie électrique.

LIIe. EXPERIENCE.

Sur l'analogie de la matière électrique avec la matière magnétique.

Nous commencerons par indiquer une dissertation insérée t. XIII de la *Collect. Acad., partie étrang.*, p. 34, sur cet objet intéressant, et l'ouvrage de M. l'abbé Bertholon, intitulé: *De l'électricité des météores.*

Le *Journal de la Blancherie*, 1786, p. 40, contient l'analyse de trois mémoires, l'un de M. Van Swinden, un autre de M. Steiglehner, et le troisième, de M. Hubner, tous savans distingués sur la question suivante, proposée pour la deuxième fois, en 1776, par l'Académie électorale de Bavière: *Y a-t-il une analogie vraie et physique entre la force électrique et la force magnétique? Et s'il y en a, quelle est la manière dont ces forces agissent sur le corps animal?* Aucun mémoire ne fut couronné.

Ces deux fluides ont des caractères d'analogie et de ressemblance; ils en ont aussi d'autres qui les font différer.

Les expériences, soit naturelles, soit artificielles, qui démontrent leur analogie, sont que l'on a vu les aiguilles de boussole d'un vaisseau anglais, sur lesquelles le tonnerre tomba, prendre une direction contraire,

et cette direction fut si constante, qu'on ne put la changer :
le pilote prit, sans le savoir, la
route qu'il venait de faire, jusqu'à ce que le pilote d'un autre
vaisseau qu'il rencontra, lui ait
fait observer l'accident surve-
nu à ses aiguilles. On a vu le
tonnerre, en tombant dans une
boutique, aimanter plusieurs
couteaux qui n'avaient jamais
été frottés sur les pôles d'aucun
aimant.

La croix du clocher de Char-
tres, qui se trouva convertie
en véritable aimant, n'acquit
vraisemblablement cette propriété que par les effets de la
foudre, ou de la matière électrique des nuages qui l'avait pénétré plusieurs fois.

Pour aimanter une boussole
par le moyen de l'électricité
artificielle, on prend une aiguille ordinaire de boussole qui
n'ait jamais été aimantée ; on
en ôte la chappe ; on place ensuite l'aiguille entre deux lames
de verre, dont l'une soit plus
longue que l'autre, afin que les
deux extrémités de l'aiguille,
soutenue sur la plus longue,
soient néanmoins à découvert :
on place le tout sur une petite
presse, afin d'appliquer fortement les deux lames l'une contre l'autre ; il faut faire en sorte
que l'une des extrémités de l'aiguille touche ou communique
à une feuille de métal, sur laquelle on placera plusieurs jarres pour réunir une grande quantité de matière électrique ; on
adapte plusieurs bouts à la chaîne qui est suspendue au conducteur de la machine, afin qu'elle

puisse, par leur intermède, communiquer la vertu électrique à
tous ces bocaux ; on les électrise
assez long-temps pour les charger fortement ; lorsqu'on les
croit suffisamment chargés, on
pose l'extrémité d'un excitateur
sur l'un des bouts de l'aiguille,
celui qui est opposé au bout,
qui communique avec les vases ;
on tire l'étincelle de la partie
supérieure de la chaine, afin de
décharger tout-à-la-fois les bocaux ; on démonte ensuite l'appareil ; on remet la chappe à
l'aiguille ; on la pose sur un pivot, et l'on observe qu'elle
prend la même direction que si
elle était aimantée. Répétez la
même expérience avec la même
aiguille ; ayez soin néanmoins
de la disposer en sens contraire,
c'est-à-dire, de changer les
bouts qui communiquaient auparavant avec les bocaux, afin
que le feu électrique, qui doit
la pénétrer, entre par l'extrémité opposée à celle par laquelle
il est entré dans l'expérience
précédente, et vous observerez
que les pôles seront changés,
que le bout qui tournait au nord,
se tournera au sud.

M. d'Alibard remarque, à
cet égard, que le côté de l'aiguille par lequel le feu électrique commence à la pénétrer, est
toujours invariablement celui
qui se porte vers le nord, sous
quelque direction qu'on ait fait
l'expérience ; c'est-à-dire, soit
que l'appareil qui porte l'aiguille ait été placé dans la direction du méridien, du nord
au sud, ou de l'est à l'ouest ;
mais il remarque en même-

temps que l'aiguille ne reçoit jamais plus de force magnétique dans cette expérience, que lorsque l'appareil est placé dans la première de ces deux directions.

M. Van Marum a fait des expériences avec une batterie de 135 jarres, qui dépendent de sa machine, dont nous donnons la description au mot *Machine électrique*, dans l'intention de vérifier la communication de la vertu magnétique par la décharge d'une forte batterie. Il en conclut « que la décharge électrique exerce, pour communiquer ou détruire la force magnétique, la même influence que toutes les autres causes qui donnent à l'acier ou à l'aimant un certain frémissement. On sait que de pareilles causes peuvent donner la force magnétique à l'acier qui en est dépourvu, et la faire perdre à celui qui la possède. Il s'en suit donc aussi que ceux qui ont déduit de ces phénomènes quelqu'influence de la force électrique sur la force magnétique, et qui ont établi en conséquence de cette influence quelqu'analogie entre ces deux forces, ont admis un système qu'on ne pourrait appuyer sur cette base ».

M. Sigaud de la Fond ne croyait pas non plus que la matière magnétique et la matière électrique ne fussent qu'un seul et même agent, ou pour mieux dire, que le magnétisme ne fût qu'un effet de la matière électrique. Je ne puis, dit-il, m'empêcher de croire que cette proposition ne soit fort hazardée,

et plusieurs peut-être même la regarderont comme fausse, si on fait attention aux différences qui se remarquent entre ces deux substances. Personne ne les a remarquées avec plus de soin que le célèbre *Muschembroeck*.

La première différence qui se soit observée entre la matière électrique et la matière magnétique, c'est que la première est produite par des écoulemens sensibles qui affectent plusieurs de nos sens, tandis que la matière magnétique ne peut produire la moindre sensation sur aucun de nos organes.

Tout frottement quelconque est également bon pour exciter la vertu électrique; il n'en est pas ainsi de la vertu magnétique; elle ne peut se produire que par un frottement particulier. Lorsqu'on communique la vertu électrique à un globe ou un plateau, cette vertu augmente lorsqu'on le frotte en sens contraire : si on frotte en sens contraire un morceau de fer auquel on a communiqué la vertu magnétique, on détruit par ce dernier frottement l'effet produit par le frottement précédent.

Une autre différence qu'on peut encore observer, c'est que deux corps de même espèce peuvent très-bien se communiquer la vertu magnétique. Un barreau d'acier aimanté communique la même vertu à un morceau de fer ou d'acier qu'on pose sur le premier. Deux corps idioélectriques, au contraire, ne peuvent produire la vertu électrique, lorsqu'on les frotte l'un avec l'autre.

Une autre différence bien sensible entre la vertu magnétique et la vertu électrique, c'est que la première une fois communiquée à un corps, subsiste constamment dans ce corps pendant un temps considérable, sans qu'il soit nécessaire de la renouveler. Il n'en est pas de même de la vertu électrique, elle se perd en peu de temps, et elle se dissipe assez rapidement lorsqu'elle est excitée dans un corps, malgré les efforts qu'on pourrait faire pour la conserver.

Si on considère et que l'on compare les forces attractives de l'aimant à celles qui se font remarquer dans les corps les plus chargés de matière électrique, on observera une différence énorme entre les effets qu'elles produisent. On voit des aimans factices qui ne pèsent point au-delà de quatre à cinq livres, et qui attirent à eux, à une très-petite distance à la vérité, des poids de vingt à vingt-cinq livres. Les mêmes aimans soutiennent des poids de 90 et 100 livres.

Des différences aussi marquées que celles que nous venons d'exposer, et plusieurs autres que nous passons sous silence, doivent suffire, à ce que je pense, dit M. Sigaud de la Fond, pour nous engager à suspendre encore notre jugement sur l'analogie de la vertu électrique avec la vertu magnétique, malgré les rapports qu'elles paraissent avoir, et qui sont très-bien constatés par les ex-

périences précédentes. Peut-être sommes-nous encore fort éloignés de pouvoir expliquer cette analogie, et de rendre raison des différences qui semblent l'affaiblir. C'est cependant avoir déjà fait un grand pas vers la vérité, que d'être arrivés au point où nous sommes obligés d'abandonner cette matière. D'autres, plus instruits ou plus heureux que nous, pourront la traiter par la suite d'une manière plus satisfaisante ; car il ne faut souvent qu'un heureux hasard pour saisir des faits qui ont échappé à la sagacité des plus habiles physiciens. (*Voyez* au mot *Machine*, la description d'une machine à électriser d'une espèce particulière, et propre à procurer l'électricité en plus, et l'électricité en moins. *Voyez* au mot *Mastic* le procédé pour coller les verres, et les *pieds de tabourets* qu'on emploie pour l'électricité).

On peut, en variant ces expériences, imaginer un bien plus grand nombre de jeux que nous n'en avons indiqué. Notre intention a été seulement de mettre sur la voie, et faire voir que l'électricité, et en général que les sciences les plus abstraites qui sont l'objet de l'étude des philosophes, peuvent procurer des instans de récréation agréables pour ceux qui en sont les témoins, par l'étonnement qu'elle leur cause, et pour ceux qui les ont imaginé, parce que l'effet tient aux grands phénomènes de la nature, sujet de leurs occupations. On trouvera des instructions récréatives dans des expériences

expériences détaillées tome XIII de la *Collect. Acad.*, *part. étrangère*, p. 53 et suivantes, et dans cette même *Collection*, *part. franç.*, tom. VII, p. 49 et 71; tom. VIII, p. 15, tom. X, p. 1, 23.

§ X. *Jeux physiques.*

Il n'y a point de science qui fournisse autant d'expériences récréatives que celle de la nature (ou de la physique, ce qui est la même chose); car nous aurions pu rapporter ici tout ce que nous avons compris sous les articles *Jeux de l'aimant*, *Jeux de l'électricité*, *Jeux de l'optique*, etc., et ce n'est que pour soulager l'attention et faciliter la recherche que nous en avons fait des sections séparées. Nous nous contenterons de réunir sous ce paragraphe quelques expériences éparses qui tiennent à la physique, et qui ne se rapportent à aucun des paragraphes précédens.

Ire. EXPERIENCE.

Démonstration de l'affinité, de l'attraction et de l'adhérence des corps.

L'expérience et l'observation sont les seuls guides assurés qui puissent conduire dans les sentiers de la nature. Nous présenterons donc ici quelques expériences faciles, curieuses, intéressantes, qui nous rendront sensible un des plus intéressans phénomènes de la nature. Tous les corps, et principalement les

Tome III.

corps homogènes, ont eux-mêmes et par eux-mêmes, une force d'affinité et d'attraction qui les oblige à se rapprocher et à s'unir.

L'effet de la tendance des corps vers le centre de la terre, est plus fort que celui de leur attraction mutuelle; de plus, le frottement qu'ils éprouvent sur une surface solide, s'oppose à l'action par laquelle ils tendent à se rapprocher, et au mouvement nécessaire pour leur union.

Ce n'est que dans un milieu plus libre que cet effet peut avoir lieu, et ce sont les fluides qui y mettent le moins d'opposition.

Si, ayant rempli un verre d'eau, on met sur la surface des substances plus légères et qui y surnagent, comme des petits morceaux de bois sec, de paille, de liège, etc., on verra ces petits corps se déterminer, se mettre en mouvement pour se joindre; ils s'unissent et forment adhérence à un tel point, qu'ils résistent à leur désunion, et désunis, ils s'unissent de nouveau.

Le mouvement qu'ils font pour se rapprocher, est d'abord fort lent; mais on le voit s'accélérer à raison de leur rapprochement; de sorte qu'il est fort vif quand ils sont prêts à se joindre, et qu'il est fort brusque au point de contact. Une fois unis, ils ne se séparent plus, à moins qu'ils ne trouvent un corps avec lequel ils ont encore plus d'affinité, et qui les attire plus puissamment; car

E e

alors leur attraction mutuelle cède à celle qui est plus forte.

Cette expérience est en cela bien conforme à celle que nous offre la chimie, lorsqu'une substance fluide, unie à une autre, l'abandonne pour s'unir à une autre substance avec laquelle elle a encore plus d'affinité.

Dans l'expérience du bois, de la paille, du liège, on peut remarquer que ces substances ont plus d'affinité avec le verre qu'elles n'en ont entre elles ; qu'elles dirigent toujours leur mouvement de préférence et plus rapidement du côté des parois du verre, et qu'elles y forment une adhérence supérieure à celle qu'elles contractent entre elles , puisqu'on les voit quelquefois se désunir pour s'attacher de préférence aux parois du verre.

Si on met sur la surface de l'eau de petites lames bien minces de cire à cacheter, elles surnagent, elles s'attirent réciproquement ; mais loin de s'approcher et de former adhérence avec le verre, on les voit s'en éloigner, comme si elles en étaient repoussées.

Voici une composition dont il est parlé dans le *Traité de la végétation, de M. Mustel ;* c'est une espèce de pétrification qui, quoiqu'assez dure , est néanmoins plus légère que l'eau , et flotte dessus comme du bois ; elle rend cette expérience bien complette, et donne à l'observateur un spectacle bien capable d'amuser ses yeux et d'exercer son imagination.

Pour préparer cette composition, il faut laisser éteindre à l'air de la chaux, ou bien, après l'avoir posée pendant quelques minutes dans un panier qu'on enfonce dans l'eau, peu de temps après qu'on l'en a retirée, elle tombe en poussière. On détrempe cette poussière avec du sang pur de bœuf ou de mouton , pour en former un mortier qui est alors fort rouge, mais qui devient d'une couleur verdâtre lorsqu'il est sec.

Si on remplit un verre d'eau et que l'on mette sur la surface deux petits morceaux de cette matière, leur attraction mutuelle s'annonce d'abord par un petit mouvement, mais très-lent et très-faible ; on voit ce mouvement s'accélérer en ligne droite de leur tendance : la progression de ce mouvement augmente sensiblement, et il devient très-rapide lorsqu'ils sont prêts à se toucher, et le choc qu'on leur voit éprouver au point de contact, prouve la rapidité du mouvement et la force de l'attraction qui les a conduit et amené à la jonction.

Si, avec la lame d'un couteau, on les désunit, on remarque la résistance qu'ils opposent à leur désunion ; et l'activité avec laquelle ils tendent à se réunir, offre un spectacle qui a quelque chose d'animé, de curieux et de récréatif, et qui fournit des objets bien intéressans de méditation au physicien qui l'observe.

Si on met plusieurs parties de cette matière sur l'eau, on les voit s'unir en chemin, pour aller avec la même célérité s'unir à celles qui y étaient déjà, et on les voit toutes réunies au centre du verre ; si on les sépare, elles se réunissent aussitôt ; et en les agitant, elles ne font que changer de point de contact, mais sans se séparer.

Jamais aucun de ces petits corps ne s'unit aux parois du verre ; si on en approche quelqu'un, on voit qu'il en est brusquement repoussé : de sorte qu'il y a dans cette expérience une double action, l'une qui repousse le corps, et l'autre qui l'attire vers les corps avec lesquels il a une grande affinité.

J'omets, dit M. Mustel, plusieurs circonstances de cette expérience, aussi intéressante que nouvelle. Elle mérite bien d'être faite et répétée par les savans, qui y trouveront matière à de nouvelles observations, et par tous ceux qui se plaisent à exercer leur imagination. On peut soumettre à cette expérience toutes les substances solides, même les métaux ; car, réduits en lames minces, ils peuvent surnager. On pourrait reconnaître ainsi les divers degrés d'attraction ou de répulsion.

L'eau la plus pure est la meilleure pour cette expérience ; l'eau de puits, trop chargée de sélénite, y est peu propre, parce qu'il se forme bientôt sur cette eau une espèce de pellicule dans laquelle les petits corps qu'on y fait flotter s'engagent et sont retenus, leur mouvement n'étant plus libre.

On peut observer que ces petits corps se meuvent avec plus de force et de célérité dans le premier temps qu'on les met sur l'eau ; plus ils en sont imprégnés, et moins ils ont d'action.

Comment, dit M. Mustel, expliquer cette force d'attraction qui se remarque ici entre les corps ligneux et le verre ? Serait-ce un effet de l'électricité qui donne à ces corps une tendance si forte et si marquée, dans cette expérience, du côté du verre, avec lequel ils forment une adhérence supérieure à celle qu'ils forment entre eux ?

L'électricité serait-elle aussi la cause de cette forte répulsion qu'on observe entre le verre et les parties de la matière dont j'ai parlé ? Serait-ce parce que cette matière est fortement anti-électrique ?

Si cela est, ne pourrait-on pas en faire usage, comme d'un très-bon préservatif contre le tonnerre ?

Il serait très-possible d'en couvrir les maisons, ou du moins de joindre les tuiles avec ce mortier ; et on serait très-en sureté contre le tonnerre dans des maisons ainsi couvertes, s'il est bien reconnu, par cette expérience, que cette matière est anti-électrique. Si, au contraire, la forte attraction que l'on observe dans la même expérience entre le verre et tous les corps ligneux, est une preuve que ces corps sont électriques, combien nos toîts faits en charpente doivent-ils être propres à attirer la foudre ; effet que rendrait nul l'interposition de la matière dont je viens de parler. Ces considérations bien importantes méritent un examen plus suivi.

2

La force d'attraction que nous observons dans les corps ligneux, leur tendance à se rapprocher, la célérité qu'ils acquièrent à mesure qu'ils se rapprochent, la vivacité avec laquelle ils se joignent, et le mouvement rapide qui précède et qui accompagne leur union, toutes ces circonstances, très-reconnues et bien sensibles dans l'expérience indiquée ci-dessus, ne seraient-elles pas la cause principale de ce choc violent, et quelquefois même destructeur, qu'éprouvent deux navires qui se touchent?

Cela étant, ne sarait-il pas possible de remédier à cet accident, en interposant, dans des circonstances dangereuses, des sacs remplis de matières qui n'ont point d'affinité avec le bois? Ces sacs, suspendus extérieurement contre le navire, n'empêcheraient pas l'effet des vents et des flots qui le poussent, mais du moins diminueraient l'effet violent du choc au point de contact.

Quelques tentatives que j'ai déja faites à ce sujet, paraîtraient faire espérer un succès favorable.

M. de Morveau, auquel l'avancement des sciences, et de la chimie en particulier, doit beaucoup, a démontré aussi l'attraction particulière, même aux personnes les moins initiées dans la chimie, par une expérience faite sur des corps d'une masse assez grande pour la rendre infiniment plus frappante et plus sensible qu'elle ne l'est dans les opérations de

chimie, où elle ne s'exerce qu'entre des mollécules infiniment petites, et absolument inaccessibles à nos sens. Il a fait ces expériences en présence de l'Académie de Dijon. Les voici telles qu'elles sont rapportées dans les Elémens de chimie:

Si on met en équilibre une balance portant à l'un de ses bras un morceau de glace taillé en rond, de deux pouces et demi de diamètre, suspendu dans une position horizontale, par un crochet mastiqué sur la surface supérieure, et que l'on fasse ensuite descendre cette glace sur la surface du mercure placé au-dessous, à très-peu de distance, il faudra ajouter dans le bassin opposé, jusqu'à neuf gros dix-huit grains, pour détacher la glace du mercure, et vaincre l'adhésion résistante du contact.

Pour vérifier que le poids et la compression de l'atmosphère n'entrent pour rien dans ce phénomène, il n'y a qu'à porter tout l'appareil ci-dessus sous le récipient de la machine pneumatique, on y verra qu'après avoir fait le vuide au point de r'amener presque jusqu'au niveau, la colonne du baromètre, ou de la jauge qui la représente, la glace adhérera encore au mercure avec une force égale; ainsi, n'y ayant plus de compression de l'atmosphère, cette puissance ayant au moins diminué dans une proportion très-considérable, et l'effet demeurant le même, il est dû tout entier à une autre cause dont les circonstances n'ont point changé, et c'est l'attraction ; il n'est pas nécessaire d'être chimiste ni même grand physicien pour sentir la force d'une pareille preuve.

Cette belle expérience devient encore plus décisive et plus chimique, dit M. Macquer dans son *Dictionnaire de Chimie*, par la manière dont M. de Morveau l'a maniée; il en fait d'autres, en substituant à la plaque de glace, des plaques de différens métaux et demi-métaux, d'un pouce de diamètre; et les matières métalliques n'ayant pas toutes le même degré d'affinité avec le mercure, il a dû résulter des différences dans le degré d'adhésion de chaque métal avec ce liquide métallique. Voici quels ont été les différens degrés d'adhérence : il a fallu, pour séparer les métaux soumis à l'expérience, des poids dans l'ordre suivant.

Pour l'or. . . . . . 446 grains.
l'argent. . . . 429
l'étain. . . . 418
le plomb. . . 397
le bismut. . . 372
le zinc. . . . 204
le cuivre. . 142
le régule d'an-
timoine. . . 126
le fer. . . . 115
le cobalt. . . 8.

Ce qu'il y a de remarquable dans ces expériences dont on ne voit ici que le résultat, c'est que cet ordre d'adhésion des différens métaux avec le mercure, est précisément celui des affinités observées entre ces matières dans les amalgames, pré-

cipitations et autres opérations chimiques; c'est la gradation de la plus ou moins grande dissolubilité des métaux par le mercure, constatée par les observations connues, ainsi qu'on le voit dans les tables d'affinité, de Geoffroi, de Gellert, et autres.

Personne, dit M. de Morveau, ne sera tenté, sans doute, de regarder comme un effet du hasard, une analogie aussi constante, une correspondance aussi suivie d'un aussi grand nombre d'effets. Dès-lors il est démontré que la cause de l'adhésion est la même que celle de la dissolution; que comme l'attraction est le principe de la première, elle est aussi le principe de la seconde.

M. de Morveau va plus loin encore, et non content d'avoir établi cette vérité en général, par les expériences qu'on vient de voir, il ose espérer qu'on pourra soumettre les affinités chimiques au calcul, et les estimer avec une précision mathématique. Voilà, dit-il, des affinités déterminées par des rapports numériques : nous pouvons dire, par exemple, que l'affinité du mercure avec l'or, est à l'affinité du mercure avec le zinc, comme 446 est à 204, et l'on sent quelle exactitude ces expressions mathématiques porteraient dans la chimie: bien plus, on est en droit d'espérer présentement que quand, par des expériences industrieuses, on aura recueilli un assez grand nombre de ces termes, si la géométrie avait d'abord appuyé ses calculs sur de fausses suppositions, elle rectifiera ensuite ses résultats par la comparaison des mêmes effets dans des circonstances différentes.

C'est là assurément, dit M. Macquer, une des plus belles perspectives qu'on puisse avoir en chimie, et, quoiqu'elle ne paraisse pas destituée de fondement, c'est aux géomètres seuls qu'il appartient de déterminer ce qu'on peut regarder de possible dans ce genre.

L'expérience de Grimaldi rend aussi, d'une manière bien sensible, les effets de l'attraction. Lorsqu'on fait entrer un rayon de lumière dans une chambre obscure, si on lui présente l'extrémité d'un corps, on apperçoit à l'instant le rayon se dévier, parce qu'il est attiré par le corps qu'on lui présente. (Voyez *attraction*).

IIᵉ EXPERIENCE.

Figures d'émail qui montent et qui descendent.

On voit quelquefois avec surprise, dans les mains des charlatans, des petites phioles remplies d'eau où sont renfermées des figures d'émail qui montent et descendent à leur volonté; (elles sont décrites dans l'*Encyclopédie*, sous le nom de *diables cartésiens*. On les nomme aussi *plongeurs de verre*. Voyez-en la forme et la figure, tome V des planches de l'*Encyclopédie*, article *Physique*, planc. 2, fig 24 et 25). Tout le mystère de leur adresse consiste à presser un peu le morceau de vessie mouillé dont la bouteille est couverte. Ces figures sont creuses ou massives. Ces dernières ont une boule de verre creuse attachée à la tête ; elles ne surnageraient pas sans cela, étant d'une matière un peu plus pesante que l'eau. En pressant la vessie, l'eau est forcée de s'insinuer dans les figures creuses par un trou qu'elles ont à un pied, ou d'entrer dans les boules par un petit tuyau qu'elles ont toutes. Les figures, devenues plus pesantes lorsque l'eau y entre, vont au fond les unes plus promptement que les autres, selon l'excès de leur poids. Dès que la pression cesse, elles remontent ; l'air intérieur des figures ou des boules qui a été comprimé par l'eau, se dilate et chasse le fluide qui occupait sa place. Il est facile de les arrêter à une profondeur arbitraire en modérant le degré de pression. Si vous faites éprouver à la vessie une pression alternative de vos doigts, en les faisant mouvoir rapidement, les colonnes d'eau iront de haut en bas, et de bas en haut. Les extrémités du corps de ces figures qui recevront ce mouvement, seront portées l'une vers le haut, l'autre vers le bas, et elles paraîtront danser. Les effets sont les mêmes quand on renverse la bouteille, et que la pression se fait de bas en haut. On peut donner un air de sorcellerie à ces jeux, en arrangeant plusieurs tuyaux dans un chassis, et en faisant la pression nécessaire sur leurs orifices, d'une manière cachée aux yeux des spectateurs, soit par des leviers de renvoi, soit par des cordons cachés dans l'épaisseur des bois, ou autrement.

IIIe. EXPÉRIENCE.

Essai sur la respiration du gaz inflammable.

Le gaz inflammable n'est nullement méphitique. M. de Rozières l'a prouvé d'une manière bien sensible, dans une de ses séances publiques. Il a rempli une vessie de gaz inflammable, en versant de l'acide vitriolique sur de la limaille de fer. Après une forte expiration, il a inspiré l'air inflammable qui était dans la vessie, ses poumons se sont alors trouvés pleins d'air inflammable, mêlé en partie avec de l'air atmosphérique. La preuve certaine en est, qu'ayant pris un chalumeau de verre, et ayant présenté à son extrémité une lumière, tout l'air qu'il a soufflé s'est enflammé et a formé un jet de flamme pendant un assez long temps: il n'a point éprouvé la plus légère incommodité. Une précaution bien importante en faisant cette expérience, c'est de prendre garde d'introduire de l'air atmosphérique en respirant l'air inflammable, car on sait que l'air inflammable détonne et occasionne explosion, lorsqu'il est mêlé avec deux parties d'air atmosphérique. Malgré son succès, nous ne conseillons point de répéter cette expérience hardie et dangereuse.

IVe. EXPÉRIENCE.

Pistolet de Volta.

Ayez un ballon de cuivre d'une capacité convenable, percé de deux trous opposés, auxquels seront soudés deux bouts de tuyaux. Dans la partie supérieure sera mastiqué un petit tube de verre, dans lequel sera introduit et mastiqué un fil d'archal terminé en boule par ses deux extrémités, dont l'inférieure ne sera éloignée que d'environ deux lignes de la surface intérieure du ballon. Par ce moyen, le fil d'archal étant isolé, pourra se charger du fluide électrique sans le communiquer au ballon. Pour faire usage de cet instrument, on injectera du gaz inflammable par l'ouverture inférieure du ballon, suspendu perpendiculairement. Le gaz inflammable, comme plus léger, gagnera le haut du ballon et déplacera une pareille quantité d'air atmosphérique; on bouchera promptement, avec du liège, l'ouverture inférieure. De cette manière le pistolet est chargé et prêt à faire explosion. Si le ballon contient trois chopines, il faut y faire entrer une chopine de gaz inflammable; appliquez le fil d'archal à un conducteur électrisé, ou au crochet d'une bouteille de Leyde suffisamment chargée. A l'instant où l'étincelle électrique partira entre le fil d'archal et la surface intérieure du ballon, le mélange du gaz inflammable et de l'air atmosphérique prendra

4

feu, et le bouchon de liège sera chassé avec une très-grande force et une violente détonnation. (*Voyez*-en la figure dans les planches du *Dictionnaire de Physique de Brisson*, planche 22, fig. 13.)

Ve. EXPÉRIENCE.

Bulles de savon inflammables.

Ayez une assez grande vessie, dans laquelle vous introduirez environ un tiers d'air atmosphérique, et deux tiers de gaz inflammable, et à l'extrémité de laquelle vous adapterez une petite canulle convenable. Plongez l'extrémité de cette canulle dans une eau de savon ; elle entraînera avec elle, quand vous l'en retirerez, une goutte de cette eau savonneuse. Pressez modérément la vessie, la goutte d'eau savonneuse s'enflera, deviendra une grosse bulle remplie de gaz inflammable, et par sa légèreté spécifique se détachera de la canulle et flottera dans l'air; présentez à cette bulle, ainsi flottante, une bougie allumée ; le mélange du gaz inflammable et d'air atmosphérique qu'elle contient, s'enflammera en un instant avec une bruyante détonnation, et la bulle s'évanouira. Si huit ou dix semblables bulles sont formées à-la-fois et placées les unes assez près des autres, ou dans l'air, ou sur une assez grande cuve d'eau, l'inflammation de l'une entraînera celle de toutes les autres, et elles feront ensemble l'effet

d'une batterie. Le spectacle en sera très-brillant.

VIe. EXPÉRIENCE.

Rallumer avec la pointe d'un couteau une bougie éteinte.

Lorsqu'une bougie est éteinte, pour peu qu'il y reste du feu, si l'on y présente la pointe d'un couteau, au bout duquel on a mis un peu de phosphore de Kunkel, cette substance très-inflammable prend feu, et rallume la bougie.

VIIe. EXPÉRIENCE.

Faire paraître de la flamme dans un seau d'eau ou dans un puits.

Suivant le *Journal de Verdun*, novembre 1720, p. 333, cette flamme s'excite avec un œuf rempli de chaux vive et de soufre. (*Voyez Phosphore*, § V.)

VIIIe. EXPÉRIENCE.

Faire changer la couleur du visage.

On trouve dans les anciens livres nombre de procédés, dont les effets, s'ils sont certains, sont bien propres à procurer de l'amusement.

Les uns, tels que le philosophe Anaxilaus, prétendent qu'en mettant avec l'huile d'une lampe de l'encre ou plutôt de la liqueur noire des sèches, les visages des assistans paraîtront noirs à la lueur de cette lampe; comme aussi que la flamme du soufre rend les visages pâles et défigurés.

D'autres, tels que Simon Sethi, avancent que si l'on trempe la mèche d'une lampe dans de l'encre ou dans de la rouille de cuivre, et qu'après avoir allumé cette mèche, on écarte toute autre lumière, les visages paraîtront, les uns noirs, les autres bronzés.

D'autres, tels que Cardan, disent qu'en faisant bouillir du vin et du sel jusqu'à réduction des deux tiers, la flamme que donne le vin lorsqu'on y met le feu, fait paraître les convives comme des morts, s'ils restent sans mouvement.

D'autres, tels que Molina, disent qu'en faisant brûler un morceau de drap après l'avoir laissé tremper long-temps dans une infusion de vinaigre et de sel, les visages paraissent effroyables à la lueur de la flamme. Mais il n'est pas d'effet plus marqué et plus assuré que celui qui résulte du procédé indiqué par J.-B. Porta. Versez, dit-il, de bon vin vieux ou du vin grec dans une jatte de verre; jettez-y une poignée de sel; mettez cette jatte sur des charbons ardens, mais non enflammés, de peur qu'elle ne se casse. Aussitôt que le vin commencera à bouillir, mettez le feu à la liqueur, elle s'enflammera; alors vous aurez soin d'éteindre les autres lumières, la figure de chacun des convives paraîtra si hideuse, qu'ils se feront peur mutuellement.

Nous avons répété cette expérience, soit avec de l'eau-de-vie, soit avec de l'esprit-de-vin; elle nous a parfaitement réussi.

IXe. EXPÉRIENCE.

Manière de fondre toutes sortes de métaux et plusieurs minéraux à la lumière d'une bougie ou d'une lampe.

Il faut prendre un gros charbon, y faire un trou ou une espèce de bassin, avoir une chandelle, une lampe ou une bougie, et un chalumeau courbé comme ceux dont les orfèvres se servent pour souder; mettre quelques grains de minerai ou de limaille de métal dans le trou pratiqué au charbon, souffler avec le chalumeau, et porter la flamme de la lumière sur le métal qu'on a mis dans le creux du charbon que l'on tient exposé avec les doigts; il s'allumera par ce côté, et le métal entrera parfaitement en fusion : on peut faire de cette manière une infinité d'épreuves en petit.

Si dans une demi-coquille de noix on met une pièce de six liards, et un mélange fait de trois parties de nitre ou salpêtre fin bien pulvérisé et séché sur une pelle de fer qu'on fait chauffer, auxquelles on joint deux parties de fleur de soufre, et autant de rapure de quelque bois tendre (il faut avoir attention de ne pas mêler la fleur de soufre avec le salpêtre séché tandis qu'il est encore chaud), on place la coquille ainsi chargée sur du sablon, ou sur quelque support qui s'accommode à la convexité; avec une allumette on met le feu à la poudre qu'elle contient, la poudre s'enflamme, fuse quelques instans, et bientôt le métal fondu et très-ardent se ramasse au fond de la coquille, en forme de bouton, qui se durcit. Jettez promptement la coquille dans un verre plein d'eau, dès que vous appercevrez le métal en fusion, sans quoi elle se percerait à l'endroit où repose le métal fondu, ce qui arrive quelquefois. L'action du feu, qui n'a eu qu'une petite durée, en a pourtant eu assez pour pénétrer et ébranler jusques dans ses moindres parties une pièce très-mince qu'elle attaquait en même-temps de toutes parts; car on a mis cette monnaie au milieu du mélange; mais à l'égard de la coquille, le feu n'a eu le temps que d'agir sur la superficie intérieure qu'il a brûlée; ou s'il a pénétré dans son épaisseur, une trop grande porosité lui a laissé le passage libre, en sorte qu'il s'est dissipé sans animer les parties de son espèce qui pouvaient y être, au point de causer l'embrasement total. (*Leçons de physique expérimentale de l'abbé Nollet*, tom. IV, p. 416).

Voici quelque chose encore de plus surprenant : une balle de plomb exactement ronde, bien enveloppée dans du papier, sans ride autant qu'il se peut, et mise sur la flamme d'une lampe, se fond et tombe goutte à goutte par un petit trou qui se fait au papier sans que le papier brûle. Cela vient de ce que l'ac-tion de la chaleur, qui passe librement par les larges interstices du papier, dont les parties sont entrelassées, n'y fait nulle violence; mais trouvant des obstacles dans les parties du plomb serrées, elle s'y fait sentir et fond le plomb, tandis qu'elle épargne le papier. C'est par la même raison que le fil dont on entoure une pierre de foudre ou tout autre corps, comme du fer, devient incombustible. *Voyez*, à ce sujet, dans le *Journal de Verdun*, mars 1753, p. 208, 213, une lettre de M. Berryat.

Le soufre seul suffit pour diviser une pièce de monnaie, et faire deux pièces d'une seule : c'est une petite expérience de physique à laquelle s'amusent quelquefois les jeunes gens, et dont des gens mal intentionnés abusent pour altérer la monnaie. On suspend la pièce sur trois épingles, et on allume de la fleur de soufre dessus et dessous. La partie la plus subtile du soufre se développe en brûlant, s'insinue de part et d'autre entre les parties du métal dilaté par le feu, forme dans l'intérieur de la pièce et selon son plan une couche de matière étrangère au métal; qui cause la division, et qu'on apperçoit quand les parties sont séparées. En exposant une pièce d'or au milieu d'une flamme continuée de fleur de soufre, on parvient à enlever pour 12 sols 6 deniers d'or en consommant pour 42 sols 3 deniers de soufre. Il est à croire que ceux qui altèrent la monnaie du prince n'auront pas recours à l'expédient dont nous parlons ici pour faire fortune.

Xe. EXPÉRIENCE.

Composer une liqueur limpide qui s'épaissit étant échauffée, et se clarifie en refroidissant, et cela toutes les fois qu'on répète l'expérience.

Prenez 8 onces de sel de seignette pur et bien neutralisé, et 8 onces de chaux vive en poudre ; projetez le tout dans de l'eau bouillante, et continuez l'ébullition ; filtrez-la au papier. Vous aurez une liqueur limpide et très-caustique, qui s'épaissira comme de la crème, toutes les fois que vous la ferez bouillir. C'est une expérience dont M. de Lassone a rendu compte à l'Académie des Sciences, en 1773. (Voyez *Coll. Acad*, part. *fr.*, t. XV, p. 240 ; voyez aussi *Coagulation*.)

XIe. EXPÉRIENCE.

Composition métallique qui se dissout dans l'eau chaude.

Prenez deux parties de bismuth, une de plomb et une d'étain ; faites fondre le tout dans un creuset ; versez ensuite ce mélange sur une plaque de tôle. Vous aurez un régule couleur d'étain, mais cassant. Si on le tient quelque temps dans l'eau chaude, il s'y fond en globules. M. d'Arcet, célèbre chimiste, qui a fait différentes expériences à ce sujet, a varié ses essais

de différentes manières ; tantôt il a augmenté le bismuth et l'étain, tantôt retranché de ce dernier pour y mettre plus de plomb, et il s'est convaincu qu'il est difficile de combiner ces trois substances, sans former un alliage qui puisse se ramollir plus ou moins au degré de l'eau bouillante ; en sorte même qu'avec huit parties de bismuth, cinq de plomb et trois d'étain, il a fait un alliage qui fondait avant que l'eau fût bouillante. (Voyez *Composition métallique*.)

La *Coll. Acad.*, part. *franç.*, t. V, p. 73, en rendant compte d'un prétendu dissolvant universel des métaux, fait mention d'une expérience faite avec ce dissolvant sur de la limaille de fer, dont le résultat fut une matière molle comme du fromage, laquelle se coupait au couteau et se fondait dans l'eau comme de la glace.

Les articles *Inflammation des huiles essentielles, Phosphore, Pyrophore*, peuvent encore fournir d'autres récréations de ce genre.

XIIe. EXPÉRIENCE.

Tirer un coup d'arme à feu contre quelqu'un sans le blesser.

Parmi les tours plaisans que nous avons vu annoncer dans les spectacles de foire, il en est un qui a dû surprendre les spectateurs. L'opérateur charge une arme à feu, prie quelqu'un de la compagnie de tirer le coup sur lui, et promet de couper la balle en deux avec un sabre, avant qu'elle arrive jusque sur lui. Comment s'y prend cet opérateur? C'est ce qu'on ignore.

Mais il est certain qu'en prenant une balle qui ne soit pas de calibre, et mettant un peu de poudre dessous et beaucoup par-dessus, on peut tirer avec un très-grand bruit et sans aucun effet sensible. Ceux à qui on a vendu des secrets pour être invulnérables ou durs, et qui ont eu la précaution d'en vouloir voir des épreuves, ont apparemment été trompés par ce tour de main, dont ils ne se sont pas apperçus. (*Collect. Acad.*, *part. franç.*, t. II, p. 418, et *part. étr.*, t. IV, p. 545.)

XIIIᵉ. EXPÉRIENCE.

Clou dans la tête.

Voici un tour d'adresse bien extraordinaire, que rapporte M. Winslow dans un mémoire lu à l'Académie en 1722:

Un batteleur prit un clou de l'épaisseur d'une grosse plume, long environ de cinq pouces, et arrondi par la pointe; il le mit avec sa main gauche dans une de ses narrines, et tenant un marteau avec sa main droite, il l'enfonça presqu'entier par plusieurs petits coups de marteau dans sa tête, ou, comme il s'expliquait, dans sa cervelle. Il en fit autant avec un autre clou dans l'autre narine; ensuite il pendit un seau plein d'eau par une corde sur les têtes de ces clous, et le porta ainsi sans aucun autre secours.

L'enfoncement des cloux ne paraît qu'un jeu aux yeux d'un homme instruit, qui sait que le creux interne de chaque narrine va tout droit jusqu'à la cloison ou valvule du palais, et que l'on peut, sans aucune difficulté, glisser directement jusqu'à la partie antérieure de l'os occipital, un clou de la grosseur d'un tuyau de plume, pourvu qu'il soit arrondi dans toute sa longueur, sans pointe ou fort émoussé.

Les cloux qui ne portent que sur des parties osseuses, savoir, par la pointe contre l'allongement de l'os occipital, et vers la tête, sur le bord osseux de l'ouverture antérieure des narines, sont en état de porter un poids plus ou moins fort. Les parties molles qui recouvrent ces parties osseuses, deviennent calleuses et insensibles par l'habitude. Il n'y a plus de merveilleux dans ce tour d'adresse, que le poids du fardeau; mais l'étonnement diminue, lorsque l'on considère ce qu'un exercice habituel donne de force. (*Voy.* l'explication et la figure dans la *Collec. Académ.*, *part. franç.*, t. V, p. 296; *voyez* aussi l'article *Charlatans*, *Coupure*, de ce dictionnaire.)

XIVᵉ. EXPÉRIENCE.

Bois néphrétique.

Pour tirer la teinture de ce bois, vous le réduirez en petits copeaux: vous le mettrez avec une suffisante quantité d'eau bien claire, dans une petite cucurbite de verre que vous placerez sur un feu de sable fort doux ; et vous laisserez le tout en digestion pendant vingt-quatre heures. Après cela, vous décanterez la liqueur pour l'avoir claire ; et vous la mettrez dans des fioles de verre blanc ou de crystal, afin que vous puissiez regarder la liqueur, tantôt par transparence, tantôt par une lumière réfléchie. Cette infusion paraît jaune à travers le vase placé entre l'œil et la lumière ; la même paraît bleue, en tournant le dos à la lumière. Un acide mêlé dans cette infusion, fixe la couleur de l'eau, qui paraît toujours dorée ; le sel alkali fait disparaître cette couleur, et l'infusion reprend son premier état. (*Journal des Savans*, 1671, p. 17 et 52.)

Adressez-vous pour avoir des copeaux de ce bois, à un marchand bien assorti et de bonne foi : car, comme on en fait peu d'usage, tous les droguistes n'en ont point, et y substituent quelquefois l'aubier du gayac. Le véritable bois néphrétique est fort pesant, d'un jaune pâle, d'un goût âcre et amer, et s'il est faux, sa teinture ne produira pas l'effet singulier que le physicien y cherche.

XVᵉ. EXPÉRIENCE.

Rompre avec un bâton un autre bâton posé sur deux verres, sans les casser.

Il ne faut pas que le bâton qu'on veut rompre soit trop gros, et qu'il appuie beaucoup sur les deux verres. Ses deux extrémités doivent être amincies en pointe, et il doit être également gros dans toute sa longueur, autant qu'il sera possible, afin qu'on puisse plus facilement connaître son centre de gravité qui, dans ce cas, sera au milieu.

Le bâton étant supposé tel qu'on vient de le demander, on mettra ses deux extrémités sur le bord des deux verres, dont l'un ne doit pas être plus élevé que l'autre, afin que le bâton ne panche pas plus d'un côté que d'un autre. On fera en sorte que la seule extrémité de chaque pointe porte légèrement sur le bord de chaque verre. Alors avec un autre bâton on donnera sur le milieu du premier bâton un coup sec et prompt, mais cependant proportionné, autant qu'on le pourra juger, à la grosseur du bâton et à la distance des verres.

Le coup prompt que l'on donne sur le bâton fait que l'air n'ayant point le temps de céder, résiste et sert de point d'appui dans l'endroit frappé, de sorte que le bâton se casse par la violence du coup, qui trouve de la résistance dans l'air, et ses deux extrémités ne font aucune impression sur les verres, quand le coup est donné à propos.

On prétend que cette expérience se ferait également, si le bâton posait sur deux brins de paille tenus en l'air.

Ne serait-ce pas pour la même cause que l'on casse des

noisettes et avelines en frappant un coup sec et prompt avec une assiète de fayance et même de porcelaine ?

XVIᵉ. Expérience.

Faire qu'un verre plein d'eau ne se vuide pas étant renversé.

Après avoir rempli d'eau un verre, mettez un papier sur son ouverture ; posez la paume de la main sur ce papier, et tenant de l'autre main le pied du verre, renversez-le en appuyant toujours la main contre le papier. Le verre étant renversé, ôtez la main et soutenez le verre par le pied. L'eau contenue dans le verre ne tombera point, et le papier restera comme collé sur les bords du verre : l'air extérieur y contient le papier, et empêche conséquemment l'eau de tomber, le vase eût-il 31 pieds de hauteur. (Voyez l'article *Vase*, § III ; voyez aussi *Verre à syphon*).

§ XI. *Jeux ou tours plaisans.*

Nous avions le projet de faire entrer sous ce paragraphe nombre de tours singuliers, et de jeux de société dont on se divertit à la campagne ; mais la plupart sont si connus, et il y a tant d'autres objets plus curieux, plus intéressans, plus utiles, plus dignes enfin de trouver place dans notre ouvrage, que nous n'hésitons point de supprimer

ce que nous en avions recueilli. On les trouvera d'ailleurs imprimés dans différens *recueils de secrets* , de *Magie blanche* , de *récréations* et dans l'*Encyclopédie Méthodique*, *Dictionnaire de l'amusement des sciences* , *des jeux mathématiques* , et sur-tout dans le *Dictionnaire des jeux familiers* , récemment imprimé.

Pour ne point cependant réduire ce paragraphe à son seul titre , nous rapporterons ici deux tours assez singuliers et moins connus.

Nᵒ. 1. *Le tour du sable.*

M. Gentil nous apprend, dans son *Voyage dans la mer des Indes*, que les Indiens font un tour fort adroit, qu'ils nomment le *tour du sable.*

Dans un grand vase ou chaudron, ils versent de l'eau ; puis, avec de la bouze de vache, ils la troublent au point qu'on ne puisse voir le fond du vase ; ils ont, dans de petits sacs, du sable sec et de deux couleurs, ordinairement du rouge et du blanc ; ils ôtent ce sable de leurs sacs, et le mettent, par petits tas , à côté d'eux ; puis ils prennent une poignée de rouge, par exemple, le mettent au fond du vase, retirent la main après avoir suffisamment remué l'eau, pour donner à entendre que le sable est mêlé dans toute la masse de l'eau ; ils font de même pour le sable blanc. Il faut remarquer qu'ils ont les bras découverts jusqu'au coude au moins, souvent jusqu'à l'épaule. Ces sables ont l'air d'être mêlés ensemble au fond du vase. Après cela, ils vous demandent: *quel sable voulez-vous?* Si vous demandez le rouge, comme vous semblant le plus difficile à avoir, ils ne se trompent point; ils le reprennent sans avoir été mêlangé, vous disent d'ouvrir la main, vous le font couler grain à grain dedans, et ce sable est aussi sec qu'il l'était avant que d'avoir été mis dans l'eau: ce sera la même chose pour le sable blanc.

On serait tenté de croire que ce tour tient à l'escamotage; mais il n'en est rien. Il suffit de fricasser le sable dans un pot enduit avec un peu de cire, de le remuer et le frotter contre le fond du pot, au moyen d'un petit tampon de linge, ce qui fait que chaque grain de sable se trouve enduit de cire, sans qu'il le paraisse. Cela fait, en prenant une poignée de sable et la serrant dans sa main, il se met en pelotte; il reste dans cet état au fond de l'eau dans le vase, sans que l'eau puisse le pénétrer ni le mouiller. Quand on le froisse légèrement entre les mains, la pelotte redevient en grains, et ainsi on les fait filer et tomber peu-à-peu dans la main des spectateurs.

N°. 2. *Ramasser au fond d'un vase plein d'eau, ce qu'on y aura mis, et cela sans avoir la main ni le bras mouillés.*

On met dans un vase une pièce de monnaie; on le remplit d'eau; on répand sur la surface de l'eau de la poudre de *lycopodium* ou de soufre végétal; à l'instant où vous mettez la main, cette poudre s'attache exactement sur la peau; vous plongez jusqu'au fond de l'eau; vous en sentez la fraîcheur; votre main n'est point mouillée, et la poudre elle-même n'est point attaquée par l'eau; c'est un enduit de poudre impalpable qui vous a couvert la main, et qui, lorsque vous la secouez, retombe en poussière et dans l'état de sécheresse où elle était. Au surplus, la poussière des étamines de toutes les plantes paraît avoir la même propriété.

Les saltimbanques indiens, qui, dit-on, pour l'adresse, valent bien les nôtres, amusent le peuple et gagnent de l'argent avec ce tour. (*Voyez Mangeur de pierre, mangeur de feu*).

L'Encyclopédie Méthodique, Amusement des sciences, aux mots *Escamotage, Farceur, Devin, Gobelets, Magicienne, Mécanique, Subtilités, Tours*, contient plusieurs tours plaisans, la plupart tirés de la *Magie blanche* de Cremps et de Pinetti.

I

ILLUMINATIONS. En 1772, le sieur Renoult, chandelier, rue Saint-Martin, au coin de la rue aux Ours, fit annoncer dans les papiers publics qu'il avait un secret pour allumer 2,000 lampions en moins de 5 minutes, par le moyen d'une mèche de communication. (\ *Jeux d'optique*, § VII, n°. 4.)

IMMORTELLE. Cette fleur, qui tire son nom de l'avantage qu'elle a de conserver ses pétales, est aussi susceptible de pouvoir être colorée artificiellement. Les couleurs naturelles de ces fleurs sont blanches, violettes ou rouges ; les lieux où elles se plaisent le mieux, sont les terres légères, sablonneuses, bien fumées. Quoique les pétales de ces fleurs soient naturellement secs, cependant, lorsqu'on veut les colorer, il est bon, aussi-tôt qu'on les a cueillies, de les friser ; c'est-à-dire de prendre un couteau ou canif, de passer chaque feuille entre le pouce et le tranchant d'un couteau ou du canif, en donnant toujours une figure d'S aux pétales ; par ce moyen on ôte le peu de fluide qui est contenu dans ces fleurs : elles ne croquevillent point en séchant, mais s'épanouissent comme une petite rose. On emploie diverses substances, suivant la couleur qu'on veut leur donner. Pour les teindre en verd, on les met tremper pendant douze ou quinze heures dans un vaisseau de cuivre, où l'on a mis du vinaigre avec une poignée de sel, où on les laisse pendant quelque temps dans de l'huile de tartre. On observe en toutes circonstances, que les tiges ne plongent point du tout dans les liqueurs, car alors elles sont sujettes à se détacher. En les retirant de ces liqueurs, on les lave dans de l'eau et on les laisse sécher en les plaçant sur un tamis, la queue en haut : si au lieu de ne laisser ses immortelles dans l'huile de tartre que quelques demi-heures, on les y laisse deux jours, elles deviennent d'un beau jaune paille. On peut donner aux immortelles violettes, la couleur de citron, en les exposant à la fumée de soufre, ou en les trempant dans les acides nitreux, vitrioliques ou marins affaiblis avec de l'eau : il faut avoir soin de les bien laver tout de suite dans de l'eau ; car si les acides agissaient avec trop d'activité, ils rongeraient les feuilles et elles se détacheraient. Si on met les immortelles dans un pot rempli de chaux vive, qu'on y jette quelques gouttes d'eau et qu'on le couvre, elles deviendront tantôt jaunes, tantôt vertes. Veut-on leur donner une couleur grise, on fait tremper les

les blanches ou les violettes dans du vinaigre où l'on a mis une fois autant d'encre et du noir à noircir ; la couleur noire , couleur singulière dans des fleurs , s'obtient en mettant des immortelles tant violettes que blanches , dans un boisseau percé de trous. On passe les immortelles blanches ou violettes dans ces trous , en sorte que les fleurs soient en dedans ; on met sous le boisseau un petit godet , dans lequel il y ait du soufre : on l'allume ; les vapeurs rendent d'abord les fleurs blanches ; elles se roussissent et deviennent ensuite noires comme du jayet. Lorsqu'on veut panacher ces fleurs , il faut y appliquer , avec un pinceau , quelques gouttes de diverses liqueurs propres à changer leurs couleurs.

Lorsque les fleurs sont ainsi colorées, on leur donne du brillant et de l'éclat, en les enduisant d'un vernis fait avec de la colle de Flandre bien fondue dans de l'eau et passée dans un linge ; on l'applique avec un pinceau doux , et on laisse sécher les fleurs, dans un lieu sec , à l'abri de la poussière ; on en peut faire ensuite des bouquets, les nuancer très-agréablement , en alliant avec art ces diverses couleurs, et leur donner de l'odeur en les arrosant d'huile essentielle. (Voyez *Fleurs* , § XI.)

IMPRIMERIE. Nous ne parlerons point ici de l'origine de l'imprimerie ; nous avons d'excellentes dissertations sur cette matière. Nous observerons seulement qu'on trouve dans le 1er. tome des *Mémoires de l'A-*

cadémie de *Bruxelles* , année 1777, p. 515, de *Nouvelles recherches sur l'invention de l'imprimerie* , par *M.* Desroches. Il a paru au commencement de l'an 7 , un ouvrage curieux et intéressant du cit. Lambinet , sous le titre : *Recherches Historiques, Littéraires et Critiques* , sur l'origine de l'imprimerie et sur ses premiers établissemens au 15e. siècle , dans la Belgique.

En 1779, le Sr. Beaumarchais fit l'acquisition des caractères de l'imprimerie du célèbre Baskerville. Ils furent employés à une édition nouvelle des œuvres de Voltaire.

Le journal intitulé *Nouvelles de la République des Lettres et des Arts* , par *M. la Blancherie* , 1785, p. 168, et 1786, p. 203, fait l'éloge des caractères de l'imprimerie de Bodoni , à Parme , et donne quelques détails à ce sujet.

Le même journal, année 1786, p. 455, annonce l'établissement, à Londres , d'une imprimerie, sous le nom d'*Art logographique* , consistant à composer, non avec de simples lettres , mais avec des syllabes ou même des mots tout formés. Il paraît que les épreuves de ce genre , qui avaient été faites antérieurement en différens temps , n'ont pas réussi. (Voyez le *Journal Polytype* , t. II , p. 237.) M. Pierres , imprimeur , a démontré les inconvéniens de cette méthode.

Nous avons eu quelque temps, à Paris , une imprimerie polytype, autorisée par le gouvernement. On y imprimait , sur

Tome III.   F f

une lettre qu'on venait d'écrire, plusieurs copies, parfaitement imitées, et absolument conformes pour le corps d'écriture. (Voyez *Polytypage*, *Cachet typographique*,)

L'*Encyclopédie* nous donne des détails satisfaisans sur l'art de l'imprimerie, et le 7ᵉ vol. des planches, article *Imprimerie en caractères*, donne à connaître les instrumens et la manipulation de cet art intéressant. (V. aussi l'*Encyclop. Méth.*, *Arts et Mét.*, t. III, p. 475.)

Pour avoir une idée de la manière dont se font les caractères d'imprimerie, il faut consulter le 2ᵉ vol. des planches, article *Fondeur en caractères*.

Parmi les machines et inventions approuvées par l'Académie en 1751, il est fait mention d'une nouvelle construction de moules propres à fondre des caractères d'imprimerie, présentée par le Sʳ. Moucherel. On a trouvé son invention simple, utile, plus prompte et économique. (*Collection Acad.*, part. *franç.*, t. XI, p. 472.)

En 1772, M. Luce, graveur, a imaginé de graver sur des poinçons et par pièces séparées, les vignettes et culs de lampe, de manière qu'on pût les composer et les tirer avec la lettre, comme les planches en bois. (*Coll. Acad.*, part. *fanç.*, t. XV, p. 422.)

En 1782, M. Prudon, mécanicien, fit établir chez le sieur Didot, une presse qui ne différait des presses ordinaires que par la solidité de sa construction, et par la vis, qui en était la partie principale. Cette vis était un cylindre vertical, dont chacun des bouts était taraudé. Les filets du bout supérieur étaient égaux à ceux du bout inférieur; mais ceux-ci étaient en sens contraire des premiers, et chacun d'eux entrait dans un écrou. L'un de ces écrous était incrusté dans une traverse de bois, qu'on nommait le sommier de la presse, et l'autre tenait à une plaque de cuivre, que l'on appelait la platine. Cette vis était garnie à son milieu d'un levier, qu'on nommait le barreau. D'après cette construction, il est sensible que si l'on tournait le barreau dans un certain sens, les deux vis devaient agir sur leur écrou de la même manière, c'est-à-dire que si l'une tendait à sortir de son écrou, l'autre devait tendre à sortir du sien, en supposant toutefois que les écrous ne pussent pas tourner, et par conséquent la platine devait s'éloigner du sommier, d'une quantité qui était au double pas de la vis, comme le nombre de degrés qui mesurait l'angle de rotation du barreau était à 360 degrés. Si l'on tournait le barreau en sens contraire, la platine s'approchait du sommier d'une quantité qui était au double des pas de la vis, dans le même rapport. Donc si l'écrou du sommier était fixe, la platine descendait ou montait selon qu'on poussait ou qu'on tirait le barreau. Pour que la platine, et par conséquent l'écrou qui y était adhérent, n'eussent aucun mouvement de rotation, on y avait adapté deux espèces d'enfourchement, qui embrassaient deux morceaux de fer taillés carrément et attachés solidement aux jumelles. Ces morceaux de fer avaient chacun la forme d'un prisme quadrangulaire, dont l'axe était vertical. Ils ne gênaient pas la platine dans son ascension, ni dans sa descension; mais ils s'opposaient à ce qu'elle ne tournât avec la vis. (*Journal de la Blancherie*, 1785, p. 280, 338.)

En 1786, M. Anisson fils, directeur de l'imprimerie royale, fit construire une presse qui, soumise au jugement de l'Académie des sciences, reçut une approbation distinguée. Les moyens de perfection consistaient, 1°. dans le système suivi pour la construction du sommier et de l'écrou qu'il portait; par cette construction, la vis de la presse pouvait prendre et conserver une situation verticale constamment la même pendant sa révolution; 2°. dans la vis qui, au lieu de se terminer en pointe par la partie inférieure, y portait des pas à trois filets, qui jouaient dans un écrou fixé à la platine; 3°. dans la moise qui, s'opposant à tout déplacement latéral de la platine, dirigeait et maintenait son mouvement dans la ligne verticale; 4°. dans les vis et les supports qui assujétissaient le sommier en réglant les effets à volonté, et par conséquent conservaient très-exactement son parallélisme, lorsqu'il descendait et remontait, reforme très-importante; 5°. dans la stabilité du plan sur lequel posait le coffre au moment de la pression, et dont l'assiette était invariable sous l'effort de la platine; 6°. dans la disposition particulière du tympan, par laquelle on s'était ménagé la facilité d'en faire disparaître le foulage sans aucune perte de temps; 7°. dans la disposition de la frisquette qui remplissait l'espace des garnitures de la forme, de manière que la feuille de papier qu'on imprimait était soutenue également par-tout de telle manière, qu'on pouvait réimprimer la même feuille 5 à 6 fois de suite, sans la détacher du tympan, et les lettres n'étaient pas doublées. Tels étaient les résultats remarqués par les commissaires de l'Académie. On peut voir une plus ample description de cette presse dans un mémoire imprimé et publié dans le temps, par ordre du gouvernement.

Dans la même année, M. Genard a donné l'idée d'une presse de nouvelle construction. Pour rendre la manœuvre des presses moins pénible, il a substitué, à un mouvement de traction, un mouvement de pression de haut en bas; il a appliqué au barreau un agent dont le mouvement horizontal fait descendre la platine: l'écrou est fixé dans le chapiteau; la vis qui entre dans cet écrou est très-courte; son bout inférieur s'arrondit en olive; cette espèce de sphéroïde entre dans un trou pratiqué à l'extrémité supérieure d'un arbre de fer dont l'axe est dans l'alignement de la vis, c'est-à-dire, vertical;

2

cet arbre tient à la platine par le moyen d'une grenouillère qui lui permet de s'incliner à l'égard de cette platine ; un fort ressort tend toujours à soulever l'arbre et la platine, de manière que l'arbre et la vis paraissent toujours ne faire qu'un même corps. Un peu au-dessous des filets de la vis, le cylindre où ils sont pratiqués est armé d'un levier de sept ou huit pouces de longueur : une chaîne qui part de l'extrémité de ce levier s'attache au bout supérieur de la branche verticale d'un varlet, dont l'axe est solidement fixé à l'une des jumelles : du bout horizontal du même varlet descend une tringle de fer qui va gagner un levier de la seconde espèce, mobile dans un plan vertical : l'imprimeur appuie sur l'extrémité de ce levier, fait descendre la tringle verticale. La branche horizontale du varlet s'incline, l'autre branche tire la chaîne, et par conséquent le bout du levier qui tient à la vis ; celle-ci tourne dans son écrou qui est fixe ; l'arbre descend, poussé par la vis et la platine, et appuie sur la forme. Comme le ressort qui fait remonter la platine aurait besoin d'une très-grande intensité pour soulever l'arbre, la platine, la tringle et le levier, on met de l'autre côté de la presse une espèce de romaine qui relève le levier, et concourt, avec le ressort, à soulever tout le système mobile. (*Journal de la Blancherie*, 1786, p. 131).

Plus un art devient utile, plus le génie inventif s'exerce

à le perfectionner. M. Pierres, imprimeur, a soumis au jugement de l'Académie des sciences, en 1786, une presse de son invention, dont nous allons faire connaître les principaux moyens de perfection, d'après le rapport des commissaires. 1°. M. Pierres a supprimé le mouvement de la vis et du barreau des anciennes presses, et l'a remplacé par une espèce de limaçon qui fait descendre la platine, lorsque mu par un levier dont l'effet est dans le sens vertical, il présente un plus grand axe sur le bout de l'arbre qui porte cette platine ; mais comme ce limaçon fait un effort latéral chaque fois qu'il présente ce grand axe entre les pièces qu'il déplace et au milieu desquelles il joue, on a prévenu le dérangement de ces pièces en les tenant assujéties dans la même situation verticale par de forts sommiers, par des boîtes et des ressorts très-solides. Une circonstance bien importante de ce changement, est la position de l'extrémité du levier sur laquelle l'ouvrier agit pour faire descendre la platine, car elle est précisément à côté de la manivelle qu'il tourne pour le transport du train dessous la platine. Quand il quitte cette manivelle, il trouve l'extrémité du levier qui opère la pression, et en s'appuyant dessus, il imprime la feuille avec un très-petit effort. Par ce changement, l'augmentation du travail est d'environ un quart sur celui de l'ancienne presse. La longueur du nouveau levier avec lequel s'opère la pression, donne aux ouvriers la facilité de modérer le foulage, et de porter la couleur de l'impression au ton qu'il convient, sans se gêner, mais sur-tout d'imprimer d'un seul coup les grands formats. Avec ces moyens, les ouvriers de M. Pierres ont tiré, dans un jour, jusqu'à 1500 exemplaires du placard nom-de-jésus, sans avoir envisagé cette tâche comme l'effet d'un travail forcé;

2°. La platine est attachée à une boule de fer qui roule dans une boîte par un mouvement de genou; au moyen de cette suspension la platine peut prendre toutes sortes de positions, et c'est toujours le plan de la surface du tympan qui la ramène au parallélisme, et qui fait qu'elle presse également sur tous les points de la forme. La justesse et la célérité dans les mouvemens des pièces, et dans les changemens de la forme ont été remarqués par les commissaires de l'Académie.

3°. Dans les presses ordinaires, la charnière du tympan, quelque bien ajustée qu'elle soit au coffre, prend, en peu de temps, assez de jeu pour que ce défaut de justesse influe sur le registre. M. Pierres remédie à cet inconvénient, en pratiquant aux extrémités du tympan des trous coniques qui reçoivent une vis en pointe de même forme, cette vis peut, en tournant, serrer autant qu'il convient, le tympan avec les attaches du coffre, et prévenir ainsi le moindre déplacement du registre. Avec ce

moyen on obtient une retiration bien exacte, et même on peut tirer plusieurs fois la même feuille sans doubler, et déplier chaque fois le tympan et la frisquette.

M. Hauy, célèbre par ses profondes connaissances, et par sa tendre humanité pour les aveugles nés, a imaginé, en 1786, une presse à l'aide de laquelle ils peuvent imprimer les caractères, sans couleur à la vérité, mais avec relief. Cette presse est formée d'une table sur laquelle est un marbre légèrement incliné; les deux extrémités du chassis de ce marbre portent en contre-haut deux crochets destinés à recevoir et à arrêter un cylindre de fer qui doit la parcourir. Pour opérer on pose sur le marbre l'assemblage de caractères, connu sous le nom de *page*. On pose la feuille de papier humide; on abat le chassis élastique nommé *tympan*, et en soulevant, avec un levier, le bout du marbre le plus bas, on force le cylindre à rouler successivement sur toutes les lignes, et à fouler et enfoncer le papier dans tous les intervalles. (*Voyez*-en la description et la figure dans le *Journal Polytype*, t II, p. 38).

On lit dans le *Magazin Encyclopédique*, an 3, tom. III, p. 540, qu'un citoyen de Harsort, ville de l'Amérique Septentrionale, nommé Apollus Kinslei, a inventé une presse d'imprimerie des plus ingénieuses. Au moyen de cette machine, l'encre est portée sur la forme, et le papier est étendu avec

5

une si grande promptitude, qu'un seul ouvrier suffit pour l'impression de 2000 feuilles dans une heure. On sait qu'une presse ordinaire, avec deux bons ouvriers, fournit à peine 250 feuilles par heure. La nouvelle presse imprime deux feuilles chaque coup.

Les citoyens Didot et Herban ont imaginé des planches d'imprimerie en caractères fixes, au moyen desquelles on peut faire des éditions nouvelles sans renouveller la composition et la correction. Ils donnent à ces éditions le nom de *stéréotype*, de deux mots grecs, dont l'un signifie *solide*, et l'autre *caractères*. Ces éditions dans l'état stéréotype, ont l'avantage de répandre dans le public des ouvrages d'une correction finie, et à bien meilleur compte. (*Journal de Paris*, 20 février 1798, n°. 152, p. 629). On en trouve un prospectus détaillé dans le *Magazin Encyclopédique*, t. VI, an 3, p. 137.

IMPRIMERIE DE PEINTURE. (Voyez *Gravure en couleur* ; voyez aussi les articles *Etoffes*, *Toiles peintes*).

INCENDIES. S'il est intéressant de connaître les moyens d'arrêter les progrès d'un incendie, il ne l'est pas moins de chercher à prévenir ces fléaux, en rendant les maisons incombustibles. Nous indiquerons ici ce qui a été reconnu comme plus utile dans l'une et l'autre circonstance.

§ Ier. *Procédé pour armer les bâtimens contre les incendies.*

Nous devons à M. Mann, chanoine de l'église collégiale de Courtray, de l'Académie des sciences et belles lettres de Bruxelles, les recherches qu'il a été faire en Angleterre, sur ces diverses méthodes; il en présente les détails les plus intéressans dans un mémoire très-bien fait, inséré dans le *Journal de M. l'abbé Rozier*, octobre, 1778. Nous en avons extrait les idées essentielles et principales.

L'expérience démontre tous les jours que l'air est nécessaire à la production et à l'entretien du feu et de la flamme. Il est certain qu'aucun corps combustible ne peut s'enflammer et se consumer sans le concours de l'air, et que plus l'air agit librement et fortement sur les corps enflammés et embrasés, plus il les fait brûler rapidement. De ce principe certain, se déduit cette conséquence générale, que les corps combustibles, tels que le bois, peuvent être long-temps exposés à l'action du feu le plus violent dans des vases clos ou armés d'un enduit imperméable à l'air et incombustible, sans qu'ils s'enflamment. Leur substance reste, pour ainsi dire, indestructible tant que l'air extérieur ne s'insinue point avec le feu entre leurs parties constituantes.

Où l'on voit des recherches utiles pour l'humanité, on retrouve le nom du docteur Hales.

Ce savant physicien avait remarqué qu'en faisant un feu sur une planche posée solidement sur une couche de sable, de terre ou de mortier, de manière que l'air ne pût point parvenir dessous, cette planche se charbonnait, mais ne s'enflammait pas. La même chose est arrivée lorsqu'il a fait du feu sous une planche suspendue, quand le côté de dessus était assez bien couvert de terre grasse ou de mortier, pour empêcher toute transmission à l'air.

Rien ne s'enflamme plus facilement que les feuilles de papier. Il m'est cependant souvent arrivé, dit M. l'abbé Mann, de prendre un livre relié, de l'assujétir bien fermé, de le mettre ainsi au milieu d'un feu ardent. Ce corps, très-combustible et très-inflammable quand l'air peut parvenir à chaque feuille, ne s'enflamma jamais et ne se consuma que fort lentement ; de sorte que j'ai trouvé le livre sans atteinte du feu, après plusieurs heures qu'il y était resté.

Qu'on prenne une balle de fusil ou un cylindre de plomb d'un demi-pouce de diamètre, et qu'on l'enveloppe fortement de papier, jusqu'à l'épaisseur d'un quart de pouce ; qu'on lie le tout avec un fil d'archal, pour empêcher le rouleau de papier de se défaire, et qu'on le mette au milieu du feu ; le plomb se fondra avant que le papier s'enflamme et se consume, comme on le verra, si on le retire à l'instant que le plomb se fond.

Ces diverses expériences prouvent qu'un corps combustible, quelqu'inflammable qu'il soit d'ailleurs, perd son inflammabilité, non-seulement quand on exclut tout nouvel air, mais aussi dès qu'on empêche efficacement une libre circulation à l'air par des courans, tant effluens qu'affluens, qui peuvent traverser en l'une ou l'autre direction le corps ou la partie du corps qu'on expose à l'action du feu. Le corps ainsi exposé au feu, se charbonnera et se consumera peu-à-peu, mais ne s'enflammera pas.

Voilà le principe général sur lequel sont fondées les nouvelles méthodes qu'on a inventées en Angleterre, pour garantir les bâtimens des ravages du feu. Tout ce qui bouche les pores d'un corps inflammable, de façon à le rendre imperméable à l'air, l'empêche par-là de s'enflammer, mais non pas de se charbonner ; c'est la raison pour laquelle du bois, une toile, fortement imprégnés de sels, soit marins, soit végétaux ou autres, exposés à l'action du feu, ne s'enflammeront point, jusqu'à ce que le feu les ait consumé ou fait évaporer. Si le corps se consume par le feu aussi vîte que les sels dont il est imprégné, il brûlera à-peu-près comme de l'amadoue, si on en excepte le pétillement des sels dans le feu. (*Voyez* le mot *Bois*, § VII).

La direction naturelle du mouvement du feu étant de bas en haut ou perpendiculairement, sa plus grande et sa plus

4

rapide communication doit être dans la même direction ; lorsqu'il est poussé par des courans d'air, il agit alors latéralement, et l'on observe que ses effets vont toujours en divergant, ainsi qu'on l'a observé dans les forêts de pins des landes de Bordeaux, qui ont été brûlées dans l'espace de plusieurs lieues, en 1754 et en 1755. Le ravage s'étendait en s'élargissant, jusqu'à ce qu'il eût traversé tout le bois. On observe ces mêmes effets lorsqu'on met le feu à l'herbe sèche qui couvre les vastes savanes de l'Amérique.

La direction de la flamme est tellement perpendiculaire et si peu latérale, lorsqu'il ne survient point de vent, que si l'on place une chaise, ou tout autre meuble pareil, moitié dedans, moitié dehors d'un feu allumé à l'abri du vent, sur la terre ou autre fond pareil qui ne soit point inflammable, la partie du corps qui est dans le feu sera consumée, mais le feu ne se communiquera guère au-delà de cette partie, et en s'éteignant il laissera le reste intact.

C'est d'après ces principes et observations constantes et certaines, qu'on est parvenu à pouvoir garantir les bâtimens de ces incendies qui les dévorent avec tant de rapidité.

M. Hatley, en Angleterre, s'était occupé, dès sa jeunesse, à chercher des moyens pour garantir les bâtimens des incendies. Il a fait construire, d'après sa méthode, à deux lieues de Londres, une maison à trois étages, où il a fait voir ses ex-

périences ; à côté, est une colonne qu'a fait élever la ville, en 1777, sur laquelle est une inscription en l'honneur de l'inventeur et de son invention. La ville lui a accordé aussi le droit de bourgeoisie.

M. Hatley pose comme principe et fondement de sa méthode, qu'un plancher en flammes est une maison en feu, et que si on rend tous les planchers non inflammables, on empêche efficacement que la maison ne se brûle, quoique les meubles et les boiseries prennent feu.

D'après les diverses expériences qu'il a faites pour rendre les planchers incombustibles, il a reconnu que le moyen le plus certain, était de mettre une couche de matière incombustible entre le plancher et les solives. Après avoir essayé diverses matières, il a donné la préférence à des plaques de fer battues, aussi minces qu'une feuille de papier ; un vernis qu'on y applique les garantit de la rouille ; le feu ne les fond point, ne fait que les calciner.

Voici la construction des planchers armés contre l'incendie : Sur les solives déja posées, on cloue les plaques de fer bien et également tendues, observant que les bords d'une plaque passent toujours par-dessus ou par-dessous les bords de celle qui la touche, en sorte que les mêmes clous attachent les deux bords ensemble ; on en couvre toutes les solives, et les plaques viennent joindre exactement contre les murailles ; on pose ensuite les planches, qu'on cloue sur les solives; le point important et essentiel dans cette construction, est de river les clous qui attachent les planches contre les solives, afin d'empêcher le feu de les soulever.

Un plancher construit de cette sorte, est ce que M. Hatley appelle un plancher complètement armé contre le feu; et pour qu'une maison le soit ainsi, il faut que tous ses planchers soient armés de la même manière, et avec les mêmes précautions, ainsi que tous les escaliers, eu égard à la différence de leur forme. Il faut une couche continue et complète de plaques de fer entre tous les planchers de l'escalier et les solives qui les soutiennent.

Une porte est armée de manière à couper efficacement toute communication du feu, quand on a mis des plaques de fer entre les doubles panneaux, plus minces qu'à l'ordinaire, et qu'on a cloué le tout ensemble, de façon qu'il ne fasse qu'une seule porte à triple couche.

Le gouvernement de la Grande-Bretagne a été tellement convaincu de l'utilité de cette invention, qu'il a chargé M. Hatley d'armer, suivant sa méthode, les arsenaux et les magasins royaux de Portsmouth et de Plymouth; ce qu'il a exécuté en l'année 1777.

Les expériences faites sur la maison qu'avait fait construire M. Hatley, étaient de poser une quantité considérable de charbons de bois et de bois sec mêlés ensemble, sur un plancher de sa maison armée; on allumait ce mélange; on le laissait brûler pendant plus d'une heure, jusqu'à ce que tous les matériaux fussent embrâsés. Lorsqu'on avait ôté le brâsier, on observait que le feu ne s'était point étendu au-delà de l'endroit où il avait été posé; il n'y avait que cet endroit du plancher de charbonné; et aussi-tôt le brâsier ôté, tout s'éteignait. Une cage de fer, remplie de charbon et de bois sec, brûlant avec un grand embrâsement, ne faisaient que charbonner les poutres en-dessous, à l'épaisseur d'un demi-pouce. Sur le plancher, au-dessus, on n'éprouvait que très-peu de chaleur. Le feu, placé dans le bas de l'escalier, ne produisit que les mêmes effets sur les marches; les boiseries, placées perpendiculairement le long des murs, brûlaient et se consumaient jusqu'en haut, sans s'étendre que très-peu latéralement.

M. Hatley a souvent éprouvé avec succès, dans ses expériences, qu'un simple écran, fait de ses plaques, posé contre la porte d'une chambre en plein embrâsement, au point d'avoir calciné les bords de l'écran, le feu n'a point pu se former de passage à travers la porte.

Comme le feu prend le plus ordinairement dans les salles de spectacle, sur le théâtre, M. Hatley a pensé qu'un double écran de plaques de fer, assez grand pour fermer entièrement tout le devant du théâtre à l'endroit où on laisse tomber le rideau, et qui serait fait de manière à se mouvoir en coulisse, empêcherait absolument le feu de se communiquer du théâtre à la partie occupée par les spectateurs, et donnerait à ceux-ci le temps de s'en aller aussi tranquillement et aussi à loisir que si tel accident n'était point arrivé. Les théâtres, par leur construction, sont plus difficiles à armer contre le feu que les maisons.

D'après ces principes, on pourrait garnir ainsi les vaisseaux, principalement les magasins de poudre, ceux de matières combustibles et les cuisines; on devrait avoir soin sur-tout que les portes, les écoutilles, soient faites avec tant de justesse, qu'en fermant (à l'instant qu'on s'apperçoit d'un incendie dans le navire) toutes celles qui entourent l'endroit où il éclate, on parvienne à diminuer tellement la circulation et le renouvellement d'air nécessaire à l'entretien du feu, qu'il s'éteigne de lui-même.

D'après l'heureuse réussite des expériences de M. Hatley, milord Mahone a cru qu'on pourrait trouver quelqu'autre méthode de construire une maison incombustible, qui fût moins coûteuse. Partant des mêmes principes que M. Hatley sur la combustion, il s'attacha à recouvrir, autant qu'il était possible, tout le bois de son édifice avec une couche de mortier, et à le placer dans une espèce de lit ou de moule de mortier.

Toutes les lattes qui formaient ses planchers, placées entre les solives, étaient enduites d'une légère couche de mortier; ces lattes étaient enfermées dans un mortier fait de gros sable, de chaux et de foin haché, le crin serait préférable. On revêt de ce même mortier les murs perpendiculaires; on garnit de même tous les escaliers; lorsque le mortier est sec, on peut ensuite le revêtir de plâtre.

Dans une maison ainsi construite, on mit entre les planchers plusieurs centaines de fagots; on y mit le feu en présence de plus de 2000 personnes; le feu était si ardent, qu'il faisait fondre les vîtres; les flammes qui en sortaient par les fenêtres, montaient jusqu'à 70 pieds de hauteur. Le feu étant éteint, la maison est restée en entier; lorsqu'on vint ensuite à examiner l'état des bois, on reconnut que les pièces de bois les plus près de la surface du mortier, étaient charbonnées; celles qui étaient plus enfoncées sous le mortier, n'avaient éprouvé aucun dommage.

Cette méthode, moins élégante que celle de M. Hatley, paraîtrait de nature à pouvoir devenir d'un usage plus général; les matériaux s'en trouvent par-tout, et d'un prix médiocre.

On voit les avantages immenses qui peuvent résulter de ces méthodes d'armer les bâtimens contre les incendies, sur-tout pour les pays où l'on ne bâtit qu'avec du bois, comme dans presque tout le Nord et l'Orient, dans la Norwège, la Suède, la Lithuanie, la Pologne, la Hongrie, la Russie, la Turquie, etc. (*Voyez* l'article *Maisons*, § V.)

Le 18 octobre 1779, le sieur Domaschnew, chambellan et directeur de l'Académie impériale des sciences de Russie, fit une expérience pareille à celle qui fut faite à Londres, au sujet de l'incombustibilité des bois préparés d'une certaine manière. On avait fait construire en bois un édifice de forme carrée, et de la hauteur de 12 pieds, dans le *Wasily-Ostrow*, derrière la petite *perspective*. Le feu, qui y fut mis, fut si violent, que même à une assez grande distance on ne pouvait en supporter la chaleur aisément. Mais quelle que fût la force de l'embrasement par toutes les matières combustibles dont le bâtiment avait été couvert au-dehors et rempli au-dedans, les cloisons, le grenier, le plancher, un petit escalier placé dans cet édifice, ne furent aucunement endommagés pendant une demi-heure de la plus grande activité des flammes, et près de deux heures de continuation du feu, qui diminuait par degrés. Une des différences remarquables de cette expérience faite à Pétersbourg d'avec celle de Londres, et qui est toute à l'avantage de la Russie, c'est que dès le premier moment on n'y a pas fait un mystère du procédé simple et peu coûteux dont on a fait usage dans la préparation des bois que le feu devait laisser intacts. On a déclaré aussi-tôt que la composition de l'enduit conservateur n'était autre chose que de la chaux, du sable et du foin haché, dont la manipulation peut être faite par les char-

pentiers les plus ordinaires.

En 1785, M. Ango, architecte juré-expert, a proposé de substituer le fer au bois dans les bâtimens, au moins pour tout ce qui constitue le corps de la bâtisse, tels que les planchers, les combles, les cloisons, et tout ce qui peut y avoir rapport.

Les planchers proposés par M. Ango consistent en deux armatures de fer, composées chacune de deux barres, posées l'une sur l'autre. La barre supérieure, qui est courbe, est arrêtée par les extrémités sur l'inférieure, qui présente une ligne droite. Elles sont soutenues de distance en distance par des brides, sans pouvoir s'alonger ni ployer dans toute leur longueur. Elles sont réunies par des bandes de petit fer plat, pour soutenir l'ourdit de plâtras et de plâtre qui doit être fait entre deux.

M. Ango a exécuté un pareil plancher à Boulogne, près Paris, dans une étendue de 19 pieds sur 16 de large, avec 8 pouces au plus d'épaisseur; et au pavillon de la Joncherre, près de la machine de Marly, dans une salle de billard, de 22 pieds sur 16.

On ne peut disconvenir qu'une telle construction est très-propre à garantir les bâtimens d'un incendie; à cet avantage, se joint celui de donner aux appartemens une distribution plus commode, en laissant la liberté de placer les cheminées où l'on veut, de dispenser les murs de ces chaînes de pierre avec lesquelles on est dans l'usage de les bâtir, et enfin de donner une plus grande valeur réelle aux maisons, sans causer une dépense plus grande, le fer étant la seule chose qu'on puisse retirer des décombres d'un édifice totalement incendié. Il n'y a que le tonnerre à craindre dans une pareille maison; il pourrait faire beaucoup de ravage, mais le paratonnerre la garantirait. (*Voyez* l'article *Voûtes*). L'*Encyclopédie Méthodique*, tom. V des planches, 52e. planche, a donné la figure du plancher en fer de M. Ango.

M. Frédéric a fait à Vienne, en 1783, l'épreuve d'un procédé pour rendre les maisons incombustibles, procédé dont l'empereur a ordonné la publication.

Il consiste en un composé de 9 parties d'argile, une de poil, une de tan, et une d'eau de tannerie; on y ajoute une 15e. partie de cendre, avec une égale quantité de sable, si l'argile est bonne et bien grasse, et une 25e. partie seulement de sable et de cendre, si l'argile est moins bonne. On pétrit le tout avec de l'eau, et on laisse ensuite reposer cette pâte; on l'étend sur un plancher uni, en lui donnant l'épaisseur de 3 ou 4 doigts, et on attache avec une ficelle, bien frottée de savon, une couche de paille de même épaisseur. Outre cette couverture préservative, il faut enduire le bois et tout le toît d'une couche épaisse de la même pâte. (*Journal de la Blancherie*, année 1783, p 311).

Le journal intitulé *la Décade*

Philosophique, tom. X, p. 14, indique le procédé suivant comme le plus utile et celui qui doit donner le plus de confiance pour préserver du feu et de la pourriture les maisons de bois. On prend de sel marin et couperose verte, parties égales; de sel de cuisine et de terre rouge ou résidu de l'eau-forte, aussi parties égales. On fait dans l'eau bouillante une solution assez forte de ces mélanges, pour en enduire et pénétrer les parois des maisons; et pendant qu'on en fait l'enduit, il faut tenir chaude la solution avec de la roche grise embrasée, de manière que le mélange puisse pénétrer la superficie du bois, et ne pas se dissoudre ensuite par l'effet de l'eau de pluie. Si l'on mêle ces matières avec de l'ochre rouge, on en obtient une détrempe rouge, sur laquelle on peut compter pour la conservation des bois.

§ II. *Moyens pour éteindre les incendies.*

Il y a long-temps que l'on a cherché les moyens de s'opposer aux incendies, soit en diminuant la combustibilité des matières inflammables, soit en arrêtant leur combustion; on a imaginé, dans cette intention, un grand nombre de matières composées qui, malheureusement, n'ont pas encore entièrement rempli l'objet qu'on s'était proposé. La dissolution d'alun la plus chargée, celle de quelques autres substances salines, plusieurs sucs végétaux, et entr'autres celui des oignons, de l'ail, etc. ont été essayés successivement. Les sels, et en particulier l'alun dissout dans l'eau, paraissent s'opposer assez bien à la combustion du bois, soit en resserrant les fibres de son tissu, soit en formant à la surface du corps combustible une couche plus ou moins épaisse qui le prive du contact de l'atmosphère; il semble même que les travaux qui promettent le plus de succès dans ce genre, sont ceux qui ont pour but d'isoler, pour ainsi dire, et de défendre les substances enflammées du contact de l'air, sans lequel la combustion ne peut absolument avoir lieu; c'est donc sous ce point de vue que doivent être dirigées les recherches que l'on se propose de faire sur cet important objet.

M. de Resson fit, en 1723, à l'hôtel des Invalides, l'épreuve d'un secret pour éteindre le feu, et l'effet fut aussi subit, dit-on, que si l'on avait soufflé une bougie. (*Journal des Savans*, 1723, p. 192, première édition, et p. 146 de la seconde).

On lit dans les Mémoires de l'Académie royale des Sciences de Stokolm (*Collect. Académique, partie étr.*, t. XI, p. 428), que des divers moyens proposés pour éteindre le feu dans les incendies, un de ceux qui a paru le plus facile et le plus sûr est de lancer avec les pompes ordinaires de l'eau imprégnée de sels, comme l'alun, le vitriol, le sel de lessive, les craies, la chaux ou la cendre: une certaine quantité d'eau saturée de ces sels, fait autant d'effet qu'une grande profusion d'eau pure: cet effet est sur-tout efficace lorsqu'il s'agit d'éteindre des flammes qui sont nourries par des matières grasses et sulphureuses, qui quelquefois brûlent dans l'eau même.

On a vu les Suédois employer cette méthode avec le plus heureux succès dans le siège de Stettin. Il ne s'agirait donc dans les villes que de se procurer à peu de frais et avec économie quelques-uns de ces sels, et d'avoir toujours les matières prêtes pour les accidens qui pourraient survenir; le seul inconvénient de l'usage de ces eaux ainsi imprégnées de sel, mais auquel on pourrait facilement obvier avec des attentions, c'est qu'il faudrait nécessairement laver exactement les pompes avec de l'eau pure lorsqu'on en aurait fait usage, parce que les sels, par leur séjour, corroderaient les corps de pompes et les tuyaux.

Dans le journal intitulé la *Décade*, t. X, p. 9, on trouve l'extrait d'un mémoire intéressant de M. Nyström, suédois, traduit par M. de Villebrune. On y voit que sur 100 livres d'eau, il ne faudrait que 12 livres de très-forte lessive de cendres, ou 8 liv. de potasse broyée très-fin, ou 10 liv. de sel marin bien sec et broyé fin, ou 10 liv. de couperose séchée et broyée fin, ou 15 liv. de saumure de hareng, ou 12 liv. d'alun broyé fin, ou 20 liv. d'argile bien sèche et broyée fin; mais que si on voulait donner plus d'efficacité à l'eau dont on se sert pour éteindre le feu, on ferait avec succès des mélanges dans les proportions suivantes :

Sur 100 liv. d'eau, argile, vitriol et sel marin, 5 liv. et demie de chaque, ou très-forte lessive de cendre et argile sèche et broyée fin, 6 liv. de chaque ; ou terre rouge résidu, de l'eauforte, et argile sèche et broyée fin, 5 liv. de chaque ; ou même terre rouge et très-forte saumure, 5 liv. de chaque.

Le sel marin peut être employé avec succès pour éteindre les incendies des cheminées. Lorsqu'on jette une certaine quantité de sel marin sur un feu de flamme, le sel se liquifiant à l'instant, et couvrant la surface de la matière embrasée, fait diminuer et même cesser la flamme, qui est remplacée par une fumée épaisse qui remplit la cheminée.

Le *Journal de Verdun*, fév. 1723, p. 128, fait mention d'une machine inventée par M. Hoffer, pour éteindre les incendies. *Voyez* aussi l'indication d'autres machines de ce genre dans ce même journal, mai 1721, p. 204; fév. 1722, p. 135 ; mai 1721, p. 361 ; janv. 1723, p. 78 ; fév. 1723, p. 128 ; août 1723, p. 81, et mai 1733, p. 354.

En 1781, M. Cadet de Vaux fit, en présence des commissaires de l'Académie des sciences de Paris, sur les moyens de rendre, avec des substances salines, les décorations de théâtres non incombustibles, mais ininflammables. Les résultats ont paru d'un heureux succès à MM. Leroy, Lavoisier et Macquer, commissaires, qui les ont constatés.

On publiait en 1771 la méthode suivante pour éteindre les incendies. On jette au milieu des flammes des boules de verres ou d'argile, du volume d'un boulet de canon, remplies d'alun avec un peu de poudre dans le centre, laquelle s'enflamme par le moyen d'une mèche fortement adaptée à la lumière de la boule, et collée avec de la poix-résine. On doit, quand les circonstances l'exigent, augmenter le volume de ces espèces de bombes. On assure, d'après l'expérience, que cet alun dispersé, éteint non-seulement le feu dans l'instant même, mais encore que les flammes ne se communiquent pas aux matières sur lesquelles il a été répandu. On peut, faute d'alun, remplir ces boules de sable mouillé, ce qui produit à-peu près le même effet. Comme le sel marin n'est pas à bon marché dans les pays de gabelle, on propose d'employer le sel marin des salpêtriers, qui ne coûte absolument rien, et d'en déposer des provisions dans les bureaux des pompes, pour y avoir recours au besoin. M. Baumé, rectifiant cette idée, propose de faire usage des vases suivans. Ces vases de fer-blanc seraient d'un volume à pouvoir être lancés commodément avec la main à une certaine distance. On souderait au centre de ces vases une petite boîte, aussi de fer-blanc, pour y renfermer une charge de poudre à canon, propre à faire crèver la grande boîte. Un tuyau adapté à la petite boîte, recevra une mèche pour communiquer le feu à la poudre. Une certaine quantité de ces boîtes serait déposée dans chaque bureau des pompes, et lorsque le besoin d'en faire usage arriverait, on remplirait la grande boîte d'eau chargée de sel marin, par un petit trou pratiqué à cet effet, et qu'on boucherait soit avec du linge, soit avec un petit tampon de bois. Il n'y a pas de doute qu'en jettant au milieu d'un incendie de ces boîtes, après avoir allumé la mèche, l'explosion qu'elles feraient en crèvant écarterait la flamme, et les endroits embrâsés seraient en même-temps arrosés d'une eau salée, qui éteindra plus efficacement les incendies, que les moyens qu'on a coutume d'employer. Les bois allumés, éteints par ce procédé, se rallument plus difficilement, parce que les matières salines, qui ne sont point inflammables, en s'appliquant à la surface des matières combustibles, leur ôtent toute communication avec l'air, sans le concours duquel elles ne peuvent brûler.

En 1722, des Allemands annoncèrent qu'ils savaient éteindre les incendies par le moyen d'une certaine poudre dont ils jettaient un paquet au milieu des flammes. Leur secret, ainsi qu'on le sait par le rapport qu'en fit M. de Réaumur à l'Académie, consistait à faire rouler ou glisser au milieu de l'embrâsement un tonneau plein d'eau au centre duquel était une boîe de fer-blanc qui contenait quelques livres de poudre à canon. Le feu prenait à cette poudre par le moyen d'une mèche et d'un tuyau qui traversaient un des fonds de la barrique, et qui aboutissaient à la boîte de métal: l'explosion de la poudre faisait tout crever, jettait l'eau de toutes parts sur les matières enflammées, et faisait cesser la flamme. (*Collect. Acad.*, *part. fr.*, tom. V, p. 30; *voyez* aussi le *Journal des Savans*, 1725, p. 671).

On voit combien il y avait à rabattre de l'idée trop avantageuse qu'on se serait formée d'après leur annonce. Ce n'était plus un paquet qu'un homme pût jeter avec la main par-tout où le feu aurait pris, c'était un tonneau plein, qu'il eût été assez difficile de porter à quelque édifice élevé. Ce moyen n'était efficace que dans les lieux clos et de peu d'étendue. L'expérience fit voir que tout ce qu'on en pouvait attendre, était d'appaiser la flamme, et de rendre l'embrâsement accessible, ce qui est encore un avantage assez considérable. Quoique cette invention n'ait point un mérite aussi étendu qu'on l'attendait ou qu'on l'avait promis, elle peut être employée avec succès dans plusieurs cas. On peut dire qu'elle est fort ingénieuse, dit M. l'abbé Nollet, puisqu'elle rassemble en elle toutes les manières connues d'éteindre le feu; une forte commotion qui disperse la flamme et qui la sépare de son aliment, une raréfaction d'air qui suffi-rait seule pour éteindre le feu si elle durait assez, et une dis-tribution bien ménagée de l'eau, qui attaque en même-temps une très-grande quantité de sur-faces, à-peu-près comme pour-rait faire un arrosoir.

Le *Journal des Savans*, 1725, p. 478, fait mention d'épreuves publiques d'un secret du sieur Moitrel. (*Voyez* l'article *In-flammations spontanées*).

§ III. *Eau propre à empêcher les progrès du feu.*

M. Hales, dans les journaux d'Angleterre, avait proposé d'arrêter les progrès des incen-dies en couvrant, autant qu'il est possible, tous les corps com-bustibles voisins du feu avec de la terre. Ce moyen fut mis en pratique à Constantinople, en 1756, et sauva de l'incendie l'église patriarchale des Grecs. (Voy. *Coll. Acad.*, *part. franç.*, t. XII, p. 26).

En 1781, M. Didelot a an-noncé une liqueur propre à ar-rêter subitement la combustion du bois et des autres corps com-bustibles. Il a fait chez M. de la Blancherie, en présence d'un grand nombre de spectateurs, les expériences suivantes :

1°. Il a exposé dans un foyer bien embrâsé, une planche d'un pouce d'épaisseur, enduite de goudron des deux côtés. Cette planche s'est allumée prompte-ment, et a produit une flamme très-vive par l'embrâsement du goudron. Il a jeté dans les en-droits les plus enflammés quel-

ques gouttes de sa liqueur, et la flamme a disparu, de ma-nière que la planche a cessé de brûler en très-peu de temps. En la mettant de nouveau dans le foyer, elle n'a pris feu que très-difficilement.

2°. Il a allumé au même foyer une douve de tonneau qui avait contenu de l'huile, et qui, en ayant été fortement imprégnée, avait acquis une plus grande combustibilité. Il l'a arrosée comme la planche de la 1re. ex-périence, de quelques gouttes de sa liqueur, et l'embrâsement a été arrêté aussi promptement que dans le précédent essai. La douve, remise au feu, ne s'est embrâsée qu'avec difficulté.

3°. Il a répandu sur une plan-che une assez grande quantité de fleurs de soufre. Il l'a en-flammée par le contact d'un ti-son allumé, et quelques gouttes de sa liqueur versées sur cette matière en combustion, l'ont éteinte aussi facilement, quoi-que le soufre soit un des corps les plus combustibles que l'on connaisse.

4°. Il a fait chauffer dans un vaisseau de terre une bonne quantité de goudron, jusqu'à ce qu'il se soit enflammé. Dans cet état, il a jeté une dose suffisante de sa liqueur, et l'embrâsement de cette huile résineuse a été bientôt arrêté.

Nous avons cru reconnaître que cette liqueur avait une forte odeur d'ail.

En 1759, M. Soubeyran de Monteforgues a annoncé une liqueur pour les incendies. Deux pintes suffisaient pour éteindre le le feu. On devait se servir d'un linge ou d'un balai de crin imbibé de cette liqueur.

Voyez le mot *Feu à la cheminée.*

En 1785, 1786 et 1787, l'Académie d'Amiens fit proposer un prix pour la solution de cette question : *Quel est le moyen le plus simple et moins dispendieux de prévenir et d'éviter, dans la généralité d'Amiens, les incendies dans la campagne, et en même-temps le plus analogue aux productions du sol, à la position actuelle des villages et des bâtimens qui les composent, aux matières communes propres à la construction, à la forme nouvelle dont les logemens personnels, granges et étables peuvent être susceptibles ?*

Il fut envoyé beaucoup de mémoires ; les uns proposaient de bâtir en pierres et de couvrir en tuiles, moyens trop coûteux. D'autres proposaient l'isolement des maisons, moyen presqu'impraticable dans des villages trop circonscrits. D'autres indiquaient le pizé, mais sans détails. D'autres conseillaient le placage ou revêtissement des bois ; mais le placage est nuisible aux bois, se détache aisément, et charge les planchers et les toitures. D'autres donnaient des projets de réglement de police. D'autres enfin proposaient l'établissement de pompiers, des souscriptions, des loteries ; mais aucun ne remplit les vues de l'Académie et de M. le duc de Charost, qui avait fondé le prix.

Tome III.

§ IV. *Moyens d'arracher aux flammes les personnes et les effets qu'on veut sauver.*

Il est peu de maisons construites de manière à être à l'abri du feu, et lorsque le feu s'est emparé de l'escalier d'une maison, il ne reste de ressource que de sauter par la fenêtre, aux risques de se tuer dans la chûte.

En 1761, M. Alléon de Valcourt a présenté à l'Académie des sciences une machine destinée tout-à-la-fois au service des pompes, pour éteindre les incendies et sauver les personnes et les effets précieux qu'on ne peut descendre par les escaliers. Voyez-en la description dans la *Collection Académique, partie franç.,* t. 13, p. 389.

En 1779, on annonça dans le *Journal de la Blancherie,* p. 89, une machine de l'invention de M. Guyot, propre, en cas d'incendie, à ajuster des pompes au niveau de telle partie de maison qui demanderait un secours plus pressant, ou dont on voudrait retirer des personnes qui ne pourraient se sauver d'ailleurs, etc. Voyez-en la description dans ce journal.

Il y a des circonstances où il est avantageux de pouvoir pénétrer à travers les flammes. On pourrait rendre très-difficile à s'enflammer un habit, des cordes, un sac de cuir, en les enduisant d'une lessive gluante et collante avec une saumure composée d'écailles de poissons et de vieux sel : cela sèche difficilement, et le feu serait long-

G g

temps à prendre aux corps qui en sont imprégnés. A la vérité cette préparation sent très-mauvais, mais l'odeur et la propreté ne sont rien lorsqu'il s'agit de sauver la vie d'un homme.

En 17..., M. Pilatre de Rosière avait fait préparer une espèce de capote de bure, de grandeur suffisante pour couvrir un homme de la tête aux pieds, avec des manches terminées par des espèces de gants. La partie qui couvrait la figure était percée de deux trous garnis de verres épais, qui permettaient de voir au travers. Il avait fait dresser dans sa cour une galerie en bois, formée avec des montans en bois et des fascines couvertes en-dessus avec des traverses et des fagots déliés, le tout très-combustible. Dessous et au fond de cette galerie, était une figure d'enfant et quelques paquets. On mit le feu à cette galerie; un homme, revêtu de l'habillement dont nous avons parlé, et un casque sur la tête, s'avança sous la galerie bien enflammée, prit l'enfant dans ses bras, qu'il enveloppa de sa large capote, et se chargea encore de quelques paquets. Cet homme nous a avoué que la partie du corps où il avait le plus souffert de la chaleur, était la plante des pieds. Au surplus, voyez dans la *Collect. Académ.*, *part. franç.*, t. XIII, p. 104, jusqu'à quel degré on pourrait supporter la chaleur pendant quelques instans. (Voyez *Paraflamme*, *Parachûte*).

L'Institut national, au commencement de l'an 5 de la république française, s'est occupé des moyens de sauver les personnes qui se trouvent dans les maisons incendiées, lorsque les issues ordinaires sont interceptées, et a proposé un prix pour les meilleures machines très-simples, au moyen desquelles on pourrait élever à la hauteur nécessaire une galerie ou des paniers, et abaisser des ponts sur les balcons et les appuis des croisées, pour recevoir les individus de tout âge et de tout sexe, les malades et ceux même à qui l'épouvante ôterait toute présence d'esprit. Le prix a été partagé entre quatre machines; celle du cit. Régnier, composée de plusieurs échelles glissant les unes sur les autres, au moyen d'une crémaillère à la manière d'un cric; deux du cit. Trémel, par la combinaison de plusieurs échelles, des poulies et des cordages, et dont l'ensemble est une espèce de chèvre; la dernière, du cit. Guyot, autre espèce de chèvre dont les échelles, en se développant, servent de point d'appui les unes aux autres, ainsi qu'aux autres parties de la machine.

Dans la 53e. séance publique du Lycée des arts, on a exposé deux machines, l'une de l'invention du cit. Régnier, l'autre de celle du cit. Desaudray. Ces deux membres du Lycée ont annoncé que ce n'était que des essais mis en avant pour faire naître des idées d'une plus grande perfection. On trouve la description de ces deux machines dans le *Magasin Encyclopédique*, 3e. année, tom. I, p. 407.

Le cit. Desaudray a depuis perfectionné son échelle double à planches mobiles, dont il a exposé un modèle sous les yeux du public, dans la séance du Lycée des arts, du 19 pluviôse an 6. Ce modèle, de 2 pouces par pied de proportion, est monté sur un charriot qui n'excède pas la hauteur et la largeur des voitures chargées de foin. Un seul homme suffirait pour monter cette échelle en grand et la développer, en 3 minutes, à 60 et 70 pieds de hauteur, de manière à présenter un secours permanent et des paniers fixes à cinq étages à-la-fois, avec la facilité de monter et descendre en même-temps. On peut voir, sur cette matière, un rapport fait à l'Institut national, au mois de germinal an 6, accompagné des figures de plusieurs machines propres à sauver les personnes enfermées dans les maisons incendiées.

Le 20 pluviôse an 9, il a été fait rue Saint-Louis, au corps-de-garde des pompiers, en présence du préfet de police, l'expérience d'un appareil pour descendre, en cas d'incendie, du dernier étage d'une maison, le long d'une corde, deux personnes accompagnées de trois pompiers. Cette première expérience, qui a eu du succès, et susceptible d'une plus grande perfection, et sur-tout d'une plus grande célérité, ne serait pas praticable pour toutes les maisons, soit par l'impossibilité de pénétrer dans l'intérieur pour y fixer la corde et les moufles, soit dans les cas où les flammes, sor-

tant par les croisées, pourraient mettre le feu à la corde. (Voy. le *Journal de Paris*, 1er. ventôse an 9, n°. 151).

Le même jour et dans une des salles de cette maison, le citoyen Daujon, machiniste du théâtre de Montansier, a exposé trois modèles de machines à incendie, dont un des principaux avantages était de porter du secours par dehors aux personnes enfermées dans une maison incendiée. Une de ces machines, entr'autres, à trois ou quatre développemens, portait au haut d'un plan incliné une guérite qui s'appliquait par un pont sur l'appui d'une croisée, et qui d'ailleurs était soutenue par deux montans à trois ou quatre développemens. Une espèce de hotte garnie d'un siège, propre à recevoir trois ou quatre personnes, était élevée par une poulie le long du plan incliné, jusqu'à la hauteur de la guérite; en sorte que des malades, des vieillards, des femmes en couche, des enfans, placés dans cette hotte, descendraient sans peine, sans fatigue, sans aucun risque, le long du plan incliné. L'idée m'en a paru très-heureuse, mais on ne peut bien juger de l'effet d'une machine que lorsqu'elle est exécutée en grand et qu'elle a été mise en activité de service.

INDIGO. Cette production précieuse est, comme nous l'avons dit dans notre *Manuel du Naturaliste*, une fécule extraite des feuilles de l'Indigotier, plante des Indes orientales naturalisée en Amérique. L'*Ency-*

2

clop. Méthod., *Arts et Métiers*, tom. III, p. 657, contient de grands détails sur la fabrique de cette fécule. L'Indigo le plus recherché est celui connu sous le nom de *Quatimala*, parce qu'il croît sur le territoire de cette cité fameuse. Voici la manière de l'obtenir.

On ramasse les feuilles de l'Indigotier avec précaution, de peur qu'en les secouant on ne fasse tomber la farine attachée aux feuilles, et qui est très-précieuse. On les jette dans la *trempoire* : c'est une grande cuve remplie d'eau; il s'y fait une fermentation qui, dans 24 heures au plus tard, arrive au degré qu'on desire. On ouvre alors un robinet pour faire couler l'eau dans une seconde cuve appelée la *batterie*. On nétoie aussitôt la *trempoire*, afin de lui faire recevoir de nouvelles plantes et de continuer le travail sans interruption.

L'eau qui a passé dans la batterie se trouve imprégnée d'une terre très-subtile qui constitue seule la fécule ou substance bleue que l'on cherche et qu'il faut séparer du sel inutile de la plante, parce qu'il fait surnager la fécule. Pour y parvenir, on agite violemment l'eau avec des seaux de bois percés et attachés à un long manche. Cet exercice exige la plus grande précaution; si on cessait trop tôt de battre, on perdrait la partie colorante, qui n'aurait pas encore été séparée du sel; si, au contraire, on continuait de battre la teinture après l'entière séparation, les parties se rap-

procheraient, formeraient une nouvelle combinaison, et le sel, par sa réaction sur la fécule, exciterait une seconde fermentation qui altérerait la teinture, en noircirait la couleur, et ferait ce qu'on appelle *indigo brûlé*. Ces accidens sont prévenus par une attention suivie aux moindres changemens que subit la teinture, et par la précaution que prend l'ouvrier d'en puiser un peu de temps en temps avec un vase propre. Lorsqu'il s'apperçoit que les mollécules colorées se rassemblent en se séparant du reste de la liqueur, il fait cesser le mouvement des seaux pour donner le temps à la fécule bleue de se précipiter au fond de la cuve, où on la laisse se rasseoir jusqu'à ce que l'eau soit totalement éclaircie. On débouche alors successivement des trous percés à différentes hauteurs, par lesquels cette eau inutile se répand en-dehors. La fécule bleue qui est restée au fond de la batterie ayant acquis la consistance d'une boue liquide, on ouvre des robinets qui la font passer dans le *reposoir*. Après qu'elle s'est encore dégagée de beaucoup d'eau superflue dans cette troisième et dernière cuve, on la fait égoutter dans des sacs d'où, quand il ne filtre plus d'eau au travers de la toile, cette matière, devenue plus épaisse, est mise dans des caissons, où elle achève de perdre son humidité. Au bout de 3 mois, l'indigo est en état d'être vendu.

Les blanchisseuses l'emploient pour donner une couleur bleuâtre au linge. Les peintres s'en servent dans leurs détrempes. Les teinturiers ne sauraient faire du beau bleu sans indigo. (*Hist. Philos. des deux Indes*, *par l'abbé Raynal*, tom. III, p. 462; *voyez aussi Coll. Acad., part. étrang.*, t. III, p. 529).

Suivant le *Journal de Verdun*, novembre 1754, p. 597, M. de St.-Pée, habitant de Saint-Domingue, a trouvé le moyen de faire de l'indigo avec une autre plante.

La *Gazette de France*, 30 août 1782, art. de *Vienne*, a annoncé une invention du docteur Pseifer, chimiste de Hongrie, consistante à tirer d'un nombre de plantes de ce royaume, une pâte aussi bonne que celle de l'indigo.

M. Aymen, médecin, a observé qu'une plante de mercuriale desséchée au soleil et ensuite humectée par une pluie légère devenait du plus beau bleu céleste, ce qui lui a fait soupçonner qu'on pourrait en extraire une fécule semblable à celle de l'indigo.

§ Ier. *Moyen pour distinguer l'indigo de France de celui de la Caroline.*

Il y a différentes qualités d'indigo, le bleu flottant, le gorge de pigeon, nommé en France *le violet* et *le cuivré*. Ces différentes qualités ne dépendent pas de la volonté de l'indigotier, mais de la différence du sol de la terre qui a produit la plante, de l'espèce de l'herbe et de sa maturité. C'est ordinairement l'indigo franc qui pro-

duit le bleu. Il n'est pas de l'intérêt du propriétaire d'avoir de cette qualité, parce qu'il est plus léger que les autres. On l'appelle *flottant* à cause que ses pores sont plus ouverts, ce qui le fait rester au-dessus de l'eau, au lieu que les autres espèces se précipitent au fond.

Prenez un morceau de bel indigo cuivré de la Caroline; réduisez cet indigo en poudre dans le mortier; jettez dessus un peu d'eau bouillante, et au bout de 24 heures, il se formera au-dessus de l'eau une croûte blanche. Faites la même opération sur de l'indigo de France où d'Espagne, et vous ne verrez point cette croûte. (*Voyez* les articles *Toiles peintes*, *Bleu de Prusse*, *Teinture*). Il a été publié, il y a quelques années, un *Essai sur l'Art de l'Indigotier*, par M. le Blond. (*Voyez* le *Journal de Physique*, tome XXXVIII, p. 141).

INFECTIONS (Voyez *Vapeurs*).

INFLAMMATION DES HUILES. Au nombre des phénomènes surprenans que nous offrent les procédés de la chimie, un des plus curieux est de voir une liqueur froide prendre feu lorsqu'on verse dessus une autre liqueur froide; c'est ce qui arrive dans l'inflammation des huiles, soit par l'acide nitreux seul, soit par ce même acide mêlé avec l'acide vitriolique. Aussi-tôt qu'il a été bien constaté que les huiles essentielles s'enflammaient par le mélange de l'acide nitreux (voy. *Collect. Acad.*, *part. étr.*, t. Ier,

p. 185 ; *part. fr.*, *t. I*er, p. 117 ; 286, 663, 677, et tom. VI, page 97.), on a cherché à enflammer toute espèce d'huile, et la découverte en est due à M. Rouelle qui, en 1747, a publié un mémoire sur cette matière. (Voyez *Collect. Acad.*, *part. fr.*, t. X, p. 339).

Toutes les *huiles essentielles*, et même celles des *huiles douces* qui sont susceptibles de s'épaissir et de se dessécher le plus promptement, telles que celles de noix, de lin et de chenevis, peuvent s'enflammer par l'acide nitreux seul ; mais cet acide doit être concentré au point qu'une fiole qui est remplie juste par une once d'eau pure ne puisse être remplie que par une once 4 gros et 2 scrupules d'acide. On met une once d'huile essentielle dans une petite terrine ou une capsule suffisamment évasée : on attache, par précaution, et pour éviter les éclaboussures, au bout d'une baguette, un verre dans lequel on met une once d'acide nitreux : on verse d'un seul jet la moitié ou les deux tiers de cet acide ; il s'excite aussitôt un bouillonnement considérable à cause de la réaction des liqueurs ; l'huile se noircit, s'épaissit, et quelquefois s'enflamme ; si elle n'est point enflammée dans l'espace de quatre à cinq secondes, on verse de l'acide nitreux sur la partie qui paraît la plus épaisse et la plus sèche, qu'on nomme vulgairement, à cause de sa forme, *champignon philosophique* ; alors le mélange ne manque presque jamais de s'enflammer.

Lorsqu'on veut enflammer les huiles grasses qui sont moins disposées à se dessécher, et moins inflammables, telles que l'huile d'amandes, d'olives, de navette, etc., il faut mettre une once de ces huiles dans la terrine ; on mêle ensuite une demi-once d'acide nitreux avec pareille dose d'acide vitriolique, l'un et l'autre parfaitement concentrés ; l'ébullition est moins prompte et moins forte que dans les mélanges précédens ; mais lorsqu'elle est dans sa plus grande force, on verse sur l'endroit qui paraît le plus épais une nouvelle portion d'acide nitreux pur, qu'on doit avoir tout prêt pour cela ; alors les liqueurs s'enflamment, mais l'inflammation est toujours moins forte et moins vive qu'avec toutes les autres espèces d'huiles.

Ce qui doit paraître bien extraordinaire, c'est que l'inflammation a lieu dans le vuide comme en plein air ; car on sait que la lumière, le feu, la flamme s'éteignent sous le récipient de la machine pneumatique. M. Deslandes, qui en a fait l'expérience, dit qu'ayant, dans une machine pneumatique bien purgée d'air, mêlé une demi-dragme d'huile de Carvi, avec une dragme d'esprit de nitre composé, ce mélange enleva le récipient de verre, quoiqu'il eût plus de six pouces de diamètre et plus de 8 de profondeur, et qu'il fût encore chargé d'un poids assez considérable.

Le savant auteur du *Dictionnaire de Chimie* attribue les causes de l'inflammation au phlogistique qui se trouve comme partie constituante dans les huiles et dans l'acide. La chaleur qui résulte de la réaction réciproque de ces substances l'une sur l'autre est telle qu'elle est portée jusqu'à l'ignition, et de-là à l'inflammation. L'acide vitriolique, nécessaire pour l'inflammation de certaines huiles, n'agit peut-être qu'en les déflegmant ainsi que l'acide nitreux. Cet acide fait réussir plus sûrement et à moindre dose les inflammations qui, à la rigueur, peuvent se faire par l'acide nitreux seul.

INFLAMMATIONS SPONTANEES. (Voyez *Embrásemens spontanées*).

INFUSION ET DÉCOCTION. La décoction se fait par l'ébullition. C'est un moyen prompt; mais aussi les décoctions ne sont point de garde, il faut ordinairement les prendre dans les 24 heures.

Les infusions, au contraire, sont lentes; elles se font à froid ou à chaud, mais sans ébullition. Il y a des plantes qui doivent rester en infusion pendant des jours entiers et plus, pour que l'extraction soit complète. On peut obtenir de très-bonnes infusions de végétaux, dont la vertu est même faible, en reversant plusieurs fois la liqueur sur ces végétaux renouvelés. Ces infusions, ainsi chargées, sont des remèdes puissans, parce qu'ils contiennent les principes les plus subtils et les plus actifs, et sous une forme qui les rend plus miscibles avec les fluides du corps humain.

Au surplus, il faut distinguer : si ce sont les parties aqueuses et salines, l'infusion est à préférer; celles qui contiennent des parties huileuses dont on veut faire usage, doivent être traitées par la voie de la décoction. (*Voyez* l'article *Siné*.)

INHUMATIONS. (Voyez *Vapeurs putrides*.)

INJECTIONS ANATOMIQUES. (Voyez *Anatomie, préparations anatomiques*.)

INOCULATION. L'on a tant écrit sur la petite vérole et sur l'inoculation, que nous nous dispenserons d'en parler, laissant aux gens de l'art la pratique de ce préservatif, et à chacun son opinion sur ses effets. Indépendamment des observations qui se trouvent dans l'*Encyclopédie* sur cette matière, si quelques-uns de nos lecteurs voulaient l'approfondir, nous citerions la *Collection Acad., part. étrang.*, t. IX, p. 349, et t. XII, p. 156 et 167, et cette même *Collection, partie franç.*, t. VIII, p. 579, t. XI, p. 428, t. XII, p. 415, t. XIII, p. 373 et 575. Ils trouveront aussi dans le *Journal de la Blancherie*, année 1786, p. 235, l'indication de différens ouvrages étrangers qui en ont traité. Nous pourrions encore citer l'*Esprit des Journaux*, mars 1773, p. 79, janv. 1774, p. 107, septembre 1774, p. 128, et avril 1775, p. 71 à 80. Ce même ouvrage rapporte, en octobre 1774, p. 59, l'exemple d'une inoculation par aspiration, et p. 69, celui d'une servante qui s'est inoculée elle-même. Il y est fait mention, en

4

décembre 1774, d'un rapport sur les inoculations faites dans la famille royale en France. La manière d'inoculer à la Chine se trouve dans le même ouvrage, en juillet 1775, p. 313, ainsi que celle pratiquée en Georgie et en Circassie, juillet 1775, p. 369.

Bornons-nous donc à quelques procédés simples, dont on peut faire usage sans danger, soit pour préserver de la petite vérole, soit pour en diminuer les dangers, en facilitant l'éruption.

En 1769, M. Paulec, médecin, a fait imprimer et publier sous le titre d'*Avis au public sur son plus grand intérêt, ou l'Art de se préserver de la petite vérole, réduit en principes et démontré par l'expérience*, des réflexions sages, par lesquelles il combat d'abord l'opinion si chère aux inoculateurs, que nous portons tous en nous le germe de la petite vérole, et que c'est une maladie innée, naturelle et inévitable. Il en réduit toutes les causes à une seule, au germe que cette maladie produit à la peau, sous la forme sensible de sérosité ou de pus, et sur-tout de croûtes plattes furfuracées ou farineuses : c'est par ces croûtes, dit-il, qu'on a trouvé le secret de la semer ; dès-lors on a trouvé la véritable cause qui la renouvelle et les moyens de l'empêcher d'agir. Il fait voir qu'elle est toujours acquise, et qu'elle est toujours l'effet de la contagion, qu'elle suppose une application immédiate du virus. Il prouve que le grand froid ou la grande cha-

leur, et le défaut de communication, la rendent plus rare et la font même disparaître ; que l'air ne transmet pas la petite vérole ; qu'on a toujours, dans les cas ordinaires, quinze jours de temps pour se mettre en garde contre la première petite vérole qui paraît dans une ville, dans une famille ; enfin qu'il lui faut, comme à toutes les autres maladies contagieuses, plusieurs jours pour se déclarer. Il établit encore que les germes de la petite vérole se fixent partout, *excepté dans l'air*; qu'ils se conservent jusqu'à cent jours, quoiqu'exposés aux intempéries de l'air ; pendant une année, s'ils sont mis dans du coton, et jusqu'à 26 mois, s'ils sont enfermés dans un vaisseau hermétiquement bouché. Pour ne pas attendre du temps la dissipation ou l'anéantissement des germes de cette maladie, il indique les différentes matières capables de désinfecter les corps qui en ont reçu l'impression. C'est dans l'ouvrage même de M. Paulec, qu'il faut aller chercher sa *Méthode d'extirpation*, qu'il regarde comme préférable, à tous égards, à celle de l'inoculation.

Dans une dissertation recueillie t. XII de la *Traduction de Pline, par Poinsinet-de-Sivry*, p. 476, où l'on attribue l'origine de la petite vérole à la cessation de l'usage des bains, et à l'introduction du linge, on regarde comme un préservatif assuré contre la petite vérole, de plonger les enfans dans l'eau tiède à l'instant de leur naissance, et de les baigner ainsi plusieurs jours de suite pour en détruire le germe.

On prétend que quelques familles du Hainault autrichien se préservent de la petite vérole, en pratiquant ce que nous allons décrire.

Lorsqu'un enfant vient au monde, avant de lier le cordon ombilical, il faut, en le coupant, laisser assez de longueur au bout qui tient au nouveau né, pour qu'on puisse le tenir avec facilité. On a soin d'en exprimer une liqueur jaunâtre ; et lorsque la pression ne peut plus en obtenir, on prend une petite éponge douce qu'on imbibe d'eau tiède ; on en lave cette partie jusqu'à ce que l'eau devienne claire ; on laisse suinter alors une goutte de sang, dont le vermeil annonce qu'il ne reste plus de ce ferment jaune, qu'on croit le virus de la petite vérole ; on lie ensuite l'ombilic, et l'opération est faite.

Ce moyen serait facile, s'il produisait véritablement les bons effets préservatifs qu'on s'en promet.

On a inséré, dans le *Journal de Paris*, du 11 avril 1786, une lettre sur cette méthode, avec invitation d'en faire usage ; mais une lettre postérieure, insérée dans la feuille du 10 mai suivant, annonce le peu de succès de cette pratique et le danger d'y recourir. (*Voyez* aussi à ce sujet une lettre insérée dans le *Magasin Encyclopédique*, 3e année, t. IV, p. 528, où l'on cite une pratique à-peu-près semblable du docteur Salchon,

consignée dans les *Mémoires de l'Académie de Berlin.*.)

M. Cothenius, premier médecin du roi de Prusse, dont l'opinion n'était nullement favorable à l'inoculation, réduisait les préservatifs de la petite vérole à ces deux chefs : 1°. empêcher qu'elle ne se communique des personnes qui en sont actuellement atteintes, à celles qui ne le sont pas, en séquestrant totalement les premières de la société, comme on en use pour la peste ; 2°. mettre ceux qui sont exposés à la contagion à un régime acide et anti-phlogistique, conformément à la pratique des Arabes. (*Voyez* le mémoire de M. Cothenius, dans la *Collect. Acad.*, *partie étrang.*, t. XII, p. 156.)

Les juifs qui sont sous la domination turque, frottent, ainsi que leurs ancêtres, les enfans nouveaux-nés avec du sel, et les lavent avec de l'eau salée, dans l'intention de les garantir de la petite vérole. L'on assure qu'effectivement les Hébreux ne sont jamais attaqués de cette maladie, au lieu que les Juifs, qui habitent parmi les chrétiens, et qui ont perdu cet usage, sont aussi sujets à la petite vérole que les chrétiens. L'essai de cette pratique ne serait ni dispendieux, ni dangereux.

M. Marsillac a fait part, à la Société Philomatique, du succès de l'inoculation de deux enfans et d'un chien, avec des croûtes varioliques pulvérisées étendues sur du pain avec du beurre. (*Voyez* le *Bulletin de cette Société*, octobre et novembre 1792, numéros 16 et 17.).

M. Martin, docteur en médecine et en chirurgie à Lausanne, employait une pratique bien simple pour faciliter l'éruption de la petite vérole. Il bassinait la peau du visage et de tout le corps avec un linge mollet trempé dans de l'eau tiède, et cela de quatre en quatre heures, jusqu'à l'éruption des pustules; il a vu les grands accidens se calmer fort vite par ce moyen, les pustules paraître de bonne heure et ne laisser aucune cicatrice remarquable. (*Collection Académique*, *partie française*, tome VIII, page 379.)

Voyez l'article *Pommade*, § I.

Le rapport fait à l'Institut national, le 11 germinal an 5, par les cit. Desessarts, Portal et Leroi, sur le projet d'établissement à Paris, d'une maison d'inoculation, par le cit. Audin-Rouvière, est très-propre à guider ceux qui voudraient faire de semblables établissemens. (*Voyez* l'article *Peste*.)

L'inoculation des bestiaux, dans les maladies épidémiques, est un préservatif employé avec succès. (Voyez *Bêtes à cornes*, § II.

On a remarqué en Angleterre que l'inoculation d'une matière variolique, extraite des boutons qui se trouvent quelquefois sur le pis des vaches, préserve de la petite vérole ordinaire aussi sûrement que l'ancienne inoculation. Les nombreuses expériences qu'on a faites en Angleterre, et qu'on a répétées à Vienne et à Genève, prouvent que

la maladie causée par l'inoculation de la *vaccine* (c'est le nom qu'on donne à ce nouveau traitement) est beaucoup plus benigne que celle qui résulte de l'inoculation ordinaire. Dans le *Journal du Publiciste*, an 8, 17 ventôse, on lit que M. le duc de Liancourt avait ouvert une souscription de 150 louis pour faire l'essai d'un établissement où cette pratique serait mise en usage. Le temps et l'expérience nous apprendront ce qu'on doit penser de ce nouveau procédé.

M. Husson, médecin, a fait insérer, dans le *Journal de Paris*, 26 nivôse an 9, p. 701, un procédé intéressant pour transporter le vaccin desséché.

On applique, à plusieurs reprises, un morceau de verre lisse et plat, sur un bouton vaccin, piqué dans toute son étendue. On fait la même chose avec un autre verre de même grandeur; quand tous deux sont également chargés de virus, on les rapproche par leurs surfaces humectées, et on réunit leurs bords avec de la cire à cacheter. Lorsque ces verres sont arrivés à leur destination, on les désunit en approchant des bords un charbon ardent; on met sur l'un des deux une goutte d'eau distillée à l'instant où on veut vacciner; on délaie le vaccin avec l'extrémité d'une lancette, et lorsqu'il est parvenu au degré de liquidité convenable, c'est-à-dire, à une consistance huileuse, on peut vacciner avec sûreté. M. Jussat préfère cette matière au vaccin sec déposé sur un fer ou sur une lancette.

INONDATIONS. Les digues, levées ou bâtardeaux destinés à soutenir le cours des mers et des rivières, sont construits, ou avec de fortes murailles, ou avec des ouvrages de charpente et de clayonnages, souvent remplis entre deux, par des cailloux, des blocailles de pierre, ou des massifs de terre. L'industrie hollandaise a fait des prodiges en ce genre; ils ont vu l'instant où le ver rongeur de digues se multipliait au point de détruire leurs immenses travaux; ces vers n'attaquaient que les parties du bois plongées dans l'eau, et les attaquaient en tout sens. (*Voyez* dans le *Manuel du Naturaliste*, l'histoire de ces insectes redoutables).

M. Esmangart, intendant de Caen, a proposé, en 1778, pour le sujet d'un prix: « Quels sont les arbres, les arbustes et les plantes qui, croissant sur le rivage de la mer, sans avoir néanmoins besoin d'en être baignés à toutes les marées, pourraient être employés à la construction des digues nécessaires sur les côtes et le long des rivières dans lesquelles la mer monte, pour défendre de ses irruptions les terreins qui les bordent? Quelle est la culture de ces arbres, arbustes et plantes, et quel serait le meilleur moyen pour en former des digues à-la-fois les plus économiques et susceptibles d'une résistance constante et progressive » ?

Il existe un petit arbre ayant les avantages proposés (c'est le *Tamarisc*) : il est commun en Italie, en Espagne, et même dans les provinces méridionales de France; on en trouve aussi en Allemagne : il est facile à multiplier; il serait seulement à désirer que ses racines fussent un peu plus fibreuses. Cependant, tel qu'il est, on estime qu'il peut être fort utile dans la construction des digues, parce qu'on espère que les tunages et clayonnages, auxquels on pourra les employer, prendront racines et ne pourriront pas comme ceux faits avec les bois ordinaires, même avec le saule et l'ozier, que l'eau salée fait mourir. C'est un essai important à faire.

§ Ier. *Observations sur la force des revêtemens qu'il faut donner aux levées de terre, digues, chaussées, remparts,* etc.

Si on élève des terres, comme pour faire des chaussées, remparts, etc., ces terres s'ébouleront, en sorte que les plans verticaux deviennent triangulaires, et cela d'autant plus que ces terreins sont plus mobiles. Pour empêcher cet effet, on les soutient par des revêtemens.

On trouvera, dans les mémoires de l'Académie, années 1726 et 1727, un mémoire que M. Couplet a donné sur la force que doivent avoir ces revêtemens pour s'opposer aux poussées. L'extrait en serait trop long; nous invitons les personnes qui peuvent être dans le cas de faire de pareils travaux, à prendre lecture de cet utile mémoire (Voy. *Coll. Acad.*, *part. franç.*, t. V, p. 431 ; t. VI, p. 545, 550).

§ II. *Procédé simple pour élever des digues qui empêchent la mer d'inonder les terres voisines des côtes, et garantir du débordement des fleuves celles qui y sont exposées.*

Les fleuves couvrent par leurs inondations, et la mer dans ses marées, de très-grands espaces de terre, qu'il serait quelquefois possible de reconquérir, comme on l'a fait en Angleterre où l'on voit des provinces dans lesquelles on a dérobé plusieurs millions d'acres de terre aux inondations ; c'est ainsi que la Hollande a conservé son terrein, et s'est même considérablement étendue vers le nord. La conquête de ces terres est d'autant plus avantageuse, qu'engraissées par un long repos, et par le limon des inondations, elles peuvent devenir extrêmement riches.

Lorsqu'on veut empêcher les marées de s'étendre sur des terres, on creuse un fossé de dix ou douze pieds de large, sur deux ou trois, ou davantage de profondeur, selon la hauteur qu'on croit devoir donner à la digue. Si la terre se trouvait couverte de gazon, il faudrait l'enlever par mottes, et les réserver pour l'usage que nous indiquerons plus bas.

Tout le reste de la terre doit être jeté du côté qui regarde la mer, à trois pieds ou à deux au moins de la tranchée qu'on a

ouverte. La hauteur de la digue qu'on se propose d'élever sera mesurée sur celle des plus hautes marées.

Quand la digue a l'élévation convenable, on applatit bien la surface supérieure, qu'on maintient de niveau dans la largeur de deux pieds ; au-delà de cette étendue de deux pieds, on la fait aller en talus vers la mer : il faut que ce talus ait la longueur de quinze à dix-huit pieds, et que son inclinaison soit de cinq : le côté opposé au rivage doit être perpendiculaire. C'est lorsque ce banc factice est en cet état que l'on fait usage des mottes de terre, qu'on a mises à part au commencement lorsqu'on ouvrait le fossé. On les place à l'extrémité inférieure du talus, afin qu'elles diminuent l'effet des vagues qui, sans cette précaution, entraîneraient les terres nouvellement rapportées qui forment la digue. Si l'on manquait de mottes de gazon, il y a un autre procédé, qui est même plus avantageux que les gazons qui quelquefois peuvent se détacher, c'est d'ameublir la surface du banc nouvellement fait, d'y passer le râteau avec soin, et de l'ensemencer de graines de foin. Cette graine pousse si vite, qu'en moins de deux mois l'herbe est en état d'être fauchée ; et alors la digue devient le meilleur rempart qu'on puisse opposer aux eaux, et préférable aux murs de pierres bâtis à chaux et à ciment, auxquels quelques personnes ont eu recours, non sans de très-grandes dépenses ; les glacis de terre ne s'opposant à la masse et à l'effort des ondes qui, insensiblement, en sont moins choquées.

Si l'on est obligé d'élever la digue sur le rivage, même où l'eau ne remonte que du sable, il faut alors qu'elle ait plus de largeur et le glacis plus d'étendue. Au lieu de foin, qui n'y pourrait peut-être pas venir, il faut y jeter de la graine de plantes marines. On aura soin de mêler parmi le sable de la paille, des branches d'arbre, et d'y enfoncer des pieux, afin de donner de la consistance à cette masse. (Voyez *Bord des rivières*).

Les Hollandais garnissent leurs dunes d'une espèce de roseau qui croît dans le sable au bord de la mer, c'est le roseau à calice, portant une seule fleur à feuilles repliées, piquantes, *Arundo arenaria*. Les Hollandais le transplantent après l'avoir coupé à demi-pied au-dessus de la racine, et le placent dans les dunes afin que le vent n'emporte pas le sable, et qu'il puisse y croître des herbes. Par ce moyen on s'oppose à ce que le sable ne soit transporté sur des terreins utiles, comme cela arrive trop souvent sur les bords de la mer.

Les Hollandais font cette plantation au printemps et en automne; on met en terre de la paille pour abriter le plant des vents les plus dangereux; on place les lits ou rangées de paille à trois pieds de distance: c'est entre ces rangs qu'on plante les pieds de roseau, ou de bled

piquant, *Elymus arenarius*. (V. *Coll. Acad.*, part. étr., tom. XI, p. 341 et 419.)

Voyez dans le *Journal Encyclopédique*, 1er. avril 1775, la manière dont les habitans des environs de Genève s'opposent au cours des rivières impétueuses, pour la conservation des héritages qui sont situés sur leurs bords.

Le fossé qu'on ouvre proche la digue est doublement utile; premièrement il fournit la terre avec laquelle on forme la digue; secondement il sert de réservoir pour les eaux de pluie qui pourraient s'arrêter dans l'intérieur des terres; on dirige différens ruisseaux pour les arroser : il faut faire régner ce fossé le long de la digue, et disposer à son extrémité, du côté inférieur de sa pente, une écluse qu'on puisse lever pour l'écoulement des eaux dans le temps du reflux, et qui reste ferme lorsque la mer monte.

On sent bien que ces sortes d'ouvrages requièrent la plus grande diligence dans l'exécution, de peur d'être interrompus par les tempêtes. Il arrive quelquefois qu'au milieu des travaux, et bien avant que la digue soit achevée, les eaux deviennent si fortes, que l'on prévoit qu'elles renverseront tout ce qui est fait. Il faut, dans ce cas, être assez prompt pour étendre des voiles ou autres toiles sur les endroits que le danger menace, les eaux glisseront dessus, et n'endommageront pas l'ouvrage.

Voyez encore le mot *Rivières*

au sujet des inondations occasionnées par les vannes et les écluses ; *voyez* aussi les articles *Digues*, *Hydromètre*.

La plus grande inondation dont on se souvienne à Paris, est celle du 11 juillet 1615. La rivière avait alors 28 pieds 10 pouces de profondeur. Le plus bas qu'elle soit descendue, est le 31 octobre 1731. Il n'y avait que 10 pouces et demi d'eau en Bourgogne, et 1 pied 4 pouces et demi vers la Normandie.

INSECTES. Lorsque le cultivateur éprouve la rigueur d'un dur hiver, il se console de ce qu'il souffre, par l'espérance que la gelée détruira les insectes qui ravagent ses vergers et attaquent ses récoltes. Mais la nature qui agit par d'autres vues, a donné à chaque être ce qui lui est nécessaire pour sa conservation ; les uns ont l'instinct de se choisir des retraites assurées, les autres sont habillés chaudement ; d'autres enfin, nuds avec l'apparence de la plus grande faiblesse, sont doués d'un tempérament assez robuste pour résister au plus grand froid.

M. de Réaumur, en travaillant sur les glaces artificielles, a voulu éprouver quel degré de froid pouvait faire périr les chenilles ; il a observé que 8 degrés de congellation faisaient périr et gelaient entièrement, au point de rendre solides comme de la glace, des chenilles assez grosses ; et que de jeunes chenilles de 2 ou 3 lignes, et qui dans leur état parfait auraient eu un pouce au moins de longueur, ne gelaient pas à 17 degrés, c'est-à-dire à

3 degrés de plus qu'en 1709 ; elles conservèrent leur souplesse et redevinrent aussi vigoureuses qu'auparavant.

On ne peut donc espérer que l'hiver le plus rude détruise les chenilles, puisqu'elles n'acquièrent leur grandeur que lorsqu'il est passé ; ainsi il faut s'occuper de tout autre moyen pour les détruire.

§ Ier. *Eau de Tatin.*

Il paraît que jusqu'à présent on ne connaît rien de supérieur à une eau composée, de l'invention de M. Tatin, Md. grainier-fleuriste, à Paris, quai de l'Ecole, et qui a la propriété de faire périr, à la première injection, les chenilles, les scarabés, les pucerons, les punaises de lits, la cloque ou punaise d'orangers et autres insectes.

Pour composer cette eau, l'on prend une livre trois quarts de bon savon noir, une livre trois quarts de fleur de soufre, deux champignons de bois, de couches ou autres, 60 pintes d'eau ; on peut y joindre, si l'on veut, deux onces de noix vomique. On partage l'eau en deux portions égales ; on en verse 30 pintes dans un tonneau grand ou petit, qui ne sert qu'à cet usage ; on y délaie le savon noir, et l'on y ajoute les champignons après les avoir écrasés légèrement ; on fait bouillir dans une chaudière les 30 autres pintes d'eau ; on met le soufre et la noix vomique dans un torchon ou toile claire, qu'on lie avec une ficelle en forme de paquet, et l'on y attache une pierre ou un poids de quatre livres, afin de le faire descendre au fond. Si la chaudière est trop petite, et qu'il faille partager les 30 pintes d'eau, on partagera de même le soufre et la noix vomique. Pendant 20 minutes que doit durer l'ébullition, l'on remuera avec un bâton, soit pour fouler le paquet de soufre et le faire tamiser, soit pour en faire prendre à l'eau toute la force et la couleur. Si l'on augmente la dose des ingrédiens, les effets de cette eau, ainsi préparée, n'en seront que plus sûrs et plus marqués. On versera l'eau, sortant du feu, dans le tonneau, où on la remuera un instant avec un bâton. Chaque jour on agitera ce mélange, jusqu'à ce qu'il acquière le plus haut degré de fétidité. L'expérience prouve que plus la composition est fétide et ancienne, plus son action est prompte. Il faut avoir la précaution de bien boucher le tonneau chaque fois qu'on remuera l'eau.

Quand on veut faire usage de cette eau, il suffit d'en verser sur certaines plantes ou de les arroser, d'y plonger leurs branches; mais la meilleure manière de s'en servir, est de faire des injections avec une seringue ordinaire, à laquelle on adapte une canulle semblable à celle qu'on emploie tous les jours, avec la différence qu'elle doit avoir à son extrémité une tête d'un pouce et demi de diamètre, percée sur sa partie horizontale de petits trous, comme des trous d'épingles, pour les plantes délicates, et un peu plus grands pour les arbres. Comme il faut pousser la seringue avec force, pour que l'eau jaillisse, et qu'il s'en perd toujours trop, il est bon d'avoir plusieurs canules percées de trous de diamètres différens.

Les insectes qui vivent sous terre, ceux qui ont une écaille dure, les frelons, les guêpes, les fourmis, etc., demandent à être injectés doucement et continuellement, jusqu'à ce que l'eau pénètre au fond de leur demeure. Les fourmillères, surtout, exigent deux, quatre, six à huit pintes d'eau, suivant le volume et l'étendue de la fourmillière, à laquelle il ne faut pas même toucher pendant 24 heures. Si les fourmis absentes se rassemblent et forment une autre fourmillère, il faut les traiter de la même manière. C'est ainsi qu'on parviendra à les détruire; mais il ne faut pas trop les tourmenter avec un bâton; au contraire, il faut continuer les injections jusqu'à ce qu'il n'en paraisse plus à la surface de la terre, et qu'elles soient toutes détruites ou mortes.

Nous avons tiré ce procédé du *Journal des Inventions et Découvertes*, etc., dans lequel, p. 9 du t. I.er, se trouve un rapport très-curieux, très-satisfaisant du bureau de consultation des arts.

Les fruits, les légumes, arrosés de cette eau, ne contractent aucune propriété malfaisante. Trois jours après l'injection de l'eau, lorsque son odeur a été dissipée, on a nourri un lapin avec le choux qui en avait été arrosé; l'animal n'a ressenti aucune incommodité. Un des commissaires du bureau de consultation des arts, a mangé des fruits qui, peu de jours auparavant, avaient été arrosés avec l'eau de Tatin; il n'en a éprouvé aucun inconvénient.

Mais quand on aura employé toute l'eau renfermée dans le tonneau, il faudra jeter le marc dans un trou en terre, pour que les volailles ou autres animaux domestiques ne soient pas tentés de le manger. Le sieur Tatin a fait imprimer un catalogue raisonné des graines, bulbes, plants, arbres fruitiers, etc. dont il fait son commerce, et dans lequel se trouve la composition de son eau.

§ II. *Destruction des mouches.*

On a vendu à Paris, sous le nom d'*eau de Cobalt*, une eau propre à faire périr les mouches; en y mêlant un peu de miel, cette eau fait également périr les fourmis. En en mêlant quelques gouttes avec l'eau, dont on arrose les orangers et les arbres sujets à être dévorés par les pucerons, on est assuré de les faire disparaître. Il est fâcheux que cette prétendue eau de Cobalt soit une eau arsenicale, qui demande les plus grandes précautions pour être conservée à l'abri des mains imprudentes.

On trouve dans le *Journal des Savans*, 1668, pag. 98 de la 1re. édit., et p. 71 de la 2e., des observations curieuses sur les insectes qui s'engendrent dans le chêne.

En 1781, il a paru chez Laporte, libraire, rue des Noyers, un ouvrage intitulé : *Méthode sure et facile pour détruire les animaux nuisibles, servant de suite à l'histoire des insectes.*

Voyez les articles *Arbres, Graines, Laines, Légumes, Chenilles, Fourmis, Histoire naturelle, Teignes, Punaises.*

INSTRUMENS *de mathématique.* L'exactitude est ce qu'il y a de plus à rechercher dans la construction des instrumens dont on fait usage en physique, en astronomie et en mécanique. On s'est toujours plaint du peu de justesse de ces instrumens. Les règles même et les équerres ont été jusqu'ici éloignées de la perfection.

Il y a quelques années qu'on a annoncé dans les papiers publics, que M. Brossard, de la ville d'Angers, avait inventé une machine simple et sure, avec laquelle il construisait des équerres, des cubes, des règles d'une exactitude géométrique. Les instrumens qui sortaient de cette machine, formaient sous leurs différentes faces des parallèles si parfaits avec les côtés d'une règle qu'on y appliquait, que l'on n'appercevait aucun trait de lumière entre les instrumens qui se touchaient. Comme, à l'aide de cette machine, il pouvait exécuter ses ouvrages plus promptement, il était en état de les donner à meilleur compte.

En 1783, l'Académie des sciences, voulant établir un concours pour la place de son ingénieur en instrumens de mathématique, thématiques, destina cette place à celui des artistes français qui lui présenterait le meilleur quart de cercle de trois pieds de rayons, garni de toutes les pièces qui peuvent servir à le rendre d'un usage sûr et commode, et accompagné d'un mémoire contenant le détail des moyens qui auraient été employés pour le construire.

Dans le journal intitulé *Nouvelles de la République des Lettres et des Arts*, par M. la Blancherie, 1779, p. 149, il est fait mention d'un instrument circulaire à réflexion, propre à mesurer les angles, exécuté par le sieur Baradelle, ingénieur-mécanicien, quai et île St.-Louis. Cet instrument avait été imaginé par M. Mayer, pour prendre la distance de la lune aux étoiles fixes. (Voyez *Astronomie, Géométrie, Machine à divisions, Graphomètre; voyez aussi l'Encycl. Méth., Arts et Métiers,* t. III, p. 656).

INSTRUMENS *de musique à cordes.* Il est inconcevable combien les objets les plus singuliers nous frappent peu lorsque nous sommes dans l'habitude de les voir depuis l'enfance. Il y a peu de personnes qui aient sérieusement demandé le motif de la figure assez bizarre de la plupart de nos instrumens à corde, tels que les violons, les basses et autres. On la regarde communément comme affaire de goût et de pur ornement; cependant elle est nécessaire, et doit être l'effet de longs tâtonnemens.

Tout le monde sait que tout ce qui environne un corps so-

nore devient pour lui autant d'échos plus ou moins raisonnans, selon la nature des matières, et selon qu'elles se trouvent plus ou moins à l'unisson du corps sonore.

La planche sur laquelle sont posées les cordes des violons, est composée d'une infinité de fibres raisonnantes. Si elle était taillée en parallélogramme, presque toutes ces fibres, ayant la même longueur, feraient écho au seul son avec lequel elles seraient en accord, et frémiraient seulement à quelques autres qui en approcheraient; mais étant taillée inégalement, il se trouve toujours quelque fibre à l'unisson de quelque corde que ce soit.

Plus le bois est léger et sec, plus les fibres sont mobiles et détachées les unes des autres; par cette raison les vieux instrumens sont ordinairement meilleurs.

Comme il dépend du hasard qu'il y ait dans un instrument un plus ou moins grand nombre de fibres à l'unisson d'un ton ou d'un autre, il pourra être d'un son plus fort sur un certain ton, et si en même-temps, entre les autres fibres qui ne sont pas à l'unisson de ce ton-là, il y en a peu qui soient ébranlées, cet instrument sera plus fort et plus net sur ce ton que sur les autres. On voit aussi par-là qu'il peut être plus fort sur un ton et plus net sur un autre, et que le hasard contribue à la bonté des instrumens. (*Collect. Acad., partie franç.,* tom. V, p. 400).

H h

Cependant quelques personnes ne trouveront peut-être pas ces motifs suffisans pour rendre compte de la forme très-bizarre de nos instrumens à cordes, dont l'origine, très-ancienne, est inconnue. Peut-être pourrait-on penser que ces instrumens, ayant succédé à la lyre, ont conservé la forme de tortue, qui en faisait quelquefois le corps, et que le manche est la partie à laquelle étaient attachées les cordes.

En 1756, M. Danenjoud a proposé à l'Académie des sciences une nouvelle construction de têtes pour les manches de violons et autres instrumens à cordes, en substituant aux chevilles ordinaires des vis de métal placées presque parallélement les unes aux autres dans le sens de la longueur du manche, et qui communiquent un mouvement graduel à de petits curseurs auxquels sont attachées les extrémités des cordes.

En 1762, M. Legay a présenté à l'Académie un nouvel instrument de musique à clavier, monté en cordes à boyau assujéties sur un cylindre creux qui en fait le corps ; elles sont mises en mouvement par une roue de bois garnie de crins à sa circonférence, qu'on fait aller avec le pied, et qui leur sert d'archet à-peu-près comme la roue d'une vielle, avec cette différence, que les cordes ne portent sur la roue que quand une petite pièce qui répond au clavier les oblige de s'en approcher. (*Coll Acad.*, *part. franç.*, t. XIII, p. 399).

En 1793, M. Montu a présenté au Bureau de consultation des arts, un instrument auquel il donnait le nom de *violon harmonique*, et qui réunissait les avantages des instrumens à touche à ceux à cordes, et l'ensemble harmonique des premiers aux sons prolongés et mélodieux des seconds. On trouve la description de cet instrument dans le *Bulletin de la Société Philomatique*, mai et juin 1793. J'observerai seulement que sa forme et sa grandeur, de 3 pieds et demie de long sur 3 de large, ne présentent nullement l'idée d'un violon. (*Voy. Clavecin*, *Vielle*).

INSTRUMENS *de musique à vent*. Jean Christophe Desser, faiseur de flûtes à Nuremberg, est l'inventeur des clarinettes. Il mourut en 1709.

En 1782, l'Académie de St.-Pétersbourg a proposé, pour sujet du prix de 1784, la question suivante : *Quel est le caractère des sons que rendent des tubes égaux en grosseur, dans lesquels le vent souffle du haut en bas, et dont l'ouverture est sur le côté ? quelle est la variété des sons qu'ils rendent, soit graves, soit aigus, selon la grandeur et la position différente de cette ouverture ?* Nous ignorons si le prix a été remporté.

INSTRUMENS *d'optique*. L'histoire de l'Optique, par Priestley, fournit des détails intéressans sur l'invention des instrumens d'optique. (*V.* les articles *Télescopes*, *Lunettes*, *Microscopes*, *Foyer*, *Optique* (illusions d'), *Loupe à eau*, *Jeux*, § VII).

INSTRUMENT *propre à nettoyer l'estomac*. Voici un instrument d'un usage bien singulier, et dont nous parlons ici plutôt à cause de la singularité de son invention, que pour son utilité; car heureusement la médecine a des moyens plus naturels pour débarrasser l'estomac des sucs indigestes.

Cet instrument, qui était de l'invention d'un Anglais, et pour lequel il avait obtenu un privilège exclusif, était une très-petite verge de baleine, de deux ou trois pieds de long, au bout de laquelle il y avait une petite boule couverte d'une légère étoffe de soie. On enfonçait par l'œsophage, jusque dans l'estomac, la verge armée de sa boule, et par plusieurs frottemens, tours et détours, on attirait dehors toutes les humeurs visqueuses, aigres, amères qui s'y trouvaient. Il fallait avoir un gosier plébéien pour se prêter à cette épreuve. Nos Apicius modernes préfèrent des moyens plus doux pour braver la satiété. Cependant on a vu quelques malheureux, en Allemagne, faire usage en public de cet instrument, ou d'un à-peu-près semblable, pour gagner leur vie.

L'instrument que nous venons de décrire est un peu différent de celui dont on voit la gravure dans le 3ᵉ. volume des planches de l'*Encyclopédie*, art. *Chirurgie*, pl. 28, fig. 2, où il est indiqué sous le nom de *balai de l'estomac*. C'est un petit faisceau de soies de cochon, molles et souples, attachées à une tige de fil de fer ou de laiton flexible.

Il paraît, au reste, que cette invention n'est pas très-récente.

Le *Journal des Savans*, 1711, p. 544 de la 1ʳᵉ. édit., et p. 470 de la 2ᵉ., fait mention d'un moine Moscovite qui apporta dans la même année, à Berlin, une machine avec laquelle il prétendait qu'on pouvait nétoyer l'estomac.

INVENTIONS NOUVELLES. Rien n'est plus propre à caractériser une nation que le tableau de son industrie. L'objet de ses recherches et de ses découvertes n'est pas un des points les moins intéressans de son histoire. Les combats, les victoires, les révolutions d'un empire, offrent à l'imagination du philosophe l'idée d'un corps malade agité par des crises violentes, dont il ne se relève jamais qu'aux dépens de ses forces et de sa vigueur. Est-ce au milieu du désordre et des troubles que l'homme se montre tel qu'il est? Le tumulte des armes, l'esprit de conquête, le desir de vaincre, la crainte d'être vaincu, la soif du carnage, sont pour un état des fièvres chaudes qui jettent ses membres dans une agitation vive et surnaturelle; ce n'est donc pas dans cet instant de délire, qui tient de la férocité, qu'on peut prendre l'idée d'un peuple, de ses mœurs, de son caractère, de son génie, de ses goûts, de ses ressources industrieuses. Le théâtre des guerres et des batailles ne fut jamais l'asyle de l'étude et de la réflexion: aussi voit-on rarement dans l'histoire, que les belles découvertes, qui font honneur à l'esprit humain, aient été faites chez un peuple couquérant ou sans cesse occupé à se défendre : les arts et les sciences, doux enfans du loisir, aiment la paix et la solitude. C'est au sein de l'abondance et d'une heureuse liberté, que l'homme, livré à lui-même, éclairé par ses besoins ou guidé par le goût des connaissances, déploie toutes les facultés de son intelligence. Dans un état florissant, les efforts de chaque individu, réunis à un centre commun, forment au bout d'un temps une masse de connaissances utiles, et augmentent les richesses de la société, qui a un droit incontestable à toutes les inventions nouvelles. Car nous ne cesserons de nous élever contre ces prétendus secrets usurpés par l'égoïsme, et dérobés à l'humanité par une basse cupidité. A la bonne heure, que l'auteur d'une découverte jouisse du fruit de ses travaux ; mais il devrait y avoir singulièrement pour les arts, comme il y avait autrefois en Egypte pour la médecine, un dépôt sacré dans lequel il fût obligé de laisser par écrit les détails de son procédé. Ce dépôt serait ouvert de temps en temps, et tous les secrets dont les auteurs n'existeraient plus, seraient rendus publics aux dépens de l'état par la voie de l'impression, afin que les enfans de l'état pussent en profiter. De cette publication résulteraient plusieurs avantages très-réels : d'abord chaque citoyen pourrait puiser dans cette précieuse collection des connaissances relatives à ses goûts et à ses besoins : en second lieu, la

postérité, profitant de ces connaissances acquises, ne tournerait ses recherches que vers des objets qui restent à connaître. Enfin, ces fastes de la nation seraient, à proprement parler, l'histoire de l'esprit humain. Ses progrès dans les sciences et dans les arts seraient marqués par des époques fixes et déterminées, qui seraient regardées comme ses différens âges. Il eût été sans doute bien à desirer qu'en nous donnant le récit des batailles, des victoires et des révolutions politiques, les historiens eussent pris le même soin pour nous conserver les différentes inventions dues à l'industrie de nos pères. Un tableau si intéressant jeterait peut-être aujourd'hui plus de lumière sur les recherches et les travaux des artistes modernes ; telle découverte qu'on nous donne pour nouvelle, n'oserait se montrer comme telle, s'il eût été tenu registre public des anciennes. Au reste, le projet dont nous parlons réussirait moins par des voies de contrainte et d'autorité, que par la douce inspiration des sentimens patriotiques et le désintéressement de chaque citoyen. Quant à son exécution, elle doit être entièrement libre et volontaire : ce sera une offrande faite à l'autel du patriotisme.

Il a existé un dépôt qui aurait pu remplir l'objet que nous proposons. La plupart des inventions nouvelles ont été approuvées par l'Académie, à qui on en a confié le détail et les procédés ; pourquoi l'Académie n'a-t-elle pas chargé un de ses membres d'extraire de ses registres tout ce qui pouvait être utile ? Mais ce dépôt, comme plusieurs autres, renfermait des connaissances précieuses, qui, peut-être, ne verront jamais le jour.

Nous avions, dans la précédente édition, réuni sous cet article, et par ordre alphabétique, tout ce qui avait été annoncé dans les papiers publics ; nous avons préféré, dans celle-ci, de répandre ces différentes annonces dans les articles de cet ouvrage qui y ont rapport, afin d'éviter la multiplicité des renvois et la dispersion d'articles faits pour être ensemble. Nous avons augmenté cette édition des annonces et découvertes faites depuis, et qui sont venues à notre connaissance, et nous réunirons ici seulement une notice des brevets d'invention accordés par le gouvernement français, en exécution des lois des 30 décembre 1790 et 14 mai 1791, et dont nous regrettons de ne pas connaître les procédés, pour en faire part au public. Nous ne garantissons pas néanmoins tous les effets promis par les inventeurs ; mais la précaution que nous prenons d'indiquer leurs demeures, pourra devenir utile à ceux qui voudront suivre les objets et les étudier. Nous sentons bien que ces indications ne seront pas toujours exactes, à cause des changemens de domicile ; au moins pourront-elles conduire à les découvrir. Nous sommes en ceci guidés par le double motif,

et de marquer l'époque de chaque découverte nouvelle ou de leur perfection, et de transmettre à la postérité le nom des inventeurs ; car nous regarderons toujours comme un des moyens les plus propres à exciter l'émulation et réveiller l'industrie nationale, à concourir au progrès rapide des sciences et des arts, celui d'attacher de la célébrité au nom de celui qui, par son esprit inventif, ses recherches, ses travaux, ses dépenses, ajoute aux jouissances de la société.

Enfin, quoique cet ouvrage ne contienne quelquefois, comme ici, qu'une simple indication des objets d'industrie nouvellement découverts, elle n'en est pas moins utile par les idées qu'elle peut faire naître. La curiosité se pique ; on cherche à deviner le procédé, et souvent un simple coup d'œil donné par amusement, séduit, tente l'imagination, lui donne du ressort, de l'activité, et peut faire éclore des inventions neuves, ou perfectionner des procédés connus.

Brevets d'invention proclamés par le gouvernement.

9 Vendémiaire an 6. — Fabrication d'étoffes en crin, mêlées de fil, coton, soie, et filées d'or et d'argent, et autres étoffes en bois blanc et de couleur, divisé par filets, par le citoyen *Bardel*, manufacturier, à Paris.

9 Vendémiaire an 6. — Fabrication de papiers peints, imitant le fil de la chaîne et le tissu

3.

de la trame qui forme l'étoffe appelée mousseline, par le cit. *Chenavard*, manufacturier, à Lyon.

13 Brumaire et 7 prairial an 6. — Bélier hydraulique, par les citoyens *Montgolfier* et *Argand*. (Voyez *Bélier hydraulique*).

5 Nivôse an 6. — Composition de formats solides propres à imprimer d'après de nouveaux procédés chimiques et mécaniques, par le citoyen *Herban*, artiste à Paris.

6 Nivôse an 6. — Composition de formats stéréotypes, par le citoyen *Firmin Didot*, graveur à Paris.

29 Pluviôse an 6. — Système de canaux navigables, sans écluses, au moyen de plans inclinés et de petits bateaux d'une forme nouvelle, par le citoyen *Fulton*, ingénieur à Paris, rue du Bac, n°. 556.

29 Pluviôse an 6. — Procédé pour multiplier les planches de caractères mobiles en planches solides, sous le nom de *monotypages* ou de caractères frappés, par le citoyen *Gatteaux*, graveur à Paris, rue Saint-Dominique, N°. 947.

19 Ventôse an 6. — Machine nommée *échappement*, propre à dispenser une force quelconque d'une manière égale et toujours constante dans les machines servant à mesurer le temps, par le citoyen *Breguet*, horloger à Paris, quai de l'Horloge, N°. 51.

7 Prairial an 6. — Harpes d'une nouvelle forme, par les citoyens *Erard*, luthiers, rue du Mail, N°s. 37 et 372.

19 Vendémiaire an 7. — Poudre végétative tirée des matières fécales, par le citoyen *Bridet*, cultivateur à Paris.

27 Brumaire an 7. — Maroquins et peaux chamois de toutes couleurs, imprimés en différens dessins et nuances, imitant les étoffes de soie et velours, par le citoyen *Dollfus*, à Bonnelles, département de Seine et Oise.

9 Frimaire an 7. — Tableaux à l'huile, exécutés au moyen d'un procédé mécanique, par le citoyen *Bonninger*, négociant à Paris, rue du Bac, près celle de l'Université.

9 Pluviôse an 7. — Machine désignée sous le nom de *gril aérien*, par le citoyen *Schmidt*, mécanicien à Paris, rue de Thionville.

13 Pluviôse an 7. — Nouvelles serrures de sûreté, par le citoyen *Koch*, serrurier à Paris, maison de Montbarrey, à l'arsenal.

27 Ventôse an 7. — Machines propres à simplifier et à diminuer la main-d'œuvre de l'horlogerie, par le citoyen *Japy*, horloger à Beaumont, canton de Delle, département du Haut-Rhin.

27 Ventôse an 7. — Appareil nommé *fantascope* ou *lanterne de Kircher*, perfectionnée, vulgairement appelée *lanterne magique*, par le citoyen *Etienne-Gaspard Robert*, professeur de physique à Paris, rue de Provence, N°. 24 (auteur du spec-

tacle des Fantasmagories. Voy. *Fantasmagories*).

7 Germinal et 8 messidor an 7. — Machines et appareils pour franchir avec les plus lourds fardeaux les terreins impraticables, tels que montagnes, marais, sables, etc., par les citoyens *Amavet*, à Paris, palais Égalité, N°. 6.

17 Germinal an 7. — Moyens mécaniques propres à laver et à sécher le linge, par le citoyen *Pochon*, à Paris, rue Croix-des-Petits-Champs, N°. 121.

9 Floréal an 7. — Fabrique d'une étoffe-tricot à double maille fixe, par les citoyens *Jolivet* et *Cochet*, manufacturiers à Lyon, rue du Bourg-Chanin.

29 Floréal an 7. — Préparation des cuirs employés soit à la fabrication des chapeaux, soit à la garniture des meubles, et au moyen de laquelle on fait ressortir des dessins jaunes Étrusques sur un fonds noir, sans le secours des couleurs, par le citoyen *Baumann* et compagnie, à Paris, faubourg Germain, rue des Brodeurs, N°. 842.

29 Floréal an 7. — Fabrique de cordes et cordages de toute espèce, par les citoyens *Fulton* et *Cutling*, à Paris, rue de Vaugirard, N°. 970.

9 Prairial an 7. — Ponts en fer par assemblages, d'après le système des parallèles et des cintres fixes et amovibles, par le citoyen *Rosnay*, ingénieur-mécanicien, à Paris, rue Montagne-Ste.-Geneviève.

14 Messidor an 7. — Nouvelle manière d'apprendre à écrire, par le citoyen *Brun*, à Paris, rue du Faubourg-St.-Honoré, N°s. 15 et 16.

14 Messidor an 7. — Nouvelle mécanique de harpe, par le citoyen *Cousineau*, luthier à Paris, rue de Thionville, N°. 1840.

24 Messidor an 7. — Moyens mécaniques de tirer parti de l'ascension et de l'abaissement des vagues de la mer, comme forces motrices, par les citoyens *Gérard*, à Paris, rue Poissonnière, N°. 173.

2 Thermidor an 7. — Machine appelée *manège de campagne*, par le citoyen *Focard-Chateau*, à Paris, rue de Grenelle-Saint-Honoré, N°. 24.

26 Fructidor an 7. — Scies sans fin, propres à débiter des bois de toutes grandeurs, par le citoyen *Albert*, à Paris, quai de l'École, N°. 11.

11 Brumaire an 8. — Machine à travailler le chanvre par de nouveaux procédés, par le citoyen *Bilbon*, propriétaire à Montfort-Lamaury.

28 Germinal an 8. — Fabrication de papiers peints, imitant le linon-baptiste uni et brodé, par les citoyens *Jacqueminot* et *Benard*, à Paris, rue de Montreuil, faubourg Saint-Antoine, N°. 55.

14 Germinal an 8. — Procédés et appareils propres à donner aux soies, quelles que soient leur nature et leurs qualités, un même degré de siccité et les moyens de le constater, par le citoyen *Rast-Maupas*, habitant de la commune de Lyon.

8 Floréal an 8. — Appareils

propres à perfectionner la fabrication des chandelles, des bougies, et autres lumières composées de matières inflammables et figées, par le cit. *White*, mécanicien à Paris, rue de Lille, Nº. 648.

11 Floréal an 8. — Fabrication de peluches, par le citoyen *Fleury-Meunier*, à Lyon, quai Sainte-Clair, Nº. 129.

23 Prairial an 8. — Cheminée mécanique et économique, par le citoyen *Mozzonino*, poëlier-fumiste à Paris, rue Basse-du-Rempart, Nº. 363.

23 Prairial an 8. — Pompe hydraulique, par le cit. *Bidot*, mécanicien à Paris, rue des Barres, ancien couvent de l'*Ave Maria:*

8 Messidor an 8. — Machine propre à faire, sans ouvriers, du papier d'une grandeur indéfinie, de l'invention du citoyen *Robert*, cédée au citoyen *Léger Didot*, propriétaire de la manufacture d'Essone.

11 Messidor an 8. — Poêles et fourneaux fumivores, par le citoyen *Thilorier*, à Paris, rue Saint-Martin, Nº. 52.

27 Messidor an 8. — Mécanique propre à faire des fonds sablés sur la toile, par le citoyen *Ebingre*, fabricant de toiles peintes, à Franciade (ci-devant Saint-Denis).

4 Thermidor an 8. — Filtres inaltérables tirés des 3 règnes de la nature, par les citoyens *Smith*, à Paris, rue de Lille, Nº. 645; *Cuchet*, ci-devant rue de Tournou, Nº. 1160, et *Montfort*, au collège de Navarre.

2 Brumaire an 9. — Machine à vapeurs, propre à monter le charbon des mines, par le citoyen *Perrier*, membre de l'Institut National, à Paris, rue du Mont-Blanc, Nº. 24.

2 Brumaire an 9. — Mécanisme ou jeu de pompe, servant à élever l'huile d'une lampe, par les citoyens *Carcel*, horloger à Paris, rue de l'Arbre-Sec, Nº. 16, et *Carreau*, négociant, rue Saint-André-des-Arts, vis-à-vis celle de l'Éperon.

7 Frimaire an 9. — Procédés applicables à la formation des planches pour imprimer la musique, les toiles peintes, les papiers de décor, et autres ouvrages d'impression en caractères mobiles et planches, et d'un seul type, le tout en cuivre et en bronze, par le citoyen *Bouvier*, à Paris, enclos de la Cité, Nº. 5.

9 Frimaire an 9. — Machine dont l'effet est de diminuer de moitié les efforts employés jusqu'à ce jour pour élever des fardeaux à quelque hauteur que ce soit, par le citoyen *Charpentier*, rue Saint-Dominique, au Gros-Caillou.

2 Nivôse an 9. — Machine destinée à suppléer le tireur de lacs dans la fabrication des étoffes brochées et façonnées, par le citoyen *Jacquard*, à Lyon.

JONCS. Les joncs et les roseaux qui croissent dans les eaux courantes et dormantes et les gâtent, ainsi que les autres herbes qui montent et s'élèvent au-dessus de leur surface, se multiplient au point d'arrêter les vases dans les petites rivières, qui les comblent souvent, et causent par ce moyen l'inondation des terres riveraines, préjudice qu'on ne peut éviter qu'en curant tous les ans ces rivières vaseuses, avec beaucoup de dépenses et vuidant à blanc ces eaux; ce qui détruit le poisson, et constitue en perte de temps les moulins construits sur ces petites rivières. Voici le procédé qu'indique la *Gazette d'Agriculture.*

Sans être obligé de baisser les eaux, il suffit de couper les tiges de ces plantes au milieu à-peu-près de la hauteur des eaux, avec des faulx ou des croissans vers le temps de la mi-mai, et de réitérer la même opération vers la mi-août. Si toutes les herbes ne périssent pas dans cette première année, il en restera peu; on en est quitte pour recommencer la seconde année.

Il y a des espèces de joncs dont la moëlle peut servir de mêches pour les lampes. (Voyez *Lampe de nuit*).

IVOIRE. On sait que la manière ordinaire de blanchir l'ivoire sale, est de l'exposer à la rosée du mois de mai; mais cette méthode, qui n'a pour elle que la simplicité, est sujette à bien des inconvéniens. Elle demande un assez long temps, et quelquefois même plusieurs années de suite, la rosée n'étant pas tous les ans abondante dans le mois de mai; de plus, elle ne pénètre pas exactement dans tous les replis et dans toutes les moulures de l'ivoire: elle n'enlève point le jaune de la fumée qui s'y est

incorporée: enfin le soleil qui frappe l'ivoire après une grande rosée, peut y causer des gerçures, et augmente infailliblement celles qui y sont.

Le procédé que l'on indique ici n'a point tous ces inconvéniens; il rappelle l'ivoire à sa blancheur naturelle, et l'opération ne demande pas plus de cinq ou six heures. On prend un petit cuvier proportionné à la grandeur des pièces d'ivoire que l'on veut blanchir, au fond duquel doit être un trou que l'on bouche avec de la paille, comme dans les cuviers ordinaires; on met dans ce cuvier un morceau de pierre à chaux vive, et ensuite environ un quarteron de cendres de brandevinier; c'est l'espèce de tartre qui se forme au fond des alambics ou chaudières dans lesquelles on distille de l'eau-de-vie; on place ensuite dans ce cuvier des bâtons en croix, au-dessus de la pierre à chaux, sur lesquels on place les morceaux d'ivoire que l'on veut blanchir; car s'ils touchaient à la chaux vive, infailliblement elle les ferait lever par écailles. On verse ensuite de l'eau sur la chaux, froide d'abord, ensuite tiède, puis enfin bouillante; opération qu'on répète plusieurs fois; la vapeur qui s'élève de la chaux lorsqu'elle s'éteint, pénètre l'ivoire jusque dans ses plus petits replis, traverse ses pores, en détache la crasse la plus enracinée; aussi doit-on avoir grand soin de tenir le cuvier couvert pour empêcher les vapeurs de s'échapper. On reprend la même eau qui s'est écoulée par le bas du cuvier; on la rejette de nouveau sur l'ivoire; car cette eau de chaux étant alors éteinte, peut baigner l'ivoire qui, au bout de cinq ou six heures, est disposé à devenir de la plus grande blancheur: on prend une terrine pleine d'eau fraîche, et une vergette un peu rude, avec laquelle on brosse l'ivoire, en le trempant de temps en temps dans l'eau; alors l'ivoire devient du plus blanc dont il soit susceptible.

M. Hérissant propose, dans les *Mémoires de l'Académie*, année 1758, un autre moyen qu'il dit très-propre pour rendre aux ouvrages d'ivoire et d'os, jaunis par le temps, leur première blancheur. Il ne faut pour cela que les frotter avec une brosse un peu rude, qu'on a soin de tremper de temps en temps dans une liqueur composée d'une partie d'esprit-de-nitre fumant, et de dix parties d'eau commune très-claire; après quoi on lave ces ouvrages dans l'eau commune seule, pour enlever l'acide qui, sans cette précaution, agirait trop.

Pour cette opération, on enlève la légère superficie de la matière crétacée qui a jauni à l'air. (*Coll. Acad.*, part. *fr.*, t. XII, p. 358.)

Il ne faut pas cirer l'ivoire, mais on le polit en le frottant d'abord avec de la ponce broyée à l'eau, et ensuite avec un morceau de peau de buffle et un peu d'huile d'olive et de tripoli en poudre très-fine. (*Voyez*, au mot *Corne*, la manière de colorer l'ivoire, et au mot *Sculpture*, la manière de le travailler.)

§ Ier. *Manière de ramollir l'ivoire et les os.*

La dureté de l'ivoire, et le beau poli dont il est susceptible, l'ont fait regarder dans tous les temps comme une marchandise précieuse et propre aux ouvrages les plus délicats; mais la facilité qu'il a de se fendre, le rend difficile à travailler. Il serait très-intéressant de découvrir un secret qui, remédiant à cet inconvénient, pourrait multiplier l'usage de l'ivoire. M. Hérissant, médecin, semblait avoir ouvert la voie pour ce procédé dans un mémoire lu à l'Académie il y a quelques années. Il développe un système particulier sur les os, à l'appui duquel il rapporte diverses expériences d'os et même d'ivoire molléfiés. On peut encore amolir l'ivoire par le moyen de la *marmite de Papin*. (*Voyez* ce mot.) Il paraît que l'on peut réussir en mettant l'ivoire et les os tremper dans du vinaigre. M. de Fouchy a vu une cuiller d'ivoire oubliée dans du lait, où elle était devenue souple comme du cuir, sans doute parce que le lait avait eu le temps d'aigrir, et que son acide avait agi sur l'ivoire. Cet objet, qui mérite d'être approfondi, pourrait fournir des procédés utiles pour les arts. (*Voyez Collect. Acad.*, part. franç., t. IX, p. 88.)

Quoiqu'il en soit, voici un procédé par lequel on prétend rendre l'ivoire aussi maniable que le parchemin, sans craindre qu'il éclate. Il n'est besoin pour produire cet effet, que de le tremper dans la moutarde ; on l'y laissera plus ou moins de temps, suivant l'épaisseur de la pièce qu'on veut amollir. (*Coll. Acad., part. franç.*, t. IX, p. 98.) L'ivoire devient en peu de temps mou et capable de recevoir telle forme qu'on voudra lui donner. Quand on l'a pétri, on le laisse sécher ; il se raffermit et reprend sa première solidité à mesure que l'humidité dont il est imbu s'évapore. Les artistes qui feront usage de ce secret pourront le perfectionner, et l'expérience leur donnera des lumières plus étendues sur cet objet.

Thomas Bartholin a indiqué deux procédés. Le premier consiste à prendre de la sauge, à la faire bouillir dans de fort vinaigre, et à passer la décoction par un morceau d'étoffe serrée. Quand on veut ramollir des os, des œufs ou de l'ivoire, on les fait tremper dans cette liqueur. Plus on les y laisse de temps, plus les matières se ramollissent.

Le deuxième consiste à prendre du vitriol romain et du sel commun préparé, de chaque une livre, à les broyer, à les réduire en poudre impalpable, à les mettre dans un alambic. L'eau, dit-on, qui distillera, aura la vertu de ramollir les os, et pour y réussir il suffira de les y laisser tremper une demi-journée. (*Coll. Acad., part. étr.*, t. VI, p. 421.)

IVRAIE. L'ivraie, qui se trouve trop souvent mêlé dans le grain, est, à ce qu'on assure, d'un usage dangereux par une espèce d'ivresse qu'il cause. Ainsi on doit avoir soin de le séparer exactement. (*Collect. académique, part. étr.*, t. III, p. 632).

Voyez *Bled*.

IVRESSE. On assure que rien ne désenivre plus vîte que le vinaigre. On attribue aussi cet effet à l'alkali-volatil. L'effet de l'ivresse est celui des matières narcotiques et stupéfiantes, comme celles du charbon, de l'opium ; les remèdes sont les mêmes.

Au rapport d'Athenée, les choux ont la vertu d'empêcher l'ivresse, si l'on en mange avant que de boire. (*Journal des Savans*, 1680, p. 139 1ʳᵉ. édit., et p. 83 de la 2ᵉ.)

K

KARABÉ. (Voyez *Ambre jaune*).

KAVIAC ou KAVIAR. (Voyez *Caviar*).

KERMÈS. (Voyez *Lacque*).

KOUMISS. Les Tartares font avec le lait de jument fermenté, un vin qui n'est pas désagréable, et dont l'usage est très-sain dans plusieurs maladies chroniques. Le procédé consiste à prendre du lait de jument d'un jour; on y ajoute un sixième d'eau; on met le tout dans un vase de bois; on y verse, pour faire fermenter sa liqueur, un huitième de lait de vache le plus sûr qu'on puisse trouver; ce ferment peut-être suppléé par de vieux koumiss, et même par de la levure ordinaire.

Il faut couvrir ensuite le vaisseau d'une toile épaisse, et le mettre dans un lieu dont la température soit modérée. On l'y laisse reposer vingt-quatre heures, plus ou moins, selon la chaleur; alors le lait est devenu sûr, et une substance épaisse est ramenée à la surface, avec un bâton terminé comme ceux à battre le beurre. On battera jusqu'à ce que la substance épaisse soit bien mêlée avec celle qui est liquide. On laisse encore reposer le tout pendant vingt-quatre heures, et on le rebat de nouveau jusqu'à ce que la liqueur paraisse bien homogène. C'est dans cet état qu'on boit cette liqueur dont le goût est aigre-doux.

Bien renfermée dans des vases, elle peut se conserver trois mois. L'excès n'en est pas nuisible, et on cite des guérisons très-extraordinaires opérées par son usage, qui tenait lieu d'aliment et de boisson. Nous ne doutons pas de la salubrité de cette liqueur dans les maladies de consomption, d'épuisement de poitrine, etc; et nous croyons qu'on pourrait très-bien suppléer le lait de vache à celui de jument, ce dernier ne renfermant aucun principe particulier, si ce n'est que le lait de vache fournit beaucoup de beurre, et l'autre très-peu. (V. *Lait*). D'après quelques expériences, nous ne pouvons trop inviter à faire des essais.

Fin du Tome troisième.

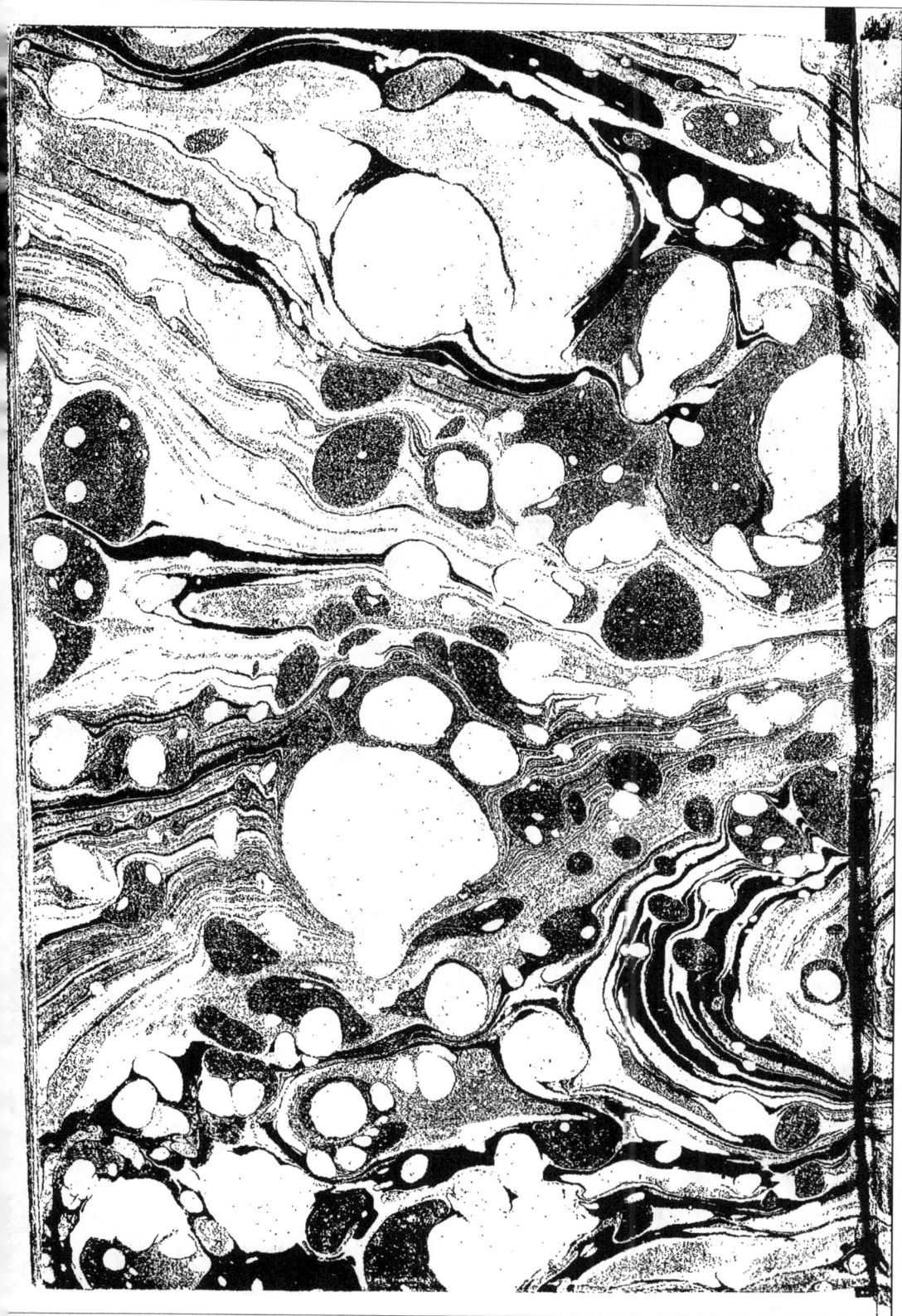

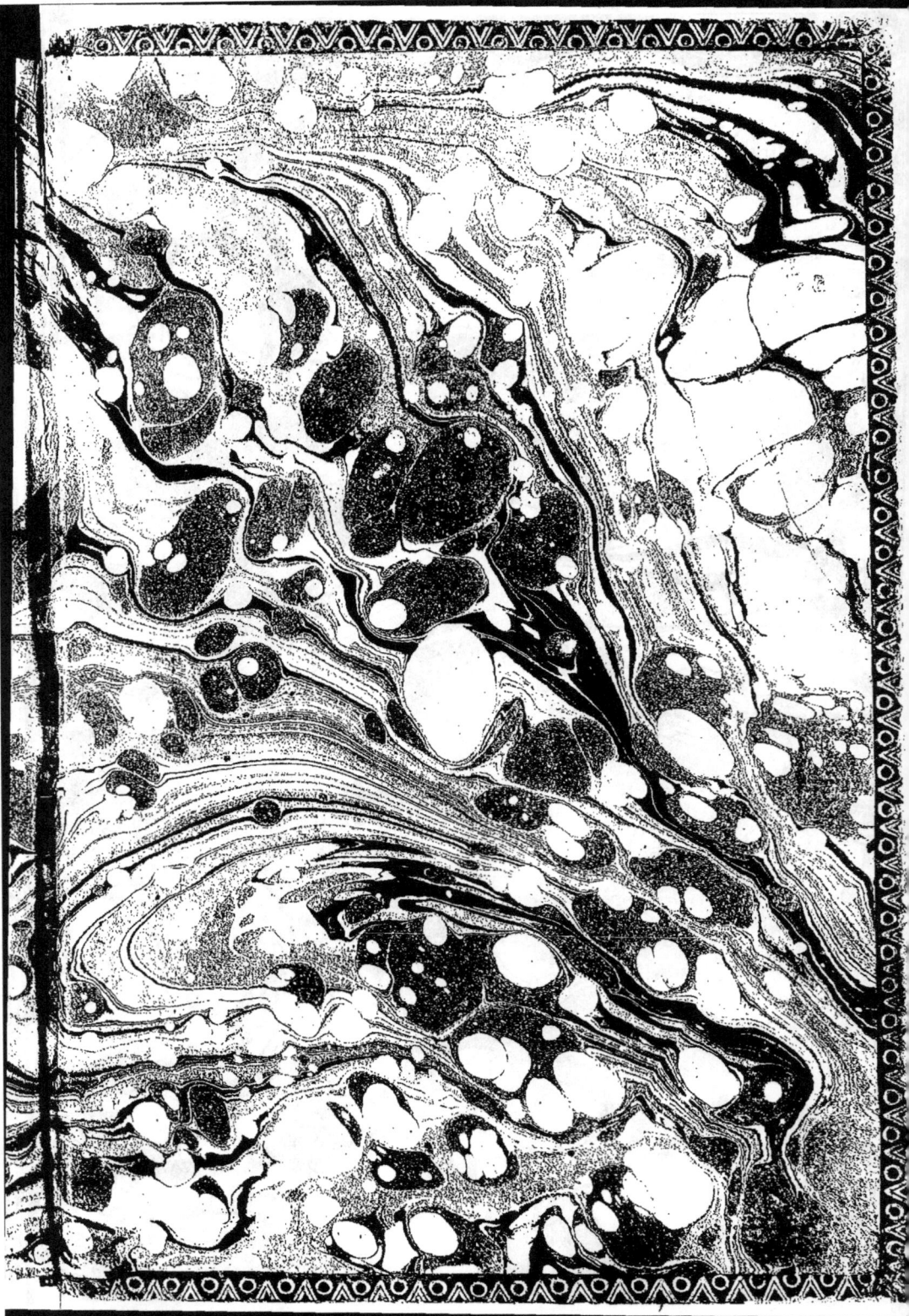

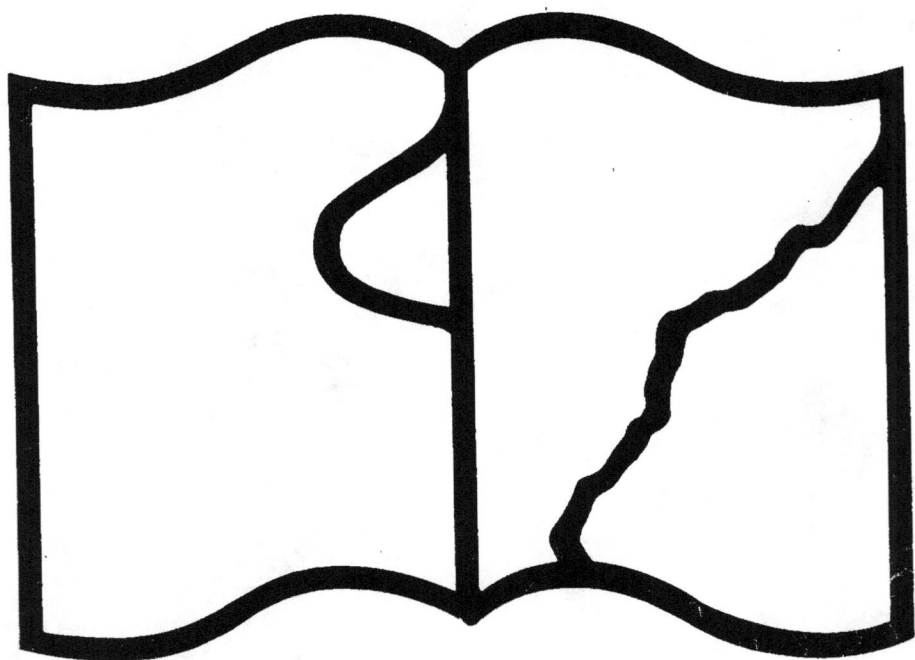

Texte détérioré — reliure défectueuse

NF Z 43-120-11

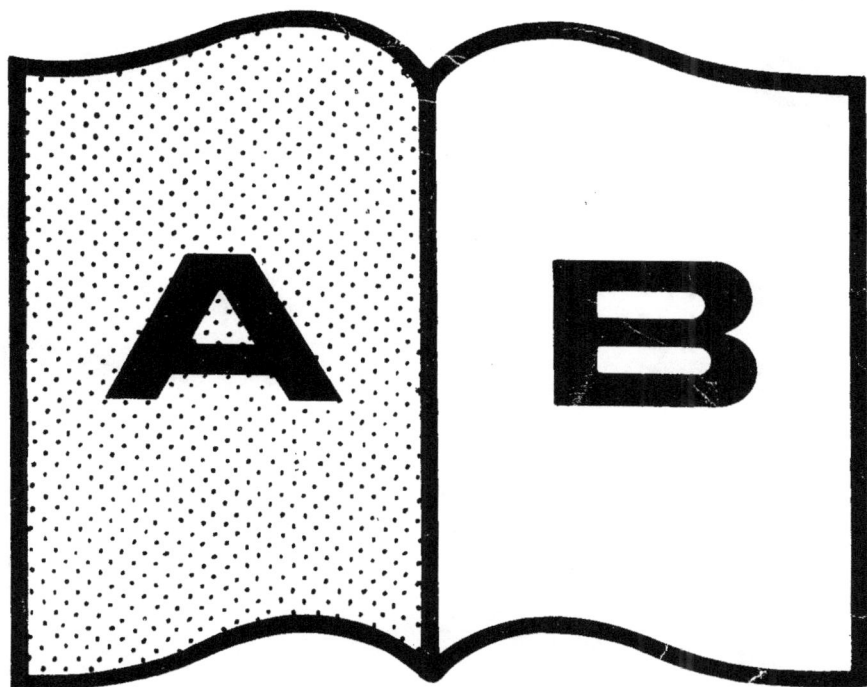

Contraste insuffisant

NF Z 43-120-14

www.ingramcontent.com/pod-product-compliance
Lightning Source LLC
Chambersburg PA
CBHW031610210326
41599CB00021B/3125